原油地面工程设计

（上卷）

银永明　仝淑月　宋世昌　编著

中国石化出版社

内容提要

本书系统介绍了原油集输及处理的基本原理和实用技术，从原油基础知识、原油矿场集输、原油长输管道设计以及油田采注水工程四个方面进行重点介绍，包括油气分离、原油脱水、原油稳定、油田污水处理、矿场油气集输管道等原理和实用技术内容。全书共五编，分为上、下两卷。第一编基础知识，包括油气资源现状，原油及产品的性质和原油地面工程设计状况；第二编原油矿场集输，包括原油集输流程，油气混输管路，气液分离和原油处理及稳定；第三编原油长输管道设计，包括输油管道的工艺设计及调节，原油线路、计量；第四编油田产出水处理及注水工程，包括油田污水和含油污泥处理工艺，油田污水腐蚀与防护和油田注水设计；第五编设备，包括各种泵、罐、清管设备、加热炉、锅炉、换热器的结构、原理、性能参数、特点及选型。

本书可为从事原油地面开发、设计的专业人员和工程技术人员提供一部较为实用的工具书，也可供高等院校相关专业的师生参考使用。

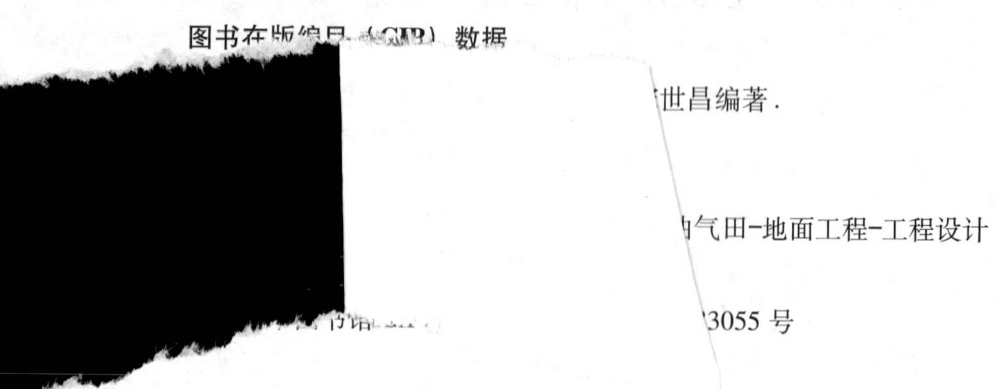

世昌编著.

油气田-地面工程-工程设计

3055号

中国石化出版社出版发行

地址：北京市朝阳区吉市口路9号

邮编：100020　电话：(010)59964500

发行部电话：(010)59964526

http://www.sinopec-press.com

E-mail：press@sinopec.com

北京科信印刷有限公司印刷

全国各地新华书店经销

*

787×1092毫米 16开本 65.75印张 1445千字

2018年1月第1版　2018年1月第1次印刷

定价：336.00元

《原油地面工程设计》
编 委 会

《原油地面工程设计》
编写人员及分工

主　　编：银永明　仝淑月　宋世昌

副 主 编：高继峰　王海琴　公明明

总 校 对：牛　军　张建强　李延金

总 审 核：梁法春(特邀)

编写人员：(人员及分工见下表)

<table>
<tr><td rowspan="2">编名称</td><td rowspan="2">章节
主编</td><td colspan="2">章节编写人</td></tr>
<tr><td>章节名称</td><td>参编人员</td></tr>
<tr><td rowspan="3">第一编
基础知识</td><td rowspan="3">梁法春
史世杰</td><td>第一章　油气资源现状</td><td>丁锋　龚瑶</td></tr>
<tr><td>第二章　原油及产品的性质</td><td>李英存　张庆国</td></tr>
<tr><td>第三章　原油地面工程设计状况</td><td>李晓鹏　冯丽丽</td></tr>
<tr><td rowspan="6">第二编
原油矿场集输</td><td rowspan="6">梁法春
张　尧
籍文瑜</td><td>第一章　概述</td><td>薛吉利　李文广</td></tr>
<tr><td>第二章　原油集输流程</td><td>刘胜　史衍伟　史世杰</td></tr>
<tr><td>第三章　油气混输管路</td><td>赵晓燕　何冰清</td></tr>
<tr><td>第四章　气液分离</td><td>魏丹　罗珊　考丽</td></tr>
<tr><td>第五章　原油处理</td><td>黄宁　王嘉琪</td></tr>
<tr><td>第六章　原油稳定</td><td>杜丽民　尚德彬</td></tr>
<tr><td rowspan="3">第三编
原油长输管道
设计</td><td rowspan="3">朱瑞苗
孙　娟
陈清涛</td><td>第一章　输油管道的工艺设计及调节</td><td>曹斌　张芳芳　丁锋</td></tr>
<tr><td>第二章　线路</td><td>郑焯　梅玲玲</td></tr>
<tr><td>第三章　计量</td><td>任宁宁　谢天天</td></tr>
<tr><td rowspan="5">第四编
油田产出水处理及
注水工程</td><td rowspan="5">刘德绪
燕　红
黄　巍</td><td>第一章　概述</td><td>张国华　方召君</td></tr>
<tr><td>第二章　油田污水处理</td><td>赵颖　孙静</td></tr>
<tr><td>第三章　油田含油污泥处理</td><td>刘学勤　龚瑶</td></tr>
<tr><td>第四章　油田污水腐蚀与防护</td><td>肖丁铭　李锐</td></tr>
<tr><td>第五章　油田注水设计</td><td>王世宇　吴雪莹　罗珊</td></tr>
<tr><td rowspan="7">第五编
设　备</td><td rowspan="7">王海琴
王　宁
李　光</td><td>第一章　原油储罐</td><td>王崇高　何国辉</td></tr>
<tr><td>第二章　泵</td><td>王艳丽　徐琳　林瑜洁</td></tr>
<tr><td>第三章　分离器</td><td>魏丹　龚金海　张晓冉</td></tr>
<tr><td>第四章　换热器</td><td>宋燕　孙恺丽　张磊</td></tr>
<tr><td>第五章　加热炉</td><td>刘新　丁振周　吴小勇</td></tr>
<tr><td>第六章　蒸汽锅炉与水处理</td><td>张新战　宋莉莉</td></tr>
<tr><td>第七章　压力容器选材</td><td>李慧峰　吴岐坤　赵国勇</td></tr>
</table>

Preface 序

石油工业是能源和原材料工业的重要组成部分，在国民经济中具有举足轻重的地位，发挥着重要作用。中国是世界上对石油需求量增长最快的国家，2016年我国石油消费量已达到5.56亿吨，成为世界第二大石油消费国。随着我国经济进入新常态，经济换挡升级，产业结构调整，未来我国石油需求增速放缓，但绝对值仍然较高。

目前，我国石油工业正处于发展高峰期，石油储运设施也得到快速发展，截至2016年，我国在役油气管道总里程累计约为12万千米，其中天然气管道约7.2万千米，原油管道约2.5万千米(已扣减封存退役管道)，成品油管道约2.3万千米，并且管网仍在持续完善中。我国四大油气资源进口战略通道已初步建成，基本形成了连通海外、覆盖全国、横跨东西、纵贯南北、区域管网紧密跟进的油气骨干管网布局。

中石化中原石油工程设计有限公司(原中国石化中原石油勘探局勘查设计研究院，以下简称“中原设计公司”)成立30多年来，在油气田集输、长输管道工程、地下储气库工程、天然气处理及深冷加工、天然气液化等领域，积累了丰富的工程设计、管理和技术研发经验，形成了独具特色的系列核心技术。为适应新形势下石油工业的发展和不断提高原油地面工程开发及设计水平，中原设计公司专门组织技术人员和管理人员在总结中原油田40年开发经验的基础上，凝练工程设计、管理和研究成果，编著成《原油地面工程设计》一书。

该书内容丰富、条目清晰、层次分明，通过翔实的数据、公式和图表对原油地面工程中的工艺设计和计算应用进行阐述；通过工程实例系统介绍了原油集输工艺、处理技术和储运技术的基本原理，从石油的组成和性质、石油集输流程、油气混输管路、原油净化、原油稳定、油田污水处理以及防腐、公用工程等方面进行了讲解，并加入原油集输工程技术的最新发展趋势和成果，力求达到理论与工程实践的无缝对接，希望能为国内石油领域相关从业者提供有益的参考。

经过几代石油工程技术人员的共同努力，我国在原油地面工程建设领域形成了大量的具有中国特色、适合国内原油特点的理论成果，并且相关研究和工程建设还在不断深入，希望我们的编者、同行以及读者能够秉承终身学习的理念，在工作中不断探索研究和积累。

随着石油工程的不断发展，新理念、新技术的不断涌现和应用，我们要与时俱进，不断吸收新的成果，把油田地面工程设计工作完善并提高到一个新的水平！

Foreword 前 言

原油地面工程包括将油井采出的原油进行收集、输送、储存和进行一系列加工处理的工艺流程；包括将从采出物中分离出来的伴生气轻烃输送到天然气处理厂进行净化处理和将原油进行脱水处理后把合格的原油通过长输管道进行输送的过程，以及原油集输、处理工艺配套的采注水工程和水电气等公用工程。

原油地面工程设计具有很多独特的工艺特点：覆盖线长、油田点多、覆盖面广，设计水平直接影响到整个油田的生产运输流程和效益。经过几代石油人在科研、设计、工程建设和生产实践中的探索积累，我国石油行业已形成了系统的原油地面工程工艺和理论，培养了大批地面工程技术人才，不仅为人民群众的交通出行和日常生活提供了密切相关的产品，也为国家能源行业发展和国民经济良好运行作出了重要贡献。

在中原油田开发建设40年过程中，中石化中原石油工程设计有限公司（原中国石化中原石油勘探局勘查设计研究院，以下简称“中原设计公司”）承担了包括井口集输、油气混输管路、原油净化、原油稳定和油田污水处理等一系列地面工程设计工作，在原油集输与处理领域形成了包括原油常温输送、连续气举采油工艺、特高含水油田集输系统节能降耗、旋流分流取样多相计量、超声监测流型识别、原油低温脱水、二氧化碳驱注入工艺、35kV高压配电等技术在内的原油地面工程设计成套技术。所有油田开发都要经历产油量上升阶段、油量达到高峰稳产阶段和油井见水、产量递减三个阶段，中原设计公司的老一代工程技术人员针对油田开发过程中产水量不断上升、油气集输与处理系统运行效率下降等问题，不断研究和提出适应性改造设计技术方案，积累了丰富的整装油田全生命周期地面工程设计经验，亟需进行归纳整理，使其系统化、逻辑化、规范化，以供广大设计工作者及有关工程技术人员使用。为此，中原设计公司组织相关专家及技术、管理人员编写了《原油地面工程设计》一书。

全书共分五编。第一编介绍原油的基础知识，包括原油工业现状、原油及产品性质等；第二编介绍原油矿场集输，包括原油集输流程、混输管路、分离、原油处理、稳定以及联合站设计等知识；第三编介绍原油长输管道设计，包括长输管道水力学基础知识、输油管道的工艺设计、管道防腐和清管技术等内容；第四编介绍油田产出水处理与注水工程，包括油田产出水性质、产出水处理工艺及流程、油田污泥处理、污水处理站设计以及油田注水系统工艺；第五编介绍原油地面工程涉及的各种设备，包括压力容器、储罐、泵、换热器、加热炉等。

原油的分类方法有很多种，限于篇幅，同时又考虑到工程设计的普遍适用性，没有按照组分、含硫量、密度等指标对原油地面工程设计方法进行更详细的划分，但本书关于工艺设计的基本原理和计算方法等内容能够为相关从业者提供有价值的参考。

参与《原油地面工程设计》编写工作的人员主要为具有多年油气田地面工程建设经验的技术及管理人员和相关领域的专家学者。编者力求为从事原油地面工程设计的专业人员和工程管理人员提供一部较为实用的工具书，也为相关从业者提供一部较为全面的参考书。主编银永明、仝淑月、宋世昌，负责确定全书编写大纲，明确编写人员组成，并对全书进行通稿校核，对编写内容存在的不足加以修正与调整；副主编高继峰、王海琴、公明明，主要协助主编完成具体编写事宜，落实大纲章节与编写内容的对应性，指导各章节内容编写工作，并进行初稿的审查与调整；全书由宋世昌统稿。参加本书校核工作的人员有牛军、张建强、李延金等，同时得到了中国石油大学(华东)等单位的大力支持，储建学院梁法春副教授作为特邀专家对本书稿进行了审核工作；中原设计公司相关专业技术骨干参与了各章节的编写，为本书成稿作出了突出贡献，各章节主编与参编人员详见编写人员分工表。

《原油地面工程设计》的研究与编写工作，从2014年年初正式启动，到2017年8月全部编写完成，历时三年多时间。全书分上、下两卷，共1000多页。在书稿编写过程中，先后有40余人在主编银永明、仝淑月、宋世昌同志的带领下参与了这项工作，查阅了大量的专业书籍，整理了大量的数据和工程案例。在本书的编写过程中，编委会主任任明强时刻关注书稿相关技术内容的先进性及适用性；编委会副主任刘德绪多次组织相关专家和技术人员对书稿中的技术细节进行讨论交流；编委会副主任李明和时刻关注本书的编写进度及出版计划，为本书的顺利出版作出了贡献。

中石化中原石油工程设计有限公司博士后工作站自设站以来，先后培养博士后数十名，出站博士后在各高校任教或在油气田建设单位从业，其中很多人已经成为油气田工程领域的专家学者。他们经过多年实践经验的积累和沉淀，在油气田地面工程领域取得的丰硕研究成果，为本书的成稿奠定了扎实的理论基础。副主编王海琴同志，原中原设计公司博士后，现为中国石油大学(华东)副教授，储建学院硕士研究生导师，多年来致力于油气田地面工程领域的教学与研究，具有扎实的理论知识与丰富的实践经验，王海琴同志积极参与到本书的编写工作中，指导完成了第五编内容的编写；总审核梁法春同志，原中原设计公司博士后，现为中国石油大学(华东)教授，储建学院硕士研究生导师，在本书的编写过程中，组织学校多名具有编著经验的教授对本书进行审核，并指导完成了第一编和第二编内容的编写。因此，本书是集体劳动的结晶，汇集了中原设计公司几代技术人员的工作成果和编写组全体人员的辛勤努力和汗水！

本书在编写过程中自始至终得到了中国石油大学(华东)和中国石化出版社等单位的关心和大力支持，对本书的成稿和出版提出了宝贵意见，在此表示感谢！同时，也要对本书所引用的参考文献的作者们表达我们衷心的谢意！

由于本书内容涵盖范围较广，且新技术和新工艺不断涌现，限于编者水平，书中若有不足或不妥之处，敬请各位专家、同行以及广大读者批评指正，以便修订时补充更正。

编著者

Contents 目　录

（上　卷）

第一编　基础知识

第二编　原油矿场集输

第三编　原油长输管道设计

（下　卷）

第四编　油田产出水处理及注水工程

第五编　设　　备

第一编　基础知识

第一章　油气资源现状

第一节　世界油气资源现状

一、全球油气产量与勘探发现现状

石油天然气（以下简称“油气”）作为一种不可或缺的基础能源和化工原料，在国民经济和人类生活中占有非常重要的地位，是直接关系到社会经济发展和国家能源安全的重要战略资源。伴随着全球经济的迅猛发展和人类生活需求的不断增加，油气需求量不断增大。

人类社会在1850～1970年的120年时间里，消耗石油546×10^8t；在1971～1999年的28年时间里，消耗石油894×10^8t；在2008～2014年的6年时间里消耗石油327×10^8t。这3个阶段，平均每10年消耗的石油分别为45×10^8t、319×10^8t和545×10^8t。由此可以看出，随着社会的发展，人类消耗越来越多的石油。

从1980～2014年世界油气生产情况（见图1-1-1）可以看出：自1982年以后，世界油气产量一直呈上升态势；2009～2014年，油气产量上涨趋势更为明显。按该趋势预测，未来几年油气生产一定呈上升的态势。到2018年，世界油气产量将达8000×10^8bbl（1bbl=0.159m^3）。到2035年，世界能源消费将增长34%，石油消费每年增长0.8%，天然气消费每年增长1.8%。

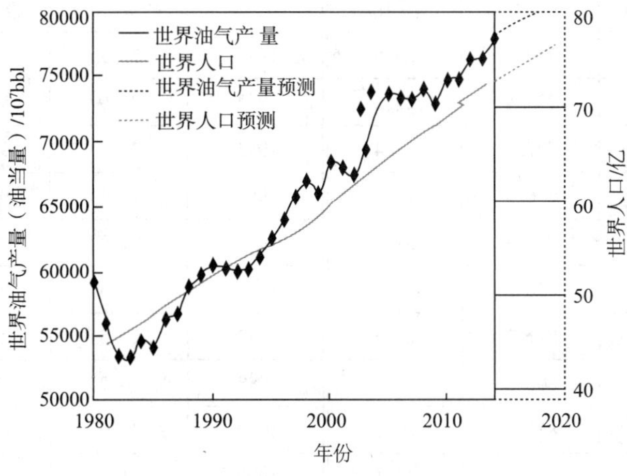

图1-1-1　1980～2014年世界油气产量与人口变化

根据1980～2014年间世界主要油气生产国家和地区油气生产情况（见图1-1-2）可以看出：期间，个别国家和地区，如美国、俄罗斯、沙特阿拉伯、伊拉克、科威特等国，由于政策、战争等原因，都出现过油气产量大幅波动的现象，但总体上没有影响到世界油气产量整体上升的趋势。由此推测，只要世界人口持续增长，世界一次能源消耗总量就会呈现整体持续上升的趋势。由于石油在较长一段时间内都会是一次能源构成的主体，因而油气消耗会持续增长。

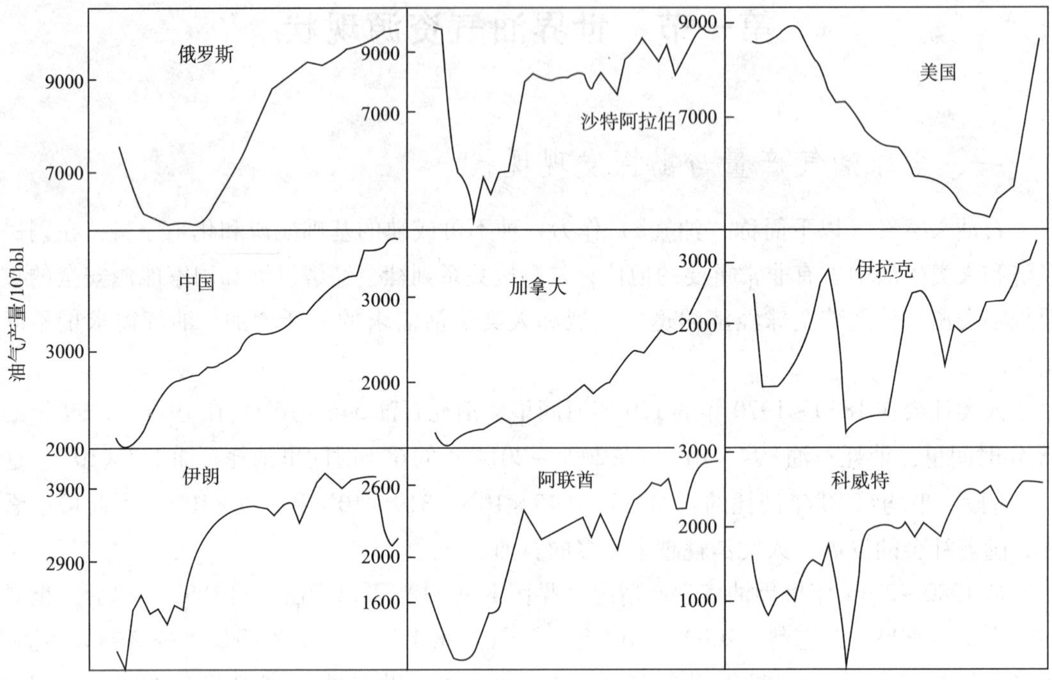

图1-1-2 1980～2014年世界主要油气生产国油气产量

表1-1-1 1971～2015年世界石油产量数据

年份	产量/10^8t	储量/10^8t	储采比/a	年份	产量/10^8t	储量/10^8t	储采比/a
1971	24.9	710.8	29.6	1981	29.1	844.5	30.4
1972	26.3	739.4	29.2	1982	27.9	907.2	34.3
1973	28.6	787.2	28.4	1983	27.6	920.9	35.1
1974	28.7	806.3	28.9	1984	28.1	922.2	34.4
1975	27.3	821.3	31.0	1985	27.9	953.6	35.9
1976	29.7	836.3	29.1	1986	29.3	965.9	34.9
1977	30.7	811.7	27.3	1987	29.5	1027.3	37.0
1978	31.0	802.2	26.8	1988	30.7	1173.3	40.8
1979	32.3	832.2	26.7	1989	31.0	1255.1	42.7
1980	30.9	829.5	28.1	1990	31.7	1367.0	45.3

续表

年份	产量/10^8t	储量/10^8t	储采比/a	年份	产量/10^8t	储量/10^8t	储采比/a
1991	31.6	1362.9	46.1	2004	39.0	1733.0	46.1
1992	31.9	1352.0	45.8	2005	39.4	1622.0	45.9
1993	31.9	1360.2	45.8	2006	39.6	1723.0	46.0
1994	32.4	1362.9	45.6	2007	39.4	1686.0	47.2
1995	32.8	1364.3	45.3	2008	39.3	2013.0	51.0
1996	33.8	1373.8	44.9	2009	38.2	2050.0	53.6
1997	34.8	1390.2	44.1	2010	39.1	1888.0	48.3
1998	35.5	1391.5	42.6	2011	40.6	2343.0	57.7
1999	34.8	1412.0	48.5	2012	43.6	2350.0	53.9
2000	36.1	1386.1	47.4	2013	41.9	2382.0	56.9
2001	36.1	1407.0	47.5	2014	42.1	2398.0	52.5
2002	36.0	1661.0	49.5	2015	47.2	2 416.0	51.2
2003	37.3	1661.0	48.1				

人类消费的油气在不断增长，并不意味着世界剩余的油气就越来越少，相反，人类发现的石油资源却会越来越多，至少从已经过去的历史看是这样。例如，自1970年中国石油长庆油田成立，到2002年32年间共提交石油探明储量10×10^8t；随后到2012年10年间提交石油探明储量20×10^8t；又到2015年3年间提交石油探明储量10×10^8t。再如，1971年发现的世界石油剩余储量为710×10^8t，到1999年，世界发现的石油剩余储量就翻了一番，达到1412×10^8t；到2014年，世界发现的石油剩余储量则为2398×10^8t。短短15年的时间，发现的石油剩余储量差不多又翻了一番。1971年、1990年和2014年石油的储采比分别为29.6 a、45.3 a和52.5 a。其表现出来的趋势就是：世界石油的剩余储量越来越多，可供人类使用的时间越来越久（见表1-1-1）。

除供求关系和价格因素外，控制油气发现的主要因素为人类能力。随着石油探采技术的进步，在以前不曾涉及的领域，如深层、深水、页岩等都获得了油气发现。截至目前，海域（包括陆架、深水和超深水区）已经提供超过30%的油气产量，页岩油气的产量占比也已达到10%。这些新领域，在未来较长一段时间内将支持世界油气储量发现的不断增长（见表1-1-2和表1-1-3）。

表1-1-2 世界石油生产大国2014年年底储采比

国家	已证实石油储量/10^8bbl	全球储量占比/%	每日产量/10^4bbl	年产量/10^7bbl	储采比/a
沙特阿拉伯	2626	17.90	1052	9800	63.6
委内瑞拉	2112	14.40	238	2500	243.0
加拿大	1752	11.90	348	3600	137.0

续表

国家	已证实石油储量/10^8bbl	全球储量占比/%	每日产量/10^4bbl	年产量/10^7bbl	储采比/a
伊朗	1370	9.31	425	3200	139.0
伊拉克	1150	7.80	264	3400	71.0
科威特	1040	7.10	245	2700	89.0
阿联酋	978	6.70	281	2850	72.2
俄罗斯	600	4.10	1027	10100	26.1
美国	485	2.90	1164	8700	11.4
中国	185	1.10	425	4200	11.9

表 1-1-3　世界天然气生产大国 2014 年底储采比

国家	已证实天然气储量/$10^{12}m^3$	全球储量占比/%	年产量/10^8m^3	储采比/a
沙特阿拉伯	8.2	4.4	1082	75.4
委内瑞拉	5.6	3.0	286	195.8
土库曼斯坦	17.5	9.3	693	252.5
伊朗	34.0	18.2	1726	197.0
卡塔尔	24.5	13.1	1772	138.3
阿尔及利亚	4.5	2.4	833	54.1
阿联酋	6.1	3.3	578	105.5
俄罗斯	32.6	17.4	5787	56.4
美国	9.8	5.2	7283	13.4
尼日利亚	5.1	2.7	386	132.1

2015 年，世界范围内有许多令人振奋的油气勘探新发现。全球页岩油资源规模约为 3450×10^8bbl，相当于全球原油供应量的 10%。其中，美国页岩油储量为 580×10^8bbl，中国页岩气技术可采储量为 $36\times10^{12}m^3$，储采比为 300a。另外，美国在马塞洛发现的油田，其资源规模为 20×10^8bbl 油当量，这将是美国国内最大的油气田。2015 年，墨西哥国家石油公司和美国阿纳达科石油公司在墨西哥湾新发现的油气资源量相当于 7×10^8bbl 油当量。2015 年 4 月，英国石油与天然气投资公司宣布，其在英格兰南部发现新油田的储油量达 $1\,000\times10^8$bbl。这是英国近 30 年来发现的最大陆上油田。这个储量相当于英国北海海底油田过去 40 年产油量的 2 倍多。2015 年，意大利能源集团公司在埃及沿海发现了全球最大天然气田的其中之一，地质储量相当于 55×10^8bbl 原油。2016 年 1 月 5 日，中国石化在南海北部湾钻获油气，2 口井日产油分别为 1280t 和 1184t，日产天然气分别为 $7.2\times10^4m^3$ 和 $7.6\times10^4m^3$，创中国石化近 10 年来的日产量之最。北部湾盆地石油资源量 167×10^8t，其中石油可采储量 182.5×10^8bbl。

由此可见，在跨越深层、深水后，等待我们的还有更广阔的南、北极以及高原等地带，这些区域将成为新的油气田发现区。

二、全球油气资源总量及分布

自20世纪初以来，随着油气勘探开发技术的不断进步，油气勘探领域不断得到拓宽，认知的全球油气资源量一直保持增长。根据《世界油气投资环境数据库》资料预计，常规石油资源量 5031×10^{8}t，天然气资源量 $488\times10^{12}m^{3}$。中东是全球油气资源最为丰富的地区（见表1-1-4），资源量 1840×10^{8}t，占全球总量的36.6%。从国家和地区分布来看，常规石油资源量超过 100×10^{8}t 的国家和地区有13个，其资源总量占全球常规石油资源量的75%以上，主要包括沙特阿拉伯、俄罗斯和美国等。

表1-1-4　世界常规油气资源地区分布（据《中国石油石化产业技术创新报告》）

地区	石油		天然气	
	10^{8}t	占世界比例/%	$10^{12}m^{3}$	占世界比例/%
北非	195	3.9	17	3.5
北美	859	17.1	66	13.5
俄罗斯-中亚	826	16.4	139	28.5
南美	519	10.3	30	6.1
欧洲	183	3.6	31	6.4
亚太	395	7.9	64	13.1
中东	1840	36.6	128	26.2
中南非	214	4.3	13	2.7
全球合计	5031		488	

俄罗斯—中亚和中东地区是全球天然气资源最丰富的两个地区，资源量 $267\times10^{12}m^{3}$，占全球总量的50%以上。从国家和地区分布来看，天然气资源量超过 $5\times10^{12}m^{3}$ 的国家和地区有21个，资源总量约占全球天然气资源量的85%，前10位主要包括俄罗斯、美国、伊朗、沙特阿拉伯和卡塔尔等（见表1-1-5）。

表1-1-5　世界油气资源量前10位国家（据《世界油气投资环境数据库》）

名次	国家	石油最终资源量/10^{8}t	名次	国家	天然气最终资源量/$10^{12}m^{3}$
1	沙特阿拉伯	769	1	俄罗斯	109
2	俄罗斯	614	2	美国	58
3	美国	496	3	伊朗	38
4	伊朗	304	4	沙特阿拉伯	34
5	加拿大	292	5	卡塔尔	32
6	伊拉克	265	6	中国	22
7	阿联酋	211	7	印度尼西亚	13
8	中国	200	8	土库曼斯坦	13
9	科威特	195	9	挪威	10
10	委内瑞拉	182	10	委内瑞拉	10

据 BP《世界能源统计报告 2010》等资料，截至 2009 年年底，累计采出石油约1500 × 10^8t，剩余探明可采储量 1826 × 10^8t，约有 1250 × 10^8t 待发现可采资源量；累计采出天然气 86 × 10^{12} m^3，剩余探明可采储量 188 × 10^{12} m^3，约有 160 × 10^{12} m^3 待发现可采资源量。

2009 年，世界原油产量 38.2 × 10^8t，其中重油、沥青砂的年产量由 2000 × 10^4t 上升到近 2 × 10^8t，约占 6%；世界天然气产量 29869.6 × 10^8 m^3，其中非常规气接近 6000 × 10^8 m^3，约占 20%（2001 年占比为 8.6%）。

非常规油气资源是指用常规手段难以规模、有效开采的油气资源。第 14 届世界石油大会公布，非常规石油可采资源量为（4000 ~ 7000） × 10^8t，非常规天然气可采资源量为 849 × 10^{12} m^3。另据《AAPG 地质研究》（2005）和国际能源机构（IEA）等统计数据，世界超重油及沥青（油砂）资源量达 5206 × 10^8t，油页岩资源量（3397 ~ 8534） × 10^8t，页岩气 456 × 10^{12} m^3，煤层气 264 × 10^{12} m^3，致密砂岩气 210 × 10^{12} m^3。天然气水合物资源总量是地球上已知油气和煤炭等化石能源资源总量的 2 倍以上；据 USGS 调查结果（2005 - 08），海域储量为 1372 × 10^{15} m^3，陆地储量为 336 × 10^{15} m^3。

全球油气产量峰值及潜力。油气产量峰值是指世界油气产量的最高点或峰值平台。影响油气生产的因素复杂多变，峰值的预测也更困难。1949 年，美国著名石油地质学家 M. K. Hubbert 提出油气生产将遵循“钟形曲线”规律（Hubbert 模型），任何地区的石油产量都会达到最高峰，达到峰值后该地区的油气产量将不可避免地开始下降。全球有 66 个国家和地区的油气产量已跨越了峰值，典型的国家和地区有美国、英国、挪威等。因此，有专家学者认为，目前世界油气产量进入了峰值平台期。

事实上，油气资源存在储量发现和生产产量两个高峰，产量高峰相对于勘探高峰要滞后一段时期。如美国石油勘探的高峰出现在 1935 年，而产量高峰出现在 1970 年；挪威石油勘探的高峰出现在 1978 年，产量高峰出现在 2001 年。世界巨型油田发现的高峰在 20 世纪 60 年代，而发现储量的高峰在 20 世纪 80 年代，共探明 753 × 10^8t，目前原油产量仍在稳步提升，AAPG 称世界石油产量将在 2020 ~ 2040 年达到峰值。石油产量达到峰值并不意味着全世界将不会有新的石油发现，只是其后的产量将无法再达到或超过峰值产量，而油砂、重油等非常规石油的开发和接替，可延缓石油产量峰值的到来。

石油峰值及潜力。2000 年以来，全球年均净增石油探明可采储量 61 × 10^8t，储采比仍保持在 40a 以上，即使今后不再发现石油可采储量，按目前全球石油年产量 39 × 10^8t 的开采水平测算，全球剩余探明石油储量还可开采 47 年；按年产量 50 × 10^8t 计算，世界探明剩余可采储量还可开采 35 年以上。考虑到今后勘探还会发现更多的储量，按现阶段采出速度，全球石油资源开采寿命在 100 年以上。以上数字给出两大趋势：①世界石油工业虽有 150 多年历史，但石油资源的采出程度仅占 1/3，剩余探明石油储量还有 40%，潜力较大；②按目前地质认识，待发现的石油资源还有 28%，远未枯竭，至少未来 40 ~ 50 年内不会出现石油产量中断和严重供不应求的问题。

天然气峰值及潜力。从国际上看，与石油相比，天然气的发展要晚 10 ~ 20 年，且探明和采出程度更低。20 世纪 70 年代是巨型气田储量增长的高峰，自 1990 年以来，天然气发现超过了石油，现在天然气正处于快速发展时期，储量、产量均在稳步上升。若不再发现新的储量，全球剩余探明天然气储量还可开采60年以上，按年产（4~5）×$10^{12}m^3$ 计算，世界探明剩余天然气可采储量还可开采40~50年以上。若勘探还有新发现，全球天然气资源的开采寿命比石油还要长。

特别是非常规天然气的大规模开发，天然气资源的发展潜力巨大，预计世界天然气产量峰值的出现将在2050年以后。例如，天然气发展较早的美国，其2009年产量创出新高，超过6000×10^8m^3。因此，要以发展的眼光来分析油气资源的潜力问题。

第二节 我国油气资源现状

一、油气资源需求

随着我国国民经济的迅速发展，油气需求量与日俱增，尽管近年来我国油气产量连年增长，但仍不能满足国家发展对油气需求的快速增长。自1993年我国成为石油净进口国以来，我国原油消费量以年均5.77%的速度递增，而同期国内原油供应增长速度仅为1.67%。目前，中国已成为世界第二大原油消费国，是仅次于美国和日本的第三大石油进口国。2006年，我国原油进口达1.45×10^8t（比2005年多进口1836×10^4t），折合每天进口原油约40×10^4t。同期，我国成品油进口量为3638×10^4t。特别是近几年来，我国石油进口量猛增，所反映的我国石油消费趋势及其与我国石油生产能力形成的巨大剪刀差令人担忧（见图1-1-3）。2005年，我国进口原油1.36×10^8t，对外依存度达到42.9%；虽然2006年我国原油产量增加到1.85×10^8t，但我国原油对外依存度仍增加到47.4%；2007年我国原油产量维持在1.85×10^8t，但进口原油达到1.63×10^8t，石油对外依存度接近50%。这些逐年攀升的数字表明，我国至少提前5年突破了中国工程院《中国可持续发展油气资源战略研究报告》中提

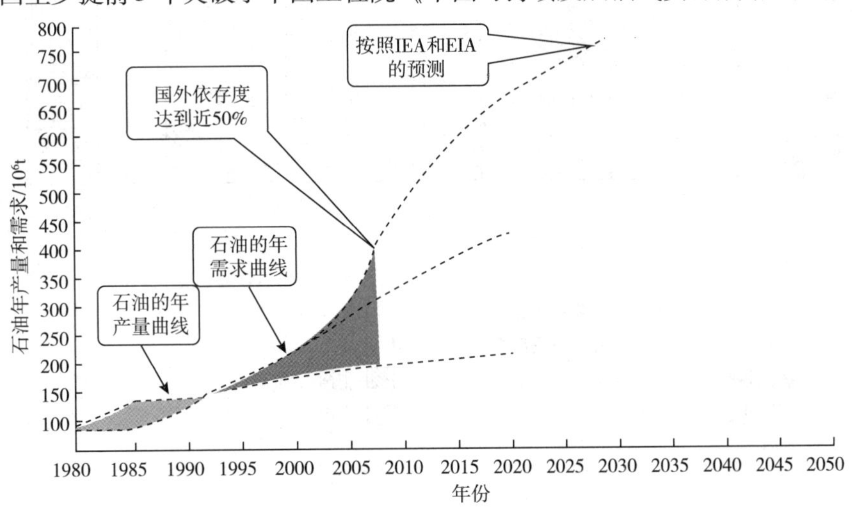

图1-1-3 我国石油年产量与需求量比较（据IEA，2008）

出的2010年我国石油总需求达到3.2×10^8t与对外依存度达到44%的预测。

近30年来，中国经济的快速发展使得其能源消耗总量远超世界平均水平，对石油天然气的需求更高，石油和天然气在能源消费构成中的比例逐年增高（见图1-1-4）。一个

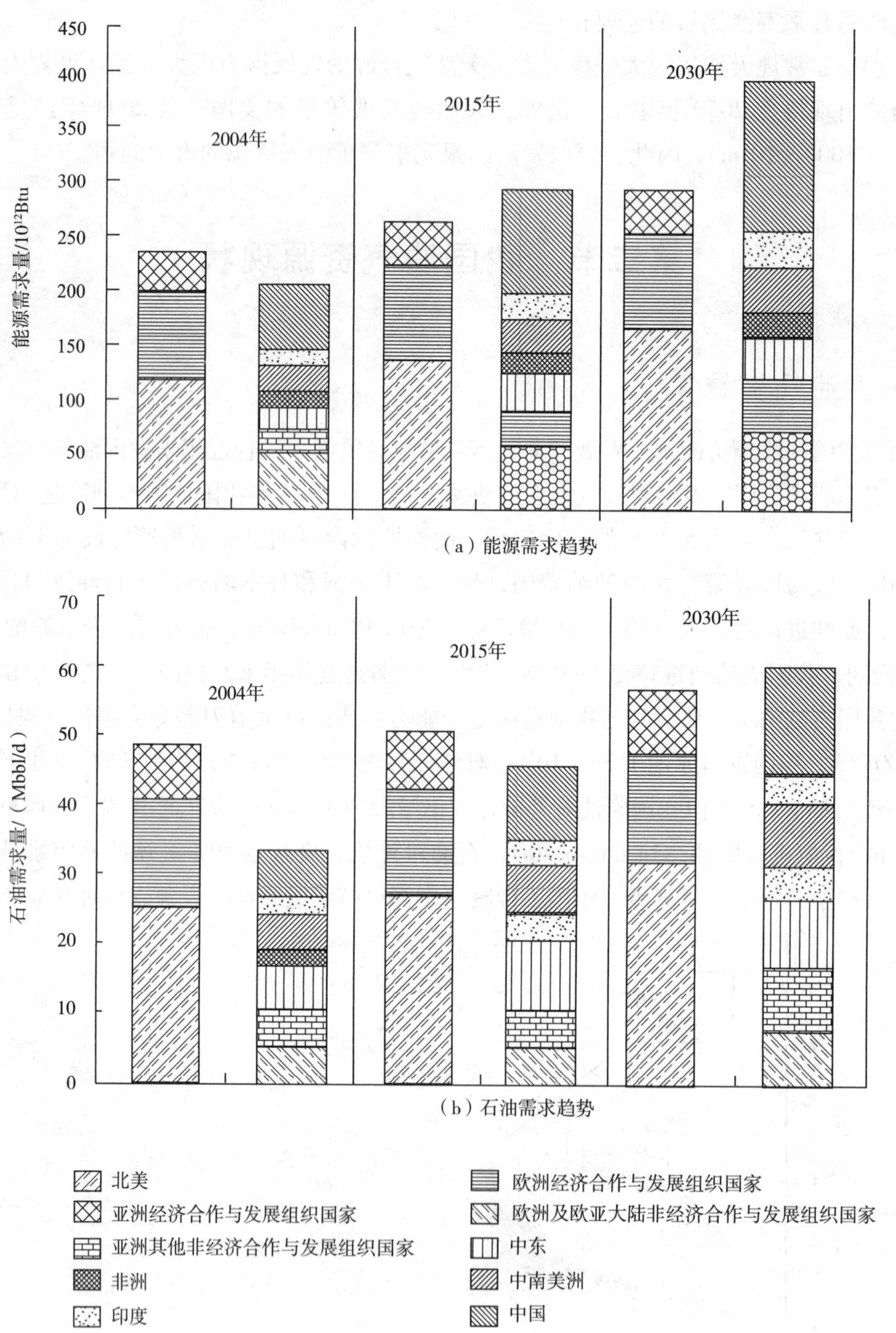

图1-1-4 全球各经济主体到2030年的能源和石油需求趋势

国家 GDP 的增长与油气消耗存在着密切关系，按照图 1-1-5 所示的世界各国经济发展过程中年平均人均石油消耗与人均 GDP 之间关系的统计，中国的发展基本处于正常水平。照此态势，到 2025 年，我国油气需求量至少每年增长 2000×10^4t，之后才可能趋缓。石油短缺已成为 21 世纪制约中国经济发展的巨大“瓶颈”。

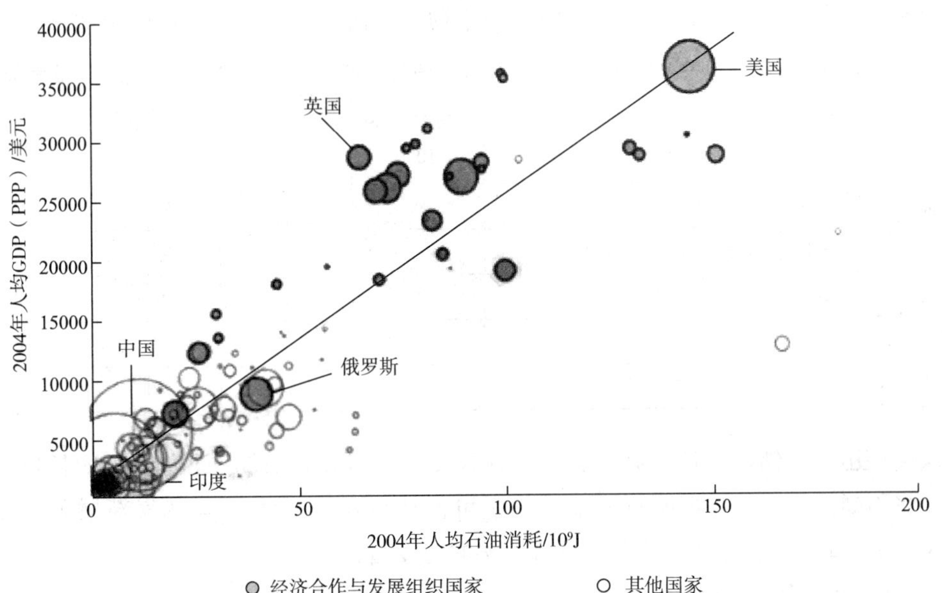

图 1-1-5 全球过去人均石油消耗与 GDP 的增长关系

二、我国油气资源潜力及勘探开发现状

（一）我国油气资源潜力

截至 2002 年，我国油气勘查面积为 312×10^4km²，约占全国沉积岩面积的 56.6%。累计开展二维地震约 346.8×10^4km，三维地震约 15×10^4km²，钻探井总计 40614 口。探井平均钻探密度每 1000km² 仅约为 13 口探井，其中海洋勘查程度最低，每 1000km² 仅约 1.4 口探井，约为全国平均探井密度的 1/10（见表 1-1-6）。勘探程度分布不均，陆上高于海上，东部高于西部，部分东部老区每 1000km² 探井数多达 100～200 口。相比之下，美国沉积岩面积为 830×10^4km²，勘查面积约占 80%，每 1000km² 钻探井约 80 口，是我国探井密度的 6 倍多。

表 1-1-6 我国油气资源勘探程度统计结果（据中海油的地震数据，截至 1997 年）

石油公司	勘查面积/10^4km²	二维地震/10^4km	三维地震/10^4km²	探井数/口	探井密度/［口/（10^3km²）］
中国石油	156.6	205.9	9.26	28122	18
中国石化	81.3	62.6	4.31	11695	15
中国海油	58.1	89.4	1.33	797	1.4
合计	296	346.8	14.9	40614	13

再由表1-1-7可见，我国油气资源的发现程度和探明率较低。相比之下，美国可采石油资源量的平均探明率约为65%，可采天然气资源量的平均探明率为94%。按照国际惯例，油气可采资源量的探明率小于30%的属于勘探早期，30%～60%的属于勘探中期，大于60%的才进入勘探后期。因此，从整体上看，目前我国石油资源处于勘探中期阶段，仍然具有较大的发展潜力；天然气资源尚处于勘探早期阶段，属于快速增长期。

表1-1-7　我国石油资源探明率统计结果（据2000年油气资源评价结果和2002年年底全国油气储量通报）

地区	地质资源量/10^8t	地质储量/10^8t	平均探明率/%	可采资源量/10^8t	可采储量/10^8t	平均探明率/%	勘探阶段
东部	420	163.3	39	95	50	52.6	中后期
西部	368	44.8	12	35	9.75	27.8	早中期
近海域	246	17.99	7.4	22	3.93	18.2	早期
南方及西藏	33	1.2	3.6	8	0.32	4	早期
合计	1067	227	22	160	64	40	中期

从勘探历程和储量增长趋势来看，预计在2020年前石油储量处在稳定增长期，但勘探难度将不断加大，新增探明石油地质储量可保持在8×10^8t/a；天然气新增可采储量为1000×10^8m^3/a以上，年探明率将以大于1%的速度增长。

（二）勘探开发现状

近年来，石油勘探不断取得突破，年均新增石油储量超过7×10^8t。在渤海海域相继发现曹妃甸11-1、秦皇岛32-6及蓬莱19-3等大型油田；在西部地区山前冲断带和古隆起发现大型油田，如酒西盆地亿吨级的青西油田和塔里木盆地轮南隆起上的塔河油田。天然气勘探发展迅速，年均新增天然气储量为4200×10^8m^3，在塔里木盆地北部、鄂尔多斯盆地中部、四川盆地东北部陆续发现了克拉-2、苏里格及罗家寨等大型气田。

自20世纪80年代末以来，我国石油勘探总体上发展缓慢，特别是优质储量增长缓慢，形势日益严峻：①后备储量缺乏，储采比下降。1985～2002年，可采储量增长缓慢，年均增长仅为1.44×10^8t，而同期年均石油产量为1.47×10^8t，年均新增可采储量不能弥补当年采出储量，储采比从17.9a下降为14.5a。②剩余油气资源地质条件复杂，勘探难度加大。剩余资源大多分布于深水、沙漠、山地及黄土塬等，地质条件复杂，推覆构造发育，地震反射差，施工难度大，风险大。③剩余资源质量较差，规模较小，重油、低渗透油气资源偏多。20世纪60年代发现的油藏规模平均为1.15×10^8t；70～80年代平均为0.12×10^8t；而90年代仅为5×10^6t。低品位储量占已探明及控制储量的1/2，据估计，剩余待探明石油资源中的43%为稠油和低渗透油。④风险勘探投入不足，战略性、公益性、基础性油气调查力度不够，导致商业性油气勘探滞后，制约了油气重大发现。⑤随着油气资源勘探开发难度的加大，对科技水平的要求越来越高，一系列关键理论和技术，如碳酸岩层系油气成藏理论与开发技术、深层高温高压下油气成藏机理及资源-勘探目标一体化评价与决策系统、深水钻探、山地地震等技术亟待突破。

三、我国油气资源总量及分布

我国含油气沉积盆地以陆相沉积为主，大多具有多构造层系、多盆地类型叠合的特征。从古生代到新生代，沉积盆地在多期构造活动中，经历了先海相后陆相的演化过程。不同类型盆地相互叠加、改造，沉积面貌复杂，沉积巨厚，发育多套生烃层系和储集层系，出现多期次生烃、成藏，多含油气系统、多油气藏类型重叠。油气分布复杂，而且圈闭构造发育不平衡，陆相岩相岩性变化大，形成了复杂的油气地质和分布特征。根据资源评价结果，在已评价的150个含油气盆地中，石油资源量为1067×10^{8}t，天然气资源量为$47\times10^{12}m^{3}$（见表1-1-8）。其中，石油可采资源量为（135~160）$\times10^{8}$t，天然气可采资源量为（10~15）$\times10^{12}m^{3}$。

表1-1-8　全国油气资源量统计结果（据翟光明院士，2003）

分　区	评价盆地数/个数	沉积岩面积/10^4km^2	石油资源量/10^8t	占全国资源量比例/%	天然气资源量/$10^{12}m^3$	占全国资源量比例/%
东部区（华北、东北及江淮）	55	106.1	420	39.3	4.36	9.3
西部区（中部及西北部）	26	168.9	368	34.5	31.3	66.5
南方及西藏区	59	76.8	33.4	3.1	3.3	7
近海区	10	78.6	246	23.1	8.1	17.2
全国合计	150	430.5	1067	100	47.1	100

表1-1-8显示，我国油气资源的地理分布极不均衡，石油资源主要分布在东部、西部区（包括中部及西北部）和近海海域，而天然气则主要分布在西部和近海海域。

四、我国主要油气区（盆地）的勘探现状与潜力

（一）松辽特大型油气区

中国东部裂谷盆地的断陷与坳陷构造层各有其油气风格。松辽盆地不仅K_2坳陷层石油资源丰富，其K_1断陷层也已显现出大型气区的轮廓。

松辽盆地石油资源量达180×10^{8}t，石油探明储量近80×10^{8}t，年产石油5500×10^{4}t。K_2构造层勘探扩展方向为大庆长垣两侧及盆地西斜坡的上白垩统地层－岩性油气藏等。其前景仍然十分可观。据有关机构预测，未来10多年还可探明10×10^{8}t的石油储量。但是目前部分地区含水高达85%以上，开采难、成本高，也不利于持续发展。

松辽盆地天然气资源量近$9000\times10^{8}m^{3}$，探明储量$3000\times10^{8}m^{3}$，年产气$30\times10^{8}m^{3}$。盆地北部下白垩统断陷层已发现几个大、中型气田，探明天然气储量达$150\times10^{8}m^{3}$，可能培育成为一个大型气区，预计年产能力将达到$50\times10^{8}m^{3}$以上。盆地南部十屋断陷探明加控制天然气储量$220\times10^{8}m^{3}$，原油探明加控制储量2000×10^{4}t，年产天然气$1\times10^{8}m^{3}$，有

望建成中型油气田；长岭坳陷已发现工业气流，也是较好的天然气远景区，应加强勘探。

（二）渤海湾特大型油气区

渤海湾盆地为下第三系断陷 - 上第三系坳陷盆地。其陆上部分经过 30 多年的艰苦勘探，逐个断陷的精雕细刻，已探明石油储量 80×10^8t，年产石油 5400×10^4t 左右，终于培育成为全国第一的大油气区。渤海湾盆地石油资源量近 200×10^8t，其下第三系断陷层勘探程度较高，但还可发现一批非构造油气藏。此外，古潜山、上第三系坳陷层及前第三系也有较大潜力。

10 多年来，胜利油田年新探明石油储量保持在 1×10^8t 左右，加上辽河、大港、华北、冀东油田的勘探扩展，预计今后 10 多年渤海湾盆地还可探明（15 ~ 20）$\times10^8$t 石油储量，形成稳定发展的局面。但是部分高含水区开采困难，治污成本也高，并不利于可持续发展。若能逐步地下调到年产 5000×10^4t 左右，则生产可在一个较长的时期内保持稳定。

渤海湾盆地天然气资源量为 $21000\times10^8\mathrm{m}^3$，探明储量仅为 $5800\times10^8\mathrm{m}^3$，年产气 $40\times10^8\mathrm{m}^3$，已向京、津提供优质气源。该区天然气储量、产量还有增长空间。其 C - P 煤成气是一个潜力可观的勘探新领域。

（三）新疆大型油气区

10 多年来，新疆三大盆地年新增探明石油储量达 1×10^8t 左右，天然气增长更快，应是西部油气勘探的重点地区。其中主要的盆地有：

1. 准噶尔盆地

准噶尔盆地为大型煤、油、气共生盆地，石油资源量达 90×10^8t 左右。10 多年来，除在克拉玛依扩大外，又发现石西、石南、陆梁、彩南等大、中型油气田，储量增长较快，目前已探明石油储量 18×10^8t，年产石油 1000×10^4t。陆梁和中部低隆起带是增加石油储量、产量的主要区带。侏罗系、石炭系、二叠系潜力较大，浅层白垩系 - 第三系也有新发现。

天然气资源量达 $37000\times10^8\mathrm{m}^3$，探明储量 $2000\times10^8\mathrm{m}^3$，年产气近 $20\times10^8\mathrm{m}^3$。天山北缘冲断带和昌吉坳陷是盆地的主体，其天然气资源量达 $32000\times10^8\mathrm{m}^3$。天山北缘冲断构造带与天山南缘库车坳陷类似，有利于天然气成藏。昌吉坳陷又与川西坳陷类似，同为中新生代前渊坳陷，从隐伏断裂带相关构造入手，有望找到大、中型气田。

近年来，中国石化大规模地介入准噶尔盆地开发，促使该区进入整体评价与勘探阶段，加快该盆地油气储量、产量的增长，预计未来 10 多年可新增探明石油储量（7 ~ 8）$\times10^8$t，年产量有望逐步达到 2000×10^4t 左右。盆地南部也可能发现大、中型气田，成为“西气东输”的另一后备基地。

2. 塔里木盆地

塔里木盆地为古生界与中新生界叠加的大型复合盆地。其石油资源量达 100×10^8t，目前，仅探明石油储量 6×10^8t 左右，年产石油 650×10^4t。其天然气资源量达 $100000\times10^8\mathrm{m}^3$，已探明储量 $6000\times10^8\mathrm{m}^3$，年产气仅 $8\times10^8\mathrm{m}^3$。

塔北、塔中等克拉通古隆起及其古斜坡带是寻找石油的有利地带；前陆坳陷及盆地深部是寻找天然气的有利地带。由于盆地总体勘探程度不高，油、气勘探发展空间很大。

10 多年来，塔里木盆地油气储量年均增长 1×10^8t 油气当量的势头还将继续保持下去。2010～2015 年，新增石油探明储量（7～8）$\times10^8$t，使石油年产量逐步达到 1500×10^4t，新增天然气探明储量 $5000\times10^8m^3$，年产天然气达到 $200\times10^8m^3$。

此外，塔里木盆地在资源结构与探明油气成果上，石油与天然气具有各占一半的特点，值得在规划与部署时引起重视。

3. 吐哈盆地

吐哈盆地石油资源量为 16×10^8t，已探明石油储量 25000×10^4t，年产石油 280×10^4t，天然气资源量 $3700\times10^8m^3$，探明储量 $700\times10^8m^3$，年天然气产量达 $10\times10^8m^3$。吐哈盆地油气成果的取得，在理论上得益于煤成油气理论的提出与应用，这使吐哈盆地跻身于全国十大油气盆地之列。近年来，又在盆地南部发现海相 C－P 的烃源岩和油气藏，确立了新的勘探方向，也将导致新领域的开拓。

预计吐哈盆地还有一定的发展空间，油气储量、产量还将稳步低幅增长。

4. 焉耆盆地

焉耆盆地石油资源量 45300×10^4t，探明石油储量 3100×10^4t，年产油 20×10^4t，天然气资源量 $700\times10^8m^3$，探明储量 $100\times10^8m^3$。焉耆盆地还有一定的油气潜力。

综上可见，新疆石油资源量已达 220×10^8t，目前已探明石油储量近 30×10^8t，年产石油近 2000×10^4t。由于后备区带多、资源潜力大，再用 10 多年时间，可能新增探明石油储量（10～15）$\times10^8$t，使石油探明储量达到（40～45）$\times10^8$t，这样使石油年产量翻一番就有了资源基础。新疆天然气资源量为 $14000\times10^8m^3$，探明储量 $800\times10^8m^3$，已具备“西气东输” $120\times10^8m^3$ 的储量基础。预计用 10 多年时间，库车气区和巴楚气区将更为扩展，而准噶尔南缘也将发现新的大、中型气田，新疆可新增天然气储量 $10000\times10^8m^3$，使天然气年产量上升到 $200\times10^8m^3$，实现“西气东输”的第二期目标。

届时，新疆将成为年产油气超过 5000×10^4t 当量的特大型油气区。

（四）近海海域大型油气区

我国海域油气勘探在对外开放中得到不断发展。

目前，石油资源量为 270×10^8t，已探明石油储量近 20×10^8t，探明率为 7%，年产石油在 1800×10^4t 左右。目前，储采比很低，其中珠江口盆地尤为突出。从总体上看，我国近海石油勘探潜力仍然很大，目前渤海形势较好，东海和南海北部则需拓宽思路，寻找新的含油领域。

近海天然气资源量高达 $137000\times10^8m^3$，探明储量 $4000\times10^8m^3$，探明率仅为 3%，年产量 $40\times10^8m^3$，储采比高达 60a，天然气勘探潜力很大。

1. 渤海海域

渤海海域为渤海湾盆地的海域部分。上第三系－第四系渤海为坳陷盆地的主体，自成一个油气系统。其石油资源量达 70×10^8t。天然气资源量达 $4200\times10^8m^3$ 以上。

从绥中 36－1、秦皇岛 32－6 到蓬莱 19－3，已证明渤海上第三系坳陷层油气潜力巨大。目前，其探明率还较低，主要勘探方向是邻接生油凹陷的隆起带、凹陷中的断裂构造带和基岩凸起上的披覆构造。

10 多年来，渤海勘探形势较好，目前已探明石油储量超过 10×10^8t，年产石油近 400×10^4t；天然气探明储量 $700\times10^8m^3$，年产气仅 $4\times10^8m^3$，其储采比高达 65a。据 2000 年龚再升预测，渤海“再找到 10×10^8t 以上石油地质储量是现实的”。

2. 南海北部陆架区

（1）珠江口盆地。

位于南海北部被动陆缘上，下第三系为陆缘裂陷，上第三系被统一为南海北部陆架－陆坡盆地。它具有陆相和海相两套含油气层系，两种油气系统。1979 年，珠 5 井发现工业油流，推动了珠江口盆地的中外合作勘探开发。

20 多年来，勘探开发集中在浅水区的珠一坳陷。以下第三系滨海含煤系生烃，中新统海相砂岩构造圈闭成藏及陆架前缘生物礁灰岩成藏为导向，探明石油储量 5×10^8t，并建成海域第一个年产千万吨级油田。前几年，石油年产量达到 $(1000\sim1300)\times10^4$t，但由于储采比低，后备区带不足，石油储量、产量稳定问题较为突出。

据地质评价预测，珠江口盆地石油资源量达 68×10^8t，其探明率还不到 7%，说明还应有较大资源潜力。未来的勘探除在珠一坳陷的文昌、恩平、西江凹陷寻找新油田外，还可向陆架前缘扩展。如前所述，珠二坳陷上第三系陆坡海相泥岩和断陷 E_{2-3} 的滨海相含煤系烃源，以及其间的斜坡扇、陆架前缘碳酸盐礁体及前积砂体等储集层体的配套，构成良好的油气系统，这个新领域很值得开拓。但深水区勘探投资大、风险也大。如国家能实施战略勘查和科学探井钻探，取得油气突破，可参照珠 5 井模式，推进该区新一轮中外合作油气勘探开发。

至于潮汕坳陷，它可能保存有特提斯海相侏罗－白垩系沉积，其原始生烃条件可能较好。这里还发现有 NEE 向构造带，有一定油气前景。但因后期火山、岩浆活动，热力改造强烈，油气演化剧烈，保存条件可能较差。宜需继续调查研究。

（2）莺歌海－琼东南盆地。

它们是在大型走滑断陷和陆缘裂陷基础上发育起来的陆架－陆坡盆地。强烈而持续的右行走滑，使莺歌海盆地的沉积与生烃中心自北西向南东迁移，同时右行走滑还导致泥底辟“混相热涌流”成藏。

这是两个大型富气（油）盆地。已探明天然气储量达 $2500\times10^8m^3$，年产气 $35\times10^8m^3$，成功实现向香港和海南供气。据预测，其天然气资源量达 $77000\times10^8m^3$，探明率仅 3%，扩大勘探开发的潜力很大，是向南方供气的良好基地。

此外，在琼东南盆地神弧隆起也发现油气流，预示陆架前缘油气前景较好，也是勘探扩展的方向。

（3）北部湾盆地。

北部湾盆地属于我国东部第二沉降带的裂谷盆地之一，为第三纪陆相沉积，断－坳结构。已探明石油储量 8400×10^4t，年产石油达 210×10^4t，还有一定勘探潜力。

（4）东海盆地。

东海盆地面积达 250000km²，是在前始新世陆缘裂陷基础上发展起来的第三纪坳陷盆地。东海是我国老一辈地质学家给予高度评价的大型油气远景区。1998 年，原新星石油公司上海局预测，东海石油资源量 54×10^8t，天然气资源量 25500×10^8m³。探明率分别为 0.4% 和 3.35%，其资源潜力很大（见图 1－1－6）。

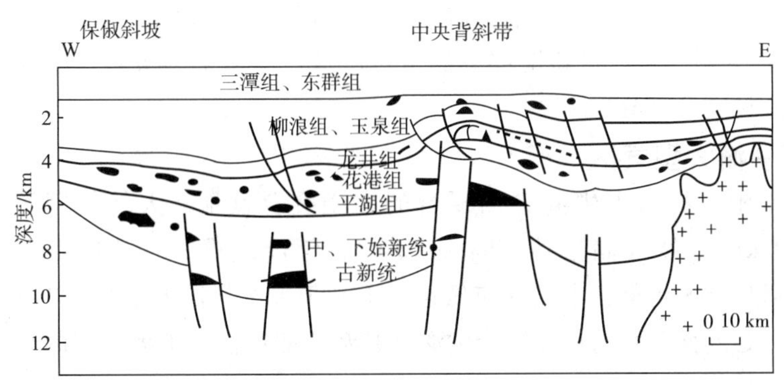

图 1－1－6　东海陆架盆地西湖凹陷油气成藏模式示意图（据贾健谊）

原地矿系统因资金短缺，20 多年的勘探均集中在西湖凹陷，先后发现了平湖、春晓、残雪等几个大型气（油）田。探明加控制天然气储量近 2000×10^8m³ 气当量，其中，含石油储量 2200×10^4t。现年产气 3×10^8m³，年产油 53×10^4t。西湖凹陷 2010 年累计探明天然气地质储量 4200×10^8m³ 气当量，因而具有年产天然气 80×10^8 m³ 产能的储量基础。

从东海盆地的整体分析与勘探发展考虑，若能加强西湖凹陷白堤深凹第三系的勘探，同时探索陆架前缘坳陷上第三系的油气，相信将会有重要的油气发现，也将大步推进东海陆架的油气勘探。

综上所述，我国近海海域油气勘探扩展的空间很大。其石油资源量达 270×10^8t，石油探明率仅 7%；天然气资源量 13.7×10^{12}m³，探明率仅 3%，油气资源潜力十分巨大。目前，年产石油仅 1800×10^4t；年产天然气仅 40×10^8m³。今后 5 年若南海能保持稳定，渤海年产石油又能上升到 2000×10^4t。再用 10 多年时间，在南海北部和东海，在上第三系和前第三系勘探领域取得新的突破，这样我国近海也将形成一个对外开放的特大型油气区。

（五）鄂尔多斯大型油气区

鄂尔多斯属中生界与古生界叠加的大型复合盆地。区域构造平缓，勘探发现多属地层－岩性油气藏，其勘探开发条件相当困难。

目前，该区古生界天然气探明储量达 5000×10^8m³。加上苏里格 C－P 深盆气，其探明储量可能达到 8000×10^8m³（据李振挥，2001 年会议发言）。现该区天然气年产量仅为 20×10^8m³。

鄂尔多斯盆地中生界石油探明储量已超过 11×10^8t，年产量超过 600×10^4t，其产能还有一定增长空间。但从全国来看，应提高储采比，适当控制产量，并储备一部分。

（六）柴达木大型油气区

柴达木盆地第四纪属山间坳陷，高原湖泊泥质沉积，经生物地球化学作用，成烃条件良好。天然气资源量达 $30000\times10^8m^3$，探明天然气储量近 $1600\times10^8m^3$，年产天然气近 $4\times10^8m^3$，潜力较大。涩－宁管线贯通后，年输气达到 $20\times10^8m^3$，成为“西气东输”第三大气源基地。

柴达木盆地侏罗系－第三系石油资源量达 20×10^8t，探明石油储量为 25400×10^4t，年产石油 200×10^4t。虽然可以再新增部分储量、产量，但从全国来看，应提高储采比，适当控制产量，并储备一部分。

（七）川－渝大型气区

四川盆地属中生界与古生界叠加复合的大型叠合盆地，天然气资源量达 $80000\times10^8m^3$。目前，探明天然气储量达 $7000\times10^8m^3$，年产气近 $90\times10^8m^3$。其产能已达到 $100\times10^8m^3$，但是供大于求，市场反应低迷，不利于天然气扩大生产。“川气出川”支援长江中游地区，是勘探开发与市场结合的必然趋势。四川盆地扩大勘探的方向在盆地东北部和深部。

除此之外，国内还有河南、江苏、二连、江汉、玉门等众多中、小型油气田，它们是全国油气储、产区的重要组成部分。还有一些新领域有待勘探，如玉门，虽然其是老油区，近年在冲断带勘探中又得到新发现。

另外，还有青藏高原区、南方海相区、南海北部深水区、黄海海域及南沙海域等油气远景区，也需要战略勘查与研究评价。

第二章　原油及产品的性质

第一节　原油的基本性质

一、石油的一般性质

石油是从地层深处开采出来的具有可燃性的黏稠液体矿物，常与天然气并存。从地下开采出来的未经加工的及经过初步处理的石油统称为原油；经过炼油厂炼制后所获得的各种产品则叫石油产品。石油是多种碳氢化合物的混合物，外观是一种流动或半流动的黏稠液体。石油因其产地不同，性质上都有不同程度的差异。从颜色上看，天然石油绝大多数都是黑色的，但也有暗黑色、暗绿色、暗褐色的，而且有些石油是呈赤褐色、浅黄色乃至无色的，如我国四川盆地开采出来的原油是黄绿色的，玉门原油是黑褐色的，大庆原油则是黑色的。石油具有不同的颜色，是因为它们所含的胶质和沥青质的含量不同。胶质和沥青质含量越多，石油颜色就越深。

绝大多数石油的相对密度介于0.8~0.98之间，但也有例外，如伊朗某石油相对密度高达1.06，美国加利福尼亚州的石油相对密度却低到0.707。石油的相对密度取决于石油中重质馏分、胶质、沥青质的多少。石油中重质馏分、胶质和沥青质越多，则石油的相对密度就越大，反之相对密度就越小。

由于石油里含有不同数量的硫化物，因此石油都有不同程度的气味。

在常温下，大多数石油是可以流动的液体，但也有的是固体或半固体。石油的流动性主要取决于石油中含蜡量的多少，含蜡量少，常温下呈液体状态，能流动；含蜡量高，常温下呈固体或半固体状态。我国石油一般含蜡量比较高，有的高达30%。

二、石油的化学组成

石油的化学组成十分复杂，不同产地甚至同一产地不同油井的原油，在组成成分上也有一定的差异。

（一）石油的元素组成

组成石油的主要元素是碳和氢，占元素总量的96%~99%。

此外，石油中还含硫、氮、氧等元素，在石油中的总含量一般为1%~4%，但在个别石油中硫、氮、氧的含量较高。如墨西哥石油仅硫元素含量就高达3.5%~5.3%。大多数石油中含氮虽甚少，约万分之几到千分之几，但也有个别地方的石油，如阿尔及利亚及美国加利福尼亚州石油，含氮量达1.4%~2.2%。

除上述5种元素外，在石油中还发现微量的金属元素和非金属元素。

在金属元素中，最重要的是钒（V）、镍（Ni）、铁（Fe）、铜（Cu）、铅（Pb），此外还有钙（Ca）、钛（Ti）、镁（Mg）、钠（Na）、钴（Co）、锌（Zn）等。

在非金属元素中，主要有氯（Cl）、硅（Si）、磷（P）、砷（As）等，它们的含量都很少。石油中的硫、氮、氧及微量非金属和金属元素的含量虽然很少，但对石油的加工过程影响很大。

上述各种元素在原油中都不是以单质的结构存在，而是以不同形式与碳和氢元素相互结合形成化合物存在于石油中。

（二）石油的烃类组成

从元素组成可以看出，石油是复杂的有机化合物的混合物，包括由碳、氢两种元素组成的烃类和碳、氢两种元素与其他元素组成的非烃类。这些烃类和非烃类的结构和含量决定了石油及其产品的性质。

石油的主要成分是烃类，在天然石油中主要含有烷烃、环烷烃和芳香烃，一般不含有烯烃。在不同的石油中，各族烃类含量相差较大。在同一种石油中，各族烃类在各个馏分中的分布也有很大的差异。

1. 石油中的烷烃

烷烃是组成石油的主要成分之一。随着相对分子质量的增加，烷烃分别以气、液、固三态存在于石油中。

在常温下，从甲烷到丁烷是气态，它们是天然气的主要成分。天然气中含有大量的甲烷和少量的乙烷、丙烷等气体，还含有少量易挥发的液态烃如戊烷、己烷直至辛烷的蒸汽，以及含有极少量的芳香烃及环烷烃。

在常温下，C_5 ~ C_{15}的烷烃为液态，主要存在于汽油和煤油中，其沸点随着相对分子质量的增加而上升。在蒸馏石油时，C_5 ~ C_{10}的烷烃多进入汽油馏分（200℃以下）的组成中，而C_{11} ~ C_{15}的烷烃则进入煤油馏分（200 ~ 300℃）的组成中。

C_{16}以上的烷烃在常温下为固态，一般多以溶解状态存在于石油中，当温度降低时，就有结晶析出，工业上称这种固体烃类为蜡。通常在300℃以上的馏分中，即从柴油馏分开始才含有蜡。含蜡量的多少，对油品凝点的高低有很大影响。

蜡按其结晶形状不同，可分为两种：一种是结晶较大、呈板状结晶的蜡称为石蜡；另一种是呈细微结晶的微晶形蜡称为地蜡。

石蜡主要分布在柴油和轻质润滑油馏分中，相对分子质量一般为300 ~ 500，分子中碳原子数为20 ~ 30，熔点在30 ~ 70℃石蜡的主要成分是正构烷烃，也含有少量的异构烷烃、环烷烃及少量的芳香烃。

地蜡主要分布在重质润滑油馏分、重油和渣油中，相对分子质量一般为500 ~ 700，分子中碳原子数为35 ~ 55，熔点在60 ~ 90℃。地蜡的组成较为复杂，各类烃都有，但以环状烃为主体，正构、异构烷烃的含量都不高。

我国大庆原油含蜡量高，蜡的质量好，是生产石蜡的优良原料。

2. 石油中的环烷烃

环烷烃是石油的主要组分之一，也是润滑油的主要组分。石油中所含的环烷烃主要是环戊烷和环己烷及其衍生物。

环烷烃在石油各馏分中的含量是不同的，它们的相对含量随馏分沸点的升高而增加。但在更重的石油馏分中，因芳香烃的增加，环烷烃则逐渐减少。一般来说，汽油馏分中的环烷烃主要是单环环烷烃（重汽油馏分中有少量双环环烷烃）；在煤油、柴油馏分中除含有单环环烷烃外（它较汽油馏分中的单环环烷烃具有更长的侧链或更多的侧链数目），还出现了双环及三环环烷烃（在煤油、柴油重组分中已出现多于三环的环烷烃）；而在高沸点馏分中则包括了单环、双环、三环及多于三环的环烷烃。

环烷烃含量对油品黏度影响较大，一般含环烷烃多，油品黏度就大，它是润滑油的主要组分，其中少环长侧链的环烷烃是润滑油的理想组分。

3. 石油中的芳香烃

芳香烃也是石油的主要组分之一，在轻汽油（低于120℃）中含量较少，而在较高沸点（120～300℃）馏分中含量较多。一般在汽油馏分中主要含有单环芳烃。煤油、柴油及润滑油馏分中不但含有单环芳烃，还含有双环及三环芳烃（双环及多环芳烃主要存在于高沸馏分及残油中）。多环芳烃具有荧光性，这是石油能发荧光的原因。

芳香烃的抗爆性很高，是汽油的良好组分，常用作提高汽油质量的掺合剂，灯用煤油中含芳烃多，点燃时会冒黑烟并易使灯芯结焦，此类芳烃是有害组分。润滑油馏分中含有多环短侧链的芳香烃，它使润滑油的黏温特性变坏，高温时易氧化而生胶。因此，润滑油精制时要设法除去芳香烃。

芳香烃用途很广泛，可作为炸药、染料、医药、合成橡胶等，是重要的化工原料之一。

（三）石油的非烃化合物

石油中除了含各种烃类化合物以外，还含有相当数量的非烃化合物，尤其在石油重馏分中其含量更高。非烃化合物的存在，对石油处理和加工及产品的使用性能具有很大的影响。在石油加工过程中，绝大多数精制过程都是为了解决非烃化合物的问题：为了能正确地解决石油处理和加工及产品使用中的一些问题，就必须学习、研究石油中的非烃化合物及其化学组成。

石油中的非烃化合物主要有含硫、含氧、含氮化合物以及胶质、沥青质等。

1. 含硫化合物

硫是石油中常见的元素之一，不同的石油含硫量相差很大，可从万分之几到百分之几。如我国克拉玛依石油含硫量只有0.04%，而委内瑞拉原油含硫量却高达5.48%。由于硫对石油加工影响极大，所以含硫量常作为评价石油的一项重要指标。

通常将含硫量大于2%的石油称为高硫石油，含硫低于0.5%石油的称为低硫石油，介于0.5%～2%之间的石油称为含硫石油。我国石油大多属于低硫石油。

硫在石油中的分布一般随着石油馏分沸点范围的升高而增加，大部分硫均集中在残油中。硫在石油中大部分以有机含硫化合物形式存在。极小部分以元素硫存在。含硫化合物按性质可分为酸性含硫化合物、中性含硫化合物和热稳定性较高的含硫化合物三大类。

酸性含硫化合物主要有硫化氢（H_2S）和硫醇（RSH）。

石油中硫化氢和硫醇含量都不大，它们大多是石油加工过程中其他含硫化合物的分解产物。大多数硫化氢和硫醇存在于低沸点馏分中，已经从石油的汽油馏分中分离出10多种硫醇，但在高沸馏分中尚未发现它们。

硫醇具有极强烈的特殊臭味，空气中含硫醇浓度为$2.2\times10^{-12}g/m^3$，有时就可闻到。硫醇能与烯烃缩合生成胶质，对汽油安定性有影响。在高温时，硫醇能分解成硫化氢。硫醇和硫化氢对金属都有腐蚀作用，特别是硫化氢对金属的腐蚀作用更显著。在油品精制时，这类化合物必须除掉。

中性含硫化合物主要有硫醚（RSR′）和二硫化物（RSSR′）。

硫醚是石油中含量较多的硫化物之一。硫醚在石油中的分布随着馏分沸点的上升而增加，大量集中在煤油、柴油馏分中。硫醚是中性液体，热稳定性高，与金属不发生化学反应。

二硫化物在石油馏分中含量较少，而且较多集中于高沸馏分中。二硫化物也不与金属发生化学反应，但它的热稳定性较差，受热后可分解成硫醚、硫醇或硫化氢。

热稳定性较高的含硫化合物主要有噻吩和四氢噻吩。

噻吩具有芳香气味，在物理性质和化学性质上接近于苯及其同系物。噻吩对热极为稳定，易溶于硫酸中，利用此性质可将噻吩除去。噻吩主要分布在石油的中间馏分中。

含硫化合物对石油加工及产品质量的影响是多方面的，总的有以下几方面：

（1）严重腐蚀设备。在石油处理和加工时，含硫化合物对一般的钢材腐蚀严重，尤其是在炼油装置的高温重油部位（常压塔底、减压塔底、焦化塔底等），及低温轻油部位（初馏塔顶、常压塔顶等），腐蚀更为严重：在石油产品的使用中，各种含硫燃料燃烧后生成SO_2和SO_3，遇水生成H_2SO_3和H_2SO_4，对机器零件造成强烈的腐蚀。

（2）在加工过程中生成的H_2S及低分子硫醇等有毒气体造成空气污染，有害身体健康。

（3）汽油中含有含硫化合物，会降低汽油的感铅性及安定性，使燃料性质变坏。

（4）在气体和各种石油馏分的催化、加压时，会造成催化剂中毒。

因此，在原油处理和加工过程中，必须把硫化物除去。

2. 含氧化合物

石油中的含氧量一般都很少，大约在千分之几的范围内，但也有个别石油含氧量较高，达2%～3%。石油中的氧大部分集中在胶质、沥青质中。这里讨论的是胶质、沥青质以外的含氧化合物。

石油中的含氧化合物可分为酸性氧化物和中性氧化物两类。酸性氧化物中有环烷酸、脂肪酸以及酸类，总称石油酸。中性氧化物中有醛、酮、醚等，在石油中的含量极少。

在石油的酸性氧化物中，环烷酸最重要，约占石油酸性氧化物的90%左右，但它在石油中的含量一般多在1%以下。环烷酸在石油馏分中的分布规律较特殊：在中间馏分（沸点范围约为250～350℃）中含量最高，而在低沸馏分及高沸重馏分中环烷酸含量都比较低；大致从煤油馏分开始，随馏分沸点升高其含量逐渐增加，到轻质润滑油及中质润滑油馏分其含量达到最高点，以后又逐渐下降。

在石油的酸性氧化物中，除了环烷酸外，还有酚类，如苯酚、甲酚、二甲酚、萘酚等。酚类在石油直馏产品中的含量较少。

酸性含氧化合物都具有强烈的腐蚀性，能腐蚀设备。中性含氧化合物也会进一步氧化，最后生成胶质，会影响油品使用性能，因此，在原油精制过程中必须除去含氧化合物。

3. 含氮化合物

石油中含氮量很少，一般在万分之几到千分之几。我国大多数原油含氮量均低于0.5%，如大庆原油含氮量仅0.13%。

石油中的含氮化合物一般是随馏分沸点升高而增加，因此，氮化物大部分以胶质、沥青质形式存在于渣油中。

石油中的氮化物可分为碱性氮化物和中性氮化物两类。碱性氮化物有吡啶、喹啉、异喹啉、胺（$H-NH_2$）及它们的同系物。中性氮化物有吡啶、吲哚、咔唑及它们的同系物。碱性氮化物约占20%～40%，其余60%～80%为中性氮化物。

氮化物在石油中含量虽少，但对石油加工及产品使用都有一定的影响。氮化物能使催化剂中毒，在油品储存中，会因氮化物与空气接触氧化生胶而使油品颜色变深，气味变臭，并降低油品安定性，影响油品的正常使用。因此，在油品精制过程中，也必须把含氮化合物除去。

4. 胶质和沥青质

在石油的非烃化合物中，胶质、沥青质是很大一类物质。它们在石油中含量相当可观，我国各主要原油中，含有约百分之十几至百分之四十几的胶质和沥青质。

胶质和沥青质是石油中结构最复杂、相对分子质量最大的物质，在其组成中，除含碳、氢外，还含有硫、氮、氧等元素。

胶质是一种黏稠的液体或半固态的胶状物，其颜色为黄色至暗褐色。它的平均相对分子质量约为600～800，最高可达1000左右，相对密度在1.0～1.07之间。胶质具有很强的着色能力，0.005%（质量）的胶质就能使无色汽油变为草黄色，所以油品的颜色主要是由于胶质的存在而引起的，胶质能溶于石油醚、苯、乙醚中，也溶于石油馏分。胶质在石油中的分布从煤油馏分开始，随馏分沸点的上升其含量不断增多，在渣油中的含量最大。

胶质很易被吸附剂吸附，因此，油品用石油醚稀释后，再用硅胶吸附，就可得出油品中的胶质含量，这些胶质称为硅胶胶质。胶质受热氧化时，可以转变为沥青质，进而生成不溶于油的油焦质。

沥青质是一种黑色的、无定形、脆性的固体，相对密度大于1。它的相对分子质量很高，大约为1300或更高些。沥青质能溶于苯、二硫化碳、四氯化碳中，但不溶于石油醚，而石油的其他组分都能溶于石油醚中，因此，当在石油中加入适量的石油醚后，沥青质就可以沉淀出来。

沥青质没有挥发性，石油中的沥青质全部集中在渣油中，但它是以胶体状态分散在石油中，而不是像胶质一样与石油形成真溶液。沥青质在300℃以上温度时，就会分解成焦炭状物质和气体。

胶质和沥青质一般都能与硫酸起作用，作用后的产物能够溶于硫酸中。一般把在一定条件下和硫酸起作用的物质称为硫酸胶质。硫酸胶质实际上包括胶质、沥青质及能与硫酸反应或溶解在硫酸中的物质，所以同油品中硫酸胶质的含量大于硅胶胶质含量。

胶质、沥青质对油品性质影响很大。灯用煤油含有胶质，会影响灯芯吸油量并使灯芯结焦，因此灯用煤油要求精制至无色；润滑油含有胶质，会使其黏度指数降低，在自动氧化过程中生成积炭，造成机器零件磨损和细小输油管路堵塞；裂化原料中含有胶质、沥青质，容易在裂化过程中生焦。因此，石油馏分中的胶质和沥青质在油品加工过程中必须除去。

三、石油的分馏和馏分

石油是由多组分组成的复杂混合物，各个组分有其各自的沸点：按照各组分沸点的差别，使混合物得以分离的方法称为分馏。通常，炼油厂没有必要把石油分成单个组分，而是按需要将石油分成几个部分。按一定的沸点范围分得的油品称为馏分。例如，分成沸点小于200℃的馏分、200～300℃的馏分等。应该强调的是，即使温度范围很小的馏分，它还是一个混合物，只不过包含的组分数目比原油少而已。

对常用石油馏分常冠以汽油、煤油、柴油、润滑油等名称。但馏分并不就是石油产品，还必须将馏分进一步加工以满足油品规格的要求。同一沸点范围的馏分也可因目的不同而加工成不同产品。例如，航空煤油（150～280℃）、灯用煤油（200～300℃）、轻柴油（200～350℃）都含有200～280℃的馏分。减压塔分馏出的馏分既可加工成润滑油产品，也可作为催化裂化原料油。一般把馏程小于200℃的馏分称为汽油馏分或低沸馏分；馏程在200～350℃的馏分称为煤柴油馏分或中间馏分；馏程在350～500℃的馏分称为润滑油馏分或高沸馏分。从原油直接分馏得到的馏分称为直馏馏分，其产品称为直馏产品。

由于人们使用石油一般是将其分成馏分，然后再加工成各种产品。因此，研究石油的化学组成，自然也不是把整个石油当作一个整体，而是具体地以石油馏分作为研究对象。

在研究石油的化学组成时，我们不仅希望知道各种物质在石油中的总含量，更重要的是希望知道它们在各个馏分中的含量，从而掌握它们的分布规律。因此，采用了馏分组成（各馏分的百分数）与化学组成（各族化合物的百分数）相结合的办法来研究石油的组成。在研究中往往从不同角度来认识石油。例如，从元素组成角度了解石油中究竟存在哪些元素，其含量关系如何；从化学组成及馏分组成角度来认识石油，看看它究竟含有哪些化合物或哪些族化合物，这些化合物随馏分变化的分布情况如何。

第二节　原油及其产品的性质和用途

石油及产品的物理性质是科学研究和生产实践中评定石油及油品使用质量的重要指标，同时也是原油顶处理、加工过程工艺计算和设备选型的必要依据。

石油及其产品是各种烃类和非烃类化合物组成的复杂混合物，其物理性质是组成它的各种化合物性质的综合表现，因此石油及其产品的物理性质与其化学组成有着密切的内在联系。由于石油及其油品的组成不易测定，而其许多物理性质又不具有简单的可加性，所以对它们的物理性质需采用规定的实验方法直接进行测定。在实际工作中，往往采用根据若干基本物性数据，借助图表查找或借助公式计算其他物性的方法，以节约时间，提高效率。这些图表和公式是依据大量实测数据归纳得到的，是经验性的或半经验性的。近年来，由于计算机技术的广泛应用，各种物性之间的关联尽量用数学式表示，以便于运算。

一、密度和相对密度

（一）定义

单位体积内油品的质量称为油品的密度。通常以“g/cm^3”“kg/m^3”为单位，以ρ表示：

$$\rho = \frac{m}{V} \qquad (1-2-1)$$

式中　m——物质的质量，kg；

V——物质的体积，m^3。

液体油品的相对密度是其密度与规定温度下水的密度之比。通常以d表示，因为水在4℃时的密度为$1g/cm^3$，所以常以4℃水作为基准。将温度为t℃时油品的密度和4℃时水的密度之比作为油品的相对密度，写成d_4^t。可以看出，液体油品的相对密度与密度在数值上是相等的，但相对密度是无量纲的量，而密度是有量纲的量。

我国常用的相对密度是用20℃油品和4℃水的密度之比，即d_4^{20}。国外常用$d_{15.6}^{15.6}$表示15.6℃（60°F）油品与15.6℃（60°F）水的密度之比。d_4^{20}与$d_{15.6}^{15.6}$的换算可用式（1-2-2）计算：

$$d_4^{20} = d_{15.6}^{15.6} - \Delta d \qquad (1-2-2)$$

式中，校正值Δd的范围为0.0037~0.0051，具体的数值可从表1-2-1中查得。在欧美各国，对油品尤其是原油的相对密度还常用比重指数来表示，它又可称为$API°$。$API°$的定义为：

$$API° = \frac{141.5}{d_{15.6}^{15.6}} - 131.5 \qquad (1-2-3)$$

由式（1-2-3）可见，相对密度愈小的原油，其$API°$愈大；而相对密度愈大的原油，

则其 $API°$ 愈小。

表 1-2-1　d_4^{20} 与 $d_{15.6}^{15.6}$ 换算表

d_4^{20} 与 $d_{15.6}^{15.6}$	校正值	d_4^{20} 与 $d_{15.6}^{15.6}$	校正值
0.700 ~ 0.710	0.0051	0.830 ~ 0.840	0.0044
0.710 ~ 0.720	0.0050	0.840 ~ 0.850	0.0043
0.720 ~ 0.730	0.0050	0.850 ~ 0.860	0.0042
0.730 ~ 0.740	0.0049	0.860 ~ 0.870	0.0042
0.740 ~ 0.750	0.0049	0.870 ~ 0.880	0.0041
0.750 ~ 0.760	0.0048	0.880 ~ 0.890	0.0041
0.760 ~ 0.770	0.0048	0.890 ~ 0.900	0.0040
0.770 ~ 0.780	0.0047	0.900 ~ 0.910	0.0040
0.780 ~ 0.790	0.0046	0.910 ~ 0.920	0.0039
0.790 ~ 0.800	0.0046	0.920 ~ 0.930	0.0038
0.800 ~ 0.810	0.0045	0.930 ~ 0.940	0.0038
0.810 ~ 0.820	0.0045	0.940 ~ 0.950	0.0037
0.820 ~ 0.830	0.0044		

（二）密度与温度、压力的关系

当温度升高时，油品的体积就会膨胀，这就导致其密度和相对密度减小。石油及其产品是馏程宽、组成复杂的碳氢化合物的混合物，所测定的密度是指混合物的平均密度，为了比较精确地计算从某个温度测定的平均密度换算到另一个温度的平均密度，要考虑在很小的平均密度间隔内温度变化1℃时油品密度的变化。当温度变化不大时，油品的体积膨胀系数只随油品相对密度的不同而有所变化，当温度在 0 ~ 50℃ 的范围内，其范围为（0.0006 ~ 0.0010）/℃，不同温度下的相对密度按式（1-2-4）换算：

$$d_4^t = d_4^{20} - \beta(t - 20) \tag{1-2-4}$$

式中　d_4^t ——温度为 t ℃时油品的相对密度；

d_4^{20} ——温度为 20℃时油品的相对密度；

β ——油品的温度体积校正系数，1/℃。

当温度变化不大时，β 只随油品的相对密度不同而变化，其值见表 1-2-2。

表 1-2-2　油品的温度体积校正系数

相对密度	β/（1/℃）	相对密度	β/（1/℃）
0.7000 ~ 0.7099	0.000897	0.8500 ~ 0.8599	0.000699
0.7100 ~ 0.7199	0.000884	0.8600 ~ 0.8699	0.000686
0.7200 ~ 0.7299	0.000870	0.8700 ~ 0.8799	0.000673
0.7300 ~ 0.7399	0.000857	0.8800 ~ 0.8899	0.000660
0.7400 ~ 0.7499	0.000844	0.8900 ~ 0.8999	0.000647

续表

相对密度	β/（1/℃）	相对密度	β/（1/℃）
0.7500～0.7599	0.000831	0.9000～0.9099	0.000633
0.7600～0.7699	0.000818	0.9100～0.9199	0.000620
0.7700～0.7799	0.000805	0.9200～0.9299	0.000607
0.7800～0.7899	0.000792	0.9300～0.9399	0.000594
0.7900～0.7999	0.000778	0.9400～0.9499	0.000581
0.8000～0.8099	0.000765	0.9500～0.9599	0.000568
0.8100～0.8199	0.000752	0.9600～0.9699	0.000555
0.8200～0.8299	0.000738	0.9700～0.9799	0.000542
0.8300～0.8399	0.000725	0.9800～0.9899	0.000529
0.8400～0.8499	0.000712	0.9900～1.0000	0.000518

液体受压后体积变化很小，通常压力对液体油品密度的影响可以忽略。只有在几十兆帕的极高压力下才考虑压力对密度的影响。

（三）油品的密度与组成的关系

油品的密度取决于组成它的烃类的分子大小和分子结构。

同一原油的各个馏分，随着沸点上升，相对分子质量增大，密度也随之增大。但对不同原油的同一馏分，密度却有较大的差别，这主要是由于它们的化学组成不同。

当碳原子数相同时，芳香烃的密度最大，环烷烃次之，烷烃最小。因此，当石油馏分的馏程相同时，含芳香烃越多，密度越大，含烷烃越多，密度越小，因而通过密度数据可大致判断油中哪种烃类的含量较多。原油及其馏分的相对密度范围见表1-2-3。

表1-2-3 原油及其馏分的相对密度范围

原油及其馏分	相对密度（d_4^{20}）	原油及其馏分	相对密度（d_4^{20}）
原油	0.8～1.0	轻柴油	0.82～0.87
汽油	0.74～0.77	减压馏分	0.85～0.94
航空煤油	0.78～0.83	减压渣油	0.92～1.0

（四）混合油品的密度

当两种或更多的油品混合时，混合油品的密度可按加和性进行计算，即按比例取其平均值：

$$\rho_m = \sum_{i=1}^{n} V_i \rho_i \tag{1-2-5}$$

式中 ρ_i——混合油品中 i 组分的密度，kg/m^3；

V_i——混合油品中 i 组分的体积分率。

根据式（1-2-5），当油品黏度很大又难以直接测定时，可用等体积已知密度的煤油与之混合稀释，然后测定混合油品的密度，即可求出该黏度较大的油品的密度。

二、沸程

对于纯化合物，在一定外压下，当加热到某一温度时，其饱和蒸汽压与外界压力相等时的温度称为沸点。在一定的外压下，液态纯物质的沸点为一恒定值。如不加说明，物质的沸点一般都是指其在常压下的沸腾温度。当液体为若干种化合物的混合物时，在一定外压下，其沸腾温度并不是恒定的，随着汽化过程中液相中较重组分的不断富集，其沸点会逐渐升高。所以，对于石油馏分组成的这类复杂混合物，一般常用沸点范围来表征其蒸发及汽化性能，沸点范围又称沸程。

石油馏分沸程的数值，会因所用的蒸馏设备不同而不同。对于同一种油样，当采用分离精确度较高的蒸馏设备时，其沸程较宽，反之则较窄。因此，在列举石油馏分的沸程数据时，需说明所用的蒸馏设备和方法。在石油处理和加工工艺设备计算中，常常以馏程来简单地表征石油馏分的蒸发和汽化性能。

馏程测定是一种在标准设备中，按照 GB 6536 规定进行的简单蒸馏的方法。国外将此类方法称为 ASTM（American Society for Testing Material，美国材料实验学会）蒸馏或恩氏蒸馏。由于这种蒸馏属于渐次汽化，基本不具有精馏作用，随着温度的逐渐升高，不断汽化和馏出的是组成范围较宽的混合物，因而馏程只是粗略地表示该油品的沸点范围和一般蒸发性能，同时只有严格按照所规定的条件进行测定，其结果才有意义，才能相互进行比较。其测定过程是，将 100mL（20℃）油品放入标准的蒸馏瓶中，按规定的速度进行加热，其馏出第一滴冷凝液时的气相温度称为初馏点。随后，其温度逐渐升高而不断地馏出冷凝液，依次记下馏出液达 10mL、20mL 直至 90mL 时的气相温度，称为 10%、20%、…、90% 馏出温度。当气相温度升高到一定数值后，它就不再上升反而回落，这个最高的气相温度称为干点（或终馏点）。有时也可根据产品规格要求，以 98% 或 97.5% 时的馏出温度来表示终馏温度。在大多数液体燃料规格中，只要求测定其具有代表性的 10%、50% 和 90% 的馏出温度及干点。

油品从初馏点到干点这一温度范围称为馏程或沸程。温度范围窄的称为窄馏分，温度范围宽的称为宽馏分。低温度范围的馏分称为轻馏分，高温度范围的馏分称为重馏分。蒸馏温度与馏出量之间的关系称为馏分组成，它是油品质量的重要指标。常用油品的馏程见表 1-2-4。

表 1-2-4 常用油品的馏程

油品种类	油品的馏程/℃	油品种类	油品的馏程/℃
汽油	40～200	轻柴油	250～350
煤油	200～300	润滑油	350～520
航空煤油	130～250	重质燃料油	>520

根据馏程测定的数据，以气相馏出温度为纵坐标，以馏出体积分数为横坐标作图，即可得到该油品的蒸馏曲线。图1-2-1为大庆原油中汽油的蒸馏曲线。由此图可见，其中10%～90%这一段接近于直线。因此，往往可以用蒸馏曲线的10%～90%之间的斜率S（单位为℃/%）来表示该油品沸程的宽窄，即当石油馏分的沸程愈宽时，其蒸馏曲线的斜率愈大。具体计算如式（1-2-6）：

$$S=\frac{90\%\text{ 馏出温度}-10\%\text{ 馏出温度}}{90-10} \tag{1-2-6}$$

此斜率表示从馏出10%到馏出90%，每馏出1%的沸点平均升高值。例如，某石油恩氏蒸馏曲线馏出10%的点馏出温度为78℃，馏出90%的点，馏出温度为180℃，则其斜率为：

$$S=\frac{180-78}{90-10}=1.275\ ℃/\%$$

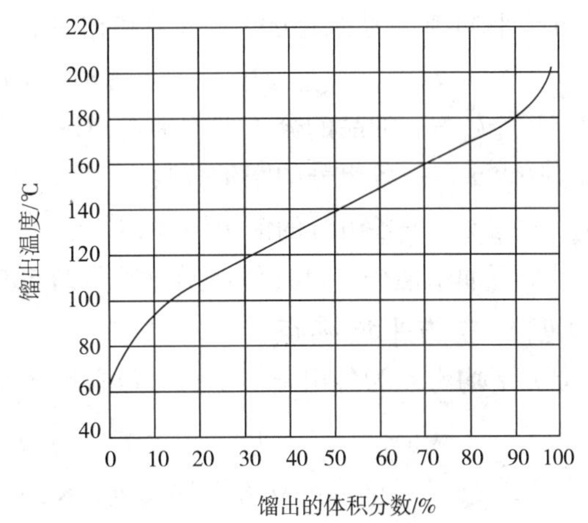

图1-2-1　大庆某原油中汽油馏分的蒸馏曲线

由于石油中部分相对分子质量较大的组分对热不稳定，所以蒸馏时的液相温度一般不能超过350℃，否则就会发生分解现象。因此，对于较重的石油馏分需要在减压下进行蒸馏，以降低其馏出温度，对所测得的减压下馏出温度，可借助有关的图表或计算公式求得其相应的常压下馏出温度。

三、平均沸点

馏程在原油的评价和油品规格上虽然用处很大，但在工艺计算上却不能直接进行应用，因此在工艺计算上为了要表示某一馏分的特征，需要用平均沸点的概念。因此，常用在原油处理工艺计算及其他物理性质的计算中。

平均沸点有几种，其意义和用途也不一样，但都根据恩氏蒸馏体积平均沸点和斜率求得，现分别叙述：

（一）体积平均沸点

恩氏蒸馏的10%、30%、50%、70%、90%，这几个馏出温度的平均值称为油品的体积平均沸点：

$$t_v=\frac{t_{10}+t_{30}+t_{50}+t_{70}+t_{90}}{5} \tag{1-2-7}$$

式中　t_v——油品的体积平均沸点，℃；

t_{10}、t_{30}、t_{50}、t_{70}、t_{90}——恩氏蒸馏10%、30%、50%、70%、90%的馏出温度，℃。

体积平均沸点主要用来求其他难以直接测定的平均沸点。

（二）质量平均沸点

质量平均沸点为各组分质量百分数和相应的馏出温度的乘积之和：

$$t_w = w_1 t_1 + w_2 t_2 + w_3 t_3 + \cdots + w_i t_i \tag{1-2-8}$$

式中 t_w——油品的质量平均沸点，℃；

w_1、w_2、…、w_i——各组分的质量百分数；

t_1、t_2、…、t_i——各组分的馏出温度，℃。

（三）分子平均沸点

分子平均沸点为各组分摩尔分数和相应的沸点乘积之和：

$$t_m = n_1 t_1 + n_2 t_2 + n_3 t_3 + \cdots + n_i t_i \tag{1-2-9}$$

式中 t_m——油品的分子平均沸点，℃；

n_1、n_2、…、n_i——各组分的摩尔分数；

t_1、t_2、…、t_i——各组分的馏出温度，℃。

对于石油窄馏分，可近似地用恩氏蒸馏50%点的温度代替分子平均沸点。

（四）立方平均沸点

立方平均沸点为各组分体积百分数乘以各组分沸点的立方根之和再立方：

$$T_{cu} = (V_1 T_1^{\frac{1}{3}} + V_2 T_2^{\frac{1}{3}} + \cdots + V_i T_i^{\frac{1}{3}})^3 \tag{1-2-10}$$

式中 T_{cu}——油品的立方平均沸点，K；

V_1、V_2、…、V_i——各组分的摩尔分数；

T_1、T_2、…、T_i——各组分的馏出温度，℃。

（五）中平均沸点

$$t_{me} = \frac{t_m + t_{cu}}{2} \tag{1-2-11}$$

式中 t_{me}——油品的中平均沸点，K；

t_m——油品的分子平均沸点，℃；

t_{cu}——油品的立方平均沸点，K。

中平均沸点可用来求油品的特性因数、氢含量、平均相对分子质量等。

上述5种平均沸点，除了体积平均沸点可根据油品的恩氏蒸馏数据直接计算外，其他几种平均沸点按公式计算很难，因此，通常总是先利用恩氏蒸馏数据求得体积平均沸点，然后根据体积平均沸点计算沸点校正值，其校正值可按下列公式计算：

$$t_w = t_v + \Delta_w \tag{1-2-12}$$

$$t_m = t_v - \Delta_m \tag{1-2-13}$$

$$t_{cu} = t_v - \Delta_{cu} \tag{1-2-14}$$

$$t_{me} = t_v - \Delta_{me} \tag{1-2-15}$$

$$\ln\Delta_w = -3.64991 - 0.027060 t_v^{0.6667} + 5.16388 S^{0.25} \tag{1-2-16}$$

$$\ln\Delta_m = -1.15158 - 0.011810 t_v^{0.6667} + 3.70684 S^{0.3333} \tag{1-2-17}$$

$$\ln\Delta_{cu} = -0.82368 - 0.089970 t_v^{0.45} + 2.45679 S^{0.45} \tag{1-2-18}$$

$$\ln\Delta_{me} = -1.53181 - 0.012800 t_v^{0.6667} + 3.64678 S^{0.3333} \qquad (1-2-19)$$

式中　Δ_w——质量平均沸点的校正值，℃；

Δ_m——分子平均沸点的校正值，℃；

Δ_{cu}——立方平均沸点的校正值，℃；

Δ_{me}——中平均沸点的校正值，℃；

S——恩氏蒸馏曲线斜率。

四、特性因数

人们在研究各族烃类性质时发现，将各族烃类以兰金氏温度（°R）表示的沸点的立方根对60°F的相对密度（$d_{15.6}^{15.6}$）作图，都近似为直线，但其斜率不同，将此斜率命名为特性因数K。所谓特性因数，是把相对密度与平均沸点关联起来，说明油品化学组成特性的一个复合参数。特性因数K值，在一定程度上可以反映出原油的烃类分布情况。特性因数可用式（1-2-20）表示：

$$K = 1.216\frac{\sqrt[3]{T^{\circ}K}}{d_{15.6}^{15.6}} \qquad (1-2-20)$$

对石油馏分，式（1-2-20）中，$T^{\circ}K$最早用的是分子平均沸点，以后改用立方平均沸点，近来又建议用中平均沸点。

表1-2-5列出几种纯烃的特性因数。由表中数据可以看出：烷烃的K值最大，芳香烃的K值最小，而环烷烃的K值介于二者之间。

表1-2-5　纯烃的特性因数

碳　数	烃名称	沸点/℃	相对密度(d_4^{20})	特性因数（K）
C_7	正庚烃	98.4	0.6837	12.72
	甲基环乙烷	100.9	0.7694	11.36
	甲苯	110.8	0.8670	10.15
C_8	正辛烷	125.6	0.7025	12.68
	乙基环己烷	131.8	0.7879	11.37
	乙苯	136.2	0.8670	10.37

石油馏分是烃类的复杂混合物，研究表明，纯烃的规律也完全适用于石油馏分，即油品的K值低，说明含芳香烃多；K值高，说明含烷烃多。一般含芳香烃多的油品，K值在9.7～10.0之间；含烷烃较多的油品，K值在12.0～13.0之间；而含环烷烃较多的油品，其K值在11.0～12.0之间。因此，通过K值的大小，可以大致判断石油馏分的化学组成。

我国某些原油的特性因数见表1-2-6。特性因数K对于了解石油及其馏分的化学性质、分类，确定原油的加工方案是相当有用的，同时，还可以用它结合相对密度或平均沸点来求油品的其他物理性质。

表 1-2-6 我国某些原油的特性因数

原油种类	大庆混合原油	玉门混合原油	克拉玛依混合原油	胜利混合原油	大港混合原油
特性因数（K）	12.5	12.3	12.2～12.3	11.8	11.8

五、蒸汽压

蒸汽压是在某温度下一种物质的液相与其上方的气相呈平衡状态时的压力，也称饱和蒸汽压。蒸汽压表示该液体在一定温度下的蒸发和汽化的能力，蒸汽压愈高的液体愈易于汽化。蒸汽压是原油处理和加工工艺设计的重要基础物性数据，也是某些轻质油品的质量指标。

（一）纯烃的蒸汽压

对于同一族烃类，在同一温度下，相对分子质量较大的烃类的蒸汽压较小；就某一种纯烃而言，其蒸汽压是随温度的升高而增大的；当体系的压力不太高，液相的摩尔体积与气相的摩尔体积相比可以忽略，且温度远高于其临界温度，气相可看作理想气体时，纯化合物的蒸汽压与温度间的关系可用 Clapeyron-Clausius 方程表示：

$$\frac{\mathrm{d}\ln p}{\mathrm{d}T} = \frac{\Delta H_V}{RT^2} \tag{1-2-21}$$

式中 ΔH_V——摩尔蒸发热，J/mol；

R——摩尔气体常数，8.314J/（mol·K）；

T——温度，K；

p——纯烃在 T 时的蒸汽压，Pa。

当温度变化不大时，ΔH_V 可视为常数，则可将式（1-2-21）积分得：

$$-\ln p = \frac{\Delta H_V}{RT} + C \tag{1-2-22}$$

或

$$\ln\frac{p_1}{p_2} = \frac{\Delta H_V}{R}\left(\frac{1}{T_2} - \frac{1}{T_1}\right) \tag{1-2-23}$$

即 $\ln p$ 与 $1/T$ 之间呈线性关系。

在实际应用中，常用经验的或半经验的方法来求纯烃的蒸汽压，其中比较简便的如 Antoine 方程：

$$\ln p = A - \frac{B}{T + C} \tag{1-2-24}$$

式中，A、B、C 随烃类而异，可从有关数据手册查得，此式的使用范围为1.3～200kPa。

当已知烃类的临界性质和偏心因子时，建议用式（1-2-25）计算其蒸汽压。

$$\ln p_r = (\ln p_r)^{(0)} + (\ln p_r)^{(1)} \tag{1-2-25}$$

关联项的计算式如下：

$$(\ln p_r)^{(0)} = 5.92714 - 6.09648/T_r - 1.28862\ln T_r + 0.169347T_r^6 \tag{1-2-26}$$

$$(\ln p_r)^{(1)} = 15.2518 - 15.6875/T_r - 13.4721\ln T_r + 0.43577T_r^6 \tag{1-2-27}$$

式中　p_r——对比蒸汽压（p/p_c）；

p——蒸汽压，kPa；

p_c——临界压力，kPa；

$(\ln p_r)^{(0)}$、$(\ln p_r)^{(1)}$——关联项；

ω——偏心因子；

T_r——对比温度（T/T_c）；

T——温度，K；

T_c——临界温度，K。

式（1-2-25）仅适用于非极性化合物，限制对比温度要大于0.3，且不能用于冰点以下温度。当对比温度大于0.5时，本法最为可靠。

（二）烃类混合物及石油馏分的蒸汽压

当体系压力不高，气相近似于理想气体，与其相平衡的液相近似于理想溶液时，对于组分比较简单的烃类混合物，其总的蒸汽压可用Dalton－Raoult定律求得：

$$p = \sum_{i=1}^{n} x_i p_i \tag{1-2-28}$$

式中　p、p_i——油品的立方平均沸点，K；

x_i——各组分的摩尔分数；

n——各组分的馏出温度，℃。

与纯烃不同，烃类混合物的蒸汽压不仅取决于温度，同时也取决于其组成：在一定温度下，只有其气相、液相或整体组成一定，其蒸汽压才是定值。

石油，尤其是其中较重馏分的组成极其复杂，尚难以测定其单体烃组成，因此无法用Dalton－Raoult定律求取其蒸汽压。对于沸点范围较窄的石油馏分（指实沸点蒸馏温度差小于30℃的馏分），可用下列公式通过迭代法计算其蒸汽压。

当蒸汽压$p<0.27$kPa（$X>0.0022$）时：

$$\lg p = \frac{3000.538X - 6.761560}{43X - 0.987672} - 0.8752041 \tag{1-2-29}$$

当蒸汽压0.27kPa$\leqslant p \leqslant$101.325kPa（$0.0013 \leqslant X \leqslant 0.0022$）时：

$$\lg p = \frac{2663.129X - 5.994296}{95.76X - 0.972546} - 0.8752041 \tag{1-2-30}$$

当蒸汽压$p>101.325$kPa（$X<0.0013$）时：

$$\lg p = \frac{2770.085X - 6.412631}{36X - 0.989679} - 0.8752041 \tag{1-2-31}$$

式中，X是温度T（单位为K）和沸点T_b（单位为K）的函数，由式（1-2-32）计算：

$$X = \frac{T_b'/T - 0.00051606T_b'}{748.1 - 0.3861T_b'} \tag{1-2-32}$$

其中，T_b'为校正到特性因数$K=12$时的沸点，其校正式如下：

$$T_b' = T_b - 1.39f(K-12)\lg\frac{p}{101.325} \tag{1-2-33}$$

式中，f 为校正因子。对于蒸汽压小于 0.1MPa 和沸点高于 200℃的物质，其 $f=1$；对于沸点低于 95℃的物质，其 $f=0$；对于蒸汽压小于 0.1 MPa 和沸点在 95～100℃之间的物质，其 f 值由式（1-2-34）算得：

$$f=(T_b-366.5)/111.1 \tag{1-2-34}$$

特性因数 K 为一种表征石油馏分烃类组成的参数，可按式（1-2-20）计算。

当蒸汽压接近常压时，此法较为可靠。

六、平均相对分子质量

由于石油及其产品都是复杂的混合物，而所含化合物的相对分子质量是各不相同的，其范围往往又很宽，所以对它们只能用平均相对分子质量来加以表征。对于石油及其产品这种含有众多不同组分的分散体系，用不同的统计方法可以得到不同定义的平均相对分子质量。在原油预处理和加工工艺计算中，所用的石油馏分相对分子质量一般采用数均相对分子质量。数均相对分子质量才是应用最广泛的一种平均相对分子质量，它是依据溶液的依数性（冰点下降、沸点上升等）进行测定的。它的定义是体系中具有各种相对分子质量的分子的摩尔分率与其相应的相对分子质量的乘积的总和，也就是体系的质量除以其中所含各类分子的物质的摩尔数总和的商，具体可由式（1-2-35）表示：

$$M_n=\sum_{i=1}^{n}n_iM_i=\frac{\sum_{i=1}^{n}N_iM_i}{\sum_{i=1}^{n}N_i}=\frac{\sum_{i=1}^{n}W_i}{\sum_{i=1}^{n}N_i} \tag{1-2-35}$$

式中 n——i 组分的摩尔分数；

M——i 组分的相对分子质量；

N_i——i 组分的物质的摩尔数，mol；

W_i——i 组分的质量，g。

原油中所含化合物的相对分子质量是从几十到几千。由表 1-2-7 可知，其各馏分的平均相对分子质量是随其沸程的上升而增大的。当沸程相同时，各原油相应馏分的平均相对分子质量还是有差别的，显然石蜡基原油（如大庆原油）的相对分子质量最大，中间基原油（如胜利原油）的相对分子质量次之，而环烷基原油（如欢喜岭原油）的相对分子质量最小。

表 1-2-7　几种原油馏分的相对分子质量分布

沸点范围/℃	原油馏分的相对分子质量		
	大庆原油（石蜡基）	胜利原油（中间基）	欢喜岭原油（环烷基）
200～250	193	180	185
250～300	240	205	190
300～350	270	244	234

续表

沸点范围/℃	原油馏分的相对分子质量		
	大庆原油（石蜡基）	胜利原油（中间基）	欢喜岭原油（环烷基）
350~400	323	298	273
400~450	392	374	337
450~500	461	414	362
>500	1120	1080	1030

尽管如此，石油各馏分的平均相对分子质量还是有个大致的范围。如表1-2-8所示，汽油馏分的平均碳数约为8，其平均相对分子质量为100~120；轻柴油馏分的平均碳数约为16，其平均相对分子质量为220~240；减压馏分的平均碳数约为30，其平均相对分子质量为370~400；减压渣油的平均碳数约为70，其平均相对分子质量约为1000。

表1-2-8　石油各馏分的平均相对分子质量

馏　分	沸点范围/℃	碳数范围	平均碳数	相对分子质量
汽油馏分	<200	$C_5 \sim C_{11}$	约8	100~120
轻柴油馏分	200~350	$C_{11} \sim C_{20}$	约16	220~240
减压馏分	350~500	$C_{20} \sim C_{35}$	约30	370~400
减压渣油	>500	$>C_{35}$	约70	900~1100

在不具备实测条件的情况下，石油馏分的平均相对分子质量可查相关图表和用一些经验公式计算得到。现将有关的经验公式介绍如下。

（一）拟合的Winn图计算式

对于石油馏分的平均相对分子质量，可根据特性因数K和馏分的中平均沸点t_{me}，查石油馏分相对分子质量和特性因数关系图（Winn图）得到。为了便于计算机计算，将其拟合成数学表达式：

$$\lg M = \sum_{j=0}^{2}\sum_{i=0}^{2} A_{ij}(1.8t_{me}+32)^{i}K^{j} \tag{1-2-36}$$

式中　M——原油或馏分的平均相对分子质量；

t_{me}——原油或馏分的中平均沸点，℃；

K——原油或馏分的特性因数；

A_{ij}——系数。

其中　$A_{00}=0.667202$，$A_{01}=0.1552531$，$A_{02}=-5.378496\times10^{-3}$；

$A_{10}=4.583705\times10^{-3}$，$A_{11}=-5.755585\times10^{-4}$，$A_{12}=2.500584\times10^{-5}$；

$A_{20}=-2.698693\times10^{-6}$，$A_{21}=3.87595\times10^{-7}$，$A_{22}=-1.566228\times10^{-8}$。

（二）Riazi-Daubert图计算式

$$M = 1.66\times10^{-4}\frac{T_{me}^{2.196}}{d^{1.016}} \tag{1-2-37}$$

式中 T_{me}——原油或馏分的中平均沸点，℃；

d——原油或馏分 $d_{15.6}^{15.6}$ 的相对密度。

（三）寿德清－向正为关系式

$$M = a + bT_{me} + cKT_{me} + d(KT_{me})^2 + eT_{me}\rho_{20} \quad (1-2-38)$$

式中 T_{me}——石油馏分的中平均沸点，K；

ρ_{20}——20℃石油馏分的密度，g/cm³；

a、b、c、d、e——系数，其值为：

$a = 184.534$，$b = 2.29451$，$c = -0.233246$，$d = 1.328853 \times 10^{-5}$，$e = -0.62217$。

式（1-2-38）是用国产原油直馏馏分油、催化裂化和焦化馏分油实测数据回归得到的。

七、黏度

黏度是评价石油及石油产品流动性的指标。在油品的流动和输送过程中，黏度对流量和压力降的影响很大，因此，在工艺计算中黏度又是不可缺少的物理参数。

（一）黏度的定义

黏度是表示液体流动时分子间因摩擦而产生阻力的大小。按牛顿关于液体内摩擦的定律，当液体在做层流流动时，相邻两液体间内摩擦力可表示为：

$$F = \mu S \frac{dV}{dL} \quad (1-2-39)$$

式中 F——两液体层之间的内摩擦力；

S——两液体层之间的接触面积；

dV——两液体层之间的相对运动速度；

dL——两液体层的距离；

$\frac{dV}{dL}$——与流动方向垂直的速度梯度；

μ——内摩擦系数（即该液体的动力黏度）。

动力黏度的物理意义是当两个液体层面积各为1m²，相距1m，相对移动速度为1m/s时，所产生的阻力，单位为Pa·s。

通常在手册中查到的黏度是以物理单位制表示的。在物理单位制中，动力黏度单位是达因/厘米，通常称为泊，其1%称为厘泊（cp），工程计算时需将其换算成法定单位制（SI）或工程单位制。以厘泊计的黏度换算成SI单位，以Pa·s表示，其数值应除以1000。

除了动力黏度外，在工程中还常用到运动黏度。运动黏度为液体的动力黏度与其同温度、压力下的密度之比，用式（1-2-40）表示为：

$$\nu = \frac{\mu}{\rho} \quad (1-2-40)$$

式中　ν——运动黏度，m^2/s；

μ——动力黏度，Pa·s；

ρ——液体的密度，kg/m^3。

在法定单位制中，运动黏度单位为 m^2/s。在物理单位制中，运动黏度单位为 cm^2/s，称为斯，斯的百分之一称为厘斯。

（二）油品黏度与组成的关系

黏度既然反映了液体内部的分子摩擦，因此它必然与分子的大小和结构有密切的关系。

当油品的比重指数减小（密度增大），平均沸点升高时，也就是说，当油品中烃类相对分子质量增大时，则黏度增加。

当油品的平均沸点相同时，因原油的性质不同，特性因数有差别，所以黏度也不同。随特性因数的减小，黏度则增加；也就是说，当石油馏分的沸点相同时，含烷烃多的其油品黏度小，而含环烷烃及芳香烃多的其油品黏度大。

从以下分析可知：油品的黏度与密度、平均沸点及特性因数有关，因此可由油品的比重指数、立方平均沸点及特性因数来查阅文献求得油品的黏度。用这种方法查得的黏度有一定误差，因此，若要精确计算黏度应该用实测数据。

（三）黏度与压力的关系

当液体所受的压力增大时，其分子间的距离缩小，引力也就增强，导致其黏度增大。当压力低于4.0MPa时，压力对液体油品黏度的影响不大，可以忽略。对于石油产品而言，只有当压力大到20MPa时，对黏度才有显著的影响，如压力达到35MPa时，油品的黏度约为常压下黏度的2倍。当压力进一步增加时，黏度的变化率增大，直至使油品变成膏状半固体。石油馏分在高压下的黏度可用经验方程（1-2-41）计算：

$$\lg\frac{\mu}{\mu_0}=\frac{P}{6.89476}(0.0239+0.01638\mu_0^{0.278}) \quad (1-2-41)$$

式中　μ——在温度 T、压力 P 下的黏度，mPa·s；

μ_0——在温度 T、大气压力下的黏度，mPa·s；

P——系统的压力，MPa。

式（1-2-41）不宜用于压力大于68.95MPa的情形。当压力低于34.48MPa时，计算值与实验值之间的误差约为5.0%；当压力高于68.95MPa时，平均误差增加到8.0%。

（四）黏度与温度的关系

在评定石油产品的性质时，黏度与温度的关系是十分重要的。当温度升高时，所有石油馏分的黏度都降低；而当温度降低时，黏度则升高。油品黏度随温度变化的这种性质称为黏温特性。油品黏度最好是根据计算温度，从实验室测出的黏温关系曲线上查找。如果没有这类曲线，则按式（1-2-42）计算。

1. 黏温指数关系式

$$\nu_t=\nu_1 e^{-\zeta(t-t_1)} \quad (1-2-42)$$

式中　ν_t、ν_1——在温度 t、t_1 时油品的运动黏度，m^2/s；

ζ——黏温指数，1/℃。可根据两个已知黏度值 ν_t、ν_1 求得：

$$\zeta = \frac{1}{t_2 - t_1}\ln\frac{\nu_1}{\nu_2} \qquad t_1 < t_2$$

式（1-2-42）适用于轻质成品油及部分重燃油和低黏原油。由于该式计算比较简便，因此对于中黏原油，如果两个已知黏度对应的温度值相差不超过5℃，即 $t_2 - t_1 \leqslant 5$ ℃，则可用来计算该温度范围内的黏度值。

2. 有两个已知常数的黏温关系式

当已知石油馏分两个温度的黏度时，可以按式（1-2-43）计算，石油馏分在规定范围内的任意温度的黏度：

其中

$$\nu = \exp\left[\exp(a + b\ln T)\right] - 0.6$$

$$a = \ln(\nu_1 + 0.6) - b\ln T_1 \tag{1-2-43}$$

$$b = \frac{\ln(\nu_1 + 0.6) - \ln(\nu_2 + 0.6)}{\ln T_1 - \ln T_2}$$

式中　ν——石油馏分在温度 T 下的黏度，mm^2/s；

T——系统温度，K；

ν_1、ν_2——石油馏分在温度 T_1、T_2 下的黏度，mm^2/s；

T_1、T_2——黏度 ν_1、ν_2 对应的温度，K；

a、b——方程系数。

应用式（1-2-43）计算黏度应注意下列两点：

（1）本计算方法仅适用于液体石油馏分，当温度高于245℃时，石油发生裂解，使得黏度估算发生偏差。当选择已知黏度点时，其对应的温度尽可能包括估算温度或其中一点靠近估算温度。这个方法仅适用于牛顿流体。当在远离实验值区域时应该小心使用。

（2）低温时，本方法偏差很大。对于高聚物、含蜡油和某些硅化的酯类，如果用310.93K和372.05 K两个温度点下的已知黏度来估算外延温度点下的黏度，其结果往往比实验值低得多。对于高相对分子质量的芳香烃，本方法的误差很大。低温时，对于某些高相对分子质量的纯组分以及某些超纯矿物油，用本方法得出的估算值往往比实验值高。一般来讲，对于纯组分黏度的估算，平均误差小于4%，并且在0~100℃范围内更为精确。当温度高于100℃时，黏度的估算值总是偏高，并且偏差随着温度的升高而增大。芳香基石油馏分比烷基石油馏分的估算误差大。当在相隔一个数量级的两个黏度值间进行内插时，误差比上面指出的还要大。

八、燃烧性质

（一）闪点和燃点

油品在一定条件下加热，液体表面上的蒸汽和周围的空气形成混合气。当混合气中油气量达到一定比例时，便形成一种爆炸性的混合气，遇到火焰就能闪火或爆炸。

油品发生闪火或爆炸，必须满足一定的条件，即油气和空气混合物中油气的浓度要在一定的范围内，低于这个范围，油气不足；高于这个范围，则空气不足，均不能闪火、爆炸，因此，这一浓度范围就称为爆炸范围，其下限浓度称为爆炸下限，上限浓度称为爆炸上限。

为了保证安全，油品在储存和运输时所产生的蒸汽和空气混合物，其浓度应在爆炸范围以外，这样才不致在接近火焰时发生闪火和爆炸。

在规定的仪器内和一定的条件下，加热油品到某一温度，一定量的油品蒸汽与空气形成混合物，当用明火接触时，就会发生短暂的闪火（一闪即灭），这时的温度称为油品的闪点。

油品的闪点与其馏分组成、化学组成以及压力有关。油品的沸点范围越低，则其闪点越低，例如汽油的闪点为 -50 ~ 30℃，煤油的闪点为 28 ~ 60℃，润滑油的闪点为 130 ~ 325℃。油品的汽化性越大，其闪点越低，因此，只要有极少量轻质油混入润滑油中，就可以使其闪点显著降低；烯烃的闪点比烷烃、环烷烃、芳香烃都低。含石蜡较多的油品闪点较高；相反，含胶质较多的环烷 - 芳香基石油所得的黏度相同的油品闪点较低。

油品的闪点随压力增大而升高，因为压力增大，油品的沸点范围升高，不易蒸发，故油品的闪点也升高。

测定闪点的方法有两种：开口闪点和闭口闪点。它们的区别在于加热蒸发及引火条件不同，所测得的闪点数值不一样，适用的油品也不同。

开口闪点仪一般用来测定重质油料如润滑油、残油等；闭口闪点仪则对轻、重油品都适用。

在闭口闪点仪中，油品的蒸发是在密闭的容器中进行的；在开口闪点仪中，蒸发的油蒸汽可自由扩散到空气中，而且容易分散开来，因此，同一油品用闭口闪点仪测得的闪点比用开口闪点仪测得的闪点要低，二者差别相当大。油品的闪点越高，这种差别也就越大。

在测定闪点的同一仪器中，当油品的温度达到闪点后，再继续加热到某一温度，引火后液体开始燃烧，火焰不再熄灭的最低温度称为油品的燃点。油品的燃点一般比其闪点高 20 ~ 300℃。

油品的闪点和燃点标志着油品的爆炸性和着火危险性，是油品重要的安全指标，它关系着油品的储存、运输和使用安全。利用闪点也能判断润滑油或重油中是否混有轻组分，以及在加上和使用过程中有无分解现象发生，分解产品混入油中会使闪点显著降低。

（二）自燃点

将油品加热到某一温度，令其与空气接触不需引火油品自行燃烧的最低温度称为该油品的自燃点。

油品的沸点越低，越不易自燃，故自燃点也就越高；反之，自燃点越低。

油品的自燃点与化学组成有关，含烷烃多的油品其自燃点较低，含芳香烃多的油品其自燃点较高，含环烷烃多的油品其自燃点介于二者之间。

自燃点关系着油品运输、储存、加工和使用等过程中的安全，当油品从设备、法兰、接头等处漏出时所引起的火灾往往与油品的自燃点有密切的关系。

九、低温流动性

（一）凝点和倾点

对于纯物质来讲，它有固定的凝点，而且与熔点的数值相同。油品是一种复杂的混合物，它没有固定的凝点。所谓油品的凝点是指其失去流动性的最高温度。这里所指的失去流动性完全是条件性的。它的测定是利用特定的仪器，当油被冷却到某一温度时，将装油的试管倾斜45°，而且经过1min后，用肉眼看不出管内液面位置有所移动，此时油品就被看作是凝固了，产生这种现象的最高温度称为该油品的凝点。

倾点是指油品能从标准形式的容器中流出的最低温度。

油品的凝点（倾点）与其馏分组成和化学组成有关，油品中含蜡多，凝点（倾点）就高，所以油品凝点的高低，可以表示其含蜡的程度。

凝点表明油品在低温下的流动性，对油品的运输及其使用性能有很重要的影响。

（二）浊点和冰点

浊点和冰点是主要用来评价某些透明油品，如航空汽油、煤油及轻柴油等低温性能的指标。

在特定的仪器中和规定的实验条件下，将油品冷却使其不透明，并产生云雾状的浑浊现象的最高温度称为浊点；继续降低温度，到油品中出现用肉眼能见到晶体时的温度称为冰点或结晶点。

第三节　原油评价及其分类

我国的石油资源丰富，分布也相当广泛，各石油产地原油的性质是不同的。为了合理利用石油资源，需要按照原油的性质来加以分类。一旦知道原油的类别，就可大致推测它的性质和加工途径，判断它适宜生产的产品种类、产品质量如何等；可见将石油进行科学的分类，对认识和利用石油都是十分必要的。但石油的组成十分复杂，对原油进行确切的分类是十分困难的。概括地说，原油可以按工业、地质、化学等的观点来区分，每一大类中又有多种分类法。例如，化学分类法中就有特性因数分类法、关键馏分特性分类法、相关系数分类法、结构族组成分类法等。

本节主要介绍特性因数分类法、关键馏分特性分类法和商品分类法。

一、特性因数分类法

按照特性因数（K）的大小将原油分为石蜡基原油、中间基原油和环烷基原油三大类。其分类方法见表1-2-9。

表 1-2-9 特性因数（K）分类法

序 号	特性因数（K）	原油类别
1	>12.1	石蜡基
2	11.5~12.1	中间基
3	10.5~11.5	环烷基

石蜡基原油一般含烷烃量超过50%，其他族烃类的含量较烷烃少，其特点是含蜡量较高，相对密度较小，凝点高，含硫、含胶质量低，并可制得黏温性能好的润滑油。大庆原油就是典型的石蜡基原油。

环烷基原油的相对密度较大，凝点低。环烷基原油中的重质石油往往含有大量的胶质和沥青质，又称为沥青基原油，可以生产各种高质量的沥青，如孤岛原油。

中间基原油的性质介于石蜡基原油和环烷基原油二者之间。

二、关键馏分特性分类法

关键馏分特性分类法是由美国矿务局创立的。用简易的精馏装置，在常压下将原油蒸得250~275℃的馏分，定为第一关键馏分；将其余重油用不带填料的蒸馏瓶，在40mm Hg的压力下减压蒸馏，取275~300℃的馏分（相当于常压下395~425℃的馏分），定为第二关键馏分。分别测定上述两个关键馏分的密度，对照表1-2-10中的密度分类标准，确定两个关键馏分的属性，最后按照表1-2-11确定该原油属于所列7种类型中的哪一类。表1-2-10中括号内的特性因数K值是根据关键馏分的中平均沸点和比重指数求取的，它不作为分类标准，仅作为参考数据。

表 1-2-10 关键组分分类的指标

关键馏分	石蜡基	中间基	环烷基
第一关键馏分	相对密度 d_4^{20} < 0.8207 $API°$ > 40 （K值 > 11.9）	相对密度 d_4^{20} = 0.8207 ~ 0.8560 $API°$ = 33 ~ 40 （K值 = 11.5 ~ 11.9）	相对密度 d_4^{20} > 0.8560 $API°$ < 33 （K值 < 11.5）
第二关键馏分	相对密度 d_4^{20} < 0.8721 $API°$ > 30 （K值 > 12.2）	相对密度 d_4^{20} = 0.8721 ~ 0.9302 $API°$ = 20 ~ 30 （K值 = 11.5 ~ 12.2）	相对密度 d_4^{20} > 0.9302 $API°$ < 20 （K值 < 11.5）

表 1-2-11 关键馏分特性分类表

序 号	第一关键馏分的属性	第二关键馏分的属性	原油类别
1	石蜡基	石蜡基	石蜡基
2	石蜡基	中间基	石蜡-中间基
3	中间基	石蜡基	中间-石蜡基
4	中间基	中间基	中间基
5	中间基	环烷基	中间-环烷基
6	环烷基	中间基	环烷-中间基
7	环烷基	环烷基	环烷基

三、原油商品分类法

对原油进行商品分类的目的在于按质论价，在国际石油市场上有多种分类方法。国际石油市场上长期使用的原油商品分类法是按原油的比重指数 *API*°值的大小和硫含量的多少进行分类计价的：

（一）按原油的相对密度分类

国际市场分类标准将国际市场上的原油按 *API*°值分为四大类，如表 1-2-12 所示。此种分类法虽比较粗略，不过也能反映各种原油的共性。轻质原油一般含汽油、煤油、柴油等轻质馏分较高，含硫和胶质较少，如青海原油、延长原油。另一类轻质原油，轻馏分含量并不高，但由于烷烃的含量高，因而相对密度比较小，如大庆原油。轻质原油大体上是地质年代古老的原油，与生成物质的组成差别大，硫、氮、氧的含量低。重质原油一般含轻馏分和蜡都较少，而含硫、氮、氧及胶质较多，含沥青质多，如孤岛原油。重质原油大体上是地质年代较年轻的原油，与生成物质的组成相近，它们的馏分中含非烃化合物较多，对氧很不稳定，需要用到较为复杂的加工工艺过程。

表 1-2-12　原油按 *API*°分类的标准

API°	15℃密度/（g/cm^3）	20℃密度/（g/cm^3）	原油类别
> 34	< 0.855	< 0.852	轻质原油
20 ~ 34	0.855 ~ 0.934	0.852 ~ 0.930	中质原油
10 ~ 20	0.934 ~ 1.00	0.930 ~ 0.998	重质原油
< 10	> 1.00	> 0.998	特稠原油

轻质原油和重质原油其元素组成一般差别不大，含碳的变化范围在 83% ~87%，氢的变化范围在 11% ~14%，其余为硫、氮、氧，以及痕量的镍、钒、铁、铜、磷等，个别的重质原油也有例外。

（二）按原油的含硫量分类

国际市场分类标准将原油按硫含量分为三大类：硫含量小于 0.5% 的原油，为低硫原油；硫含量为 0.5% ~2.0% 的原油，为含硫原油；硫含量大于 2.0% 的原油，为高硫原油。

大庆原油为低硫原油，胜利原油为含硫原油，孤岛原油为高硫原油。个别的高硫原油，如阿尔巴尼亚原油含硫高达 4% ~5%。在世界原油总产量中，含硫原油和高硫原油约占 75 %，我国含硫原油产量也在逐渐增长。

低硫原油的重金属含量一般都很低，含硫原油中有高金属含量的，也有低金属含量的，但是对油品质量的影响，还与金属有机化合物的挥发性能有很大关系。

实际上，在石油交易中，使用多种按质论价的分类方法。例如，有的以某种原油为标准，按所交易原油的密度及硫含量与标准原油的差别来计算价格。近年来，有的在计算原油价格时还考虑到原油的氮含量及金属含量等因素。在国际石油交易中还常用“净值反算法”（Netback Calculation）论价。所谓净值反算法，就是以产品的估计收率所得各种产品在某港口的现货价的总价值为依据，反算原油的价格。

石油的分类方法是很多，但每一种分类方法大都是从某一个方面来分类的，都有其局限性，因此要想比较全面、确切地说明一种原油的属性，常需要根据分类指标来说明。

表 1-2-13 列出我国部分油田原油的性质。由表中数据可以看出，我国一些主要油田原油的相对密度都在 0.86 以上，属较重原油。此外，一些油田原油的凝点和蜡含量较高，部分油田原油的氮含量（大于 0.25%）偏高。

表 1-2-13　我国部分油田原油的性质

项目 \ 原油名称		大庆喇嘛甸原油	辽宁欢喜岭原油	胜利混合原油	江汉王场原油
API°		31	27.5	27.2	13.2
密度/（g/cm^3）（20℃）		0.8666	0.8856	0.8873	0.9744
运动黏度/cSt（50℃）		27.20	14.79	74.3	62.2（100℃）
凝点/℃		33	15	29	21
含蜡量/%（吸附法）		25.2	7.9	17.0	3.8
沥青质/%		0.12	—	—	9.6
胶质/%（硅胶法）		15.7	17.0	23.4	51
水分/%		7.0	0.3	0.2	0.15
含盐量（NaCl）/（mg/L）		93.3	0.6	82	249
闪点（开口）/℃		38	—	32	75
初馏点/℃		80	73	93	89
元素分析/%	C	85.95	85.02	—	79.9
	H	13.40	12.45	—	10.88
	S	0.12	0.19	0.88	11.8
	N	—	0.21	0.46	0.75
金属分析/%	Ni	2.1	—	23	1.13
	V	0.02	—	0.07	0.31
	Fe	0.55	—	—	0.75
	Cu	—	—	—	0.73
原油类别		低硫、石蜡基原油	低硫、中间基原油	含硫、中间-石蜡基原油	含硫、环烷基原油

第三章 原油地面工程设计状况

第一节 原油地面工程设计现状

地面工程设计与建设是油气田开发管理的重点内容，极大地影响着油气田的生产效率与质量。随着国家对安全、环保、节能问题越来越重视，地面工程面临着新的挑战。

一、油气田地面工程面临的形势

（1）开发条件复杂多样化。

油气田开发是一项对象复杂、技术含量高、多专业多部门协作的系统工程。中国油气田类型多样化，既有常规中、高渗油气田，又有低渗透、碳酸盐岩和致密油气田，还有煤层气、页岩气田；油气物性复杂，既有普通性质油气田，又有稠油油田，还有凝析气田、高含 H_2S 气田、高含 CO_2 气田。不同油气田以及不同开发阶段其开发方式多样化，有天然能量开发，有补充地层能量开发；有水驱、蒸汽驱、CO_2 驱、火驱、化学驱开发。加之油气田分布零散，所处地区自然地理环境复杂，经济状况和人文环境各异。因此，油气田地面工程需研发新的开发生产工艺技术，改变传统建设模式，创新生产管理方式，以面对和适应多样化的开发环境和复杂的开发特点。

（2）地面工程规划方案亟待优化。

近些年来，低丰度、低渗透、稠油、碳酸盐岩油气藏成为中国油企开发的油气藏主要类型。未来发现的油气资源劣质化将更加严重，单井产量低、产量递减快、地面集输处理工作量大、建设投资高、效益差。老油田处于“双高”开发阶段，综合含水高达 85% 以上；设施老化，15 年以上在役管线占总量近 40%；运行能耗高、生产成本高。随着社会的发展，以及国家能源和水资源消耗、建设用地等总量和强度双控政策的实施，油气田用能、用水、用地将受到一定的限制，费用也必将逐年上升。为实现油气田开发降本增效的目标，需要进一步优化地面工程规划方案。

（3）地面工程科技创新工作任务重。

中国油企常规油气田开发地面工程技术与国外大石油公司相比，存在着一定差距，现有的地面配套工艺技术不能完全满足低品位油气藏高效开发，以及老油气田开发方式转换的要求，需要进一步完善先进高效、节能环保的工艺技术体系。目前，部分设计单位存在重设计、轻科研的现象，存在着部分地面工程科研规划与油气田开发规划未能紧密结合的问题，导致地面科研工作超前性不足，科研成果不能及时、科学地指导油气田开发实践。同时，也存在着设计和科研结合不够紧密的问题，既不利于以工程需求为导向，有针对性地提出科研课题，更不利于通过设计将科研成果顺利转化推广。近年来，中国油企在油气田地面“瓶颈”技术攻关方面研究不够，以致原始创新、集成创新、引进消化吸收再创新成果和具有国际先进水平的核心技术不多。低成本数字化油气田建设技术和模式尚不成熟，尚不能全面适应生产流程、劳动组织方式和生产方式优化、安全环保水平和开发效益提升的要求。因此，地面工程要进一步强化技术攻关和科技创新，以适应开发形势变化的要求。

（4）安全环保节能要求高。

安全发展、绿色发展已被国家确立为国策，国家新颁布的安全生产法和环境保护法设定了安全环保红线，明确了工作定位，强化了主体责任、监管措施、行政审批制度和法律责任，加大了对违法行为的惩处力度。上游油气田业务的分布呈现出点多面广，部分油气水井、站场、管线处于人口稠密区、工矿企业区和环境敏感区。以往的项目建设程序和节奏，设计、施工质量，生产过程的“三废”处理标准和处置方式适应不了国家新的安全、环保法要求。因此，地面工程需要研发新的工艺技术和新的运营模式，以适应国家日益严格的环保要求。

二、中西方油气田地面工程设计的差异

随着国际化程度的不断提高，中国油企参与的海外油气田开发项目也越来越多，同西方企业的交流合作也逐渐频繁。在合作过程中，中西方在油气田地面工程设计方面的差异化也就显现出来。

（1）设计理念不同。

设计理念的不同主要体现在两个方面：①设计人员自身的理念在设计中的体现；②业主方（生产方）的理念在设计中的反映。由于国内长期以来形成了业主方强势的局面，在业主方和设计方理念不一致时，在不违背设计规范的前提下，业主方有更大的话语权，而在西方，通常设计方具有更大的话语权。

我国的设计理念是在保证生产设施安全的前提下保障产量，二者同等重要；西方公司的设计理念是当生产安全和保障产量发生冲突时，把安全放在首位。由于设计时的出发点不同，因此根据设计而建设的地面处理设施自然不同。

业主方的管理理念同样影响设计理念。由于业主方出于生产管理方面的考虑，对设计提出一些貌似合理的要求，导致老旧工艺在设计中继续应用。如在某海外项目中，常规油气处理站的大罐脱水流程，由于其能耗高、效率低、轻烃损耗大和不环保等缺点，在国内已基本被淘汰，但由于业主方管理上的习惯和惰性（该流程俗称“睡觉流程”），要求设计采用该流程，无形中拉低了设计水平。西方设计公司一般不会同意这种要求，会更加注重设计水平的体现。

（2）管理模式不同。

国内设计单位的用人方式和习惯做法使设计理念迟滞不前，新技术和新工艺难以在项目中采用。绝大多数国内的设计单位都采用“以老带新”的方式，年轻人毕业后直接到了

设计单位，从最基本的设计学起，在以后的工作中不断汲取经验。这种用人和培养方式一方面使得年轻人难于接触新技术和新工艺；另一方面为了设计稳妥和保险，提出的新技术和新工艺有时又不能得到老师傅的认可；同时设计人员的流动相对较少，外部的新鲜力量鲜有流入。西方设计公司的人员流动较强，而且很多是生产制造、科研企业和设计公司之间的人员相互流动，这就带动了新技术和新工艺的推广，促进了设计理念和水平的提高。

再者，我们的设计人员缺乏专业间的沟通，“各扫门前雪”的思维根深蒂固，专业负责人协调深度不够。在某项目的审查中，曾出现过一个典型的例子，在采气井口设计中，由于单井没有系统电，放空火炬点火装置和 RTU（远程数据终端单元）采用太阳能蓄电池供电。这原本是一个很好的技术方案，可在实施中，放空火炬点火装置和 RTU 各设计一套太阳能蓄电池系统，设计人员的理由是放空火炬点火装置属于机械专业领域，RTU 属于仪表专业领域，且生产厂商不同，若由一方供电，另一方出现故障，不便协调，因此两个设备各自提供太阳能蓄电池系统。最后，在方案审查专家的提议下，由用电负荷大的放空火炬点火装置承包商统一提供太阳能蓄电池系统，在其技术规格书中增加提供 RTU 所需用电负荷的内容。西方设计公司遇到这种情况时，通常，由专业负责人出面沟通、协调。

（3）设计周期不同。

中国公司做项目强调的是工期，由于施工周期有刚性要求，就压缩设计时间，把时间越压越短。中国设计单位由于历史上形成的弱势，往往只能被动接受，疲于应付设计文件的交付任务，尽量照搬、照抄以前的设计图纸，没有时间和精力去考虑采用新技术和新工艺，也没有时间去考虑怎样做更经济、更便利和更美观。西方公司做一个大型油气田工程项目的 FEED（Front End Engineering Design）或基础设计通常用时在一年左右或更长；而我们通常用半年的时间完成。这也就不难想象为什么我们的设计总让人感觉到存有遗憾。例如，伊拉克某气处理厂的球罐设计项目，最初选用了数量众多的 2000 m^3 的球罐，而 3000 m^3 和 5000 m^3 的球罐已经在国内外多个地方获得应用。究其原因，是因为设计单位已经多次设计 2000 m^3 球罐，为了节省时间，将来可以直接应用而无需重新设计。

对于整个工程项目来说，设计是花小钱办大事。大家都在说设计是源头，可在时间上又得不到保障，最终也就导致了项目设计水平存在差距。

（4）装备制造水平不同。

虽然现在我国号称“世界工厂”，国内装备制造业规模较大，但大型装备关键核心部件、控制技术和高性能材料依赖进口现象严重。在材料、数控以及大型关键成套设备制造领域，与西方机械强国有着较大差距。无论是在制作精细度、可靠性、耐用性和人性化方面，还是在配套的人机界面、控制系统、电仪布线方面，差距都很明显。最明显的就是油气田站场中单体设备处理能力的差距，相同外形尺寸的设备，其处理能力只有西方知名厂家设备的 70%～80%。例如，大功率离心式输油泵，国内的产品多为独立强制冷却方式（即独立于泵体的一套冷却循环系统），欧美产品多为本体辅助冷却方式，相比国内的大型输油泵，其省去了单独的冷却循环系统，这样既节省了空间，又减少了施工时间和维护工作量。

海外油气田多处于社会依托较差的区域，通常要建设自备发电站来解决油气田自身用电需求。以燃气发电站为例，燃气发电有两种主流设备：一种是燃气涡轮发电机组；另一种是燃气内燃机发电机组。由于燃气内燃机发电机组单机功率通常小于2MW，无法适应油田自备发电站对大功率机组的要求，因此燃气自备发电站基本选用燃气涡轮发电机组。国内生产燃气涡轮机组的厂家非常有限，种类少、单机功率小，且多为与国外公司合作，因此燃气涡轮大中型机组几乎被美国通用电气公司（GE）、德国西门子公司（Siemens）、日本三菱重工公司（MHI）、法国阿尔斯通公司（Alstom）等垄断，燃气涡轮小型机组则以美国索拉公司（Solar）、英国罗尔斯·罗伊斯公司（Rolls Royce）等占绝对优势。在油田自备发电站设计中，如果选用了国产机型，就不得不牺牲单机功率的优化配置和技术性能。装备制造上的差距在无形中把不该有的差距拉大并表现出来。

与此同时，装备制造水平的不足也影响了装置“撬装化、模块化”的应用，因而难以减少现场施工工作量，缩短现场施工周期。

我国的设计在运行操作和检修维护的灵活性和便利性上有一定优势，但我们也要正视设计理念、管理模式、设计周期和装备制造水平等方面的差距。这种差距不能简单地归结为设计单位的问题，而是设计理念、生产理念、管理方式和国家制造实力等的综合体现。

第二节 原油地面工程发展方向

（1）大力推行标准化设计，促进地面建设管理方式产生根本转变。

工程设计是油气田地面工程建设的第一个环节，设计水平的高低直接影响着油气田地面工程建设的质量及生产运行成本。加强技术研发和攻关，以技术创新和进步不断提高标准化设计产品的先进性，增强其生命力。要继续构建和完善“标准化设计、模块化建设、标准化造价、规模化采购”的标准化体系和标准化设计定型图库，加大一体化集成装置的研究与推广力度，整体、稳步推进数字化油气田建设，通过标准化设计中各项工作的协调发展与共同进步，促进标准化设计工作持续向纵深方向和更高层次发展，同时促进地面建设管理方式产生根本转变。

（2）稳步推进数字化油气田建设，提高油气田生产管理水平和效益。

油气田数字化建设既是转变发展方式的必然选择，也是新形势下提质增效的有效手段。数字化油气田的建设、实施应坚持新油气田数字化建设与产能建设同步实施，通过产能建设带动数字化油气田建设；老油气田数字化建设应以效益最大化为目标优选项目，结合整体调整改造，在充分优化、简化的基础上，分步推广实施。通过数字化油气田建设，实现生产数据自动采集、远程监控、生产预警等功能，达到中小型站场无人值守、大型站场少人集中监控的目的，实现油气田统一调度管理。同时，在协同作业、优化生产、决策分析上发挥油气田数字化的作用，以进一步提高油气田生产管理水平和开发效益。

（3）加强设计方案优化，提高油气田开发整体效益。

优化、简化设计方案是降低工程投资、控制运行成本的最有效的手段。按照全生命周期效益最大化的理念，坚持地下、地上统筹优化的原则，对方案进行优化、简化。把总体布局、集输与处理工艺、站场总平面布置、材质选择、腐蚀与控制、重要设备选型及近、远期衔接作为重点，在满足生产需要和本质安全的前提下，减少布站层级和站场数量、简化工艺流程、减少占地面积、节能降耗，最大限度地降低工程投资和运行成本。同时，密切追踪国外科学技术发展的动向，结合油气田开发规划，搞好地面工程技术发展规划，确保科研立项的前瞻性、连续性、先进性和实用性。

（4）加大地面工艺技术攻关，实现创新驱动发展。

一是强化稠油 SACD（蒸汽辅助重力泄油）开发、稠油火驱开发、CO_2 驱、空气泡沫驱等重大开发实验地面配套技术研究；二是持续开展煤层气、页岩气、致密油气等非常规能源开发，以及储气库建设地面配套工艺技术的优化研究；三是深化常温集油、原油低温脱水等节能技术研究；四是借鉴国外先进技术，重点对天然气处理技术实施消化吸收再创新，形成具有自主知识产权的技术和产品；五是加大软件量油、稳流配水、井下节流、一体化集成装置、非金属管道等新成果的应用推广工作。

（5）加强管道和站场的完整性管理，实现本质安全。

管道和站场是油气生产系统的重要组成部分，是安全环保的重要载体，也是优化油气田生产组织与管理、提升效益的关键环节，其对油气产量、效益、安全环保都具有重要的作用。建立油气田管道和站场完整性管理的总体框架，综合考虑油气田管道和站场数量多、标准低、寿命短、建设分散、介质复杂的特点，充分借鉴国内外相关石油公司完整性管理工作经验和研究成果，进一步明确不同类型管道和站场数据采集和整理、高后果区识别、风险评价、完整性评价等各个完整性管理环节的内容、方法和流程。同时，加强完整性管理关键技术研究，既包括完整性管理数据格式研究、油气田集输管道检测评价和修复技术研究、小口径管道检测技术研究、腐蚀直接评价技术研究，也包括高含水油气田管道腐蚀机理研究、高矿化度采出液腐蚀机理研究等内容。

（6）加强地面系统管理，实现提质增效发展。

油气田地面系统具有点多、面广、线长、系统庞大的特点。要做好油气集输系统、注水系统及机、泵、炉的提效工作，进一步提高原油和天然气商品率，实现系统高效、低耗运行。同时，加强原油稳定和天然气深冷回收轻烃等方面的工作，减少损耗，提高液烃产量。继续做好“关、停、并、转、减”工作，优化系统，提高效益。通过加强地面系统管理工作，做到系统布局合理、工艺流程优化、工艺设施高效、系统负荷最佳，进一步促进油气田地面生产系统管理科学化、规范化、精细化发展。

第二编　原油矿场集输

第一章　概　　述

第一节　原油矿场集输在油气开发中的地位

油（气）田开发包括油藏工程、钻采工程及油（气）田地面工程。油藏工程研究待开发油田的油藏类型、预测储量和产能、确定油田的生产规模及开发方式；钻采工程研究钻井、完井工艺及油田开采工艺；地面工程研究油气集输与油气矿场加工、油田采出水处理、供排水、注水（注气、注汽、注聚）、供电、通信、道路、消防等与油田生产密切相关的各个系统。在工程建设投资中，地面工程投资约占油田开发总投资额的30%~40%，约占气田开发总投资额的60%~70%。

油气集输系统的功能是：将分散在油田各处的油井产物加以收集；分离成原油、伴生天然气和采出水；进行必要的净化、加工处理，使之成为油田商品（原油、天然气、液化石油气和天然汽油）并对其进行合理的储存和外输。油气集输系统还为油藏工程提供分析油藏动态的基础信息，例如各井油气水产量、气油比（101.325kPa、20℃下，天然气与原油产量之比，单位为m^3/m^3或m^3/t）、气液比（天然气与所产液量之比，单位为m^3/m^3或m^3/t）、井的油压（油管压力）和回压（井出油管线起点压力）、井流温度及随生产延续其他各种参数的变化情况等，使油藏工作者能加深对油藏的认识，适时调整油田开发设计和各油井的生产安排。油气集输系统不仅实现油井生产的原料集中并加工成油田产品，而且能够为油田工作者不断加深对油藏的认识、适时调整油藏开发设计方案、合理经济地开发油藏提供科学依据。

第二节　原油矿场集输的工作内容和建设特点

图2-1-1表示油气生产工艺系统的全部内容及其产品。

油井生产的产物，经集中并初步分离为油、气、水三种流体。含油污水经水处理后，通过注水井回注地层，以保持地层能量。

原油经脱盐降低盐含量后，进行稳定或拔顶（从塔器顶部抽出轻质油蒸汽），稳定后的原油作为油田产品送往炼厂。

含H_2S、CO_2、H_2O的酸性天然气经初步脱水使酸性天然气变为“甜”天然气，以减弱对设备和管道的腐蚀。将脱除的H_2S经处理回收为硫黄，为制酸工业提供原料。CO_2或

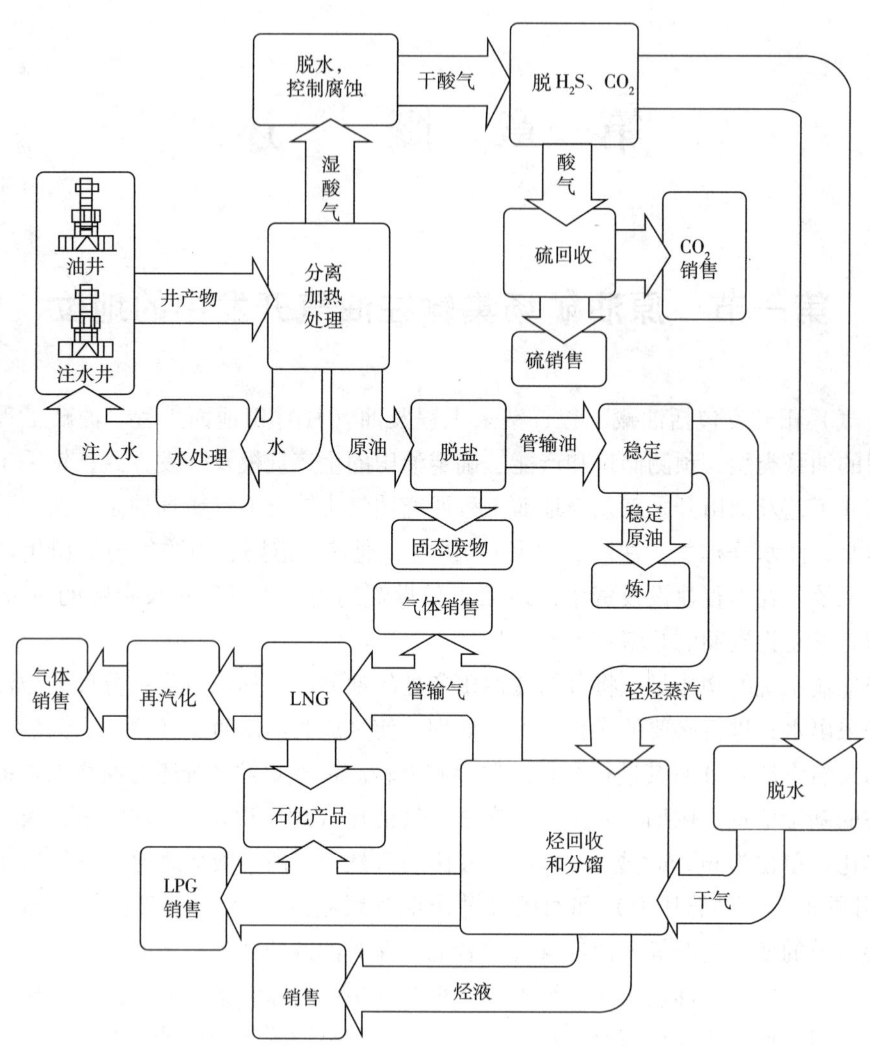

图 2-1-1　油气生产工艺系统

回注地层，或出售，或放空。“甜”天然气需进一步脱水，之后与油稳定单元来的拔顶气汇合，在烃液回收单元将气体内部较重的烃类变成液体，即为天然气凝液回收或轻烃回收。天然气凝液加工成液化石油气（C_3、C_4 烷烃）和稳定轻烃 C_5^+（也称天然汽油或轻质石脑油）。液化石油气可供石油化工厂作原料或进行外销。稳定轻烃作为油田产品外销。

在凝液回收单元的不凝气主要为 C_1 和部分 C_2，经管道送往用户或部分气体供给液化天然气（LNG）厂，液化后的天然气可供石油化工厂作原料或再汽化，为用户提供调峰天然气。

由于油田所处的自然和社会环境不同，油藏类型、规模，原油与天然气组分和物理性质不同，因而各油田并非必须具备上述油气生产的全部工艺环节。例如，除个别特例外，我国所产原油中盐含量很少，在矿场一般不进行脱盐，脱盐工作放在炼厂进行。又如，我国天然气脱酸气和脱水常集中在一个厂区内进行，不必进行天然气两次脱水。只有在开采海洋石油时，为了减少平台面积，平台上只设脱水单元对气体进行脱水处理可防止海底油气输送管道腐蚀，油气加工单元设在陆上，在对气体进行一步加工处理时需二次脱水。图2-1-1全面而直观地表示了油田所产油、气、水的流向，以及各种加工处理环节和产品。

尽管因各油田具体情况的不同，所构建的油气集输系统也各具油田适应性特点，但各油田的油气集输系统也存在一定的共性：接收油井流出的原料，生产出油田产品。除个别特殊油田外，均有与图2-1-1类似的主要工作内容，我国石油工作者将油气集输流程归纳为图2-1-2所示的工艺流程。

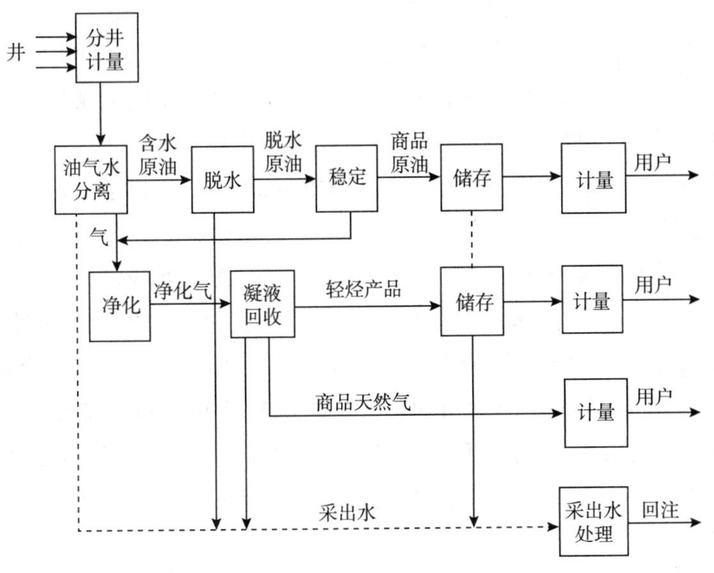

图2-1-2 油气集输系统的工作内容

由图2-1-2可知，油气集输的主要工作内容包括：

（1）通过油井计量测出每口油井产物中原油、天然气、采出水的产量，并作为分析油藏开发动态的数据。

（2）集油即将计量后的油井产物（油、气、水）或油水混合物集中，通过管线输送至有关站场进行处理。

（3）集气即将油田内部一级油气分离器分离出的天然气，通过管线输送至气体处理厂进行净化和加工。

（4）油气水分离即将井流分离成原油、天然气、采出水。必要时，还需分离出井流中所含的固体杂质。

（5）原油处理（脱水）即含水原油经破乳、沉降、分离、脱除游离水、乳化水和悬浮固体杂质，使商品原油水含量小于规定的质量标准。

（6）原油稳定即脱出原油内易挥发组分，使原油饱和蒸汽压等于或低于商品原油规定的标准。稳定过程中产生的气态易挥发组分送气体处理厂进行凝液回收。

（7）原油储存即将符合商品原油标准的原油储存在矿场油库中，以调节原油生产和销售间的不平衡。

（8）天然气净化包括脱出天然气中的饱和水和酸性气体（H_2S、CO_2）。通过脱水使气体在管线输送时不析出液态水，以满足商品天然气对水露点的要求；或用冷凝法回收凝液时不析出液态水。商品天然气对酸性气的含量也有严格规定，原料气内酸性气含量超过规定值时，需要脱出 H_2S、CO_2 等酸性气体。

（9）天然气凝液回收油田伴生气中含有较多的、容易液化的丙烷和比丙烷重的烃类，回收天然气中重烃组分凝析液，可满足商品天然气对烃露点的要求。加工天然气凝液可获得各种轻烃产品（液化石油气、天然汽油），提高油田的经济效益。

（10）凝液储存是将轻烃产品储存在压力储罐中，以调节生产和销售间的不平衡。

（11）采出水处理即将分离后的油田采出水进行除油、除机械杂质、除氧、杀菌等处理，使处理后的水质符合回注油层或国家外排水质标准。

油田开发和建设是分阶段实施的。油田开发面积和油井数量会不断增加，因而油气集输系统也必须分期建设。同时，已投产油区的生产又是动态的，随着开采时间的延续，油井产物中水含量、携砂量会逐渐增高，采油量、气油比逐年下降，原来的自喷井变为间歇自喷井或改为抽油井，油井的采油层系也可能发生调整，有的生产井可能转为注水井等，这就要求油气集输系统作出相应的调整，以适应油田生产的动态变化。集输系统的设计应以油藏地质师提供的今后 15 年内油田油、气、水产量预测资料为依据，既应满足当前油田生产需要，也应考虑新系统对油田中远期生产的适应能力和扩建、改造的可行性。每期建设的适应期应为 5～10 年，在该期间内应以集输系统最少量的变化适应油田生产的动态变化。

第二章 原油集输流程

第一节 集输站场的类型和功能

一、集输站场的类型

原油集输系统所包含的站场，按其基本集输流程的生产功能可划分为采油井场、分井计量站、接转站、集中处理站（联合站）四种站场。但在油田开发建设的实践中，根据具体情况设计者可以组成多种形式、生产功能不同的联合体。

采油井场、分井计量站和接转站是油气集输系统中集油、集气的生产设施，通过它们将油（液）、气收集起来，输送到集中处理站（联合站）进行处理。目前，由于我国各油田普遍采用由采油井场、分井计量站、接转站、集中处理站（联合站）等站场组成的油气集输流程，采油井场、分井计量站、接转站都配套建设。一座分井计量站通常管辖 8 ~ 16 口油井，接转站则根据油井可利用的剩余能量和集油的距离来确定。如果油井剩余的能量不能将产出的油（液）、气混合物通过分井计量站输送到较远的集中处理站，就在分井计量站和集中处理站间特设接转站，给油（液）补充能量后，输送到集中处理站进行油气处理，从而获得合格油气产品。

二、集输站场的功能

1. 采油井场

采油井场是油田开采原油的基础工程设施，由井口装置和地面工艺设施组成。它应能完成下列功能：

（1）控制和调节从油层采出的油（液）、气数量，满足油田开发的需要；

（2）提供完成油井井下作业的条件；

（3）保证将油井采出的油（液）、气收集起来。

根据油层能量大小、产量大小、油气物性、自然环境条件确定采油方式和集输流程。按其不同的采油方式，采油井可分为自喷井、抽油机井、电动潜油泵井、喷射泵井、气举井等。采油井场的主要流程和工艺没施的设置要根据不同的采油方式和油井产出物物性作出选择，但总体上应能完成以下工作：

（1）油井产出物正常集输；

（2）井口清蜡、洗井、加药防蜡、加热保温等；

（3）井口取样、测试、井下作业、关井、更换油嘴、测温、测压等；

（4）投产试运：油井建成后，首先要进行投产试运，在投产试运满足要求后，正式投入使用，应保证在不同环境、不同季节都能完成试运、预热、投产等要求；

（5）停产、事故处理：在突发事故或停电造成油井停产的状态下，能保证油井集油管线进行吹扫或进行热水循环作业，确保集油管线不冻结。

2. 分井计量站

分井计量站承担的工艺任务主要是进行分井计量，测量所管辖油井的油、气、水产量。油田计量站的主要功能包括：

（1）油井采出的油（液）、气的集中计量和集中管理；

（2）为完成油（液）、气集输提供各种工艺措施，在采用掺热水（油）的油气集输方式时，可提供掺热水（油）的分配阀组，以便向所管辖的油井分配和输送热水（油）。

在满足分井计量站完成所承担工艺任务的前提下，尽可能使计量站流程简单、安全可靠、流向合理、方便操作管理；工艺流程要具有通用性，以便实现计量站生产装置的组装化，有利于提高施工质量和整体调试，满足计量要求。

测量油井产出的油、气、水量的计量站，其计量工况较为复杂，主要技术特点包括：

（1）被测量的介质是油、气、水的混合物（混合不均匀，混合比经常变化）；

（2）油、气、水混合物的流量波动大，流态变化大，会出现段塞流；

（3）被测介质一般都不同程度地含有泥砂等机械杂质；

（4）测量的工况条件随油井的生产条件经常发生变化。

油井产量计量采用多井集中计量和周期性连续计量的方式。每口井每次连续计量时间一般为4～8h，油气生产波动较大的井，可延长计量时间到8～24h。每口井间隔10～15d计量一次。计量站管辖油井不超过20d时，可选用1套计量装置。在油井产量计量中，油、气、水计量的准确度应在±10%以内。测量油、气、水的计量仪表必须配套，以适应油井的计量条件和被测介质的性质。

计量站工艺流程与管辖油井的数量、生产状态、集输方式有关。按计量站的计量分离装置分类，可分为两相计量站和三相计量站。计量站工艺流程主要有两相计量和三相计量两种工艺流程，其工艺原理流程如图2-2-1和图2-2-2所示。

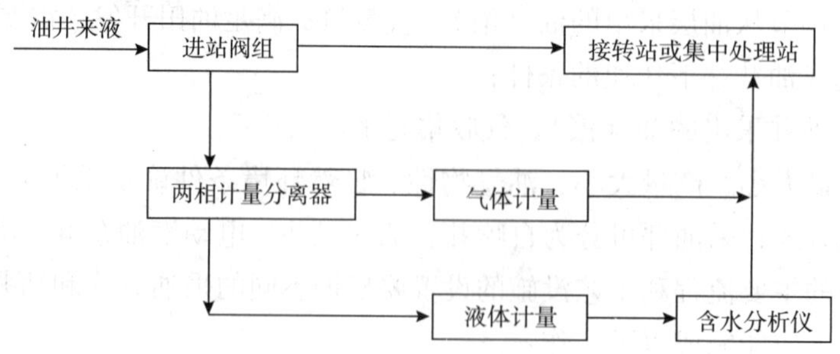

图2-2-1 两相计量站工艺原理流程

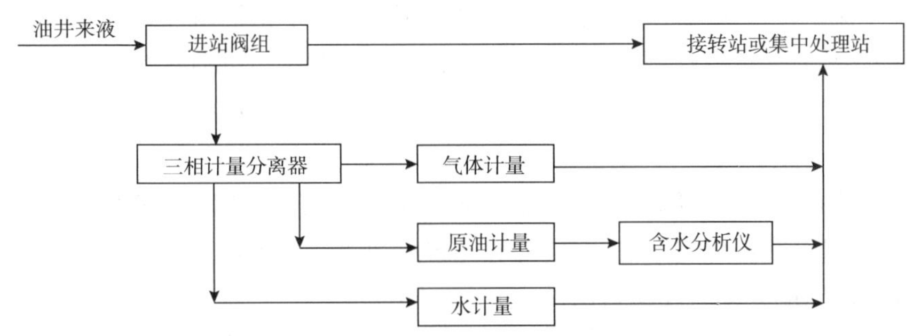

图 2-2-2　三相计量站工艺原理流程

两相计量装置以气、液两相分离器和计量仪表分别计量油、气、水量。其具有代表性的计量装置是以液位计计量总液量，以振动管密度计计量纯油量，或以刮板流量计计量液量（用浮球液位计操纵浮球阀排放分离器内液体），用容积式流量计（气体罗茨流量计）计量伴生气量。用计算机控制数据采集与处理，实现自动化连续计量，适用于产量较高、含水较高（>80%）的油井计量，精度可在15%以内。

三相计量装置采用三相分离器将油、气、水分离，分别用测量仪表计量。它可用弹性刮板流量计测量油量，配有在线高含水分析仪；用气体罗茨流量计测量气体流量；用污水流量计测量水量，采用计算机控制数据采集与处理。

另一种三相计量装置（如在胜利等油田采用），液位采用微波液位计控制，油、气、水分相计量，含水油用椭圆齿轮流量计计量，配有密度计和高含水分析仪计量出纯油量和含水量，气体用涡轮流量计计量，并用计算机控制数据采集与处理。

另外，国外开发了一种所谓“三相不分离”计量装置，主要包括混合均质型计量装置和直接在线型计量装置。混合均质型计量装置用涡轮测总质量流量，同时用微型采样分离器取样并分离成气、液相，用伽马密度计测油水密度，并测温度、压力，用计算机自动算出油、气、水的量；直接在线型计量装置采用电子设备测量流体特性，用组分测量仪测油、气、水瞬时质量分数，用速度测量计确定混合物的流量，进而测算出油、气、水的量。这类计量装置体积小，计量工艺流程简单，方便控制与管理，但价格较贵。

自20世纪80年代以来，美国、德国等率先将质量流量计应用于油井计量，我国一些油田最近也引进并安装了这种油井计量仪表。它可直接安装在集输管线上，通过切换对各油井进行计量，精度可达±2%～±5%。

油井计量系统以连续自动计量和提高精度为基本要求，可根据油田实际情况选用两相或三相分离计量装置。一般油田应优先推广两相分离、三组分计量技术。从操作管理和整体技术来讲，两相分离计量相对成熟一些，两相分离、三组分计量技术包括密度法自动计量装置、含水分析法（电容法、微波法等）自动计量装置等，这些装置都已经有较长时间的应用，性能平稳，精度较高。当含水超过90%时，其误差一般超过±5%，因此含水较高的油田可采用三相分离计量技术，以达到较高的计量精度。当采用油田自动化管理时，应采用油井自动计量装置加以配套，主要用以电动三通阀切换为基础的装置。在条件允许时，采用质量流量计，简化计量工艺，提高计量精度，易于全油田计算机管理。

油井计量要与计算机数据采集或油田自动化系统相配套，以消除人为因素，保证计量精度，同时还可以就地显示，打印报表，实现就地检测和自动连续计量。

3. 接转站

在采油井日剩余压力不能满足设计流量下油气集输系统压力降要求时，为油水混合液增压输送需要设置接转站。接转站一般分为无事故油罐的密闭式接转站和设有常压油罐并具有一定储存能力的非密闭式接转站。

接转站是油气收集系统中以液体增压为主要功能的集输场站。为完成此任务，接转站要将从分井计量站来的油（液）、气混合物进行分离、计量或脱除游离水，然后将含水原油泵输至集中处理站，油田气靠自压输送至油田气处理厂。接转站一般还承担向计量站供掺水、保温、热洗清蜡用的热水，投加防垢剂、破乳剂等任务。

接转站的工艺流程要完成正常的接收工艺任务，并能处理投产试运、停产和事故工况，达到生产管理、操作、维修和维护的技术要求。

接转站的工艺流程应在保证完成本站所承担的各项工艺任务的前提下，尽可能实现油气集输流程密闭，降低油气损耗，采用国内外先进工艺技术，节约能源，提高经济效益；满足生产需要，简化流程，安全可靠，操作管理方便，利于实现自动控制，便于事故处理和测取资料数据等；主要流程和辅助流程应合理安排，设备与管道应合理布置，有利于工程安装，还要远近期结合考虑。

4. 集中处理站

油气集中处理站是油田对原油、油田气和采出水进行集中处理的地方。油气集中处理站将进入本站的含水原油、湿油田气连续地通过管道和具有一定功能的设备、装置，将其处理成符合规定的原油、油田气、净化水。它主要包括油气分离、计量、原油脱水、原油稳定、天然气增压、污水处理站、注水站等工艺流程及设施。为了管理方便、节约运行成本、便于完成处理的工艺任务，常将原油分离、计量与控制、原油脱水、原油稳定、天然气净化、污水处理、注水等系统建在站内，故集中处理站又称联合站。

集中处理站的规模、建站的位置、完成的工艺任务，在油田总体规划设计阶段就已基本确定。从油田目前的情况来看，集中处理站大致要具有以下主要功能：

（1）接收油井、分井计量站或接转站输送来的油（液）、气；

（2）对油（液）、气进行分离、净化；

（3）将原油稳定处理，并回收油田气体中的凝液等；

（4）将符合标准的原油、油田气、轻烃经计量后，分别输送到矿场油库和用户；

（5）含水原油中脱出的含油污水送至污水处理装置，处理后回注油层。

集中处理站除了主要工艺流程外，还有许多辅助工艺系统，如加热供热系统，包括站内各系统加热保温和对站外各系统的供热（油管线伴随和掺热液加热等）。一般集中处理站锅炉房应包括给水和水处理系统、燃料油供给系统或天然气供给系统。此外，还有污油、污水回收系统、设备扫线和气动仪表用的压缩空气系统、站内设备自动控制系统、供排水系统、供电系统、润滑系统、冷却系统、消防系统和通信系统等。

集中处理站工艺流程复杂、操作繁琐、占地面积大、能耗多、效率低。目前，国内一些油田逐步采用全密闭集输流程，采用高效、多功能设备，自动计量和控制技术，提高了油田集输技术水平，达到了节能降耗、降低成本的目的。

第二节　原油集输流程

在油田上，将各个油井生产出来的原油、天然气等混合物进行收集、转输、分离、计量、净化、稳定及其他处理，直至生产出合格的油、气产品的全部工艺过程总称为油气集输工艺流程。我国油田分布很广，每个油田所处的自然环境、社会环境不同，油藏性质、油藏能量、开发部署、原油物理性质、油气组分等都有很大差别。为了把分散在油田各处的油气逐渐集中起来，会根据各地的具体情况而采取不同的集输方案，相应地也会有不同的工艺流程。

一、确定原油集输流程的基本原则

原油集输的工艺流程通常是由收集、分离、计量、净化、原油稳定污水处理等工艺环节组成。根据各油田地质特点、采油工艺、原油和天然气物性及自然条件等方面的不同，可将原油集输各单元工艺组合，形成不同的油气集输系统工艺流程。工艺流程设计的基本原则是：

（1）有利于油田持续安全生产。在油田开发生产过程中，油气集输系统工艺流程必须不间断地采出油气，持久、安全地进行油气收集和处理，得到符合质量标准的油、气产品。

（2）降低油气集输工艺过程的油气损耗和自耗油、气量。油井产物（油、气、水）收集、处理和输送的油气集输工艺流程，应尽可能密闭，流向合理，并能充分地利用油、气流已具有的能量，从而减少油气蒸发、放空和其他工艺环节的油气损耗，保证油气集输过程中自耗油、气量达到最低。

（3）工程投资要节省，生产运行费用要低。油气集输系统的工程投资是油田地面工程建设投资中最大的部分，油、气生产过程又是一个连续运行的过程，消耗的运行费用也很大。因此，在确定油气集输系统工艺流程时，既要努力减少工程基建投资，又要努力降低生产运行费用。

（4）要积极地采用新工艺、新技术、新材料、新设备，促进油气集输工艺技术进步，以获得最大的经济效益。

二、集输流程的布站形式

为了把油田各单井的油气集中起来进行输送、计量和净化处理，需要根据各区块的实际情况和油品性质采取不同的原油集输工艺，以达到充分利用油气资源、地层压力，节能降耗、方便管理的目的。油气集输工艺流程有多种，按油气集输系统的布站形式可分为一级半（或一级）布站集输流程、二级布站集输流程和三级布站集输流程。

1. 一级半布站集输流程

一级半布站集输流程可看作由“井口→计量站→联合站”的二级布站流程简化而来，即在各计量站的位置只设计量阀组，数座计量阀组（包含几十口井或一个油区）共用一套计量装置。其流程如图2-2-3所示。

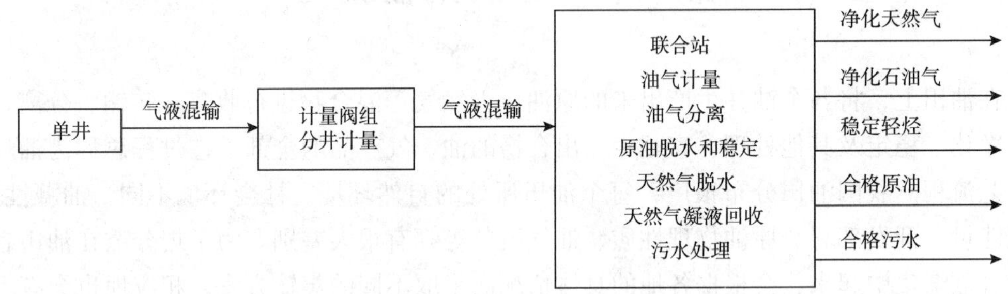

图2-2-3　一级半布站集输流程

由“井口→计量站→联合站”构成的二级布站流程，其中计量站的作用是用于油井油气分离和油、气、水计量，联合站的作用在于实现原油脱水和稳定、天然气脱水和天然气凝液回收、污水处理，得到合格的商品原油和天然气。一般每8～12口油井设一座计量站。如果适当延长油井计量周期，缩短每口井计量的时间，则可增加计量装置的使用范围。每座计量装置的使用范围可按式（2-2-1）确定：

$$n_{\mathrm{m}} = \frac{W}{\frac{24T}{t}} \qquad (2-2-1)$$

式中　n_{m}——开发油区需设的计量装置数，座；

W——开发油区总油井数，口；

T——油井计量周期，即要求多少天计量一次，d；

t——每口油井一次连续计量的时间，h。

$N = \frac{24T}{t}$，即每座计量装置可计量的油井数量。按这个计量范围，对几座计量阀组范围内油井共用一座计量装置，可将计量装置放在联合站，一个油区共用一套计量装置，形成一级半布站的集输流程；也可不另设计量阀组，各油井直接进设在联合站的计量装置进行计量，形成一个油区都在联合站计量，从而形成一级布站的集输流程。

由于多数计量站简化为计量阀组，计量阀组至计量装置由计量管线相连，可使集输流程大大简化。与二级布站流程相比，这种一级半布站流程的工程量得到大幅度减少，其工程投资显著降低。

例如，若某油田7d计量一次，每次连续计量时间为1h，则每座计量装置可计量的油井可达168口，也即一个油井总数为168口井的油区（块）只需一座计量装置放在联合站即可。若按原三级布站考虑，要设 16～17 座计量站，一级半布站可节省投资 20% 以上，而且由于流程简化，便于实现油田自动控制，从而有利于油田管理。

国外的许多油田，特别是近年来开发的油田，包括沙漠地区的油田，都采用一级半布站集输流程，即数口井设计量阀组，在集中处理站设三相分离计量装置，对全油区井计量。我国胜利宁海油田等曾试用过这种流程；吐哈都善油田已局部采用这种流程，吐哈丘陵油田已全面采用这种流程。塔里木东河塘油田则采用了“井口→联合站”构成的一级布站集输流程，从而简化了工艺，降低了投资。

2. 二级布站集输流程

二级布站集输流程是指由“井口→计量站→联合站”构成的布站流程。根据油气输送的形式不同，可以分为二级布站油气分输流程和二级布站油气混输流程。

（1）二级布站油气分输流程。

油井产物经管道输送到分井计量站，经气液分离后，分别对单井油、气和水的产量值进行测量，在油、气、水到分离器出口之后，油、气分别输送至联合站，含水原油进入原油脱水装置和原油稳定装置进行脱水和稳定处理，天然气和稳定塔闪蒸出的石油蒸汽进入天然气脱水装置和天然气凝液回收装置进行处理，生产出合格的油、气产品。各单元装置排出的采出水及含油污水则就地处理利用。油、气分输流程如图 2-2-4 所示。

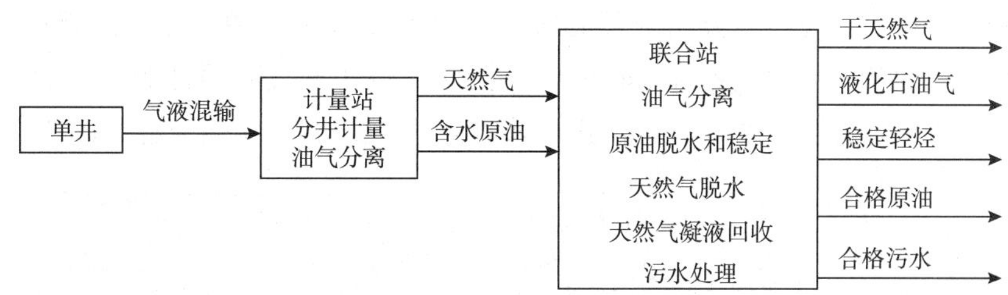

图 2-2-4 二级布站油气分输流程

这种流程适用于气油比较大，井口压力不高的油田，其特点是单井进站，分井集中周期性计量，简化了井场设施，实现油、气分别处理，出油、集油、集气管线分别采用不同的输送工艺，可降低井口回压并提高计量站到联合站（或集中处理站）的输送能力。该流段的缺点是油、气分输，集气系统复杂，需多处分散进行露点处理，工程量、设备、钢材、投资等消耗量大。

（2）二级布站油气混输流程。

单井产物在分井计量站分别计量油、气、水产量值后，气液再混合，经集油管线进入集中处理站，集中进行油气分离、原油脱水、原油稳定、天然气脱水、天然气凝液回收等处理工艺，得到合格的油气产品，采出水集中处理后回注，二级布站油气混输流程如图2-2-5 所示。

这种流程适合于气油比低、集输半径较小的油田，能够充分利用地层能量，从井口至联合站不再设泵接转，简化了集气系统。此外，还便于管理，节省了大量的投资，是目前国内各油田广泛选用的流程类型，但原油稳定、天然气凝液回收装置在处理量变化幅度大时适应性较差。

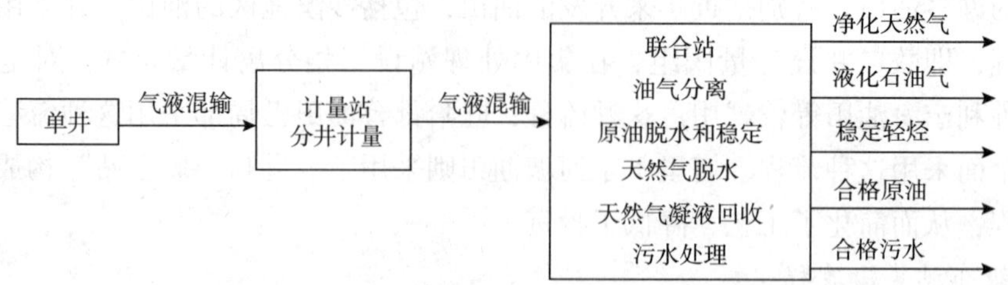

图 2-2-5　二级布站油气混输流程

3. 三级布站集输流程

三级布站集输流程是在二级布站集输流程的基础上发展而来的。随着油田区块的向外延伸，集输半径越来越大，油田总产量越来越多，采出水量也越来越多，采出水一般采用回掺或经污水处理后回注。当集输半径很大时，在采油井口剩余压力不能满足设计流量下油气集输系统压力降要求及大量的采出水需要返输时，不管是从投资上看，还是从管理和运行费用等方面考虑，仍采用二级布站集输流程显然是不合理的。另外，部分小油田产量较小、油品性质较好，但单独为其建设原油稳定、天然气凝液回收装置又不够经济，因此，需要输至附近油田进行集中处理，这样就产生了“中间过渡站”即接转站。

接转站的目的是实现油气分离、管道增压、原油预脱水（原油中含水部分脱出）、污水处理和注水，使采出水就地处理，将原油及天然气输送至设有原油脱水、原油稳定、天然气脱水、天然气凝液回收的联合站做进一步处理。三级布站集输流程如图 2-2-6 所示。

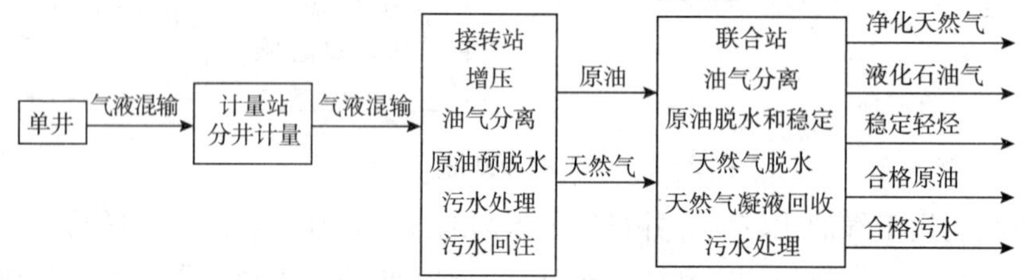

图 2-2-6　三级布站集输流程

三级布站集输工艺流程避免了建设用于处理合格采出水的管网，可建设规模较大的原油稳定和天然气凝液回收装置。

三、原油密闭集输流程

根据油田油气集输工艺的密闭程度，可将原油密闭集输流程分为开式集输流程与密闭集输流程两种。石油及天然气等混合物从油井中出来，经过收集、中转、分离、脱水、原油稳定，暂时储存，一直到外输计量的各个过程都是与大气隔绝的集输流程，叫密闭集输流程。若其中有部分过程不与大气隔绝，就叫开式集输流程。

油气集输全密闭流程主要包括：密闭集输、密闭处理、密闭储存和轻油、污油回收。

所谓“密闭”往往是相对的，这里所说的密闭主要指以下三个方面：

（1）油气混合物从油井中出来，在集输、中转、脱水、净化等过程中采用密闭管道输送，而不是用油罐车等其他不能保证密闭的方法输送。

（2）油气混合物从油井中出来，在净化处理和储存过程中使用的都是耐压容器，即在正常生产情况下，油气是不能与外界相互串通的，只有当容器内的压力超过一定极限时，安全阀才能打开。

（3）原油要经过稳定处理，天然气要脱除轻油和水，并且将轻质油和污水回收。由于从含水油中脱除和沉降出来的污水中还含有一定的原油，因而要将污水中的原油回收处理成合格的原油。在生产过程中排放的污油、污水、天然气等要全部回收处理，中间不开口。

达到以上三点要求，就可以说基本上实现了密闭集输。

密闭集输流程要求要有比较完整而可靠的自动监测和自动控制设备，因为如有一处发生故障和波动，都会波及整个系统，甚至会发生恶性事故。因此，在密闭流程投产前，首先要将自动化设备安装并调试正常，然后再进行密闭集输流程的投产。如图 2-2-7 所示为典型的油气密闭集输流程。

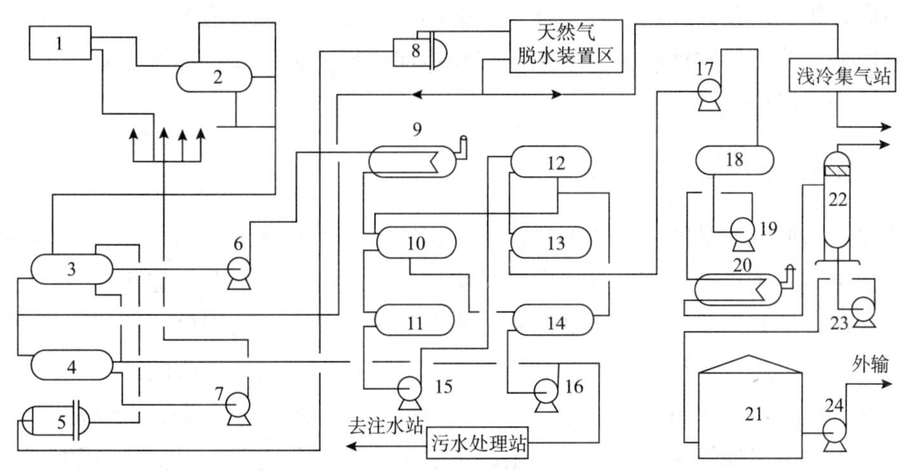

图 2-2-7　油气密闭集输流程

1—油井；2—二相分离器；3—四合一装置；4—二合一装置；5—发球筒；6、15、17、19、23、24—油泵；7—掺水泵；8—收球筒；9、20—加热炉；10—沉降罐；11、13、14、18—缓冲罐；12—脱水罐；16—污水泵；21—油罐；22—负压脱气塔

油气密闭集输流程与开式流程相比有许多优点，概括起来有以下几个方面：

（1）原油和天然气在集输过程油气损耗低，产品质量高，可减少对大气的污染；

（2）结构简单，减少了原油和水的接触时间，提高了脱水质量，降低了脱水成本；

（3）减少了加热炉和锅炉的热负荷，提高了整个油气集输系统的热效率；

（4）提高自动化程度和管理水平；

（5）工艺流程简单、紧凑，节省钢材，投资少。

第三节　常用集输工艺

我国很多油田开采出来的原油黏度高、凝固点高、含蜡量高，大都属于高黏易凝原油。通常，当油温接近或低于凝固点时，高黏易凝原油都成糊状，流动性极差。另外，注水开发的油田，不可避免地要采出含水原油。由于原油中存在天然的乳化剂，而油水混合物又要通过一些会造成高速剪切的设备，如泵、油嘴和阀门等，这就导致在矿场集输管路中输送的多是油包水型乳状液，其黏度要比纯油高得多，且低温流动性变差。如果依靠有限的井口剩余能量或抽油机能量，而不采取任何工艺措施沿管路自然输送高黏易凝原油或它们的油包水型乳状液，不但难于实现，而且会影响采油的正常生产；若用泵输，则必须增加到很高的压力，缩短站间距，投资大，能量消耗大，经济上极不合理。为了便于油气的收集和输送，对于这些高黏易凝原油，要采取一定的工艺措施，使它能在允许的压降条件下，在管内顺畅地流动。为完成油气的收集和输送任务而采取的工艺措施称为集油工艺。由于我国很多油田原油物性差异较大，即使同一个油田的不同地区，原油性质也不尽相同，因而，集油工艺方式也多种多样。归纳起来，油田集油工艺主要有单管加热集油工艺、掺液集油工艺、热源伴热保温集油工艺和不加热集油工艺等。不加热集油工艺将在本章第四节中进行讨论。

一、单管加热集油工艺

加热保温降低原油黏度，是我国目前各油田广泛采用的集油工艺。单管加热集油工艺是指井口加热、一条集输管道、油气混输的集油工艺。将计量站布置在8～10口井的适当位置上，从每口单井来的油气混合液先经过水套加热炉加热，采用单一管线将油气混输集中到计量站内，之后进入计量分离器分别对油、气计量，完成计量后的油、气再度混合进入出站集油管线，不作单井计量的油井，一般是将油气混输到计量站，经总机关阀组切换，直接进入出站集油管线。也有的在出站之前进入生产分离器，对油、气的总量分别计量，之后再次混合进入集油管线出站，输送至集中处理站或联合站。如图2-2-8所示为二级布站的加热保温集油流程。

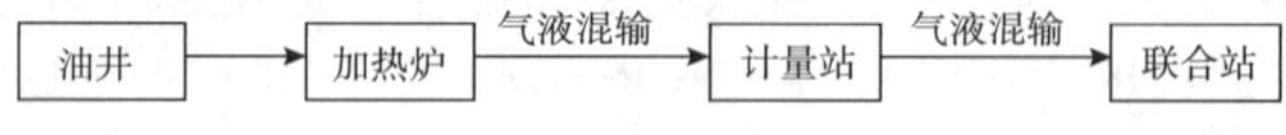

图2-2-8　二级布站的加热保温集油流程

这种集油工艺的技术特点是：

（1）井场上一般都设有水套加热炉，它除了用来加热油井产物外，还可用来实现热油循环清蜡。计量站设备简单，只有一条集油管线，节省钢材，对地质条件复杂的油井适应性较强。

（2）井场上的水套加热炉给管理带来不便，也难于实现自动化；停井或作业时需要清扫管线，否则会堵塞管线；对无气或少气的油井，有时井场水套加热炉需要另外敷设供气管线。

井口加热单管集输流程主要适用于原油凝点高于油气集输管线环境温度的原油，单井原油产量大于10t/d，生产气油比大于30m^3/t，且采油井能连续生产的油田。

水套加热炉是一种间接加热炉，在正常工作时，水套内的水占其容积的1/2～2/3，天然气经火嘴喷入火管内燃烧，把热量传给水及蒸汽，再把热量传给盘管里的原油，使其温度提高，黏度降低，流动性增加。水套加热炉已有定型产品，在选用时，先计算出加热油气产品所需要的热负荷，然后从已有的产品中选用。为了提高装配化水平，加快油田建设，目前已将计量分离器和水套式加热炉组合在一起，称为计量分离器——水套式加热炉联合装置。

油气经水套加热炉加热后沿油气混输管路输送时，不断被周围介质冷却，管内结蜡，流动阻力增加。因此，每隔一定距离要设一集输干线加热炉，就地利用油田气作为燃料，给管内原油补充热量，以保证在整个集油过程中沿线各处的油温高于凝固点，使油气混合物（或原油）顺利地被输送到集中处理站。同样，原油从处理站通过输油管道送到矿场原油库或长输管线首站的过程中，也要在处理站加热到符合要求的温度。

计量站和原油集中处理站的加热炉也是按热负荷选用的，只是集中处理站的加热炉热负荷大些，普遍采用管式加热炉。但是，要根据沿线温降情况确定所需使用的加热炉台数。一般，当沿线散热量最小时，加热炉承担的热负荷也最小，应允许有一台停炉检修；当沿线散热量最大时，加热炉承担的热负荷也能满足要求。从操作管理和维修方便等方面考虑，加热炉的台数最好不少于2台，但也不宜超过4台。

二、掺液集油工艺

掺液集油工艺是在出油、集油管道中掺入常温水、热水、轻质油、低黏原油，以降低介质黏度，润湿管壁，防止结蜡，从而减少摩阻的输送工艺。在输油管线中也可加入降凝、降黏、防蜡、减阻等化学助剂，可达到同样的目的。掺液集输工艺从分井计量站到采油井井口有两条管道，一条为集油管道，另一条为掺液管道。

对于二级布站集输流程，掺液介质由计量站通过掺液管道分输至各油井口，油井生产的油气混合物，在井口与掺液介质混合，在站内完成计量之后，输送至联合站。其工艺流程如图2-2-9所示。

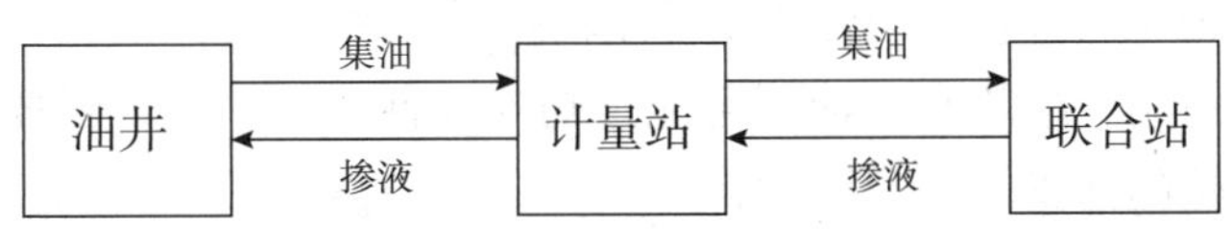

图2-2-9 双管掺液集油工艺流程

掺液集油工艺常利用脱水器排出的污水作为热介质。由于水的比热比油约大一倍，故可利用污水的剩余热量。同时，掺热水比掺热油的流量约可减小一半，与之相关的设备可选用较小的容量。

这种掺液工艺的主要特点是：

（1）能较好地解决高黏原油的开采问题；井场上不设加热炉，有利于实现集中控制和自动化管理；有效地降低油井的回压，可适当扩大计量站的管辖井数和范围。

（2）对于掺水集油工艺，水可循环使用，但管线腐蚀、结垢严重。

对于中质、重质的环烷基原油，其凝点低、黏度高，升温后黏度无明显变化，宜掺入冷水；对于高黏度原油的集油工艺，宜掺入热水、热轻质油或低黏原油；对于低产油井的集油工艺，可掺入原油；对于高含盐原油的集油工艺，宜掺入清水溶盐。

三、热源伴热保温集油工艺

热源伴热保温集油工艺是在出油、集油管线上设有外部热源伴随，以保持管线内流体的温度。其集油方式主要有热水伴热集油工艺、蒸汽伴热集油工艺、电伴热集油工艺等。

1. 热水伴热集油工艺

在计量站内设有供热水装置，热水管单独保温，回水管与井口出油管联合保温伴热进站，这是一种通过管道间换热来间接加热的集油工艺。油气混合物经伴热升温至凝固点以上5℃左右进入站内。

对于二级布站集输流程，油气从井里出来沿井口集输管线到计量站，在计量站油、气、水分离，计量后原油输送到集中处理站进行净化处理，然后经加热转输到油库进行外输。原油从井口到计量站的加热、保温均依靠热水管线的伴热，从计量站到集中处理站的加热依靠加热炉进行。在计量站和井口间有集油管、热水管、回水管三种工艺管道。计量站设水罐、水泵、加热炉。水经加热后送至各井口，各油井的出油管线与回水管线伴热着进站，回水返回，输到水罐循环使用。热水伴热保温集油工艺流程如图2-2-10所示。

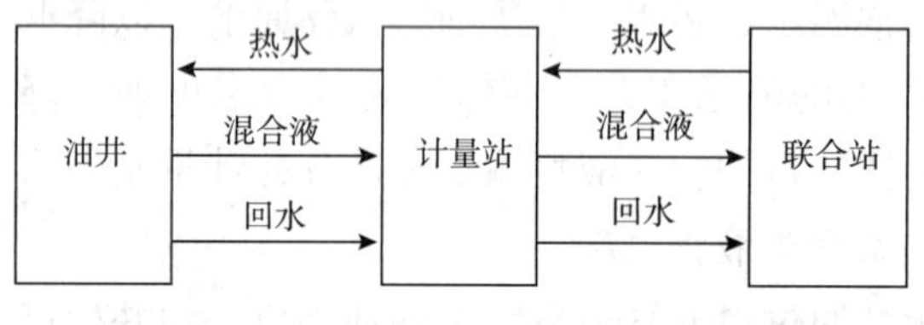

图2-2-10 热水伴热保温集油工艺流程

这种集油工艺的主要特点是：

（1）对集输困难的油井适应性强，井场简化，集中计量，管理方便，易实现集中控制和自动化；停井和作业方便，不会堵塞管线；集油工艺的可操作性、安全性好。

（2）集输工艺需要三根工艺管道，耗钢量大；管线结垢、腐蚀严重；计量站流程较复杂，不便于生产管理，其投资和经营费用都比较高。

这种集油工艺适用于掺热水（油）可能影响油品性质、单井计量要求准确性比较高、油井产物又必须加热的油田。

2. 蒸汽伴热集油工艺

蒸汽伴热集油工艺与热水伴热集油工艺的流程基本相同。

由于蒸汽伴热集油工艺和热水伴热集油工艺都具有热量损失大、集输流程复杂、投资和经营费用比较高的特点，除非特殊需要，一般不采用热水（或蒸汽）伴热集油工艺，目前，热水（或蒸汽）伴热集油工艺逐渐被掺液集油工艺代替。

3. 电伴热集油工艺

电伴热集油工艺是指用电能补充被伴热物体在集油工艺过程中的热损失，使流动介质温度在一定范围内的集油工艺。电伴热集油工艺主要有电热带伴热工艺和集肤效应电伴热工艺两种。

1）电热带伴热工艺

电热带伴热系统主要由电源、电热带、温控器（恒功率式电热带）或恒温器（变功率式电热带）以及接线盒、二通、三通、尾端等部件构成。其中，电热带是发热部件，按其作用方式可分为恒功率电热带和变功率电热带。

（1）恒功率电热带。

恒功率电热带又分为并联式电热带和串联式电热带。恒功率并联式电热带的外形和结构原理分别如图 2－2－11 和图 2－2－12 所示。图 2－2－11 中 RDP_2 型表示并联电热带（RDP），芯线数为 2，工作电压为 220V。RDP_3 型表示并联电热带（RDP），芯线数为 3，工作电压为 380V。

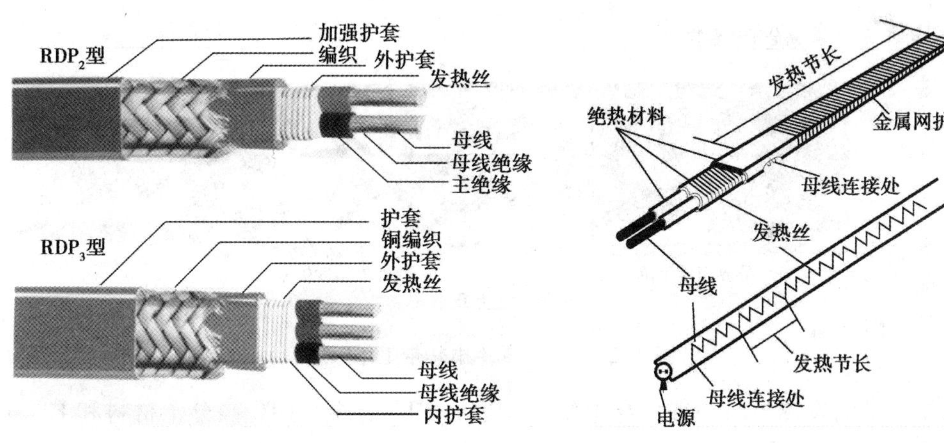

图 2－2－11　恒功率电热带外形　　图 2－2－12　恒功率电热带结构原理

恒功率单相并联电热带，其电源母线为 2 根平行的绝缘线，在绝缘层缠绕电热丝，并将电热丝每隔一定距离（即发热节长）与母线连接，形成连续的并联电阻。母线接通后，各并联电阻发热。因而，形成一条连续的加热带。由于恒功率单相并联电热带散热面积较小，常适用于短距离、小口径管道和体积较小的设备伴热。

恒功率三相并联电热带，其结构类似于恒功率单相并联电热带，但电源母线为 3 根平行绝缘线。绝缘层上的电热丝每隔一定距离（即发热节长）使电热丝依次与 3 根电源母线反复循环连接，在每两相间形成并联电阻。当母线接通 380V 电压后，由于其有 3 根母线，产品外形更趋扁平，增大了散热面积，且能均衡电网负载，常适用于较长距离、大口径管道和容器伴热。

恒功率三相串联电热带一般为三芯结构，3 根相同结构的平行绝缘绞线作为电源母线，也为发热芯线。将一端可靠短接，形成一星形可靠短接，另一端通 380V 三相电，形成一星形负载，但该伴热带发热量小且不均匀，因而较少使用。

无论何种恒功率电伴热带，其单位长度发热量恒定，适用于温度要求非常严格的场所，因此，恒功率电伴热带应配有温控器来监控其温度，当温度过高时切断电路，电伴热带外层的编织层不仅起着传热和散热的作用，还可提高电伴热带的整体强度，同时作为安全接地线。恒功率电伴热带的最大特点是总的起动电流比较小，在运行过程中基本无功率衰减。

恒功率电热带热量稳定并且与长度成正比，使用的伴热带越长，输出的总功率越大。当电热带交叉安装时，局部管线温度有可能超过其最高承受温度，影响油质，而且电热带若有局部损坏，将影响其他部位的使用。此外，恒功率伴热带还受节长的限制，利用率较低。

（2）变功率电热带。

变功率电热带又称自限式电热带。变功率是指电热带的输出功率随着被伴热介质电阻的升高而下降，反之则增加。变功率电热带工作原理如图 2-2-13 所示。自限式电伴热带有单相和两相之分。单相自限式电热带一般由 2 根平行母线和导电塑料及绝缘层构成，无单独发热丝。

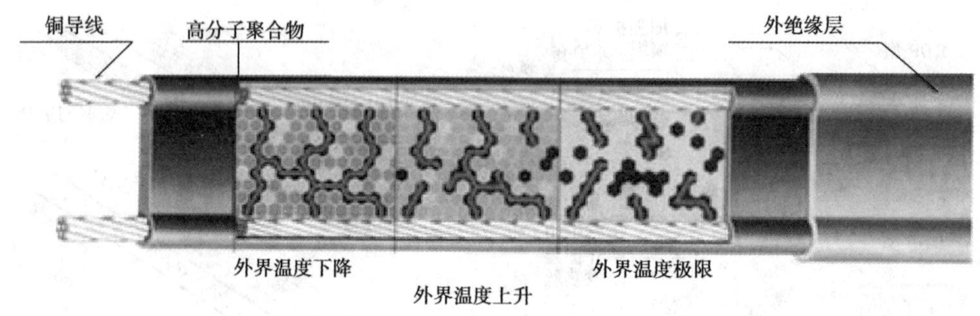

图 2-2-13 变功率电热带工作原理

电伴热带的发热材料一般为导电塑料，也有 PTC 合金、PTC 高分子材料和 PTC 陶瓷材料。该材料具有很高的正温度系数（Positive Temperature Cocifficient），常称 PTC 伴热带。具有 PTC 特性的材料既是点发热元件，又是温度测量元件和功率调整元件，因此使用该电伴热带不需要温控器。

在每根电伴热带内，母线的电阻随温度的变化而变化。当伴热带周围的温度变冷时，导电塑料产生微分子的收缩，而使碳粒接成电路，电流流经这些电路使伴热带发热；当温度升高时，导电塑料产生微分子的膨胀，碳粒渐渐分开，引起电路中断，电阻上升，伴热带自动减小功率。

变功率电热带为整体发热，允许任意交叉重叠，并且在现场安装时，任意截其长度从而减少不必要的浪费。另外，电热带由无数并联结构组成，即使有局部损坏，也不影响其他部分的使用。自限式电热带的伴热性能是由制造它的 PTC 材料决定的，伴热温度受到限制，同时生产加工能力也制约了其长度（一般不到千米）。自限式电伴热带可适用于短距离、伴热温度不高的集油管道伴热。

2）集肤效应电伴热工艺

集肤效应电伴热又叫管道工频加热法，是用于管道伴热保温的新技术，适用于较长距离集油管道的伴热和加热。

（1）集肤效应电伴热构成。

集肤效应加热法基本上由输油管道、伴热管、保温层及保护外壳和伴热管四个部分组成。输油管道和伴热管为普通钢管，伴热管直径为15～40mm，间断地焊接在输油管道上，耐热电缆穿在伴热管中，外面是保温层和防水外壳。集肤效应电伴热的基本构成如图2-2-14所示。根据管径的大小、伴热温度的高低，集肤效应伴热可分为单管伴热、双管伴热和三管伴热。

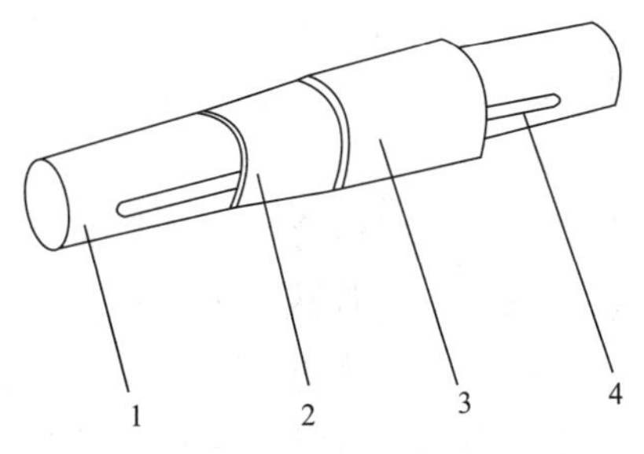

图2-2-14 集肤效应电伴热构成

1—集油管道；2—保温层；3—保护外壳；4—伴热管

（2）集肤效应电伴热原理和特点。

集肤效应电伴热是基于“集肤效应”和“邻近效应”两个电磁场效应而形成的伴热技术。集肤效应伴热原理和伴热管电流分别如图2-2-15和图2-2-16所示。

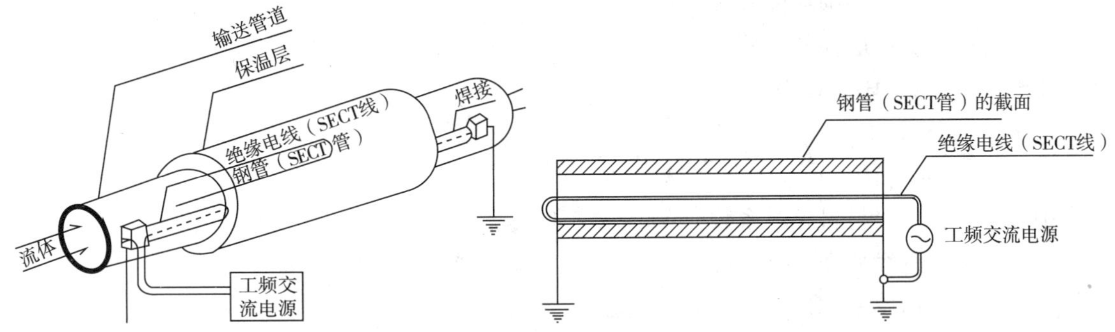

图2-2-15 集肤效应电伴热原理

图2-2-16 集肤效应电伴热管电流

所谓“集肤效应”，就是在交流电流通过碳钢导体时，电流渐趋集中在导体表面通过的一种现象。“邻近效应”是一对通以反向等电流导体间的一种电磁现象。耐热电缆穿在伴热钢管内，在电缆的一端通入交流电，当交变电流经电缆通过伴热管壁时，在集肤效应和邻近效应的作用下，电流不是均匀地沿着管壁走，而是集中在伴热管内表层流过，管壁集肤层导电截面减小，交流阻抗显著增加，在相同的电流作用下，管线得到较大的加热功率，经传导使输油管线升温。管内电流密度的幅值按指数衰减，工程上通常把电流密度衰减到极值的1/e倍时，离电流集中的表面的深度称为电流的透入深度。一般用 S 表示。在此深度内，发热量与电流平方成正比，从发热角度来度量，此发热量约等于钢管总发热量的85%以上，所以电流透入深度说明集肤效应的强弱。电流透入深度 S 的数学表达式为：

$$S = 5030\sqrt{\frac{\rho}{f\mu}} \tag{2-2-2}$$

式中 S——电流透入深度，cm；

ρ——电阻率，Ω·cm；

f——电源频率，Hz；

μ——钢管相对导磁率。

由此得知，电流透入深度 S 与钢管电阻率 ρ 、相对导磁率 μ 和电源频率 f 有关系。当电源频率为 50Hz 时，S 值很小（约为 1mm），表现出较强的集肤效应；当电源频率增高到中频（500 ~ 1600Hz）时，S 值更小，表现出更强的集肤效应的效果，管线同时获得很大的加热功率。而伴热管外表面电压、电流为零，自身形成绝缘结构。

（3）集肤效应伴热的工程计算方法。

①管线每米散热功率计算。

管线的散热量与伴热温度、管线周围环境温度、土壤导热系数、管线埋设深度和管径的大小等参数有关。管线的散热量可按式（2-2-3）计算：

$$Q_s = \frac{t - t_0}{R_r}\pi D_b \tag{2-2-3}$$

式中 Q_s——每米散热功率，W/m；

t——管线伴热温度，℃；

t_0——管线周围环境温度，℃；

D_b——保温层外径，m；

R_r——总热阻，℃/W。

其中，$R_r = \frac{D}{2\lambda_b}\ln\frac{D_b}{D} + R_d$，$R_d = \frac{D}{2\lambda_d}\ln\frac{4h}{D_b}$

式中 λ_b——保温材料导热系数，W/（m·℃）；

D——管线外径，m；

R_d——地层土壤热阻，℃/W；

λ_d——土壤导热系数，W/（m·℃）；

h——管线中心埋设深度，m。

②集肤效应伴热电流和电压计算。

集肤效应伴热的工作电流可按式（2-2-4）计算：

$$I = \sqrt{\frac{Q_j}{R_g}} \tag{2-2-4}$$

式中 I——伴热装置工作电流，A；

R_g——钢管的交流电阻，Ω·m；

Q_j——伴热装置的伴热功率，W/m。

其中，$Q_j = f_j Q_s$，$R_g = \frac{\sqrt{\rho\mu f}}{5030\pi D}$

式中 f_j——伴热功率系数。

其他符号意义同前。

伴热装置伴热总电压 V 的计算需要考虑两部分内容：一是电缆的电压降 V_g；二是钢管的电压降 V_1。其计算方法为：

$$V = | V_g + V_1 | = I\sqrt{(R_g + R_1)^2 + (X_g + X_1)^2} \tag{2-2-5}$$

式中　R_g——钢管的电阻，Ω；

R_1——电缆的电阻，Ω；

X_g——钢管的电抗，Ω；

X_1——电缆的电抗，Ω。

③伴热所用功率计算。

$$P = IV\cos\phi \tag{2-2-6}$$

式中　P——伴热装置功率，W/m；

$\cos\phi$——功率因数。

（4）集肤效应电伴热的技术特点。

集肤效应电伴热与其他伴热方式相比主要有以下特点：

①适应性广泛。集肤效应电伴热适用于输送高凝原油的钢质管道的伴热和加热，敷设方式适用于任何场所，如地下直埋、水下敷设、地面架空敷设，特别适用于解决单井产量低、间歇生产井多、集输管线停输、启动频繁的稠油、高凝原油的集输问题。

②运行安全可靠，安装维修方便。由于伴热管是钢管，机械强度大，密封良好，因而对电缆有较好的保护作用。电缆是特制耐热电缆，由于集肤效应自身形成绝缘结构，使集油管道和伴热管外表面不带电，集油管道安全接地，保证管道始终是零电位，做到安全可靠。另外，集肤效应伴热首尾端的加热温度是均匀的，不会出现局部过热现象，随着管道距离的加长，提高加热电压即可。但在膨胀节和对接阀处，集肤效应伴热电缆安装时应按设计要求作相应的处理。集肤效应电伴热装置一体化，伴热管可实现工厂预制化，既减少了工程量，也缩短了工程周期。

③能耗低，经济效益好。集肤效应伴热属于等温加热法，伴热效率高，能耗低，工程造价低，可取代三管伴热集油工艺；伴热距离长，一个电源点的伴热距离最长可达几十千米；使用寿命长，耐热电缆具有 10 年的使用寿命。

④便于实现自动化。集肤效应伴热通过温度传感器和温度控制仪可实现管线工艺运行温度的准确调节和控制，实现无人管理自动化控制或遥控，满足油田现代化管理的要求。

第四节　不加热集油工艺

近几年来，随着石油工业的发展，为解决高凝、高黏原油的不加热集输，国内外都做了大量的理论研究和实践工作，不加热集油的新工艺、新技术正在不断地开发和发展过程当中，出现了许多不加热集油新工艺。主要是采用物理或化学方法，改善高凝、高黏原油在较低温度时的流动性，以实现不加热输送。物理方法主要有双管掺活性水、投球清蜡、强磁降黏等；化学方法主要是在原油中加入某种化学添加剂，使原油在输送过程中降黏或降凝，以改善其流动性。这两种方法也可混合使用，视油田的油品性质、开发条件和技术经济上的合理性而定。下面介绍几种已开发应用的不加热集油工艺及措施。

一、自然不加热集油

自然不加热集油是不采用任何措施，停止伴热或加热，进行不加热输送的一种方法。一般用于原油性质好、油温较高、原油高含水生产时期的油田。

利用油井进入高含水采油期对油气集输十分有利的条件，根据油田含水量不断上升，油田在高含水期，产液量大幅度增长以及采用机械采油后，油井出油温度普遍升高，使其流动性能、集油管线的热力条件和水力条件随之得到改善，基本上不采用额外的措施即可实现不加热集输。

根据乳化液理论和油田实践，油井产液一般在含水60%左右时开始由油包水型乳化液转化为水包油型乳化液，这使流动阻力骤然下降，开始转相的含水率称为“转相点”。我国各油田原油乳化液转相点一般含水为55%～70%，如大庆原油乳化液转相点为65%左右，中原原油乳化液转相点为62%左右。

原油含水达到和超过转相点后，一方面流动阻力明显降低，另一方面由于油井产液随含水增加，井口出液温度上升，有的油田由低含水时的15～20℃上升到30℃以上，接近甚至超过原油凝点，因此不用附加措施即可“自然”不加热集输。

即使原油含水未达到转相点，当含水和油井产液高到一定程度，使井口出油温度高于允许的最低集输温度时，即可采用不加热集输。

对于下列条件的油井可实现自然不加热集输：

（1）轻质、中质原油的井口温度及管线输送终点温度均高于原油析蜡温度。

（2）轻质、中质原油的井口温度及管线输送终点温度低于析蜡温度，而高于脱气原油凝点，需要清蜡、防蜡的措施。当沿线地温低于原油凝点时，尚需解堵措施。

（3）轻质、中质原油在输送温度条件下，脱气原油黏度低、气油比高，或机械采油需有清蜡、防蜡、电热解堵的措施。

（4）含水原油的自然含水率高于60%，井口出油温度高于允许的最低集输温度。

二、管线保温、投球清蜡不加热集油

原油在低温下流动，析出的石蜡极易沉积在管壁上，石蜡的沉积使管线实际流动口径变小，阻力迅速增加，最后导致堵管。对管线保温（一般采用优质保温材料如聚氨酯泡沫塑料）可减小流体与管壁的温差，从而减缓石蜡的沉积。定期由井口向集油管线投球（一般是可重复利用的塑料球或一次性可熔化学球）以清除管壁的部分石蜡，保持原油的正常流动。通常根据结蜡的程度来决定投球清蜡周期（一般一周一次）。在井口至计量站之间，球由井口投入，从计量站取出；在计量站至联合站之间，球由计量站投入，从联合站取出。投球可用自动投球装置或手动装置。

该方法一般要求井口有发球装置，计量站或计量接转站有收球或发球装置，管线保温，合理利用地层能量，用通球的方法清除管壁的石蜡和杂物，保证管线畅通和安全生产。清蜡球一般有钢球、橡胶球和化学球，球径一般选用小于管线内径 2～3mm 的清蜡球。现在已经制造出自动投球装置和电磁加热收球装置。

这种集油工艺可适用于含水较低或不含水（如新开发区块）、井口出油温度较低（低于原油凝点 5～10℃，凝点和黏度不太高（μ_{50}＜100mPa·s）、气油比较高的含蜡原油的油井。实践证明，黏度不太高的含蜡（小于 30%）原油都可用这种方法实现不加热集输。由于原油一般在凝点以下 10～15℃时开始析蜡，在凝点以上 5～10℃时结蜡最严重，在低于凝点条件下，几乎不结蜡。因此，低于凝点的温度条件对集输更为有利。

目前，应用该技术的有长庆、中原、华北、辽河、吐哈等油田。

三、乳化降黏不加热集油

乳化降黏亦称加药降黏，即加药降黏不加热集油，一般采用单管集油输送，主要用于含水较高的原油。在原油乳状液中加入一定量的降黏剂，使原油乳状液由油包水型转相成为水包油型，降低乳状液的黏度，实现不加热集油。

井口加入少量的破乳剂或降黏剂，其作用是可改变原油中析出石蜡的结晶形式，阻止其连成大块网络；药剂在管壁形成一层光滑的薄膜，阻止石蜡向管壁沉积，并形成阻力很小的流动层。当油中含水时，加入的药剂有破乳、转相作用（由“油包水型”乳化液转相为“水包油型”乳化液），降黏减阻作用更为明显。由于药剂的作用，原油在低温下的流动阻力比较低，保证油气的正常集输。

降黏剂一般为碱性化合物或表面活性剂或者该剂与其他药剂的复配物。由于原油性质的差异，不同原油适合用不同的药剂。因此，所用药剂应进行筛选，选择最佳药剂和药量。

有些油田采用井口加药并配以强磁防蜡，也起到很好的降阻效果。强磁的作用是改变石蜡的结晶形式，阻止石蜡在管壁沉积。

这种集油工艺适用范围较广，主要适用于井口出油温度比较低、（比原油凝点低 10%以上）、原油凝点较高（36℃以下）、黏度较高（50℃时黏度 μ_{50} 为 100～200 mPa·s 以下）、原油含水不太高（20%以下）的油田。当含水较高时，效果更好。

应用加药降黏、化学防蜡降黏等措施，实现油井不加热集输的油田较多，如胜利、大港、华北和江苏等油田。

四、双管掺活性水不加热集油

这种集油工艺是将表面活性剂加入脱油后的污水中，在计量站经掺水泵输至井口，掺入集油管线。其集油工艺流程与双管掺液集油工艺流程相似。其技术特点是利用表面活性剂的亲油、亲水平衡特性，在一定温度和输送过程中的搅拌条件下，使原油以很小的油滴分散在活性水中，形成“水包油型”乳状液，以降低油水混合物的黏度和凝固点，同时这种活性水在管壁形成一层活性膜，能阻止石蜡的沉积，活性水促使原油乳化液破乳和转相，这些都大大改善低温下原油的流动性。这时，活性水常为连续相，低温油团为分散相，形成类似悬浮输送的“滑溜输送”，使油与油之间的摩擦变为水与水之间的摩擦，使油与钢管内壁之间的摩擦变为活性水与钢管内壁之间的摩擦，降低了流动阻力。

该方法一般用于黏度较高、不含水或低含水原油，其原理与乳化降黏方法相同，只是用在不同含水生产时期。乳化降黏用于较高含水生产时期，而掺活性水用于较低含水生产时期。

对单井而言，掺活性水输送一般为双管集油流程，在计量接转站或联合处理站，由掺水泵将活性水输送到井口，在井口管线或井筒泵上将活性水加入油中混合，然后和原油一起输送到计量站和接转站，掺水量一般加至总含水量的30%~60%，该方法特别适用于高黏原油或稠油的生产和输送。

双管掺活性水不加热集油工艺适用范围很广，实际应用也很普遍，尤其是对于原油黏度较高（大于200mPa·s），凝点较高，含水低，或单井产液量低，用单管不加热措施难于实现不加热集输的，都可采用这种掺活性水的办法实现不加热集输。应用双管掺活性水不加热集油的油田较多，如大港、辽河、胜利、大庆等油田都采用了这种集油工艺。

双管掺活性水集油工艺比单管乳化降黏不加热集油工艺多了一根管线，加大了散热面，一般情况下，其散热损失比单管集油工艺要高。但当单井产液量低时，其散热损失可能比单管集油低。

以下对两种集油工艺的热耗进行分析比较。

单管集油热耗的主要部分是集油管线散热，可表示为：

$$Q_1 = \pi K_1 D_1 L_1 (t_{av1} - t_0) \tag{2-2-7}$$

双管掺活性水集油热耗的主要部分是集油管线和掺水管线散热，可表示为：

$$Q_2 = \pi K_1 D_1 L_1 (t_{av2} - t_0) + \pi K_2 D_w L_w (t_{wa} - t_0) \tag{2-2-8}$$

式中 D_1、L_1、t_{av1}——单管集油工艺的集油管线管径，m；集油管线长度，m；集油管线平均温度，℃；

D_2、L_2、t_{av2}——双管集油工艺的集油管线管径，m；集油管线长度，m；集油管线平均温度，℃；

D_w、L_w、t_{wa}——双管集油工艺的掺水管线管径，m；掺水管线长度，m；掺水管线平均温度，℃；

K_1、K_2——集油管线、掺水管线的总传热系数，W/（m^2·℃）；

t_0——环境（管线埋深处）温度，℃。

为了便于比较，设 $t_0 = 0$℃，$K_1 = K_2 = K_3$，集油距离相等，即 $L_1 = L_2 = L_3$，集油管径相等，且掺水管径接近集油管径的一半，即 $D_1 = D_2 = D$，$D_w = \frac{1}{2}D$；平均温度简化式按 $t_{av} = \frac{1}{2}(t_1 + t_2)$ 计算，则有：

$$Q_1 = \pi KDLt_{av1} = \frac{1}{2}\pi KDL(t_1 + t_2) \tag{2-2-9}$$

式中　t_1——集油管线起点（油井）油温,℃；

t_2——集油管线终点（进站）油温,℃。

双管掺活性水集油的“热源”主要是掺入的热水携带的热量，根据热平衡关系有：

$$Q_2 = G_w C_w (t_{w1} - t_{w2}) \tag{2-2-10}$$

式中　G_w——掺入水的掺入量，kg/s；

C_w——掺入水比热容，J/（kg·℃）；

t_{w2}——掺入水终点（进站）温度,℃，应等于集油的进站油温，即 $t_{w2} = t_2$；

t_{w1}——掺入水起点（油井）温度,℃。

根据舒霍夫温降公式，集油管线起点（油井）油温可表示为：

$$t_1 = (t_2 - t_0)e^{\frac{\pi KDL}{GC}} + t_0 = t_2 e^{\frac{\pi KDL}{GC}} \tag{2-2-11}$$

根据同一温降公式及热平衡关系，可得：

$$t_{w1} = t_w' e^{\frac{\pi KD_w L}{G_w C_w}} \tag{2-2-12}$$

$$t_w' = \frac{(G_w + G)C_2 t_w'' - Ct_2}{C_w} \tag{2-2-13}$$

$$t_w'' = t_2 e^{\frac{\pi KDL}{(G_w + G)C_2}} \tag{2-2-14}$$

式中　t_w'——掺水管末端（掺入点）水温,℃；

G——集油量（即油井产量），kg/s；

C——原油比热容，J/（kg·℃）；

C_2——掺水后油水混合物的比热容，J/（kg·℃）；

t_w''——掺水点处集油与掺水混合物的温度,℃。

其他符号意义同前。

一般掺水量按油量的 1 倍考虑，即 $G_w = G$，$C_w = 2C$，$C_2 = 1.5C$。

将以上各式化简可得：

$$t_{w1} = t_w' e^{\frac{\pi KDL}{4GC}} = (1.5t_2 e^{\frac{\pi KDL}{3GC}} - 0.5t_2)e^{\frac{K\pi DL}{4GC}} \tag{2-2-15}$$

$$t_w' = 1.5t_w'' - 0.5t_2 \tag{2-2-16}$$

$$t_w'' = t_2 e^{\frac{\pi KDL}{3GC}} \tag{2-2-17}$$

将式（2-2-15）代入式（2-2-10）得：

$$Q_2 = \left[(1.5t_2 e^{\frac{\pi KDL}{3GC}} - 0.5t_2)e^{\frac{\pi KDL}{4GC}} - t_2\right]2GC = 2GCt_2(1.5t_2 e^{\frac{7\pi KDL}{12GC}} - 0.5e^{\frac{\pi KDL}{4GC}} - 1) \tag{2-2-18}$$

同样，

$$Q_1 = \frac{1}{2}\pi KDLt_2(e^{\frac{\pi KDL}{GC}} + 1) \tag{2-2-19}$$

分析上述有关公式可见，集油量（油井产量）越大，管线散热越小，极限情况即最小的散热量分别为：

$$Q_{1\min} = \pi KDLt_2 \quad (2-2-20)$$

$$Q_{2\min} = 2\pi KDLt_2 \quad (2-2-21)$$

随着集油量的减小，单管流程散热将越来越大，而双管流程的散热，当集油趋于0时，散热趋于完全掺水的耗热，即

$$Q_{2\max} = \pi KD_aL(t_{w1} + t_2) \quad (2-2-22)$$

式中　D_a——假设的平均散热直径，近似地有 $D_a = \frac{1}{2}(D + \frac{1}{2}D) = \frac{3}{4}D$。

其他符号意义同前。

由于完全按掺水热耗考虑，则按前述的假设条件有：

$$Q_{2\max} = \frac{3}{4}\pi KDLt_2(e^{\frac{\pi KDL}{3GC}} \cdot e^{\frac{\pi KDL}{4GC}} + 1) = \frac{3}{4}\pi KDLt_2(e^{\frac{7\pi KDL}{12GC}} + 1) \quad (2-2-23)$$

为与单管集油系统比较，将式（2-2-19）与式（2-2-23）相减，并按欧拉展开式 $e^{\frac{\pi KDL}{GC}} \approx 1 + \frac{\pi KDL}{GC}$代入后化简，则有：

$$Q_1 - Q_{2\max} \approx (\frac{1}{8}\pi KDL \cdot \frac{1}{GC} - 1) \cdot \frac{1}{2}\pi KDLt_2 \quad (2-2-24)$$

由于当 $G \to 0$ 时，$\frac{1}{8}\pi KDL \cdot \frac{1}{GC} \gg 1$，$\frac{1}{8}\pi KDL \cdot \frac{1}{GC} - 1 \approx \frac{1}{8}\pi KDL \cdot \frac{1}{GC}$。因此有：

$$Q_1 - Q_{2\max} \approx \frac{1}{16}(\pi KDL)^2 \frac{t_2}{GC} \quad (2-2-25)$$

即当集油量很小时，双管集油比单管集油耗热低于上述数值。为确定两种集油流程热耗相等的条件，令 $Q_1 = Q_2$，即

$$\frac{1}{2}\pi KDLt_2(e^{\frac{\pi KDL}{GC}} + 1) = 2GCt_2(1.5e^{\frac{7\pi KDL}{12GC}} - e^{\frac{\pi KDL}{4GC}} - 1) \quad (2-2-26)$$

按欧拉展开式 $e^{\frac{\pi KDL}{GC}} \approx 1 + \frac{\pi KDL}{GC}$代入化简，最后可得：

$$G = \frac{\pi KDL}{C} \quad (2-2-27)$$

这就是双管掺活性水集油耗热与单管集油管道耗热相等的条件，即当集油量小于此值时，单管集油管道耗热比双管掺活性水集油耗热高，而当集油量高于此值时，单管集油管道耗热比双管掺活性水集油耗热低，当 $K = 1.163$W/（m^2·℃）（泡沫塑料保温）时，$D = 0.06$m，$D_w = 0.032$m，$L = 1000$m，求出 $G = 9.1$t/d。也就是说，在此种条件下，当单井产量低于9.1t/d时，采用单管集油管道耗热比双管掺活性水集油耗热高。如果管道保温效果较差（K 值较大），则单井产量界限值还要大一些。

通过以上分析可知，从耗热的观点来看，当单井产量比较低时，采用双管集油工艺较好；而当产量较高时，则尽量采用单管集油工艺；产量很低且不含水的油井采用双管掺水，（包括掺常温水、掺活性水）的方式更有优越性。

此外，双管掺活性水集油工艺操作灵活，但计量误差较大，且与单管集油系统相比，

有多根管线，建设投资较高，新建油田推广不加热集输，首先应着眼于单管不加热集输，其次才是双管掺活性水不加热集输；对于已经采用双管掺热水流程的老油田，可通过相关实验摸索操作条件，降低掺水温度，实现双管掺水不加热集输。

五、原油磁处理不加热集油

在原油集输中采用磁处理降黏减阻技术，可以改善原油流动性，降低原油在集输管线中的摩阻。原油磁处理不加热集油技术具有投资少、效益高，安装、维修及管理方便等特点，因而在国内外一些油田上相继得到推广应用。

1. 原油磁化作用机理

当物质受外磁场作用时，所有分子中的电子轨道磁矩均绕外磁场按同一方向旋进产生涡旋电场：

$$\nabla\times\vec{\boldsymbol{E}}_{涡旋}=\frac{\mu_0}{4\pi}\frac{Ze(\vec{\boldsymbol{\mu}}\times\vec{\boldsymbol{B}})}{mr^3} \tag{2-2-28}$$

式中 μ_0——真空导磁率，H/m；

Z——分子中的电子数；

e——电子电荷，C；

$\vec{\boldsymbol{\mu}}$——电子轨道磁矩，A · m^2；

$\vec{\boldsymbol{B}}$——外磁场磁感应强度，T；

m——电子静止质量，kg；

r——分子间距，m。

该涡旋电场使分子出现诱导偶极，使原油中无极性的石蜡分子产生极性，造成石蜡分子容易与带有极性基团的胶质分子或与带有电荷的其他粒子相结合，胶质等吸附在蜡晶表面，防止蜡晶聚结、长大和形成结构，导致原油黏度降低。

理论分析还表明，物质的分子及其聚合体在外磁场中因振动而感受到交变电场的作用，其交变电场的形式为：

$$\vec{\boldsymbol{E}}_{交变}=ABw\cos\omega t \tag{2-2-29}$$

式中 A——分子或分子聚合体振动的振幅，m；

B——外磁场磁感应强度，T；

ω——分子或分子聚合体固有振动频率，s^{-1}；

t——时间，s。

由于分子及其聚合体在其平衡位置附近振动时，分子间的电性力提供了一个电场 $\vec{\boldsymbol{E}}$，而外磁场使振动的分子受到一个与 $\vec{\boldsymbol{E}}$ 正交的，并与分子振动固有频率相同的交变电场 $\vec{\boldsymbol{E}}_{交变}$ 的作用。这样，在外磁场的作用下，分子通过自身内振荡而受到磁感应共振，从而使分子振动增强，分子间的相互作用减弱，导致分子的聚集状态发生改变，使蜡晶破碎、弥散。

原油经磁化后，不仅使石蜡分子及其聚合体产生磁感应，发生共振破碎、弥散蜡晶，而且还使石蜡与胶质（或原油中其他极性物质）的相互作用得以增强，减少了石蜡直接向管壁析出结晶的概率，降低了蜡晶表面能，阻碍了蜡晶聚结，从而起到防蜡作用。

如果在原油中蜡分子结晶前就在垂直于管道方向加一个磁场，由于磁场作用，使得蜡分子垂直于磁场，顺着管道作“有序”流动（见图2-2-17）。由于在这种流动中，大部分蜡分子将不再向管壁翻滚，减少了蜡分子相遇后碰撞在一起结晶的机会，从而抑制蜡晶在管壁的生长，大量的蜡分子将随同原油一起被带走。另一方面，由于黏度与物质本身的性质、分子结构、液态物质中含固体颗粒的大小和多少，以及运动状态（平动或转动）等因素有关，因此磁化处理后分子的有序流动将使原油黏度沿流动方向减小，这就是磁化处理的降黏作用。

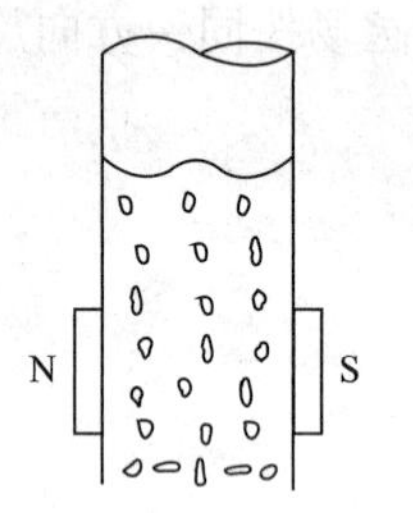

图2-2-17　磁场使分子取向作有序流动

综合上述分析结果可知，原油磁处理降黏的效果主要是磁场对原油中的石蜡分子或蜡晶作用而产生的。由于原油大量析蜡要满足一定的温度范围，在此温度范围内对原油进行磁处理，能够直接影响石蜡等分子的相互作用，改变石蜡的结晶形态，取得较好的磁降黏效果。由于磁感应强度在100～250mT范围内对石蜡作用较明显，在此磁感应强度范围内进行磁处理，磁降黏效果较好。对与原油和水混合形成的乳状液，在低含水情况下，乳状液中的粒珠基本上处于“油包水”状态，磁处理通过对原油蜡晶的作用显现出明显的降黏效果。随着原油含水率的上升，乳状液中“油包水”型的粒珠逐渐减少，而“水包油”型的粒珠逐渐增多，特别是当含水率超过74%时，乳状液完全为“水包油”型，由此导致原油磁处理降黏效果随着含水率的增大而逐渐变差。

对于通过涡旋电场和磁感应共振作用于原油石蜡分子及蜡晶体来说，磁处理时间长，则作用程度强，因而磁降黏效果明显；原油磁处理作用属于一种暂态物理过程，随着磁处理后时间的推移，磁处理效果将逐渐恢复到未经磁处理时的状态。

2. 原油磁处理降黏规律

由于原油磁处理降黏效果与原油处理温度、磁感应强度、含水率及磁处理时间等因素有关，目前还未得到表示原油磁处理后的降黏关系式。原油磁处理降黏规律需要通过实验测定，从而确定最佳的磁处理参数和应用条件。

实验中所用的原油物性见表2-2-1。实验中使用DCT－10型可调式电磁铁和NCS－2型超声波黏度计，采用对比测试方法，确定出原油磁处理的效果：根据原油温度、磁感应强度、含水率及磁处理时间的不同，研究原油磁处理的降黏规律。

表2-2-1　原油物性

含蜡量/%	含胶质/%	含沥青质/%	含硫量/%	炭渣/%	凝点/℃
21.8	14.5	1.5	0.114	2.7	32

(1) 磁处理温度与降黏的关系。

在不同的恒定温度下，测试了磁处理前后原油的黏度，并计算出原油的降黏率：

原油的降黏率 = (1 - 磁处理原油黏度/未磁处理原油黏度) ×100%

得到了磁处理温度与降黏率的关系曲线（见图2-2-18）。由图2-2-18可知，含水原油和净化原油的磁处理温度在35～42℃之间，原油磁处理的降黏效果较明显。对恒温原油来说，磁处理的较佳温度约为38℃，对有降温过程的原油，磁处理温度以42℃为宜。

(2) 磁感应强度与降黏的关系。

通过对不同磁感应强度处理的原油黏度与相应未经磁处理原油黏度的对比测试，得到了原油降黏率随磁感应强度的变化关系曲线（见图2-2-19）。实验结果表明，原油降黏率起初随着磁处理磁感应强度的增大而上升，经一峰值后，原油降黏率又随磁感应强度的增大而下降。这说明，原油磁处理并非磁感应强度越强越好，而是有一个有效的磁感应强度范围，一般磁感应强度在100～250mT之间即可取得较好的磁降黏效果。

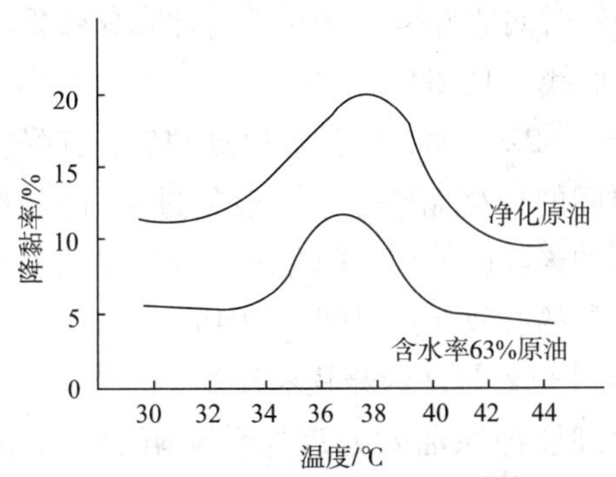

图2-2-18 磁处理温度与降黏率的关系

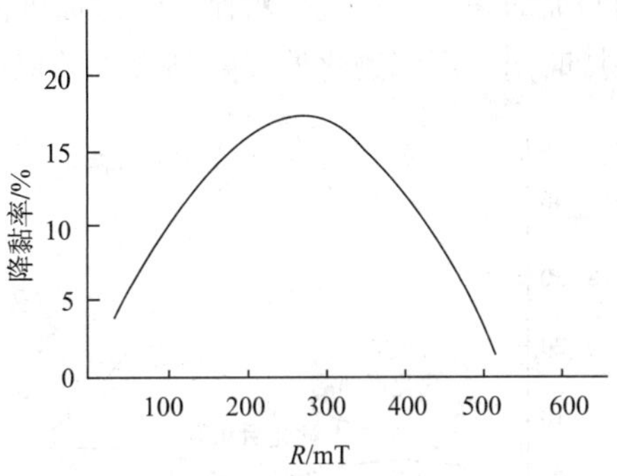

图2-2-19 磁处理强度与降黏率的关系

(3) 原油含水率与磁感应强度的匹配关系。

原油在管道中输送时是一个连续降温的过程，在实验中，按照一定的温度把两个相同的油样同时进行恒温后，一个经磁处理，一个未经磁处理，然后连续降温测定其黏度，图2-2-20表示不同对含水率原油在各自适宜磁感应强度处理下的降黏率随油温下降的变化关系。图2-2-20表明，不同含水率原油的磁处理应有不同的磁感应强度与之相匹配。一般来说，含水率大于70%的原油在进行磁处理时，磁感应强度约为100mT时效果较好；对含水率小于70%的原油，适宜的磁感应强度范围为150～250mT，原油磁处理的降黏效果随含水率的上升而减小，随磁处理后油温的下降而增大。据此，磁处理能有效地降低含水原油在管输中的摩阻。

(4) 磁处理时间与降黏的关系。

通过未经磁处理原油与不同磁处理时间原油的黏-温关系对比测试，确定了磁处理时间与原油降黏率的关系（见图2-2-21）。

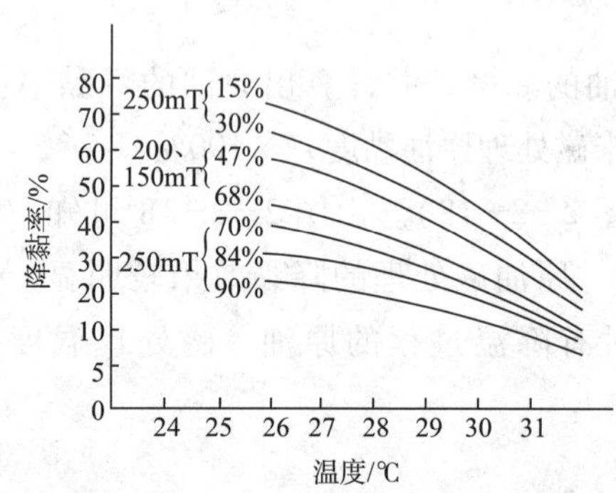

图2-2-20 原油含水率与磁感应强度的匹配关系

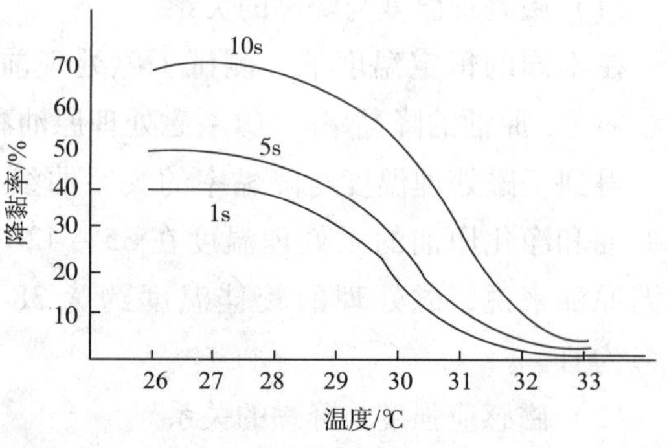

图2-2-21 磁处理时间与降黏率的关系

图2-2-21表明，原油磁处理时间在1～10s范围内，磁处理时间越长，磁降黏效果越好。这要求磁处理器要有一定的有效磁程，以及原油通过磁处理器时的速度不能太快，否则就会降低原油磁处理的效果。

（5）磁处理降黏效果的保持时间。

把磁处理后的原油按不同时间恒温静置，再分别测其黏温关系，并同相应的未经磁处理原油的黏温关系进行对比，通过原油降黏率随静置时间的变化，研究磁处理降黏效果的保持时间，得到磁化处理降黏效果的保持时间变化曲线（见图2-2-22）。

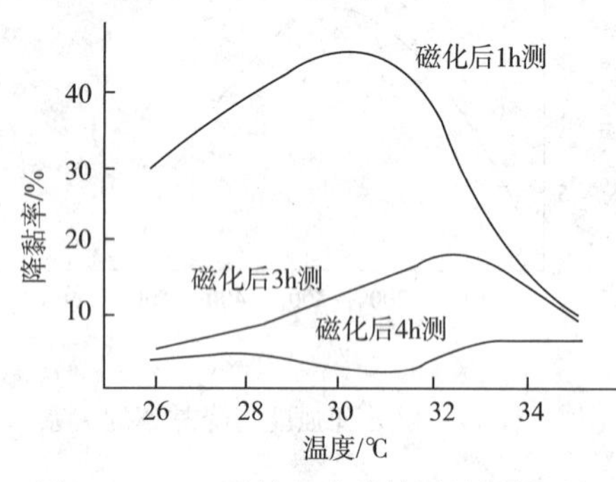

图2-2-22 磁处理降黏效果的保持时间

图2-2-22表明，原油经磁处理后，其降黏效果随时间的推移而减小。一般超过4h便基本恢复到原油未经磁处理时的黏度，因此原油磁处理降黏效果的有效保持时间约为4h。

3. 磁处理器的结构和技术性能

磁处理器即原油磁处理降黏减阻器（见图2-2-23）。一端装有松套法兰，以便于拆装，松套法兰由活动端和固定端组成。磁处理器为管式形状，在管内轴向根据需要可以排列若干行永久磁体，每行永久磁体可以由若干节磁铁组成。每一行上的每块永久磁铁的端面磁极要同相邻一行的磁铁端面相对应，二者磁极相反。这里所说的永久磁铁是指在非铁磁性内管上套有的瓦块状永久磁铁，其磁极可沿磁处理器的轴向排列，也可沿磁处理器的径向排列。根据需要在装有瓦块状永久磁铁的基础上，在磁处理器中央可安装非铁磁性内套管。内套管中装有极性沿轴向排列的永久磁棒。选用的永久磁铁可以是钕铁硼永磁材料，也可以是铝镍钴以及钐钴等永磁合金材料。永磁材料表面经过防腐处理，并具有良好的热稳定性，能在90℃油水介质中连续稳定地工作，该装置获得国家专利。

该磁处理器轴线上的平均磁感应强度与所处理原油的含水率相匹配，一般可调范围在100～250mT，其有效磁程（从高于15 mT算起）大于250mm。磁处理器可直接安装在输油管线或井口出油管线上。

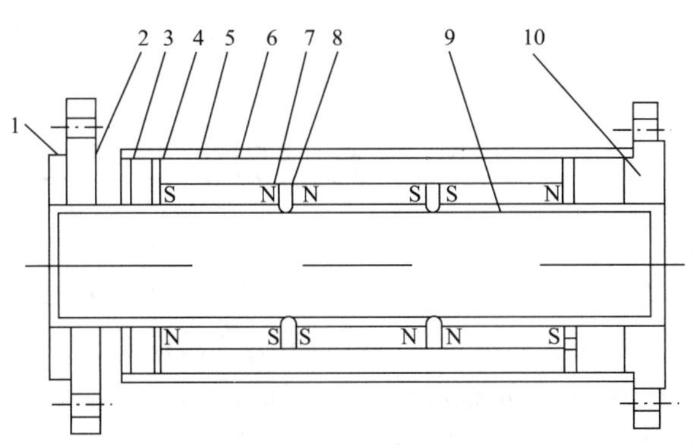

图 2-2-23 一种磁处理器的结构示意图

1—法兰的固定端；2—松套法兰的活动端；3—挡圈；4、8—极铁；5—由铁磁材料制成的外套管；6—非铁磁材料的填充料；7—环状永久磁铁；9—非铁磁材料制成的内套管；10—法兰

4. 原油磁化处理不加热集油的应用

对大庆萨南油田部分抽油机井的产出油进行磁化处理，磁处理器在井口的安装位置如图 2-2-24 所示。

对 7 口安装磁处理器的油井进行实验，油井产出液的平均含水率为 13.6%，平均产液量为 13.7m³/d，集油管线长约 800m。通常这类低含水、低产液量的油井必须要加热集输。如果井口停止掺液，不但产液量受到影响，严重时可堵死集油管线。自井口安装磁处理器后，实现了不加热集油。其他油井在安装磁处理器后，可减少掺液量，降低原油进站温度 5～10℃。

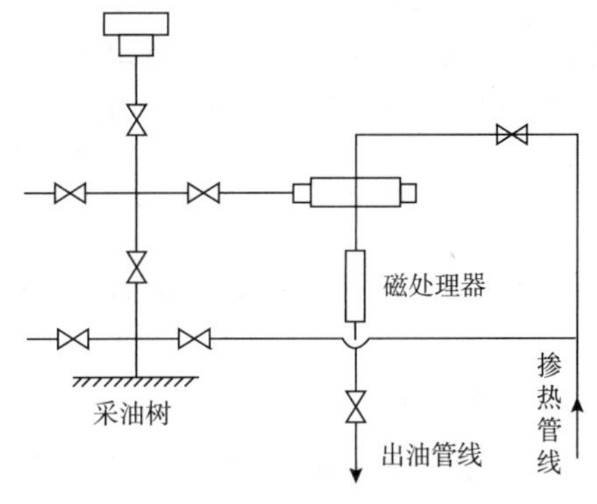

图 2-2-24 磁处理器在井口的安装位置

不加热集油降低了集油管线的集油温度，大大减少了集油管线包括双管系统掺液管线的散热量，也减少了油（液）带走的热量，不仅节能效果显著，而且由于精简了加热保温系统，工程量减少，投资降低。实践证明，不加热集输流程是一种有利于降低建设投资、节能效果显著的高效集输流程，值得大力推广。

推广不加热集输要注意与不加热脱水配套，尤其要与不加热段脱水配套，形成井口加药、不加热集输、沉降、脱水的“一条龙”不加热工艺，以保证节能效果；否则，集输不加热到沉降脱水时加热，同样消耗大量热能。据现场实践，采用高效聚结沉降设备、筛选高效破乳剂或多用（降黏、防蜡和破乳）药剂来加速沉降破乳等措施，都可降低沉降温度和脱水温度，实现配套的不加热集输处理流程。

由于影响油气混合物在管道内流动性能的因素有很多，除原油物性外，还有单井产量、气油比、井口出油温度、井口压力和自然环境温度等。

在选择集油工艺时，应充分发挥上述因素中的有利方面，消除不利方面，进行综合技术经济比较，使所选集油工艺达到投资少、能耗低、适应性强、安全可靠的最佳要求。

第五节　稠油及高凝原油集输工艺

稠油（Viscous Crude）指温度在50℃时，动力黏度大于40mPa·s，且温度在20℃时，密度大于0.9161g/cm³ 的原油。按黏度大小可以分为普通稠油、特稠油与超稠油。

特稠油（Extra-Viscous Crude）指温度在50℃时，动力黏度大于10000mPa·s，且小于或等于50000mPa·s的稠油。

超稠油（Extremely-Viscous Crude）指温度在50℃时，动力黏度大于50000mPa·s的稠油。

我国稠油资源比较丰富，陆上稠油、沥青资源约占20%以上，预测资源量 198×10^8t，其中最终可探明的地质资源量 79.5×10^8t。目前，已经在松辽盆地、二连盆地、渤海湾盆地、江汉盆地、四川盆地、珠江口盆地、准格尔盆地、塔里木盆地和吐哈盆地等12个盆地中发现了70多个稠油区块，这些稠油区块主要集中于辽河油田、胜利油田、克拉玛依油田、河南油田、吐哈油田和塔里木油田。目前，我国陆上已探明稠油地质储量 20.6×10^8t，已动用地质储量 13.59×10^8t，剩余未动用地质储量 7.01×10^8t。

一、稠油特性

稠油集输设计根据稠油性质的特殊性进行设计，设计所采用的技术措施皆为适应稠油的特性。

1. 组分特点

稠油组分中轻馏分含量低，石蜡含量少，胶质、沥青质含量多。其中，最突出的特点是胶质、沥青质含量高，可达40%~50%，它是含硫、氧、氮的高分子复杂多环化合物。胶质稠油的摩尔质量为700~1000g/mol，沥青质稠油的摩尔质量更大，可达2000g/mol左右。沥青质在原油中呈胶态、悬浮状，属于混合物，不是真溶液。国内外稠油组分对比见表2-2-2。

表2-2-2　国内外稠油组分对比

国家	油田	原油密度/(g/cm³)	组成成分/%		
			油质	胶质	沥青质
中国	高升 孤岛	0.94~0.96 0.946		45.4 32.9	3.3 7.8
加拿大	Althabsca Cold Lake Peace River			23.39 28.32 30.50	18.0 15.0 19.5
委内瑞拉	Jobo			25.4	8.6

2. 稠油物性

稠油的组分决定了它的物理特性。

（1）稠油黏度。

由于胶质、沥青质的摩尔质量大，含量高，致使稠油密度高；同时，胶质、沥青质的胶性使稠油的黏度也高。但稠油黏度对温度极为敏感，随温度升高，稠油黏度急剧下降，黏度与温度在 ASTM 坐标纸上呈直线变化，温度每升高 10℃左右，黏度往往降低一半（见图 2-2-25 和图 2-2-26）。

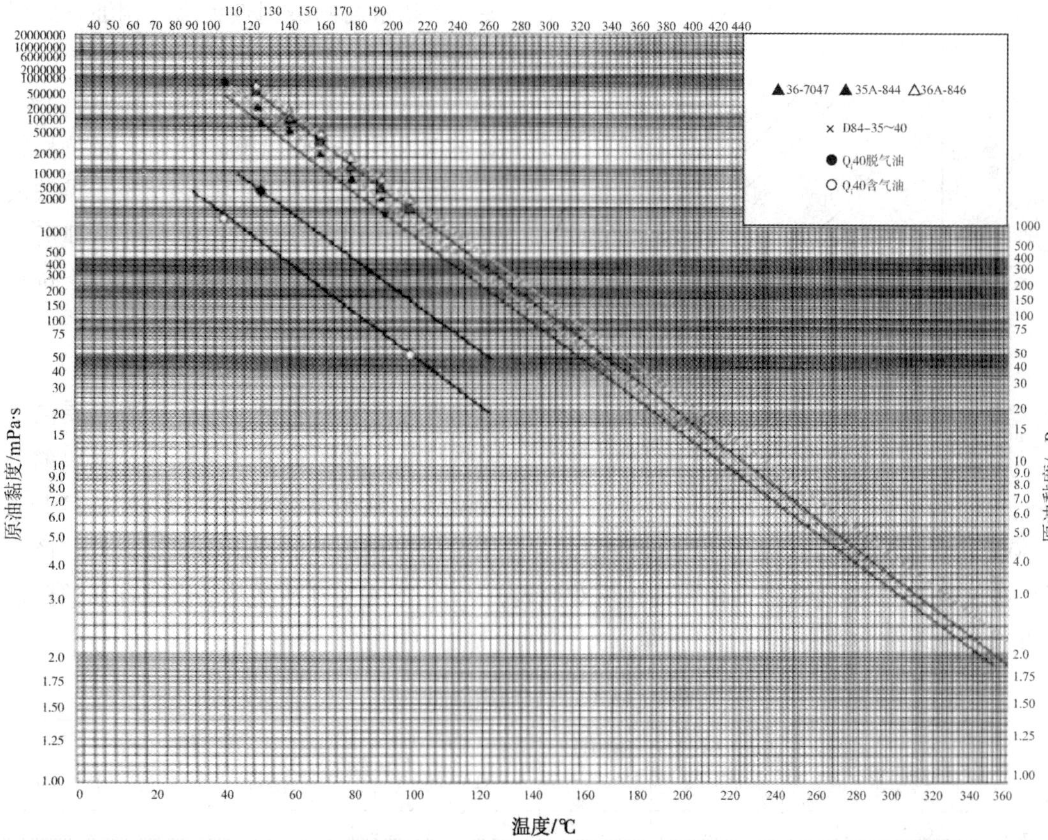

图 2-2-25　ASTM 黏温坐标图

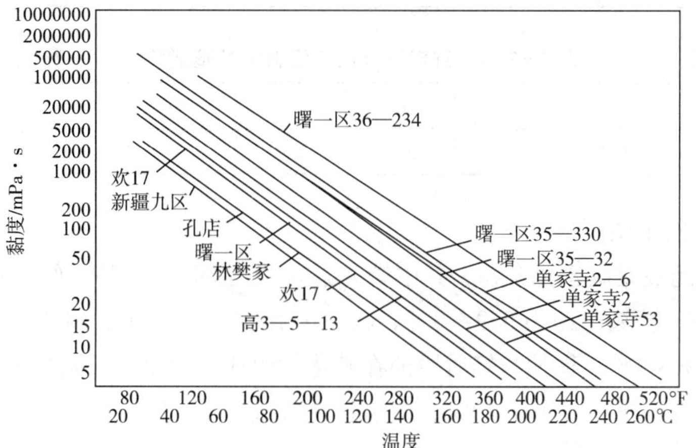

图 2-2-26　我国几个主要油田的原油黏温关系曲线

当温度从38℃升至204℃时，稠油黏度降至原来的1/350；轻质油的黏度（30°*API*）只降低至原来黏度的1/2；水的黏度只降低至原来黏度的1/4（见图2-2-27）。

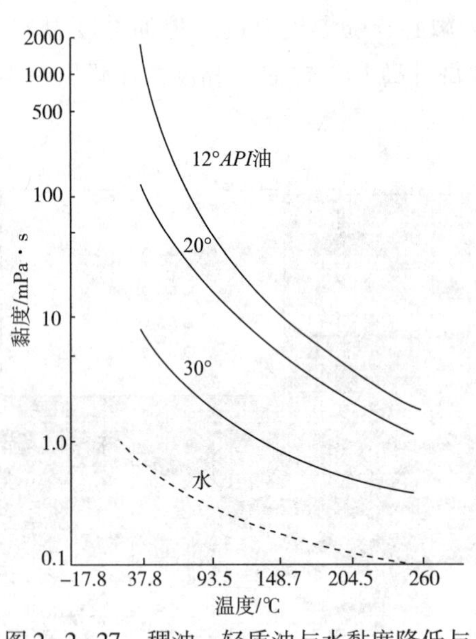

图2-2-27　稠油、轻质油与水黏度降低与温度关系曲线

（2）稠油含蜡量。

原油凝固点的大小主要取决于含蜡量的多少，同时也与原油中重质组分含量有关。含蜡量高则凝固点也高。稠油含蜡量一般小于10%，其凝固点一般也低于20℃。我国部分稠油含蜡量一般小于5%，凝固点大多在0℃以下。例如，克拉玛依油田稠油含蜡量为1.4%～4.8%，稠油的凝固点为−23～−16℃；胜利油田孤岛稠油含蜡量为5%～7%，稠油的凝固点为−26～−10℃。

（3）稠油初馏点。

稠油与轻质油相比，其初馏点要高于轻质原油，且轻质馏分含量低，重质馏分含量高。稠油的初馏点通常高于150℃，在300℃时初馏分少于15%。由于轻质馏分含量低，所以稠油井的产出物气油比低，产气量较少。表2-2-3为胜利油田原油性质对照表，表2-2-4为辽河高升油田混合油的蒸馏特性表。

表2-2-3　胜利油田原油性质

分　类	油　田	层　位	黏度（50℃）/mPa·s	凝固点/℃	初馏点/℃	相对密度	馏分/%		
							100℃	200℃	300℃
稠油	单家寺	沙一	548	−2	222	0.954	0	0	13.7
轻质原油	郝家	沙二	7.7～84.5	27～34	64～120	0.85～0.90	0～1.0	4.0～17.0	17.9～33.9

表2-2-4　辽河高升油田混合油的蒸馏特性

温度/℃	153.5	160	180	200	220	240	260	260	300
馏出量/%	初馏点	1.0	1.5	2.1	2.9	4.0	5.3	6.8	9.5

（4）稠油中的杂质原子。

原油的基本组成是碳氢化合物，其中碳元素含量占80%～90%（质量比），氢元素含量占10%～14%，碳氢比约为5.9～8.5，其他元素（如氧、硫、氮等）含量占1.0%左右，有时可达2%～3%。稠油与轻质原油在其化学组成中的最大差别之一在于稠油含氢量低、碳氢比大。氢含量一般小于12%，碳氢比一般大于7.0。

稠油中重金属钒含量较高，我国稠油中钒含量一般小于0.0005%（质量比），国外稠油中钒含量高达0.02%。表2-2-5为国内外典型稠油中金属含量表。

表2-2-5　典型稠油中金属含量

金属含量/(mg/L)	中国				委内瑞拉			
	高升	风城	单家寺	古城	Jobo	Pao	Melones	Morichal
镍	122.5	33.3	55.5	19.0	94	77	87	97
钒	3.1	1.03	2.5	0.94	405	385	395	311
铁		15.3	17.6		7		14	

3. 稠油流动性

对稠油集输影响最大的因素是黏度，它使稠油具有特殊的流动特性，在矿场的开采、集输过程中，由于所采用的工艺技术存在差异，因而有各种形态的稠油。这些稠油的流动特性是稠油集输的最基础的条件。国内各油田都做了大量实验研究，虽然其流动特性的数值因各地油品组分的不同而有所不同，但大致都有如下趋势：

(1) 纯稠油（指未掺入水、稀原油、轻油及其他热介质等）：黏温敏感性强，在较高温度下呈牛顿流体特性，温度每下降10℃，黏度大约增加1倍。温度较低时，黏度随温度下降急剧增高；继续降温则呈弱的触变性、赝塑性。经70℃以上热处理无降黏效果，强磁处理作用不明显。

(2) 含水稠油：含水量达70%~80%不转相，黏度随含水率增大而急剧增高，含水每升高10%，黏度提高1.5倍左右。

(3) 掺活性水或脱出水稠油：由于活性剂的作用，使稠油的黏度随掺水量和温度增高而大幅度下降。但掺水后稠油稳定性差，油水易分层。

(4) 掺稀原油的稠油：掺稀原油后降黏效果明显，两种油品相溶性好。对稀油来说，有降凝作用。随着掺稀油量的增加，混合油黏度显著下降。

4. 稠油分类

目前，我国尚无统一的原油分类标准，从采油、集输、储运工艺所采取的措施出发，一般按黏度和密度两个指标来分类（见表2-2-6）。

表2-2-6　稠油分类

原油名称	第一指标黏度50℃/mPa·s	第二指标相对密度（d^{20}）
低黏稠油	200~400	>0.90
中黏稠油	400~1000	>0.92
高黏稠油	1000~10000	>0.95
特黏稠油	>10000	>0.98

由于原油性质千变万化，对原油分类的目的各不相同，所以两个指标的数据只应看作模糊值，代表一定范围。密度大的原油，其黏度也高。稠油的最显著特点是黏度高，从稠油开发角度出发，为便于使用，采用以黏度为第一指标，相对密度为第二指标的稠油分类标准。

二、稠油集输流程

根据稠油的类型，可以采用相应的集输方式。虽然黏度是选定集输方式的最基本依据，但油藏特性、油气其他物性、单井产量、开采阶段、开发方案、建设规模、地理环境，以及资源状况也同样是稠油集输必须考虑的基本因素。

1. 按稠油类型选定稠油集输方式

表2-2-7列出不同类型稠油选用的集输方式。

表2-2-7 按稠油类型选取集输方式

稠油名称	宜选用集输方式	集输流程举例	技术措施
低黏稠油	纯稠油局部加热	管加热等	加热集输生产方式
中黏稠油	纯稠油连续伴热	三管伴热等	全程伴热
高黏稠油	稠油掺液、掺蒸汽	掺活性水、掺稀原油等	采取适应的流程和设备
特黏稠油	采集结合、稠油改质	蒸汽热采、裂化降黏	特殊的降黏措施和设备

1）常用稠油集输方式

（1）纯稠油局部加热。对稠油井产出物不掺入其他热介质（如水、油、蒸汽等），采用低速流动和局部加热的方法如井口加热炉、井下电加热器、空心抽油杆交流电加热技术等方式，单管加热流程通过局部加热方式，降低稠油的黏度，以利于集输。

（2）纯稠油连续伴热。采用低速流动和沿管线全程伴热的方法，包括双管蒸汽（或热水）伴热、集肤效应和电热带伴热等方式，通过全程伴热方式，降低稠油黏度，维持系统的流动性。

（3）稠油掺液。当只靠管外热量不足以维持稠油正常流动时，则需要向稠油中掺入各种液体，使稠油流动性有所改善，包括掺活性水、掺脱出污水、掺稀原油或轻油、掺破乳剂溶液或其他化学降黏减阻剂及掺蒸汽等降黏措施，通过掺入各种液体，液体与稠油互相作用，有效降低稠油的黏度，改善系统的流动性。

（4）采集结合。针对稠油的特点，在采油工艺中采取特殊措施才能维持稠油正常生产，地面工程要根据采油工艺的特点，采取相应的配套技术，使采油工艺和地面集输工艺紧密结合，如蒸汽热采稠油的高温集输流程等。

（5）稠油改质。通过原油加工过程中的某些技术，使稠油组分发生改变，导致稠油性质产生相应变化，从而实现稠油正常集输，采用的原油加工技术有加氢裂化、减黏裂化、抽提脱沥青等技术。

上述各种稠油集输方式都有较大的适应范围，而且每种方法一般不被独立采用，往往是几种方法共同实施。因此，应根据油区实际情况，在综合考虑热采、集输、加工等因素的基础上，经多方案实验论证，才能正确选定合理的稠油集输方式。

2）稠油集输流程选择

（1）采用注蒸汽热采或蒸汽驱动的稠油油田，集输工艺应与采油工艺结合，充分利用采油蒸汽的热量，尽量提高集油温度，宜采用单管高温集输流程或掺蒸汽流程。

（2）当油田内部或稠油区块附近建有稠油处理厂时，宜采用掺轻质馏分油与加热降黏相结合的集输流程。

（3）当稠油区块附近有稀原油资源时，宜采用掺稀原油与加热降黏相结合的集输流程。

（4）当以上条件均不具备时，可采用掺活性水或其他降黏方法的集输流程。

2. 常用稠油集输流程

许多常用集输流程已在稀油集输部分介绍，有些如三管伴热等集输流程只需在工艺参数上作适当调整即可应用于稠油集输。现对特定条件下使用的几项稠油流程，将其技术要点补充说明如下：

1）纯稠油单管加热流程

在稠油井的产出液里不掺入其他热介质，包括了局部加热和沿管线连续伴热的方式，单管加热流程是其中较常用的一种，井口采出的稠油经过井口水套加热炉加热，加热后的稠油利用集输管网输送至计量站；在计量站加热后，稠油进行计量分离，利用集输管网输送至集中处理站，其工艺流程示意图如图 2-2-28 所示。

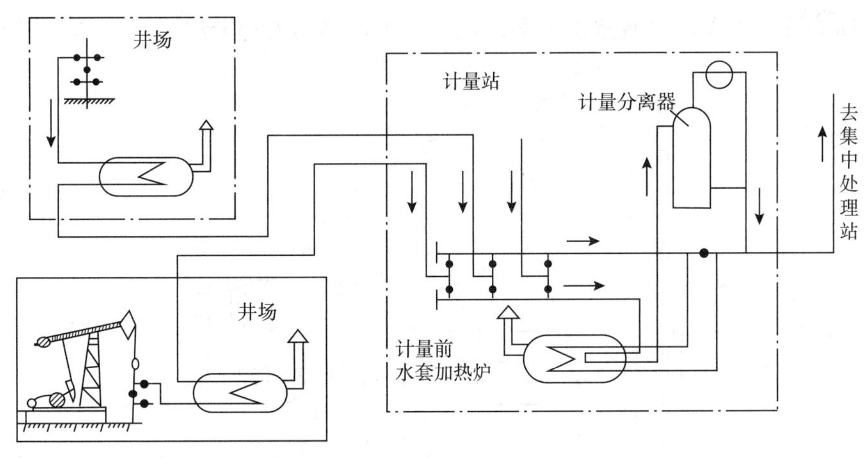

图 2-2-28　单管加热流程示意图

单管加热集输流程技术要点如下：

（1）适当加大管径，采用低速输送。管线输油压力损失与管径的 4 次方成反比，适当加大管径能有效减少压力损失，相当于降低黏度。稠油的低温流动性受流态影响较小，在低速流动时对油气水分离和原油凝点影响不大，因而能降低管线回压且较为安全。按生产经验，稠油管内流速一般小于 0.5m/s。此时，集输干线每千米压降约在 0.1～0.2MPa。稠油水力计算公式的不准确性，主要由于稠油集输过程中油、气、水组成的不稳定性和不均匀性，增加了稠油集输的水力计算难度。在实际工程中，纯稠油管线的选取采用按表观黏度范围计算管径后再适当加大的方法。

（2）要有可靠的加热或伴热保温措施。重点解决稠油管线径向温差大的问题，这是技术的核心。

(3) 选择较高的井口回压。稠油黏度高，比稀油的摩阻大，为保证正常生产，稠油井回压比稀油井高，一般选取1.0~1.5MPa最为合理。

(4) 加热。在计量（接转）站采用单井计量前加热，以利于计量操作；采用泵前加热、泵前分离流程，以利于泵输。

(5) 多次分离。适用于起泡原油的稠油分离器，并配以消泡剂或机械消泡措施。对稠油的分离，因油气黏度、密度差大，分离后的气中携带油较少，而油中夹带气泡较多，气难以从稠油中逸出，所以稠油宜采用多次分离的方法。

2）纯稠油井口不加热流程

这种流程与单管加热流程的明显区别是井口不设加热设备，充分利用稠油在井筒中举升时的剩余热量，进行地面集输。在稠油井里安装空心抽油杆交流电加热装置就是其中的一种技术。

采用空心抽油杆交流电加热装置，降低井筒原油黏度不仅取代了常规的油井清蜡或井下热洗，提高稠油产量，而且能够使井口出油温度提高15℃以上，免去井口加热设备，实现单管热输油至计量站。

空心抽油杆交流电加热装置由地面供电和井下加热两大部分组成（见图2-2-29）。

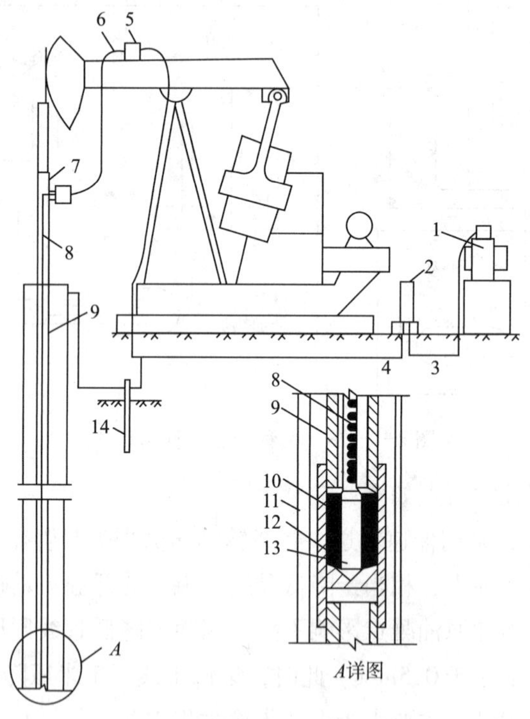

图2-2-29 油井空心抽油杆交流电加热装置

1—变压器；2—控制柜；3—输入电缆；4—输出电缆；5—接线盒；6—连接电缆；7—特制光杆接头；8—加热电缆；9—空心抽油杆；10—特制短节；11—油管；12—导电物质头；13—加热头；14—接地极

地面供电部分包活电源变压器和具有控制、调压、保护作用，又有温度调节显示的电源控制柜，井下加热部分包括能够通过100～180A电流、耐磨耐温的特制整体电缆、井下空心抽油杆、专用导电头等。将特制整体电缆下入空心抽油杆内，二者用导电头构成电加热回路，利用交流电集肤效应原理，在空心抽油杆上产生较大的加热功率，对井下油管内原油进行全过程加热，提高原油温度，改善其流动性，防止油管结蜡，有效改善抽油机工况，提高泵效。每米的工作电压为0.4～0.6V，工作电流为160A，每米加热功率为50～150W，加热深度为800～1500m。装置的加热深度和加热温度可根据油井实际情况和井站距离通过计算确定。该流程的计量站内部与单管加热流程完全相同。

3）稠油掺活性水流程

“活性水”是指用表面活性剂配制成的一定浓度的水溶液。掺活性水实质是形成润湿边壁而实现降阻输送。在水中的油很难均匀分散，混合物在静止或低速时，容易形成油水分层。掺水时水油比一般为（1.8～2）∶1，在实际运行中掺水量更大。掺水有明显的降阻效果。掺水温度一般为50～65℃，现场生产的输油温度不宜低于30℃。

目前，掺活性水流程仍有一些技术问题尚未得到较好的解决，例如计量和油水取样不准确；活性水会因温度较高（>70℃）而结垢、腐蚀或堵塞管线及设备；油水易分层且降阻效果不稳定，增加了原油脱水负荷等。由于掺活性水的混合稠油稳定性差，不宜进罐转输。

虽然掺活性水流程存在一些缺点，但在一定条件下，仍是行之有效的稠油集输方式，例如，当无稀释剂（稀原油、柴油等）可供掺入时可采用该集输方式。水的比热容比油大一倍，在需要携带较多热量的情况下，掺热水比掺热油有明显的优越性。对品质较好的稀油，在作为稀释剂而掺入稠油时，虽然解决了稠油降黏问题，但同时损失了优质稀油的价值，这时掺稀油就不如掺热水更有利。掺活性水流程图如图2-2-30所示。

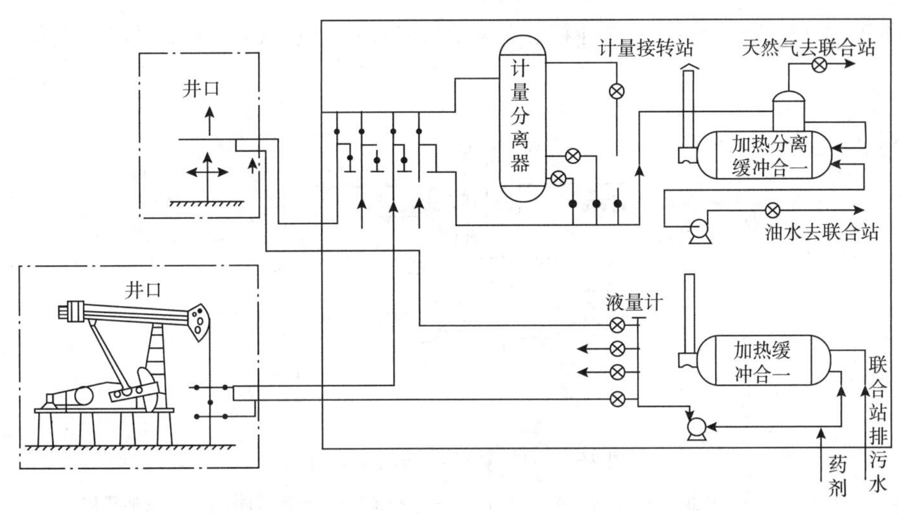

图2-2-30 掺活性水流程

4）稠油掺稀油流程

经过多年的生产实践，国内一些油田已形成稠油掺稀油双管密闭集输、多级分离、大罐热化学沉降脱水、掺稀油定量分配的完善配套的稠油集输密闭新工艺。

（1）稠油掺稀油集输的优点。

掺稀油比（平均为0.6）远小于掺水比（平均为1.8），使掺稀油后的混合液量比掺水时减少约40%，显著降低了集输量。

掺稀油产生的降黏效果稳定，压降明显降低，提高了管道通过能力。

对干抽不能正常生产的稠油井，在井下掺稀油后，油井恢复正常生产，这是提高稠油产量的有效措施，增产程度可达40%左右。

从原油脱水角度看，掺稀油降黏比升温降黏经济得多。当稠油在50℃，黏度超过1000mPa·s时，只选用升温法脱水效果较差。

（2）掺入量计算公式。

选定稠油掺稀油集输流程，其技术核心是确定掺入剂（柴油、轻油或稀原油）和掺入量。为了使稠油的黏度降到集输工艺所要求的给定值，通常采用室内先期实验的方法求得掺入稀释剂的量，然后根据实验结果确定掺入剂及其掺入量的优化方案。

为编制合理的先期实验方案和提高实验效率，常常需要计算掺油混合黏度。计算公式为：

$$\ln\ln\mu_a = x\ln\ln\mu_b + (1-x)\ln\ln\mu_c \quad (2-2-30)$$

式中 μ_a、μ_b、μ_c——混合油、稀油、稠油的黏度，mPa·s；

x——稀油在混合油中的质量百分比。

该公式误差小于10%，能满足稠油集输工艺要求。

（3）流程简介。

如图2-2-31所示为一个掺油接转站的工艺流程，该站设有掺油系统，管辖2~3个计量站。

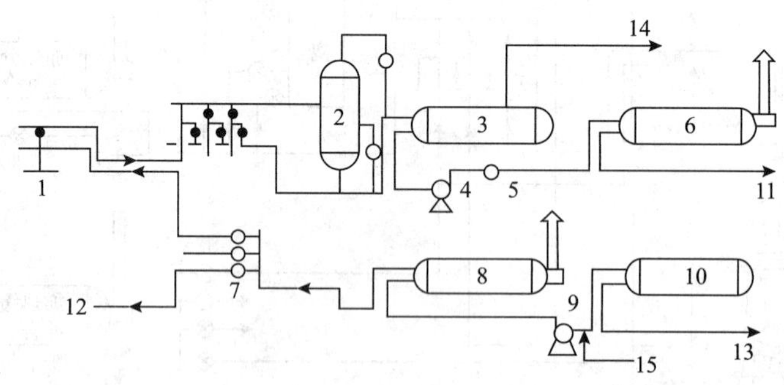

图2-2-31　掺油接转站工艺流程

1—井口；2—计量分离器；3—分离缓冲罐；4—外输泵；5—流量计；6—外输加热炉；7—稀油分配阀组；8—稀油加热炉；9—掺油泵；10—稀油缓冲罐；11—外输；12—掺油；13—外来稀油；14—外输气；15—加药

在某油田掺稀油六井计量站，从单井来的混合液进入计量分配阀组后，进入除砂器进行除砂处理，处理后的混合液进入计量油气分离器进行分离，分离后的油和气在分别经计量后，进入外输油管汇混合，混合后的稠油利用集输管线输送至转油站。转油站来的稀油，经过分配阀组后通过实验进行计量，利用集输管线输至各井口，具体流程如图 2-2-32 所示。

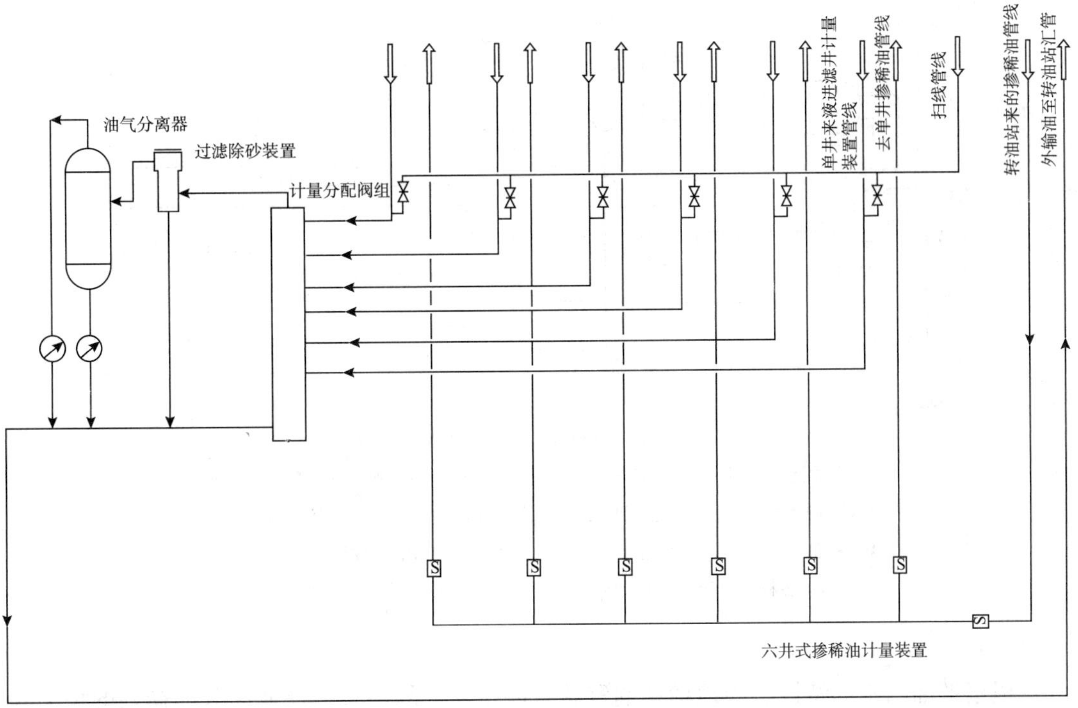

图 2-2-32　六井式掺稀油计量站工艺流程

井口至计量站有两条管线，一条用于集油，一条用于掺油，对进站距离远的井口还需设加热炉，掺油接转站包括集油和掺油两个部分。

集油部分：井口产出液进站并通过计量阀组进入计量分离器，单井计量后进入分离缓冲罐进行油气分离，分离器控制压力在 0.2～0.3MPa，再经加压、计量、加热后，输至集中处理站。

掺油部分：稀油从集中处理站输到掺油接转站，经缓冲、加压、加热、计量后分配到所辖的计量站，再分配到井口。渗油压力一般为 2.0MPa。在掺稀油的同时，在稀油中加入破乳剂或消泡剂以利于稠油脱水。

掺稀油集中处理站工艺流程（见图 2-2-33）一般包括稀油和稠油两个部分。稀油部分主要包括从稀油区集中处理站来油（一般是净化油）的计量、储存、加压、加热、计量分配（到各掺油接转站）等功能。稠油部分主要包括来油计量、加热、沉降脱水、电脱水、净化油计量外输等功能。

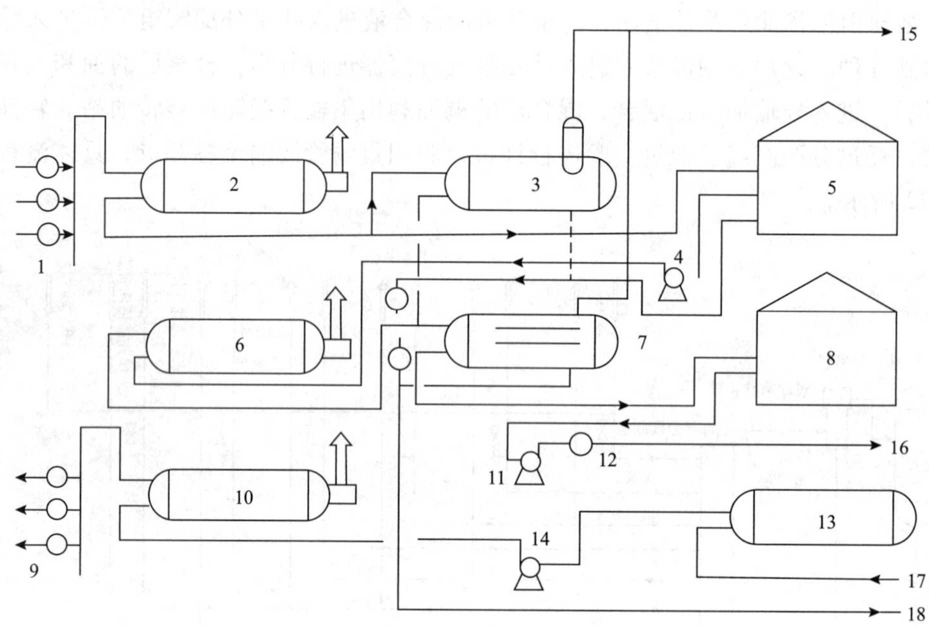

图 2-2-33 掺稀油集中处理站工艺流程

1—采油计量阀组；2—段加热炉；3—三相分离器；4—脱水泵；5—沉降罐；6—脱水加热炉；7—电脱水器；8—净化油罐；9—稀油分配计量阀组；10—稀油加热炉；11—外输泵；12—流量计；13—稀油缓冲罐；14—掺油泵；15—燃料气；16—净化油外输；17—稀油进站；18—去污水处理站

（4）掺入量。

根据稠油的不同特性、当地稀释剂资源条件以及工艺要求，合理选取稀释剂的种类和掺入量。合理的掺入量表现在混合油的合理黏度上，使黏度能满足地面管输要求、稠油脱水指标要求和稠油井合理产量要求。对一部分稠油井，不掺稀油就不出油或产量极低，随着掺入稀油量的增加，油井产量上升；当掺入量过大时，油井产量会下降，甚至会发生掺入的稀油被挤入油层的现象。

最佳掺油比与稠油、稀油本身性质有关。一般控制其混合油黏度在 50～150mPa·s（50℃）较为经济。当受稀油资源条件限制时，混合油黏度也不宜超过 200mPa·s（50℃）。对黏度在 2000～5000mPa·s（50℃）的稠油，掺稀油后的混合油黏度可达200～300mPa·s。这时，必须选用合适的高效破乳剂才能达到正常脱水指标。

（5）掺入方式。

掺入部位有井下、井口、站内三种。掺入设备有定量阀、流量计、混合器等。

①井下掺入。改善井下抽油泵的工作条件，适于产量低的油井，能满足井筒降黏和地面管输的需要。井下掺入又分为两种即泵上掺入和泵下掺入，可在采油工艺中实施。

②井口掺入。为防止井下漏失，对于产量较高的稠油井，可采取井口掺入。

③站内掺入。主要提高脱水质量，在站内脱水器或洗油罐之前掺入。

（6）稠油掺稀油工艺。

在稠油掺稀油工艺中，从1#、2#、3#、4#计量站来的稠油，进入稠油缓冲罐，从稠油缓冲罐出来的稠油，经过稠油外输泵增压，经原油外输换热器加热后，利用外输管线输送至联合站。从联合站来的稀油经稀油管线进入稀油缓冲罐，稀油缓冲罐出来的稀油，经过稀油外输泵增压，经稀油外输换热器加热后，利用外输管线输送至1#、2#、3#、4#计量站，在掺稀油时使用。为防止稠油或稀油黏度过高，专门设置加药系统，利用加药泵将破乳剂等药剂注入稠油或稀油管线中，降低介质黏度，具体详见图2-2-34、图2-2-35某油田中转站的工艺流程示意图。其中，图2-2-35所示中转站带蒸汽加热降低黏度装置。

5）稠油掺蒸汽集输流程

对高黏稠油，国内常采用注蒸汽采油工艺，即稠油热采，初期是蒸汽吞吐采油，后期是蒸汽驱动采油。掺蒸汽集输流程如图2-2-36所示。

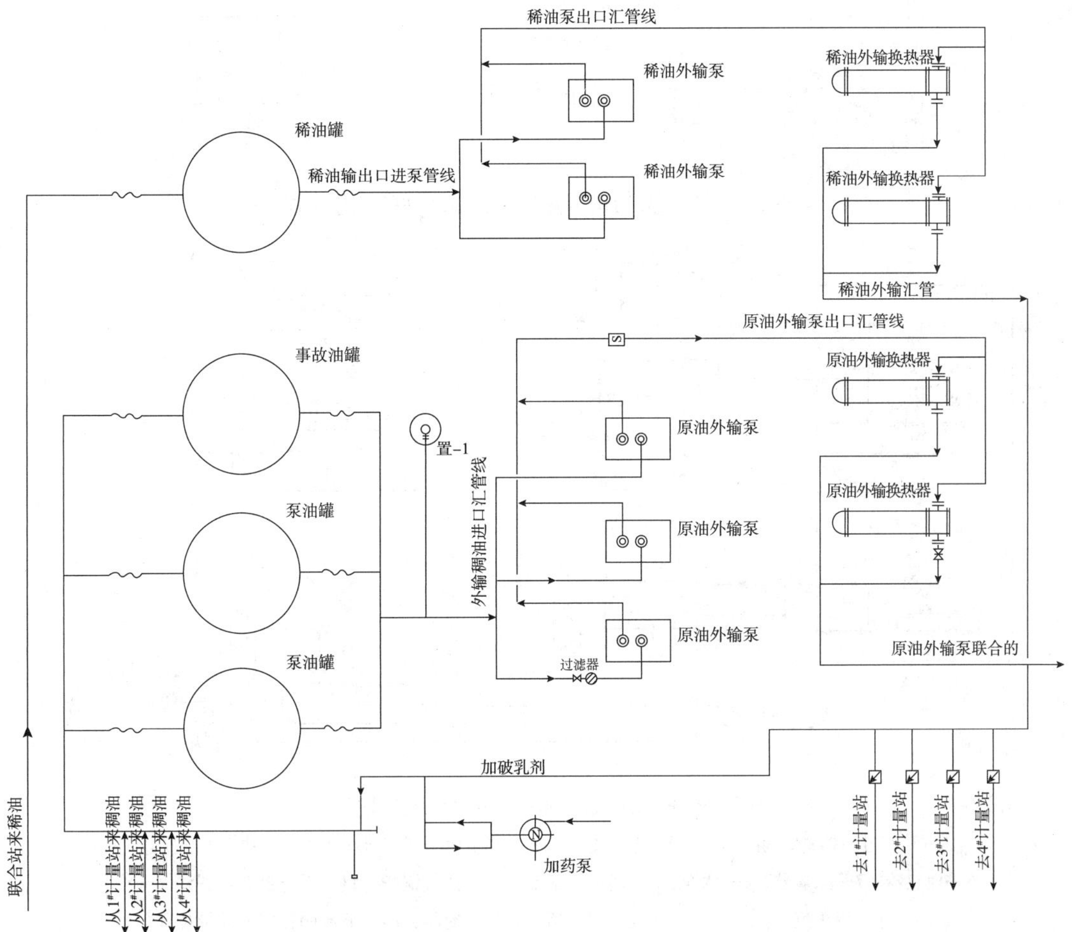

图2-2-34 某油田中转站的工艺流程

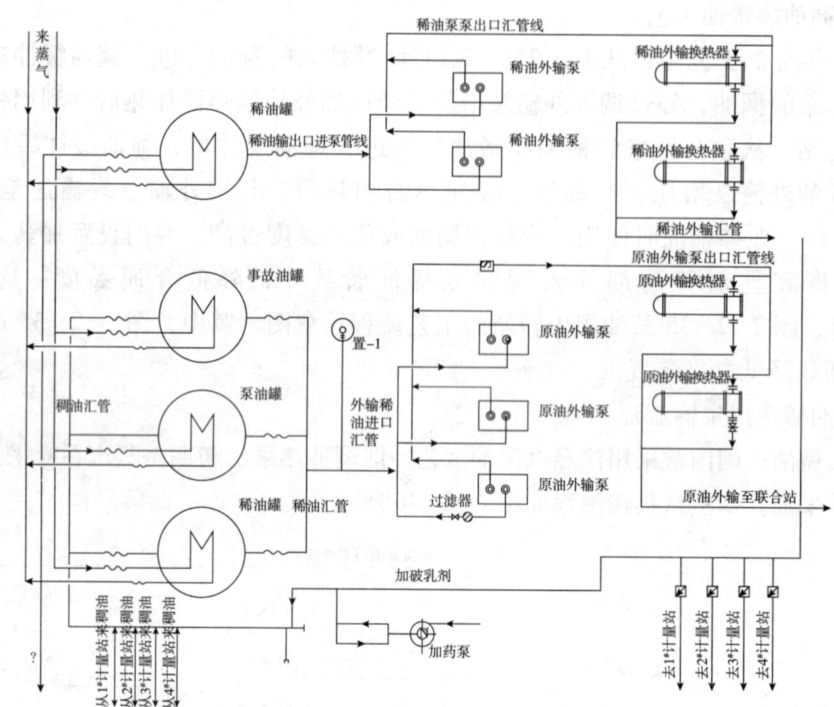

图 2-2-35 某油田带蒸汽加热中转站的工艺流程

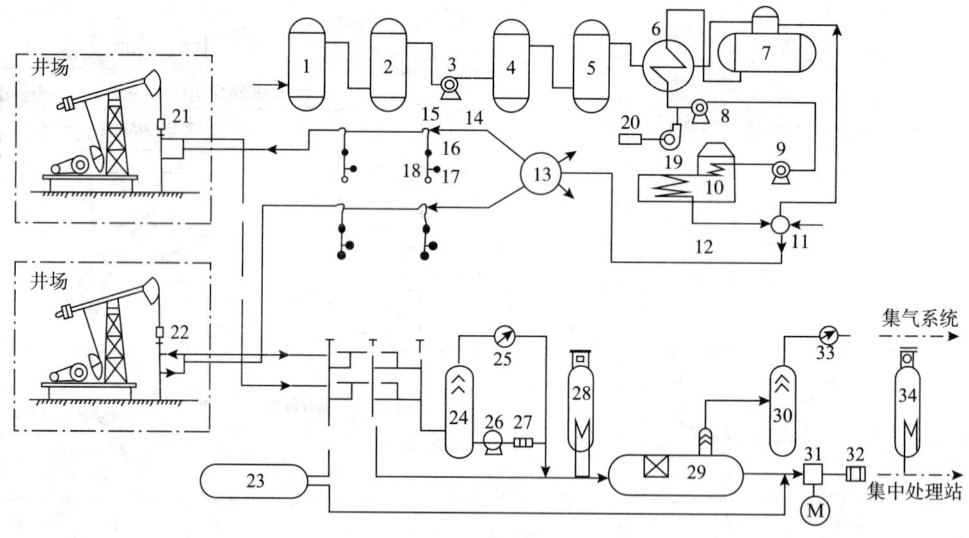

图 2-2-36 注气流程和掺蒸汽稠油集输流程

1—筛管过滤器；2—电磁除铁器；3—水泵；4—一级钠离子交换器；5—二级钠离子交换器；6—换热器；7—除氧器；8—水泵；9—锅炉给水泵；10—注气锅炉；11—混合器；12—注气干线；13—球形等干度分配器；14—注气干线；15—Y 形分配器；16—节流阀；17—计量装置；18—井口；19—加药泵；20—加药罐；21—抽油机井口；22—注蒸汽井口；23—常压储罐；24—计量分离器；25—单井气流量计；26—管道泵；27—单井油流量计；28—预热加热炉；29—分离缓冲罐；30—气体除油器；31—外输泵；32—外输油流量计；33—外输气流量计；34—外输油加热炉

蒸汽吞吐采油的每个吞吐周期可分四个阶段：

（1）注蒸汽期。将高温、高压（350℃，17.5MPa）蒸汽通过热注管线从井口注入油层中，注入一定量蒸汽后，关井一定时间进行热交换，使地层稠油加热降黏，然后再开井生产。

（2）高温生产期。注蒸汽采油工艺在开井初期所采出的原油温度较高，一般可达150～180℃，原油不能进入正常生产系统。高温生产期的稠油集输常用两种方式，一种是将高温稠油引入高架油罐，自然降温后用汽车拉走；另一种是将高温稠油与其他油井引来的低温稠油相混合，达到合适温度后转进常规稠油管线系统。

（3）正常生产期。当井口产出液的温度降到90℃左右后，油井直接转入常规稠油管线系统正常生产。

（4）低温生产期。当井口油温继续下降到无法维持正常生产时，可通过注气管线掺蒸汽生产。掺蒸汽生产可根据油井实际情况分为几种形式：来油进站时掺蒸汽，解决稠油脱水问题；在井口掺蒸汽，解决井站管线集输问题；往井下掺蒸汽，用于清蜡或改善井筒油流状况；向套管内掺入蒸汽，进行气举采油等。

有的蒸汽吞吐井没有低温生产期，当井口油温降到不足以维持生产时，立即转下一个周期再次向井内注入蒸汽。非蒸汽吞吐井的稠油，在附近无稀油资源可供掺入时，也可通过其他热源的蒸汽，从计量站向油管内注入蒸汽，或从井口掺入蒸汽加热、降黏集输。

蒸汽吞吐采油工艺使稠油污水量聚集增加，应将污水进行深度处理，如达到注气锅炉的供水水质标准，既解决了大量污水的出路问题，又节约了热注水源。

6）稠油高温集输流程

前述的蒸汽吞吐采油工艺后期掺蒸汽流程，其主要缺点是热能未充分利用，初期需要降温，而且在稠油降温输送过程中还要再加热降黏。因而，产生了稠油高温集输流程。其具体工艺流程如图2-2-37所示。

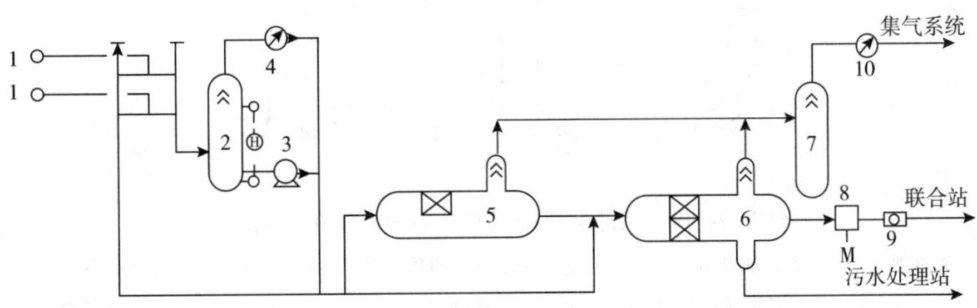

图2-2-37 稠油高温集输流程

1—注蒸汽井口；2—计量分离器；3—管道泵；4—单井气流量计；5—除砂分气器；6—三相分离器；7—气体除油器；8—外输泵；9—外输油流量计；10—外输气流量计

蒸汽吞吐的稠油井在开井生产时，高温稠油利用自身的压力和温度通过井站集输管线直接输至计量接转站。由立式计量分离器分别对单井来的原油进行油气计量，计量后的油、气再与其他油井所产的原油混合在一起，加入破乳剂后再进除砂分气罐，经除砂、分气后再进入三相分离器，对于含砂量低的稠油，可直接进入三相分离器，分出大部分游离水后，通过输油泵增压并计量，输至联合站。由除砂分气罐分离出来的伴生气通过立式旋流分离器除去液体后，经计量后进入集气干线输至气体处理站。由三相分离器分离出来的游离水经计量后输至污水处理站。

由于在高温集输全过程中，稠油的温度高，黏度较低，所用输油泵功率小，从而使这种集输流程具有热能利用率高、动力消耗少和工艺流程简单等优点。同时，由于集输温度高，所选用的计量仪表、输油泵、三相分离器以及管线、阀门都必须能适应较高温度，其操作温度在150～180℃。

7）稠油裂化降黏集输流程

稠油裂化降黏集输流程是近年来针对特黏稠油提出的一种集输方式，适用于稠油密度大（20℃，0.99g/cm³）、黏度高（50℃，3400mPa·s）、附近缺少可供掺入的稀原油资源的条件下。由于裂化降黏同时解决了开采、集输、外输等多方面的难题，故称之为稠油裂化降黏采、集、输一体化工艺技术。其具体工艺如图2-2-38所示。

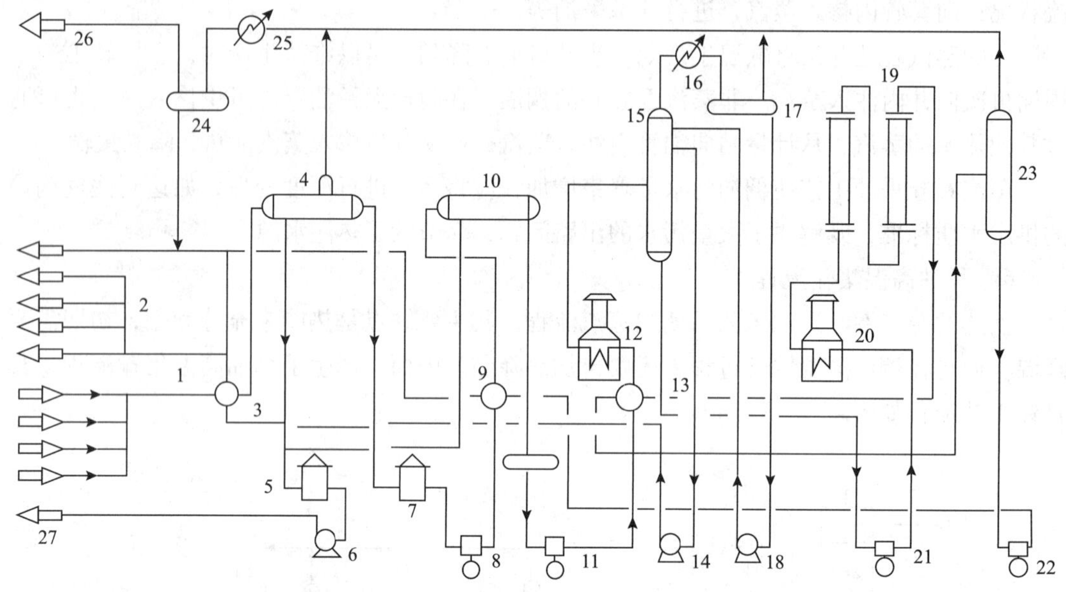

图2-2-38 稠油裂化降黏采、集输一体化工艺流程

1—各井来油；2—降黏油外输；轻质油去各井；3—来油预加热器；4—预沉降脱水器；5—污水罐；6—污水泵；7—缓冲罐；8—脱水泵；9—中间换热器；10—高温脱水器；11—分馏进料泵；12—裂解炉1；13—原油加热器；14—柴油泵；15—分馏塔；16—塔顶冷却器；17—塔顶冷凝器；18—汽油泵；19—反应器；20—裂解炉2；21—裂化原料泵；22—裂化油泵；23—稳定塔；24—燃气缓冲罐；25—燃气冷却器；26—燃料气；27—污水

其流程要点如下：将轻柴油馏分以1∶3的比例掺入井下，使混合油的50℃黏度达到200～300mPa·s，密度达到0.94～0.95g/cm³。以满足井筒降黏、井站集输和站内脱水的要求。在混合油外输之前，采用常压蒸馏工艺，将掺入的轻柴油馏分从稠油中分馏出来，

再计量分配返输到井口掺入井下，循环使用。

从稠油井内采出的已掺入轻柴油的稠柴混合油经脱气和三段沉降脱水，且含水小于2%后，进入净化油罐，再经泵输至常压分馏塔，在此工序中，净化油进气化脱水塔，含水小于0.5%的净化油自脱水塔底经泵送到加热炉，升温至340～360℃进入常压分馏，分出原先掺入的轻柴油馏分，再经换热冷却后返输至井口，循环往复。

在常压分馏塔里分出轻柴油后，将塔底稠油送到裂化反应塔进行减黏裂化，裂化出的轻质油掺入外输稠油中，以降低黏度使稠油便于外输，同时也保证了外输稠油的商品质量。稠油裂化降黏集输工艺中的裂化是以降低黏度为目的的轻度裂化，不同于原油加工过程中以提高裂化转化率为目标的深度裂化。因此，降黏裂化技术宜采用较低的反应温度（370～380℃）和较长的反应时间（2～3h）；采用稠油裂化降黏集输流程，应进行先期小型实验，求得合理的裂化工艺参数，完成技术、经济综合评价，才能建设完善、配套的裂化降黏采、集、输一体化工程。

三、稠油集输技术设计

1. 工艺参数选择

1）水力计算

（1）水力计算公式。

达西公式或列宾宗公式适用于纯稠油，含水量在30%以下的含水稠油、稠稀混合油及掺破乳剂溶液稠油的输送其计算误差小于10%。

对于掺活性水稠油和掺污水稠油，使用达西等公式的误差极大，主要原因是混合液不均匀、不稳定。

当油水乳状液混合较均匀时，可以按流态分别选择计算公式。大多数油水乳状液是非牛顿流体。当为层流时，可分别用塑性流型（宾汉姆流体）、假塑性流型（硬塑流体）和胀流型（膨胀性流体）公式计算。

非牛顿流体乳状液的紊流态水力计算方法还不成熟，因此当按达西公式计算压降时，应通过实验确定摩擦系数。

当乳状液为牛顿流体时，一般将油水两相流动作为单相流动处理，即按牛顿流体的达西公式计算。其中，关键是确定油水乳状液的黏度。油水乳状液黏度计算比较复杂，国内外都有一些经验公式可参考。比较简便的方法是黏度比法，即乳状液黏度 = 纯油黏度 × 黏度比。

黏度比的值由实验求得。油水乳状液一般呈油包水型，其混合液黏度随含水率增加而增加。当含水率大于70%左右时，混合液发生转相，形成水包油型乳状液，其表观黏度近似于水的黏度值。在求取黏度比实验中，以乳状液的含水量百分数为横坐标，以黏度比（乳状液黏度/纯油黏度）为纵坐标，将实验数据绘成曲线。在工程设计中，此实验曲线即可作为水力计算的基本依据。

乳状液的黏度与许多因素密切相关，不仅取决于油相的馏分组成及物理性质，而且与水相的矿物含量有关，更与油水的混合程度有直接关系。因此，在进行黏度比实验时，必须直接采用所输送的油水乳状液作为实验样品，当所取实验样品的油水混合比例不能满足实验要求时，允许将实验样品中的油和水采用胶体磨法加工成所需的混合比例。

稠油的油气混输管线的沿程水力损失可采用杜克勒方法计算，也可采用经生产实践证明的有效可行的其他半经验理论方法计算。

（2）稠油输送经验流速的选择。

纯稠油、掺破乳剂溶液稠油和含地层水稠油的流速取0.3～0.7m/s；稠稀混合油的流速取0.4～0.9m/s；掺活性水、掺含油污水、掺柴油馏分稠油的流速取0.6～1.2m/s。

流速主要取决于原油黏度、温度、允许压力降等因素。

（3）输油压力降。

稠油压力降与输送量、温度、黏度、掺入液量、加药量等有关，还与混合均匀度和稳定性有关。

在相同流量、温度、管径、管长条件下，由实验取得的输送压力降对比值见表2-2-8。

表2-2-8 输送方式与输送压降比值

掺入方式	与纯稠油热输压降的比值
掺破乳剂	2/3
稠油∶稀油＝2∶1	1/20～1/10
稠油∶活性水＝2∶1	1/20～1/5
稠油∶污水＝1∶1	1/13～1/7

（4）停输后再启动压力的计算。

再启动压力的变化涉及很多因素，以下给出的简便经验方法是在模拟装置上的实验数据，对工程设计有一定的参考价值。

纯稠油和含地层水稠油停输启动压力取决于停输前、后终点的油温、管道总传热系数和稠油的剪切力。模拟实验油温65℃，停输20h，用55℃稠油启动，启动压力比正常输送压力高1.8倍，随后压力逐渐下降到正常值。

实验证明，停输再启动要有足够的压力和施压时间，待压力波传递到末端时，才能够推出管内存油。管内冷油排出后，需再经一段时间才能正常输油。

直管段油温为35～70℃时，压力波传递速度为3.4～54m/s；油温为50℃时，通过90°弯头为0.64s/个，通过流量计为0.4s/个。

稠稀混合原油停输启动压力随稠油含量的增加而提高。当稠油含量为33%时，启动压力为正常输稠油压力的1.3倍；当稠油含量为50%时，启动压力为正常输稠油压力的1.75倍。

停输启动压力的计算对纯稠油、含地层水稠油、稠稀混合油和掺破乳剂溶液稠油采用剪切力公式推算，准确度能满足工程要求且误差在10%左右。

$$\Delta P = 4R_1 L/D \qquad (2-2-31)$$

式中　ΔP——稠油启动压差，Pa；

R_1——剪切应力，Pa；

L——管长，m；

D——管内径，m。

2）温度参数的选取

（1）稠油外输温度一般取76～89℃。

（2）掺油、掺水、动力液等工作介质出站温度一般取85℃，最高不超过90℃，特殊情况下可根据实际情况确定。

（3）原油脱水温度及稠油热化学、电化学脱水温度一般取70～75℃。

（4）输油终点温度：纯稠油和含地层水稠油的管道终点温度应高于40℃；掺破乳剂溶液或污水稠油终点温度应高于30℃；掺活性水稠油终点温度应高于20℃；稠稀混合油终点温度应高于10℃。

（5）掺柴油馏分占1/4～2/5的稠油可常温输送。

3）掺液量及循环液量

单井的掺油、掺水、动力液或热液循环量应根据单井产量、油层压力、井口出油温度、管线保温形式等具体资料进行试验和计算，一般应取计算值上限。当无实测资料作为依据时，可参照下列数据计算。

（1）单井掺稀油量由开发部门提出或由实验确定，一般可按掺后达到混合原油50℃时的黏度为200～400mPa·s来计算；

（2）油气集输管道掺油量按1.5t/（h·km）来计算；

（3）单井掺水量按0.8t/（h·km）来计算；

（4）水力活塞泵采油的单井动力液量可按2.5t/（h·km）来计算，动力液为含水小于10%的原油；

（5）单井热水循环量取1.5t/（h·km）；

（6）热油洗井强度平均单井液量取15m^3/h；

（7）计算时所用的平均比热容：稠油取2.3～2.5kJ/（kg·K）；稀油取2.1 kJ/（kg·K）；水取4.2 kJ/（kg·K）。

2. 稠油油气分离技术

1）简化分离装置结构

一般增加捕液元件就能提高油气分离效果，油气分离程度也就提高。从工艺技术要求看，并非油气分离越彻底越好。在不同工艺过程中的分离设备，对油气分离程度有不同要求，比如对计量分离器、生产分离器、末级油气分离器等，其油气分离程度的设计选值是不相同的，在稠油集输中，这一点表现得更为突出。

计量分离器在满足油气计量精度前提下，应尽量简化分离器的结构。有的稠油计量分离器只加装一个伞帽立式空筒。由于稠油中胶体物质多、黏度高，单井稠油产量的瞬时波动大，一旦稠油液团溅泼到容器内气体空间的分离元件上，就会胶结在上面，不但使分离元件起不到分离作用，反而增加压力损失。又因油产量计量的精度要求较低，确定分离效果的标准可相对降低，主要采用限制最高气体流速的方法来提高分离效果。

生产分离器可适当增加分离元件，油气分离效果可相对提高。

（末级）终端油气分离器或气体除油器应当设有较完善的油气分离结构，增设捕雾元件等，要求有较高的分离效果，可以适当提高气流速度，以增加气体处理量。

2）合理选定计算参数

根据稠油的特性，在计算分离器筒体时，应与稀油分离器的参数有所区别。建议采用表2-2-9中列出的有关参数。

表2-2-9 稠油的油气分离计算参数

类 型	计量分离器	生产分离器	末级分离器
最小液滴直径/cm	0.015～0.025	0.01～0.015	<0.01
原油停留时间/min	5～10	5～20	10～20
分离处理能力 平均日产量/t	2～3	1.2～1.5	1.0～1.3

3）慎用丝网除雾器

金属丝网除雾器是提高油气分离效果的常用有效部件之一，在一般的稀油集输过程中能发挥良好作用，但对于含胶质多的稠油来说，采用丝网除雾器则应当谨慎对待。

当气速过高时，丝网更可能出现液泛或重雾化现象，不但一部分液体会脱离除雾器顶层丝网而被气流带走，还可能因为局部胶黏堵塞被冲开而破坏了丝网的正常工作状态，进而失去除雾功能。

在确定除雾器捕集界限时，由于黏度大、液滴分布相对较大，应选用较大的捕集界限值，即液滴极限尺寸可定为0.01～0.015cm。

丝网类型的选用主要考虑原油黏度和表面张力，宜用孔隙率较大、比表面积偏小的丝网，以利于网内稠油畅通排泄。取孔隙率大于或等于0.98，网垫比表面积取280～300m^2/m^3。

通过丝网的气体流速可取最大允许气体流速的30%～50%作为设计气体流速，计算丝网厚度和捕集效率。

4）改善流程的措施

（1）由于稠油胶质多、黏度大，进、出口管路系统的管径应适当加大，尽量减少弯头，设置停产放空或热循环启动及保温措施等。

（2）稠油分离过程的操作温度一般比稀油高10～15℃。为了确保分离效果，常采用稠油分离前先加热、后分离的流程，稠油先进入单设的分离加热炉，再进入分离设备。

（3）稠油容易起泡，在油气分离设备里，应考虑消泡措施。采用较大的油液扩散面积，如加折板、平行平板等，有利于拉膜，可适当延长油流停留时间，或者使用消泡剂

（硅油或硅油和粗柴油混合物）等。

（4）为了使被沥青、胶质附着的分离元件（折板、丝网等）恢复功能，有的分离器安装了蒸汽吹扫口，在必要时，用大流量蒸汽逆气流方向吹扫，吹扫口的安装位置、方向应利于消除粘附的胶质凝块。

（5）稠油中常携带较多的砂粒。可在分离器里设置必要的除砂结构，能够清除沉积在设备内的砂粒，并且应在生产运行中完成除砂作业，避免停产清砂。水力冲砂的喷咀流量可为1.3m^3/s，砂和水的混合液从除砂口排出。

（6）稠油区块的伴生气量一般很少，单井来油进计量分离器后，油液无法压出去。过去常采用外来气补气的方法来压油，耗费天然气较大，宜采用稠油管道转油泵，安装在计量分离器出口管道上，能较好地解决稠油计量中的排油问题。

3. 稠油脱水工艺

1）稠油脱水的特殊性

在原油脱水工艺中，原油的黏度与密度是衡量脱水难易程度的关键因素，黏度越大，密度越大，脱水越困难，所以稠油脱水应采取更强有力的脱水措施，一般采用下述几种方式：

（1）从降低黏度、利于油水膜破裂和降低密度、加大油水密度差出发，适当提高脱水温度，可有效加大脱水效果，一般稠油脱水温度比稀油高20℃以上。

（2）稠油易起泡，在原油脱水过程中，应有消除气泡或泄放气体的措施。有的在热化学脱水段分离出气体，有的在电脱水器中设余气排放口，在每次投产时或不定期地排除气体。

（3）稠油中的胶质、沥青质是强烈的天然乳化剂，所形成的油水乳状液有较强的稳定性，尤其是特黏稠油，必须采用高效的破乳剂或消泡破乳剂。

（4）稠油脱水宜在管线起始端加破乳剂，采用管道脱水并降黏有较好的效果。一般来说，油溶性破乳剂比水溶性破乳剂的降黏效果好，在加药量相同时，油温越高，降黏效果越明显。

（5）稠油脱水应采取多种综合措施，包括加热、加药、洗油、大罐沉降、电脱水等。

2）稠油脱水温度的确定

脱水温度是影响脱水效果的重要因素，应认真选定。

（1）稠油脱水温度取决于原油组成和性质，同时还与破乳剂的性能和用量，以及脱水设备结构等有密切关系，因此经济、合理的脱水温度应根据稠油脱水实验并进行技术、经济对比来确定。

（2）当采用热化学沉降－电脱水工艺时，根据脱水实验数据，稠油脱水的经验温度可按表2－2－10选取。

表2－2－10 稠油脱水经验温度参考

原油黏度（50℃）/mPa·s	100	200	300	400
脱水温度/℃	70	80	90	100

（3）对于特黏稠油脱水，最近研究出一种高温脱水新方法。将经脱水预处理后的特黏稠油升压加热后进入高温脱水器，并配以高效破乳剂，使稠油达到净化稠油指标。当采用此法时，应通过实验求得最佳工作条件。例如，实验用的油品密度为998kg/m^3，80℃黏度为3018mPa·s，最佳工作条件为148℃、0.36MPa。生产实践表明，特黏稠油的高温脱水方法可以取代电化学脱水，能够节省大量电能。

3）稠油电脱水器特点

国内各油田都曾研制了稠油电脱水器，针对稠油的特性，设计了一些特殊的结构。一种新型稠油电脱水器结构原理如图2-2-39所示。

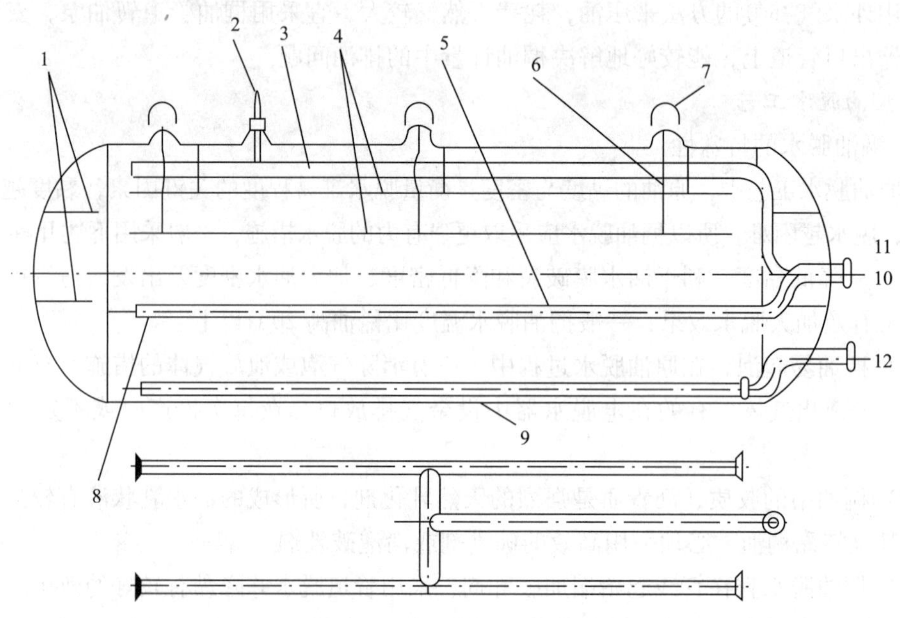

图2-2-39　稠油电脱水器结构原理

1—挡油板；2—绝缘电极棒；3—出油管；4—直流电极板；5—接地极板；6—可调吊具；7—法兰盖；8—油流分配管；9—出水管；10—产出液进口；11—油出口；12—水出口

（1）电极板间距由罐内调节改为罐外调节，以提高对油品的适应性。油包水型乳状液滴的破乳程度直接取决于电场强度，电场强度的大小受操作温度、压力、稠油黏度、含水量等因素的影响。而这些因素的波动要求生产现场对电场强度进行经常性地调整，电场的调整要通过对电极间电压和电极板间距的调节来实现，只有在罐外调节才能达到此目的。

（2）增加接地电极板。稠油因流动性很差而碰撞、聚结概率降低，油水分层需要更长的沉降路程和沉降时间，因而很难形成稳定的油水界面。电脱水器最下一层电极板与油水界面之间的弱电场区域是极关键的预脱水区域。在此区域内，较大颗粒的游离水聚结、沉降、分离，使进入高强直流电场的原油含水率保持在较低状态，以保证高强直流电场的稳定，确保深度脱水的正常进行。实践证明，油水界面位置的变化对脱水器的水相处理能力影响很大。增设接地电极板，并与罐体相连接，能起到稳定油水界面的作用，实现稠油在弱电场区域的预脱水功能，有效提高稠油脱水器的处理能力和脱水质量。

(3) 增设上层挡油板。稠油电脱水器在电极板两端至封头处增设了上层挡油板，以防止较稳定的稠油乳状液从封头端的流通面窜流、浮升至罐顶而排出。

(4) 改进油流分配和集水管结构。脱水器内液体的稳定程度直接影响油流的浮升和水滴的沉降，除了这两种相对运动外，其他任何流动和扰动都会破坏油升水降过程，不利于油水分层，直接影响脱水效果，对稠油脱水尤为苛刻。为此，采用与罐体直筒段相同长度的双列油分配管和双列集水结构，且在管上开设不同间距及直径的圆孔，努力使油水流动均匀，保持液体相对稳定，确保脱水质量。

(5) 改进电极绝缘棒的固定结构。稠油脱水所需要的电场强度比稀油更高，而使电极绝缘棒的工作条件更恶劣。老式平面法兰密封固定结构易被电击穿。新研制的双锥面密封固定结构可将寿命提高 5 ~ 10 倍。

4. 稠油泵输技术

当采用离心泵输送稠油时，会出现效率低、耗能高、噪声大、启动困难等现象，当黏度大于 100mPa · s 时，不宜使用离心泵输送。一般在稠油集输中多采用低级数、低转数的容积式转子泵。常用的泵型号有 TLB 稠油泵、螺杆泵、旋转活塞泵、齿轮泵等。这类泵的技术特性在某些方面分别与离心泵或往复泵相似，但又都有显著差异，在应用于高黏度的稠油输送时，应当特别注意，否则，轻者达不到设计的技术指标，或不能正常运转，严重的可能造成设备和人身伤亡事故。

1) 容积式转子泵的水力特性

(1) 流量 Q 与排出压力 P 的关系。

容积式转子泵与容积式往复泵不同，容积式转子泵的排出压力增高，流量 Q 有所下降，下降的幅度与所输送介质的黏度有密切关系，黏度越高，流量下降越少，当黏度升高到某一定值时，流量 Q 不再随排出压力的升高而下降，$Q-P$ 特性形成与往复泵相似的平直曲线（见图 2-2-40）。

在一定的黏度范围内，$Q-P$ 为下降曲线，具有某些与离心泵相似的特性。例如，电泵的工作流量取决于管路系统的水力特性，泵的实际工作点随管路系统水力特性变化而变化，双泵并联时，符合离心泵并联规则，并联泵的总流量按 $Q-P$ 曲线在各工作点进行叠加。

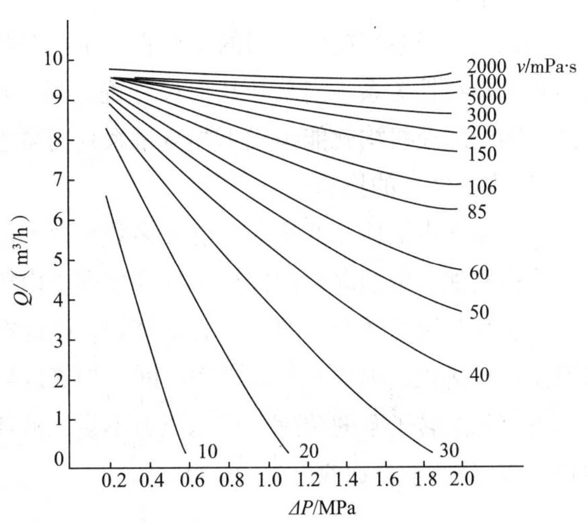

图 2-2-40　XHA-10 型泵排量与黏度的关系

(2) 功率特性 $N-P$ 曲线。

容积式转子泵的轴功率随排出压力的升高而增大，所以，当采用低功率方式启动稠油泵时，应先打开泵出口阀或管路回流阀。

（3）效率特性 $\eta-P$ 曲线。

当介质黏度一定时，泵效随排出压力的升高而升高。当压力超过一定值后，由于容积效率的改变，流量减少，泵效下降。效率曲线 $\eta-P$ 的峰值区域即高效工作区间，随黏度的变化而变化。当黏度升高时，$\eta-P$ 效率曲线也升高（见图2-2-41）。

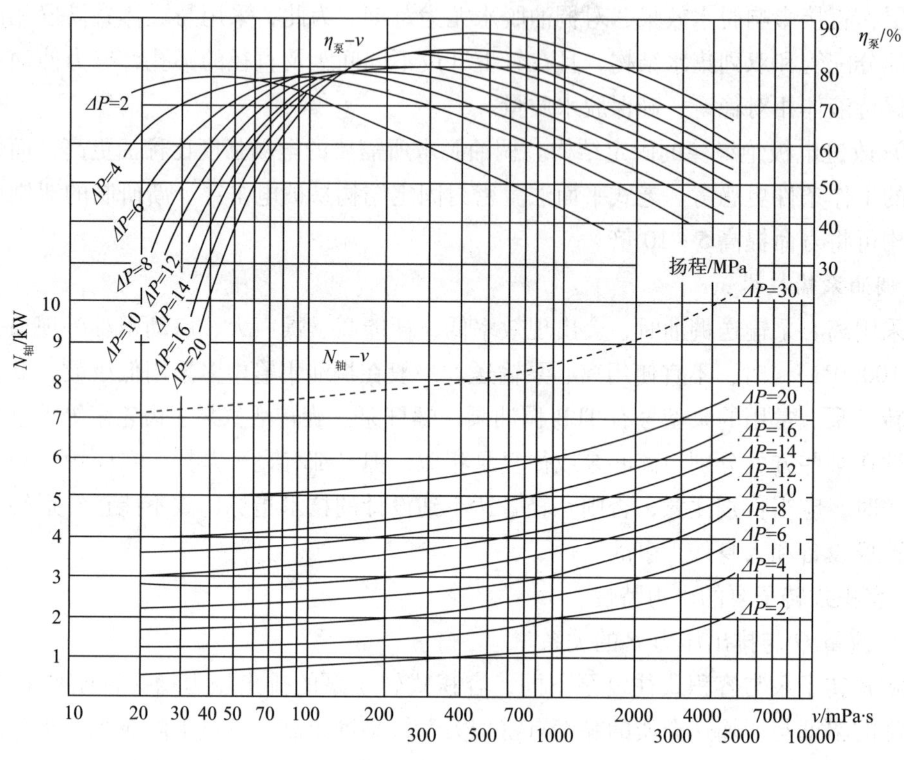

图2-2-41 泵的 η 与黏度的关系

（4）转速特性。

容积式转子泵每旋转一周的工作容积是一定的。因此，在排出压力不变的情况下，流量与转速呈线性关系。当泵叶几何尺寸确定后，改变泵的流量可以通过改变转速来实现。配备不同的减速机构就能构成不同流量系列的泵组。

2）水力特性的换算

泵产品样本上标注的技术性能大多数是生产厂家用输送清水运转测试而得的数据，少数是采用机油、柴油混合物校核得到的数据。由于容积式转子泵的排量、扬程、功率、效率等性能都与所输送介质的黏度关系密切，因此在选用泵型时，应根据设计工作条件校核泵的流量、扬程、轴功率和高效率区间，换算成输送黏度下的各项参数。

当容积式转子泵的转速、排出压力不变，液体黏度由 ν_1 增至 ν_2 时，将引起流量 Q_1 和轴功率 N_1 的改变，如式（2-2-32）：

$$Q_z=\frac{Q_1}{\eta_\nu}\left[1-\left(1-\eta_\nu\frac{\nu_1}{\nu_2}\right)\right] \tag{2-2-32}$$

$$N_2 = N_1 \frac{\eta}{\eta_\nu}\left(1 + \frac{\eta_\nu - \eta}{\eta}\sqrt{\frac{\nu_2}{\nu_1}}\right) \tag{2-2-33}$$

式中　Q_1、Q_2——液体黏度分别为 ν_1 和 ν_2，排出压力为 P 时的泵流量，m^3/h；

N_1、N_2——液体黏度分别为 ν_1 和 ν_2，排出压力为 P 时的泵轴功率，kW；

η_1、η_2——液体黏度为 ν_1、排出压力为 P 时，泵的容积效率和泵的总效率，%。

容积式转子泵的总效率由三个部分组成，其中机械效率与黏度无直接关系，而水力效率和容积效率都与黏度有密切关系。当黏度增大时，泵体内水力损失增加，黏度降高，泵的水力效率降低。而容积效率则随黏度的增大而升高，但不可能等于1。三个部分效率的总和，即泵的总效率与黏度的关系曲线（$\eta-\nu$）呈凸形，其高峰区间随黏度变化而有所变化。

因此，在选用容积式转子泵时，尽量与生产厂家配合，对泵的水力特性进行实测实验，取得所使用泵的实际水力特性以指导设计和生产运行。在对转子泵进行单泵的特性实验时，单泵的水力特性关系式可按式（2-2-34）求得：

$$H = a + bQ^{2-m} \tag{2-2-34}$$

式中　H——泵的扬程，m；

Q——泵的流量，m^3/h；

A、b、m——分别为实验系数。

在实测一系列扬程 H、流量 Q 和轴功率后，可以用数学统计方法计算出 a、b、m 及效率值，然后按不同黏度坐标绘出特性曲线，用来指导设计和生产运行。

3）容积式转子泵的安装设计要点

（1）流量调节。应设计旁路回流和回流阀，以调节容积式转子泵的流量，当黏度较低时（<100mPa·s），由于 $q-p$ 关系为下降曲线，可以采取关小出口阀门的方式来调节流量。但当黏度较高时，由于 $q-p$ 关系成为平直曲线，关小出口阀门会使排出压力升高，调节流量只能靠开关回流阀来实现。

（2）管路直径选择。进出口管的直径应等于或大于油泵的进出口直径。进口管径过小，高黏度液体不宜充满泵腔，降低容积效率。出口管径过小进而阻力增加易产生振动。

（3）管路安装。泵进出口管路系统安装应尽量减少弯头，弯曲半径不宜过小，否则增加阻力，易产生振动。进口管线长度不宜过长，以免影响自吸。

（4）安全阀设置。在输送高黏液体时，容积式转子泵的排出压力会随管路系统阻力升高而升高，为了保证不超过允许值，应在泵的回流管路上安装安全阀，在系统发生超压时，安全阀打开，介质回流，保证安全生产。

（5）单流阀安装。当两台以上的泵并联时，为便于启动，在靠近泵出口处应安装单流阀。

（6）启动流程。因泵内存留的高黏液体流动困难，会使稠油泵难以启动。为此应设计启动措施，一般有三种：①置换流程。停泵后，将油泵进出口阀门间的一段稠油替换成轻油或水；②循环预热流程。在停泵期间或停泵后再启动前，能利用热油或热水在泵内循环预热；③吹扫流程。停泵后，用蒸汽或热水或天然气将泵内存油吹扫到污油池内。

（7）进、出口安装压力表。由于容积式转子泵一般转速低、运行平稳、不易出现气蚀鸣叫声，因此应在稠油泵的进、出口分别安装真空表和压力表，以便及时观察泵的工作情况，随时采取措施，进而防止出现泵空转而未发觉等失误。

4）TLB 稠油泵

TLB 稠油泵属凸轮式容积转子泵，该泵通过一对齿轮带动泵叶做差位同步旋转运动，使进口区产生真空而吸入介质，当泵叶转动 90°后，将介质推向空腔变小的出口区，从而产生压力。该泵对黏度适应范围宽（0.02～100mPa·s）、转速低（154～400 r/min）、运转平稳、操作方便、自吸力强、泵内密封面大、内漏小泵效高（57%～73%），流量范围为 5～260m^3/h，工作压力为 0.6～4.0MPa。不仅可以输送带微粒杂质的介质（如含砂稠油），也可以输送夹带气、夹带水的油品。

5. 稠油伴生气回收

回收稠油井的伴生气是减少资源损失和区域污染的必要作业，也是节能增效和保护环境的重要措施。回收伴生气的工作要点是回收油井套管气和站内末级分离器分出的气。

1）稠油伴生气来源

（1）油井套管气。为了减少气体对深井泵工作的影响，释放套管气以降低抽油井的套管压力，使采出液面上升，提高深井泵效率。

（2）分出溶解气。集油站从最末级分离器中分出的溶解气，由于压力低，不能进入集输气系统。

2）稠油溶解气量测算

根据稠油区块的油井高压物性数据和饱和压力下的溶解气油比进行计算，油井溶解气量取决于该油井的油层压力。

单井溶解气产量按式（2-2-35）计算；

$$q_{vg} = \frac{q_{mv}}{\rho} eP \tag{2-2-35}$$

式中 q_{vg}——单井溶解气产量，m^3/d；

q_{mv}——单井产油量，t/d；

ρ——原油密度，t/m^3；

e——原油的天然气平均溶解系数，m^3/（m^3·MPa）；

P——油层压力，MPa。

3）工艺流程

在原有稠油集输系统里进行适当增补，采用压缩机将溶解气抽吸、增压后外输。在井口装置中，从套管环形空间接出一个定压单向放气阀，在站内增加一台分离器及相应计量仪表，一个区块建一座气体增压站，并配套建设小型撬装轻烃回收装置。多井套管气串接进入计量站的进气阀组，经压缩机增压、换冷、分离后，气体进入集气系统管线，分离出的液烃外运。稠油伴生气回收工艺流程如图 2-2-42 所示。

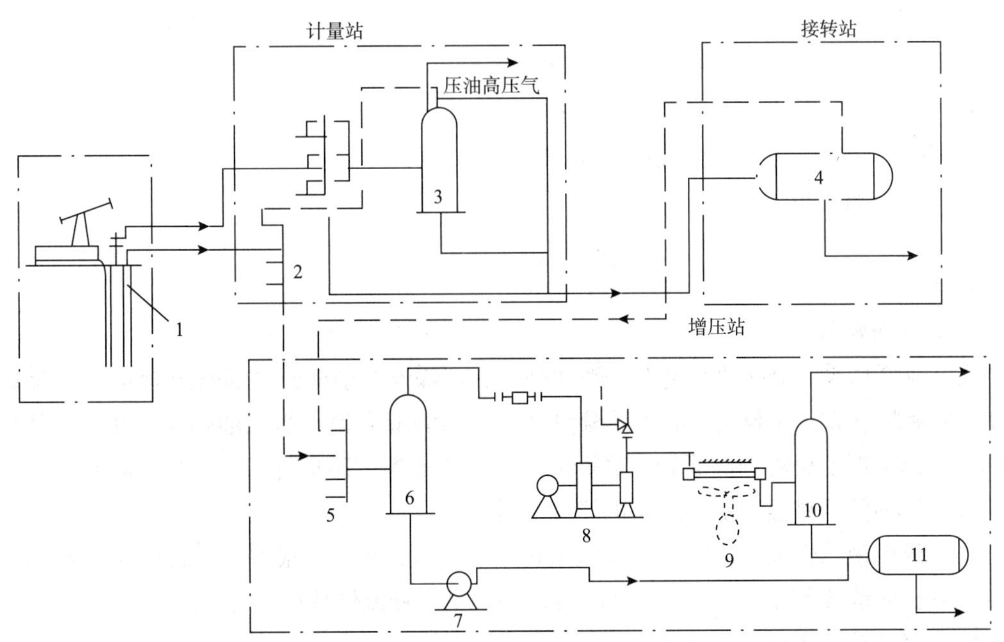

图2-2-42　稠油伴生气回收工艺流程

1—油井套管筒；2、5—气进站阀组；3—计量分离器；4、6、10—分离器；7—液烃泵；8—压缩机；9—空冷器；11—液烃罐

4）压缩机参数

（1）吸入压力。吸入压力取决于增压站上游的油气分离压力。稠油接转站回压一般在0.05～0.15MPa范围内，克服集气系统的管线摩阻后，压缩机的吸入压力选择在微正压即可实现回收伴生气，且不影响稠油开采和集输。

（2）排气压力。排气压力取决于回收后伴生气的利用方向。当伴生气回收后进入输气系统时，排气压力等于输气系统压力。当伴生气被用于回收凝析油的原料时，则根据其回收装置的工艺技术要求确定最佳排气压力。当伴生气就地回收凝析油时，一般只能建小型装置，通常以回收 C_3 以上组分为主，干气就地作为生产用燃料，燃料气的外输压力一般为0.3～0.4MPa。

5）增压站布局和规模

在不改变原有稠油集输系统压力条件下，增压站的布局取决于从最远的接转站到增压站之间输气管线的允许压力降，即满足以下条件：

$$P \geqslant P_1 + \Delta P \qquad (2-2-36)$$

式中　P——接转站气管线出口压力，MPa；

P_1——增压站压缩机吸入压力，MPa；

ΔP——输气管线允许压力降，MPa。

增压站的布局主要是根据允许压力降来确定最大集气半径。

增压站的规模取决于稠油井数和伴生气量。增压站可以回收的总溶解气量可按式

(2-2-37)计算：

$$q_{vb} = Vn \quad (2-2-37)$$

式中 q_{vb}——增压站回收总气量，m^3/d；

V——单井产出的伴生气量，m^3/d；

n——稠油井数。

四、高凝油特征和集输设计原则

1. 高凝油特征

高凝油除具有一般原油所具有的性质外，其特殊点在于该原油的石蜡含量高，析蜡温度高，原油凝点高，而胶质及沥青质含量却很低。一般来说，当原油的含蜡量高于30%，凝点高于35℃时，可称为高凝油。高凝油除上述特点外，还具有如下两个方面的性质：

（1）原油的析蜡温度随含蜡量的增高而升高。

（2）温度敏感性强。当原油温度低于析蜡温度时，流动性很差，为赝塑性流体；当原油温度高于析蜡温度时，又具有较好的流动性，呈牛顿流体特征。

2. 高凝油油气集输系统设计原则

高凝油油气集输系统设计以安全输送、节能降耗、减少工程投资作为总的设计原则。工程设计首先要在最大限度地多产油、气的前提下，系统要安全运行，防止发生凝管事故。其次要在设计中优先选用低耗节能的新工艺、新设备、新材料，力求降低油气损耗和集输系统自耗，节省工程建设投资。为实现上述目标，在设计中要遵循下列原则：

（1）依据油田的总体开发方案，进行工程的总体布局，地面与地下有机地结合，做到整体优化。

（2）根据不同的开发布井方案及采油工艺，选用与其相适应的油气集输流程。

（3）地面油气集输系统宜采用二级布站，充分利用油井的地层能量，适当扩大油气集输半径，尽可能地减少转油环节。

（4）油气集输站（场）的工艺流程设计要力求先进、简化、灵活，少设或不设备用设备及备用流程，尽可能地减少死油段。

（5）油气集输系统流程应统筹考虑，保证每一个站（场），每口油井的高凝油管线都实现启动前热水预热，停输时能用热水顶替置换出管线中的高凝油，防止发生凝管事故。

五、高凝原油集输工艺流程

1. 工艺流程特性

高凝原油不仅具有一般原油的性质，而且具有与其他原油不同的特点，因此，不论油气集输采用何种流程，必须充分考虑它的特殊性。

（1）集输流程要满足使高凝油在集输的全过程中始终具有良好的流动性要求。

（2）集输流程要具有无论何种原因造成管线停输后，能迅速置换出管线中的高凝油并随时可以再启动的功能。

（3）集输流程要具有防止原油伴生气或溶解气带液，造成堵塞管线或发生凝管事故的功能。

（4）含油污水处理流程也要具有一定的热力条件，防止污水中携带的高凝油堵塞管线。

2. 高凝油油气集输流程

沈阳油田是迄今为止我国最大的整装开发的高凝油油田，该油田的原油凝点平均为46℃，最高为67℃，为当今世界原油凝点之首。为了合理地开发利用沈阳油田的高凝油油气资源，从1985年开始，地面油气集输就依据井下不同采油工艺进行了各种现场生产实验，到1986年年底，初步形成了根据不同采油区块的不同采油工艺而相应配套的油气集输流程。1987年年初，沈阳油田进入全面开发建设阶段，已实验成熟的集输工艺，满足了高凝油油气集输的要求，使整个油田的开发建设达到了总体开发方案设计的要求，同时也开创了我国高凝油油气集输的新工艺。本节以沈阳油田为例，介绍其在油气集输流程中的主要工艺技术。

1）水力活塞泵采油集输流程

（1）流程简介。

高凝油油气集输采用水力活塞泵采油集输流程，将油田的高凝油或其他液体作为动力液，经过对动力液进行净化处理（脱水、除砂等）后，增压、加热、分配并注入井下，推动井下水力活塞泵工作，达到把井底产出液及乏动力液一同举升到地面，进入油气集输系统的目的。

整个系统由井口装置、计量站（含动力液分配）、动力液增压站、动力液净化站及系统的高、低压管线组成。采油工艺所需的动力液通常由脱水转油站或集中处理站提供，在特殊情况下也可由井口产出液经过简单的油气分离后直接提供。动力液经过净化站的深度处理，达到合格的指标后，低压供给到动力液增压站，经增压后再通过高压输送管线分配到所需的计量站及油井井口。动力液进入联合站所需的温度，可以在计量站或井口获得。油层产出液与乏动力液混合后被举升到地面后，经过油井至计量站的集油管线进入计量站，对油井生产的油气进行计量，加热后混输至集中处理站。水力活塞泵采油集输流程如图2-2-43所示。

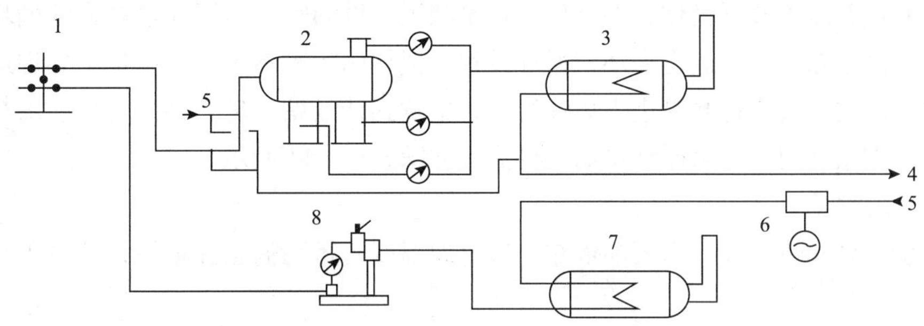

图2-2-43　水力活塞泵采油集输流程

1—井口；2—三相计量分离器；3—油气混输加热炉；4—油气混输去联合站；5—动力液；6—动力液增压泵；7—动力液加热炉；8—动力液分配管汇

（2）流程特点。

①依靠动力液入井时的温度与油井产出液进行热交换，可以提高高凝油的出井温度，防止井筒油管结蜡。

②由于动力液与产出液在井筒内进行热交换，油井出油温度较高，井口可不设加热装置，节能降耗。

③井口工艺简单，操作管理方便，生产操作员工劳动强度低。

④动力液由计量站或增压站直接分配供给，便于集中管理，有利于提高系统的自动化水平。

⑤该流程的缺点是油井产出液与注入的动力液在井下混合，给油井的单井计量带来一定的难度。

（3）流程适用条件。

水力活塞泵采油集输流程适用于陆地或滩海整装区块的高凝油油田；适用于地处寒冷区域、油层较深，采用常规抽油机采油较为困难的断块油田；适用于滩海采油平台或人工岛上油井相对集中的丛式井组采油生产。动力液供给系统的规模应依据所管辖油井数的多少及相应的自然地理环境、工程投资等情况统筹考虑。

2）闭式热水循环采油集输流程

（1）流程简介。

闭式热水循环采油集输流程是为适应高凝油油井，采用闭式同心管热水循环伴热采油工艺而产生的高凝油集输流程。该采油工艺是在沈阳油田试生产时期开创的，其原理是依据油井井身结构采用同心管双层管柱，自喷采油或抽油机采油，辖以热液介质，在油管与套管之间的环形空间进行闭式循环，达到防止高凝油油管结蜡，提高油井出油温度的目的。为此，地面油气集输除建设必要的油气混输集油管线外，还专门敷设热水循环管线，以计量站为中心建立热水循环装置并提供循环热水所需的动力及热能。该系统由闭式热水循环井口装置、计量站、集中处理站（脱水转油站、污水处理站）及相应的供污水管线等组成。循环的热水可用经除油、脱氧处理的热污水来代替（不具备条件的可以直接用新鲜水加热），由专设的供水泵输至各计量站，在计量站内热污水经过缓冲、加热、加压，供至各油井井口并注入井下管柱，循环后的热水利用专设的管线返回计量站内的循环污水缓冲装置，经简单除油后再进行循环，循环过程中损耗的污水不定期地由集中处理站进行补充。油井生产的油气通过井口进入集油管线，集输到计量站，进行油气计量、加热后，混输至集中处理站。闭式热水循环采油集输流程如图 2-2-44 所示。

（2）流程特点。

①井场不设加热装置，高凝油依靠井口出油温度密闭混输至计量站，减少了油气的自身损耗。

②油井产出液不与循环的热（污）水混合，不增加系统的原油处理能力及污水处理规模。

③井口工艺简单，操作管理方便。

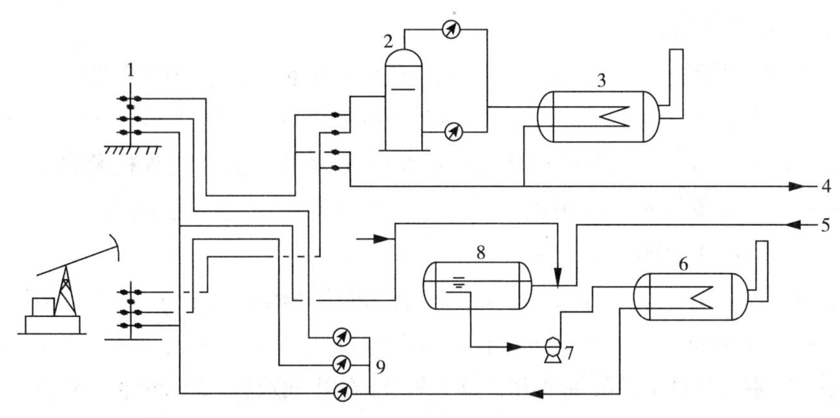

图2-2-44　闭式热水循环采油集输流程

1—井口；2—计量分离器；3—油气混输加热炉；4—油气混输进联合站；5—联合站来的补充水；6—热水加热炉；7—循环水泵；8—循环水缓冲罐；9—循环水分配阀组

④含油污水的热能得到充分利用，满足节能降耗的要求。

⑤对于低产油井及边远油井，随时可以实现掺热水输送，保证高凝油集输管线的安全生产。

⑥该流程的缺点是工程一次性投资相对较大，钢管用量较多。

（3）流程适用条件。

①该流程适用于油井井身结构采用双层同心油管柱，或平行并列油管柱及自喷采油，或常规抽油机采油的高凝油集输。

②适用于采用二级布站或丛式井的油气集输。

六、高凝油集输工艺设计

（一）井场装置工艺设计

1. 水力活塞泵采油井口装置

水力活塞泵采油井口装置通常由自喷井的井口装置改装而成，主要包括采油树、油嘴、防喷管、井下水力活塞泵、捕捉器及压力表、温度计等。对于高凝油井口，防喷管和捕捉器在起、下泵时可临时安装。采油树的油管及套管阀门两侧分别同动力液管线和集油管线相接，形成满足油井起、下水力活塞泵的连通系统。水力活塞泵采油井口工艺流程如图2-2-45所示。

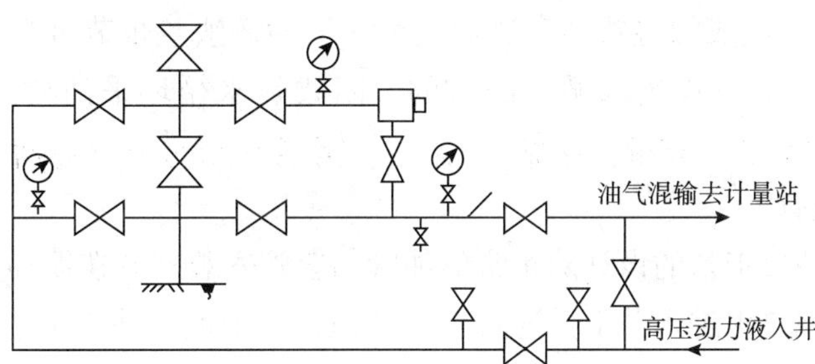

图2-2-45　水力活塞泵采油井口工艺流程

1）井口装置设计需要的参数

（1）动力液入井温度（单位为℃）。根据采油井井底油温、下泵深度、油井产量等因素，经过计算而定，该参数由采油工艺专业人员负责提供，一般为60～90℃。

（2）动力液入井压力（单位为MPa）。根据井下水力活塞泵的规格及参数、动力液的性质及注入量、油井管柱水力摩阻损失等参数，经过计算而定，通常由采油工艺专业人员提供，一般为13.0～17.0MPa。

（3）动力液注入量［单位为m^3/（h·井）］。每口井的动力液注入量与井下泵的冲次、排量及井下泵液马达的容积效率等参数有关，该参数也由采油工艺专业人员负责提供。根据沈阳油田的生产经验，对于高凝油油井，动力液注入量一般选用3～5m^3/（h·井）。

（4）油井产量（单位为t/d）。

（5）油井产量的气油比（单位为m^3/t）。

（6）油井出油温度（单位为℃）。该参数要通过动力液的注入量、入井温度、油层原油温度等参数，经过油管柱传热计算而定，由采油工艺专业人员提供，但还需要设计人员到现场对试采油井进行调查选定。

2）井口装置设计

水力活塞泵采油井场设计较为简单，设计中要注意下列几个问题：

（1）油井产出液与高压动力液管线在井场内要埋地敷设，尤其是高压动力液管线，以防止发生事故。

（2）高凝油井口装置与连接管线均要求保温，有条件的井场应采用电热带伴热。

（3）高压动力液管线与产出液管线应安装连通阀（高压阀门）、以满足投产要求，并为后续的油井在作业前顶替管线中高凝油提供方便。

（4）动力液及产出液管线上要安装压力表和温度计，压力表的管嘴要短，根据生产经验，压力表阀门中心至管线外壁距离以50～70mm为宜，管嘴过长易产生凝固段，影响正常的生产。

（5）高压动力液及产出液管线应分别安装相应压力等级的扫线接口。

（6）井场应设置吊装设施，为井下水力活塞泵的起、下井提供方便。

2. 闭式热水循环采油井口装置

闭式热水循环采油井口装置是根据油井井身结构的需要，在原自喷井井口装置的基础上改装而成的。其区别在于在油井套管上法兰与总阀门下法兰之间安装一个由中间法兰、循环接头、4in油管等组成的特殊循环法兰短节，该循环法兰短节可为使井口装置增加一个热水循环通道，达到闭式热水循环的目的。闭式热水循环采油树结构如图2－2－46所示。

1）井口装置设计

闭式热水循环井口工艺的设计除正常的油管、套管安装外，在循环法兰短节上增加一组阀门及管线，实现热水进入井下并通过套管阀门返回地面。井口工艺流程如图2－2－47所示。

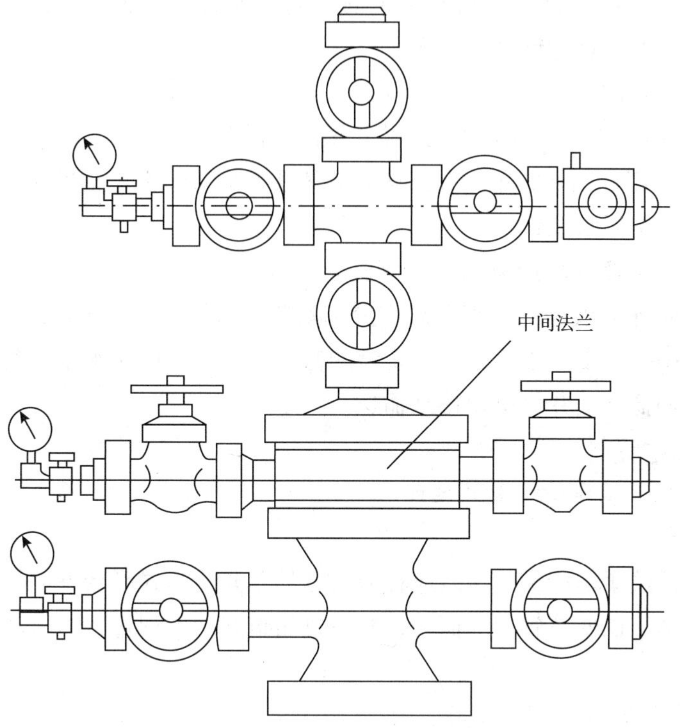

图 2-2-46　闭式热水循环采油树结构

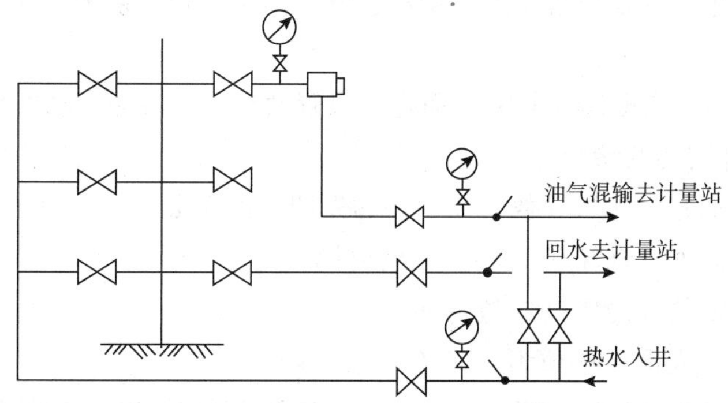

图 2-2-47　闭式热水循环采油井口工艺流程

2）井场装置设计需要的参数

（1）油井的产量（单位为 t/d）。

（2）油井产液量的气油比（单位为 m^3/t）。

（3）热水循环量［单位为 m^3/（h·井）］。

（4）热水入井温度（单位为℃）。

（5）热水入井压力（单位为 MPa）。

（6）热水出井温度（单位为℃）。

（7）热水出井压力（单位为 MPa）。

上述第（3）~（7）条参数需要由采油工艺设计的有关部门人员根据井下温度场及原油物性的实际情况，经过计算后给出。

3）井场装置设计

（1）油井产出液与热水、回水管线在井场内均需要埋地敷设。

（2）对于多井组成的丛式平台井，热水管线要对应每口井单独敷设，回水管线可根据总入井水量敷设一条回水总管。

（3）热水、回水管线均应分别进行保温。

（4）热水、回水管线与产出液管线应分别安装连通阀。其目的是：①投产前清洗集输管线；②在生产中一旦发生事故，或在正常的修井作业时，用热水顶替集油管线中的高凝油；③对于边远的低产油井可实现掺水输送。

（二）计量站设计

1. 水力活塞泵采油集输计量站设计

1）站址选择

水力活塞泵采油集输计量站一般应在所管辖的单井或丛式平台井组居中的位置，宜靠近其中的某一井场，以便节省占地面积，减少进站道路的工程量，力求该站所管辖油井的管线最短。

2）设计内容与规格

水力活塞泵采油集输计量站设计主要包括下述内容：①单井油气计量；②高压动力液加热及分配；③油井产出液加热外输；④热水顶替置换高凝油系统；⑤站内采暖保温及其他生产辅助系统等。

计量站的设计规模应根据油井配产而定，以管辖9~18口油、水井为宜。

3）计量站设计需要的参数

（1）所管辖的油井、注水井数，注水井的先期排液期限。

（2）油井单井产油量（单位为t/d）及油井含水上升曲线。

（3）油井产出液的气油比（单位为m^3/t）。

（4）动力液的注入量［单位为m^3/（h·井）］。

（5）油井产出液进站温度（单位为℃）。一般要求油井产出液进站的最低温度应高于原油凝点5℃。

（6）油井产出液进站压力（单位为MPa）。

（7）动力液进入计量站的温度（单位为℃）。

（8）动力液进入计量站的压力（单位为MPa）。

（9）油井产出液出站温度（单位为℃）。由油气混输到集中处理站的沿途温降计算得出，至少要保证油气混输至集中处理站温度高于原油凝点3℃。

（10）动力液出计量站的温度（单位为℃）。由动力液入井温度和管线温降计算而定。

（11）顶替高凝油的热水温度（单位为℃）。一般要求热水温度高于原油凝点10~15℃。

（12）顶替高凝油的热水压力（单位为MPa）。与此参数相关的因素较多，根据生产实践经验，一般要求热水压力为 1.6 ~ 2.0MPa 即可。

(13) 顶替高凝油的热水用量（单位为 m^3/h）。依据不同的管径计算得出。

(14) 高凝油的物性，包括密度、凝点、含水原油的黏 - 温曲线等。

(15) 原油伴生气的物性，包括相对密度、黏度、组分含量等。

(16) 油气混输进入集中处理站的最低压力（单位为 MPa）。

(17) 计量站距集中处理站的距离（单位为 km）。

(18) 油气混输管径（指计量站至集中处理站）（单位为 mm）。

4）计量站主要生产流程

(1) 正常生产流程。

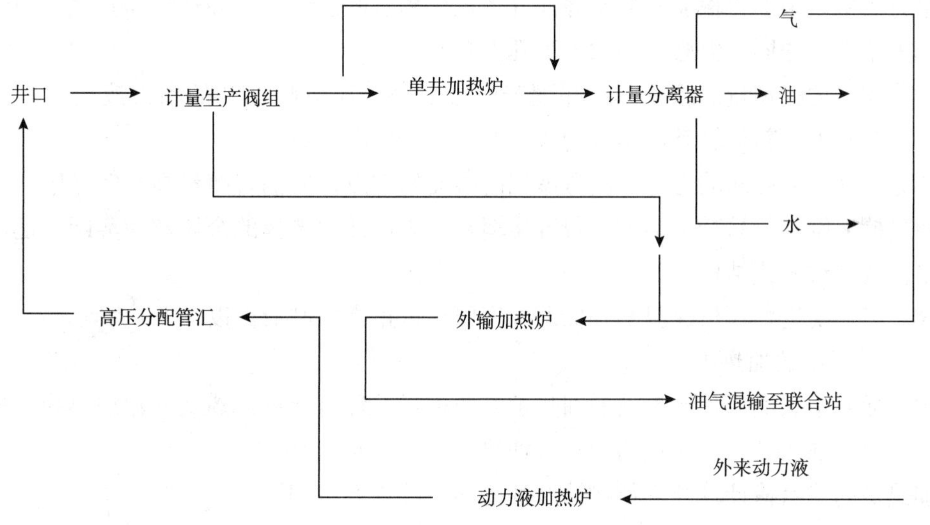

图 2-2-48 正常生产流程

单井井口采出的高凝油经计量生产阀组处理，又经单井加热炉加热，加热后的高凝油进入计量分离器进行分离，分离出的油外输至联合站；计量分离器分离出的天然气经外输加热炉加热后，外输至联合站；计量分离器分离出的水外输至联合站。外来的动力液经动力液加热炉加热后，进入高压分配管汇，分配动力液至各口单井（见图 2-2-48）。

(2) 热水顶替高凝油流程。

从注水间来的高压水经过节流减压，再经动力液加热炉加热后，进入生产计量阀组计量，之后利用集输管网将热水输至单井，携带热水的井口采出液利用油气混输管线输至集输系统，进行处理（见图 2-2-49）。

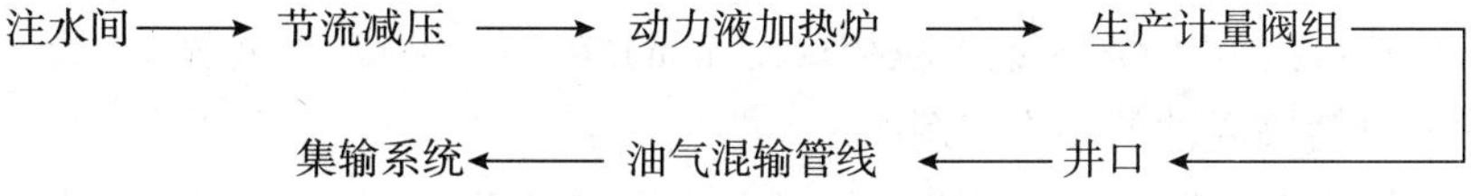

注水间 → 节流减压 → 动力液加热炉 → 生产计量阀组 → 井口 → 油气混输管线 → 集输系统

图 2-2-49 热水顶替高凝油流程

（3）计量暖管投产流程。

从水井来的水先进入水箱，经采暖水泵加热增压后进入计量阀组间，经计量后热水输至井口进行暖管处理，携带热水的井口采出液进入油气生产阀组进行处理（见图2-2-50）。

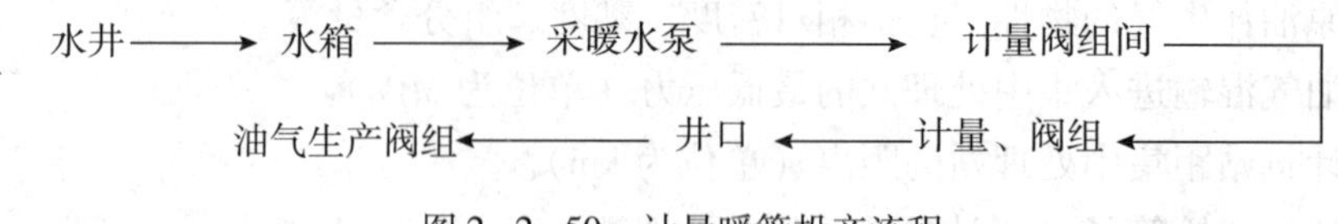

图2-2-50 计量暖管投产流程

5）计量站主要设备选择

（1）单井油气计量分离器。

水力活塞泵采油集输流程的单井油气计量分离器的设计计算和选择与其他原油的计算与选择方法基本相同，但必须注意下列几点：

①分离器的处理量。除按照油井配产的参数外，还应将油井的动力液注入量考虑进去，在此基础上重新核算其产出液的含水量、气油比等参数。

②分离器内捕雾网的选择。应考虑到高凝油的特点，原油含蜡量高，气体中携带的液滴在通过捕雾网时，易产生凝结，很容易堵塞常规设计中选择的金属丝捕雾网，建议采用多层格栅或波纹板式结构。

③分离器要进行伴热保温。外保温高度以超过正常控制液位以上1m为宜。

（2）计量站的加热炉。

水力活塞泵采油流程计量站的加热炉有两种：一种是计量加热或外输加热炉，另一种是高压动力液加热炉，均应选用间接式加热炉（水套炉）为宜。

加热炉的热负荷计算与其他物性原油的加热计算方法相同。

（3）高压动力液分配管汇。

高压动力液分配管汇（又称动力液定压、定量控制阀组）是保证高温、高压的动力液按各油井的实际需要，定量分配、计量的关键设备。在沈阳高凝油田建设初期，该设备得到成套引进，目前国内已有了针对高凝油的定型产品GGDZ－20型高压动力液分配管汇。通过生产实践验证，该产品能满足高凝油生产要求，其主要参数如下：

①主干管通径：50mm；

②流量变送器通径：20mm；

③工作压力：≤20MPa；

④工作温度：≤100℃；

⑤流量范围：1～10m^3/（h·井）；

⑥介质含砂量：≤0.5%（最大粒径≤0.1mm）。

（4）热水顶替高凝油的动力来源。

利用站内的热水顶替管线或设备中的高凝油能够保证计量站的安全生产。热水的来源有两个渠道：一个是利用注水系统的高压水，通过逐级减压，达到2.5MPa以下，再经过水套炉加热即可；另一个是将站内的热水采暖泵作为顶替水的来源，其中的一台备用泵扬程可选择在100~160m范围内。

6）计量站设计

（1）计量站的场区地坪应根据当地的自然地形、地貌、地下水位等情况，高于自然地坪0.4~0.6m。

（2）计量站宜采用撬装结构，场区的各种油、气、水管线应采用低架空形式。

（3）站内的所有高凝油管线，包括计量间内的天然气计量管线，均应采用电热带伴热并保温。保温材料可选择聚氨酯泡沫瓦块或岩棉管壳并现场包敷。保温层厚度应根据各种参数计算后选取，但一般不得小于30mm。

（4）单井油气计量间内天然气计量表的安装高度应高于油井计量时操作液位0.5m以上，宜选用速度式流量计。

（5）高压动力液分配间应设置不在同一方向的两个门，进入室内的高压动力液管线应在室外安装事故切断阀门，室内高压管线上不宜设置取样阀门或其他用途的接口。

（6）站内高凝油管线上的所有压力表的安装应尽可能使管咀距离减小，切断阀门中心至管线外壁，以保持在50mm为宜。

（7）高凝油管线上的取样阀应选用小口径的闸阀。

（8）高凝油热水顶替系统应在本站内自行完善，达到随时可以启动的状态，顶替水管线应与高凝油进站管线、高压动力液分配管线及油气混输至联合站的管线相连并设置止回阀门。

2. 闭式热水循环采油集输流程计量站设计

1）站址选择

计量站站址的选择与水力活塞泵采油集输计量站站址选择的要求相同。

2）计量站设计内容与规模

闭式热水循环集输流程计量站的设计主要包括下列内容：①单井油气计量；②油气混输至联合站的加热外输；③循环水的缓冲、除油、加热、加压、计量分配及回收；④污油回收、注水分配及洗井水回收；⑤配合站内生产的辅助装置，如值班间、配电间等。

计量站的设计规模应根据油井配产，以管辖9~18口油水井为宜。

3）计量站设计需要的参数

（1）管辖的油、水井数，对于丛式井包括多少个平台，每个平台的油、水井数。

（2）油井配产（单位为t/d）。

（3）油井产出液气油比（单位为m^3/t）。

（4）产出液进站温度（单位为℃）。

（5）单井热水循环量（单位为m^3/h）。

（6）热水入井温度（单位为℃）。

（7）热水入井压力（单位为MPa）。

（8）计量站距油井的平均距离和最大距离（单位为km）。

（9）循环水的损失量（单位为m^3/d）。循环水的损失主要是井下漏失和站上的蒸发与泄漏，根据生产运行经验，损失量可按全站外供循环水总量的3%~5%计量。

（10）补充水进站的温度（单位为℃）。

（11）油气混输进联合站的最低压力（单位为 MPa）。

（12）油气混输进联合站的最低温度（单位为℃）。

（13）计量站至联合站的距离（单位为 km）。

（14）计量站至联合站的油气混输管径（单位为 mm）。

（15）高凝油的物性，包括密度、凝点、原油含水（各种比例）的黏－温曲线。

（16）伴生气的物性，包括相对密度、黏度、组分含量等。

4）闭式热水循环采油集输流程计量站的主要流程

（1）正常生产流程。

联合站补充水进入热水缓冲罐，热水缓冲罐出水经循环泵增压后，进入热水加热炉加热，加热后的热水进入分配阀组，分配后进入油井，油井分出的回水进入热水缓冲罐。油井分出的油进入计量生产阀组，进入计量分离器分离后的高凝油和气进入外输加热炉加热，利用集输管线输送至联合站（见图2-2-51）。

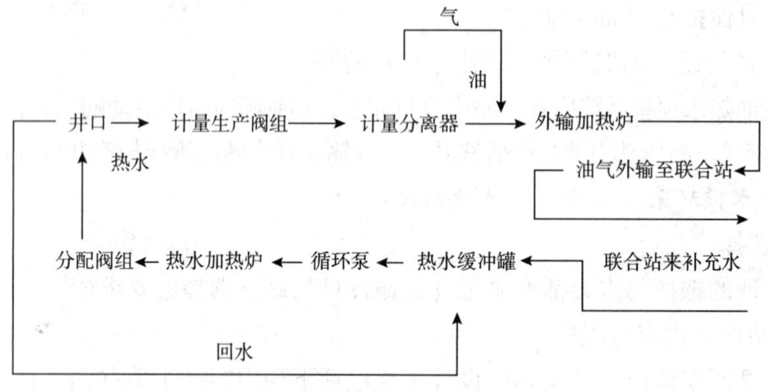

图2-2-51 正常生产流程

（2）热水顶替高凝油系统投产流程。

井口分离出的油水混合液进入计量生产阀组进行处理，分离出的高凝油进入油气生产系统，分离出的回水进入热水缓冲罐，缓冲罐的水经循环水泵增压，进入循环水分配间，分配后的热水注入井口（见图2-2-52）。

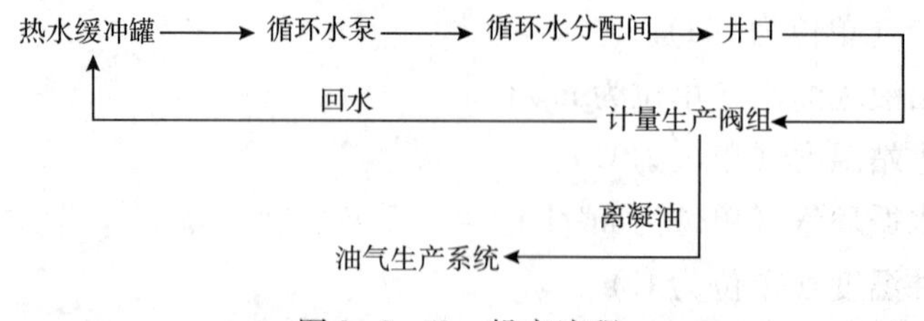

图2-2-52 投产流程

5）计量站有关计算及设备选择

（1）油气计量分离器。

闭式热水循环采油集输流程的单井油气计量分离器的计算、选择方法与常规采油的计量分离器的计算、选择方法相同。

（2）热水缓冲罐的容积计算。

热水缓冲罐具有对全站各油井循环热水进泵前的缓冲及回收热水中的携带污油的功能。缓冲罐容积按式（2-2-38）和式（2-2-39）计算：

$$V=V_1+V_2t+V_3 \tag{2-2-38}$$

$$V=fV_3t \tag{2-2-39}$$

式中 V——热水缓冲罐的总容积，m^3；

V_1——补充水量，m^3；

f——损失量系数，取0.03~0.05，无因次；

V_2——全站循环水量，m^3/h；

t——循环热水的缓冲时间，h，取0.5h；

V_3——污水中回收的污油体积，m^3，取1~1.5 m^3。

（3）热水循环泵的选择。

热水循环泵以选择多级离心式水泵为宜，如GC型锅炉给水泵。其流量及扬程按式（2-2-40）和式（2-2-41）进行计算：

$$Q=(1.1\sim1.2)V_2 \tag{2-2-40}$$

式中 Q——热水循环泵的流量参考值，m^3/h；

V_2——全站循环水量，m^3/h。

$$H=h_1+h_2+h_3+h_4 \tag{2-2-41}$$

式中 H——热水循环泵的扬程参考值，m；

h_1——站内摩阻损失，m，包括站内局部摩阻、流量计摩阻等；

h_2——计量站至油井的热水管线摩阻，m；

h_3——热水入井压力，m，由钻采工艺部门提供；

h_4——平台至计量站回水管线摩阻，m，选择各平台或单井的最大计算值。

（4）热水及油气混输加热计算。

与常规的计算方法相同，污水的比热值可参照清水选取。

（5）污油泵的选择。

由于热水入井存在漏失现象，因此循环水要携带少量的高凝油，高凝油在缓冲罐中聚集要设法进行回收，建议选用小型立式柱塞泵，一般以排量2~3m^3/h，压力1.6~2.5MPa为宜。

（6）热水流量计的选择。

热水流量计宜选择耐温100℃以下、耐油，具有瞬时及累计计量功能的速度式流量计。压力由热水循环系统压力确定。

6）计量站设计中应注意的问题

（1）循环热水的分配计量可单独设置，也可与油气计量间合建在一起。

（2）热回水计量可以与热水计量间安装在一起，也可单独设置在室外。

（3）站内采暖宜用循环热水代替，不另设单独的采暖泵、水罐或加热系统。

（4）循环回水进站管线应采用电热带伴热并保温，防止携带的高凝油堵塞管线。

（5）热水缓冲罐的污油收集仓除内设必要的内加热装置外，建议容器外部采用电热板伴热并保温。

（三）水力活塞泵采油动力液供给系统设计

本部分以高凝油田采用水力活塞泵采油工艺系统大循环为依据。动力液供给系统包括：动力液净化站设计、动力液增压站设计及相应的高低压管线设计。

1. 动力液净化站设计

1）动力液净化站的功能及作业内容

（1）净化站的功能。

通过本站对动力液的处理，使其在进入井下前满足井下水力活塞泵所需动力液的质量指标要求。

（2）净化站的作业内容。

动力液净化站的作业内容一般包括动力液的脱水、除砂、加热、分配（指分配到各动力液增压站）及辅助系统的供配电、给排水等内容。

2）设计原则

（1）对于以原油作为动力液的净化站，应与联合站合建或毗邻建设，以便统筹考虑电、热、水等能源，达到合理利用。

（2）对于单独建设的动力液净化站，应与系统中的动力液增压站或计量站合建，这样有利于节省占地面积，减少工程投资。

（3）动力液的净化脱水宜采用热化学沉降方法，可采用卧式重力脱水沉降装置，如采用立式沉降罐的方式，应设有油罐抽气装置，以减少油气蒸发损耗。

（4）处理后的动力液在分配到各动力液增压站前不宜加热，应充分利用动力液处理时的温度。

3）动力液净化站设计需要的参数

（1）净化站的处理规模，即该站每天外供动力液的总量（包括动力液在井下的漏失量）（单位为 m^3/d）。

（2）被处理的动力液进站的温度（单位为℃）。

（3）被处理的动力液进站的压力（单位为 MPa）。

（4）被处理的动力液进站的含水量（单位为%）。

（5）被处理的动力液进站的含砂量（单位为 kg/m^3）及固体颗粒的粒度分布情况。

（6）净化后的动力液含水指标（单位为%）。

（7）净化后的动力液含砂指标（单位为%）及最大允许固体颗粒粒径（单位为 μm）。

（8）动力液外供的距离（单位为 km）及供给的站数。

（9）要求外供动力液到达增压站的最低压力（单位为 MPa）。

（10）要求外供动力液到达增压站的最低温度（单位为℃）。

（11）动力液外供的管道直径（单位为 mm）及保温结构。

4）有关参数说明

（1）对于净化后的动力液含砂指标或机械杂质的粒径，在国内有关资料中尚无定量要求，仅介绍了一个含量的要求，即含量要求小于0.02%；在国外有关手册中有介绍，即对于*API* 30°~40°的原油，杂质含量为10~15mg/kg。

（2）将原油作为动力液，为达到沉砂的要求，除必要的温度外，应控制原油在沉降过程中的上升速度为0.3~0.6m/h。

（3）由于井下水力活塞泵的容积效率所致，动力液在井下的漏失量为每口井单位时间内注入量的10%~20%。

（4）对于采用从离心泵到柱塞泵串联供液方式的流程，供液泵要经过专门的计算选择。

5）动力液净化站设计要点

（1）动力液净化站应采用密闭流程。对于处理规模较小的动力液净化站可以采用压力脱水沉砂、缓冲等密闭装置；对于处理量较大的动力液净化站，为满足脱水及沉砂要求，可采用立式沉降罐，此时应设置油罐的抽气装置或事先进行动力液稳定。

（2）经处理后合格的动力液，在进泵之前要进入一个缓冲时间为8~10h的缓冲容器，然后再进入供液泵。

（3）动力液供液泵应选用离心式油泵，油泵台数以2台工作、1台备用为宜。

2. 动力液增压站设计

1）动力液增压站的功能及作业内容

（1）动力液增压站的功能是通过该站将处理合格的动力液利用离心泵或柱塞泵增压，以达到采油工艺所要求的动力液入井压力的要求。

（2）动力液增压站的作业内容包括：①供液站供给的动力液缓冲；②进入增压泵前的灌注（正压进入增压泵）；③动力液的增压或加热；④向各井站或油井的分配计算；⑤增压泵泄漏污油的回收与处理其他生产辅助装置，如供配电、采暖、供热、仪表控制装置等。

2）设计原则

（1）动力液增压站应尽量靠近油井，使外供的高压动力液管线最短，有利于节省材料。

（2）动力液增压站管辖的油井数量应适中，规模不宜太大，一般一座动力液增压站最多管辖30~40口油井为宜。

（3）动力液增压站的供电、供热、污油处理等要与油田的系统工程综合考虑，做到能量利用合理，应与计量站合建。

（4）动力液增压泵应选择可靠、耐用的产品，对于新产品一定要经过事先的现场实验，取得认证后方可正式采用。

（5）动力液增压站要有可靠的双电源，通信设施要求迅速、敏捷，有切实的保障。

3）动力液增压站设计的基本参数

（1）本站管辖的油井数及单位时间内每口油井的动力液注入量（单位为 m^3/h）。

（2）供给的动力液进站的温度（单位为℃）。

（3）供给的动力液进站的压力（单位为 MPa）。

（4）系统中提供的电源电压（单位为 V）。

（5）动力液入井的压力（单位为 MPa）。

（6）对直接供给到油井的，要提供入井的温度（单位为℃）。

（7）高压动力液外供的最远距离（动力液增压站到油井）（单位为 km）。

4）动力液增压站的有关计算

（1）增压站规模的确定。

$$G = 24fWQ\varphi \tag{2-2-42}$$

式中 G——动力液增压站的规模，m^3/d；

f——波动系数，无因次，取 1.2；

W——管辖的油井数；

Q——每口井的动力液需要量，m^3/h；

φ——油井利用系数，无因次，取 0.95。

（2）动力液增压泵台数的确定。

$$N = \frac{G}{24rV} \tag{2-2-43}$$

式中 N——增压泵的台数，取整数（第 1 位小数≥3 时应进 1）；

r——增压站的利用率，对于离心泵 $r=0.8$，对于柱塞泵 $r=0.7$；

V——单台增压泵的排量，m^3/h。

（3）动力液进入增压泵具有的最低压力。

动力液增压泵一般要求液体正压进泵，以离心泵作为增压泵，一般要求液体入泵的剩余压头为 0.1～0.4MPa；以柱塞泵作为增压泵的液体剩余压头不仅与管道摩阻和增压泵自身要求的入口压力有关，还需要计算泵吸入管线的惯性水头损失。即：

$$P = h_z + h_x + h_G \tag{2-2-44}$$

式中 P——增压泵入口液体的剩余压头，m；

h_z——增压泵自身需要的液体入泵的最低压头，m；

h_x——泵吸入管线的局部摩阻，m；

h_G——泵吸入管线的惯性水头损失，m。

$$h_G = \frac{LVnC}{gk} \tag{2-2-45}$$

式中 L——吸入管线的长度，指泵入口到吸入管线的距离，m；

V——液体在吸入管线内的平均流速，m/s；

n——柱塞泵的往复次数，次/分；

C——与泵结构有关的系数，无因次，对于三缸单作用或双作用的泵 $C=0.066$，对于五缸单作用或双作用的泵 $C=0.04$；

g——重力加速度，取 $9.8\mathrm{m/s^2}$；

k——流体系数，对于水 $k=1.4$，石油 $k=2.5$，其他烃类流体 $k=2.0$。

（4）增压泵进出口管线的振动计算。

管线振动计算比较复杂，一般要求用计算机按照一定的计算程序进行。对于不同的液体和安装条件，计算程序也不同，本书在此只作一般介绍。

①计算吸入管道的固有频率和振型，计算方法可查阅相关参考书。

计算往复泵的激发频率：

$$f_e=\frac{mn}{60} \tag{2-2-46}$$

式中 f_e——往复泵自身的激发频率，Hz；

m——泵作用方式系数，双作用泵 $m=2$，单作用泵 $m=1$；

n——柱塞泵的工作转速，r/min。

②判断管线是否会产生共振。

利用计算的吸入管道的固有频率与往复泵自激频率的比值 λ。当 $\lambda<0.8$ 或 $\lambda>1.2$ 时，即认为吸入管道不会发生危害性的振动；当 $0.8<\lambda<1.2$ 时，就要重新调整管线的安装形式、固定支座尺寸或改变吸入管线规格。

5）动力液增压站设计

（1）动力液泵房的设计应有比常规的离心泵房稍大一些的空间，配备能起吊增压泵最大单件重的移动式吊车，用柱塞泵时要配备隔音罩。

（2）动力液增压泵的台数按照增压站的供液规模设计选择，以6～8台为宜，一般不要超过10台，柱塞泵的备用台数与泵的运转台数之比取0.4为宜。

（3）当增压泵采用室内安装时，每台泵的进出口管线应在室外安装相应的切断阀门，以备突发事故发生时迅速切断动力液来源。

（4）增压泵的进、出口管线及汇管宜采用地面敷设，管线支墩应全部采用固定支墩。

（5）以柱塞泵为增压泵的进出管线均安装稳压器（蓄能器），安装的地点距泵的进、出口管嘴1～1.5m为宜。对于高凝油，应选择皮囊式稳压器，禁止选用迷宫式稳压器。

（6）增压泵的吸入管线的设计应遵循“短而直”的原则，尽可能减少不必要的弯曲、转向和标高的变化，必须有的弯头连接及转向应采用曲率半径较大的弯头，一般要求 $R>2DN$ 为宜。

（7）当采用5台以上的增压泵进行并联安装时，应采用分组设置进出管线汇管的方式，并分别设置连通阀门。各泵吸入管线的截面积至少要等于或大于泵吸入管嘴的公称直径，吸入汇管的截面积要大于各支管线截面积之和的2～2.5倍。

（8）将柱塞泵作为增压泵的吸入支管时，不宜安装固定式过滤器，为防止初投产时管线污物（焊渣、锈垢等）进入泵内，应安装临时性过滤器，待系统投产运行正常后可拆除。

(9) 增压泵的出口管线设计应遵循“短而直”的原则，需要转向、弯曲之处也应采用较大曲率半径（$R>4DN$）的弯头。各泵出口支管与汇管的连接不宜采用90°弯头，有条件的应采用45°弯头的连接方式。

(10) 如采用高凝油作为动力液，应分别在进出口管嘴与第一个截断阀之间安装热水顶替支管及阀门，当增压泵停运或再启动时，应首先用热水顶替或预热。

(11) 增压泵进、出口所有管线的固定应采用管卡式的固定方式，管线的管托应采用松木或用其他隔振材料代替，在管卡与管线外壁之间垫至少10mm厚的胶皮或其他隔振材料。固定管卡与管线安装方式如图2-2-53所示。

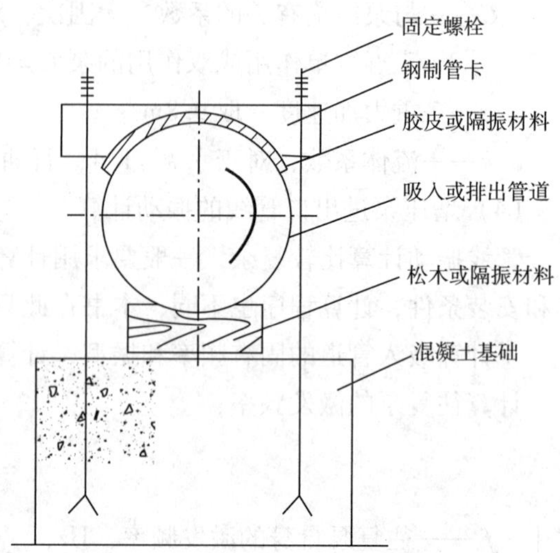

图2-2-53 固定管卡与管道安装方式

(12) 所有采用高凝油作为动力液的管线均应地上架空敷设并采用电热带伴热保温。

3. 动力液供给系统从离心泵到柱塞泵串联供液设计

1) 流程简述

为保证动力液增压泵正常工作，通常采用液体正压入泵的方式，对于柱塞泵尤为重要。因此，在以往的设计中，都将灌注泵与柱塞泵相邻设置。如果一个水力活塞泵采油系统由两个以上的增压站组成，这就需要分别在各站设置灌注泵及动力液缓冲罐。本流程设计就是为解决在水力活塞泵采油系统中，每一个动力液增压站都分别建设增压泵及缓冲罐所引起的操作控制和增加建设投资的问题，利用动力液净化站的供液泵（离心泵），通过供液管线，直接将处理合格的动力液供至增压泵入口，实现从离心泵到柱塞泵的串联供液，以节省各增压站的灌注泵及缓冲罐。这一流程已在生产实践中运行多年，事实证明比较成功。动力液系统串联供液流程如图2-2-54所示。

2) 流程设计的关键

(1) 系统中至少包含两座增压站，并且两座动力液增压站与供液站距离相差不大。

(2) 必须已知增压泵入口允许液体具有的最低和最高剩余压力，此参数从生产制造厂家获得。

3) 有关从离心泵到柱塞泵串联供液的设计计算

(1) 基础数据。

①各动力液增压站的单位时间供液量：Q_1、Q_2、…、Q_n（单位为m^3/s）。

②供液站各增压站的动力液输送管径：D_1、D_2、…、D_n（单位为m）。

③供液站到各增压站动力液输送管线长度：L_1、L_2、…、L_n（单位为m）。

④动力液在输送平均温度下的黏度：ν（单位为m^2/s）。

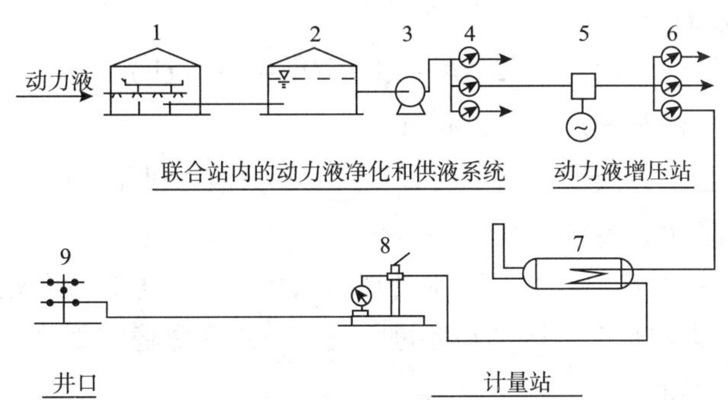

图 2-2-54　动力液系统串联供液流程

1—动力液净化罐；2—动力液缓冲罐；3—动力液灌注泵；4—动力液分配流量计；5—动力液增压泵；6—高压动力液流量计；7—高压动力液加热炉；8—高压动力液分配管汇；9—井口

(2) 系统水力计算。

$$h_i = \beta_i \frac{Q_t^{2-m} \nu_t^m}{D_t^{5-m}} L \tag{2-2-47}$$

式中　h_i——供液站到某增压站的沿程摩阻，m；

m、β_i——由流态所决定的系数，无因次；

ν——动力黏度，m^2/s；

Q_t——某动力液增压站的单位时间供液量，m^3/s；

D_t——供液站到某动力液增压站管线的管径，m；

L——供液站到某动力液增压站管线的长度，m，其中包括进出站局部水力损失、惯性水头损失等折算成的当量长度。

(3) 确定供液离心泵的扬程。

①在计算出的 h_1、h_2、…、h_i 中选取数值最大的 h_{max}。

②计算：

$$H_1 \geqslant h_{max} + H_{01} \tag{2-2-48}$$

式中　H_1——供液泵扬程的参考值，m；

h_{max}——供液站到增压站的最大管线摩阻，m；

H_{01}——增压泵所需的最小入口压头，m。

③在计算出的 h_1、h_2、…、h_i 中选取数值最小的 h_{min}。

④计算：

$$H_2 \leqslant h_{min} + H_{02} \tag{2-2-49}$$

式中　H_2——供液泵扬程的参考值，m；

h_{min}——供液站到增压站的最小管线摩阻，m；

H_{02}——增压泵所需的最大入口压头，m。

⑤确定供液泵的扬程范围。根据式（2-2-48）和式（2-2-49）的结果，分别以 H_1、H_2 作为上、下限，选择出离心泵（供液泵）的扬程，使该泵的扬程在 $H_1 \sim H_2$ 之间即可。

（4）确定供液泵的排量。

$$Q = 1.2(Q_1 + Q_2 + Q_3 + \cdots + Q_t) \quad (2-2-50)$$

式中 Q——供液泵的总排量，m^3/h；

Q_1、Q_2、…、Q_t——各动力液增压站单位时间内的动力液外供量，m^3/h。

（四）高凝油脱水转油站设计

高凝油脱水转油站通常与注水、污水处理、供水、变电等装置合建在一起，组成联合站。将油井经计量站集输来的高凝油在此进行脱气、脱水及稳定处理，达到合格原油的指标后输往外输首站或炼油厂。

高凝油脱水转油站的设计与稀油、稠油的联合站设计内容相近，在此不做过多重复介绍，只将在高凝油脱水转油站设计中应注意的问题列出：

（1）站内输送高凝油、伴生气、含油污水的管线宜采用高架形式，有利于生产运行的维护、检查及事故处理。

（2）原油、伴生气及含油污水管线宜采用电热带伴热，并用导热系数小、成型好、耐温150℃以上的保温材料进行保温。

（3）站内原油处理的温度应高于原油凝点3～5℃，使高凝油始终处于较好的流动状态。

（4）站内应设计一套能采用热污水顶替原油管线及运转设备中的高凝油的辅助生产流程，以满足全站热运投产及处理全站生产中出现的突发事故。

（5）脱水转油站的投产应采用预热暖管方式，预热温度可控制在低于原油凝点5℃，或接近原油凝点。

（6）油气处理、污水处理的流程设计与安装应尽可能少设置死油段和间歇操作的流程，各种非标准设备（如立式或卧式的分离器、脱水器、污水器、污油罐等）的液位、测压等接口应有隔离液或采用其他方式和取样方法，防止高凝油进入取样口发生凝固。

（7）高凝油油气分离及脱水可采用高效组合型设备，但要根据油品物性筛选出适应的破乳剂，通过计算优选内部构件。

七、高凝油油气集输辅助工艺计算

（一）热水顶替高凝油用水量估算

1. 基本参数

（1）顶替水温度为70～80℃。

（2）顶替水压力小于或等于2.5MPa。

（3）顶替水水质可以是清水或含油污水。

2. 顶替高凝油用水量

顶替高凝油用水量可由式（2-2-51）计算：

$$g_m = (2 \sim 2.5)V/t \quad (2-2-51)$$

式中 g_m——顶替水的用量，m^3/h；

V——被顶替高凝油的管道容积，m^3；

t——管道中高凝油从停输到开始初凝时允许停输的最长时间，h，由于管道直径不同，其允许停输最长时间也不同（见表2-2-11）。

表2-2-11　高凝油管道允许停输的最长时间

DN/mm		≤100	≤200	≤300	≤400	备　注
允许停输的最长时间/h	埋地管线	1～2	2～3	3～4	4～6	埋地或地上管线均采用保温
	地上管线	1	2	2～3	3～4	

（二）高凝油管道电热解堵参数计算

1. 计算公式

高凝油输送管线在生产运行中应特别注意的是防止发生凝管事故，如果由于生产管理不慎或其他自然灾害造成了管线停输凝管，应采用电热解堵方法恢复管线的正常运行，电热解堵的有关计算如下：

$$\varphi = \pi \frac{t - t_a}{R_r} D_0 \tag{2-2-52}$$

式中　φ——每米输油管道的散热量，W/m；

t——管线解堵需达到的温度，℃，一般高于原油凝点5～10℃；

t_a——管线周围的环境温度，℃；

D_0——输油管道保温层外径，m；

R_r——输油管道的总热阻，$m^2 \cdot ℃/W$，可查阅有关传热计算的参考书及图表。

2. 解堵所需的工作电流计算

$$I = \sqrt{\frac{q}{R_f}} \tag{2-2-53}$$

式中　I——解堵装置的工作电流，A；

q——解堵装置供给的热量，W/m。

$$q = F\varphi \tag{2-2-54}$$

式中　F——系数，取2～2.5，无因次；

R_f——钢管的交流电阻，Ω/m；可查阅有关参考书或图表。

3. 钢管的总电压计算

$$V_j = IZ_g \tag{2-2-55}$$

式中　V_j——钢管（管线）的总电压，V；

I——解堵工作电流，A；

Z_g——钢管（管线）的总阻抗，Ω，可查阅有关参考书或图表。

4. 解堵时间估算

高凝油管线解堵时间的长短除与装置的工作电流密切相关外，还与管线的保温结构、周围的环境温度、原油物性等有关。下面的计算方法仅是一个经验时间的估算。

$$T = H/(q_t - \varphi) \tag{2-2-56}$$

$$q_t = q_1 + q_2 + q_3 \tag{2-2-57}$$

$$q_1 = \frac{1}{3600} m_v C_v \Delta t_1 \tag{2-2-58}$$

$$q_2 = \frac{1}{3600} m_0 C_0 \Delta t_2 f_0 \tag{2-2-59}$$

$$q_3 = \frac{1}{3600} m_w C_w \Delta t_3 \tag{2-2-60}$$

式中 T——管线解堵的估算时间，h；

H——管线升温所需的总热量，W·h/m；

q_t——解堵装置供给的热量，W·h/m；

φ——每米输油管道的散热量，W·h/m；

q_1——钢管升温所需的热量，W·h/m；

q_2——管道中原油升温所需的热量，W·h/m；

q_3——管道内含水原油升温所需的热量，W·h/m；

m_v——单位长度钢管的质量，kg/m；

C_v——钢的比热容，J/（kg·K）；

Δt_1——管线解堵温度与管道环境温度之差，℃；

m_0——每米管道所含原油的质量，kg/m；

C_0——原油的比热容，J/（kg·K）；

Δt_2——管道内原油凝固温度与解堵温度之差，℃；

f_0——原油的熔化系数，无因次，对高凝油可取0.2～0.5；

m_w——每米管道内所含水的质量，kg/m；

C_w——水的比热容，J/（kg·K）；

Δt_3——管道内原油含水的温度与解堵温度之差，℃。

5. 一次解堵的最大长度估算

$$L_1 = \frac{V}{V_j} \tag{2-2-61}$$

式中 L_1——一次解堵的最大长度，km；

V——解堵装置的电源电压，V；

V_j——钢管（管线）的总电压，V。

（三）电伴热的选择及计算

电伴热是国内各油田从20世纪80年代起逐步推广的方法，由于电热带具有发热均匀、节省能源、不污染环境、易于实现自动控制和方便施工与管理等众多的优点，因而在国内各油田中得到了广泛的应用。

1. 电伴热系统设计的内容

1）电伴热系统的组成

（1）电热带。用于平行或缠绕敷设于管壁上的主要发热元件，目前国内外生产的电热带主要有自限式电热带和恒功率式电热带两种。

（2）电源接线盒。用于电源电缆与电热带连接的部件。通常被固定在管道上，一般有防爆或非防爆、单向输出和双向输出之分。

（3）中间接线盒。用于电热带与电热带连接的部件，有直通式中间接线盒和三通式中间接线盒两种。

（4）终端接线盒。用于电热带的末端，使电热带的断口与外界可靠绝缘。

（5）温度控制器。用于人为控制管线中被加热介质的温度，可在规定的范围内任意设定管道需要的温度值。

此外，还有配电箱、铝胶带、喉卡等辅助零部件。

2）电伴热的基本计算

在进行电伴热的计算前，应首先已知被伴热管道的工作温度、管道内介质必须维持的最低温度、管道的直径、保温材料及其厚度等一些基本条件，在此基础上，可按如下步骤进行计算：

（1）计算温度差。

$$\Delta t = t_m - t_a \tag{2-2-62}$$

式中　Δt——管道的最低维持温度与周围环境的温度差，℃；

t_m——管道内介质必须维持的最低温度，℃；

t_a——管道安装场地环境的最低温度，℃。

（2）计算管道的散热量。

根据管道的直径、保温层厚度、计算的温度差等条件查表2-2-12，得出每米管长管道的散热量，然后再根据选用的保温材料将已查出的数值乘以表2-2-13的保温材料修正系数进行数值修正，得出按实际保温材料数值修正后计算的管道散热量。

管道中的阀门是必不可少的，阀门的散热量不容忽视。通常，闸阀、截止阀的散热量是与其连接单位管长散热量的1.22倍，球阀是与其连接单位管长的0.7倍。

将管道的散热量与阀门等的散热量相加，即得出单位长度管道的最终散热量（单位为W·h/m）。

3）电热带的型号及回路长度的选择

在进行此项工作前，要已知管道内介质的连续性操作最高温度、管道内偶发性操作温度（如热水顶替高凝油、蒸汽扫线等）、外界的供电电压、安装场地周围的环境条件等。

（1）根据管道内介质的连续性操作最高温度或偶发性最高温度选择电热带的类型，主要指的是电热带的耐热温度。

（2）根据管道安装场地的周围环境选择电热带及附件的结构并确定是否需要防爆及要屏蔽层或其他保护层。

表 2-2-12　单位长度管道散热量

保温厚度/mm	温差/℃	管道大小													
		内径/mm	49	50	65	80	100	150	200	250	300	340	400	500	600
		外径/mm	58	60	76	89	114	158	219	273	383	377	426	529	630
30	20		6.1	7.1	8.1	9.5	11.6	15.9	20.1	24.4	28.5	31.0	35.1	44.2	5.3
	30		9.2	10.8	12.4	14.1	17.6	24.3	30.3	37.1	13.3	47.2	52.8	65.8	78.2
	40		12.5	14.6	16.8	19.5	23.8	32.8	41.3	30.2	68.6	68.8	72.2	88.9	106.6
	60		19.2	22.5	25.5	30.0	36.6	50.5	63.6	73.4	90.4	38.4	111.1	137.1	168.9
	80		26.4	30.8	35.5	11.2	50.3	69.1	87.3	106.3	121.0	135.1	158.9	188.3	223.6
	100		31.1	39.8	15.8	53.2	65.9	89.7	118.8	137.8	166.2	184.5	197.4	243.1	288.7
	120		48.2	49.3	56.2	55.9	86.1	111.5	189.6	169.8	198.3	236.1	244.1	301.0	357.8
	140		59.8	39.4	68.3	79.3	96.8	133.5	168.0	204.4	238.6	239.5	294.6	362.1	130.1
	160		59.8	69.9	80.4	93.3	113.9	159.2	197.7	240.6	280.8	306.0	346.1	426.3	346.2
	180		69.2	50.9	93.4	108.1	131.9	182.3	228.9	278.6	325.2	354.2	400.7	193.5	586.2
40	20		6.0	5.8	6.6	7.6	9.2	12.6	15.7	19.0	22.1	14.0	27.1	33.3	39.4
	30		7.7	8.9	10.1	11.6	14.2	19.1	23.9	28.9	33.6	36.6	41.3	50.6	60.0
	40		10.4	12.0	13.7	15.7	19.0	25.9	32.3	39.1	48.3	49.4	55.8	68.8	81.1
	60		16.0	18.5	21.1	24.3	29.3	39.9	49.8	60.3	70.1	76.2	86.0	105.6	125.1
	80		21.9	25.4	28.9	33.3	10.2	54.8	68.4	82.7	96.2	104.6	118.1	144.9	171.7
	100		28.3	82.8	37.3	43.0	52.0	70.8	86.3	106.8	124.2	135.1	158.1	187.1	221.7
	120		35.1	49.6	46.2	63.3	64.4	87.6	109.3	132.8	153.8	167.3	188.8	231.7	271.5
	140		42.2	48.8	53.6	61.1	77.4	105.4	131.5	159.1	183.1	201.2	227.1	278.7	330.2
	160		49.7	57.4	63.5	75.4	91.1	124.1	154.8	187.3	217.9	236.9	267.4	328.1	388.5
	180		57.5	66.5	75.8	87.3	105.5	143.7	179.3	216.9	252.2	274.3	309.5	379.9	159.1

续表

保温厚度/mm	温差/℃	管道大小												
		内径/mm	49	50	65	80	100	150	200	250	300	340	400	500	600
		外径/mm	58	60	76	89	114	158	219	273	383	377	426	529	630
50	20		4.4	5.0	5.2	6.3	7.8	10.5	13.1	15.7	18.2	19.8	22.3	27.2	32.2
	30		5.7	7.7	8.1	9.9	11.9	16.0	19.9	23.9	27.7	30.1	33.9	41.4	48.5
	40		9.1	10.4	11.8	19.4	15.1	21.7	26.9	32.3	37.3	40.7	45.8	68.0	66.2
	60		14.0	16.0	18.1	20.7	24.8	23.4	41.4	49.9	57.8	62.7	70.6	86.3	102.1
	80		19.1	22.0	21.9	28.5	34.1	45.9	56.8	68.4	79.3	86.1	96.9	118.3	140.1
	100		24.7	28.4	32.1	36.7	44.0	58.2	73.4	88.3	102.4	111.1	125.1	153.0	180.9
	120		30.6	35.1	35.8	45.5	54.5	78.3	90.9	109.4	126.8	137.6	164.9	189.5	224.0
	140		36.8	42.3	47.9	54.7	35.6	88.2	109.3	131.6	152.5	165.5	186.4	227.9	269.4
	160		43.4	49.8	56.3	64.4	77.2	108.9	128.7	154.9	179.5	191.9	219.1	268.3	317.2
	180		50.2	57.6	63.2	74.6	89.4	120.3	149.0	179.4	207.9	226.6	264.0	316.7	367.2
80	20		3.4	4.8	4.3	4.8	5.7	7.1	9.0	10.8	12.3	13.3	14.9	18.0	22.1
	30		5.2	5.8	6.3	7.3	8.6	12.3	13.7	16.3	18.7	26.2	22.6	27.1	22.1
	40		7.0	7.0	8.8	9.9	11.6	15.2	18.5	22.0	25.3	27.3	30.6	37.0	15.0
	60		10.3	12.1	13.5	15.3	17.9	23.5	28.6	34.0	39.0	42.1	17.1	37.1	67.0
	80		11.8	16.6	18.6	20.9	24.6	42.2	39.2	14.6	38.3	32.8	41.7	78.3	42
	100		19.1	21.5	24.0	27.0	31.8	41.6	50.6	65.2	69.1	71.6	83.6	101.2	118.8
	120		23.6	29.6	29.7	33.3	39.3	51.5	62.7	71.8	85.5	92.1	103.4	125.8	117.1
	140		28.4	32.0	35.7	40.8	47.3	61.9	75.1	89.6	102.9	118.2	124.4	150.7	279.9
	160		33.1	37.7	12.1	17.4	55.7	72.9	88.8	105.2	121.1	130.9	116.1	146.1	209.9
	180		38.7	13.7	18.7	54.9	64.5	81.4	102.8	122.2	139.3	154.5	169.3	204.1	211.2

注：表中散热量计算基于如下基本条件：

1 保温材料：玻璃纤维。

2 管道材料：金属。

3 管道设置：室外、风速 8.5m/s。

表 2-2-13 保温材料修正数

保湿材料	保温系数（f）	导热系数（10℃时）/［W/（m·K）］
玻璃纤维	1.00	0.036
岩棉（管壳）	1.22	0.044
矿渣棉	1.11	0.04
珍珠岩	1.31	0.047
聚氨酯泡沫塑料	0.67	0.024
聚苯乙烯泡沫塑料	0.86	0.031
硅酸钙	1.50	0.054
石棉绳	1.83	0.066

（3）根据供电电压或电热带的最大供电长度选择电热带的电压等级。

（4）根据计算出的管道单位长度的散热量（q_1）选择电热带的具体型号，要保证单位长度电热带的释放热量（q_2）（在连续性操作最高温度下）大于管道单位长度的散热量。

4）确定电热带的长度（L）

（1）如果单位长度电热带在管线连续性最高温度下释放的热量足以补偿单位长度管道在同一温度下的散热量，电热带的长度与管线长度相同。

（2）如果电热带的放热量不能补偿管道的散热损失，就应采用缠绕法或者增加电热带根数平行敷设的方法，使单位长度管道的热损失小于管道上所缠电热带的释放热量。

当采用缠绕法安装时，要先求出单位长度管道热损失与单位长度电热带的发热额定值的比值，然后用比值乘以管道的长度即得出所需的电热带长度。即：

$$L = L_0 \frac{q_1}{q_2} \tag{2-2-63}$$

式中 L——所需电热带长度，m；

L_0——被保温的管道长度，m；

q_1——单位长度管道热损失，W·h/m；

q_2——单位长度电热带发热额定值，W·h/m。

（3）阀门及管托所用电热带长度的确定。管道上每一个阀门需要的电热带长度为相应管径的 5～10 倍。管道上每一个管托所需的电热带长度为相应管径的 3～5 倍。

（4）在每一个电热带回路中，要经过上述计算得出电热带的总长度后，再预留 1m 长度作为电源接线之用。

（5）根据上述（1）～（4）内容，将电热带的总数相加，即为一个回路中所需电热带的总长度。

5）电热带回路的确定

电热带的回路是指一个电源点所能承载多少电热带的电负荷。这主要取决于所选用电热带型号的最大使用长度。电热带的使用长度一般在样本中已注明。例如，二相的恒功率电热带一般在一个回路中使用长度为60～200m，三相的恒功率电热带可达110～220m。因此，在电热带的设计中，应按电热带的使用长度及具体的安装工艺和现场条件，合理选择电热带的电源点，往往在一个工艺装置中，设置多个电源点即组成多个回路，以满足管线伴热保温的需要。

2. 容器罐体散热量的计算

首先应计算容器罐体的表面积，并根据保温层材料、厚度和介质所需的维持温度，查表2-2-14可知每平方米热耗散量，再通过计算，就能得到容器、罐体所需的总热耗散量q_r。

$$q_r = 1.2 q_B S \qquad (2-2-64)$$

式中 1.2——系数；

q_B——每平方米热耗散量，W·h/m²；

S——容器或罐体的表面积，m²。

表 2-2-14 罐体容器热耗散量

保温材料	厚度/mm	维持温度/℃												条件
		5	10	20	30	40	50	60	70	80	90	100	120	
聚氨酯	38	22.31	25.08	30.70	36.77	43.02	49.55	56.38	63.52	70.98	78.77	86.91	104.18	最低环境温度：温度 -40℃
	50	17.25	19.80	23.81	28.43	33.27	38.32	43.61	49.14	54.19	60.95	67.20	80.63	
	75	11.71	18.16	18.16	19.30	22.58	26.02	29.61	33.37	37.29	41.39	45.68	54.82	
	100	8.86	9.95	12.23	14.61	17.09	19.69	22.41	25.29	28.25	31.36	34.60	41.51	
	125	7.14	8.02	9.85	11.76	13.77	18.86	18.05	20.34	22.73	25.24	27.85	33.43	
	150	5.96	6.70	8.23	9.84	11.52	13.27	15.10	17.02	19.02	21.11	23.30	27.97	
矿渣棉	38	35.01	4.15	48.79	57.77	66.69	75.39	86.02	95.92	106.08	116.63	127.38	149.77	
	50	28.07	31.39	38.14	45.08	52.20	59.62	67.14	74.87	82.81	91.05	99.46	116.97	
	75	19.27	21.54	26.18	30.95	35.90	40.93	46.10	51.41	66.78	62.49	68.31	80.36	
	100	14.64	16.13	12.97	23.60	27.33	31.16	35.09	39.17	43.37	46.65	52.05	61.24	
	125	11.86	13.26	16.12	19.05	22.06	25.16	28.38	31.66	35.02	36.48	42.03	19.45	
	180	9.92	11.09	13.53	19.99	18.52	21.12	23.79	26.53	29.35	32.25	35.23	41.45	
玻璃纤维	38	44.14	49.32	59.95	70.83	81.81	93.19	104.51	116.36	128.34	140.42	152.71	178.08	
	50	34.65	38.72	47.16	55.62	64.25	73.19	82.17	91.32	100.74	110.23	120.01	139.86	
	75	28.99	26.81	32.52	38.44	44.49	50.59	56.81	63.14	69.59	76.23	82.93	96.76	
	100	18.34	20.49	24.86	29.38	34.01	38.67	43.43	48.27	53.21	58.24	63.41	73.93	
	125	14.83	16.57	20.18	23.80	27.50	31.27	35.12	39.11	43.11	47.19	51.34	59.86	
	150	12.51	13.97	16.96	20.00	23.11	26.28	29.51	32.81	36.17	39.62	43.11	50.26	风速 15m/s
硅酸钙	38	52.62	59.00	72.38	85.96	99.95	114.59	129.45	114.73	160.56	176.68	193.21	227.48	
	50	41.63	46.69	57.07	67.92	79.01	90.59	102.37	114.49	126.94	139.72	152.84	180.06	
	75	28.95	32.47	39.77	47.34	55.08	63.06	71.28	79.74	88.44	97.38	106.55	125.61	
	100	22.26	24.97	30.53	36.28	42.31	48.34	64.74	61.24	67.93	74.81	81.87	96.54	
	125	18.02	20.22	24.72	29.43	34.81	39.29	44.42	49.70	55.13	60.72	66.45	78.38	
	150	15.16	17.00	20.87	24.80	28.86	33.05	37.37	41.81	46.39	51.08	75.92	65.90	

续表

保温材料	厚度/mm	维持温度/℃												条件	最低环境温度
		5	10	20	30	40	50	60	70	80	90	100	120		
聚氨酯	38	7. 87	10. 61	16. 30	22. 35	28. 61	35. 17	42. 04	49. 23	56. 83	64. 70	72. 86	90. 31	温度 -10℃ 风速 15m/s	
	50	6. 04	8. 22	12. 62	17. 80	22. 16	27. 24	32. 56	38. 13	44. 03	50. 13	56. 46	70. 06		
	75	4. 14	5. 58	8. 58	11. 80	15. 06	18. 55	22. 18	25. 97	29. 94	34. 16	35. 44	47. 71		
	100	3. 12	4. 21	6. 52	8. 91	11. 45	14. 07	16. 83	19. 71	22. 72	25. 87	29. 17	36. 20		
	125	2. 51	3. 43	5. 27	7. 20	9. 22	11. 34	13. 56	16. 88	18. 31	20. 35	23. 47	20. 14		
	150	2. 18	2. 87	4. 41	6. 02	7. 71	9. 48	11. 33	13. 27	15. 30	17. 45	19. 67	20. 40		
矿渣棉	38	12. 13	16. 42	25. 16	34. 00	43. 25	52. 61	62. 24	72. 27	82. 47	98. 95	103. 72	126. 31		
	50	9. 53	12. 79	19. 61	26. 61	53. 72	41. 18	48. 72	56. 47	64. 45	72. 65	81. 15	98. 85		
	75	6. 68	8. 83	13. 53	18. 29	23. 36	28. 31	33. 49	38. 83	44. 31	50. 05	55. 86	68. 00		
	100	5. 06	6. 79	10. 32	13. 95	17. 68	21. 60	25. 86	29. 63	33. 82	38. 12	42. 56	54. 81		
	135	4. 07	5. 46	8. 37	11. 31	14. 34	17. 45	20. 64	23. 93	27. 32	30. 80	34. 38	41. 89		
	150	3. 40	4. 57	7. 00	9. 46	11. 99	14. 65	17. 34	20. 10	22. 94	25. 86	28. 87	35. 15		
玻璃纤维	38	13. 01	20. 12	30. 51	41. 27	52. 33	63. 57	75. 05	86. 63	98. 41	110. 62	122. 84	146. 06		
	50	11. 65	16. 88	24. 07	32. 57	41. 14	49. 97	89. 01	68. 12	77. 39	87. 00	90. 63	116. 40		
	75	8. 21	11. 01	16. 69	22. 49	28. 52	34. 58	40. 84	47. 15	53. 68	60. 23	66. 91	80. 61		
	100	6. 23	8. 35	12. 77	17. 27	21. 82	26. 46	31. 24	36. 07	41. 07	46. 09	51. 20	51. 69		
	125	5. 10	6. 84	1037	13. 97	17. 68	21. 48	25. 38	29. 24	88. 22	37. 29	41. 42	49. 96		
	150	4. 27	5. 72	8. 68	11. 79	14. 89	18. 06	21. 29	24. 58	27. 93	31. 35	34. 82	42. 00		
硅酸钙	38	18. 13	24. 39	37. 30	50. 90	64. 82	79. 21	93. 88	109. 18	124. 71	140. 78	157. 28	191. 24		
	50	14. 38	19. 35	29. 66	40. 39	51. 34	62. 75	74. 54	86. 54	98. 87	111. 64	124. 76	151. 79		
	75	10. 02	13. 49	20. 76	28. 16	35. 95	43. 86	52. 02	60. 52	69. 17	78. 05	87. 17	106. 12		
	100	7. 75	10. 48	15. 92	21. 69	27. 58	33. 72	40. 00	46. 54	53. 19	60. 04	67. 06	81. 66		
	125	6. 25	8. 42	12. 95	17. 58	22. 44	27. 38	32. 18	37. 80	43. 21	48. 76	54. 48	66. 35		
	150	5. 33	7. 17	10. 94	14. 85	18. 88	23. 05	27. 39	31. 82	36. 37	41. 05	45. 86	55. 86		

第二编 CHAPTER TWO 原油矿场集输

第三章 油气混输管路

一条用于输送一口或多口油井所产的原油及其伴生气的管路称为油气混输管路。

在原油集输中，油气混输管路输送与单相管路分别输送原油和天然气相比，可以简化集输流程，缩短集输工程设计和施工时间，降低集输工程投资，提高油田开发经济效益。在沙漠、近海等特定环境的油田开发中，油气混输管路更有单相管路不可比拟的优点，突出地表现在能简化处理工艺、节省海上平台空间、减少运营管理费用、提高油气田的生产能力等方面，是实现边际油田、沙漠深部或水下采油不可或缺的技术。因此，在油田的地面集输系统中，混输管路的应用日益广泛。

原油矿场集输系统中原油及伴生气的沿管流动，主要属于气液两相流动，由于油井产物中常含有水和砂子，因此还应包括液—液（油、水）流动、液—固（油、水和砂）流动和液—气—液（油、气和水）等复杂的多相流动。鉴于多相流理论和实验研究的难度，本章主要讨论气液两相流动的基本规律，重点介绍油气两相混输管路的工艺计算方法，然后再考虑油井产出物中还存在水、砂两相的现实。

第一节 两相管流基础术语与处理方法

一、相的定义及两相流动的分类

“相”通常指某一系统中具有相同物理、化学性质的均匀物质部分，各相间具有明显可分的界面。例如：空气属一相，同处于某一系统中的水和水蒸气属两相。两相在体系中共同流动称两相流，三相和三相以上的流动称多相流。在两相流动研究中，根据连续介质和分散介质的不同组合方式，可将两相流动分为以下四类：

（1）气—固两相流动。如气体除尘，以固体水合物的方式输送天然气等。

（2）气—液两相流动。如锅炉沸腾管内水和水蒸气的共流，原油和油田伴生气的混合输送等。

（3）液—固两相流动。如矿浆、煤浆的管道输送，水加砂高速喷射金属切割的过程等。

（4）液—液两相流动。如矿场原油乳状液的输送等。

在上述四类两相流动中，气—液两相流是最复杂的，这是由于：

（1）在气液同管共流中，其交界面的形状不断改变，无规律可循；

（2）气相具有可压缩性；

（3）随着管路输送条件（压力、温度）的变化，气液相间会产生蒸发、冷凝现象，即相间有质量、热量传递。

二、气液混输管路的流动参数

在讨论气液两相管路流动规律之前，引入两相混输管路特有的流动参数来描述气液混输管路。

1. 流速

（1）气相和液相速度。

若在混输管路内，气液相所占的流通面积分别为 A_g 和 A_l，则有：

气相速度：

$$u_g = \frac{Q_g}{A_g} \tag{2-3-1}$$

液相速度：

$$u_l = \frac{Q_l}{A_l} \tag{2-3-2}$$

式中　Q_g——混输管路中气相的体积流量，m^3/s；

Q_l——混输管路中液相的体积流量，m^3/s。

上述速度常称为气液相的实际速度，实质上是气液相在各自所占流通面积上的局部速度的平均值。

（2）气相和液相折算速度。

所谓折算速度就是假定管子全部流通截面只被两相混合物中的任一相占据时的流速，即：

气相折算速度：

$$u_{eg} = \frac{Q_g}{A} \tag{2-3-3}$$

液相折算速度：

$$u_{el} = \frac{Q_l}{A} \tag{2-3-4}$$

式中　A——管路流通面积，m^2，$A = A_l + A_g$。

显然，气相和液相的折算速度必小于相应的气相和液相的实际速度。即有：

$$u_{eg} < u_g \quad u_{el} < \mu_l$$

（3）气液两相混合物速度。

它表示两相混合物总体积流量与流通截面积之比。即：

$$u = \frac{Q_l + Q_g}{A} = u_{el} + u_{eg} \tag{2-3-5}$$

实际上，折算速度和混合物速度都是并不存在的假想速度，这些参数的引入将为两相流的计算和数据处理提供方便。

2. 滑差、滑动比和漂移速度

一般情况下，混输管路中气相速度和液相速度是不相等的，二者的差值称为滑差或滑脱速度（Slip Velocity），即：

$$u_s = u_g - u_l \tag{2-3-6}$$

气相速度与液相速度的比值称为滑动比 s，即：

$$s = \frac{u_g}{u_l} \tag{2-3-7}$$

气相速度与匀质混合物流速之差称为漂移速度，即：

$$u_d = u_g - u \tag{2-3-8}$$

3. 含气率和含液率

（1）质量含气率与质量含液率。

质量含气率表示流过管路流通截面上的气相质量流量 M_g 与气液混合物总质量流量 M 之比，即：

$$x = \frac{M_g}{M} = \frac{M_g}{M_l + M_g} \tag{2-3-9}$$

式中 M——混输管路混合物的质量流量，kg/s；

M_g——气相的质量流量，kg/s；

M_l——液相的质量流量，kg/s。

类似地，质量含液率 $1-x$ 为：

$$1 - x = \frac{M_l}{M} = \frac{M_l}{M_l + M_g} \tag{2-3-10}$$

（2）体积含气率和体积含液率。

体积含气率表示流过管路流通截面上的气相体积流量 Q_g 与气液混合物总体积流 Q 之比，即：

$$\beta = \frac{Q_g}{Q} = \frac{Q_g}{Q_l + Q_g} \tag{2-3-11}$$

类似地，体积含液率为 $1-\beta$，在文献中亦常用 R_L 表示，即：

$$R_L = 1 - \beta = \frac{Q_l}{Q} = \frac{Q_l}{Q_l + Q_g} \tag{2-3-12}$$

（3）截面含气率和截面含液率。

截面含气率 φ 表示管路流通截面上气相流通面积 A_g 与管路总流通面积 A 之比，即：

$$\varphi = \frac{A_g}{A} = \frac{A_g}{A_l + A_g} \tag{2-3-13}$$

类似地，截面含液率为 $1-\varphi$，在文献中亦常用 H_L 表示，即：

$$H_{\mathrm{L}} = 1 - \varphi = \frac{A_{\mathrm{l}}}{A} = \frac{A_{\mathrm{l}}}{A_{\mathrm{l}} + A_{\mathrm{g}}} \tag{2-3-14}$$

若 $H_{\mathrm{L}}=0$，表示单相气流；若 $0<H_{\mathrm{L}}<1$，表示气液两相流；若 $H_{\mathrm{L}}=1$，表示单相液流。

H_{L} 是表示气液两相管流混合物密度特性的重要参数，一般采用实验和因次分析的方法确定，以便描述复杂的相间滑脱现象，即液相的滞留效应。

（4）三种含气率间的关系。

将 $Q_{\mathrm{g}} = Au_{\mathrm{sg}}, Q_{\mathrm{l}} = Au_{\mathrm{sl}}, M_{\mathrm{g}} = Au_{\mathrm{sg}}\rho_{\mathrm{g}}, M_{\mathrm{l}} = Au_{\mathrm{sl}}\rho_{\mathrm{l}}$ 分别代入式（2-3-9）和式（2-3-11），可推导出质量含气率和体积含气率之间的关系：

$$x = \frac{\rho_{\mathrm{g}}/\rho_{\mathrm{l}}}{\frac{1}{\beta} + \left(\frac{\rho_{\mathrm{g}}}{\rho_{\mathrm{l}}} - 1\right)} \quad 或 \quad \beta = \frac{\rho_{\mathrm{l}}/\rho_{\mathrm{g}}}{\frac{1}{x} + \left(\frac{\rho_{\mathrm{l}}}{\rho_{\mathrm{g}}} - 1\right)} \tag{2-3-15}$$

已知气、液相的密度 ρ_{g}、ρ_{l} 和体积含气率，就可求得质量含气率，反之亦然。

由式（2-3-11）和式（2-3-13），φ 和 β 的表达式可改写为：

$$\beta = \frac{Q_{\mathrm{g}}}{Q_{\mathrm{l}} + Q_{\mathrm{g}}} = \frac{1}{1 + \frac{Q_{\mathrm{l}}}{Q_{\mathrm{g}}}} = \frac{1}{1 + \frac{A_{\mathrm{l}}u_{\mathrm{l}}}{A_{\mathrm{g}}u_{\mathrm{g}}}} \quad \varphi = \frac{A_{\mathrm{g}}}{A_{\mathrm{l}} + A_{\mathrm{g}}} = \frac{1}{1 + \frac{A_{\mathrm{l}}}{A_{\mathrm{g}}}} \tag{2-3-16}$$

由式（2-3-16）可以看出：当气相、液相速度相等，即 $u_{\mathrm{g}} = u_{\mathrm{l}}$ 时,则截面含气率与体积含气率相等,即 $\varphi = \beta$;若 $u_{\mathrm{g}} > u_{\mathrm{l}}$,则 $\varphi < \beta$;相反,若 $u_{\mathrm{g}} < u_{\mathrm{l}}$,则 $\varphi > \beta$。

联立以上两式得截面含气率和体积含气率间的关系：

$$\varphi = \frac{1}{\left(1 + \frac{A_{\mathrm{l}}}{A_{\mathrm{g}}}\right)\frac{\mu_{\mathrm{l}}}{\mu_{\mathrm{g}}}\frac{\mu_{\mathrm{g}}}{\mu_{\mathrm{l}}}} = \frac{1}{1 + s\left(\frac{1}{\beta} - 1\right)} \tag{2-3-17}$$

由于 φ 与 β 的关系式中包含了两相滑动比 s，而影响 s 的因素有很多，因此已知 φ 或 β 值，求取截面含气率仍是非常困难的。

4. 两相混合物密度

两相混合物的密度有两种表示方法。

（1）流动密度。

单位时间内流过断面的两相混合物的质量与其体积流量之比称为气液混合物流动密度，也称无滑脱混合物密度，即：

$$\rho_{\mathrm{f}} = \frac{M}{Q} = \frac{M_{\mathrm{l}} + M_{\mathrm{g}}}{Q} = \frac{\rho_{\mathrm{l}}Q_{\mathrm{l}} + \rho_{\mathrm{g}}Q_{\mathrm{g}}}{Q} = \beta\rho_{\mathrm{g}} + (1 - \beta)\rho_{\mathrm{l}} \tag{2-3-18}$$

（2）真实密度。

在管道某流通断面上取微小流段 Δl，此流段中气液两相混合物的真实密度定义为此微小流段中两相质量与体积之比，即：

$$\rho = \frac{(1 - H_{\mathrm{L}})A\Delta l\rho_{\mathrm{g}} + H_{\mathrm{L}}A\Delta l\rho_{\mathrm{l}}}{A\Delta l} = (1 - H_{\mathrm{L}})\rho_{\mathrm{g}} + H_{\mathrm{L}}\rho_{\mathrm{l}} \tag{2-3-19}$$

当气相、液相间相对速度等于零，即 $\mu_g = \mu_l$ 时,则 $\varphi = \beta$ 。这时，流动密度等于真实密度。

5. 管路压降折算系数

在气液两相混输管路压降的计算中，常使用折算系数把两相流动的压降计算与单相流动的压降计算相关联。

（1）全液相折算系数。

设水平管路内气液两相沿管共流，其质量流量为 $M, M = M_l + M_g$,在管长 dl 段上的压降为 dp,压降梯度为助 dp/dl。另设:在相同的管路内,只有液相流动,其质量流量也是 M,压降梯度为 $\left(\frac{\mathrm{d}p}{\mathrm{d}t}\right)_{l0}$。定义这两种情况下压降梯度的比值为全液相折算系数,以 ϕ_{l0}^2 表示,即

$$\phi_{l0}^2 = \frac{\frac{\mathrm{d}p}{\mathrm{d}l}}{(\frac{\mathrm{d}p}{\mathrm{d}l})_{l0}} \tag{2-3-20}$$

（2）分液相折算系数。

设在气液混输管路内只有液相流动,其质量流量为 $M_l = M(l - x)$,压降梯度为$(\frac{\mathrm{d}p}{\mathrm{d}l})_l$,则把混输管路压降梯度 d$p$/d$l$ 与$(\frac{\mathrm{d}p}{\mathrm{d}l})_l$ 之比定义为分气相折算系数,以 ϕ_l^2 表示,即：

$$\phi_l^2 = \frac{\frac{\mathrm{d}p}{\mathrm{d}t}}{\left(\frac{\mathrm{d}p}{\mathrm{d}l}\right)_l} \tag{2-3-21}$$

（3）分气相折算系数。

设在气液混输管路内只有气相流动，其质量流量为 $M_g = Mx$，压降梯度为（$\frac{\mathrm{d}p}{\mathrm{d}l}$）$_g$，则把混输管路压降梯度 d$p$/d$l$ 与（$\frac{\mathrm{d}p}{\mathrm{d}l}$）$_g$ 之比定义为分气相折算系数，以 ϕ_g^2 表示，即：

$$\phi_g^2 = \frac{\frac{\mathrm{d}p}{\mathrm{d}l}}{\left(\frac{\mathrm{d}p}{\mathrm{d}l}\right)_g} \tag{2-3-22}$$

在两相混输管路计算中引入折算系数的目的是把求两相管路摩擦压降梯度的问题转化为求折算系数的问题。若能用实验方法求得上述任一种折算系数，则两相管路的压降梯度可由该折算系数与相应单相管路压降梯度之乘积求得。

三、气液两相管路的特点和研究方法

1. 气液两相管路的特点

与单相管路相比较，气液两相管路有如下特点：

（1）流型变化多，流动不稳定。

根据气液两相在管内的分布情况和结构特征，把两相管路分成若干流型。通常，通过透明管段对管内气液流动情况进行直接观察、高速摄影、射线测量，并根据压力波动特征等来确定流型。这种确定流型的方法自然很难有一个对流型的统一分类法，甚至流型的名称亦不尽统一。为定性地说明两相流动的特点，这里介绍埃尔乌斯（Alves）流型划分法。其他一些分类方法可参阅有关文献。

埃尔乌斯根据他本人和其他学者所观察到的气液两相在管内的运动情况，把两相管路的流型分为气泡流、气团流、分层流、波浪流、段塞流、不完全环状流、环状流和弥散流8种（见图2-3-1）。

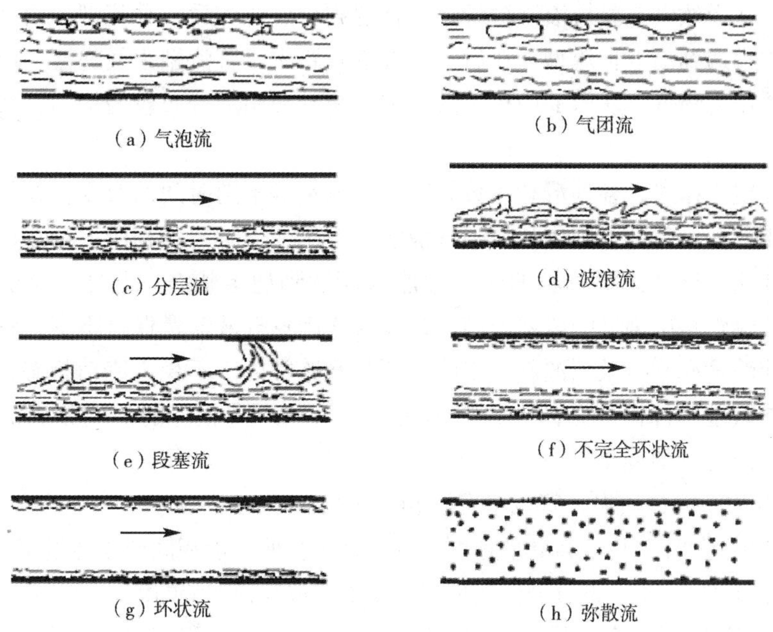

图2-3-1　气液两相流流型

在单相液体流动的水平透明管内加入并逐渐增加气体量，按气体输量由少到多，所观察到的流型变化为：

①气泡流。当气液混合物内的含气量不多时，气体以气泡形式聚集于管子上部。气液间的界面张力使气泡呈球形。气泡以与液体相等的速度或略低于液体的速度沿管运动。当两相管路以气泡流型稳定运行时，一般无明显的压力波动。

②气团流。随着气量的增加，形成较大的气团，在管路上部同液体交替地流动。

③分层流。再增加气体量，气团会连成一片，成为连续气相。气液间具有较光滑的界面，两相速度有较大的差别。当分层流型稳定运行时，管路无明显的压力波动。

④波浪流。气体量进一步增加，气体流速提高，在气液界面上吹起与行进方向相反的波浪。以波浪流型运行的管路有轻微的压力波动，其波动频率较高。

⑤段塞流。又称冲击流，气体流速更大，波浪加剧，其波峰不时高达管顶形成液塞，

阻碍高速气流的通过，进而又被气体吹散并带走一部分液体。被带走的液体或吹散成雾滴或与气体一起形成泡沫，以段塞流型工作的混输管路，其振动和水击现象最为明显，管路压力有很大波动，但振动频率较小。

⑥不完全环状流。气量继续提高，要求管路有更大的面积供气体通过。气流将液体的断面压缩成新月形，管路顶部的液层很薄，而底部的液层较厚，形成不同心的环状流。

⑦环状流。随着气流速度的进一步提高，不同心环状液层变薄，形成环状流。气体携带着液滴以较高的速度在紧挨管壁的环状液层中心通过。

⑧弥散流。当气体的流速更大时，环状液层被气体吹散，以液雾的形式随高速气流向前流动。

据研究，在天然气与凝析液混输管路中常遇到分层流和后三种流型，而在原油与天然气混输管路中常遇到前五种流型。在后一种混输管路中，若流型为气泡流。由于原油黏度较大，随管路压力降低，从原油中析出的气泡在流动截面上分布较为均匀，故有分散气泡流之称。

当管路稳定工作时，各种流动参数如压力、输量等不随时间而改变，在气液两相管路中，气液两相各占一部分管路体积，当气液输量发生变化时，各相所占管路体积的比例将发生相应的变化，这就需要较长的时间才能重新达到稳定状态。此外，对于在某些流型下，如油田集输管路中常见的段塞流型，即使管路起点气液输量保持不变，管路各截面上的压力和气液输量亦常有激烈波动。因此，两相管路常处于不稳定流动状态，要准确测定管路的流动参数是一件极复杂的工作。同时，与管路末端相连的油气分离器也应加大容量，以适应气液输量的变化。

（2）存在相间能量损失，管线中有液相的积聚。

在气液两相流动中，由于各相的速度不同，常常会使气液相间产生能量交换和损失。例如，流速较高的气体，把一部分液体拖带到气体中，被气相携带的液体脱离液流主体时需要消耗能量，被气流吹成液滴或颗粒更小的雾滴需要消耗能量，气流中的液滴或雾滴获得加速度仍然需要消耗能量。而当液流波峰达到管顶，液流占据整个管路截面时，高速流动的气体冲散阻碍它流动的液塞也需要损失能量。又如，在两相管路内，液体的剧烈起伏造成相间界面粗糙，从而增大了相间滑脱损失，液面的起伏使气体流道面积忽大忽小，气体忽而膨胀忽而压缩，气体流动方向亦随液面起伏而变化，这些都使两相管流相间能量损失增加。

在混输管路中，当流体流速较低时，液相积聚现象较为突出。由于推动积聚液相需要消耗较多的能量，会导致流体压力忽高忽低而产生波动，但总的趋势是随流量的减少，压力降也相应减小。实际上，当流速下降到一定程度时，压力降不再随流速的降低而继续明显减小，此时压降主要用于推动积聚液相的流动，流量的减少或管径的加大只是延长了液相积聚的周期，推动积聚液相所消耗的压力几乎不再降低。故在一定的管径范围内，管路压降都趋于一个最低的压降值，或在一定的油气流量范围内，可确定使压降最低的最小管径。

（3）流动规律复杂，流动阻力大。

由于流态变化多，流动不稳定，使气液混输管路中的流动规律变得十分复杂。

由于液相的急剧扰动，液相被气相拖带气液相间的相对运动以及液相的积聚等原因，使混输流动压降比单相流动压降大得多，有时混输压降比同条件下的单相（气或液）流动压降高出10倍以上，流速小时差异更大。

2. 气液两相管流的处理方法

流体力学的基本方程式即体现质量守恒的连续性方程和体现运动守恒的动量方程与能量方程式，都适用于两相流动。对于两相流动，一般应对各相列出各自的能量守恒方程，而且还应考虑两相间的作用，故描述两相流动的方程组要比描述单相流动复杂得多。各国学者在处理这种气液复杂共流时，常作某些假设使问题简化。所采用的方法大致可归纳为三类，即均相流模型、分相流模型和流型模型。

1）均相流模型

均相流模型是把气液混合物看成一种均匀介质，因此可以把气液两相管路当作单相管路来处理。在均相流模型中作出了两个假设：

（1）气相和液相的速度相等，即 $u_g = u_l$。由于气相、液相速度相等，因此管路还具有截面含气率和体积含气率相等、气液混合物流动密度和真实密度相等等特点。

（2）气液两相介质已达到热力学平衡状态，气相、液相间无热量的传递，故流动介质的密度仅是压力的单值函数。

显然，气泡流（特别是分散气泡流）和弥散流比较接近均相流模型的假设条件，而分层流、波浪流和环状流等同均相流模型的假设条件偏差较大。

2）分相流模型

分相流模型把管路内气液两相的流动分别看作是气液各自的流动。为此，需要首先确定气液相在管路内各自所占的流通面积，即截面含气率 φ 和截面含液率 H_L，再把气相和液相都按单相管路处理，并计入相间作用，最后将气液相的方程合并。目前，截面含液率（或截面含气率）和相间相互作用等数据主要依靠实验求得。

在把流体力学基本方程应用于分相流模型时也作出了两个假设：

（1）气液两相有各自的按所占流通面积计算的平均速度。

（2）气液两相间可能有质量的交换，但气液两相介质处于热力学平衡状态，相间无热量的传递。

显然，分层流、波浪流和环状流等流型与分相流模型的假设条件比较相符，但其他流型的假设条件偏差较大。

3）流型模型

首先分清两相流流型，然后根据各种流型的特点，分析其流动特性并建立关系式，这种处理方法称为流型模型。

按便于建立数学模型的原则，某些学者把两相流流型划分为：

（1）分离流。包括分层流、波浪流和环状流。

（2）间歇流。包括气团流和冲击流。

（3）分散流。包括气泡流、分散气泡流和弥散流等。

显然，流型模型处理法能更深入地揭示两相流各种流体的流体力学特性，故近年来这一分析方法受到理论界的重视，并已取得一定的理论研究成果。但是由于流型分界尚未完全统一，这种模型的理论研究成果还不能普遍地用于实践。目前，在工程上使用的大多是在实验数据基础上确立的各种流型的经验关系式。

3. 油、气、水三相混输管路处理方法

油井产物大多含水，随着油田开采时间的增长，油井产物的含水率逐渐升高，在集输管路中形成油气水三相混输。怎样处理这种三相混输管路，目前还没有成熟的理论和通用方法。在工程上常把油、水当作单一的液相，当水以游离水形式存在时，常以油、水的质量平均性质作为液相的物性。事实上，油、气、水在沿管路共流的过程中，特别是经油嘴、阀门、管件时，受到剧烈扰动，混输管路的液相大都是原油乳状液。此时，常以乳状液的物性作为混输管路液相的物性。

第二节 气液两相流流型判断

在气液两相流动中，两相的分布状况可能是密集的，也可能是分散的，这种不同的分布状态称为两相流的流型。当气液两相同管共流时，流动状态不同，不仅影响两相流动的力学关系，而且影响其传热和传质性能。实际应用表明，根据不同流型建立不同的物理模型而得到的工艺计算方法，比不考虑流型的纯经验方法得到的结果更为准确和实用。由于气液两相的分布特征和结构比较复杂，常用流型测定方法获得的资料又具有一定的片面性，因此，对流型的理解、描述、建模等在两相流的研究中将变得更为重要。

目前，所采用的各种流型测定方法，如肉眼观察、高速摄影、射线测量和压差波动特征分析等都不能精确地分别各种流型，而且在分析上述各种方法所获得的各种资料时，还或多或少带有一定的主观臆断性。因此，对流型的测定至今仍然是两相流研究中的薄弱环节，不同流型的流动机理和各种流型的转换准则仍然是两相流研究领域中尚需解决和完善的问题。

一、水平气液两相管路流型

1. 贝克（Baker）流型图

贝克于20世纪50年代中期，综合了许多混输管路的实验和生产数据后，提出如图2-3-2所示的一幅通用于各种介质的水平管流型分界图，此图曾在一段时间内获得广泛应用。该图采用了埃尔乌斯流型分类法，只是把不完全环状流和环状流合为一个流型。

图2-3-2的纵坐标以$\frac{M_g}{\Delta\theta}$表示，横坐标以$\frac{M_1\theta\varphi}{M_g}$表示。这两组变量分别正比于气相质量速度和液、气相质量速度之比值。无因次参数θ和φ分别定义为：

$$\theta = \sqrt{\Delta_g \Delta_l} \quad \varphi = \frac{\sigma_w \mu_l}{\sigma_l \mu_w}\left[\left(\frac{\rho_w}{\rho_l}\right)^2\right]^{\frac{1}{3}} = \frac{73 \times 10^{-3}}{\sigma_l}\left[\mu_l\left(\frac{1}{\Delta_l}\right)^2\right]^{\frac{1}{3}} \tag{2-3-23}$$

式中 Δ_g——管路条件下气体对空气的相对密度，无因次；

Δ_l——管路条件下液体对水的相对密度，无因次；

σ_w——水的表面张力，取 73×10^{-3}N/m；

σ_l——液相的表面张力，N/m；

μ_w——水的黏度，mPa·s；

μ_l——液相黏度，mPa·s；

ρ_w——水的密度，kg/m^3；

ρ_l——液相密度，kg/m^3。

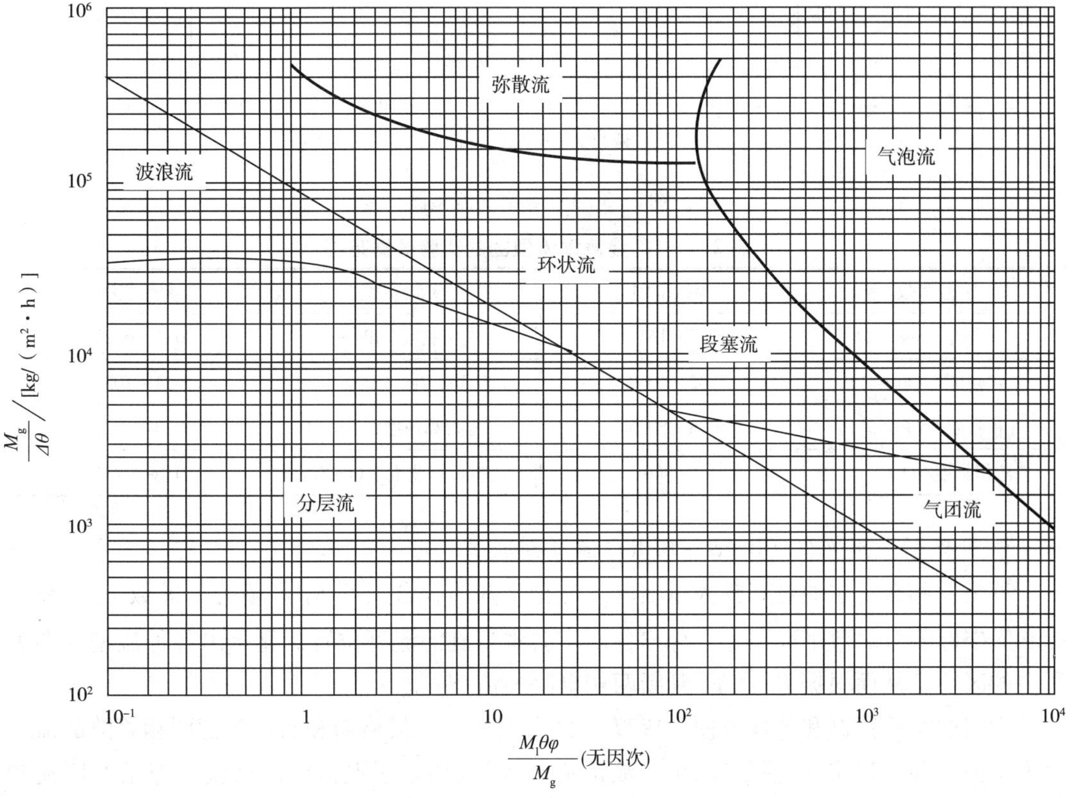

图 2-3-2 贝克流型图

2. 曼德汉（Mandhane）流型图

曼德汉通过大量实验获得 1000 多组数据，并依此作出水平管路流型分界图（见图 2-3-3）。

该图分别以液相、气相折算速度为横坐标、纵坐标，共分 6 种流型。曼德汉流型图适用范围广、简单直观，使用者颇多，但该流型图以水-空气的实验数据为基础，没有考虑流体物性对流型的影响。表 2-3-1 给出了曼德汉流型图的实验数据范围。

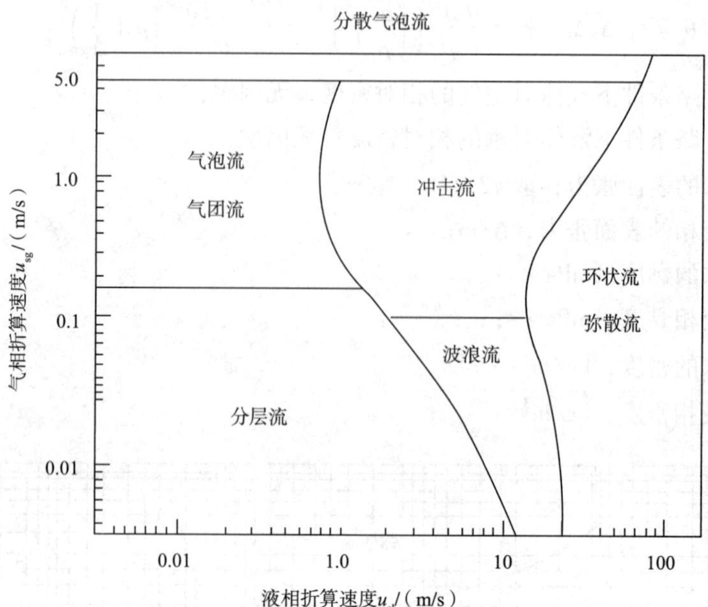

图2-3-3 曼德汉流型图

表2-3-1 曼德汉流型图的实验数据范围

实验参数	参数范围	实验参数	参数范围
管径/mm	12.7～165.1	气相黏度/mPa·s	0.1～0.22
液相密度/（kg/m^3）	705～1009	表面张力/（mN/m）	24～103
气相密度/（kg/m^3）	0.8～50.5	气相折算速度/（m/s）	0.04～171
液相黏度/mPa·s	3～900	液相折算速度/（cm/s）	0.09～731

3. 贝格斯－布里尔（Beers－Brill）流型判别法

贝格斯和布里尔通过观察大量实验的流型，在体积含液率 R_L 和富劳德准数 F_r 为纵坐标和横坐标的双对数平面图上，标出各次实验观察到的流型位置，显示出各种流型在图上所占的区块，从而根据 R_L 和 F_r 判断两相管路的流型。

为归纳实验数据和计算方便，1977 年经布朗修正，贝格斯和布里尔把两相管路的流型分为 4 种，即分离流（包括分层流、波浪流和环状流）、过渡流、间歇流（包括气团流和冲击流）、分散流（包括气泡流和弥散流/液雾流）。由实验得出的两相管路流型判别准则见表2-3-2，表中富劳德准数 F_r 定义为：

$$F_r=\frac{\mu^2}{gd} \tag{2-3-24}$$

式中 μ——气液混合速度，m/s；

g——重力加速度，m/s^2，一般取 9.8m/s^2；

d——混输管道内径，m。

表 2-3-2　贝格斯-布里尔流型判别准则

流型	判别准则		流型分界参数 L
分离流	$R_L < 0.01$	$F_r < L_1$	$L_1 = 316R_L^{0.302}$ $L_2 = 9.252 \times 10^{-4} R_L^{2.4684}$ $L_3 = 0.10R_L^{1.4516}$ $L_4 = 0.5R_L^{-6.238}$
	$R_L \geqslant 0.01$	$F_r < L_2$	
过渡流	$R_L \geqslant 0.01$	$L_2 < F_r < L_3$	
间歇流	$0.01 \leqslant R_L < 0.04$	$L_3 < F_r < L_4$	
	$R_L \geqslant 0.4$	$L_3 < F_r \leqslant L_4$	
分散流	$R_L < 0.4$	$F_r \geqslant L_4$	
	$R_L \geqslant 0.4$	$F_r > L_4$	

二、垂直气液两相管路流型

1. 流型分类

垂直管与水平管内流型的最大差别是：垂直管内不出现分层流和波浪流。在垂直管中，气液两相混合物向上流动时，一般为大家所公认的典型流型有以下几种（见图 2-3-4）：

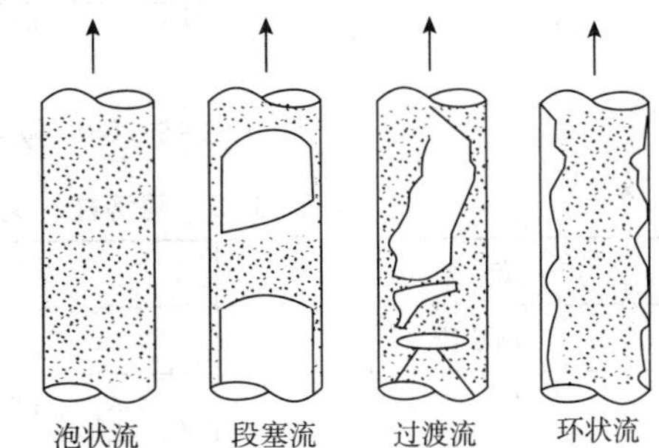

图 2-3-4　垂直气液两相流典型流型

（1）泡状流。

当气液两相混合物中的含气率较低时，气相以分散的小气泡的形式分布于液相中，在管子中央的气泡较多，靠近管壁的气泡较少，小的气泡都近似球形。气泡的上升速度大于液体流速，而混合物的平均流速较低。泡状流的特点是：①气体为分散相，液体是连续相；②气体主要影响混合物密度，对摩阻的影响不大，而滑脱现象比较严重。

（2）段塞流。

混合物继续向上流动，压力逐渐降低，气体不断膨胀，含气率增加，小的气泡相互碰撞聚合而形成大的气泡，其直径接近于管径。气泡占据了大部分管子截面，形成一段液一段气的结构。气体段塞形状像炮弹，其中也携带有液体微粒。在两个气段之间是夹杂小气泡向上流动的液体段塞。这种弹状气泡举升液体的作用很像一个破漏的活塞向上推进。在段塞向下运动的同时，弹状气泡与管壁之间的液体层也存在相对流动，称为液体回落。虽然如此，在这种流型下，液、气间的相对运动要较泡状流小，滑脱也小。段塞流是两相流中举升效率最高的流型。

（3）过渡流（搅动流）。

液相从连续相过渡到分散相，气相从分散相过渡到连续相，气体连续向上流动并举升液体到一定高度，然后液体下落、聚集，而后又被气体举升。这种混杂的、振荡式的液体运动属于过渡流的特征，故也称之为搅动流。

（4）环状流（环雾流）。

当含气率更大时，气弹汇合成气柱在管中流动，液体则沿着管壁成为一个流动的液环，这时管壁上有一层液膜。通常，总有一些液体以小液滴形式分布在气柱核心中。

2. 阿济兹－戈威尔－福格拉锡（Aziz－Covier－Fogarasi）流型图

阿济兹－戈威尔－福格拉锡流型图于1972年得到发表，其常用于垂直气液两相流流型判断（见图2-3-5），相应的流型判别准则见表2-3-3。

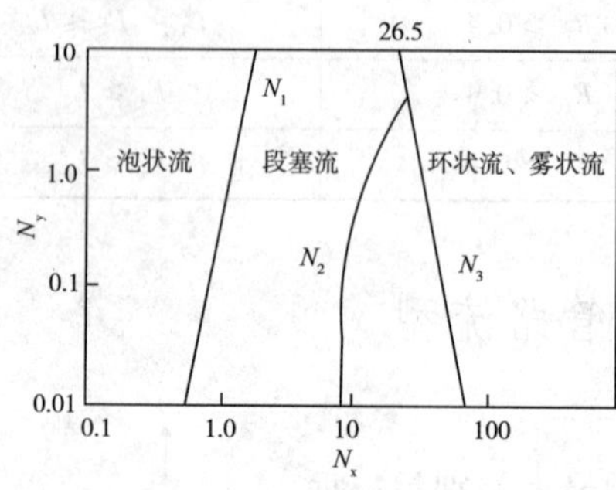

图2-3-5 阿济兹－戈威尔－福格拉锡流型图

表2-3-3 阿济兹－戈威尔－福格拉锡流型判别准则

流 型	判别准则	流型分界参数（N）
泡状流	$N_x < N_1$	$N_x = 3.28\mu_{sg}\left(\frac{\rho_g}{\rho_{空气}}\right)^{1/3}\left(\frac{\rho_1\sigma_w}{\rho_w\sigma_1}\right)^{1/4}$ $N_y = 3.28u_{sl}\left(\frac{\rho_1\sigma_w}{\rho_w\sigma_1}\right)^{1/4}$ $N_1 = 0.51\times(100N_y)^{0.172}$ $N_2 = 8.6+3.8N_y$ $N_3 = 70\times(100N_y)^{-0.152}$
段塞流	$N_y < 4$ 时，$N_1 < N_x < N_2$	
	$N_y \geqslant 4$ 时，$N_1 < N_x < 26.5$	
过渡流	$N_y < 4$ 时，$N_2 < N_x < N_3$	
环状流和雾状流	$N_y < 4$ 时，$N_x > N_3$	
	$N_y \geqslant 4$ 时，$N_x > 26.5$	

注：1 μ_{sg} 表示气相折算速度（单位为m/s）；

2 μ_{sl} 表示液相折算速度（单位为m/s）；

3 ρ_g 表示流动状态下气相的密度（单位为 kg/m^3）；

4 ρ_l 表示流动状态下液相的密度（单位为 kg/m^3）；

5 σ_1 表示流动状态下液相的表面张力（单位为mN/m）；

6 $\rho_{空气}$ 表示标准状态下空气的密度（单位为 kg/m^3）；

7 ρ_w 表示标准状态下水的密度（单位为 kg/m^3）；

8 σ_w 表示标准状态下水的表面张力（单位为mN/m）。

三、倾斜气液两相管路流型

在油田集输系统中，严格水平的管路是少有的，研究管路倾角对流型的影响具有重要的实际意义。与水平管和垂直管相比，倾斜管内流型具有以下特征：

（1）分层流与间歇流的转换对倾角特别敏感。管路向下倾斜时很容易产生分层流，上倾时则容易产生间歇流。

(2) 管路倾角对分散气泡流与间歇流、间歇流与环雾流之间的转换的影响不大。

自 20 世纪 70 年代以来，有些研究者就试图从理论和半理论方法着手对流型进行描述，以克服经验方法的不足。其中，以 1976 年泰特尔和杜克勒提出的半理论方法对流型过渡的处理最为全面，因而得到广泛应用。

1. 泰特尔－杜克勒 (Taitel-Dukler) 流型判别法

泰特尔和杜克勒认为，以实验观察为基础的流型分界图既缺乏理论依据，带有一定的主观性，又无统一的纵坐标、横坐标，并且没有全面考虑气液的物性、管径、管路倾角对流型转变的影响，把这些流型图应用于其他管路的可靠性值得怀疑。于是，他们从流型转变的机理入手，导出了流型转变的数学模型，根据管路各种参数，用数学模型可直接求得两相管路的流型。

泰特尔和杜克勒把两相管路分为 5 种流型，即分层光滑流、分层波浪流、间歇流（包括气团流和冲击流）、环状液雾流和分散气泡流。他们从分层光滑流入手，研究流型的转换机理和转换准则，并建立了气液两相流动的复合动量方程。研究中假设：管内流体为一维稳定流动，流入、流出微元长度上流体的动量相等。

1) 无因次气液两相复合动量方程的建立

如图 2-3-6 所示，若管路处于分层光滑流型时，根据假设条件和单位时间内微元管段求流体动量变化，等于作用于该管段上外力的总和，因此有：

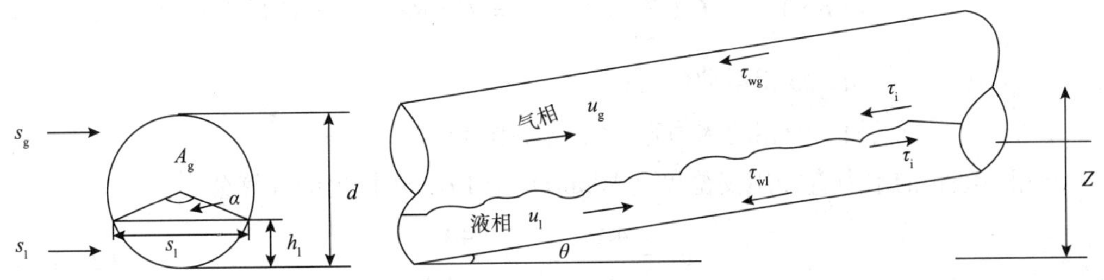

图 2-3-6 分层光滑流物理模型

对液相：

$$-A_l\left(\frac{dp}{dl}\right)+\tau_s s_i-\tau_{wl}s_l-A_l\rho_l g\sin\theta=0 \tag{2-3-25}$$

对气相：

$$-A_g\left(\frac{dp}{dl}\right)-\tau_i s_i-\tau_{wg}s_g-A_g\rho_g g\sin\theta=0 \tag{2-3-26}$$

式中 τ_{wg}、τ_{wl}——气体与管壁、液体与管壁的剪切应力；

s_g、s_l——气体湿周、液体湿周；

τ_i——气液界面上的剪切应力；

s_i——管路过流断面上气液分界线长度；

θ——管路倾角，上倾管为正值，下倾管为负值。

式（2-3-25）和式（2-3-26）相加，消去气液界面上的剪切应力项，可以得到管段 dl 上的压降梯度计算式：

$$-\frac{dp}{dl}=\frac{\tau_{wg}s_g+\tau_{wl}s_l}{A}+\left(\frac{A_l}{A}\rho_l+\frac{A_g}{A}\rho_g\right)g_{\sin}\theta \quad (2-3-27)$$

若忽略液体表面张力和静水压力坡度的影响，则气液两相在微元段 dl 上的压降损失应相等，约去式（2-3-25）和式（2-3-26）中的压力梯度，可得下面的复合动量方程：

$$\tau_{wg}\left[\frac{s_g}{A_g}+\frac{\tau_i}{\tau_{wg}}\left(\frac{s_i}{A_l}+\frac{s_i}{A_g}\right)\right]-\tau_{wl}\frac{s_l}{A_l}-(\rho_l-\rho_g)g_{\sin}\theta=0 \quad (2-3-28)$$

剪切应力包括管壁对流体和两种不同流体表面间的剪切应力（气体相对于液面运动），分别表示为：

$$\tau_{wl}=\lambda_l\frac{\rho_l u_l^{\ 2}}{8}\quad \tau_{wg}=\lambda_g\frac{\rho_g u_g^{\ 2}}{8}\quad \tau_i=\lambda_i\frac{\rho_g(u_g-u_i)^2}{8} \quad (2-3-29)$$

式中 λ_l——气相水力摩阻系数；

λ_g——液相水力摩阻系数；

λ_i——气液界面上的水力摩阻系数；

u_i——界面液层的速度。

气相、液相水力摩阻系数以勃拉休斯公式的形式表示为：

$$\lambda_l=C_l(Re_l)^{-n}=C_l\left(\frac{d_l u_l}{\mu_l}\right)^{-n}\quad \lambda_g=C_g(Re_g)^{-m}=C_g\left(\frac{d_g\mu_g}{\mu_g}\right)^{-m} \quad (2-3-30)$$

式中 μ_g、μ_l——气相、液相运动黏度；

d_g、d_l——气相、液相的水力直径（或称当量直径）。

气相、液相的水力直径用安德鲁（Adrawl）于1973年提出的计算公式：

$$d_l=\frac{4A_l}{s_l}\quad d_g=\frac{4A_g}{s_g+s_i} \quad (2-3-31)$$

即管壁对液体的阻力类似于明渠流动，而对气体的阻力类似于封闭管路。

对于分层光滑流，吉列（Cazlex）提出 $\lambda_l=\lambda_g$，并认为 $\nu_g-\nu_l\approx\nu_g$。

式（2-3-30）中，在计算气相、液相雷诺数时采用了气相、液相的实际流速 ν_g、ν_l 和水力直径 d_g、d_l。对于层流，当 Re_l、$Re_g<2000$ 时，$C_l=C_g=64$，$n=m=1$；对于紊流，当 Re_l、$Re_g>2000$ 时，$n=m=0.2$。

将式（2-3-29）和式（2-3-30）代入式（2-3-28），并将各参数变为无因次数，长度参比变量为 d，面积参比变量为 d^2，气、液流速的参比变量分别为其折算速度 ν_{sg} 和 ν_{sl}，并用符号“~”表示无因次量，则式（2-3-28）可改写为如下的无因次复合动量方程形式：

$$X^2\left[(\tilde{u}_l\tilde{d}_l)^{-n}\tilde{u}_l^2\frac{\tilde{s}_l}{\tilde{A}_l}\right]-\left[(\tilde{u}_g\tilde{d}_g)^{-m}\tilde{u}_g^2\left(\frac{\tilde{s}_g}{\tilde{A}_g}+\frac{\tilde{s}_i}{\tilde{A}_l}+\frac{\tilde{s}_i}{\tilde{A}_g}\right)\right]+4Y=0 \quad (2-3-32)$$

其中，

$$X^2=\frac{\frac{C_1}{d}\left(\frac{u_{sl}d}{u_1}\right)^{-n}\frac{\rho_1 u_{sl}^2}{2}}{\frac{C_g}{d}\left(\frac{u_{sg}d}{u_g}\right)^{-m}\frac{\rho_g u_{sg}^2}{2}}=\frac{\left|\left(\frac{dp}{dl}\right)_1\right|}{\left|\left(\frac{dp}{dl}\right)_g\right|}$$

$$Y=\frac{(\rho_1-\rho_g)g\sin\theta}{\frac{C_g}{d}\left(\frac{u_{sg}d}{\mu_g}\right)^{-m}\frac{\rho_g u_{sg}^2}{2}}=\frac{(\rho_1-\rho_g)g\sin\theta}{\left|\left(\frac{dp}{dl}\right)_g\right|}$$

式（2-3-32）中，X^2 为洛-马参数。除气液流量、流体性质、管径、管倾角等为已知数外，其他各项无因次量均为管路液面高度 h_1 或 $\tilde{h}_1=\frac{h_1}{d}$ 的函数，并按下列方程确定：

$$\tilde{A}_1=1/4\left[\pi-\cos^{-1}(2\tilde{h}_1-1)+(2\tilde{h}_1-1)\sqrt{1-(2h_1-1)^2}\right]$$

$$\tilde{A}_g=1/4\left[\cos^{-1}(2\tilde{h}_1-1)-(2\tilde{h}_1-1)\sqrt{1-(2h_1-1)^2}\right]$$

$$\tilde{s}_1=\pi-\cos^{-1}(2\tilde{h}_1-1)$$

$$\tilde{s}_g=\cos^{-1}(2\tilde{h}_1-1)$$

$$\tilde{s}_i=\sqrt{1-(2\tilde{h}_1-1)^2}$$

$$\tilde{u}_1=\tilde{A}/\tilde{A}_1$$

$$\tilde{u}_g=\tilde{A}/\tilde{A}_g$$

$$\tilde{d}_1=d_1/d=4\tilde{A}_1/\tilde{s}$$

$$\tilde{d}_g=d_g/d=4\tilde{A}_g/(\tilde{s}_g+\tilde{s}_i)$$

$$\tilde{A}=A/d^2$$

故式（2-3-32）表示了 X、Y、$\tilde{h}_1$ 间的关系，唯一自变量为 $\tilde{h}_1$，可通过方程的迭代求解；1988 年，Baker 指出，式（2-3-32）在 $-3.8<\lg X<-1.5$ 时，$\tilde{h}_1/d$ 有 2 个或 3 个根，他认为最小的根才具有物理意义。确定一个 Y 值就可用式（2-3-32）画出一条 $X-\tilde{h}_1$ 的曲线。

2）泰特尔-杜克勒流型无因次转换准则

（1）分层流转变为间歇流或环雾流的准则。

无数实验表明，当管内液面较高，气流吹起的液波高达管顶，阻塞整个管路的流道面积形成液塞时，流型由分层流转变为间歇流。相反，当液面较低时，液体流虽较小，管内液量不足以阻塞管路，高速气流会吹散液体，在气流中夹带液雾形成环雾流。

泰特尔和杜克勒根据波的稳定性原理，定义了无因次参数 F 为：

$$F=\sqrt{\frac{\rho_g}{\rho_1-\rho_g}}\frac{u_{sg}}{\sqrt{dg\cos\theta}} \quad (2-3-33)$$

从分层流转变为间歇流或环雾流的无因次判别准则为：

$$F^2\left(\frac{1}{C_2^2}\frac{\tilde{u}_g^2 d\tilde{A}_1/d\tilde{h}_1}{\tilde{A}_g}\right)\geqslant 1 \quad (2-3-34)$$

其中，

$$\frac{d\tilde{A}_1}{d\tilde{h}_1} = \sqrt{1 - (2\tilde{h}_1 - 1)}$$

$$C_2 = 1 - \frac{h_1}{d}$$

式（2-3-34）括号中各项无因次参数都是 $\tilde{h}_1$ 的函数，而 $\tilde{h}_1$ 又是 X、Y 的单值函数，可由复合动量方程(2-3-32)求出，因此式(2-3-34)用 X、Y、F 三个参数表示了分层流向间歇流或环雾流流型转换的准则。

对水平管路 $Y = 0$，对应每个 X 值，由式(2-3-32)求出相应的 $\tilde{h}_1$ 值，进而可由式(2-3-34)求出流型转变时的 F 值。所求得的 $Y = 0$ 时的 $X - F$，对应关系如图 2-3-7 的曲线 A 所示，该曲线即分层流和间歇流、环雾流的分界线。同理，可求出倾斜管路 $Y \neq 0$ 时的分界线。

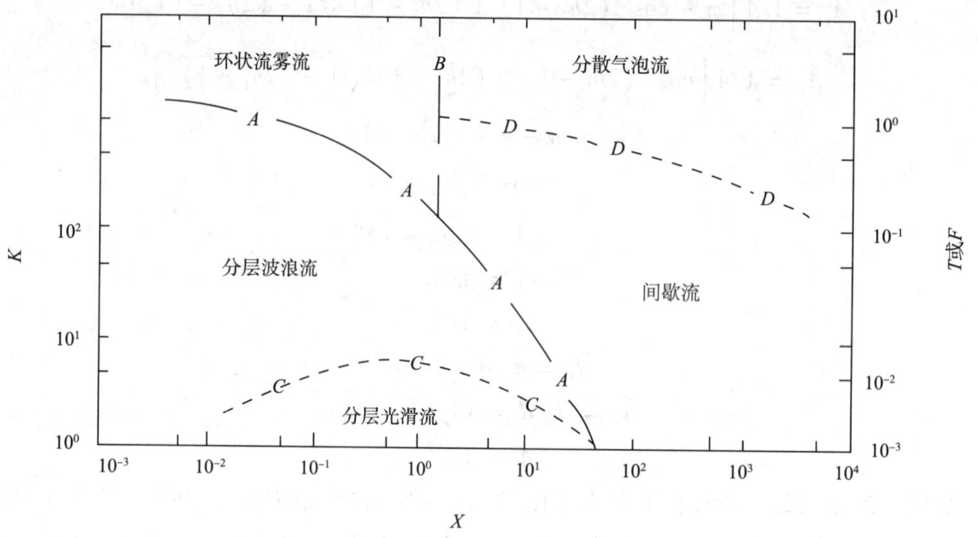

图 2-3-7 泰特尔－杜克勒水平两相管路流型分界图

注：曲线 A、B 的纵、横坐标为 F 和 X；曲线 C 的纵、横坐标为 K 和 X；曲线 D 的纵、横坐标为 T 和 X。

（2）间歇流与环雾流的判别准则。

当液面上产生波浪时，需从波浪两侧补充液体，泰特尔认为当管内平均液面高于管中心线时，即 $h_1/d > 0.5$ 时，就有足够的液体使波浪达到管顶，形成间歇流。相反，当 $h_1/d < 0.5$ 时，管内没有足够的液量使波峰到达管顶，液体将被高速气流吹散变成环雾流，故将

$$\tilde{h}_1 = h_1/d > 0.5 \tag{2-3-35}$$

作为环雾流向间歇流转换的准则。

对于水平管路 $Y = 0$，由 $h_1/d = 0.5$ 可求出间歇流与环状液雾流分界处的 X 值为 1.6，如图 2-3-7 中曲线 B 所示。若满足式(2-3-34)且 $X > 1.6$，则管内为间歇流；若满足式(2-3-34)且 $X < 1.6$，则管内为环雾流。同理，可求出倾斜管路 $Y \neq 0$ 时间歇流与环雾流的分界线。

（3）分层光滑流转变为分层波浪流的判别准则。

波浪产生的原因十分复杂，气体速度必须达到一定程度才能在光滑的气液界面上产生

波浪。Jeffrey 提出的波浪产生的条件，为泰特尔和杜克勒所采用，并定义了一个用于判别流型的无因次参数 K：

$$K = \left[\frac{\rho_g u_{sg}^2}{(\rho_l - \rho_g) dg\cos\theta}\right]^{1/2}\left[\frac{du_{sl}}{\nu_l}\right]^{1/2} \tag{2-3-36}$$

从分层光滑流向分层波浪流转变的判别准则写成无因次形式为：

$$K \geqslant \frac{2}{\tilde{u}_g \sqrt{s\tilde{u}_l}} \tag{2-3-37}$$

式中，s 为屏蔽系数，本杰明根据实验提出 s 的范围为 0.01 ~0.03，建议取 0.01。

$\tilde{u}_g$、$\tilde{u}_l$ 是 X、Y 的复合函数，因此可用 X、Y、K 判别该流型的转变。对于水平管路 $Y = 0$，则判别式仅取决于 X、K，如图 2-3-7 中曲线 C 所示。

（4）间歇流转变为分散气泡流的判别准则。

管内气体的浮力使气体有聚集于管顶的趋势，呈间歇流型。而液体的紊流脉动又使液体将气团分散成小气泡与液体混合，进而有生成分散气泡流的趋势。

当管内液面较高，接近管顶，液体的流速很大，紊流脉动力足以克服使气体存在于管顶处的浮力时，流型就由间歇流转变为分散气泡流。据此，可导出间歇流向分散气泡流转变的判别准则，写成无因次形式为：

$$T^2 \geqslant \frac{8\tilde{A}_g}{\tilde{s}_i \tilde{u}_l^2 (u_l d_l)^{-n}} \tag{2-3-38}$$

其中，T 定义为：

$$T = \left[\frac{\left|\left(\frac{dp}{dl}\right)_l\right|}{(\rho_l - \rho_g) g \cos\theta}\right]^{1/2}$$

式（2-3-38）中各项无因次参数可由 $\tilde{h}_l$ 计算，即由 X、Y 计算。因此，可用 X、Y、T 判别间歇流与分散气泡流的转变。对于水平管路 $Y = 0$，此判别式仅取决于 X 和 T，如图 2-3-7 中曲线 D 所示。

图 2-3-8 给出了泰特尔－杜克勒流型判别流程框图。

3）泰特尔－杜克勒流型判别法的不足

尽管泰特尔－杜克勒对流型边界转换机理的描述是极有价值的一种尝试，但某些物理基础和论据不尽可靠，后来的研究者对泰特尔－杜克勒的流型判别法指出了一些不足。韦斯曼认为在泰特尔－杜克勒流型判别法中：

（1）转换曲线 A 对低、中黏度液体较适用，但对高黏度液体的偏差较大。在 X 参数计算式中，考虑了液体黏度的影响，但实验数据表明，过低估计了液体黏度对分界线 A 的影响。

（2）在间歇流与分散气泡流的转换准则中，没有考虑表面张力的影响。

（3）把 $h_l/d = 0.5$ 作为间歇流与环雾流的分界线偏高，与实验结果不符。

此外，也有学者认为，由其他流型过渡到环状流的分界线与实验数据不能很好地吻合。

2. Xiao-Brill 流型判别法

1990 年，Xiao 和 Brill 在泰特尔－杜克勒流型判别的基础上，归纳总结已经发展的成

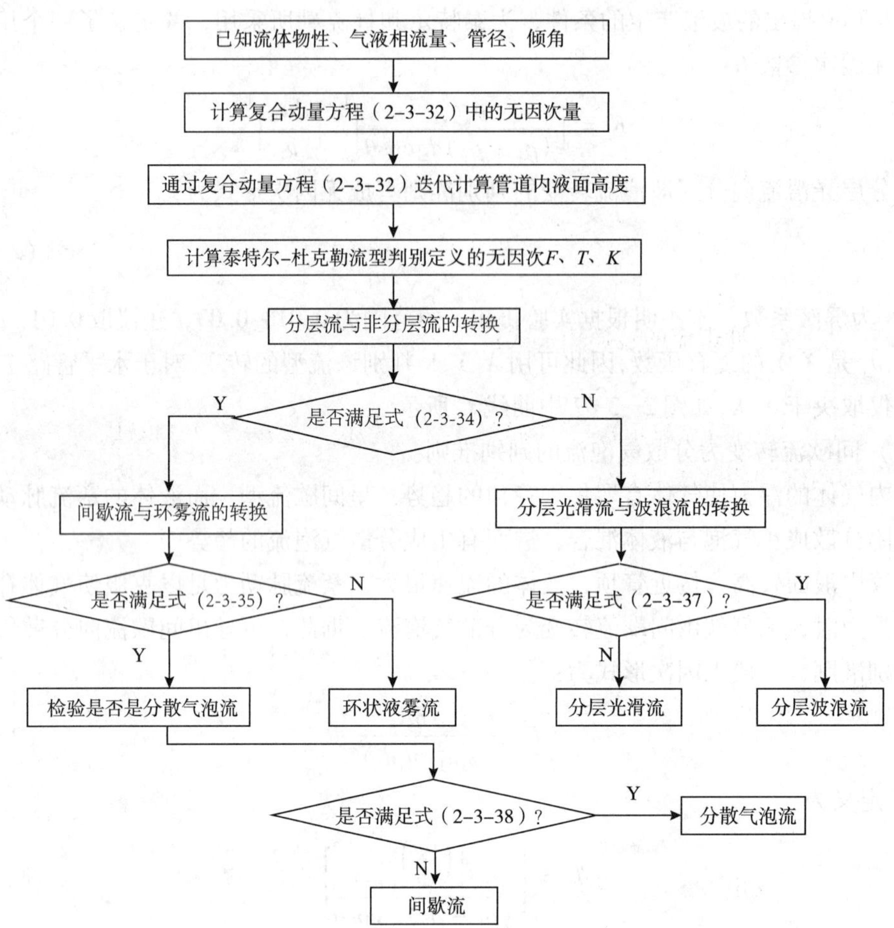

图 2-3-8 泰特尔 - 杜克勒流型判别流程图

果，并借鉴 Karnea 等的流型判别法而提出了一种综合机械模型判别法，对泰特尔 - 杜克勒流型判别法作了如下修改：

（1）将环状流向间歇流（段塞流）转变的判别准则 $h_l/d > 0.5$ 修改为 $h_l/d > 0.35$。

（2）由于波浪流可以在下倾管中自发产生，所以在下倾管中，Xiao 和 Brill 采用了 1982 年 Barnea 提出的判断液面波形成的准则：

$$\frac{u_l}{\sqrt{gh_l}} \geqslant 1.5 \tag{2-3-39}$$

写成无因次形式为：

$$\frac{u_{gl}}{\sqrt{gd}} \geqslant \sqrt{\tilde{h}_l \frac{A_l}{A}} \tag{2-3-40}$$

3. Mukherjee - Brill 流型判别法

1981 年，Mukherjee - Brill 针对 Beggs - Brill 公式存在的问题开展实验研究，提出了自己的相关式，Mukherjee - Brill 认为有些学者力求把流型分得更细，而某些流型事实上仅存在于很狭小的区域内，它们与其他流型的差别并不显著，亦难于客观地进行辨别。因此，他们主张把流型只分为气泡流、分层流、冲击流和环状流4种。通过实验，他们得出一组以无因次准数表示的，适用于各种倾角的流型分界相关式，其形式如下：

1）上倾管气泡流向冲击流的转换相关式（$\theta > 0$）

$$N_{\mathrm{lwbs}} = 10^{x} \tag{2-3-41}$$

其中，$x = \lg N_{\mathrm{gw}} + 0.940 + 0.074\sin\theta - 8.55\sin^2\theta + 3.695N_{\mathrm{l}}$

2）水平和下倾管流型转换方程（$\theta \leqslant 0$）

（1）气泡流向冲击流的转换相关式：

$$N_{\mathrm{gwbs}} = 10^{x} \tag{2-3-42}$$

其中，$x = 0.431 + 1.132\sin\theta - 3.003N_{\mathrm{l}} - 1.138(\lg N_{\mathrm{lw}})\sin\theta - 0.429(\lg N_{\mathrm{lw}})^2\sin\theta$

（2）分层流边界相关式：

$$N_{\mathrm{lwst}} = 10^{x} \tag{2-3-43}$$

其中，$x = 0.321 - 0.017N_{\mathrm{gw}} - 4.267\sin\theta - 2.972N_{\mathrm{l}} - 0.033(\lg N_{\mathrm{gw}})^2 - 3.925\sin\theta$

3）冲击流向环状流的转换相关式（θ为任何值）

$$N_{\mathrm{gwsm}} = 10^{x} \tag{2-3-44}$$

其中，$x = 1.401 - 2.694N_{\mathrm{l}} + 0.521N_{\mathrm{lw}}^{0.329}$

4）一组无因次准数

$$N_{\mathrm{lw}} = u_{\mathrm{sl}}\left(\frac{\rho_{\mathrm{l}}}{g\sigma_{\mathrm{l}}}\right)^{1/4} \quad N_{\mathrm{gw}} = u_{\mathrm{sg}}\left(\frac{\rho_{\mathrm{l}}}{g\sigma_{\mathrm{l}}}\right)^{1/4} \quad N_{\mathrm{l}} = u_{\mathrm{l}}\left(\frac{g}{\rho_{\mathrm{l}}\sigma_{\mathrm{l}}^{3}}\right)^{1/4} \tag{2-3-45}$$

式中　N_{lw}——液相折算速度准数；

N_{gw}——气相折算速度准数；

N_{l}——液相黏度准数。

其他符号意义同前。Mukherjee-Brill 方法判断流型的程序如图2-3-9所示。

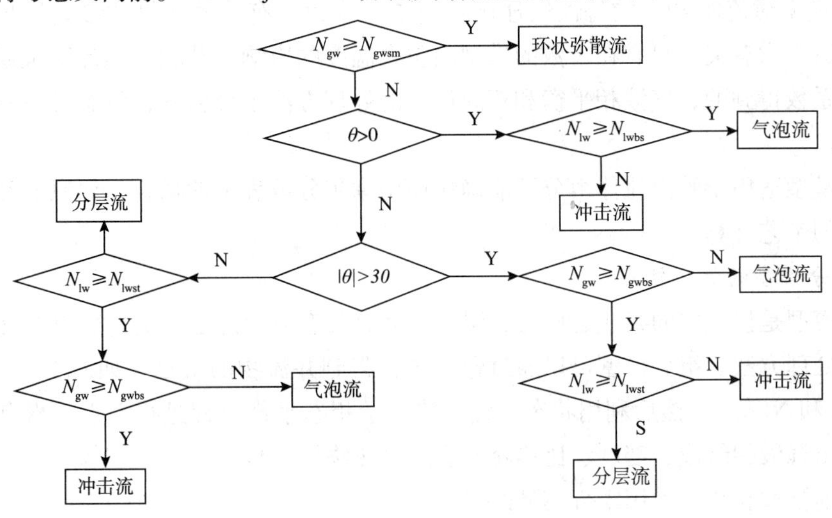

图2-3-9　Mukherjee-Brill 流型判断流程图

第三节 油气混输管路热力计算

多相管流混输研究的主要目的是进行工艺计算，而工艺计算的重点是进行压降和温降的计算。压降计算目前大都采用以实验为基础的半经验、半理论关系式，如 Beggs-Brill 和 Mukherjee-Brill 关系式等。在压降计算过程中，由于需要用到的物性参数（如溶解气油比、气液混合物的黏度、气液间表面张力等）都与温度有关，因此多相流的温降计算是压降计算的基础，进行混输管线沿线热力计算是必需的。

一、两种常用热力学模型的比较

石油工业中的两相或多相流动要准确计算管路内气、液相的流动参数，必须与热力学模型结合，确定原油与天然气的热力学物性参数和热力学特性。目前，用于石油多相流动气液相物性参数计算的热力学模型有黑油模型和组分模型。

1. 黑油模型的优、缺点

黑油模型是按油气相对密度、压力和温度，采用经验关系式来确定油气的体积系数、溶解气油比、油气比热容和密度等物性参数的一种方法。

黑油模型的优点是：

（1）计算过程简单，不涉及繁琐的状态方程参数和相态平衡计算；

（2）计算速度快、计算过程收敛。

黑油模型的缺点是：

（1）黑油模型假设流体只有油和气两种组分，因而不能计算油、气组成沿管长的变化；

（2）模型对流体 *PVT* 的特性处理比较简单，认为所有的油气物性参数仅与油气相对密度、管道压力有关，只有在少数的模型内包含温度的影响，其相分离计算是通过气油比和溶解度系数得到的，气液相平衡和相间传质的处理方法十分粗糙，没有考虑到气体的反凝析现象。

黑油模型适用于管内流体组分不能确切地用摩尔分数表示的场合，如原油和伴生气多相流管道的工艺计算。

2. 组分模型的优、缺点

组分模型是按流体的组成、压力、温度，通过状态方程确定平衡气液相组成和 *PVT* 物性参数的处理方法。组分模型可以通过色谱分析得到井流物的组分（如 C_1、C_2、…、C_7、H_2S、CO_2 和 N_2 等），然后利用状态方程、热力学相态平衡方程进行泡点、露点和闪蒸计算，计算出气液相组成、密度、比热容及逸度等热物性参数。

与黑油模型相比，采用组分模型的优点在于：

（1）能够准确地计算出气液相的摩尔组成、质量流量、各种物性参数和管道集液量；

（2）在流体输送过程中，由于沿线温度、压力的变化及滑脱现象的存在，各相的组成会发生相应改变，利用组分模型则可以准确地反映这些变化过程，处理与组成有关的复杂问题，如相间质量传递、凝析与反凝析现象等。

组分模型的缺点是：

（1）只有确切地知道流动介质各组分的摩尔组成，才能够采用状态方程进行气液闪蒸分离、气液相各种物性参数的计算；

（2）计算结果的精度受所选择的状态方程和相平衡计算模型的影响较大；

（3）在相平衡计算过程中，涉及非线性方程或非线性方程组的求解，在求解时可能出现不收敛的情况；

（4）在计算过程中，由于反复迭代，导致运算速度较慢。

组分模型是近 10 多年来在两相流管道热力计算中常常采用的一种模型，主要用于凝析天然气和挥发油系统。

黑油模型和组分模型各有其优缺点，至于采用何种方法，要视具体情况而定，本书主要研究的对象是原油集输，因此推荐采用黑油模型来计算原油和伴生气的热物性参数，然后再选用经验或半经验关系式计算集输管路的压力、温度。

二、两相管路中油气物性的计算

原油和天然气是两种互溶的流体，在集输管路的压力和温度条件下，天然气中较重的组分会部分地溶解于原油中，使液相数量增多、密度下降、黏度减小，气相则数量减少、密度下降、黏度增大，即在两相管路的气液界面上不但有能量的传递，还有质量的交换。因而，在油气两相混输管路中，气液两相的输量和物性沿管长而变化，是管路压力和温度的函数。在设计计算中应对此予以考虑。

1. 天然气在原油中的溶解度

通常，把常压（工程标准状态）储罐中的原油称为脱气原油，而在高于大气压压力下溶有天然气的原油称为溶气原油。$1m^3$ 脱气原油在某一压力和温度下能溶解的天然气量（折算成标准状态下的体积）称为天然气在原油中的溶解度，或称溶解气油比，常以 R_s 表示，以 m^3（气）/m^3（油）为单位。雷萨特（Lasater）在实验数据的基础上，给出了求溶解度的关系式：

$$R_s = 0.178\left(\frac{y}{1-y}\right)\left(\frac{1.33\times10^5\Delta_o}{M_o}\right) \tag{2-3-46}$$

其中，

$$y = 0.826\lg\left(118.69\frac{p\Delta_g}{t+273.15}+0.891\right)$$

$$API° = \frac{141.5}{\Delta_o} - 131.5$$

式中 Δ_o——脱气原油的相对密度；

Δ_g——天然气的相对密度（101.325kPa、20℃）；

y——天然气摩尔分数；

M_o——脱气原油相对分子质量，求出比重指数（$API°$）后查图 2-3-10；

p——管道输送原油的绝对压力，MPa；

t——原油温度，℃。

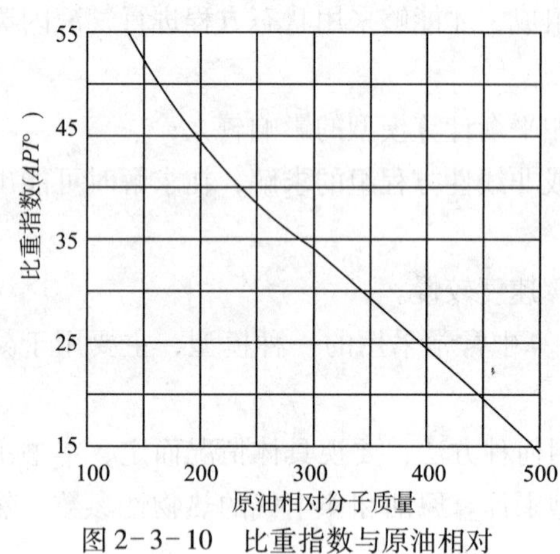

图 2-3-10　比重指数与原油相对分子质量关系曲线

从以上三个公式可以看出，天然气在原油中的溶解度大小主要取决于压力的大小。此外，还与温度、油气组成有关，油、气密度越接近，原油溶解天然气的能力越强。

司坦丁在对美国加利福尼亚州 105 个油样进行实验测定的基础上，得出另一种形式的计算溶解度的相关式：

$$R_s = 0.178\Delta_g\left[8.06p\,\frac{10^{(1.77\Delta_o^{-1}-1.64)}}{10^{0.001638t+0.02912}}\right]^{1.205} \tag{2-3-47}$$

对于上述两种求天然气溶解度的相关式，有人认为雷萨特相关式优于司坦丁相关式，查里锡（Chierici）等则建议原油相对密度大于 0.966 时采用雷萨特相关式，小于 0.966 时采用司坦丁相关式。

2. 原油的泡点压力

若原油和天然气处于相平衡状态，系统的压力称为原油的泡点压力。采用 1988 年 A1-Ma-Rhoun 的泡点压力相关式计算：

$$P_h = 0.1266\times10^{-3}R_s^{0.7151}\Delta_g^{-1.8778}\Delta_o^{3.1417}t^{1.3266} \tag{2-3-48}$$

式中　P_h——泡点压力，MPa；

R_s——管路压力、温度下的溶解气油比，m^3（气）/m^3（油）；

t——原油温度，℃。

3. 原油的体积系数

由于天然气的溶解，部分天然气以液态形式存在于原油中，使原油的体积增大。$1m^3$ 脱气原油中溶入天然气后所具有的体积称为原油的体积系数，用式（2-3-49）表示：

$$B_o = \frac{V_{osg}}{V_o} \tag{2-3-49}$$

式中　V_{osg}——溶气原油体积，m^3；

V_o——脱气原油体积，m^3。

显然，体积系数 B_o 总大于 1。司坦丁利用美国加利福尼亚州油气样品的实验数据，于 1947 年提出估算饱和原油体积系数的诺模图，根据该图，由天然气在原油中溶解度、天然气相对密度、温度可查出原油的体积系数，原油体积系数也可用式（2-3-50）计算：

$$B_o = 0.972 + 0.000147F^{1.175} \tag{2-3-50}$$

其中，

$$F = 5.6R_g(\frac{\Delta_g}{\Delta})^{0.5} + 2.25t + 40$$

用105个油样对上述相关式进行检验，45%油样的实测数据与相关式估算值的偏差小于0.5%，全部油样的实测原油体积系数与相关式估算值的算术平均误差为1.5%。因此，相关式的估算值能较好地与实验数据相吻合。若 $R_o=0$，式（2-3-50）还能计算由于温度变化所引起的脱气原油的体积变化。

由式（2-3-50）看出：饱和原油的体积系数随天然气在原油中溶解度的增大而增大；随体系温度的升高而增大；还和油气组成有关，油、气相对密度愈接近，原油的体积系数愈大。

在混输管路的计算中，通常已知脱气原油的输量 Q_o，根据原油的体积系数，可求出管路的输量 Q_o'：

$$Q_o' = B_oQ_o \tag{2-3-51}$$

4. 溶气原油的密度

脱气原油溶入一部分天然气后，其密度和相对密度均有所下降。由 $1m^3$ 脱气原油中溶入天然气后的物料平衡，可求得溶气原油的密度和相对密度，即：

$$\rho_o' = \frac{1}{B_o}(\rho_o + R_g\Delta_{ga}\rho_a) \tag{2-3-52}$$

式中 ρ_o——脱气原油密度，kg/m^3；

ρ_a——标准状态下空气的密度，kg/m^3；

Δ_{ga}——标准状态下溶入原油的天然气相对密度。

溶于原油中的天然气属于天然气中较重的组分，故溶解天然气的相对密度应大于天然气的相对密度。凯茨提出用一种图形曲线估算溶解天然气的相对密度的方法，该曲线的回归方程为：

$$\Delta_m = R_m(0.00379\Delta_o - 0.00393) - 4.08779\Delta_o + 4.43818 \tag{2-3-53}$$

由式（2-3-53）可以看出：溶解天然气的相对密度与天然气在原油中的溶解度有关，溶解度越小，溶解天然气的相对密度越大，说明天然气中的重组分更易溶解于原油中；溶解天然气的相对密度还与脱气原油的相对密度有关，这是因为伴随轻质原油开采出来的天然气较富，含有较多的汽油组分；而伴随重质原油开采出来的天然气往往较贫，主要由轻烃（甲烷、乙烷等）组成，故在相同溶解度下，溶于重质原油中的天然气其相对密度较小。

5. 原油、天然气、水的黏度

1）溶气原油的黏度

溶入天然气的原油黏度变小。溶气原油的黏度可利用温度条件相同的脱气原油黏度与天然气的溶解度，经下面两个关系式求得。

（1）Chew-Connaly 图表确定的溶气原油黏度计算公式：

$$\mu_o' = A(\mu_o)^B \tag{2-3-54}$$

其中，$A=0.2+\dfrac{0.8}{10^{0.00455}R_t}$，$B=0.43+\dfrac{0.57}{10^{0.004045}R_s}$

式中 μ_o'、μ_o——温度条件相同时溶气和脱气原油的黏度，mPa·s。

（2）计算溶气原油黏度的 Vazquez-Beggs 相关式：

$$\mu_o' = A\mu_o^B \tag{2-3-55}$$

其中，$A=10.715\ (5.6146R_s+100)^{-0.515}$，$B=5.44\ (5.6146R_s+150)^{-0.338}$

式中，μ_o 为脱气原油的动力黏度。1990 年，Egbogah 和 Jack 修正了 Beggs 和 Robinson 相关式，得到 μ_o 的计算式：

$$\mu_o = 10^{x_1} - 1.0 \tag{2-3-56}$$

其中，

$$x_1 = y_1(1.8t+32.0)^{-0.5611} \quad y_1 = 10^{\left[1.8653-0.02509\left(\frac{141.5-131.5\Delta_e}{A_o}\right)\right]}$$

2）天然气的黏度

已知天然气所处压力、温度条件下的密度 ρ_g（单位为 kg/m³）和标准状态下的相对密度 Δ_g，可按 Lee 经验公式计算油田伴生气黏度：

$$\mu = K\times 10^{-4}\exp\left[x\left(\frac{\rho_g}{1000}\right)^y\right] \tag{2-3-57}$$

其中，
$$K = \frac{(9.4+0.02M)[1.8(t+273.15)]^{1.5}}{209+19M+1.8(t+273.15)}$$

$$x = 3.5+\frac{986}{1.8(t+273.15)}+0.01M \quad y = 2.4-0.2x \quad M = 28.964\Delta_g$$

式中 M——天然气视分子质量；

t——天然气温度,℃。

3）水的黏度

Beggs 和 Brill 根据 Van Wingen 所给出的水的黏度曲线，提出了计算水黏度的公式：

$$\mu_w = \exp[1.003-0.01479\ (1.8t+32)\ +1.982\times 10^{-5}\ (1.8t+32)^2] \tag{2-3-58}$$

式中 μ_w——水的动力黏度，mPa·s；

t——水的温度,℃。

4）油水混合物的动力黏度

根据 Leviston 相关式计算油水混合物的动力黏度：

$$\mu_l = \mu_o\left[1+2.5\left(\frac{\mu_w+0.4\mu_o}{\mu_w+\mu_o}\right)\left(f_w+\frac{5}{3}f_w^2+\frac{11}{3}f_w^3\right)\right] \tag{2-3-59}$$

式中 μ_l——油水混合物的动力黏度，mPa·s；

μ_o、μ_w——油水的动力黏度，mPa·s；

f_w——油水混合物的体积含水率，无因次。

在油气水三相混输管道中，油水混合物的黏度对压降的影响较大，目前油水混合物的黏度仍很难用准确的关系式计算。如果油水形成乳化液，则必须采用相应的公式计算乳化液的黏度，而不能采用体积平均的方法计算。

6. 原油、天然气定压比热容

1）原油比热容

考虑原油中石蜡相态变化对比热容值的影响，对含蜡原油的比热容进行测试，作出如图2-3-11所示的比热容－温度曲线。根据比热容随温度的变化趋势，可按析蜡温度 t_1、最大比热容值对应温度 t_2，将 $c-t$ 曲线大致分为三个区域。

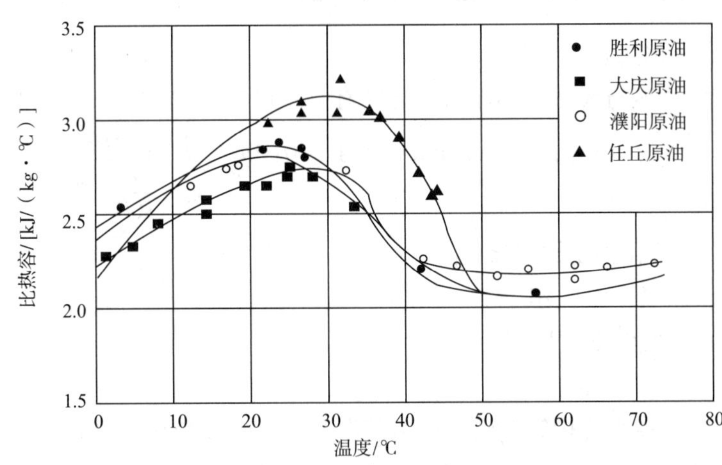

图2-3-11 比热容－温度曲线

（1）温度高于析蜡温度 t_1 时为Ⅰ区，在该区内石蜡全部溶于原油中，无相态变化，比热容随温度的升高而缓慢上升。这时，液态原油的比热容与温度的关系式为：

$$c=\frac{1}{\sqrt{\Delta_o}}(1.687+3.39\times10^{-3}t) \tag{2-3-60}$$

式中 c——原油比热容，kJ/（kg·℃）；

t——原油的温度，℃；

Δ_o——15℃时原油的相对密度。

（2）从 t_1 到比热容达到最大对应的温度 t_2 为Ⅱ区，在Ⅱ区内随着油温下降，比热容急剧上升，比热容与温度的关系可表示为：

$$c=4.1868(1-Ae^{nt}) \tag{2-3-61}$$

（3）从 t_2 到0℃为Ⅲ区，在Ⅲ区内原油比热容随油温的下降而减小，其关系式为：

$$c=4.1868(1-Be^{mt}) \tag{2-3-62}$$

式中 A、B——常数，kJ/（kg·℃），见表2-3-4；

m、n——指数，1/℃，见表2-3-4。

图2-3-11中四种原油的实测参数见表2-3-4，由此可见，t_2 大都略低于凝固点，对于不同的原油，比热容常数和比热容指数不同，但 $c-t$ 关系的变化规律是相似的。在计算混输管线沿线温降时，对于不同的温度段应选用不同的比热容计算式。

表 2-3-4　四种原油的实测参数

参数 / 原油	A	B	n	m	t_1 时比热容/[kJ/（kg·℃）]	t_1/℃	t_2/℃	$t_凝$/℃
大庆原油	0.2170	0.4200	0.01732	0.01567	2.106	47.5	20	32
胜利原油	0.1156	0.4599	0.03465	0.01164	2.123	42.0	30	32
濮阳原油	0.1613	0.4122	0.02540	0.01217	2.223	41.3	25	29
任丘原油	0.0471	0.0451	0.04761	0.02116	2.139	49.0	33	36

2）天然气定压比热容

天然气定压比热容与天然气的压力、温度有关，可近似按式（2-3-63）计算：

$$C_{pg}=13.19+0.092T-0.624\times10^{-4}T^2+\frac{13.25MP^{1.124}}{\left(\frac{T}{100}\right)^{5.08}} \tag{2-3-63}$$

式中　C_{pg}——天然气比定压摩尔热容，kJ/（kmol·K）；

P——天然气压力，MPa；

T——天然气温度，K。

7. 天然气节流效应系数

所谓节流效应是指当混输管路沿线压力逐渐下降时，管道中气体因压力降低产生绝热膨胀，气体分子间的距离增大。在没有外界能量供给的情况下，必须依靠气体本身具有的能量来克服气体分子间的引力，从而表现为气体本身的温度降低，这种现象通常称为节流效应或焦耳-汤姆逊效应。

节流效应对气体温度的影响程度用焦耳-汤姆逊效应系数 D_i 表示。它的物理意义是指下降单位压力时的温度变化值。天然气节流效应系数与天然气的压力、温度、临界参数和热容有关，可按式（2-3-64）进行计算，一般天然气的节流效应系数 D_i 取 2～5℃/MPa。

$$D_i=\frac{4.1868T_c f(P_r,T_r)}{P_c C_{pg}} \tag{2-3-64}$$

若 $0.8\leqslant P_r\leqslant3.5$，$1.6\leqslant T_r\leqslant2.1$，则有：

$$f(P_c,T_r)=2.343T_r^{-2.04}-0.071(P_r-0.8) \tag{2-3-65}$$

式中　D_i——焦耳-汤姆逊效应系数，℃/MPa；

P_c——天然气临界压力，MPa；

T_c——天然气临界温度，K；

P_r、T_r——天然气对比压力和对比温度，无因次。

8. 天然气压缩因子

发表于 1974 年的罗宾逊法（Dranchuk、Purvis 和 Robinson）包含 8 个系数的状态方程，其计算的天然气压缩因子的结果与司坦丁的压缩因子图示曲线相符。压缩因子的相关式为：

$$Z = 1 + (A_1 + A_2T_r^{-1} + A_3T_r^{-3})\rho_r + (A_4 + A_5T_r^{-1})\rho_r^2 + A_5A_6\rho_r^5T_r^{-1} + (A_7\rho_r^2/T_r^3)(1 + A_8\rho_r^2)\exp(1 - A_8\rho_r^2) \tag{2-3-66}$$

$$\rho_r = 0.27P_r/(ZT_r) \tag{2-3-67}$$

式中　ρ_r——天然气对比密度，无因次。

$A_1 = 0.31506237$；$A_2 = -1.04670990$；$A_3 = -0.57832729$；$A_4 = 0.53530771$；$A_5 = -0.61232032$；$A_6 = -0.10488813$；$A_7 = 0.68157001$；$A_8 = 0.68446549$。

9. 原油、水的表面张力

1）溶气原油的表面张力

若以 σ_0 表示在某压力 p（单位为 MPa）、温度 t（单位为℃）条件下，溶气原油的表面张力（单位为 N/m），σ 表示在相同温度条件下常压时脱气原油的表面张力，σ 可由图 2-3-12 查得。在缺少实验数据时，可用式（2-3-68）估算：

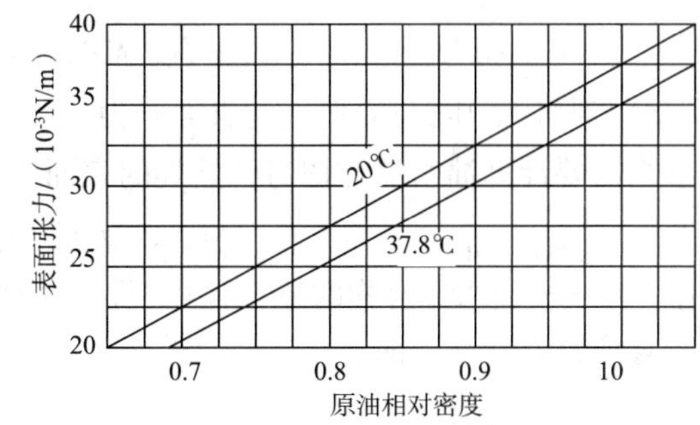

图 2-3-12　常压下原油的表面张力

$$\sigma = (47.5\Delta_v - 0.08427t - 9.1896) \times 10^{-3} \tag{2-3-68}$$

在常压下，多数原油的表面张力范围为（25～35）×10^{-3}N/m。

由溶气原油的饱和蒸汽压，查图 2-3-13 得到修正系数 σ_0/σ，则有：

$$\sigma_0 = \sigma\ (\sigma_0/\sigma) \tag{2-3-69}$$

将图 2-3-13 的曲线回归后，σ_0 和 σ 有如下关系：

$$\sigma_0 = \sigma\exp(-0.10127p - 0.018563) \tag{2-3-70}$$

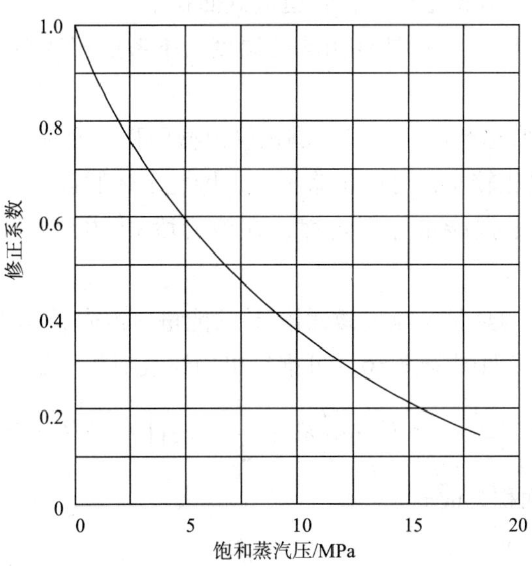

图 2-3-13　常温下溶气原油表面张力修正系数

2）水－天然气的表面张力

卡茨等总结了 Hocolt 和 Hough 等的研究成果，给出了预测水－天然气表面张力的曲线图，该图可以回归为式（2－3－71）：

$$\sigma_w = \frac{248 - 1.8t}{206}[76\exp(-0.03625p) - 52.5 + 0.87p] + 52.5 - 0.87p \quad (2-3-71)$$

式中 σ_w——水－天然气的表面张力，mN/m；

t——水的温度，℃；

p——混输管道的平均压力，MPa。

3）油水混合物与天然气的表面张力

当需要计算油水混合物与天然气的表面张力 σ_1 时，可取

$$\sigma_1 = \sigma_0(1 - f_w) + \sigma_w f_w \quad (2-3-72)$$

式中 f_w——油水混合物的体积含水率，无因次。

其他符号意义同前。

三、混输管线流体温度分布计算

混输管线内流体温度分布的计算与单相流体输送管线相比，有明显的不同。气液混合物不仅要通过管壁向外界散热，存在 Joule-Thomson 效应引起的温降和液体的摩擦生热，还要考虑它们之间质量与能量的交换。本节以两相流动的能量守恒原理为依据，推导出一个适合于组分模型、黑油模型，并考虑多种因素影响的温降计算公式。

1. 温降计算公式的理论推导

为了便于分析和推导，首先要简化模型，提出以下两条假设：

（1）流体在管内做一维稳定运动，管道横截面积不变。

（2）计算微元段 dl 内气液相具有相同的温度，不考虑相变热，气液相物性参数视为定值。

对于长输管道的正常运行而言，可以满足管道截面积不变和一维稳定流动条件。在微元管道 dl 中，因相变热比较小，可以忽略不计，因此上述假设条件是完全合理的。

对于气液混合物，根据能量守恒定律，在微元段 dl 内混合流体存在着以下热力学关系：

环境传入微元段 dl 的热量 = 流出微元段 dl 的能量 − 流入微元段 dl 的能量 + 微元段 dl 内能量的积累，由此，参照图 2－3－6，可推导出描述气液相的稳态能量方程式：

$$\frac{\mathrm{d}}{\mathrm{d}l}\left[\rho_g u_g \varphi A\left(h_g + \frac{u_g^2}{2} + gz\right) + \rho_1 H_L A u_1\left(h_1 + \frac{u_1^2}{2} + gz\right)\right] + \pi KD(T - T_0) = 0 \quad (2-3-73)$$

式中 A——管道横截面积，m^2；

D——管道外径，m；

H_L、φ——截面含液率、含气率，无因次；

h_g、h_1——气、液相焓值，kJ/kg；

μ_g、μ_l——气、液相速度，m/s；

ρ_g、ρ_l——气、液相密度，kg/m³；

T_0——环境温度，℃；

T——气液混合物温度，℃；

K——管道总传热系数，W/（m²·℃）；

z——管段爬坡的垂直高度，m。

对于气液混合物质量流量可用式（2-3-74）表示：

$$M = M_g + M_l = \rho_g u_g \varphi A + \rho_l u_l H_L A \tag{2-3-74}$$

式中　M——dl 管段气液混合物质量流量，kg/s；

M_g——dl 管段气体的质量流量，kg/s；

M_l——dl 管段液体的质量流量，kg/s。

dl 管段管道爬坡垂直高度与管线倾角 θ 的关系为：

$$\frac{dz}{dl} = \sin\theta \tag{2-3-75}$$

结合式（2-3-74）和式（2-3-75），改写式（2-3-73）可得：

$$M_g \frac{dh_g}{dl} + M_l \frac{dh_l}{dl} + M_g u_g \frac{du_g}{dl} + M_l u_l \frac{du_l}{dl} + Mg\sin\theta = -\pi KD(T - T_0) \tag{2-3-76}$$

对于气体，由热力学基本方程式可推出：

$$dh_g = \left(\frac{\partial h_g}{\partial T}\right)_P dT + \left(\frac{\partial h_g}{\partial p}\right) T dp = C_{pg} dT + \left(\frac{\partial h_g}{\partial p}\right)_T dp \tag{2-3-77}$$

$$\left(\frac{\partial h_g}{\partial p}\right)_T = -\left(\frac{\partial h_g}{\partial T}\right)_P \left(\frac{\partial p}{\partial T}\right)_h = -C_{pg} D_i \tag{2-3-78}$$

所以有：

$$\frac{dh_g}{dl} = C_{pg}\frac{dT}{dl} - D_i C_{pg}\frac{dp}{dl} \tag{2-3-79}$$

式中　C_{pg}——气体的定压比热容，kJ/（kg·℃）；

D_i——焦耳-汤姆逊系数，℃/kPa。

对于液体，同理可得：

$$\frac{dh_l}{dl} = C_{pl}\frac{dT}{dl} - J_l C_{pl}\frac{dp}{dl} \tag{2-3-80}$$

式中　C_{pl}——液体的比热容，kJ/（kg·℃）；

J_i——液体摩擦生热系数，℃/kPa。

假设液体是不可压缩流体，可由式（2-3-81）进行计算 J_l：

$$J_l = \frac{-1}{C_{pl}\rho_l} \tag{2-3-81}$$

定义气液相混合流体定压比热容：

$$C_y = xC_{pg} + (1 - x)C_{pl} \tag{2-3-82}$$

式中 x——质量含气率，无因次。

其他符号意义同前。

$$a = \frac{\pi KD}{MC_p} \tag{2-3-83}$$

将式（2-3-79）和式（2-3-80）代入式（2-3-76），整理可得：

$$\frac{d(T - T_0)}{dl} + a(T - T_0) = (C_1 - C_4)\frac{dp}{dl} - C_2 - C_3 \tag{2-3-84}$$

其中，

$$C_1 = \frac{xC_{pg}D_i}{C_p}$$

$$C_2 = \frac{g\sin\theta}{C_p}$$

$$C_3 = \frac{xu_g\frac{du_g}{dl} + (1 - x)u_l\frac{du_l}{dl}}{C_p}$$

$$C_4 = -\frac{(1 - x)C_{pl}J_l}{C_p} = \frac{1 - x}{C_p\rho_l}$$

其中，C_1、C_2、C_3、C_4 分别为焦耳－汤姆逊效应、地形起伏、流体加速和液体摩擦生热影响系数。由于式(2-3-84)右边各项均是 l 的函数，故该式为一阶齐次线性微分方程，其通解为：

$$\int_{T_0}^{T} d(T - T_0) = C^{-\int_0^l adl}\left[\int_0^l\left[(C_1 - C_4)\frac{dp}{dl} - C_2 - C_3\right]e^{\int_0^l adl}dl + C\right] \tag{2-3-85}$$

假设管段 dl 内，K、C_p 近为常数，利用边界条件，当 $l=0$ 时，$T=T_R$（管段的起点温度 T_R），求出积分常数 $C=T_R-T_0$，式（2-3-85）进一步简化为：

$$T = T_0 + (T_R - T_0)e^{-al} + c^{-al}\int_0^l\left[(C_1 - C_4)\frac{dp}{dl} - C_2 - C_3\right]e^{al}dl \tag{2-3-86}$$

式（2-3-86）是确定两相管流温度分布的基本方程，可通过数值积分求解。

从式（2-3-86）可以看出：在已知流体入口温度 T_R 和土壤环境温度 T_0 的情况下，混输管道中流体的温度分布取决于下列因素：

（1）热交换，主要与传热系数 K 有关（方程中松弛系数 a）；

（2）由摩阻引起的焦耳－汤姆逊效应（C_1 系数）、速度的变化（C_3 系数）、高程的变化（C_2 系数）；

（3）流动能量损失，即液体摩擦热的产生（C_4 系数）。

2. 一组实用计算公式的推导

当利用式（2-3-86）计算长距离两相流管道温降时，一般应将管路分成若干管段，算出各个管段的温降后相加得到全管路的总温降。为了便于式（2-3-86）积分求解，对于任何一个长为 L 的混输管段，作如下假设：

(1) 如果不考虑管道沿线地形起伏，那么：

$$\theta = 0 \quad C_2 = 0 \tag{2-3-87}$$

(2) 假设该管段内流体压力呈线性分布，近似令

$$\mathrm{d}p/\mathrm{d}l = \frac{p_Z - p_Q}{L} \tag{2-3-88}$$

式中 p_Q——混输管段 L 的起点压力，kPa；

P_Z——混输管段 L 的终点压力，kPa。

(3) 忽略气相、液相加速影响，即：

$$\frac{du_g}{dl} = 0 \quad \frac{du_l}{dl} = 0 \quad C_3 = 0 \tag{2-3-89}$$

在以上三个条件下，将式（2-3-86）积分得到计算距离管段起点 l 处流体温度分布公式：

$$T_1 = T_0 + (T_Q - T_0)e^{-al} - \frac{C_1 - C_4}{a}\left(\frac{p_Q - p_Z}{L}\right)(1 - e^{al}) \tag{2-3-90}$$

则长度为 L 的混输管段终点温度计算式：

$$T_Z = T_0 + (T_Q - T_0)e^{-al} - (C_1 - C_4)\left(\frac{p_Q - p_Z}{aL}\right)(1 - e^{-al}) \tag{2-3-91}$$

如果已知终点温度 T_Z，同理可以推导出管段起点温度 T_R 的计算公式：

$$T_Q = T_0 + (T_Z - T_0)e^{al} - (C_1 - C_4)\left(\frac{p_Q - p_Z}{aL}\right)(1 - e^{-al}) \tag{2-3-92}$$

混输管段内流体平均温度可表示为：

$$T_{pj} = T_0 + (T_Q - T_0)\frac{e^{-al}}{al} - (C_1 - C_4)\left(\frac{p_Q - p_Z}{aL}\right)\left[1 - \frac{1}{aL}(1 - e^{-al})\right] \tag{2-3-93}$$

基于不考虑管线起伏和气、液相加速影响条件，导出式（2-3-90）~式（2-3-93），经油田现场实例验算，均能满足工程计算精度要求。

第四节 油气混输管路水力计算

一个完整的两相管流水力学模型应包括流型判断、持液率和压降计算三个部分。流型判别是进行两相管流水力计算的第一步，一般采用流型图或根据流型转换准则，利用流体流动参数来确定流型。应用较多的是 Taitel - Dukler（1976）、Barnea（1957）和 Xiao - Brill（1990）流型判断方法。截面持液率是气液两相管流最重要的特征参数之一，常常采用经验或半经验关系式进行计算，因受实验数据源的影响，误差较大。两相管流的压降计算是管道设计、施工和运行的基础，也是工程上最关心的问题。由于管内流动状态受多种因素的影响，如气液比、管径、流速、各相物性、温度及管道倾角等，事实上要准确计算压降是相当困难的。现已发表的压降计算方法大体可分为以下四种：

（1）基于均相流模型压降计算公式。把气液混合物看作一种均匀连续介质，相间没有相对速度，水力摩阻系数由实验或实测数据确定，压降按单相管路计算，该模型适用于分散气泡流和弥散流。目前，国内常用的计算公式大多数属于均相流模型。

（2）基于分相流模型压降计算公式。把气液两相作为完全分离的两种流体，存在着不同的特性和速度，用不同的计算公式计算压降，但不考虑气液相界面间的相互作用，该模型适用于分层流和环状流。较著名的有 Lockhart-Martinelli 和 Dukler 压降计算法。

（3）基于流型模型压降计算法。这种方法首先确定流型，然后根据不同的流型选择不同的计算公式，由于不同流型的能量损失机理不同，压降计算公式也不一样。典型的计算公式有 Mukherjee-Brill、Beggs-Brill、Oliemans 等。

（4）组合压降计算法。在实际应用中，较流行的做法是针对不同的计算对象。选择不同的公式分别计算摩阻、高程和加速产生的压降，进而求出总压降。例如，用 Dukler 公式计算摩阻压降损失，高程变化引起的压降由 Flanigan 公式进行修正，加速压降损失则由 Eaton 公式计算。表 2-3-5 归纳了部分国内外两相管流稳态计算软件中常采用的组合模型，表中“＊”表示在倾斜管线中的持液率用 Beggs-Brill 方法进行修正。

表 2-3-5 常用组合水力学模型

模型及代码	流型划分	截面含液率	压降计算		
			摩阻压降	高程压降	加速压降
Dukler-Eaton-Flanigan（DEF）	无	Eaton	Dukler Ⅱ	Flanigan	Eaton
Dukler Ⅱ -Flanigan（DF）	无	Dukler Ⅱ	Dukler Ⅱ	Flanigan	无
Eaton-Flanigan（EF）	无	Eaton	Eaton	Flanigan	Eaton
Eaton（Eaton）	Eaton	Eaton	Eaton	Eaton	Eaton
Beggs-Brill（BB）	BB	Beggs-Brill	Beggs-Brill	Beggs-Brill	Beggs-Brill
Beggs-Brill No-Slip（BBNS）	BB	No-Slip Holdup	BB with Moody	BB（No-Slip）	Beggs-Brill
Beggs-Brill-Moody（BBM）	BB	Beggs-Brill	BB with Moody	Beggs-Brill	Beggs-Brill
Beggs-Brill-Moody-Dukler（BBMD）	BB	Dukler＊	BB with Moody	Beggs-Brill	Beggs-Brill
Beggs-Brill-Moody- Eaton（BBME）	BB	Eaton＊	BB with Moody	Beggs-Brill	Beggs-Brill
Beggs-Brill-Moody-Hagedom-Brown（BBMHB）	MB	Beggs-Brill	BB with Moody	Beggs-Brill	Beggs-Brill

我国常用的两相管路压降计算方法来源于 20 世纪 50 年代前苏联教材，主要根据均相流模型由能量守恒方程推导而得。由于混输管路存在气液两相滑差，各油田在进行两相混输管路计算时，按各自的经验选取不同的水力摩阻系数，因而该计算方法的通用性和适用性较差。本节分别以水平、垂直和倾斜三种类型管道来介绍表 2-3-5 中常用的两相流水力计算公式的基本形式、适用范围和计算方法。

一、水平气液两相管流的压降计算

1. 杜克勒（Dukler Ⅰ、Ⅱ）压降计算法

在美国石油学会和美国煤气协会赞助下，休斯顿大学的杜克勒等于 1961 年开始进行

较大规模的气液两相管流研究工作。杜克勒在利用相似理论建立计算水平气液两相管路压降的新方法时，根据气液两相的速度是否相同、相间是否存在滑脱损失，把两相管路压降计算方法分为两种情况，即杜克勒Ⅰ和Ⅱ压降计算法。

（1）杜克勒Ⅰ法。

杜克勒Ⅰ法假设气液两相在管路内混合得非常均匀，符合均相流模型的假设条件，可把气液两相管路当作单相管路进行水力计算，只是在计算中用气液混合物的各项参数取代单相流体的参数。即管路的压降梯度用达西公式计算：

$$-\frac{\mathrm{d}p}{\mathrm{d}l}=\frac{\lambda}{d}\frac{u^2}{2}\rho_{\mathrm{f}} \tag{2-3-94}$$

其中，气液混合物的水力摩阻系数 λ 采用 1930 年化学工程师协会发表的计算式：

$$\lambda = 0.0056+\frac{0.5}{Re^{0.32}} \tag{2-3-95}$$

气液两相混合物的雷诺数、密度、黏度计算式为：

$$Re=\frac{du\rho_{\mathrm{f}}}{\mu}\quad \rho_{\mathrm{f}}=\beta\rho_{\mathrm{g}}+(1-\beta)\rho_{\mathrm{l}}\quad \mu=\beta\mu_{\mathrm{g}}+(1-\beta)\mu_{\mathrm{l}} \tag{2-3-96}$$

杜克勒认为，流体沿管长流速的变化还将产生由加速度引起的压力损失，其计算式为：

$$-\left(\frac{\mathrm{d}p}{\mathrm{d}l}\right)_{\mathrm{t}}=\frac{\frac{\mathrm{d}p}{\mathrm{d}l}}{1-J}\quad J=\frac{QQ_{\mathrm{g}}\rho\bar{p}}{A^2p_{\mathrm{Q}}p_{\mathrm{Z}}} \tag{2-3-97}$$

式（2-3-97）中，J 为由加速度引起的与压力梯度有关的系数，无因次；$\bar{p}$ 为管路的平均压力；$\left(\frac{\mathrm{d}p}{\mathrm{d}t}\right)_{\mathrm{t}}$ 为考虑流体加速度引起的压力损失后，管路的压降梯度。

管路内由于流体速度变化所引起的压力损失与摩阻损失相比，一般很小，常可忽略。例如：一条直径 12in、长 40km 的管路，压降为 0.71MPa，而由速度变化引起的压降仅为 1.16×10^{-3}MPa，占 1.6‰。

（2）杜克勒Ⅱ法。

杜克勒Ⅱ法属于分相流模型法。杜克勒认为，在实际管路中，气液两相的流速常不相同，相间存在滑脱，只有在流速极高的情况下才可近似认为两相间无滑脱存在。因而，他利用相似理论并假定沿管长气液相间的滑动比不变，建立了相间有滑脱时管路压降梯度的计算方法。该方法中的压降梯度仍按式（2-3-94）计算，流速、黏度和雷诺数的计算方法与杜克勒Ⅰ法相同，而气液两相混合物的密度按式（2-3-98）计算：

$$\rho_{\mathrm{m}}=\rho_{\mathrm{l}}\frac{R_{\mathrm{L}}^2}{H_{\mathrm{L}}}+\rho_{\mathrm{g}}\frac{(1-R_{\mathrm{L}})^2}{1-H_{\mathrm{L}}} \tag{2-3-98}$$

式中　H_{L}——截面含液率；

R_{L}——体积含液率。

若气液流速相同，相间无滑脱（$\beta=\varphi, H_{\mathrm{L}}=R_{\mathrm{L}}$），式(2-3-98) 与杜克勒 Ⅰ 法的密度计

算式相同($\rho_m = \rho_f$)，则杜克勒 Ⅰ 法与 Ⅱ 法完全一致。因而，可把杜克勒 Ⅰ 法看作是 Ⅱ 法的一个特例。

当按式(2-3-98)求气液混合物密度时，须知截面含液率 H_L。杜克勒利用数据库中储存的实测数据，得到截面含液率、体积含液率和雷诺数之间的关系曲线(见图2-3-14)。

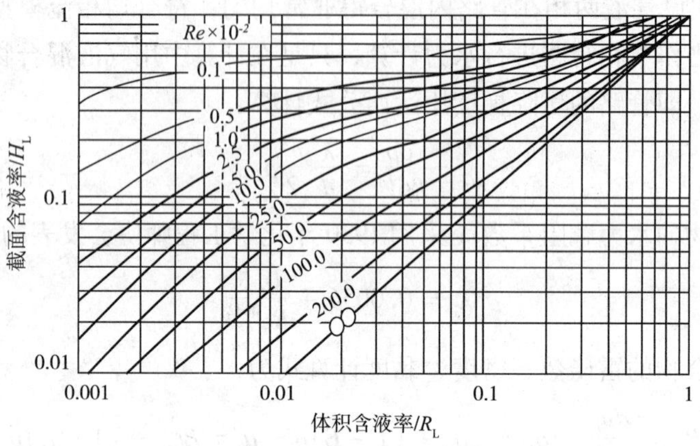

图2-3-14 R_L-Re-H_L 关系曲线

图中体积含液率 R_L 可由管路气液体积流量求得，而截面含液率 H_L 与雷诺数 Re 之间呈隐函数关系，需要猜算。一般先假设截面含液率 H_L，按式(2-3-98)计算出两相混合物密度 ρ_m，进而求得雷诺数 Re 后，由图2-3-14查出 H_L。若假设的 H_L 值与由图2-3-14查得的 H_L 值相差超过5%，需重新假设 H_L 值，重复上述计算步骤，直至两者误差小于5%为止。

相间有滑脱的水平两相管路的水力摩阻系数由式(2-3-99)计算：

$$\lambda = C(0.0056 + \frac{0.5}{Re^{0.32}}) \qquad (2-3-99)$$

式(2-3-99)中，C 为系数，是体积含液率 R_L 的函数，由数据库实测数据归纳而得的 $C-R_L$ 关系曲线如图2-3-15所示。

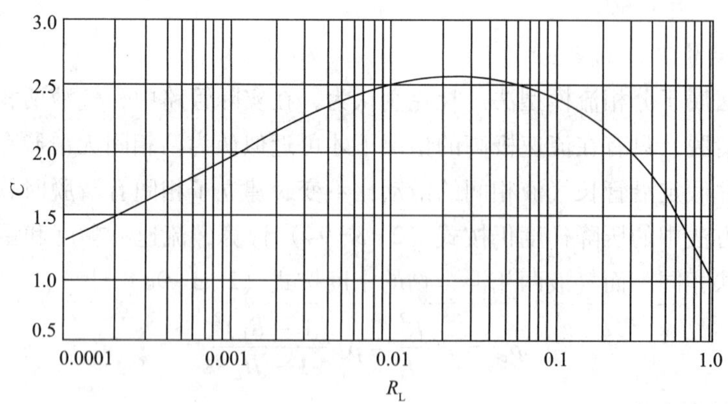

图2-3-15 $C-R_L$ 关系曲线

该曲线的表达式为：

$$C = 1 - \frac{\ln R_L}{S_0} \quad (2-3-100)$$

其中，$S_0 = 1.281 - 0.478(-\ln R_L) + 0.444(-\ln R_L)^2 - 0.094(-\ln R_L)^3 + 0.00843(-\ln R_L)^4$

由图2-3-15可以看出，当 $R_L = 1$ 时，即管路内只有单相液体流动时，$C = 1$。所以，系数 C 可理解为管路内存在两相时其水力摩阻系数比单相液体管路水力摩阻系数增加的倍数。

由于数据库内实测数据具有局限性，杜克勒建议Ⅱ法的适用范围为：①截面含液率为0.01~1.0，体积含液率为0.001~1.0；②管径不大于5½in；③两相雷诺数为600~200000。

杜克勒在建立了两种两相管路压降计算方法后，用数据库中的实测数据进行了检验。他认为杜克勒Ⅱ法优于杜克勒Ⅰ法。

2. 贝克（Baker）压降计算公式

贝克压降计算公式是一种基于流型的模型压降计算方法。在计算两相管路压降时，采用的两相管路压降梯度为分气相压降折算系数 ϕ_g^2 与管路内只有气体单独流动时压降梯度的乘积，即：

$$-\frac{dp}{dl} = \phi_g^2\left(\frac{dp}{dl}\right)_g \quad (2-3-101)$$

式中 $\left(\frac{dp}{dl}\right)_g$——管线内只有气体单相流动时的压降梯度，Pa/m；

ϕ_g^2——气相压降折算系数，见式（2-3-22）。

贝克根据自己作出的流型分界图2-3-2，对许多研究者的实验数据和两相管路的生产实测数据进行了分析研究，归纳出各流型区分气相折算系数的经验相关式（见表2-3-6）。

表2-3-6 贝克流型分气相折算系数计算式

流 型	气象折算系数 ϕ_g^2
气泡流	$\phi_g^2 = 53.88X^{1.5}(\frac{A}{M_1})^{0.2}$
气团流	$\phi_g^2 = 79.03X^{1.71}(\frac{A}{M_1})^{0.34}$
分层流	$\phi_g^2 = 6120X^2(\frac{A}{M_1})^{1.6}$
冲击流	$\phi_g^2 = 1920X^{1.63}\frac{A}{M_1}$
环状流	$\phi_g^2 = (4.8 - 12.3d)^2X^{2(0.343-0.826d)}$
波浪流（采用汉廷顿关系式）：$-\frac{dp}{dl} = 0.0175(\frac{M_1\mu_1}{M_g\mu_g})^{0.209}\frac{\mu_{sg}\rho_g}{2d}$	

注：1 $(\frac{dp}{dl})_1$ 为管线内只有液体单向流动时的压降梯度（单位为Pa/m）；

2 u_{sg} 为气相折算速度（单位为m/s）；

3 μ_g、μ_1 分别为管路条件下气相、液相的动力黏度（单位为mPa·s）；

4 M_1、M_g 分别为液相和气相的质量流量（单位为kg/s）；

5 d 为管道内径（单位为m）；

6 A 为管道截面积（单位为m^2）；

7 X^2 为洛－马参数，定义为 $X^2=\frac{\left(\frac{dp}{dl}\right)_g}{\left(\frac{dp}{dl}\right)_l}$。

贝克所收集的实验数据大多来自 6～10in 原油和天然气的混输管路，故上述公式较适用于6in 以上的油气混输管路，其中以冲击流型的计算精度最好，误差有望在 10% 左右，环状流次之。

3. 伊顿（Eaton）压降计算公式

（1）伊顿水平管持液率计算式。

伊顿等用了 3 种直径的管线（2in、4in 和 17in）进行实验，为了避免入口效应对两相流动的影响，其中还采用了一条长于 16km，管径 17in 的海底管线做实验，一般来说，伊顿计算式不适用于直径小于 50. 8mm 的管道，不能应用于持液率很高或很低的场合，当 $H_L<0.1$ 时持液率计算值偏低，在 $0.1<H_L<0.35$ 范围内持液率计算值比较准确。有学者计算表明，伊顿公式用于高气液比的混输管道计算持液率时具有较高的准确性，例如海底凝析天然气与凝液的混输管道。伊顿水平管截面持液率计算式如下：

$$H_L(0)=\psi\left[\frac{N_{lw}^{0.575}}{N_{gw}N_d^{0.02777}}\left(\frac{p}{p_b}\right)^{0.05}\left(\frac{N_l}{N_{lb}}\right)^{0.10}\right] \tag{2-3-102}$$

令无因次项：

$$\Gamma=\frac{N_{lw}^{0.575}}{N_{gw}N_d^{0.02777}}\left(\frac{p}{p_b}\right)^{0.05}\left(\frac{N_l}{N_{lb}}\right)^{0.10} \tag{2-3-103}$$

管径性质准数：

$$N_d=d\left(\frac{\rho_l g}{\sigma_l}\right)^{\frac{1}{2}} \tag{2-3-104}$$

式中 N_{lb}——15. 5℃和 0. 101325MPa 下水的黏度准数，$N_{lb}=0.00226$；

p——管道内流体压力，Pa；

d——管道内径，m；

p_b——气相计量的基准压力，101008. 234Pa；

ρ_l——液相密度，kg/m³；

μ_l——液相黏度，mPa · s；

σ_l——液相表面张力，N/m；

ψ——表示任意函数的符号。

气相速度准数 N_{gw}、液相速度准数 N_{lw}、液相黏度准数 N_l 的定义和计算见式（2-3-45）。

由于在伊顿持液率计算相关式中给出了 H_L（0）和 Γ 的关系曲线，为了便于计算，将关系曲线拟合成如下表达式：

当 $\Gamma<0.001$ 时，$H_L(0)=0.01$；

当 $0.001\leqslant\Gamma<0.01$ 时，$H_L(0)=\ln(\Gamma/0.0001)/230.26$；

当 $0.01\leqslant\Gamma<0.035$ 时，$H_L(0)=\ln(\Gamma/0.0073111)/15.66$；

当 $0.035\leqslant\Gamma<0.14$ 时，$H_L(0)=\ln(\Gamma/0.0175)/6.9315$；

当 $0.14\leqslant\Gamma<0.80$ 时，$H_L(0)=\ln(\Gamma/0.03788)/4.3574$；

当 $0.80\leqslant\Gamma<3.30$ 时，$H_L(0)=\ln(\Gamma/0.0056119)/7.0853$；

当 $3.30 \leqslant \Gamma < 10.0$ 时，$H_L(0) = \ln(\Gamma/0.000002128)/15.838$；

当 $10.0 \leqslant \Gamma < 100.0$ 时，$H_L(0) = \ln(\Gamma + 109.373)/115.13$。

由于伊顿持液率的关系曲线在［0，0.2］区间内变化平缓，计算误差较大。

（2）伊顿压降梯度计算相关式。

伊顿认为，影响压降和流型的参数相同，故其压降相关式可用于各种流型。伊顿由能量平衡方程式最后推出压降相关式：

$$-\frac{\mathrm{d}p}{\mathrm{d}l} = \frac{\rho_m}{dl}\frac{[(1-x)du_l^2 + xdu_g^2]}{2} + \lambda\frac{u^2}{2d}\rho_m \tag{2-3-105}$$

气液两相混合物的密度 ρ_m 计算式为：

$$\frac{1}{\rho_m} = \frac{1-x}{\rho_l} + \frac{x}{\rho_g} \tag{2-3-106}$$

气液两相混合物的黏度 μ_m 按式（2-3-107）进行计算：

$$\mu_m = \mu_l^{H_L}\mu_g^{(1-H_L)} \tag{2-3-107}$$

在 $\mathrm{d}l$ 管段内的气液相速度的变化量 $\mathrm{d}u_g^2$、$\mathrm{d}u_l^2$，可由管段起点速度平方减去终点速度平方来简化计算，即：

$$\mathrm{d}u_l^2 = (u_l^2)_1 - (u_l^2)_{1+\mathrm{d}l} \quad \mathrm{d}u_g^2 = (u_g^2)_1 - (u_g^2)_{1+\mathrm{d}l} \tag{2-3-108}$$

式中 $\frac{\mathrm{d}p}{\mathrm{d}l}$——管路单位长度上的压降，Pa/m；

ρ_l——管段平均液相密度，kg/m^3；

ρ_g——管段平均气相密度，kg/m^3；

u_l——液相实际速度，m/s；

u_g——气相实际速度，m/s；

x——质量含气率，无因次；

H_L——截面持液率，无因次；

λ——气液两相水力摩阻系数，无因次；

d——管道内径，m。

由式（2-3-105）可以看出，Eaton 压降相关式没有考虑高程损失，只考虑了摩阻损失和加速损失。起伏管线采用了 Flanigan 相关式计算高程损失，人们称这时的 Eaton 压降计算法为 Eaton-Flanigan 混合模型压降计算法，简称 EF（见表 2-3-5）。

（3）两相水力摩阻系数 λ 的计算。

与以前研究者不同，Eaton 认为流型和压降均为非独立变量，在求摩阻系数的过程中证实了上述观点。1967 年，Eaton 绘出了摩擦阻力系数 λ 的相关关系（见图 2-3-16），在该图中，摩阻系数相关曲线的左侧直线段适用于分层流和波浪流，曲线中部是不稳定的波浪流和段塞流的 λ 计算区域，右下方的相关曲线用来计算弥散流、气泡流和气沫流的 λ 值，曲线分叉部分为管径对摩阻系数的影响。

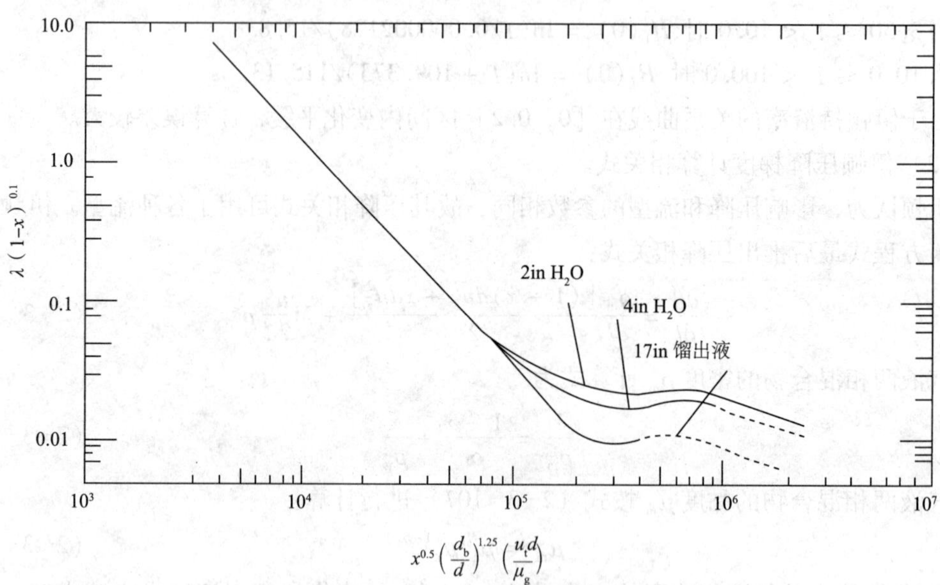

图 2-3-16　摩擦阻力系数 λ 的相关关系

图中，参数 d_b 表示管道的基准直径，一般取 $d_b=0.0254\text{m}$；u_t 为气液两相平均质量流速，单位为 kg/（$\text{m}^2\cdot\text{s}$）；μ_g 为气相黏度，单位为 mPa·s。

在已知 x、d、u_t、μ_g 的条件下，求出图 2-3-16 的横坐标值 $x^{0.5}\left(\frac{d_b}{d}\right)^{1.25}\left(\frac{u_t d}{\mu_g}\right)$，然后读出纵坐标值 $\lambda(1-x)^{0.1}$，计算出摩阻系数 λ。

二、垂直气液两相管流的压降计算

1. Hagedorn-Brown 垂直管两相流压降关系式

1965 年，Hagedorn 和 Brown 基于所假设的压力梯度模型，根据大量的现场实验数据反算持液率，提出了用于各种流型下的两相垂直上升管流压降关系式。此压降关系式不需要判别流型，被认为是竖直向上流动的最好压降计算法，在倾角大于 70°时最准确。其压降梯度方程为：

$$-\frac{\mathrm{d}p}{\mathrm{d}l}=\rho g+\lambda\frac{M^2}{2dA^2\rho}+\frac{\rho\mathrm{d}\left(\frac{u^2}{2}\right)}{\mathrm{d}l}\tag{2-3-109}$$

式中，气液相混合物的真实密度 ρ，按式（2-3-110）计算：

$$\rho=\rho_l H_L+\rho_g(1-H_L)\tag{2-3-110}$$

由于动能变化引起的压降梯度甚小，可忽略不计，则有：

$$-\frac{\mathrm{d}p}{\mathrm{d}l}=\rho g+\lambda\frac{M^2}{2dA^2\rho}\tag{2-3-111}$$

2. Hagedorn-Brown 压降关系式中 λ 的计算

为了确定 λ，Hagedorn 和 Brown 首先定义两相混合雷诺数：

$$Re_{m} = \frac{\rho_{f} u d}{\mu_{m}} \tag{2-3-112}$$

式中　μ_m——气液相混合物黏度，mPa·s，见式（2-3-107）；

u——混合物流速，m/s；

ρ_f——混合物流动密度，kg/m^3，见式（2-3-18）；

d——管道内径，m。

Re_m 确定后，可由莫迪（Moody）图中查得 λ，或依据 Moody 图提出的 Colebrook 和 White（1939）关系式进行计算：

$$\frac{1}{\sqrt{\lambda}} = 1.74 - 2\lg\left(\frac{2e}{d} + \frac{18.7}{Re_{m}\sqrt{\lambda}}\right) \tag{2-3-113}$$

式中，绝对粗糙度 e 与管道内径 d 的比值称为相对粗糙度，即 e/d。

式（2-3-113）为隐函数，可用迭代法计算，此式可用于紊流的光滑管、过渡区及完全粗糙区。1976 年，Jain 提出了直接计算的显示公式：

$$\frac{1}{\sqrt{\lambda}} = 1.14 - 2\lg\left(\frac{e}{d} + \frac{21.25}{Re_{m}^{0.9}}\right) \tag{2-3-114}$$

式（2-3-114）与式（2-3-113）比较，在相对粗糙度在 $10^{-6} \sim 10^{-2}$ 和雷诺数为 $5 \times 10^3 \sim 10^8$ 的范围内，其误差在 ±1% 以内。

3. Hagedorn-Brown 压降关系式中 H_L 的计算

Hagedorn 和 Brown 在试验井中进行两相流实验，得出计算持液率的 3 条相关曲线（见图 2-3-17～图 2-3-19）。使用这 3 条曲线时，需要计算气相、液相速度准数、液相黏度准数和管径性质准数 4 个无因次量，然后查图 2-3-17～图 2-3-19 计算 H_L，步骤如下：

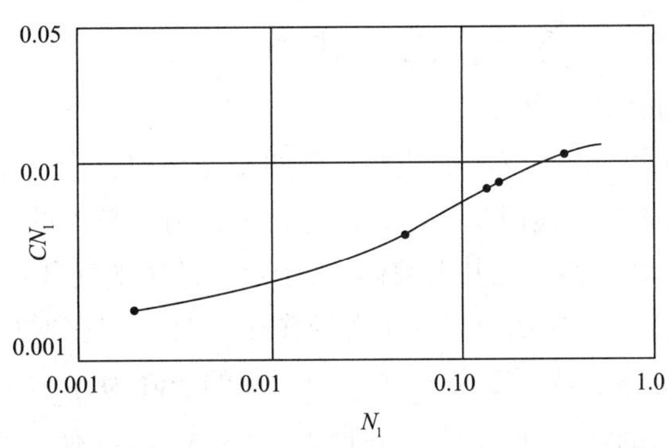

图 2-3-17　N_l 与 CN_l 关系

（1）由式(2-3-45) 和式(2-3-104) 计算流动条件下的上述 4 个无因次量；

（2）由 $N_l - CN_l$ 关系曲线图 2-3-17，根据 N_l 确定 CN_l 值；

（3）由图 2-3-18 确定比值 H_L/ψ，其中 P_a 为标准大气压；

（4）由图 2-3-19 确定 ψ 值；

（5）计算 $H_L = (H_L/\psi) \cdot \psi$。

第二编 CHAPTER TWO 原油矿场集输

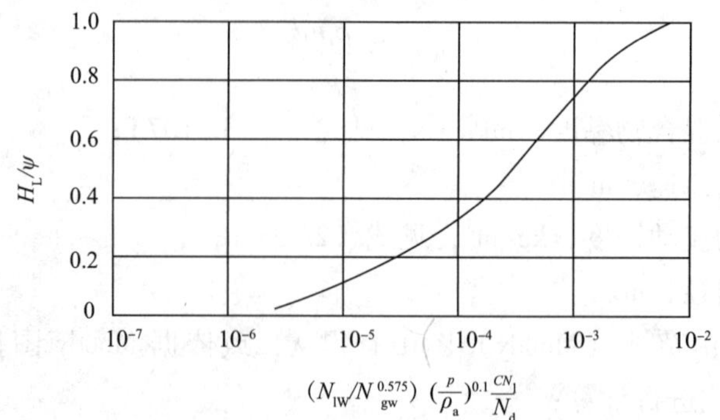

图 2-3-18 Hagedorn-Brown 压降关系式的持液率系数

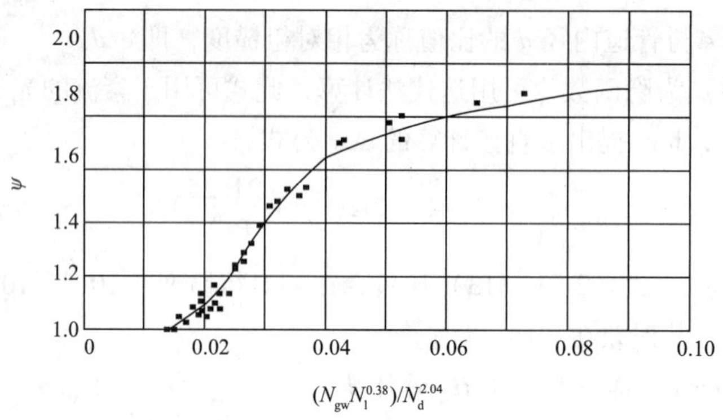

图 2-3-19 修正系数

三、倾斜气液两相管流压降计算

1. 管路起伏对两相管流的影响

当管路沿线存在起伏时，不仅激烈地影响着两相管路的流型，而且原油大量聚积在低洼和上坡管段内，使气体的流通面积减小，流速增大，造成较大的摩擦损失和滑脱损失。

观察图 2-3-20 所示的管路。在其上坡侧，由于重力的影响使液相流速变慢，液体所占的流通面积增大，平均截面含液率 H_L 增大；浮力的作用使气相流速增加，流通面积减小，平均截面含气率 φ 减小。若管路上坡高度为 Z，则上坡引起的压降为 $(\rho_L H_L g + \rho_g \varphi g)Z$。相反，在其下坡侧，由于重力和浮力的作用使 H_L 减小，φ 增大：由于 $\rho_L \gg \rho_g$，使下坡侧所回收的压能不能完全补偿上坡侧举升流体所消耗的能量。故当管路沿线地形存在起伏时，管路的压降除克服沿程摩阻外，还包括上坡段举升流体所消耗的、在下坡段不能完全回收的静压损失。

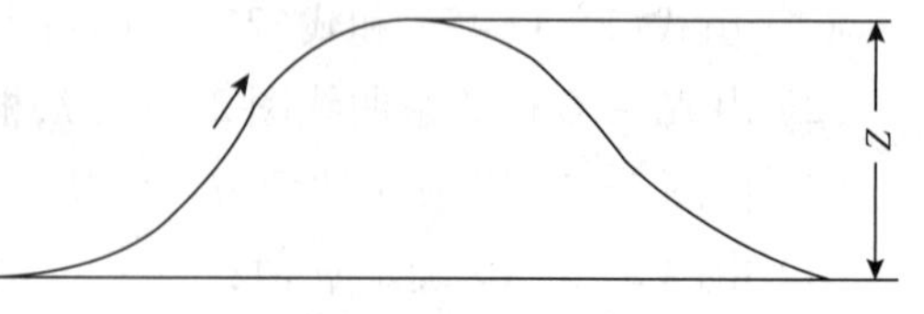

图 2-3-20 沿线地形变化对压降的影响

为了说明沿线地形起伏对混输管路压降的影响，考克韦尔（Cawkwell）等用伊顿－杜克勒（Eaton-Dukler）公式作出加拿大东海岸赛布尔（Sable）岛输送天然气－凝析液海底管路终点压力与输量关系曲线（见图2-3-21）。该管路全长257km，其中202km敷设于海底，沿线地形存在起伏。曲线表明，当采用0.61m和0.762m两种管径、管路起点压力为9.928MPa时，在某一中等输量下管路终点压力有最大值，即管路压降有最小值。这是由于起伏管路内积聚的凝析液量随气体流速的增加而减小造成的。当输量较小时，虽然摩擦损失较小，但管路内积存有较多的凝析液，举升凝析液所消耗的静压损失较大，使管路总压降较大，在某一中等输量时，虽然摩擦压力损失较低输量时有所增加，但由于气体流速的增大，使管内积聚的凝析液量大大降低，静压损失减小，使管路总压降最小。继续增大输量时，尽管积聚的凝析液量也相应地减少，但此时摩擦损失已在总压降中占主导地位，并随输量的增加而增大，管路的总压降又重新增大。

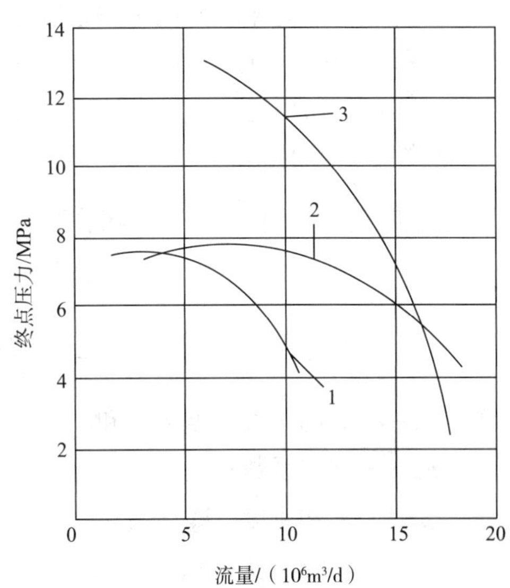

图2-3-21 塞布尔管路终点压力－输量曲线

1—起点压力9.928MPa，$D=0.61$m；

2—起点压力9.928MPa，$D=0.762$m；

3—起点压力13.79MPa，$D=0.61$m。

然而，在很小的输量（如$3\times10^6m^3/d$）下，大直径（0.762m）管路的压力损失反而大于小直径（0.61 m）管路的压力损失，这是由于在相同输量下，大直径管路中气体流速低、积聚液量多，静压损失较大的缘故。

图2-3-21的第3条曲线表明，当采用0.61m管径，起点压力提高至13.79MPa时，管路终点压力随输量的增大而不断降低，管路压降随输量的增大而不断增加，在中等输量范围内不出现压降最小值。这是因为输量较低时，管路沿线压力较高，管路中只有单相气体存在。而输量较大时，沿线压力降低，在部分管路中才出现两相流，但此时摩擦压力损失在管路总压降中已占主导地位，因而在中等流量区没有出现压降最小值。

两相管路沿线地形起伏所引起的附加压降十分惊人。据有关文献介绍，美国有一条16in的两相管路，通过36个不大的小丘，按水平管估算的压降为0.17MPa，投产10d后压降稳定在2.04 MPa，约为按水平管估算压降的12倍，可见两相流管路沿线起伏对压降的影响不可忽视。

由于沿线地形起伏对混输管路压降有着重要影响，在选线工作中有时会出现线路长、地势平坦的方案优于线路短而沿线有较大起伏的方案。

2. 弗莱尼根（Flanigan）关系式

弗莱尼根在研究许多现场数据后认为：

（1）管路下坡段所回收的压能比上坡段举升流体所消耗的压能小得多，可以忽略。

（2）上坡段由高差所消耗的压能与两相管路的气相折算速度呈相反关系，当速度趋于零时，高程附加压力损失最大。

（3）由爬坡所引起的高程附加压力损失与线路爬坡高度的总和成正比，和管路爬坡的倾角、起终点高差的关系不大。

1958 年，弗莱尼根建立了两相管路由于高程变化所引起的附加压力梯度（$\frac{dp}{dl}$）$_h$ 的计算公式：

$$-\left(\frac{dp}{dl}\right)_h = \frac{F_e \rho_l g \sum z}{L} \quad (2-3-115)$$

式中 $\sum z$——管路上坡高度之总和，m；

F_e——起伏系数；

ρ_l——液相密度，kg/m^3；

L——管线长度，m；

g——重力加速度，m/s^2。

弗莱尼根通过整理现场数据得到起伏系数与气相折算速度的关系曲线，该曲线的数学表达式为：

$$F_e = \frac{1}{1 + 1.0785\mu_{sg}^{1.006}} \quad (2-3-116)$$

若气相折算速度 u_{sg} 超过 15m/s 时，贝克建议采用式（2-3-117）计算起伏系数：

$$F_e = 3.75 \times 10^{-5} \frac{M_l^{0.5}}{\mu_{sg}^{0.7} A^{0.5}} \quad (2-3-117)$$

式中 M_l——液相质量流量，kg/s；

A——管线截面积，m^2。

起伏管路的总压降为水平管路压降与起伏附加压降之和。这样，在由任一种两相水平管路压降关系式求出水平管压降后，利用式（2-3-115）计算管路起伏产生的附加压降，然后叠加求得起伏两相管路的总压降。

3. 贝格斯－布里尔（Beggs-Brill）关系式

Beggs 和 Brill 从能量守恒方程出发，推导了考虑管路起伏影响的两相管路压降梯度计算式。在稳定流动下，建立气液混合物沿管路流动时的能量守恒方程：

$$\frac{dp}{\rho} + \frac{du^2}{2} + g dz + \lambda \frac{dl}{d}\frac{u^2}{2} = 0 \quad (2-3-118)$$

式中，（2-3-118）各项分别为单位质量气液混合物的压能、动能、位能以及沿管长 dl 流动时由摩擦而损失的能量。把式（2-3-118）改写成压降梯度的形式：

$$-\frac{dp}{dl} = \frac{\rho}{dl}\frac{du^2}{2} + \frac{\rho}{dl} g dz + \lambda \frac{u^2}{2d}\rho \quad (2-3-119)$$

即管路总压降梯度为单位管长动能、位能变化和摩阻损失之和。经 Beggs 和 Brill 推导，式（2-3-119）各项分别为：

（1）动能变化项为：

$$\frac{\rho}{\mathrm{d}l}\frac{\mathrm{d}u^2}{2}=-\frac{\rho u u_{sg}}{p}\frac{\mathrm{d}p}{\mathrm{d}l}=-\left[H_l\rho_l+(1-H_L)\rho_g\right]\frac{u u_{sg}}{p}\frac{\mathrm{d}p}{\mathrm{d}l}\tag{2-3-120}$$

（2）位能变化项：对于倾角为 θ、长为 $\mathrm{d}l$ 的管段，其爬坡的垂直高度为 $\mathrm{d}z=\sin\theta\mathrm{d}l$，故位能变化项为：

$$\frac{\rho}{\mathrm{d}l}g\mathrm{d}z=\rho g\sin\theta=\left[H_l\rho_l+(1-H_L)\rho_g\right]g\sin\theta\tag{2-3-121}$$

（3）摩擦损失项：在计算摩擦损失时，同大多数研究者相似，Beggs 和 Brill 采用了气液混合物的流动密度 ρ_f，则摩擦损失项为：

$$\lambda\frac{u^2\rho_f}{2d}=\lambda\frac{uM}{2Ad}=\lambda\frac{2uM}{\pi d^3}\tag{2-3-122}$$

将各项损失的表达式（2-3-120）、式（2-3-121）和式（2-3-122）代入式（2-3-119），整理得：

$$-\frac{\mathrm{d}p}{\mathrm{d}l}=\frac{\left[H_l\rho_l+(1-H_L)\rho_g\right]g\sin\theta+\lambda\dfrac{2uM}{\pi d^3}}{1-\dfrac{\left[H_l\rho_l+(1-H_L)\rho_g\right]u u_{sg}}{\bar{p}}}\tag{2-3-123}$$

式中　$\bar{p}$——$\mathrm{d}l$ 管段内流动介质的平均压力（绝对），Pa；

$\mathrm{d}l$——管段长度，m；

H_L——截面含液率；

λ——两相混输水力摩阻系数；

ρ_l——液相密度，kg/m³；

ρ_g——气相密度，kg/m³；

M——气液混合物的质量流量，kg/s；

u——气液混合物速度，m/s；

u_{sg}——气相折算速度，m/s；

d——管道内径，m；

θ——管段倾角，（°）或 rad；

g——重力加速度，m/s²。

式（2-3-123）为考虑管路起伏影响后的压降梯度计算公式，当截面含液率等于 1 或等于 0 时，该式即为单相液体或单相气体管路的压降梯度计算公式。该式既可用于倾斜管路的计算，亦可用于水平管路的计算。

在式（2-3-123）中有两个未知量，即两相混输水力摩阻系数 λ 和截面含液率 H_L，需要通过实验来确定这两个未知量的计算式。

1）截面含液率计算式

Beggs 和 Brill 从得到的实验数据中寻找截面含液率和两相混输水力摩阻系数的计算表达式。由实验数据标绘的截面含液率与管路倾角的关系如图 2-3-22 所示。该图中，R_L 为体积含液率。R_L 不同，有不同的、但形状类似的截面含液率与倾角的关系曲线。

由实验曲线，Beggs 和 Brill 得出如下结论：

（1）当管段倾角大于3°时，实验中未发现分层流型，即管路上坡段不易出现分层流和波浪流。

（2）当倾角约为50°时，管段内的截面含液率最高，Beggs 和 Brill 认为：当管段倾角由0°逐渐增加时，液体流速减慢，管段内截面含液率增加。当倾角超过50°后，由于液体不时地充塞管子的某些截面，管内出现气顶油向上坡方向流动的现象，液体流速增大，截面含液率又有所下降。

（3）在下坡管段所观察到的流型几乎总是分层流。当管段倾角由0°向负方向增加时，液体流速增大，截面含液率下降，当倾角为 -50°左右时的截面含液率达到最小值。之后，流型转变为环状流，由于管壁和液体的黏性阻力，使液体流速减慢，截面含液率又有所回升。

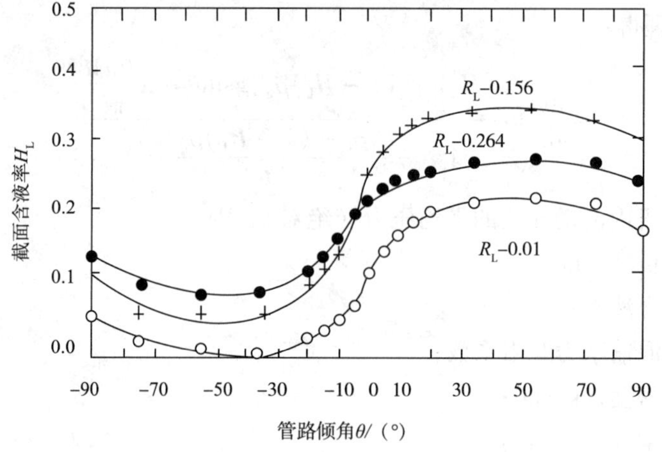

图 2-3-22 截面含液率与倾角的关系

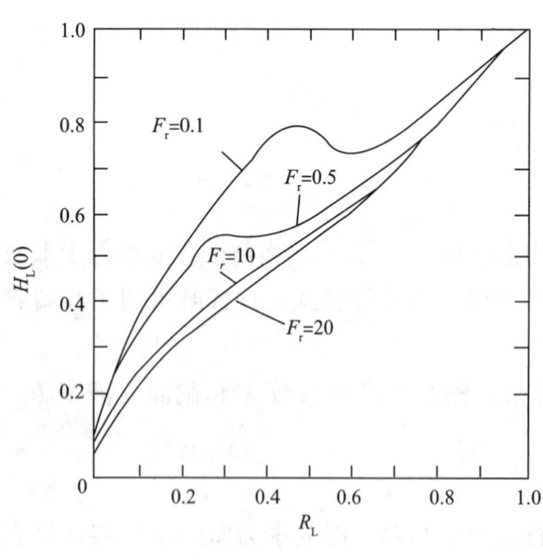

图 2-3-23 H_L（0） $-R_L-F_r$ 的关系

Beggs 和 Brill 引入倾角修正系数 ψ，表示倾斜管截面含液率与水平管截面含液率之比值，即：

$$\psi = \frac{H_L(\theta)}{H_L(0)} \qquad (2-3-124)$$

式中 $H_L(\theta)$——倾角为 θ 时的截面含液率；

$H_L(0)$——水平管的截面含液率。

于是，就把求倾斜管截面含液率的问题转化为求水平管截面含液率和倾角修正系数 ψ。

许多学者的研究表明，水平管的截面含液率 $H_L(0)$ 主要取决于体积含液率 R_L 值和式（2-3-24）表示的富劳德准数 F_r。

水平管截面含液率 $H_L(0)$ 与 R_L、F_r 的实

验关系式如图2-3-23所示。图中，富劳德准数为0.1和0.5的两条曲线上都有凸起点，说明在该处管路的流型有变化，由分层流和波浪流转变为冲击流。所以，流型不同，水平管截面含液率的计算式应有所不同。

按两相管路流型可确定水平管截面含液率，由实验得到的计算通式为：

$$H_L(0) = \frac{aR_L^b}{F_r^c} \tag{2-3-125}$$

式中，系数a、b、c的数值取决于流型，其值见表2-3-7。过渡流型的截面含液率按式（2-3-126）计算：

$$H_L(0)_T = AH_L(0)_S + BH_L(0)_I \tag{2-3-126}$$

其中，

$$A = \frac{L_3 - F_r}{L_3 - L_2} \quad B = 1 - A$$

$$L_2 = 9.252 \times 10^{-4} R_L^{-2.4684}$$

$$L_3 = 0.1 R_L^{-1.4516}$$

式中，下标T、S、I分别表示过渡流、分离流和间歇流。

表2-3-7　系数a、b、c值

流　型	a	b	c
分离流	0.980	0.4846	0.0868
间歇流	0.845	0.5351	0.0173
分散流	1.065	0.5824	0.0609

同样，可绘出某一R_L下与图2-3-22形状类似的$\psi-\theta$曲线，在倾角约为±50°处，ψ有最大值和最小值。曲线可用式（2-3-127）表示：

$$\psi = 1 + C\left[\sin(1.8\theta) - \frac{1}{3}\sin^3(1.8\theta)\right] \tag{2-3-127}$$

$$C = (1 - R_L)\ln(dR_L^e N_{lw}^f F_r^g) \tag{2-3-128}$$

式中　N_{lw}——液相速度准数，见式（2-3-45）；

d、e、f、g——与流型有关的系数，其值见表2-3-8。

表2-3-8　系数d、e、f、g值

流　型	d	e	f	g
上坡分离流	0.011	-3.768	3.539	-1.614
上坡间歇流	2.96	0.305	-0.4473	0.0978
上坡分散流	$C=0, \psi=1$			
下坡各流型	4.70	-0.3692	0.1244	-0.5056

由表2-3-8可以看出：当为上坡分散流时，管段向上倾斜对截面含液率无影响。下坡管段，不管其流型如何，C值计算式只有一个，这是因为事实上在下坡管段观察到的流型几乎总是分离流。对$\theta=90°$的垂直管路：

$$\psi = 1 + 0.3C \tag{2-3-129}$$

2）两相水力摩阻系数计算式

设上述两相管路的水力摩阻系数为 λ，相同条件下两相混合均匀、相间无滑脱的水力摩阻系数为 λ_{ns}。由实验可知，两者比值 λ/λ_{ns} 与截面含液率 $H_L(\theta)$、体积含液率 R_L 的关系可用式(2-3-130)表示：

$$\frac{\lambda}{\lambda_{ns}} = e^{n} \tag{2-3-130}$$

其中，

$$n = \frac{-\ln m}{0.0523 - 3.182\ln m + 0.8725(\ln m)^2 - 0.01853(\ln m)^4}$$

$$m = \frac{R_L}{[H_L(\theta)]^2}$$

当 $1<m<1.2$ 时，$n=\ln(2.2m-1.2)$。

对于水力光滑管，无滑脱水力摩阻系数 λ_{ns}，可由 Moody 图中查得，也可由式（2-3-131）计算：

$$\lambda_{ns} = \left[2\lg\left(\frac{Re_{ns}}{4.52231\lg Re_{ns} - 3.8215}\right)\right]^{-2} \tag{2-3-131}$$

无滑脱时的雷诺数：

$$Re_{ns} = \frac{ud\rho_f}{\mu} = \frac{ud[\rho_l R_L + \rho_g(1-R_L)]}{[\mu_l R_L + \mu_g(1-R_L)]} \tag{2-3-132}$$

3）Beggs-Brill 公式存在的不足及改进方法

Beggs-Brill 压降计算法发表于 1973 年，在众多的考虑管路起伏影响的两相混输管路水力计算方法中，它是唯一把下坡段的能量回收考虑在计算公式中的一种方法。目前，Beggs-Brill 法已成为一种流行的两相混输管路计算方法，为不少文献所推荐，但 Beggs-Brill 关系式因受本身实验条件和适用范围的限制，还存在以下不足：

（1）只能预测水平管线的流型。

（2）在低持液率情况下采用无滑脱参数，持液率计算值偏大；在计算下坡流动时，有时会出现倾角修正系数 $\psi<0$ 的情况，导致计算失败；下坡段的压力回收过大，使整条多相管路压降值偏小。

（3）在流型分界处的摩阻系数和持液率数值不连续。

鉴于 Beggs-Brill 相关式的上述不足，相关文献对该关系式提出了如下的修正方法：

（1）利用 Mukerjee-Brill 经验相关式进行倾斜多相管路的流型判别。

（2）针对 Beggs-Brill 相关式在下坡管段持液率计算偏大的问题，采用在下坡管路忽略压力回收，以抵消计算持液率过大对压力损失的影响；在下坡管段，只考虑气体的压力回收；当下坡管段内的流型为分层流时，采用 1990 年 Xiao 等的分层流模型来计算持液率和压力损失，即：

$$H_L = \frac{\alpha - \sin\alpha}{2\pi} \tag{2-3-133}$$

$$\alpha = 2\cos^{-1}(1 - 2h_l/d) \tag{2-3-134}$$

式中 α——管道过流断面上液体湿周所对应的圆心角，rad，见图2-3-6；

h_1——管路液面高度，m，由无因次复合动量方程（2-3-32）迭代求解。

压力梯度则由式（2-3-27）进行计算，相关参数计算见本章第二节。

（3）如果在流型分界处出现摩阻系数和持液率数值不连续的情况，可采用插值法进行插值求解，得到流型分界处的摩阻系数和持液率。

四、油气混输管路工艺计算一般方法

混输管路工艺计算的主要任务是选择合理的水力和热力学模型，正确计算出沿线压力和温度的分布。但是水力、热力计算式之间的变量相互联系，计算关系复杂，比如各种压力梯度方程中包含了流体物性、运动参数等变量，这些变量与该管段内流体的温度有关，而温度的计算式中的焦耳－汤姆逊效应系数、液体摩擦热系数与压降有关。因此，对于气液两相管流压力和温度的计算，一般采用耦合算法（交叉迭代）。

在进行工艺计算前，一般要根据管线实际断面资料对管线进行分段，分段方式合理与否，直接影响到计算结果与实际情况的相符程度。

1. 管道离散方案

在工艺计算中常常会遇到两类混输管线，一类是输送距离较短，但沿线起伏变化大的管线，如沙漠、滩海油气管线；另一类是距离长，关键计算点少的管线，如长距离凝析气海底输送管线。对第一类管线，如果采用实际的起伏数据进行计算，计算量大、耗时多，计算过程中还可能产生较大的迭代误差；而对第二类管线，则会因计算点太少，导致与管线实际运行工况偏差太大。

为了解决这些矛盾，将沿线高程变化频繁的管线做适当的简化处理，把小起伏管线合并为大起伏管线，减少管段数目，提高计算效率。对长输管线，则将其离散成不同长度的、小的网格计算单元，就能达到准确模拟管段真实情况的目的。根据这两类管线的特点，使用以下三种离散方法。

1）平均长度离散法

在已知管长的基础上，设管路从起点到终点共有 N 个起伏段，根据工程设计原则，把它们分成距离相等的 M 个组，将每一组简化为两个起伏段，简化后的管路共有 $2M$ 个起伏段。

如果 $2M > N$，适合于第一类混输管线，分段具体做法是：

(1) 在一个简化起伏段内，将管路简化为一个上升段和一个下降段，各占简化段管线长度的一半。

(2) 在每一个简化段内，将所有上坡管段的高程累计作为简化后上坡段高程差，在每一个简化段内将所有下坡管段的高程累计作为简化后下坡段高程差。

(3) 最后把整个管线离散为 $2M+1$ 个计算点。

如果 $M > N$，则采用第二类管线分段法，在把管线等距离划分为 M 段后，加上管线原有 $N+1$ 个关键点，离散管线将得到 $M+N+1$ 个计算点。

如果 $N/2 < M < N$，可根据实际情况调整 M 值，以达到简化分段或准确计算的目的。

2）等压降离散法

首先，计算与起伏管路等条件的水平管路的压力降 ΔP，从管路起点开始压力每降低 ΔP 的 $1/M$ 时，将该压力值对应的节点与前一节点之间管路划分为一个简化组，而每一个简化组内将管路简化为一个上升段和一个下降段，因此，简化后的管路共有 $2M$ 个管段，与平均长度离散法处理方式一样，先判断 $2M$ 与 N 之间的关系，确定属于哪一类管线分段法，同样得到 $2M+1$ 或 $M+N+1$ 个计算点。

3）温度分布离散法

温度分布离散法适合于长距离油气两相流管线。根据实际运行工况，由于管段入口段流体与周围介质的温差较大，流体温度下降很快，只有取较小的计算管段长度，才能准确模拟管段内流体温度分布的真实情况。如果计算管段长度太大，在接近环境温度的管段附近，由于温度梯度大，温度会骤然下降到低于环境温度以下，严重时会导致计算温度值不稳定，偏离实际情况。鉴于此，计算中采用如下管道离散原则：

（1）在管道起始段内，如果流体与周围介质的温差大于某一限定值，采用小计算步长（小长度计算管段）进行计算，可以及时地修正温度梯度的大小，不至于偏离实际运行工况。对于凝析天然气的输送，还能正确判断凝析液出现的位置。

（2）如果流体与周围介质的温差低于限定值，此时温度变化缓慢，温度梯度较小，则改用大计算步长（大长度计算管段），以缩短运算时间。温度可采用单相流体的经验公式进行计算并修正。

流体与周围介质的温差的限定值可根据沿线地温和管线实际运行工艺选取。

2. 两相管流工艺计算步骤

这里重点介绍已知管道输量、管径、起点压力 P_{Q}、起点温度 T_{Q} 等条件下，计算沿线流体压力和温度分布的基本步骤：

（1）按管线断面资料，把管道离散成多个计算单元，并获得每个计算单元的管段长度、直径、倾角等基础数据。取管线第一个计算单元上侧面的压力和温度分别作为起点压力、起点温度，即 $P_{\mathrm{H}}=P_{\mathrm{Q}}$、$T_{\mathrm{H}}=T_{\mathrm{Q}}$；

（2）假设计算单元管段下侧面温度为 T_{Z}^*；

（3）假设计算单元管段下侧面压力为 P_{Z}^*；

（4）用公式 $\bar{P}=(P_{\mathrm{r}}+P_{\mathrm{Z}}^*)/2$、$\bar{T}=(T_{\mathrm{R}}+T_{\mathrm{Z}}^*)/2$，计算该管段内的平均压力和温度；

（5）选择黑油模型，在 $\bar{P}$、$\bar{T}$ 条件下计算出相关物性参数、各相体积流量、表观流速以及混合物流速；

（6）判别流型，并选用合理的水力学模型计算出相应流型下的持液率、压降梯度和其他流动参数；

（7）由压降梯度计算出控制单元下侧面的压力 P_{Z}；

（8）若 $|(T_{\mathrm{Z}}-T_{\mathrm{Z}}^*)/T_{\mathrm{Z}}|\geqslant\varepsilon_{\mathrm{T}}$（给定误差），则令 $P_{\mathrm{Z}}^*=P_{\mathrm{Z}}$，返回步骤（4）重新计算；否则，转向步骤（9）；

(9) 由两相管流温度分布计算式(2-3-91)，计算管段下侧面温度 T_Z，若 $|(T_Z - T_Z^*)/T_Z| \geq \varepsilon_T$(给定误差)，令 $T_Z^* = T_Z$，转向步骤(3) 重新计算。否则，令 $P_R = P_Z$，$T_R = T_Z$，转向步骤(2)，开始下一计算单元的计算，直至整条管线计算完成。

第五节 清管技术

清管是管线操作的必要过程。随着石油工业的发展，特别是海上油田的开发对清管提出了许多新的要求。海底生产系统、复杂的管线形状和多相流技术推动着清管技术的发展，使管线得以优化和安全运行。

一、清管作用

清管有广义和狭义两种含义。广义地说，清管是指将一种特殊器具置于管线中，该器具依靠流体流动从而实现在管线内行走，以完成某种指定的任务。这种器具通常被统称为清管器（Pig）。

广义的清管操作应能完成下列任务：

（1）在施工投产阶段，排除管线中的杂物。

（2）在输送运行期间，定期清除管线中的积蜡、杂物、锈蚀物、积水等。

（3）在管线充水或排水时，控制水头以及湿天然气管道的干燥作业。

（4）检查管线凹陷、扭曲等的几何尺寸，以及监测管道的腐蚀。

（5）为管线内壁做缓蚀剂涂层。

（6）对顺序输送的管道，不同品种的原油或成品油要加以隔离，减少混油量。

狭义的清管主要是指“清除”的含义，仅包括在施工阶段及运行期间对管线进行的清扫工作，即上述广义清管操作中的第（1）、第（2）项任务。

二、常规清管器及其分类

清管器根据其功能可分为两大类：常规清管器（Conventional Pig）和智能清管器（Intelligent Pig）。常规清管器可以完成对管线的清扫、排液、产品分隔等工作，而智能清管器还可以提供管内腐蚀状况和管道几何形状等信息。

按清管器的主要功能，常规清管器又可分为清扫型清管器（Cleaning Pig）和密封型清管器（Sealing Pig）。

1. 普通清扫型清管器

它的作用主要是清除管道内壁上的固体沉积物（结蜡、碎屑等）。这类清管器由金属主体、圆盘和清扫部件构成。圆盘起导向和密封作用，由人造橡胶制成。为了增加清管器与管内壁的密封效果，通常圆盘的直径比管内径大 2 ~ 3 mm。清扫件由经过热处理的不锈钢钢丝刷或人造橡胶刀片制成。钢丝刷可以制作成固定的，并能在一定程度上适应管子的不规则形状。刀片式清扫件也可用悬臂弹簧支撑，弹簧能使清扫件与管壁贴紧，加强清扫效果。钢丝刷用于清扫坚硬的沉积物，刀片则适用于清除松软的沉积物。

通常，在一些清管器的前方顶部留有数个旁通孔（不使用时也可用塞堵住）。旁通孔的作用是控制清管器的行走速度，一般以 1 m/s 为宜。行走速度过快则加剧圆盘的磨损，并影响清除效果。旁通孔的油流可以冲刷钢丝刷或刀片，使管壁上的沉积物容易清洗掉并悬浮在流体中，以防阻滞清管器的行走。

还有一种比较简单的清管器，它由聚氨酯泡沫模铸而成，称作泡沫清管器（Foam Pig）。其头部为半球形或抛物线形，外涂耐磨、耐油的聚氨酯橡胶，外表面缠有金属带，起清扫作用。这种清管器对管道截面变形有较好的适应能力，但清扫效果较差。

2. 强化清扫型清管器

管线内壁的铁锈、积蜡和其他积垢如果不能被很好地清除，将会引起很多问题。首先，它会影响管道的正常运行，减小流量或增加运行压力。第二，在有积垢的地方，它将作为一种保护层阻止注入的防腐剂到达管线表面。第三，它会严重影响在线检测（智能）清管器的正常运行。这类清管器可清除常规清管器难以清除的管内污垢。清管程度低导致管线没有清扫干净，反之清管器前堆积的污垢可能堵塞管线，然而这类清管器的清管程度可根据管线污染程度进行调节。大致可分为以下三类：

（1）磁力清管器（Magnetic Cleaning Pig）。

由若干坚硬的聚氨酯支撑盘（通常 2 ~4 个）和较软的密封盘（通常 4 ~8 个）组成。在前部盘和尾部盘之间的清管器主体上有大量可拆装磁铁，可用来收集和容纳各类铁屑、焊条等含铁杂质。清管器前端可安装带刚性支架的钢刷，可安装 25%、30%、50%、100% 的刷子，以调节清管程度。还可将两个清管器用万向接头相连，形成二段式磁力清管器，清扫功能更强。

（2）针轮式清管器（Pin-Wheel Pig）。

针轮式清管器由金属圆柱体组成，有 4 ~6 个专门设计制造的针轮盘，由中等硬度的聚氨酯材料制成，厚 2in，外径约 4in，小于管道内径。每片圆盘周边径向有大量钢针，钢针旋进盘内镶嵌的螺纹孔内。根据管道内径，在直径方向上两个相对应钢针的直径比管道内径可大 0.75in。因此，当清管器通过管线时，针向后微微弯曲一个较小的角度，有助于清扫，还可适应管径的变化。针的顶部是硬化的插入件，可减小针的磨损，插件顶端呈圆形，以防止损坏管壁。

针轮式清管器的钢针可以只装一部分，以调节清管程度。针轮式清管器只是用来刮下管道壁面的蜡和污垢，并不推动污垢沿管前进。用无钢刷的两段式磁力清管器可以把污垢扫出管线。针轮式清管器主要用在原油管线中。

（3）刷轮式清管器（Brush-Wheel Pig）。

无论磁力清管器还是针轮式清管器都无法进入腐蚀坑实现彻底地清扫。刷轮式清管器结构与针轮式清管器基本相同，但采用直径约 0.5in 的小圆柱形刷，可有效地清扫腐蚀坑。

3. 双径清管器（Dual – Diameter Pig）。

双径清管器适用于变径管道，最基本的要求就是它必须在各种尺寸的管道中都能提供必要的密封，这样才能在外力驱动下向前运动。大多数生产厂家采用的做法是使密封圆盘与小径管相配合，而对大径管采用能够折叠的割缝圆盘进行密封，这样当清管器在小径管线中时割缝盘就会折叠，而在大径管线中时恢复到原有形状。如图 2–3–24所示为这种清管器的典型构造。这种清管器还可用于海洋平台的柔性立管。

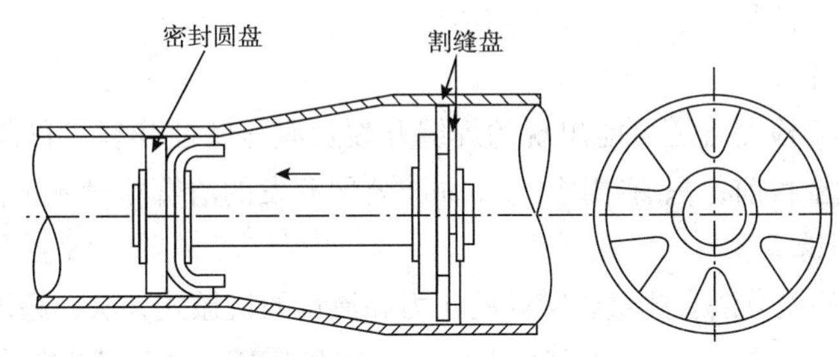

图 2–3–24　双径清管器的典型构造

4. 密封型清管器

密封型清管器的作用是清除管道中积聚的液体，分隔不同的输送流体。密封型清管器包括分隔型清管器（Batching Pig/Separating Pig）及擦拭清管器（Swabbing Pig）。

密封型清管器分为圆盘式和球式两种，都具有良好的密封性。分隔型圆盘式清管器与清扫型圆盘式清管器的主要构造基本相同，只是没有清扫用的刷子等，但对密封性能要求严格。

球形清管器由橡胶或塑料制成，内部可充液体以膨胀到最合适的尺寸。

一般的清管器（Standard Pig）在管线内只能沿一个方向运动，而双向清管器（Bi-Directional Pig）可以沿管线的两个方向运动。当管道进行试压水实验时，用试压水把双向清管器推至试压段末段，试压完毕后又可用压缩空气把清管器顶回。

三、智能清管器及其分类

1950 年以前，在管道工业中就开始使用最简单的智能清管器。之后，随着电子工业的发展，智能清管器的功能得到不断增强，对管道检测的精确度也越来越高。智能清管器按其功能可分为下述几种：

1. 测量管径和管子几何形状的清管器

这类清管器是世界上最早使用的智能清管器，其主要功能是：探测管径、管子焊缝和管子几何形状缺陷的确切地点，以及缺陷的程度是否在允许的范围内。按上述功能的实施方式，清管器又可分为机械式、压差式、电子 – 机械式、电子式等多种。HRE 测径器就属于电子式智能清管器的一种，它由计程转轮系统记录清管器沿管线行进的距离，用压力计测量管径，并自带 4 台微型计算机接收、处理和储存所测的数据。这种清管器的最大工作压力可达 2×10^7Pa，缺陷定位精度在 0.5m 范围内，工作距离可达 200 km，工作温度为-20~65℃。

2. 测量管线腐蚀的清管器

这类清管器的主要功能是探测管线腐蚀情况及腐蚀位置。按所采用的物理方法的不同，又可分为磁力式、超声波式、电子式等多种类型。以1983年荷兰RTD公司制造的清管器为例，该清管器前部安有电池，中部为传感器，尾部装有数据处理和储存设备。每台传感器具有多个硬化钢探针，以钢探针的应变量探测坑点腐蚀的严重程度、数量和位置，还可测量并记录管径的最大、最小和平均值。

3. 开裂探测清管器

这类清管器用于检测管道可能出现的焊缝开裂及应力腐蚀开裂。目前，主要依靠磁力方式进行检测。截至目前，只有德国Pipetronix公司开发的清管器投入了使用。

4. 泄漏点探测清管器

这类清管器的检测方法有测量管壁处的压力和流量的机械式方法、超声波检测及放射性检测等。H. Rosen Engineering公司开发的HRE LDP2和HRE LDP3都是机械式的检漏清管器。

5. 曲率检测清管器

曲率检测清管器的最基本用途是探测管线位置的变化，在管线很容易发生移动的地方，这种检测技术特别有用。例如，在海底、地震地带、采矿地区、沼泽地或沙漠地区等。Alyeska Pipeline Inc对管线移动情况比较关注，位于阿拉斯加地区的管线是敷设在永久冻土上的，管线在运行中很有可能发生位移。

6. 弯头检测清管器

弯头检测主要是为了准确确定管线沿途各弯头的曲率半径，从而判断清管作业中清管器可否通过全管长，因为清管器都有其所能通过的最小曲率半径。目前，采用的主要有机械式和电子-机械式检测方法。

7. 摄像检查清管器

当已确定管线中存在问题，但又不知道具体是什么问题时，摄像检查尤为重要。在线检查管道内涂层就是应用这一技术的典型例子。

Magnaflux公司已研究设计出这样的清管器，但这种清管器有它的不足之处，它要求管线中的流体具有较高的透明度，且管线不能太脏，因而不能用于原油管线。

四、胶体清管器

在各种各样的机械清管器中，没有一种能够在管子严重变形的情况下既可与管壁保持良好的接触，又能带走大量的固体碎屑而不被卡住的清管器。往管线中注入一定量的胶体形成胶体清管器，可以完成机械式清管器不能做到的工作。然而，在气体管线中用于清管作业的胶体清管器必须用机械式清管器推动，多数管线清管用的胶体是水基的，可用淡水或海水与某些聚合物一起加工成所需要的胶体。但也有大量使用其他化学物质、溶剂等制作胶体的。1973年获得专利的柴油胶体清管器已成为一种重要的用于气管涂敷缓蚀剂的工具。

用于管线的胶体清管器主要有下列四种类型：

（1）分隔胶体清管器（Batching or Separator Gel）；

（2）清渣胶体清管器（Debris Pick－up Gel）；

（3）烃类胶体清管器（Hydrocarbon Gel）；

（4）排水胶体清管器（Dehydrating Gel）。

胶体清管器可以用于：

（1）产品分隔；

（2）清除碎屑；

（3）管线充填及试水；

（4）管线排水及干燥；

（5）气管中凝析液的排除；

（6）涂敷缓蚀剂及杀菌剂；

（7）特殊的化学处理；

（8）使被黏滞的机械清管器恢复清管行走。

五、两相流管线的清管特点

在两相流管线运行中，突出的问题是管线中积液和内腐蚀，液体聚积在管线的低点处，引起管线的压降上升，管线过流面积减小，输送效率下降。解决办法是对管线进行清管。

1. 影响两相流管线清管频率的因素

在两相流管线中，清管的频率主要受下列因素影响：

（1）管线中气液比、管线中积聚的液体量；

（2）气液混合物体积、压力、允许压降和流速；

（3）管线的纵断面形状，特别是凸起和低谷的数量及尺寸大小；

（4）在海上管线系统中，从上升段底部到液塞捕集器之间的高度；

（5）液塞捕集器的大小。

在两相流管线中规定，清管的频率取决于捕集器的大小，某些公司规定用管道内积液量不超过捕集器液体处理量来确定清管频率。而气液流速关系到气体从管道内带走的液体量，如果所有的液体都能被气体带走，则清管频率可视操纵者的便利条件而定。然而，随着被气体带走的液体量的下降，液体体积增大，清管的频率就要增加。

清管频率还取决于管道沿途的纵断面形状。在相同的流速、操作压力、压降和气液比下，具有许多凸起和低谷的起伏管线会比平坦管线分离出更多的液体，液体停留在低谷的弯头处产生压差。为降低管道压降，保证管道输送效率，就必须频繁清管。

2. 两相流管线中清管球的应用

在两相流管线中，应用较为广泛的清管方法是普通清管球和清管器清管。

由于球体可以滚动，所以清管球收发系统很容易实现自动操作。如图 2－3－25 所示为一种比较好的清管球收发装置，清管球可以借助本身的重力向主管滚动。

清管球具有如下优点：

（1）清管球比其他清管器如刮刀清管器、分隔清管器等更易于控制，而且可以通过向清管球内充液的方法将清管球的尺寸调整到适合于某一特殊的管内径。由于增加充液将很容易使清管球改变其尺大小，所以，它也具有比圆盘式清管器更长的磨损寿命。

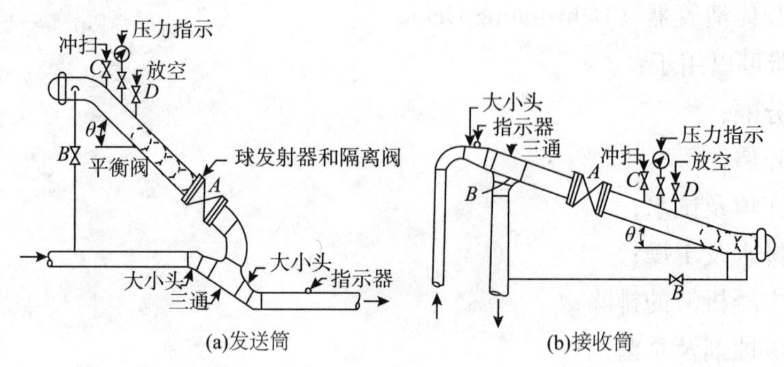

图 2-3-25　清管球发送筒和接收筒

（2）清管球的通过能力较好。

（3）清管球可用于具有不同内径的管道系统。如图 2-3-26 所示为一套可行的装置，其基本原理是用大球推动从小直径管过来的小球。

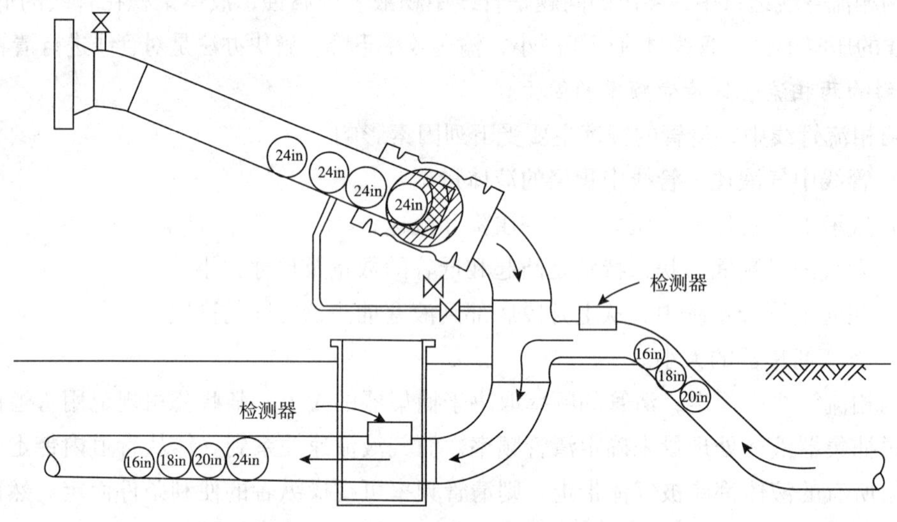

图 2-3-26　多直径清管球发送系统

（4）球体的行走只需要流体提供很少的能量。

清管球在使用上也有不足之处，这主要表现在以下两个方面：

（1）当管线上有分支或汇流点时，必须使用专门设计的 T 型接头，否则清管球可能不能正常通过，如图 2-3-27 所示为专为清管球通过而设计的清管球 T 型接头的一个实例。

（2）清管球不能清除管线中所有的碎屑。

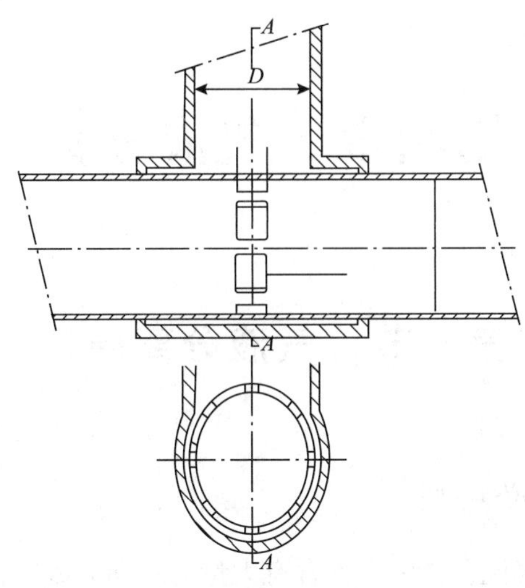

图 2-3-27　清管球 T 型接头

3. 其他清管器在两相流管线中的使用

如果两相流中液体量增加，就不得不连续地发送清管球，以防液体积聚形成很长的液塞。对于含液很多的两相流，液体会很快在清管球之后形成，在这种情况下，分隔清管器具有更高的效率。例如，在从 Brent Bravo 到 St. Fergus 的外径为 36in 的管线中，双向分隔清管器被用来对液体进行分隔和清扫。

智能清管器在两相流管线中的应用，从原理上讲与单相流管线类似，即先发送清扫－排液清管器，然后进行智能清管作业。但目前还没有见到在两相流管线中成功使用智能清管器的例子。然而在进行平湖－上海长距离海底管道的收发清管器设计时，考虑了智能清管器的收发。

第四章 气液分离

第一节 气液分离原理

一、气液分离的必要性

从油井生产出来的油气混合物中经常含有大量的水和泥砂等机械杂质，特别是在油田后期的生产中，油井出水量可达其产液量的90%以上，泥砂等机械杂质亦多达1%～1.5%。据统计，世界各油田所产原油的70%～80%需进行脱水。

原油和水在油层内运动时，常携带并溶解大量的盐类，如氯化物（包括氯化钾、氯化钠、氯化镁、氯化钙等）、硫酸盐、碳酸盐等。在油田开采初期，原油中含水很少或基本上不含水，这些盐类主要以固体结晶的形式悬浮于原油中。进入中、高含水开采期后，则主要溶解于水中。原油中含水、含盐、含泥砂等杂质会给原油的集输和炼制带来很大的麻烦和危害，主要有：

（1）增大了液流的体积流量，降低了设备和管路的有效利用率，特别是在高含水的情况下显得更突出。

（2）增加了输送过程中的动力消耗。由于输液量增加，油水混合物密度增大，而且水还常以微粒水珠的形式存在于原油中，形成黏度较纯、原油显著增大的乳状液，使输油离心泵工作性能变差，泵效降低，动力消耗急剧增大。

（3）增加了升温过程中的燃料消耗。原油在集输过程中，为满足工艺技术要求，常对原油进行加热升温。由于原油含水后输液量增加，而且水的比热容约为原油比热容的2倍，故在含水原油升温过程中燃料的消耗也将随原油含水量的增加而急剧增大，其中相当一部分热能白白地消耗于水的加热升温中，造成燃料的极大浪费。

（4）引起金属管路和设备的结垢与腐蚀。当含水原油中碳酸盐含量较高时，会在管路、设备和加热炉的内壁上形成盐垢，减小管路流道面积，降低加热炉的热效率。结垢严重时，甚至能堵塞加热炉受热管的流道，造成加热炉爆炸。

当地层水中含有氯化镁、氯化钙、氯化铝和氯化钡时，会释放出对金属腐蚀性很强的氯化氢。原油中所含的硫化物受热分解，会产生硫化氢，遇到水时硫化氢与铁反应生成硫化亚铁。当有氯化氢存在时，硫化亚铁会再与氯化氢反应，这样交替反应的结果，就会使设备和管路受到强烈腐蚀。另外，原油中所含的泥砂等固体杂质会使泵、管路和其他设备产生激烈的机械磨损。

（5）影响原油炼制工作的正常进行。炼油厂加工原油的第一个过程是常压蒸馏，原油要被加热到350℃左右。因为水的相对分子质量仅为18，而原油常压蒸馏时汽化部分的平均相对分子质量为200～250，单位质量的水汽化后的体积比同质量原油汽化后形成的体积大10多倍。这样，原油含水不仅会加大塔内气体线速度，影响原油加工规模，严重时还会出现冲塔现象，直接影响蒸馏产品的质量。若原油含水不均匀，还将引起塔内压力突然升高，甚至造成超压爆炸事故。

由于上述种种原因，必须在油田上及时地对含水、含盐、含机械杂质的原油进行净化处理，使之成为合格的商品原油出矿。由于原油中所含的盐类和机械杂质大部分溶解或悬浮于其中，原油的脱水过程实际上是降低原油含盐量和机械杂质的过程。SY 7513－88《出矿原油技术条件》规定了出矿合格原油的质量含水量，其指标列于表2-4-1中。原油进常压蒸馏装置前，还需要进一步脱水、脱盐，国内外较先进的炼油厂要求进装置的原油含水不大于0.1％，含盐不大于3～5mg/L。当原油含盐量达不到规定指标时，常先向原油中掺入2%～5%（与原油的质量比）的淡水，对原油进行洗涤，使以固体结晶形态存在的盐类溶解于水中，然后再脱水，使原油含盐降低至允许的范围内。

表2-4-1 出矿原油技术条件

项目	原油类别			实验方法
	石蜡基 石蜡－中间基	中间基 中间－石蜡基 中间－环烷基	环烷基 环烷基－中间基	关键组分分类
含水量/%（质量含水量，不大于）	0.5	1.0	2.0	GB 260
含盐量/（mg/L）	实测			GB 6532
饱和蒸汽压/kPa	在储存温度下低于油田当地大气压			GB 11059

注：1 原油的储存、运输按SY 2000执行；
2 原油的取样按GB 4756。

二、气液分离的基本方法与原理

原油与水互不相溶，其物理、化学性质均有较大差异。但是，由于原油与水并非简单地混合在一起，而是处于相对稳定的乳状液状态，采用一般的分离方法不能把水从原油中脱出，因而多年来人们研究了多种原油脱水工艺技术。原油脱水的基本方法与原理如下。

1. 沉降分离脱水

水滴在原油中的沉降速度受油品黏度、水滴微粒直径等影响，斯托克斯（Stokes）定律描述了沉降分离的基本规律，水滴在原油中的沉降速度可表示为：

$$u=\frac{d_w^2(\rho_w-\rho_o)}{1.8\mu_o} \tag{2-4-1}$$

式中 u——水滴匀速沉降速度，m/s；

d_w——水滴直径，μm；

μ_o——原油黏度，mPa·s；

ρ_w、ρ_o——水、油的密度，kg/m^3。

由公式（2-4-1）可以看出，沉降速度与原油中水滴直径的平方成正比；与水、油密度差成正比；与原油的黏度成反比。以该公式为指导，人们研究出如下提高油水分离效率的方法：

（1）增大水滴直径的方法。如添加化学破乳剂，降低乳状液的稳定性；采用高压电场处理油包水型（W/O）乳状液；利用电磁场对W/O型乳状液进行交变振荡破乳；利用亲水性油固体材料使W/O型乳状液的水滴在其表面润湿。

（2）扩大水、油密度差的方法。如选择合适的温度，使油、水密度差增大；在油气分离过程中，降低压力，使原油中少量的气泡膨胀，密度降低。

（3）降低原油黏度的方法。如采用加热的方法，以降低原油黏度。

（4）采用水力旋流分离器，提高油水分离速度。

2. 原油热化学脱水

热化学脱水是在一定条件下向原油乳状液中添加化学破乳剂，使其到达原油乳状液的油水界面上，降低界面张力，破坏油水的乳化状态，破乳后的水珠相互聚结并沉降分离。热化学脱水是目前各油田广泛采用的原油脱水方法之一。

3. 原油电脱水

原油电脱水是利用高强度电场作用于原油乳状液，使乳状液的水珠聚结。通过聚结，原油中的水珠相互合并，粒径增大，从原油中沉降分离出来。

用于电脱水的电源有交流电、直流电、交直流电和脉冲供电等。在交流电场中，主要是使乳状液的水珠振荡聚结和偶极聚结；在直流电场中，除发生偶极聚结外，电泳聚结起主导作用；在交直流二重电场中，上述数种聚结都存在；脉冲供电是向电极间断送电，除促使振荡聚结和偶极聚结外，目的在于避免电场中电流的大幅度增长，可平稳操作和节约电能。电脱水法一般适用于低含水量的原油脱水。

4. 润湿聚结破乳脱水

润湿聚结破乳脱水主要是采用一种不易被油润湿而极易被水润湿的固体材料，利用这种材料的特性使原油中的水珠在固体材料表面上聚结，达到破乳的目的。润湿聚结仅对稳定性差的W/O型乳状液的水珠或游离水起作用。

然而，与热化学破乳和电法破乳的能力相比较，润湿聚结破乳的能力较弱，故一般仅让其起辅助作用，即将其与化学破乳、电破乳结合在一起使用。例如，作为高含水原油两段脱水的第一段，将化学破乳剂预先加入含水原油之中，经管道流动或节流搅拌后再进入聚结材料填充的设备进行聚结脱水，使高含水原油变为低含水原油，然后再进行电脱水，使含水率进一步达到净化油质量标准。

近年来，出现原油声波、超声波和微波破乳脱水新技术，并正在商业化。与传统的热化学、电脱水相比，声波可加速水珠聚结，提高原油脱水效率；超声波可降低能耗和减少破乳剂用量；而微波在降低乳状液稳定性的同时，还可加热乳状液，进一步促进水滴的聚结，在解决我国东部老油田因三次采油等引起的原油性质复杂的深度脱水问题方面具有很好的应用前景。

20世纪90年代末，由加拿大艾伯塔研究委员会研究开发了一种利用声波对原油进行破乳和脱气的专利技术。该技术采用在高含水油井下游安装管径小于100mm的生产管线，按预定频率向原油释放高频声波以降低表面张力，使油水更易分离。在对一口高固体含量的稠油井进行实验后表明，声波法可将原油含水降至最低为1.0%，耗电和操作费用低，节省药剂投加量50%，年创效益约125万美元。

微波破乳技术（MST）是使用专利微波发生器降低原油乳状液稳定性，乳状液中的水首先吸收施加的能量而被加热，促进了乳状液分子运动，使液滴界面破裂和水滴聚结。经处理后，乳状液可在离心式分离器或沉降罐内加速沉降分离成油、水和固体颗粒。乳状液进料吸收的能量使其温度上升约10℃，一般出口温度不超过93℃，无需进一步加热。MST具有能降低含水率和药剂成本，污泥量少，提高油产量等特点，适用于油田矿场、储运设施和石油船运等场合。MST装置可以安装在3m×12m的撬块上或14.5m×2.4m的拖车上，装置处理能力为128~640m^3/d，并可通过组合增大处理能力。

每种脱水方法都有其各自的特点和适用条件。因此，选用什么原油脱水方法应根据油水性质、含水率、天然乳化剂类型、乳状液分散度和稳定性等因素，通过实验和技术经济比较后确定。在油田生产实践中，经常是综合应用上述脱水方法，以求得较好的脱水效果。

第二节 气液分离设计

目前，油田上常用的计量分离器有两相计量分离器（见图2-4-1）和三相计量分离器（见图2-4-2）两种。选用计量分离器的步骤如下：

一、确定基本参数和要求

（1）油、气分离质量要求达到气中携带的油量不高于10g/m^3，通过捕雾器出来的气体携带油滴的直径不超过10μm。

（2）分离器的工作压力和温度。分离器的工作压力和温度与油气集输流程、采油井的井口回压有关，为避免油田上计量分离器的类型太多，从我国各油田目前的生产情况来看，将计量分离器的工作压力控制在0.6~0.8MPa，工作温度不超过50℃。

（3）油（液）在分离器内的停留时间。油（液）在分离器内停留时间的长短与油气分离要求的质量有关，还与油（液）的密度、黏度等性质有关。通过综合考虑，对一般的原油，例如大庆油田的原油，要求在立式分离器中停留2~6min（卧式2~4min）。如果是起泡原油，停留时间要求增加到10~20min（卧式5~15min）。对于密度大、黏度高的特殊原油，要采取加热升温才能使分离质量达到规定要求。

二、确定计量分离器的尺寸

计量分离器有立式和卧式两种结构形式。若原油中含水率较高，处理液量较大时，一般选用卧式分离器（见图 2-4-1 和图 2-4-2）。若油井单井产量小，通常选用立式分离器（见图 2-4-3）。立式分离器的尺寸确定介绍如下。

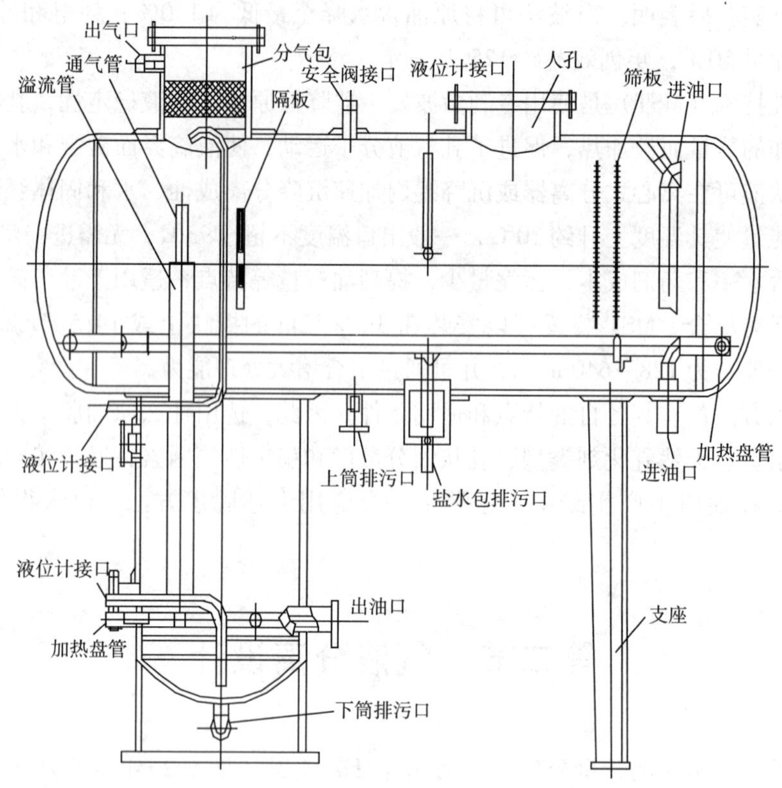

图 2-4-1 两相计量分离器

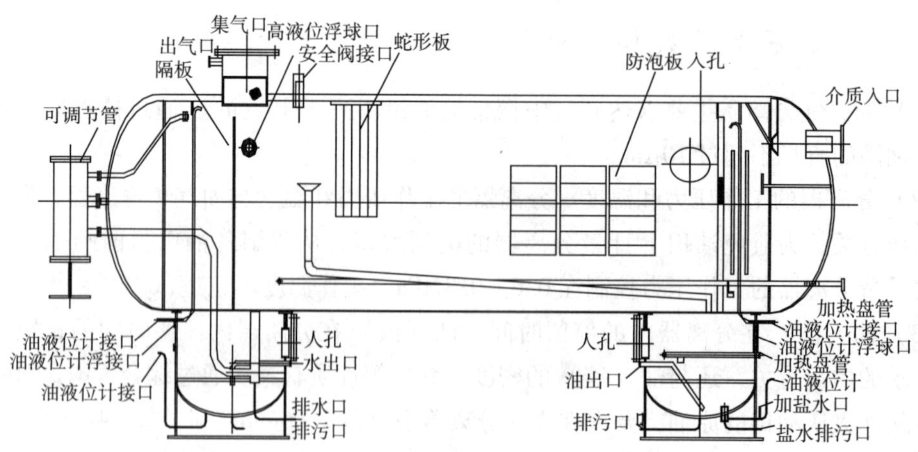

图 2-4-2 三相计量分离器

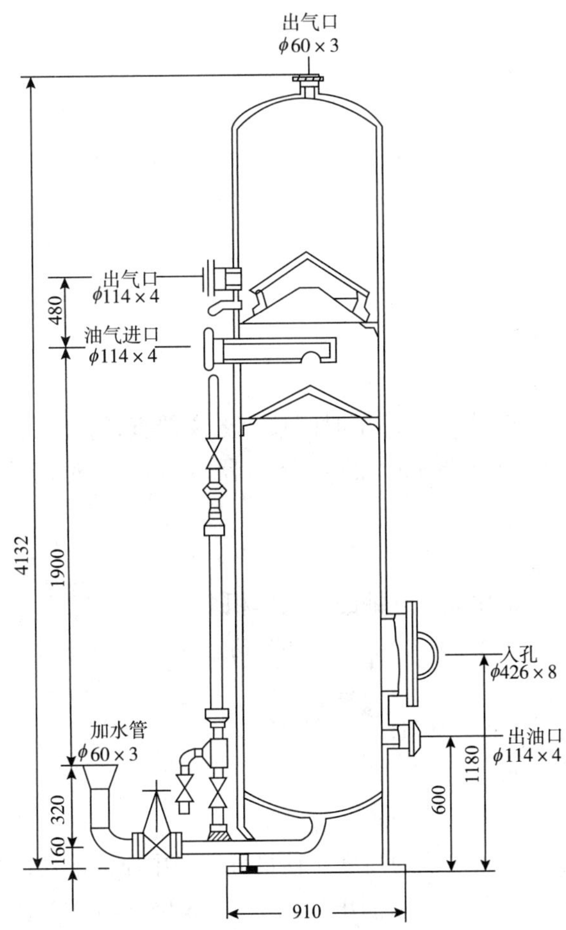

图 2-4-3 常用立式计量分离器（单位：mm）

（1）确定立式分离器直径的公式。

$$D = \frac{52.05}{\eta_1 \eta_2 d_o} \sqrt{\frac{V_g Z P_b T_b \mu_g}{PT(\rho_o - \rho_g)}} \tag{2-4-2}$$

式中 D——立式分离器的直径，cm；

d_o——分离出来的原油油滴直径，一般取 $d_o = 0.01$cm；

V_g——油井产出的油田气量（标准状态下），m^3/d；

Z——油田气的压缩因子；

P_b、T_b——标准状态下的压力、温度，取 $P_b = 101.325$kPa，$T_b = 293$K；

P、T——分离器的工作压力（绝对压力、温度），kPa、K；

μ_g——分离器工作条件下的油田气黏度，mPa·s；

ρ_o——分离器工作条件下的原油密度，kg/m^3；

ρ_g——分离器工作条件下的油田气密度，kg/m^3；

η_1——在分离器中气体流速不均匀的修正系数，一般取 $\eta_1 = 0.86$；

η_2——油气分离器面积利用系数，一般取 $\eta_2 = 0.9$。

（2）公式中有关参数的确定。

①V_g 的确定。按式（2-4-3）确定 V_g：

$$V_g = \eta_0 q_{mv} \tag{2-4-3}$$

式中 η_0——气油比（标准状态下），m^3/t；

q_{mv}——油井的日产油量，t/d。

②Z 的确定。

③油田气黏度 μ_g 的确定。

④油田气密度 ρ_g 的确定。

⑤原油密度 ρ_o 的确定。

（3）按油（液）在分离器中的停留时间校核分离器直径，停留时间用前面给出的值，对一般原油，立式分离器取 6min，卧式分离器取 4min；对起泡原油，卧式分离器取 20min。

校核分离器的步骤是：

①将油井日产的原油量化成 x 分钟的平均体积 V：

$$V = \frac{0.694 x q_{mv}}{\rho_o} \tag{2-4-4}$$

式中 q_{mv}——油井日产原油量，t/d；

x——停留时间，min；

ρ_o——油井原油的密度，kg/m^3。

②确定分离器中原油控制液位的高度。计量分离器中原油液位的控制高度一般按经验数据来确定。通常是使液位保持在原油出口以上 1～3 倍分离器直径的高度，油井用的计量分离器可取 1.5 倍分离器直径。

③校核分离器直径 D。按停留时间为 x 分钟，液面控制高度为 1.5D 则得出：

$$D = 83.83 \sqrt{\frac{x q_{mv}}{\rho_o}} \tag{2-4-5}$$

式（2-4-5）中物理量的意义同前。

（4）分离器高度的确定。分离器的总高度对气体处理能力的影响不大。实验表明，筒体高 3m 的立式分离器，再增加 50% 的高度，处理能力只增加 5%，减少 50% 的高度，处理能力只降低 3%。但是，当高度较大时，气流可以稳定一些。因此，油田上使用的立式分离器一般采用 4～5 倍分离器直径的高度，这与美国一般采用 3m 左右的高度，俄罗斯一般采用 4m 左右的高度基本一致。

还应指出，为了保证分离质量，选择油气分离器时应使实际产量不超过它的最大处理能力，在进行油井分离器计算时，最好不要按油井平均的日产油量和产气量计算，而应按最大的瞬时产油量和产气量计算。对用于产量波动较大油井的分离器更加需要考虑到产量波动值的影响。

第五章　原油处理

第一节　原油乳状液

原油与水是不互溶（或微量互溶）的液体，其物理、化学性质均有较大差异。在常温下，用简单的沉降方法短时间内就能将原油中的水分离出来，这类水称为游离水。然而，生产中的原油与水并非简单地混合，而是处于相对稳定的乳化液状态，这类水称为乳化水。它与原油的混合物称为油水乳状液或原油乳状液。乳化水需要采用专门的措施才能从原油中分离出来。

一、原油乳状液的类型

乳状液为一个多相体系，其中至少有一种液体以极小微滴的形式分散于另一种液体中，这种分散物称为乳状液。乳状液具有一定的稳定性，即它的存在状态不会在一瞬间自发破坏（分离成层）的性质。原油和水构成的乳状液主要有两种类型：一种是水以极微小的颗粒分散于原油中，称为“油包水”型乳状液，用符号 W/O 表示，此时水是内相或称分散相，油是外相或称分散介质，因外相液体是连接的，故又称连续相；另一种是油以极微小颗粒分散于水中，称为“水包油”型乳状液，用符号 O/W 表示，此时油是内相，水是外相。此外，还有多重乳状液，即“油包水包油型”乳状液、“水包油包水型”乳状液等，分别以 O/W/O 和 W/O/W 表示。

除在油田开采的高含水期外，世界上各油田所遇到的原油乳状液绝大多数属于“油包水型”乳状液，其内相水滴的直径一般在 0.1μm 以上，在普通显微镜下可观察到内相液滴的存在。

油水乳状液的类型可用染色法、冲淡法、电导法和显微镜观察法等进行确定。染色法是在乳状液中加入少量只溶于油、不溶于水的染料，轻轻摇动，若整个乳状液呈现染料的颜色，则说明连续相为油，即为 W/O 型；若只有分散的液滴呈染料的颜色，则说明分散相为油，即为 O/W 型。染色法用于鉴别黑色的原油乳状液有一定困难。冲淡法是根据乳状液易被连续相液体冲淡的特点来确定其类别。鉴别方法是将两滴乳状液分开滴在玻璃板上，取形成此乳状液的两种液体——油和水，分别滴在两滴乳状液中，轻轻搅拌，易于和乳状液掺和者则为连续相介质。电导法是利用油和水的电导不同来判别乳状液类型，原油导电能力很差，因此测定电导即可确定乳状液连续相由何种液体所构成。此外，利用原油和水透光性的差别，在显微镜下也很容易确定乳状液内相介质的类型。

二、原油乳状液的形成过程

1. 形成稳定乳状液的必要条件

单纯的两种互不相溶的液体经剧烈搅拌后形成乳状液，但搅拌停止后，内相微粒在外相液体分子热运动的撞击下发生方向不断改变的无规则运动（布朗运动），使内相颗粒相互碰撞、合并，乳状液的生成条件被自发破坏，很快两种液体就分层了。如果系统中存在或加入第二种物质，能使乳状液有很强的稳定性，这种物质称为乳化剂。乳化剂是一种表面活性物质（能使溶液表面张力降低的物质），它能被吸附在油水界面上，在内相微粒表面上形成一层“膜”。这种膜使油水界面的表面张力下降，并具有一定的弹性和机械强度，阻止液滴在碰撞中聚结沉降。

表面活性剂吸附在油－水界面上形成吸附层，使其界面张力下降，乳状液的稳定性得到一定程度的增加。若表面活性剂吸附层具有凝胶状结构，有较高的机械强度，在分散相液滴周围形成坚固的薄膜，能够阻止内相液滴在碰撞中聚结沉降，使乳状液变得更为稳定，这种表面活性剂适合作为乳化剂。降低界面张力和形成坚固的保护薄膜是使乳状液稳定的两个重要因素，而后者更为重要。

因此，要形成稳定的原油乳状液必须具备下列三个条件：

（1）系统中存在两种以上互不相溶（或微量相溶）的液体；

（2）需要强烈地搅拌，使一种液体破碎成微小的液滴分散于另一种液体中；

（3）要有乳化剂存在，使微小液滴能稳定地存在于另一种液体中。

2. 原油乳状液的形成

原油的乳化剂对形成原油稳定乳状液具有十分重要的作用，原油的天然乳化剂由下列四种类型的物质组成：

（1）分散在油相中的固体物主要是黏土、岩石粉、结晶石蜡等。其颗粒直径小于2μm，且被吸附在油水界面上与胶质、沥青质等形成表面膜，使乳状液稳定。

（2）分散在原油中的胶质、沥青质的相对分子质量都比较大。一般来讲，沥青质的相对分子质量要比胶质大一些。沥青质的相对分子质量大约为900～3500，胶质的相对分子质量大约为570～1000。至于沥青质和胶质在原油中的含量，随原油产地的不同，差异很大。

（3）溶解在原油中的物质。这类物质有环烷酸等。

（4）溶解在水中的物质。如某些盐类和某些高极性的表面活性物质。

以上四种物质就是我们通常所说的原油天然乳化剂。

当油气水三相混合物由井底沿井筒油管举升到井口时，经过油嘴的节流以及集油管线、阀件、离心式油泵等的强烈搅拌，使水滴充分破碎成极小的颗粒，并被原油中存在的环烷酸、胶质、沥青质、石蜡、黏土和砂粒等“油包水”型乳化剂所稳定，均匀地分散在原油中，从而形成稳定的“油包水”型乳状液。乳化剂聚结在内相颗粒界面，形成了比较牢固的界面保护膜，也称乳化膜，在稳定的原油乳状液中大多数的水滴直径小于50μm。

3. 原油乳化程度的变化

原油乳状液形成于油层开采和原油矿场集输整个过程之中，原油乳状液的乳化程度是逐渐加深的。在油井油嘴前后和集油过程中原油乳化程度的变化情况如下。

（1）自喷油井油嘴前后乳化程度的变化。

当原油、地层水和伴生气自地层向油井井底流动时，由于流速缓慢，一般不会产生乳状液。当沿着油管自井底向地面流动时，随着压力的降低，溶解在原油中的伴生气不断析出，气体体积膨胀，会使油水产生搅动。油气水混合物到达地面后，由于油嘴孔径小、压降大、流速猛增，并伴有温度下降，使原油和水的乳化程度迅速提高。表 2-5-1 表示某油田自喷井油嘴前后乳状液的乳化程度变化情况。由该表可知，油嘴前游离水含量多，乳化水含量较少；油嘴后游离水含量降低，乳化水成倍增加；乳化水含量还随油嘴压降增大而增加。这表明了搅拌程度对乳化程度的影响。

表 2-5-1 自喷油井油嘴前后乳化程度变化情况

取样位置	分析次数	油嘴压降/10^5 Pa	平均含水率/%		
			总含水	游离水	乳化水
油嘴前	46	2.5~3.5	62.2	44.7	17.5
油嘴后	78	2.5~3.5	60.0	22.0	38.0
油嘴后	9	9~10	60.0	0.7	59.3

（2）集油过程中乳化程度的变化。

在油井至接转站的集油过程中，原油中水珠直径是逐渐在变小的。特别是在经过分离器和泵以后，变化很大。取样测定结果见表 2-5-2。在孤岛油田南区某掺活性水降黏接转站进行实地测定后发现，离心泵进、出口试样的乳化程度差异很大（见表 2-5-3）。

表 2-5-2 原油中水珠粒径变化情况

取样部位	油井井口	分离器进口	分离器出口	离心泵出口
水珠粒径/μm	1~200	5~25	3~10	3~5

表 2-5-3 泵进、出口油样对比

取样部位	油水分层时间/s	分出游离水/%	油相颜色
泵进口	30	60	黑色
泵出口	60	20	红棕色

上述调查结果虽然表示方法不同，但其共同点是原油与水在设备或管道中一起流动的时间越长、搅动越激烈，原油中所乳化的水量就越多，水珠数量稠密，粒径小，并趋于均匀。这足以说明原油乳化程度是在油气开采和油气集输过程中逐渐形成的。

了解了这一点，可以帮助人们选择合理的油气集输管道和设备，采取有效的减缓乳化程度的措施。

三、减轻原油乳化程度的措施

在油田开发过程中，要完全避免原油乳状液的形成是很困难的。但采取措施减轻乳化程度却是可能的。截至目前，在油田地面工程和油气集输管理过程中，人们研究出以下措施：

1. 正确选择油田脱水装置的位置

在油田地面工程规划中，只要生产规模适宜，原油脱水装置应尽量靠近油井方向，以便在原油乳状液未经过多的集输过程的搅拌和未经”老化”的情况下将水脱出。

2. 预先加入化学破乳剂

化学破乳剂不仅可以对原油乳状液进行破乳脱水，还可以抑制未经乳化的原油与水经搅拌而引起的乳化。故人们倾向于在油井井口、计量站，甚至向油井井底添加化学破乳剂，用以防止和减轻原油乳状液的乳化程度。

3. 正确设计和建设集油管道

在集油管道的设计和建设中，应正确采用集油流程，合理选择出油管线、集油干线的管径、走向、敷设方式、保温结构等，使油气水混合物在流动过程中温降小、压降小，管壁不结蜡，油水乳状液乳化程度增加幅度小。

4. 正确选用增压设备

当油井油压过低时，为了扩大集油半径，往往在原油脱水装置前增设接转站，在选用接转站输油泵时，应尽量选用对原油乳化液搅拌不甚激烈的泵。如选用离心泵，应尽量选择低转数、排量和扬程都恰当的泵，以免因扬程过高而使泵的出口阀节流严重，或因排量过大而在泵的进出口打循环。因为这样都会增加原油乳状液受搅拌的次数及激烈程度。

四、原油乳状液的性质

原油乳状液的主要物理－化学性质有：分散度、黏度、密度、电学性质和稳定性等。

1. 分散度

分散相在连续相中的分散程度称为分散度。分散度用内相颗粒平均直径的倒数表示。此外，也常用内相颗粒平均直径或内相颗粒总表面积与总体积的比值，即比表面积表示。

按分散度的大小不仅可区别乳状液、胶体溶液和真溶液，而且乳状液分散度的大小还直接影响到它的其他性质，因而分散度是乳状液的重要性质之一。

2. 黏度

影响乳状液黏度的因素很多，主要有：①外相黏度；②内相的体积浓度；③温度；④乳状液的分散度；⑤乳化剂及界面膜的性质；⑥内相颗粒表面带电强弱等。此外，有的文献认为，内相黏度对乳状液的黏度也有一定影响。

原油黏度愈大，生成 W/O 型乳状液后其黏度也愈大。例如：温度为 50℃时，大庆某油区所产原油黏度为 3.09 mPa·s，含水为 23.7% 时实测黏度为 11.43 mPa·s，而 50℃时黏度为 9.49 mPa·s 的原油，含水 24.7% 时实测黏度为 30mPa·s。乳状液黏度与温度的关系同原油类似，随温度的升高而降低。

原油乳状液黏度随含水率的变化却呈现较为复杂的关系（见图2-5-1）。当含水率较低时，乳状液的黏度随含水率的增加而缓慢上升；当含水率较高时，黏度迅速上升；当含水率超过某一数值（图中约为65%～75%）时，黏度又迅速下降，此时W/O型乳状液转相为O/W型或W/O/W型乳状液。此后，随含水率的进一步增加，油水混合物的黏度变化不大。

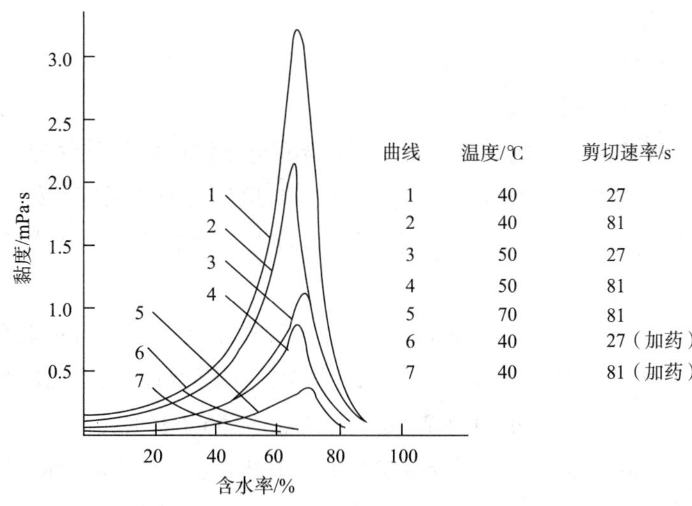

图2-5-1　原油乳状液黏度与含水率的关系

实际上，乳状液内相颗粒的大小参差不齐，各油田所产原油和水的组成及性质各异，因而乳状液转相时含水率的范围通常在50%～90%。当油水中不含破乳剂时，多数情况下转相时的含水率约为70%。

实验表明，在含水率和其他条件等同的情况下，乳状液内相颗粒直径愈小、分散度愈高，乳状液的黏度愈大。这是因为在内相颗粒表面有一定厚度的乳化剂薄膜，该薄膜可看作内相颗粒体积的一部分，内相颗粒愈小，它连同薄膜的总体积愈大，其后果和含水率增加相似，使乳状液黏度增大。此外，乳状液内相颗粒表面都带电，因带电而引起的额外黏度称电滞效应，其大小与电位、颗粒直径有关，直径愈小、电位愈高，引起的额外黏度愈高。由于上述原因，分散度高的乳状液具有较大的黏度。

计算W/O型乳状液黏度的公式很多，较常见的有下列公式：

爱因斯坦（Einstein）公式：

$$\mu = \mu_o(1 + 2.5\phi) \tag{2-5-1}$$

古斯（Guth）等的公式：

$$\mu = \mu_o(1 + 2.5\phi + 14.1\phi^2) \tag{2-5-2}$$

凡德（Vand）公式：

$$\mu = \mu_o(1 + 2.5\phi + 7.31\phi^2 + 16.2\phi^3) \tag{2-5-3}$$

蒙松（Mohcoh）公式：

$$\mu = \mu_o(1 + 2.5\phi + 2.19\phi^2 + 27.45\phi^3) \tag{2-5-4}$$

罗少依（Ros）公式：

$$\mu = \mu_o(1 - \phi)^{2.6} \tag{2-5-5}$$

理查森（Richardson）公式：

$$\mu = \mu_o e^{k\phi} \tag{2-5-6}$$

式中 μ——乳状液黏度；

μ_o——温度条件相同时原油的黏度；

ϕ——含水体积分数；

k——乳状液黏度的待定常数，由实验测定。对 W/O 型乳状液，$k = 3 \sim 5$。

上述公式各有一定的适用范围。ϕ 值越小，爱因斯坦公式的适用性越好；当用式(2-5-2)时，ϕ 的最大值不应超过 1% ~ 2%，否则计算误差较大；式(2-5-3) 和式(2-5-4) 适用于 $\phi \leqslant 0.4$ 的情形。

蒙松认为，自己推荐公式的适用范围为 $\phi \leqslant 0.5$。按上述公式计算的乳状液黏度与实测值都有一定的偏差。大庆油田根据实测数据以凡德公式为模型，回归得出的公式为：

$$\mu = \mu_o(1 + 2.5\phi - 2.56\phi^2 + 56.6\phi^3) \tag{2-5-7}$$

原油乳状液是一种多相体系，当受到剪切时，其内部结构遭到破坏。因而，多数情况下，乳状液不遵循牛顿内摩擦定律，属于非牛顿流体。这时的黏度应称为表观黏度，呈现非牛顿流体性质的乳状液有剪切稀释性，即随剪切速率的增加，内部结构遭到破坏，表观黏度下降。表观黏度下降的幅度同乳状液含水率有关，含水率愈大，下降幅度愈大。（见图 2-5-1）。

3. 密度

原油含水、含盐后，其密度显著增大。若已知乳状液体积含水率小，原油和含盐水的密度分别为 ρ_o 和 ρ_w，则原油乳状液的密度可按式（2-5-8）确定：

$$\rho = \frac{V_o\rho_o + V_w\rho_w}{V_o + V_w} = \rho_o(1 - \phi) + \rho_w\phi \tag{2-5-8}$$

式中 V_o、V_w——分别为油、水的体积，m^3。

原油乳状液的密度还可按式（2-5-9）计算：

$$\rho = \frac{1}{\dfrac{q}{\rho_w} + \dfrac{1 - q}{\rho_o}} \tag{2-5-9}$$

$$\rho = \frac{q'}{1 - x} \tag{2-5-10}$$

式中 q——乳状液中水和溶解盐的质量分数；

q'——乳状液中淡水的质量分数；

x——水中溶解盐的质量分数。

4. 电学性质

纯态时，水和原油都是很好的电介质，原油的电导率为 $10^{-13} \sim 10^{-8}$S/m，而水的电导率为 $10^{-6} \sim 10^{-5}$S/m。当水中溶有少量酸、碱、盐类时，其电导率数十倍地增加。因此，原油乳状液的电导率除取决于其含水率和水颗粒的分散度外，在很大程度上决定于水中的含盐、含酸、含碱量。乳状液的电导率还随温度的升高而增大。

介电系数是乳状液另一项重要的电性质。原油的介电系数 $\varepsilon_o = 2$，水的介电系数约为油的40倍，即 $\varepsilon_w = 80$。由于原油和水介电系数的差别悬殊，当把乳状液置于电场内时，乳状液的内相水滴将沿电力线排列，并使乳状液的电导率激烈增加。电场内，乳状液内相水滴沿电力线排列的性质，常被用来破坏原油乳状液，脱除原油中所含的水。

5. 稳定性和老化

原油乳状液的稳定性指乳状液不被破坏，抗油水分层的能力。它是原油乳状液最重要的性质之一。

影响乳状液稳定性的主要因素有：乳状液的分散度和原油黏度、乳化剂的类型和保护膜的性质、内相颗粒界面带电、乳状液温度和水的 pH 值等。

（1）分散度和原油黏度。

若油水混合物内有足够的乳化剂，并受到充分搅拌，则形成内相颗粒小、分散度高的原油乳状液。水滴愈小，布朗运动愈强烈，就能克服重力影响而不下沉，保持稳定。此外，原油黏度愈大，水滴愈不易下沉，原油乳状液也就愈稳定。

（2）乳化剂的类型和保护膜的性质。

原油中存在的天然乳化剂也可分为三类，它们对乳状液的稳定性有很大的影响。

第一类乳化剂是低分子有机物，如脂肪酸、环烷酸和某些低分子胶质。这类物质有较强的表面活性，易在内相颗粒界面形成界面膜。但由于相对分子质量小，界面保护膜强度不高，故乳状液的稳定性较低。

第二类是高分子有机物，如沥青、沥青质等。它们在内相颗粒界面形成较厚的、黏性和弹性较高的凝胶状界面膜，机械强度很高，使乳状液有较高的稳定性。

第三类是黏土、砂粒和高熔点石蜡（$C_{70} \sim C_{80}$）等固体乳化剂。由这类乳化剂构成的界面膜的机械强度很高，因而乳状液的稳定性也很高。由蜡晶粒作为固体乳化剂构成的乳化液，会因温度增高时蜡晶粒的溶解而使乳状液稳定性下降。

（3）内相颗粒界面带电。

内相颗粒界面上带有极性相同的电荷是乳状液稳定的重要原因。

乳状液内相颗粒界面上力场的不平衡，会选择性地从外相介质中吸附阳离子或阴离子以降低界面张力。这样，内相颗粒界面上带有同种电荷，而贴近颗粒的外相介质内则带有极性相反的电荷。或者，由于内相颗粒界面上的分子电离，电离后的阳离子或阴离子分布到邻近颗粒的外相介质中去，或者，由于内相颗粒在外相介质中的布朗运动，因摩擦而带电。由于上述原因，乳状液内相颗粒界面上和其邻近的介质中带有数量相等而符号相反的电荷，构成双电场（见图2-5-2）。显然，全部内相颗粒界面上均带有同种电荷。由于静电斥力，内相颗粒难于碰撞，或碰撞后又迅速分开，因而小颗粒难于合并成大颗粒下沉，使乳状液变得稳定。相比之下，内相颗粒界面带电对含水率低的原油乳状液稳定性的影响更为明显。

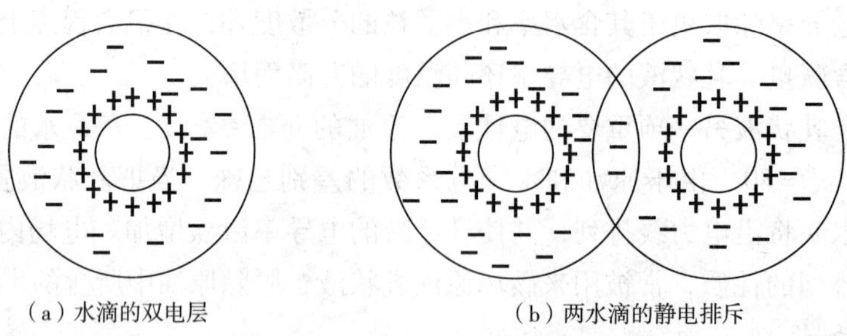

图 2-5-2 水滴相互作用示意图

（4）乳状液温度。

乳状液温度对其稳定性有很大影响，随温度的升高，乳状液稳定性下降。这是因为温度升高时：①乳状液的主要乳化剂——沥青质、胶质、石蜡等，在原油中的溶解度增加，减弱了由这些乳化剂构成的内相颗粒界面膜的机械强度，使水滴易于在互相碰撞时合并下沉；②内相颗粒体积膨胀，使界面膜变薄，机械强度减弱；③加剧了内相颗粒的布朗运动，增加了互相碰撞合并成大颗粒的概率；④油水体积膨胀系数不同，原油体积膨胀系数较大，使水和油的密度差增大，水滴易于在油相中下沉；⑤降低了原油的黏度，水滴易于沉降。

由上述可知，对原油乳状液加热，能使乳状液稳定性降低，有利于原油脱水。但加热需要消耗燃料，加热还使原油蒸汽压升高，增加集输过程中的原油蒸发损耗。因而，在原油脱水过程中，一般不希望把加热作为主要的脱水手段。在达到脱水要求的前提下，应尽可能对乳状液少加热或不加热。

（5）水的 pH 值。

不少文献指出，水的 pH 值对原油乳状液的稳定性存在影响。一般 pH 值增加，内相颗粒界面膜的弹性和机械强度降低，乳状液的稳定性变差。向乳状液中加入强碱提高水的 pH 值，能促进乳状液破乳。

除上述影响乳状液稳定性的因素外，时间对乳状液的稳定性也有一定的影响，分散在原油中的天然乳化剂，特别是固体乳化剂，在油水界面的吸附并构成致密的薄膜需要有一定的时间。因而，原油乳状液随时间的推移逐渐变得稳定。乳状液的这种性质称为乳状液的“老化”。在形成乳状液的初始阶段，乳状液的“老化”十分显著，随后逐渐减弱，常常在一昼夜后乳状液的稳定性就很少再增加。

第二节 原油热化学脱水

原油热化学脱水是将含水原油加热到一定的温度，并在原油中加入适量的原油破乳剂。这种药剂能够吸附在油水界面膜上，降低油水界面膜的表面张力，从而破坏乳状液的稳定性，改变乳状液的类型，以达到油水分离的目的。

原油脱水包括脱除原油中的游离水和乳化水。但人们对游离水和乳化水尚没有公认和严格的划分界限，而且乳化水的脱除比游离水困难得多，因此多年来，始终把 W/O 型乳状液的油水分离作为研究重点。

本节将研究原油热化学脱水的破乳机理、化学破乳的技术要求、破乳剂的加入位置和方法及热化学脱水器等内容。

一、化学破乳剂的破乳机理

由于原油、油层水及所含天然乳化剂组成的复杂性，对油水界面上发生的物理、化学过程的研究又极其困难，因而对化学破乳剂的破乳过程和破乳机理仍处于研究之中。各种原油破乳剂的破乳机理归纳如下。

（1）表面活性作用。

破乳剂都具有高效能的表面活性物质，它们很容易地吸附在油水界面上，降低界面膜的表面自由能，使 W/O 型乳状液变得很不稳定。界面膜在外力作用下极易破裂，从而使乳状液微粒内相的水突破界面膜进入外相，从而使油水分离。

（2）反相作用。

原油乳状液是在原油中憎水型的乳化剂作用下形成的，俗称 W/O 型乳状液，采用亲水型的破乳剂可以将乳状液转化为 O/W 型乳状液，借乳化过程的转换以及 W/O 型乳状液的不稳定性而使油水分离。

（3）“润湿”和“渗透”作用。

破乳剂可以溶解吸附在油水界面上的胶质、沥青质等天然乳化剂，还能降低原油黏度，而且还能透过薄膜与水饱和，形成亲水的吸附层。这样，有利于水滴碰撞时的合并，达到水滴下沉的目的。

（4）反离子作用。

由于原油乳状液中分散相的水滴表面上吸附了一部分正离子，使分散相往往带有正电，分散相的水滴之间互相排斥，水滴难于合并。如果在原油中加入离子型的破乳剂，它们吸附在水滴表面上并将正电荷中和，使水滴间的静电斥力减弱，破坏受同性电保护的界面膜，使水滴合并从油中沉降下来。

二、实现化学破乳的技术要求

1. 实现化学破乳的必要条件

要实现化学破乳脱水，必须具备以下条件：

（1）要有“对症下药”的化学破乳剂。

由于原油本身是一个碳氢化合物的复杂混合物，原油乳状液中起乳化剂作用的物质种类和特性也十分复杂，在通常情况下又是完全未知的。什么样的化学破乳剂对某种原油乳状液破乳有效，目前是通过室内筛选实验和工业实验找出“对症下药”的化学破乳剂。

（2）要让化学破乳剂与原油乳状液充分接触混合。

原油乳状液小水珠的粒径大小不一，数量繁多，分布杂乱无章。要让数量有限的化学破乳剂都能接触到原油乳状液的油水界面，必须让化学破乳剂与原油乳状液进行激烈地搅拌混合，使二者充分接触；否则，接触不到化学破乳剂的原油乳状液滴的稳定性难于消失，更谈不上破乳脱水。激烈搅拌还有利于破乳后的水珠相互接触合并，使其粒径变大，迅速从原油中脱出。

（3）破乳后应有足够的沉降分离空间和时间。

经过充分接触混合、实现化学破乳以后，应在一定容积的沉降设备中进行沉降分离，使油水依靠密度差分离成层。由于油水的密度差较小，分离速度较慢，故需要有足够的沉降分离空间和时间来保证分离效果。

2. 原油脱水对破乳剂的要求

热化学脱水工艺对原油破乳剂有下列要求：

（1）较强的表面活性。

化学破乳剂的表面活性应比原油中天然乳化剂的活性大得多，有的文献认为应大100～1000倍，使化学破乳剂能迅速占据油水界面，降低乳化水滴的界面张力和界面膜的强度。这不仅可以破坏已经形成的原油乳状液，还可以防止油水混合物的进一步乳化，起到降低油水混合物黏度和加速油水分离的作用。但实践表明，不存在破乳剂活性越高，破乳能力越强这种规律。

（2）良好的润湿能力。

化学破乳剂对原油中的固体乳化剂应有较好的润湿能力，以便吸附在固体粉末上。把砂、黏土等粉尘拉入水相，把石蜡晶粒拉入油相，破坏固体粉末界面膜的作用，使油水分离。

（3）很高的絮凝和聚结能力。

吸附在水滴界面上的破乳剂，应对邻近水滴具有较大的吸引力，使水滴聚结，这一过程称为絮凝，絮凝能力强，就能增加水滴碰撞和聚结的概率。絮凝在一起的水滴应能迅速合并成大水滴从油相中沉降分出，即破乳剂还应有较强的聚结能力。

（4）破乳温度低，破乳效果好。

在较低温度下就能使原油乳状液破乳，破乳后原油中残存的水量少，脱出水中的含油量少，做到油净、水清。

（5）成本低，用量少。

（6）无毒、无害等。

对金属管路和设备不产生强烈的腐蚀和结垢，破乳剂对人体应无毒、无害，不易燃、不易爆。

（7）具有一定的通用性。

破乳剂应有一定的通用性，即原油乳状液性质改变时仍能保持较高的脱水效果。

一种化学破乳剂要完全满足上述要求往往是极为困难的。为取长补短，可将两种或两种以上的破乳剂以一定比例混合成一种新的破乳剂，其脱水效果可能高于任何一种单独使用时的效果。这种现象称为破乳剂的协同效应或复配效应。复配效应为寻找脱水效果更好的化学破乳剂开辟了新的途径。

三、影响破乳脱水效果的因素

破乳脱水效果的好坏除与破乳剂选择的是否合适有关外，还受下列因素的影响。

1. 破乳剂的浓度

破乳剂的浓度并非越大越好，它有一个最佳的浓度范围。一般加剂量不超过其临界浓度。破乳剂的浓度过高，由于增溶作用而使工艺效果恶化。当然，破乳剂的最佳加量应由室内和现场实验来决定。表 2-5-4 为某油田的破乳剂浓度对脱水效果影响的现场实验结果，在此实验条件下，破乳剂浓度以 0.0008% 为宜，浓度过高或过低破乳效果均差。

表 2-5-4　破乳剂浓度对脱水效果的影响

破乳剂浓度/%	0.003	0.002	0.001	0.0008	0.0006
原油总含水量/%	40~50	40~50	40~50	40~50	40~50
进脱水器含水量/%	15 以上	14	14	10	20 以上
净水油含水/%	0.3	≤0.2	≤0.2	0.1	0.1~0.2
污水情况	有时浑	清	清	清	有时浑

2. 破乳剂的稀释温度和使用温度

破乳剂的稀释温度往往不被人们注意。实际上，它也有一个合理界限，温度过低，稀释困难；温度过高，会引起破乳剂变质或降低效能。例如，对含有聚氧乙烯基的破乳剂，稀释温度不能超过其浊点，超过后就会降低脱水效果。表 2-5-5 为几种破乳剂在不同稀释温度下的破乳脱水效果。可以看出，破乳剂有一个合理的稀释温度，在此温度下稀释，用量少，效果好。

表 2-5-5　几种破乳剂在不同稀释温度下的脱水率

稀释温度/℃ 脱水率/% 破乳剂	22	50	75	浊点/℃
孤岛 5 号	91	72.8	61.7	48
9901	94.5	82.9	58.8	22
SP169	91	78.6	26.5	27
KP157	81	78.6	13.3	15

破乳剂的合理使用温度随品种的不同而异，一般温度高对脱水是有利的。温度升高，有利于破乳剂迅速均匀地吸附于油水界面上，同时增加乳状液液滴的布朗运动，降低界面脱黏度，使水滴聚结或絮凝的速度加快。温度升高也相对降低乳状液黏度，减小水珠下降

阻力，有利于水珠沉降。

3. pH 值

pH 值也影响破乳剂的破乳脱水效果。主要原因是由天然乳化剂形成的 W/O 型乳状液的稳定性与 pH 值有关。天然乳化剂与酸性水相接触，生成的 W/O 型乳状液的界面膜十分坚固，而与碱性水相接触，生成的 W/O 型乳状液界面膜的坚固程度会大大降低。这样，对同样的外加破乳剂，遇到不同 pH 值的乳状液，其破乳效果就会不同。表 2-5-6 为不同 pH 值的原油对破乳剂 9901 脱水效果影响的室内实验结果。

表 2-5-6 pH 值对破乳剂 9901 脱水效果的影响

项目 pH 值	脱水率/%	污水颜色
2.6	41	较清
7.1	75	较清
8.75	83	较清
11.2	96	最清

从表 2-5-6 的结果看，当 pH 值较高时，脱水率也较高。所以，可以通过调节 pH 值来提高破乳剂的效能，达到减少用量、降低成本的目的。但是在生产现场，选择多大的 pH 值还应从破乳剂和脱水设备两方面的因素考虑。例如，在某油田实践中发现，当油的 pH 值小于 9 时，生产正常；当 pH 值大于 9 时，脱水器就不稳定。所以，要考虑各种影响因素，找出最佳生产条件，不能一概而论。

四、原油破乳剂的加入

1. 破乳剂的加入位置

根据乳化理论，为了使破乳剂充分发挥破乳作用，破乳剂必须与每一水滴的油水界面接触。由于弥散随着时间的延长而增加，对油井来液，注入破乳剂越早，弥散效果就越好。同时，合理的处理温度可以建立起分子活性，有助于破乳剂的弥散。多年来的经验表明，每种破乳剂都有一个最佳温度效应点，且高于或低于一定温度，破乳剂几乎不能发挥应有的作用。因此，在来液进脱水器之前已经加热达到脱水温度时，则仅考虑进脱水器前破乳剂的有效混合时间；对来液在脱水器内进行加热的情况，必须考虑加热升温的时间，同时考虑破乳剂的混合时间。因此，加药点的位置应根据不同的加热方式，以满足破乳剂充分混合弥散来确定。

破乳剂的加入位置在满足发挥药剂效能的前提条件下，还要考虑管理方便。可选择在井口、计量站、集中处理站等集输流程的各个环节加入。从发挥药剂效能来说，在油井井口加入最好，这样可以从根本上抑制 W/O 型乳状液的生成，可以充分利用管道破乳的作用，效果较好，但管理环节和管理点增加较多，管理不便。在计量站或接转站加药可起破乳降黏作用，在集中处理站加药只能起破乳作用。

在集输流程中的何种环节加入破乳剂，应根据原油性质条件、加热方式、工艺流程和生产管理的需要确定，以最大限度地提高破乳剂的脱水效果。

2. 破乳剂的加入方式

破乳剂的加入方式应满足操作方便、连续均匀、浓度配制准确，并有计量设施的要求。水溶性破乳剂的配制浓度宜稀释到1% ~10%，其溶液温度宜为35 ~45℃。配液罐宜采用封闭容器。油溶性破乳剂可采用计量柱塞泵将破乳剂直接加入乳化原油管线中。

药剂罐的大小主要是从方便操作和经济实用来考虑。容积太小则配液频繁，太大也不经济，一般考虑每8h配一罐破乳剂溶液。脱水站一般选用 ϕ1200mm × 3800mm 或 ϕ600mm × 1500mm 两种规格双罐切换操作。

破乳剂罐工艺管线安装设计，一般需要考虑以下几点问题：

（1）破乳剂罐应与冷水、热水管线连接，满足稀释破乳剂所需要的温度。一般稀释温度在40 ~50℃。

（2）破乳剂罐应设液位显示、压力表、溢流放空、灌注破乳剂的漏斗和截断阀，并设有破乳剂罐的清扫排污管线（见图2-5-3）。

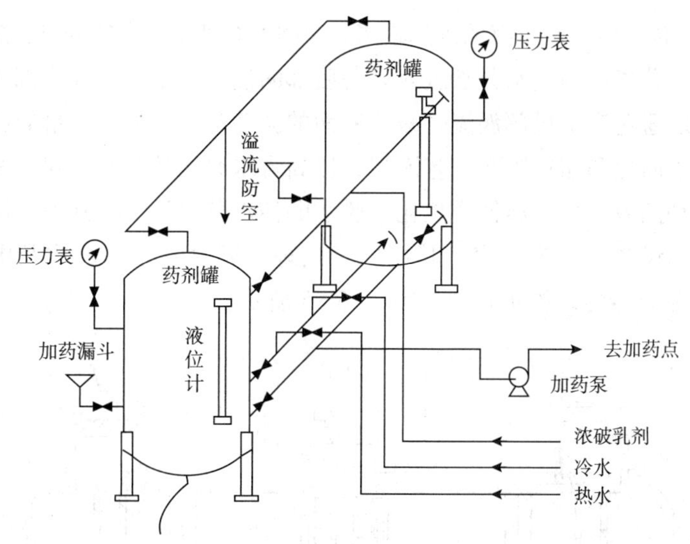

图2-5-3　破乳剂罐工艺管线安装设计

五、热化学沉降脱水器

1. 热化学沉降脱水器的结构

我国各油田采用的热化学沉降脱水器具有多种结构类型，图2-5-4为一种热化学沉降脱水器的结构类型。脱水器的两端为椭圆封头的卧式圆筒形压力容器，被支撑于双鞍式支座之上，主要有缓冲区、油水分离沉降区、集油区和集水区等。

含水原油由设备进液口进入设备并引至设备中心底部缓冲区，设置缓冲区有两个作用：一是能使低含水原油达到水洗的目的，脱出原油中的游离水；二是能减小进液时的搅拌，使进入油水分离沉降区的液体相对平稳。

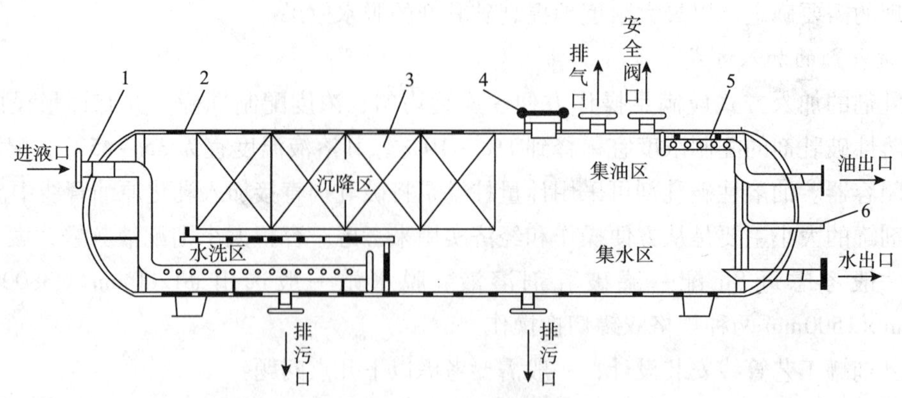

图 2-5-4 一种热化学沉降脱水器结构

1—进液装置；2—壳体；3—沉降装置；4—人孔口；5—油出口装置；6—放水看窗

在油水分离沉降区内设置几组沉降器，沉降器由倾角为60°或45°的平行钢板组合而成。设计间距一般为150mm或200mm（根据油品性质确定）。当低含水原油通过沉降器时，呈层流状态，同时缩短油上浮、水下沉的沉降距离和时间，有利于油水的分离、沉降和聚集。

经沉降器聚集分离后的油水分别进入设备后部的油区和水区，油水的出口装置均采用汇管收集形式，以避免产生局部涡流，减小液面的波动对出口液流质量的影响。

近年来，为了简化和缩短脱水工艺流程，提高含水原油的脱水效果，采用先进的工艺技术，开发了多种高效三相分离器作热化学脱水的油水分离设备。其中，HNS型三相分离器是高效油水分离设备的典型代表，其适用于处理不同含水率的轻质及中质油气水混合物。HNS型三相分离器的结构示意图如图2-5-5所示。

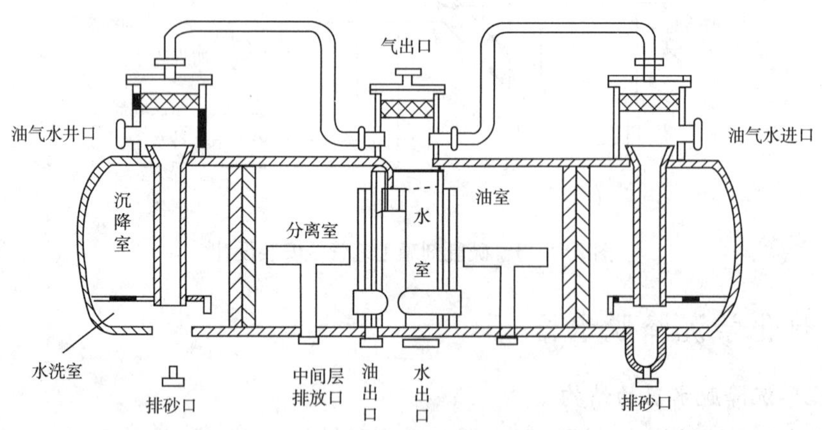

图 2-5-5 HNS型三相分离器的结构

HNS型三相分离器是针对油田开发中、后期油井产出液中气液比低、含水率高的特点，采用来液预分离脱气、水洗破乳、机械破乳和整流及恒定油水界面等措施，加速气液分离和油水分离过程，缩短分离停留时间，从而提高分离效率。HNS型三相分离器在结构上采用双向进料方式，由两个预分离室、一个二次捕沫室、两个沉降分离室、一个油室、一个水室组成。同时，还配有压力、液位、界面的自动控制。油气水混合物进入预分离室后，靠离心分离及重力作用分离出绝大部分气体，分离出的气体经预分离室和二次捕沫室两次捕沫除液，除去气体中携带的液滴，使气体含液量小于0.01g/m^3，并经气出口流出三相分离器。预分离室分离出的油水混合物，经导液管、布液构件进入沉降室油水分离区，油水混合物中的游离水直接进入水层，含少量乳化水的原油进入油层，经高效自支撑填料整流聚结脱出原油中的剩余水滴，脱水后的原油经油室流出三相分离器；沉降室内分离出的水在沉降室内脱出浮油后经水室流出三相分离器。

HNS型三相分离器与常规三相分离器相比，具有体积小、重量轻、分离效率高、一次脱水合格、运行平稳等优点。采用HNS型三相分离器进行高含水原油脱水处理，可以明显缩短工艺流程，运行工艺简单。通过大港油田的现场实际应用测试，该设备油气水分离系统运行平稳，含水率在80%以上的产出液，经该设备脱气、脱水处理后，原油含水率低于0.38%，水中含油低于300mg/L，完全能达到设计指标。

2. 热化学沉降脱水器的选用

（1）设计参数。

热化学沉降脱水器的工作性能常用以下指标衡量：①沉降时间，油水混合液在脱水器的停留时间，它表示脱水处理油水混合液的能力；②脱水温度，即沉降温度，它与原油性质、加药条件有关；③原油剩余含水率，一般小于1000mg/L。

从实践的情况来看，沉降脱水时间、温度主要与原油的乳化程度、破乳剂的作用时间有较密切的关系，可通过室内实验确定合理的沉降脱水时间和脱水温度。

（2）脱水器容积的确定和选用规格。

根据沉降时间 T（单位为min）来确定脱水器的容积，则脱水器的有效容积 V（单位为m^3）可按式（2-5-11）计算：

$$V = \frac{GT}{24 \times 60\rho} \tag{2-5-11}$$

式中　G——站内一天需要进行脱水的油水混合液量，kg/d；

ρ——油水混合液密度，kg/m^3。

根据所确定的容积，查原油热化学沉降脱水器系列表2-5-7，选用适合的热化学沉降脱水器容积。热化学沉降脱水器不宜少于2台。当一台热化学沉降脱水器检修，其余脱水器负荷大于设计处理能力的1.2倍时，宜设一台备用。

表2-5-7　热化学沉降脱水器筒体公称直径、长度系列及空罐容积

公称直径/mm	长度/mm						
	5000	8000	11000	14000	17000	20000	23000
	空罐容积/m^3						
2200	22.10	33.50	—	—	—	—	—
2600	31.6	47.50	63.5	—	—	—	—

续表

公称直径/mm	长度/mm						
	5000	8000	11000	14000	17000	20000	23000
	空罐容积/m^3						
3000	43.00	64.00	85.4	106.60	127.80	—	—
3600	—	—	125.20	155.70	186.20	216.70	—
3800	—	—	—	174.20	208.20	242.20	276.20
4000	—	—	—	193.80	231.50	269.20	306.90

第三节 原油电脱水

对许多含水原油，特别是重质、高黏原油，当利用热化学脱水方法尚不能达到商品原油含水率的规定时，常使用电脱水。电脱水常作为原油乳状液脱水工艺的最后环节。在油田和炼油厂获得广泛使用。

一、电脱水原理

将原油乳状液置于高压直流或交流电场中，由于电场对水滴的作用，削弱了水滴界面膜的强度，促进水滴的碰撞，使水滴聚结成粒径较大的水滴，从原油中沉降分离出来。水滴在电场中聚结的方式主要有三种：

1. 电泳聚结

把原油乳状液置于通电的两个平行电极中，水滴将向同自身所带电荷电性相反的电极运动，带正电荷的水滴向负电极运动，带负电荷的水滴向正电极运动，这种现象称为电泳。由原油乳状液的性质可知，原油中各种粒径水滴的界面上都带有一同性电荷，故在通直流电的平行电极中，乳状液的全部水滴将向相同的方向运动。

在电泳过程中，水滴受原油的阻力产生拉长变形，并使界面膜机械强度减弱。同时，因水滴尺寸大小不等，所带电量不同，运动时所受阻力各异，各水滴在电场中运动速度不同。水滴发生碰撞，使削弱的界面膜破裂，水滴发生合并、增大，从原油中沉降分出。未发生碰撞合并或碰撞合并后还不足以沉降的水滴将运动至与水滴极性相反的电极区附近。由于水滴在电极区附近聚集，增加了水滴碰撞合并的概率，使原油中大量小水滴主要在电极区附近分出。电泳过程中水滴的碰撞、合并称为电泳聚结。

2. 偶极聚结

在高压直流或交流电场中，原油乳状液中水滴受电场的极化和静电感应，使水滴两端带上不同极性的电荷，即形成诱导偶极。因为水滴两端同时受正负电极的吸引，在水滴上作用的合力为零。水滴除产生拉长变形外，在电场中不产生像电泳那样的运动，但水滴的变形削弱了界面膜的机械强度，特别是在水滴两端界面膜的强度最弱。原油乳状液中许多两端带电的水滴像电偶极子一样，在外加电场中按电力线方向呈直线排列形成“水链”，相邻水滴的正负偶极相互吸引（见图2-5-6），电场的吸引力使水滴相互碰撞，合并成大水滴，从原油中沉降分离出来。这种聚结方式称为偶极聚结。显然，偶极聚结是在整个电场中进行的。

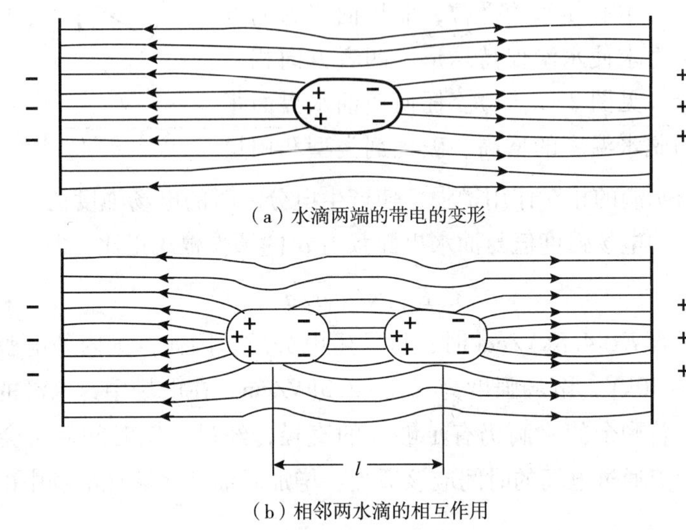

（a）水滴两端的带电的变形

（b）相邻两水滴的相互作用

图2-5-6 电场中水滴的偶极聚结

把电场中两个大小相等、两端所带电荷量相同的水滴，看作两个相同的电偶极子，其中心距为 l。在外加电场的作用下，这两个偶极子的相互吸引力可由式（2-5-12）计算（参考电动力学）：

$$F = \frac{6KE^2a^6}{l^4} = 6KE^2a^2(a/l)^4 \qquad (2\text{-}5\text{-}12)$$

其中，$k = 4\pi\varepsilon_o$

式中 ε_o——原油的介电系数；

E——电场强度；

a——水滴半径；

l——两水滴的中心距。

由式（2-5-12）看出：两水滴的相互吸引力或称聚结力，同水滴半径 a 的平方成正比；若 a 由0.25μm增大至2.5mm，聚结力 F 将增大 10^8 倍。因而，在电场中一旦发生偶极聚结后，随着水滴直径不断变大，水滴间的聚结力将越来越大。

由式（2-5-12）还可看出：水滴间的聚结力与 $(a/l)^4$ 成正比，而 a/l 值取决于原油含水率的大小。若原油含水率趋于零，a/l 和聚结力 F 亦趋于零。这说明当原油含水率很低时，偶极聚结脱水效果变差。一般认为，当原油含水率小于0.1%时，水滴间中心距 l 将是水滴直径的8倍以上，偶极聚结将不起作用。

式（2-5-12）还表明水滴间的偶极聚结作用力和电场强度 E 的平方成正比。要想获得较好的脱水效果，必须建立较高的电场强度。但也不能忽略这样的事实，即当电场强度过高时，椭球形水滴两端受电场拉力过大，以致将一个小水滴拉断成两个更小的水滴，产生“电分散”，使原油脱水情况恶化。产生电分散时的电场强度值与油水间的界面张力有关。电场力的方向背离水滴中心使水滴受拉，而界面张力的方向指向水滴中心，力求使水滴保持球形，两者方向相反能相互抵消一部分（见图2-5-7）。任何使油水界面张力降低的因素，如脱水温度的增高、破乳剂类型和用量等，均导致电场对水滴的相对作用增强，使产生电分散时的电场强度值降低。某些文献认为，产生电分散时的电场强度值与油水界面张力 σ 的平方根成正比，即

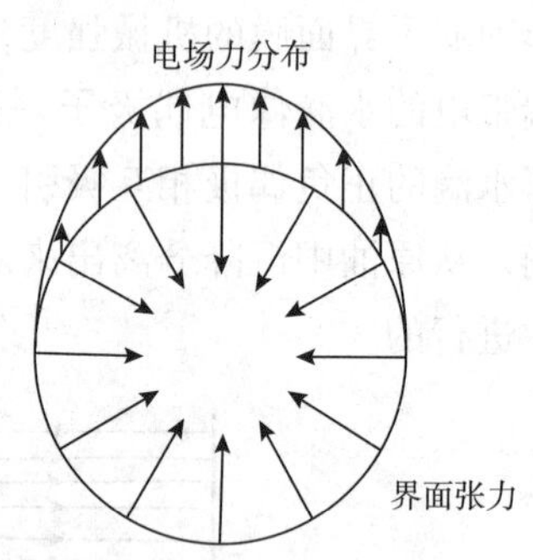

图2-5-7 电场中水滴的受力

$$E_{分} \propto \sqrt{\sigma / a} \tag{2-5-13}$$

多数情况下，当 $E \geqslant 4.8\mathrm{kV/cm}$ 时，将发生电分散。因而，国内外电脱水器的工作电压范围一般为 11～40kV，电场强度为 0.8～3.3kV/cm。在电场中，水滴的电分散过程仅需几秒即可完成，若剩余的水滴仍有足够大的直径，经过一定时间后又会重复电分散过程，因而原油乳状液通过电场的时间应该适当，增加原油乳状液在电场中的滞留时间不会改善脱水效果。

3. 振荡聚结

水滴中常带有酸、碱、盐的各种离子。在工频交流电场中，电场方向每秒改变 50 次，水滴内各种正负离子不断地做周期性的往复运动，使水滴两端的电荷极性发生相应变化。离子的往复运动使水滴界面膜不断地受到冲击，使其机械强度降低、甚至破裂，水滴聚结沉降，这一过程称为振荡聚结。显然，水滴愈大，离子对界面膜的冲击作用愈大，振荡聚结的效果愈好。前苏联专家曾对交流电场频率与脱水效果的关系进行过一系列工业实验。实验表明，工频交流电场的脱水效果最佳。

对原油乳状液在电场中破乳过程的观察表明：在交流电场中，破乳作用是在整个电场范围内进行的，这说明在交流电场内，水滴以偶极聚结和振荡聚结为主。直流电场的破乳聚结主要在电极附近的有限区域内进行，故直流电场以电泳聚结为主，偶极聚结为辅。

由以上阐述的脱水原理不难看出：电法脱水只适宜于当“油包水”型乳状液。因为原油的电导率很小，当“油包水”型乳状液通过电脱水器电极间的空间时，电极间电流很小，能建立起脱水所需的电场强度。带有酸、碱、盐等电解质的水是良导体，当“水包油”型乳状液通过电极间的空间时，电极间电压下降，电流猛增，即产生电击穿现象，无法建立电极间必要的电场强度。同样，用电法脱水处理含水率较高的“油包水”型乳状液时，亦容易产生电击穿现象，使脱水器的操作不稳定。因此，在处理中、高含水率原油乳状液时，一般先经沉降预脱水，使含水率降低后再进入电脱水器进行脱水。

二、交、直流电场对比双电场脱水

1. 交、直流电场脱水效果对比

大庆油田在同类原油脱水器上，用交流和直流电场进行过脱水效果的对比实验，其测试参数见表2-5-8。

表2-5-8　交、直流电脱水效果对比

供电方式	处理量/(m^3/h)	压力/10^5Pa	温度/℃	初级电压/V	初级电流/A	破乳剂		原油含水/%	净化油含水/%	脱出水水色或含油率/%
						型号	用量/(mg/L)			
交流	82	2.0	61	250	16.0	DQ	27	38	0.20	较清
	100	2.0	61	240	18.0	DQ	34	37	0.21	较清
	110	2.0	63	235	18.5	DQ	29	38	0.62	淡黄
直流	120	2.0	63	185	14.5	DQ	15	38	0.14	淡黄
	110	2.0	63	150	14	DQ	12	37	0.03	淡黄
	124	2.1	64	180	17	DQ	20	38	0.15	0.375
	114	2.0	60	110	11	DQ	20	38	0.06	0.15

从对原油乳状液在电场中破乳过程的观察和表2-5-8的参数对比中看出：在交流电场中，原油乳状液的脱水以偶极聚结和振荡聚结为主。这两种聚结的脱水效果和原油含水率有关，当含水率较高时，水滴的平均直径亦大，会有较好的脱水效果，故不适宜处理含水率较低的原油乳状液，即经交流电场脱水后其净化油含水率较高，大约为直流电脱水的3～5倍。其次，施加于电极上的交流电压呈正弦曲线变化，每一周期内只有两个瞬间使电场强度达到最大值，故其效率较低，原油乳状液的处理量较低。再次，在交流电场中，水滴容易排列成许多水链，使电场发生短路，操作不够稳定，单位原油乳状液的耗电量约为直流电的140%左右。交流电场脱水的优点是：水滴界面膜受到的振荡力较大，使脱出水清澈，水中含油率较小。此外，电路简单，无需整流设备。直流电场脱水的优缺点恰好与交流电相反。目前，在我国油田上，直流电脱水比交流电脱水使用得更广泛。

2. 双电场脱水

交、直流电场脱水各有利弊，若二者能结合，取长补短，将使原油脱水效果更好。胜利、大庆、华北、中原等油田在原油脱水设备的基础上先后实验成功了交、直流双电场脱水工艺，即在原油含水率较高的脱水器中下部建立交流电场［见图2-5-8（a）］，在原油含水率较低的脱水器中上部建立直流电场［见图2-5-8（b）］。实践表明：这种双电场脱水法能提高净化原油的质量，并使处理每吨原油的耗电量降为原直流电脱水的1/2以下。

在原直流电场脱水中，变压器次级线圈中心抽头接地，变压器输出电压为40kV。下层电极与壳体间的电压U_{BC}为20kV，而两极间的电压U_{BA}为40kV。形成下层电极与壳体间为弱直流电场，两极间为强直流电场［见图2-5-9（a）］。在改造后的双电场脱水中，一般只用次级线圈的一半，即变压器输出电压为20kV。在交流电的正半周中，下层电极与壳体间的电压为20kV，由于上层电极无电流流回变压器，故两极间的电压为零。在交流电的负半周中，壳体与上层电极间的电压为20kV，它由壳体与下层电极和下、上层电极两部分电压叠加组成，即 $U_{BC}+U_{BA}=20kV$。其电压波形如图2-5-9（b）所示。由此看出，当用双重电场脱水时，下层电极与壳体间构成正负幅值不等的交流电场，而两电极间为直流脉冲电场，由上述分析可知，双重电场脱水综合了交、直流脱水的优点，使原油脱水效果得到改善，同时极间电压成倍降低，使双重电场脱水的电耗大幅度降低。

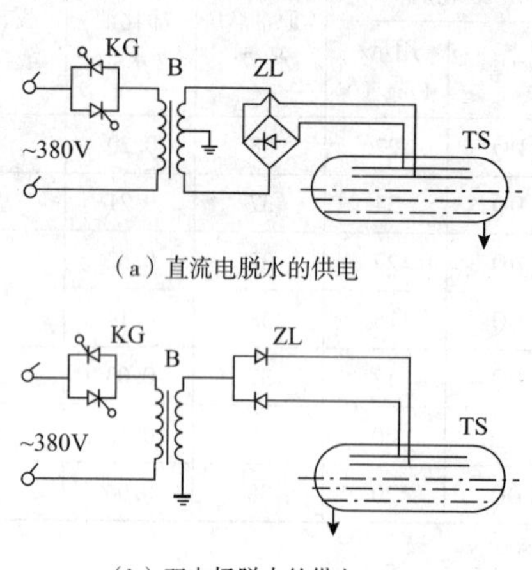

图2-5-8 直流电和双电场脱水的供电

KG—调整初级线圈电压的可控硅；

B—脱水变压器；ZL—整流硅堆；TS—脱水器

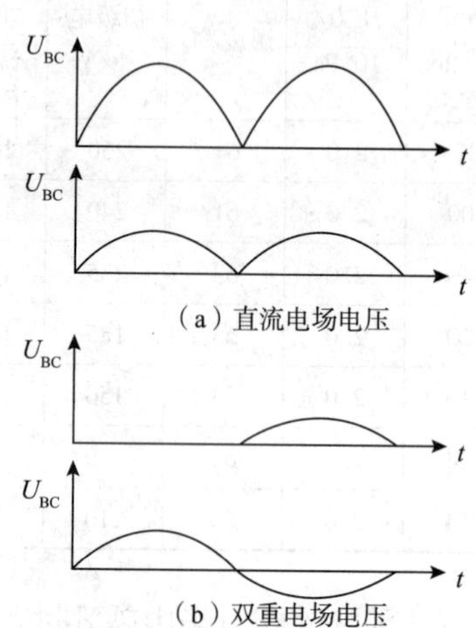

图2-5-9 两种接线方式电压比较示意图

U_{BA}—下、上层电极电压；

U_{BC}—下层电极与壳体间电压

三、电脱水器的结构

我国早期在玉门使用的脱水器为常压储罐型电脱水器，即在立式常压储罐内安装几组脱水电极。后来由于原油蒸发损耗太大，在大庆油田开发初期被立式圆筒型耐压脱水器所取代。近年来，各油田广泛采用大型卧式耐压电脱水器，它与立式脱水器相比具有下列优点：

（1）在直径不变、壁厚不增加的情况下，增加容器长度，可增加脱水器容积，减少脱水站设备台数，节省钢材和投资，方便操作管理；

（2）卧式脱水器中部有很大的水平截面积，可用来设置电场，使设备处理能力比同容积立式脱水器有明显提高；

（3）在卧式脱水器中，原油内所含水滴的沉降距离短，有利于水滴从油中分出，有利于提高净化油质量。但当原油中含有较多固体杂质时，卧式脱水器排砂和清除底部油泥较为困难。

1. 卧式电脱水器的结构

电脱水器按供电方式可分为交流电脱水器、直流电脱水器、交直流双重电场脱水器。电脱水器外形结构主要采用卧式，椭圆形封头，双鞍式支座支撑形式。

图 2-5-10 为油田常用的卧式电脱水器的结构示意图。含水原油经进液口进入脱水器内部，并引至设备底部油水界面以下，由分配箱沿设备长度均匀分布，经分配箱流出的低含水油经水洗除去游离水，自下而上沿水平断面缓慢、均匀地上升经过电场空间，在高压电场的作用下使油水分离。净化原油经脱水器顶部汇管排出。

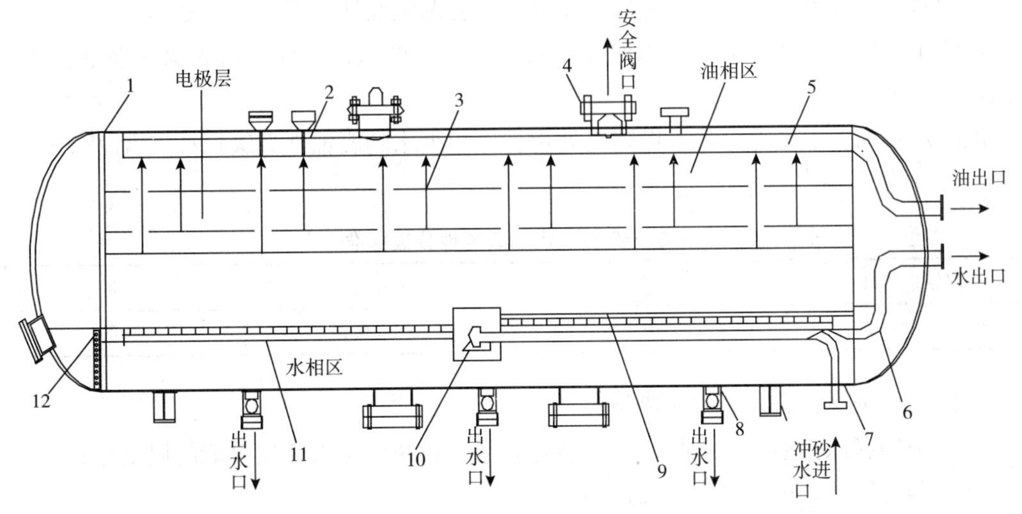

图 2-5-10　卧式电脱水器结构

1—壳体；2—接电装置；3—电极组；4—人孔；5—进液管；6—进油管；7—冲砂装置；8—进液装置；9—接地电极板；10—中间分配箱；11—分配箱；12—检修平台

脱水器内设悬挂绝缘子，吊在壳体上的网状平挂电极组是脱水的“心脏”。电极组由钢骨架上铺钢板网组成，用悬浮绝缘材料连成一体，由绝缘电极棒引出，与外部电源连接（交流或直流）。电极组的数量和电极间距根据原油乳状液模拟实验结果而设置，常用的有 4、3、2 层电极，相邻电极组的间距自下而上逐渐减小，电场强度自下而上逐渐增大，形成层间不同的电场梯度，以满足原油含水率对电场强度的要求。电脱水器顶部一般设置防爆液位控制器，以保证投产时容器充满液体，容器内的空气全部排入大气。

2. 电脱水器的结构设计要点

电脱水器内进油分配管的设计应使油流在电极下方分配均匀，管内无砂粒和其他杂质积聚，油量分配孔宜开在进油分配管底部。电脱水器的进油管和出油管应保证油流沿着电脱水器的轴向分配均匀再流入器内和流出器外，以克服偏流现象，提高电脱水器的处理能力和质量。电脱水器底部出水汇管的设计应保证污水均匀地流入出水汇管，以免产生涡流而使污水带走大量的原油。

电脱水器内电极的设置应符合下列要求：

（1）应采用平挂电极，电极层数一般为 2、3、4 层三种。当电极垂直悬挂比平挂有更好的脱水效果时，则电极亦可垂直悬挂。

（2）电极宜采用组合式。

（3）平挂电极一般采用钢板网结构，钢板网应贴于电极骨架上点焊牢固。当一片电极使用两张以上钢板网时，应在电极骨架处对接，两张钢板网各自点焊于骨架上。

（4）电极不得有尖角和毛刺。

处理含砂原油的电脱水器，其底部应设有水力冲砂管和排砂口；器内顶部宜设有防爆液位控制器。

电脱水器的保温应符合 GB 8175《设备及管道保温设计导则》的规定。

电脱水器应做外防腐涂层。当保温时涂防锈底漆两道；不保温时先涂防锈底漆两道，再涂面漆两道。

电脱水器内的下半部分是否做防腐处理，应根据水的腐蚀性分级标准（见表2-5-9）确定。

表2-5-9 水的腐蚀性分级标准

腐蚀性等级	强	中	弱
腐蚀率/（mm/a）	>0.2	0.1～0.2	<0.1

（1）强腐蚀性：必须有防腐措施；

（2）中等腐蚀：通过综合技术、经济比较后，再决定是否需要采取防腐措施；

（3）弱腐蚀性，可不采取防腐措施。

3. 电脱水器的操作

当脱水器投产时，应先向脱水器内装入净化原油。通电建立电场后才进含水原油，使脱水器转入正常运行。

当脱水器正常运行时，应连续排放原油中脱出的水。排水工作可由油水界面液位控制的电磁阀自动实施。排出水应设看门窗，便于操作人员观察排出水的颜色，判断脱水器的运行是否正常。

脱水器停产检修即应切断电源，排空器内液体，并用蒸汽吹扫脱水器内残存的油气后，方能进入器内进行检修和清除器底沉积的油泥。

四、电脱水器的供电方式

原油电脱水采用什么样的供电方式是首先要考虑的问题。交流电场脱水设备简单，投资少，轻质原油的脱水可以考虑采用；直流电场脱水实验表明，一般情况下比交流脱水具有更好的脱水效果；交、直流双重电场脱水一般可以用较低的能量消耗获得较好的脱水效果。根据油品性质和实践经验，应本着技术先进、经济合理和安全适用的原则，选用供电方式。实践经验表明，原油电脱水的供电方式，应优先选择交、直流双重电场。

正确地选择供电设备和供电设备的技术参数，是保证脱水器安全、正常运行的关键问题之一。根据国内各油田目前的实际情况，电脱水器的供电装置一般应由调压、变压、整流三部分组成。

（1）调压部分可采用具有电流闭环调节系统的可控硅自动调压装置，亦可采用恒流源供电装置。

（2）变压部分可采用单相50kV或100kV的升压变压器，阻抗电压为其10%～20%，一次电压380V，二次电压的选择应结合选用的电场强度和电极的布置统一考虑。

（3）由于电脱水器在运行中会产生较高的过电压，所以整流部分的高压整流硅堆的设计应具有足够的电压储备系数和电流储备系数。

电脱水器区及脱水器操作间属于爆炸危险场所，在脱水器上安装的变压整流装置必须采用防爆结构，在该场所内安装的照明及仪表设施应符合GB 50058《爆炸和火灾危险场所电力装置设计规范》之规定。

原油电脱水器上的防爆液位控制器，其接点应控制电脱水器的送电回路。为防止静电引起火灾，电脱水器外壳应可靠地进行接地，脱水变压器的接地端以及正常不带电的电气设备的金属外壳均应可靠地接地，接地电阻不大于10Ω。

电脱水器检查合格后，进油投产以前，应以额定工作电压进行送电实验。

为确保安全生产，电脱水器上使用的绝缘棒必须逐根做工频交流耐电压实验。当工作电压小于或等于20kV时，实验电压为80kV；当工作电压20～35kV时，实验电压为100kV。当做交流耐压实验时，加至标准实验电压后持续时间为1min。

绝缘棒耐温不得低于150℃。绝缘棒耐密封实验压力应为1.0MPa。

五、原油电脱水的技术要求和指标

通过各油田对原油电脱水工艺的生产实践而总结出来的一致结论认为：电脱水器处理含水原油的含水率在30%以下时，均可以平稳运行，产品质量符合要求。因此，原油电脱水工艺适宜处理含水率小于30%的原油。

电脱水后原油的水含量标准，应根据原油的性质有不同范围的要求，按轻质原油、中质原油、重质原油分等级如下：

（1）轻质原油的脱水原油，其水含量指标应小于或等于0.5%（质量分数）；

（2）中质原油的脱水原油，其水含量指标应小于或等于1.0%（质量分数）；

（3）重质原油的脱水原油，其水含量指标应小于或等于2.0%（质量分数）。

从电脱水器脱出的污水中油含量一般不大于0.5%（质量分数），输往污水处理站的污水中油含量不应超过1000mg/L。

六、原油电脱水设计技术参数

电脱水器的设计技术参数应以实验数据为依据。如果没有实验数据，有关设计参数的确定只能根据原油物性，依靠实践经验或有关规范确定。

1. 操作温度

温度是电脱水的主要工艺参数之一。对原油乳状液加热，能使乳状液稳定性降低，有利于原油脱水。但是加热需要消耗燃料，并使原油乳状液平均体积电导率增加，从而增加了电脱水过程中的电耗，加热使水滴的电分散加剧，还使原油蒸汽压增高，增加原油集输过程中的原油蒸发损耗。

目前，尚无综合的定量测试方法或计算方法来确定电脱水的最佳脱水温度。但是，通过实践，我们知道原油的黏温性与原油电脱水的效果关系密切，当原油的运动黏度在 $50mm^2/s$ 以下且进行电脱水时，各种原油基本上均可获得很好的脱水效果。因此，电脱水操作温度的确定以原油的运动黏度低于 $50mm^2/s$ 为条件。各油田现用的原油电脱水器的操作温度为40～85℃，重质原油需要电脱水的温度有较大幅度的提高。如渤西陆上终端及涠11－4油田电脱水器操作温度分别为65℃和70℃；埕北油田B平台的稠油电脱水操作温度为129℃；绥中36－1油田A区的稠油电脱水操作温度高达130℃。

电脱水器的设计温度不应高于150℃，这个温度是电脱水器内所使用的聚四氟乙烯绝缘硅板和绝缘棒所能耐热的最高温度。

总之，应本着节能的原则，在达到脱水质量要求的前提下，尽可能地对原油乳状液少加热或不加热。原油脱水的后续工序是原油稳定，若根据稳定工艺要求需提高原油温度时，也可相应提高脱水温度，做到“一热多用”。

2. 操作压力

电脱水器的操作压力对电脱水过程的诸因素没有直接影响。当操作压力低于操作温度下原油饱和蒸汽压时，电脱水器内将产生气体而影响操作，因此操作压力应比操作温度下的原油饱和蒸汽压高0.15MPa。电脱水器的操作压力常受集输系统压力的制约，电脱水器的操作压力应能满足整个工艺流程的需要。如渤西终端电脱水器的操作压力为0.65MPa，此压力的确定是从整个流程考虑的，目的是充分利用上游能量，使电脱水器内的原油靠压力能自动流入稳定塔而不必增加动力设备。电脱水器的设计压力一般为0.4MPa、0.6MPa、1.0MPa三个等级。

3. 电压、供电方式的确定

电脱水器中电极的电压、电场强度、供电方式、电极面积和电极个数需针对具体的油品进行实验后才能确定。电脱水器通常使用的电压范围为10～35kV，强电场部分的电场强度设计值一般为0.8～2.0kV/cm；弱电场部分的电场强度设计值一般为0.3～0.5 kV/cm。值得提出的是，当电场强度过高时，易产生“电分散”。在多数情况下，当电场强度过高且大于4.8 kV/cm时，将发生“电分散”。

电脱水器供电方式应优先考虑采用双电场脱水工艺。因交、直流电场脱水各有利弊，为了能将二者结合，取长补短，可在原油含水率较高的脱水器中下部建立交流电场，在原油含水率较低的脱水器中上部建立直流电场。实践表明，这种双电场脱水法能提高净化原油的质量，并使处理每吨原油的耗电量降为原直流电脱水的1/2以下。

4. 电脱水器处理能力

电脱水器的处理能力应由原油乳状液处理的难易程度，以及其在电脱水器内的停留时间和电脱水器容积来确定。原油在电脱水段内的停留时间应该适当，停留时间不能小于水滴从油层中沉降下来所需的沉降时间，但也不能太大，因为“电分散”的存在使原油乳状液在电场中的停留时间增加，不会改善脱水效果，反而会造成设备尺寸设计过大，增大设备投资和占地面积。所以，原油在电脱水段内的停留时间应根据原油乳状液处理的难易程度，通过实验确定。

若没有实验数据，原油在电脱水器内的停留时间，轻质、中质原油一般为30～40min，重质原油不宜超过60min，单台电脱水器的处理能力按式（2-5-14）计算：

$$Q = \frac{V_i}{t} \tag{2-5-14}$$

式中　Q——单台电脱水器处理的含水原油体积流量，$m^3/(h\cdot台)$；

V_i——电脱水器空罐容积，m^3/台；

t——选定的含水原油在电脱水器内的停留时间，h。

电脱水器的运行台数按式（2-5-15）计算：

$$n = \frac{\sum Q_i}{Q} \tag{2-5-15}$$

式中　n——电脱水器台数，台；

$\sum Q_i$——脱水站经电脱水器处理的含水原油体积流量，m^3/h。

当一台电脱水器检修，其余电脱水器负荷不大于设计处理能力（额定处理能力）的120%时，可不另设电脱水器备用；若大于120%时，可增加一台电脱水器。电脱水器台数的设置一般不少于2台，不多于6台。

目前，国内卧式电脱水器已成系列化，电脱水器筒体直径、长度系列及容积见表2-5-10。

表2-5-10　电脱水器筒体公称直径、长度系列及容积

公称直径/mm	长度/mm						
	5000	8000	11000	14000	17000	20000	23000
	容积/m^3						
2600	31.6	47.6	63.5	—	—	—	—
3000	43.0	64.2	85.4	106.6	127.8	—	—
3600	—	—	125.2	155.7	186.3	216.8	—
4000	—	—	—	—	231.7	269.4	307.1

第四节　破乳剂的优选

一、破乳剂类型

破乳剂的发展是由低效到高效，由低分子到高分子发展的，至今已发展出超高分子以及适应性较强的复配型破乳剂，国内外生产的破乳剂已达1000余种。破乳剂可按分子结构、相对分子质量、镶嵌方式、聚合段数、起始剂具有活泼氢官能团的数量和溶解性能等

进行分类。

按分子结构可把破乳剂分为离子型和非离子型两大类。当破乳剂溶于水时，凡能电离生成离子的，称为离子型破乳剂；凡在水溶液中不能电离的，称为非离子型破乳剂。

1. 离子型破乳剂

离子型破乳剂按其在水溶液中具有表面活性作用离子的电性，还可分为阴离子、阳离子和两性离子等类别。

阴离子型破乳剂如早期应用过的羧酸盐类，如脂肪酸盐、环烷酸盐；硫酸（酯）盐类，如烷基硫酸（酯）盐、脂肪醇醚硫酸（酪）盐、烷基酚醚硫酸（酪）盐等；磺酸盐类，如烷基磺酸盐、烷基芳基磺酸盐（包括钠盐与钙盐）。这些破乳剂虽然价格便宜，有一定的破乳效果，但它们存在用量大、效果差、易受电解质影响而减效等缺点，所以上述几类破乳剂已基本被淘汰。但也不尽然，如前苏联的某些油田仍在应用磺酸盐型破乳剂，罗马尼亚有些油田仍使用硫酸盐型破乳剂。

阳离子型破乳剂主要用于O/W型原油乳状液破乳，同时是回注水的一种良好的处理剂，兼有杀菌、缓蚀效果。常用的阳离子破乳剂有十二烷基二甲基苄基氯化铵、十四烷基二甲基氯化铵及双十烷基二甲基氯化铵等。

2. 非离子型破乳剂

非离子型破乳剂以环氧乙烷、环氧丙烷等基本有机合成原料为基础，在具有活泼氢的起始剂的引发下，在有催化剂存在时，按照一定的程序聚合而成，原料配比、操作条件、相对分子质量大小等参数都可以在合成时进行人为地控制。它的相对分子质量多在1000～10000之间，具有较高的活性和较好的脱水效果。著称于世的原西德生产的4400、4411、4422、4433型破乳剂是非离子型破乳剂的名牌产品。

我国对非离子型破乳剂的合成和使用虽然起步较晚，但发展迅速。已生产出SP、AE、AP、BP、AR等破乳剂，基本上可满足我国原油脱水的需要。与离子型的破乳剂相比，非离子型破乳剂有如下优点：

（1）用量少。

（2）不产生沉淀。一般不会同油水混合物中的盐类和酸类起化学反应，在管路和设备内产生沉淀。

（3）脱出的水中含油少。非离子型破乳剂仅破坏W/O型乳状液，破乳时一般不生成O/W型乳状液，脱出的水清澈，水中含油少。

（4）脱水成本低。虽然非离子型破乳剂的单价一般较高，但其用量仅为离子型破乳剂的几十分之一，故使原油脱水成本降低。

由于非离子型破乳剂的上述优点，目前已有取代离子型破乳剂的趋势，在原油脱水中起着极为重要的作用。

根据溶解性能，非离子型破乳剂可分为水溶性、油溶性和部分溶解于水、部分溶解于油三种类型。

第一类是水溶性破乳剂，如SP－169、SAE等，可根据需要配制成任意浓度的水溶液，无需像油溶性破乳剂那样用昂贵的甲苯、二甲笨等溶剂油稀释。破乳脱水后，剩余的破乳剂仍留在脱出水中。这部分水或者注入原油乳状液中，使剩余的破乳剂得到充分利用；或者经净化处理后回注油层，剩余的破乳剂可在注水驱油中继续发挥作用，以利于提高油田采收率。

第二类是油溶性破乳剂，如 RA101、DAP2031、VH6535、POI2420 等。油溶性破乳剂的相对分子质量一般较水溶性破乳剂的大，其特点是不会被脱出水带走，且随着水的不断脱出，原油中破乳剂的浓度逐渐提高，对脱除原油中的水更为有利。所以，净化油溶性破乳剂可使净化原油中含水率降低，但脱出污水中含油率稍高。

第三类是部分溶于水、部分溶于油的破乳剂，如 AP、AE 等，能增加使用的灵活性。

根据现场使用经验：如原油含水超过40%时，油溶性破乳剂使用效率高，水溶性破乳剂使用效率略差。

3. 复配型破乳剂

此类破乳剂通常由两种或两种以上破乳剂配合在一起使用，其破乳作用互相弥补，扬长避短，即所谓的“协同效应”。实践表明，它比单独使用时破乳效果好。目前，国内外对复配型原油破乳剂很感兴趣。在油田上早已得到推广，据文献报道，聚氧乙烯脂肪醇硫酸盐与短链的二元酸聚乙二醇酯复配使用，混合含量为 5.6mg/L，即可以使脱出水中残油量小于 99mg/L；Arzu 型破乳剂是 Proxamol - 186 型聚醚，它与环烷酸钠盐或钙盐按 1∶1 的比例复配使用，加入量为 50 ~ 70mg/L 就可达到较为满意的破乳效果。

我国在破乳剂复配方面也作了大量的工作，并取得了良好的成效。如 AP113 与 SP169 按 2∶1 的比例进行复配，加量仅为 89m/L，脱水后净化油含水为 0.03% ~ 0.04%，污水中含油在 0.02% 左右。

总之，复配型破乳剂具有用药量少，破乳温度低，脱水速度快，脱后净化油、污水质量好，节约能源等优点，所以引起了世界各国的普遍重视。

乳化剂发展到超高相对分子质量型，并利用新开发的有机合成技术制备特殊表面活性剂及各种聚合物型破乳剂。据报道，有的品种用量已降至 0.05%，脱水时间可降至 5 ~ 10min，并可根据脱水温度的要求提供专用破乳剂。目前，原油破乳剂的发展已由中、低相对分子质量向高相对分子质量，从水溶性向油溶性，从通用型向专一型的方向发展，力求实现“高效低耗、一剂多用”的功能。

现阶段各油田常用的较佳的破乳剂品种较多，国内油田常用的部分破乳剂见表 2-5-11，供选用时参考。

表 2-5-11 国内各油田常用的破乳剂

类 型	名 称	浓度/%	稀释剂	主要特性
聚氧烷基醇	SP169	65	水	出水快，水清
	BP2040	65	水	出水快

续表

类　型	名　称	浓度/%	稀释剂	主要特性
聚氧烷基多胺	AP221	65	水	出水较慢，水较清
	AP212	65	水	出水快
	AE121	65	水	出水较慢，水较清
	9901	70	水	出水较快，水不一定清
	AE8051	65	水	出水快，水不一定清
聚氧烷基树脂	TA1031	65	水	出水慢，水不一定清
	AF3111	65	水	水较清
有机硅聚醚	SAE	65	水	破乳温度低，防蜡性能好
	KL－2	65	醇	
交联加聚物	PO12420	33	有机溶剂	出水快，水不一定清
	RA101	33	有机溶剂	出水快，水不一定清
	RI－04	33	有机溶剂	出水较快，水较清
复配物	LH－2	65	水和甲醇	出水快，水较清
	YPA	65	水和甲醇	出水快，水较清
	PA320	65	水或甲醇	稠油破乳剂，出水快

二、破乳剂的性质与脱水性能

1. 破乳剂的HLB值与破乳效果的关系

HLB是英语“Hydrophile-Lipophile-Balance”的缩写，汉语译为亲油亲水平衡值。它是一个表示活性剂中亲水基的亲水能力对亲油基的亲油能力的平衡关系的相对数值，即表面活性剂亲水基的亲水性与憎水基的憎水性二者之比，是活性性能的重要指标之一。HLB常用数值的大小来表示表面活性剂的亲水性，HLB值愈大，表示该表面活性剂的亲水性愈强。由表面活性剂HLB值的大小，就可知道其适宜的用途。表2－5－12表示活性剂的HLB值同其水溶液性质和用途的对应关系。

表2－5－12　活性剂的HLB值同其水溶液性质和用途的对应关系

HLB值	活性剂加水后的性质	HLB值	用　途
0～4	不分散	1～3	消泡作用
5～6	分散得不好	3～6	W/O型乳化剂
7～8	不稳定乳状分散体	7～9	润湿剂
9～10	稳定乳状分散体	8～18	O/W型乳化剂
11～13	半透明至透明分散体	13～15	洗涤作用
14～18	透明溶液	15～18	增溶作用

对于非离子型表面活性剂，其 HLB 值以式（2-5-16）计算：

$$\text{非离子型表面活性剂的 HLB 值} = \frac{\text{亲水基部分的相对分子质量}}{\text{表面活性剂相对分子质量}} \times \frac{100}{5}$$

$$= \text{亲水基质量百分数} \times \frac{1}{5} \qquad (2-5-16)$$

由于石蜡完全没有亲水基，其 HLB 值为 0，而完全是亲水基的聚乙二醇 HLB 值为 20。这样，非离子型表面活性剂的 HLB 值总在 0～20 之间。

离子型表面活性剂的 HLB 值是以化合物中各官能团的 HLB 值的代数和加 7 求得。各官能团的 HLB 值可查阅有关教材和手册。当表面活性剂的分子结构未知时，可通过实验测定 HLB 值。

HLB 值在一定程度上反映了表面活性剂的化学结构与其性质之间的关系，对选择什么样的活性剂作为原油乳状液的破乳剂有一定参考价值。一般认为，作为原油破乳剂的表面活性剂，HLB 值宜在 10～16 之间，但近年来开发的许多破乳剂属于油溶性的，HLB 值小于 10，却具有较高的破乳能力。由于理论上无法完全确定适合于某种原油乳状液的破乳剂，不得不借助于实验。因此，人们又认为对于一种原油，某一系列的破乳剂，其 HLB 值应该有一个最佳范围，而不仅限于 10～16。

2. 破乳剂的复配性能

一种破乳剂要完全达到前述性能指标均优越往往是很困难的。为了取长补短，人们将两种或两种以上的破乳剂按一定比例混合使用，其效力可能高于其中任何一种单独使用的效力。这种现象被称为“复配效应”。目前，人们尚不完全明了其机理，其效力也无法计算，也不是所有的破乳剂以任意比例进行复配都可以提高其效力。

复配效应的出现开拓了人们研究工作的新途径。它可以成倍地增加破乳剂的品种数量而节约大量的合成新品种的工作量，有很大的使用价值。一些单项实用指标优越而其他性能较差的化学破乳剂本应被淘汰，但参加复配后可以重新获得使用价值，一些寻找不到合适破乳剂的原油乳化液，有可能获得效能很高的复配破乳剂。因此可以说，复配工作是一项事半功倍的工作，应该大力加强研究。

复配时应注意：选择单剂之间的比例，溶剂配比；选择适当的溶剂和溶剂配比；各单剂的配伍性、热稳定性、成品的可稀释性及可泵性等。

3. 破乳剂的脱水性能

破乳剂的脱水性能是破乳剂的基本实用性能，该性能由下列几项指标综合表示。

（1）脱水率。

脱水率是指某种破乳剂用于某种原油脱水时，在规定的使用量、操作温度、操作方法、沉降时间的条件下，自原油中脱出的水量与原油中原来所含的总水量之比。一般用质量或体积百分数表示。根据油田原油脱水工艺的要求，一般都希望破乳剂用量少而脱水率高。

（2）出水速度。

出水速度是指在一定的静置沉降时间内脱出水量的多少或脱水率的大小。根据破乳剂品种的不同，脱水速度一般呈三种情况：

①先快后慢：开始沉降时出水量多，以后逐渐减少；

②先慢后快：开始沉降时出水量少，以后逐渐增多；

③等速度：出水量随沉降时间正比例变化。

(3) 油水界面状态。

油水界面状态是指含水原油沉降分出水以后，油水界面处的分层状态。针对添加的破乳剂品种的不同，有的界面“黑白分明”、整齐、水平、呈“一条线”；也有的有很厚的网状物，呈“油包水”和“水包油”的过渡层。随着过渡层生成时间的延长，有时会很快地自行减薄或消失，这样的过渡层称之为“暂时过渡层”；也有的不会消失，甚至还继续增厚，这样的过渡层称之为“永久过渡层”。在原油脱水生产过程中，油水界面状态的情况很重要，生成“永久过渡层”的破乳剂一般不能采用，尽管有时脱水率还很高。

(4) 脱出水的含油率。

一般希望脱出水的含油率越少越好。含油率的降低可以防止原油流失和减少污水处理的负荷。破乳剂在这方面起有决定性的作用，不同的破乳剂品种会有截然不同的效果。脱出水的含油率用质量百分数表示，一般应小于0.05%。

在评价破乳剂的该项性能时，除用比色法测定脱出水的确切含油率外，用目测法也可辨别出各种破乳剂脱出水的含油情况。效果最好者为白色透明，其次为乳白、黄色透明、黄色不透明为“混浊”、黑色透明、黑色不透明为“乌黑”等。

(5) 最佳用量。

为了降低原油脱水的生产成本，人们力求破乳剂的用量尽可能少而脱水效率高。因为脱水率一般不与破乳剂的用量成正比，当破乳剂的用量达到一定数值时，脱水率不再继续提高。能够达到最高破乳脱水深度所需破乳剂的最小用量称之为“最佳用量”。

(6) 低温性能。

为了降低含水原油加热时的能耗，人们力求在较低温度下实现破乳脱水，这就要求破乳剂具有较好的低温性能，即在较低温度下可以达到脱水率较高、油水界面整齐、脱出水清澈、使用量较少的目的。

(7) 毒、害等副作用。

人们希望所使用的破乳剂对人体无毒、无害；对原油无污染；存放时不易燃、不易爆；对设备无腐蚀，也不结垢。根据目前所用的破乳剂品种来判断，要完全达到无毒、无害的要求是困难的，但要设法尽量选用毒、害较小的破乳剂。

三、破乳剂的选择原则

原油乳状液的破乳是一个很复杂的问题，它既与原油的组分、性质、乳状液的类型及其稳定因素有关，还与破乳剂的分子结构及其性质有关。所以，在选择破乳剂时，对上述诸因素要综合考虑。

1. 由原油乳状液类型进行选择

首先是通过染色法、电导法、润湿法以及稀释法对乳化原油进行分类鉴别，在确定为W/O型或者是O/W型原油乳状液后，再“对症下药”方能取得良好的破乳效果。

一般主张W/O型原油乳状液应选用油溶性破乳剂。这是因为它在油中易于均匀溶解，迅速扩散，能较快地接触到油水界面，所以能较好地发挥破乳作用。如果是O/W型原油乳状液，应选用水溶性破乳剂，由于它在水中溶解速度快，有利于破乳聚结，提高脱水速度。

至于选用水溶性还是油溶性破乳剂的方法，一般是按其HLB值相对数位的大小进行选择。然而，在此要特别指出，由于非离子表面活性剂存在着PIT（即相转变温度），所以推荐用PIT法选择比较可靠。

2. 由原油的油品性质进行选择

我国几个主要油田的原油组分各异、物性不同，所以在选择破乳剂时也要区别对待。通过近些年来的大量破乳实验研究，发现大致有如下规律：

（1）石蜡基原油宜选用多嵌段破乳剂。一般认为，石蜡基原油含胶质、沥青质等亲油性活性物少，此类原油乳状液的稳定剂主要是微晶石蜡，所以截面稳定膜的强度差，易于破乳，但是破乳后存在着污水质量差，脱出的水易带有微小油珠。针对这种情况，一般认为选用SP型或AP型多嵌段结构的破乳剂为好，因为此类破乳剂相对分子质量大，破乳速度慢，可充分发挥絮凝、聚结作用，减少污水带油。

（2）沥青基原油宜选用二嵌段结构的破乳剂。如华北、辽河等油田的原油，大都属于沥青基原油。由于沥青、胶质含量高，形成的原油乳状液较稳定，破乳困难，对于此类原油一般认为选用二嵌段结构的AE破乳剂较为合适。

（3）含环烷酸的原油破乳剂宜选用AF型破乳剂，再加少量的低分子有机酸（如醋酸）。原油中的环烷酸一般是以钠盐形式存在，由于它是一种亲水性表面活性剂，易形成较稳定的O/W型原油乳状液。当加入有机酸后，可使环烷酸钠盐转化为环烷酸，降低界面膜的强度，在AE型破乳剂的作用下，破乳就比较容易了。例如，胜利孤岛油田就是使用AE型破乳剂与醋酸复配，从而达到了常温破乳输送的目的。

（4）强化开采乳化原油破乳剂的选择。为了提高原油采收率，世界各国相继应用了二次、三次采油，如活性水驱油、碱驱油、浓硫酸驱油、乳化降黏驱油和蒸汽驱油等手段，以强化油层残余油的采出。在此过程中采出的原油多为O/W型乳状液，这是因为碱和酸驱油在地层中易生成水溶性的环烷酸盐、烷基磺酸盐以及石油碳酸盐等；表面活性剂驱油和乳化降黏开采均是人为地添加水溶性的烷基硝酸盐、石油磺酸盐以及非离子表面活性剂等。由于上述的这些表面活性物质都是很好的O/W型乳化剂，所以采出的原油均是以O/W型乳状液存在。

对于这种乳状液的破乳，一般选用阳离子型表面活性剂，如十四烷基三甲基氯化铵、二癸基二甲基氯化铵等，以破坏原油乳状液中阴离子乳化剂形成的乳化膜，或改变水湿性黏土颗粒的润湿性，也可用高当量（400～600）的石油磺酸盐、油溶性非离子表面活性剂，如高相对分子质量的环氧烷聚醚和聚氧烷基化的树脂，以抵消 O/W 型乳化剂的稳定作用，从而使乳化原油破乳。

3. 由破乳剂分子结构特点进行选择

低相对分子质量破乳剂不如高相对分子质量和超高相对分子质量的破乳剂适应性强、破乳效果好。破乳剂分子结构内疏水基中带有硅氧烷链或硅烷链的要比带有烃链的效果好。支链型的破乳剂要比直链型的破乳剂破乳效果好。这是因为支链化程度高的高分子破乳剂具备较强的表面活性，较好的润湿性能，足够的絮凝能力和较高的聚并效率，所以它破乳速度快，而且破乳效果好。

另外，对于聚醚型破乳剂的选择还应考虑环氧乙烷、环氧丙烷以及环氧丁烷等的组成、含量和聚合方式等因素。

4. 复配型破乳剂的选择

由于原油的组成复杂，其中的天然乳化剂和稳定剂含量变化大，特性不尽相同，加之原油物性的影响，不同原油形成的“油包水”型乳状液界面膜的组成、结构和强度有很大不同。一般针对某一含水原油筛选出的单一破乳剂，很难在热化学脱水的每一阶段都具有相应的优异特性。将数种各具特色的破乳剂复配起来，使各单剂的优势互补，是提高破乳脱水效果的一条有效途径。在选择复配型破乳剂时，要重点考虑以下几个方面：

（1）适应性强。复配好的破乳剂，能适应各个不同油田的原油破乳。

（2）配伍性能要好。这一点对非离子与非离子复配的破乳剂，非离子与阴离子复配的破乳剂以及非离子与阳离子复配的破乳剂不必过于担心，它们之间皆具有良好的配伍性能与优良的协同效应。但是，阴离子型与阳离子型破乳剂复配要特别注意。一般认为，浓度较高的阴阳离子破乳剂复配会引起失效，然而新的研究表明，阴阳离子破乳剂以适当比例复配，可能会出现更令人满意的协同效应。

（3）价格要便宜。复配时要选用现有的较便宜的破乳剂，而且能达到理想的破乳效果。

此外，在选择破乳剂时，还应考虑水相的 pH 值、含盐量以及破乳温度等因素。

综上所述，不难看出未来破乳剂的发展动向，它正朝着“一剂多效”、高相对分子质量和超高相对分子质量、多元复配的方向发展。

四、破乳剂的筛选

由于人们对破乳剂的破乳机理还研究得不够透彻，以上提供的破乳剂选择方法只是一种基本原则和思路，比较粗略。目前，还无能力完全用理论指导破乳剂的选择实践。因此，某种原油乳化液使用什么样的破乳剂效果最佳，最终只能靠实践来验证。验证的方法是对一种原油乳化液采用数种不同型号的破乳剂，在相同的操作条件和操作方法下逐一进行破乳脱水实验，哪一种破乳剂效果最理想就选哪一种用于脱水生产。人们称这种择优使用的实验方法为“筛选”。

在长期的筛选实践中，人们总结出了一套较完整的方法叫瓶试法。这种方法使用的仪器轻便、操作简单，可在实验室进行，也可随身携带到生产现场进行。目前，破乳剂的实验筛选应按目前石油行业标准《原油破乳剂使用性能检验方法》（瓶试法）中的规定进行，该方法是在原油乳状液中加入一定量的原油破乳剂，充分混合，恒温静置沉降脱水，记录不同时间脱出水量，观察脱出的污水颜色及油水界面状况，测定净化油含水率及污水含油量（污水中油的质量浓度），依此检验原油破乳剂的使用性能。

1. 含水原油试样的准备

为了使筛选结果尽量符合生产的实际情况，含水试样的采集应力求满足如下要求。

（1）要保证试样的新鲜性。

“新鲜”是相对于“老化”而言的。含水原油呈“油包水”型乳化液存在时，当放置时间过长，原油中所含的天然乳化剂会不断聚集于油水界面上，使界面膜增厚，乳化稳定性增加，破乳更为困难，这种现象称为“老化”。“老化”的原油对破乳剂的破乳能力要求很高，一般都得不到好的脱水效果，甚至无法鉴别其性能的差异。而生产现场脱水装置的设置一般都已考虑到此因素，能使乳化液在生成后不久（12h 以内）的“新鲜”状态下进行破乳脱水。所以，筛选时所选择的原油试样应在 12h 内使用，最长使用期限不应超过 3d。

（2）要保证试样的代表性。

由于油井采出物中的油气水呈多相状态在管道中流动，其间相态的差异导致了组成的严重不均匀，如不采取措施就很难采集到有代表性的试样，从而直接影响筛选结果的准确性。

为了采集到有代表性的试样，应该在集油流程中选择有代表性的取样部位，当一个脱水装置处理多种不同性质的原油时，应根据原油物性及产量按比例取样，然后均匀混合；当脱水装置处理一种性质的原油时，应在一个取样部位间隔相同时间多次取样，然后均匀混合。管道中取样应在水平或垂直的直管段上，且不宜在水平管的上方或下方，以免因弯头处的离心力和水平管中的重力影响而使含水率误差过大。当集油系统添加有破乳降黏用的化学破乳剂时，取样应在加药点之前，或取样前短期停止加药，以免药物对筛选结果产生干扰。

2. 破乳剂品种搜集和破乳剂溶液配制

国内可以生产的破乳剂品种繁多，不可能对破乳剂品种进行一一搜集和逐个对比实验。针对要处理的原油乳化液的特点，应搜集类似的已投产油田所用的效果较好的破乳剂品种和科研部门新近研制的新破乳剂品种，进行筛选评定。

破乳剂试样的配制应以筛选时添加方便，在原油乳状液中能迅速均匀分散和有利于计量为目的进行。为了降低原油脱水的生产成本，提高油田开发的经济效益，筛选时各种破乳剂的添加数量应以相同的成本费为基准。为了区别各种破乳剂性能的优劣，添加数量不宜过多也不宜过少。过多有可能效果均好，过少有可能效果均不好，容易出现“无法鉴别”现象。同时，还应注意个别破乳剂可能添加过多或过少脱水效果都不好，只有在某一合适用量时效果才最佳。

在烧杯中用天平准确称取一定量的原油破乳剂样品，定量转移到容量瓶中，用溶剂稀释至一定刻度，然后摇匀，使每100mL溶液中所含原油破乳剂质量为1～10g，精确至0.01 g。

水溶性原油破乳剂用水或醇类作溶剂，油溶性原油破乳剂用二甲苯作溶剂。

3. 筛选温度的确定

筛选温度应根据不同的筛选目的来确定。正在运行的脱水生产装置，如果想通过更换破乳剂品种来改善脱水质量，筛选温度应略低于生产装置运行温度3～5℃，以确保所选择的破乳剂在使用时，在生产装置操作温度向下波动3～5℃的情况下，也能取得好的脱水效果。当装置属于低含水原油一段热化学脱水时，应按热化学脱水器的操作温度进行筛选。如果属于高含水原油两段电化学脱水时，根据第一段热化学沉降时的温度或井排来油的温度进行筛选。

当脱水装置属于新油田投产，尚无操作温度数据时，可根据原油物性确定筛选温度。一般石蜡基原油应为30～45℃；中间基原油为40～50℃；环烷基原油为50～70℃；黏度特别高的原油，应采取其他措施，降低黏度，以免无休止地加热降黏，浪费过多的热能。总之，筛选的温度宜低不宜高，以便能选择到低温性能好的破乳剂。

4. 筛选破乳剂的操作步骤

“筛选”是对多种破乳剂的各种性能进行全面地实际衡量与评价。操作是“条件性”的，评价是相对的。因此，操作中的每一个步骤都必须做到条件的同一性和动作的规范化。要客观，不能有丝毫的主观偏见。

（1）原油乳状液样品的处理和计量。

将原油乳状液样品放入比预定脱水温度低5～10℃的恒温水浴中，预热至水浴温度，再恒温0.5h。若原油乳状液中有游离水，则先将游离水分出，搅拌均匀后使用。

若原油乳状液含水率超过75%，则应将原油乳状液分成两份，一份直接使用，另一份按上述规定经处理后使用。

按照GB/T 8929规定的方法测定经处理的原油乳状液样品的水含量。

将准备好的原油乳状液样品倒入脱水试瓶或比色管中至100mL刻度处。

（2）升温。

将恒温水浴升温至工业脱水装置的运行温度或用户与检验部门共同商定的温度。将盛有原油乳状液样品的脱水试瓶放入恒温水浴中预热，使脱水试瓶中样品温度升至预定的脱水温度。此温度用装有样品的空白对照试瓶中的温度计测量，恒温水浴液面应高于脱水试瓶中原油乳状液液面。

（3）添加破乳剂溶液样品。

用取液器向脱水试瓶中加入一定量的原油破乳剂溶液，对每种原油破乳剂样品进行实验时均应设立平行样。并在该脱水试瓶上注明所添加的破乳剂名称和编号，同时做好记录。

（4）搅拌混合和静置沉降。

脱水试瓶的振荡应采用机械振荡法或人工振荡法。振荡强度应根据原油乳状液物性确定，在实验过程中应遵循相同原油乳状液样品在相同振荡强度下实验的原则。

机械振荡法：旋紧瓶盖后，将脱水试瓶迅速放置在电动振荡机上，振荡 0.5～5min，充分混合均匀，取下脱水试瓶，松动瓶盖，并重新将脱水试瓶置于恒温水浴中静置沉降。

人工振荡法：旋紧瓶盖后，将脱水试瓶颠倒 2～5 次，缓慢松动瓶盖放气后，重新旋紧瓶盖；可采用手工方式直接振荡，也可将试瓶放置在人工振荡箱内，水平震荡 50～200 次，振幅应大于 20cm；充分混合均匀后，松动瓶盖，并重新将脱水试瓶置于恒温水浴中静置沉降。

（5）脱水效果记录和测试。

目测并记录 15min、30min、60min、90min 和 120min 不同时间脱出的污水量。终止沉降时，观察、记录水相清洁度和界面状况。脱出的污水含油量应按照 SY/T 5329《碎屑岩油藏注水水质推荐指标及分析方法》测定；脱出的净化油含水率应按照 GB/T 8929《原油水含量测定法（蒸馏法）》测定。将平行试样测定结果的算术平均值作为检测结果。

（6）重复性和再现性。

重复性要求同一操作者，用同一试样，在相同条件下，重复测定两次。两个脱水量结果之差不应超过 2mL。再现性要求不同操作者，用同一试样，在相同条件下，在不同实验室测定，两个脱水量结果之差不应超过 3mL。

用室内瓶试法筛选对化学破乳剂进行对比实验，只能测得其性能指标的相对数值，还不能肯定筛选的“优胜者”就一定是原油脱水生产中应该使用的最佳破乳剂。因为对工业生产而言，还必须考虑到破乳剂对工艺过程的适应性和石油企业的经济效益等影响。但对破乳剂的室内筛选是工业性实验选用的依据，通过室内筛选结合生产系统的特点和要求，推荐出进行现场工业性实验的破乳剂品种。通过工业性脱水实验，对同一种原油作对比实验进一步评价破乳剂的脱水性能、脱水成本和货源情况等指标，最终确定最佳用量、加入浓度、脱水操作温度等。

第五节　原油处理设计

一、原油脱水工艺流程

原油脱水工艺流程是根据破坏乳状液的基本原理、方法、影响因素等，结合原油物性及含水率的变化，因地制宜地选用一系列设备，并将这些设备按其作用的先后次序，用管道有机地连接起来，构成一个生产过程。

原油脱水工艺流程的设计要综合考虑油气集输、原油稳定、含油污水处理等工艺过程与之相关的各种因素，例如，把原油脱水装置与稳定装置设置在一起，则有利于充分利用热能，能有效地降低生产过程耗能。原油脱水工艺流程的操作应该具有很好的可靠性和灵活性，确保脱水生产的安全、稳定、高效。

原油脱水工艺应根据原油性质、含水率及乳化程度、破乳剂性能，通过实验和经济对比确定。由于原油性质、含水率和周围环境的不同，原油脱水工艺流程是多种脱水工艺的综合运用，具有多种形式，应根据油田实际和油井产液的性质来选用。

（一）热化学脱水工艺流程

热化学脱水工艺有开式和闭式流程，至于采用何种工艺流程，应结合集输工艺统一考虑。当一段热化学脱水能达到原油质量指标时，应采用热化学沉降脱水法。热化学密闭脱水工艺原理流程如图 2-5-11 所示。

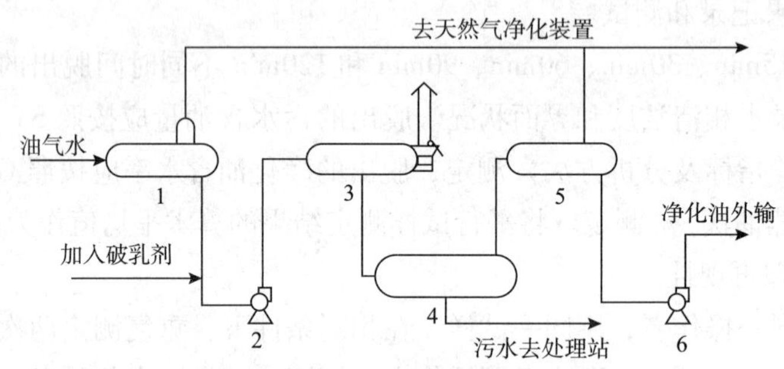

图 2-5-11　热化学密闭脱水工艺流程

1—分离缓冲罐；2—脱水泵；3—加热炉；4—热化学脱水器；5—缓冲罐；6—外输泵

该工艺流程是先向乳状液中添加经过筛选的化学破乳剂，然后利用机泵增压和加热提高原油温度或管路的流动搅拌，使化学破乳剂与乳状液充分混合，乳化状态遭到破坏，然后通过水滴间的接触达到合并，并利用油水密度差使油水分离沉降。

由于热化学脱水具有故障率低、运行平稳、检修方便等特点，根据油田实际情况，通过实验证明采用热化学脱水可达到脱水要求，且比电化学脱水更经济时，应优先选用热化学脱水。

（二）电化学脱水工艺流程

所谓原油电化学脱水，是指在电脱水器之前加入一定量的原油破乳剂，使“油包水”型乳状液破乳将水释放出来，再经电脱水器将原油含水率脱至合格要求。电化学脱水工艺流程与热化学脱水工艺流程相似，只是用电脱水器替代图 2-5-11 中的热化学脱水器。输送来的含水原油经分离缓冲，加入原油破乳剂，升压升温后进入电脱水器脱水，合格的脱水原油用泵外输，从电脱水器底部放出的污水直接进入污水处理站。此流程适用于处理含水率为 20% 或 20% 以下的原油。由于一般电脱水之前都将含水原油升至较高温度（如大庆原油为 55℃左右），故此工艺放出的污水温度较高，因而便于处理。

（三）高含水原油脱水工艺流程

原油含水率超过 30%，用热化学脱水无法达到原油含水率的技术要求，并且采用电脱水器也无法维持正常生产时，只有先通过一段热化学脱水，将原油含水率降至 30% 以下，再将原油用电脱水器进行脱水，从而保证电脱水器的正常运行。因此，对含水率大于30%的原油脱水可采用一段热化学脱水、二段电化学脱水相结合的两段脱水工艺流程。如图2-5-12所示为两段脱水工艺原理流程图。

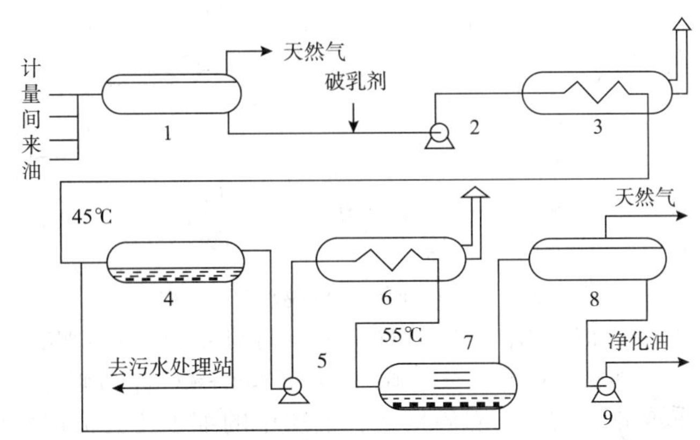

图2-5-12　原油热化学-电化学两段脱水工艺流程

1—分离缓冲罐；2、5、9—泵；3、6—加热炉；4—沉降脱水罐；7—电脱水器；8—净化油缓冲罐

含水原油在加破乳剂后，用泵送入加热炉加热，在联合站内首先进行热化学沉降脱水，使含水率降到20%以下，再加热升温进行电脱水。已脱水净化的原油经缓冲罐由泵外输，由电脱水器排出的污水回掺至含水原油中，并一起流入沉降缓冲罐。实践表明，这种污水回掺工艺的优点是：

（1）由脱水器排出的污水温度比含水原油一般高10～40℃，污水与含水原油直接混合后，使沉降罐内流体温度升高，减少了热能的浪费，提高了沉降脱水的效果。

（2）污水掺入含水原油中，提高了水洗效果，有利于原油含盐量的降低。

（3）热污水冲洗除砂效果较好。原油中所含的泥砂粒径很小，悬浮在黏度较高的原油中，不易沉降分离出来。用热污水搅拌冲洗有利于砂粒迅速沉降分离。生产实践表明，采用污水回掺前，电脱水器积砂严重。污水回掺后，大部分砂子在沉降罐内分出，脱水器的积砂显著减少。

对原油含水率超过60%的脱水工艺可采用三段脱水，即一段预脱除游离水、二段热化学脱水、三段电化学脱水，其原理流程如图2-5-13所示。输送来的含水原油，首先经游离水脱除器将游离水脱出来，经此段可使含水率降到50%以下；再加热后进行热化学沉降脱水，经此段可使含水率降至20%；再用泵送至加热炉加热，原油升温后进入电脱水器进行电脱水。

二、原油集输系统除砂工艺

（一）油砂的危害

随着我国各油田开采的不断深入，采出液含水不断上升，其携砂量也在增加。如大港港西油田，现已到了高含水开发阶段，油井出砂量已达采出液量的1.5%，年出砂量达5000～6000m^3。油井出砂主要是由于井底附近地带岩层结构遭到破坏和开采方法不当而造

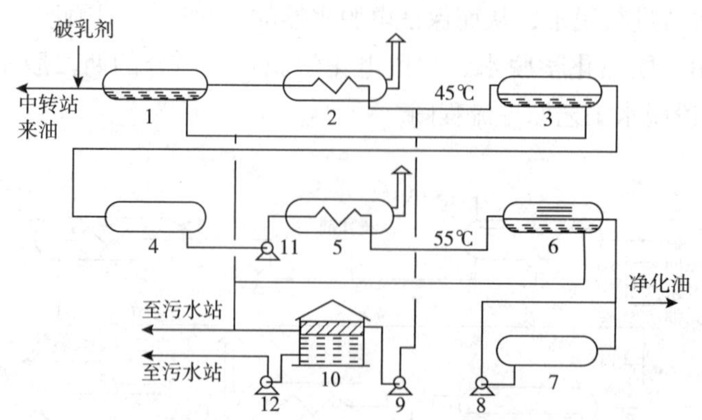

图 2-5-13　原油三段脱水工艺流程

1—游离水脱除器；2、5—加热炉；3—沉降脱水器；4、7—缓冲罐；
6—电脱水器；8、9、11—油泵；10—污水沉降罐；12—污水泵

成的。即使对油井采取井下固砂、阻砂措施，油层中的细砂还会被油水携带到地面上来，进而给集输系统造成很大的危害。其主要危害表现在以下几个方面：

（1）砂会在管道和地面设备中沉积，从而降低其处理能力，严重时会堵塞管道和工艺设备。

（2）含砂液流会引起机泵的密封填料、叶轮和泵壳的磨损，以及管道、阀门及容器内壁金属表面的迅速腐蚀。

（3）在加热工艺流程中，由于砂沉积在加热装置的表面而妨碍正常的热传导，甚至使其局部过热、穿孔。

（4）砂沉积在用于控制液面报警的油水界面浮子上时，会使控制、操作失灵。

因此，含油砂粒如果不经处理直接在海洋平台上排放入大海或者在陆地上进行掩埋，不但会由于这些砂中含油得不到回收而造成能源的巨大浪费，而且会对环境造成污染。油田地面集输系统的除砂和清砂，已成为急需解决的问题。有效地解决采出液含砂问题，对于保证油田生产正常运行，提高原油集输技术水平是十分有益的。

（二）地面集输系统除砂方法

油井产物一般是油、气、水、砂四相混合物，其中天然气较易从其他物料中分离出来，剩余物即为液固混合物，因此油田地面除砂是一个液固分离过程，即从油水混合物中将砂粒除掉。目前，国内外油田地面除砂主要有以下几种方法。

1. 重力沉降法

重力沉降是利用固液两相的密度差在重力场中进行固液分离的过程。为提高固液分离效率，可采用水洗技术，即让夹带砂粒的油水混合物通过活性水层。由于水的表面张力较大，有利于油包水界面膜的破裂，从而加速了油滴的上升，水滴则发生聚沉，降低了原油乳状液的黏度，更有利于砂粒的沉降。另外，在重力沉降前常对油水混合物加热，减小液体黏度，以加速固体颗粒的沉降。多相分离器除砂和大罐沉降除砂工艺都是利用重力沉降法实现除砂的。

（1）多相分离器除砂工艺。

在联合站或接转站，采用多相分离器进行油、气、水、砂的分离。大港油田马西一站采用的多相分离器除砂原理流程如图 2-5-14 所示。

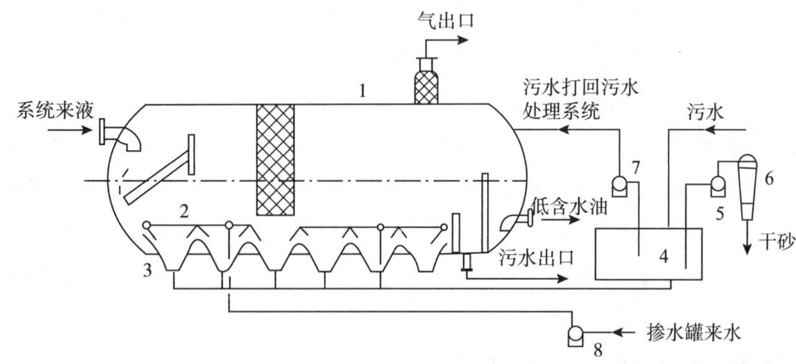

图 2-5-14 多相分离器除砂流程

1—多相分离器；2—冲砂管嘴；3—排砂管；4—沉砂池；5—清砂泵；6—砂脱水器；7—污水提升泵；8—冲砂泵

来液经多相分离器进行油、气、水、砂的分离。分离出的砂子沉于设有冲砂管嘴的分离器底部，并用从原油掺水罐引来的压力水进行冲砂，使沉砂悬浮且通过排砂管排至沉砂池，污水溢流到污水池（污水可用提升泵打回污水系统去处理），沉砂池内的泥砂由清砂泵提升到砂脱水器，脱出污水后流回沉砂池。干砂流入储砂斗定期外运。

卧式多相分离器的除砂原理是重力沉降加水洗技术。由于油、水、砂间存在着密度差，当液流低于一定流速（顺流）时，一部分油砂会从油、水液中沉降分离出来，再用热活性水水洗则加快了砂粒的分离沉降。

（2）大罐沉降除砂工艺（不停产水力机械清砂工艺）。

大罐不停产水力机械除砂流程如图 2-5-15 所示。从接转站或联合站来的混合液，经两相分离器脱气后，固液两相（油、水、砂）进入大罐进行重力沉降，利用油、水、砂的密度差作用，经足够长的时间，使油、水、砂分离，密度大的砂泥沉于罐底。

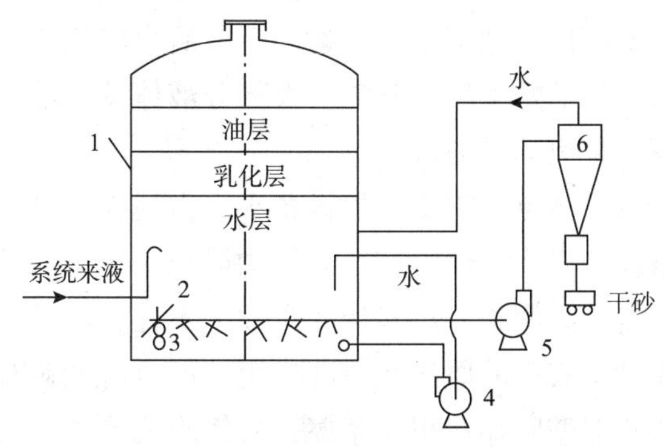

图 2-5-15 大罐不停产水力机械清砂流程

1—原油沉降罐；2—排砂管；3—水力冲砂管；4—冲砂泵；5—排砂泵；6—旋流除砂器

沉降罐底部敷设有冲砂管和排砂管，冲砂管开有小孔或装有水力喷嘴，排砂管开有排砂孔。由冲砂泵引自沉降罐下层污水形成的高速水流从冲砂管喷出，使沉于罐底的砂粒与水混合，然后从排砂管排出。砂、水混合液经排砂泵提升加压，进旋流脱水器脱水后，干砂用车拉走。

2. 离心分离除砂法

离心分离是把悬浮液置于离心力场中，

使得固、液得以分离的过程。由于在离心场中可获得很大的惯性力，因此可以实现诸如细微颗粒的悬浮液和准稳定乳状液的分离。颗粒在旋转流场所受到的离心加速度背离旋转中心指向外圆周，其大小与旋转半径和颗粒的切向速度有关。

在相同条件下，离心沉降和重力沉降速度的比值称为分离因数，是离心分离设备的重要性能指标。离心分离设备包括离心机和水力旋流器。

离心机的主要部件为快速旋转的转鼓。转鼓安装在竖直或水平轴上，由电机带动，悬浮液送入转鼓内随转鼓旋转，在惯性离心力的作用下实现固、液分离。按分离方式的不同，离心机可分为过滤式离心机、沉降式离心机和分离机，增大转速可使做旋转运动的悬浮物受到很强大的作用力，从而更快、更好地将分散颗粒从连续介质中分离出来。但离心机有高速运动部件，制造和操作要求高，需要有较好的动平衡和相应的减振措施。

离心除砂分离器结构如图2-5-16所示。油井来液通过中心降液管进入转鼓，油、水、砂混合物在转鼓中依靠离心力分离，油经环形空间向上从出油口流出，水、砂从转鼓底部的开口处甩出。水进入敞门储罐从出水口流出，泥砂等固体杂质沉积在储水罐底从沉渣排放口排出。该分离器的特点是分离效率高，即使来液的油水比或流量变化较大，仍能保持较高的分离效率。

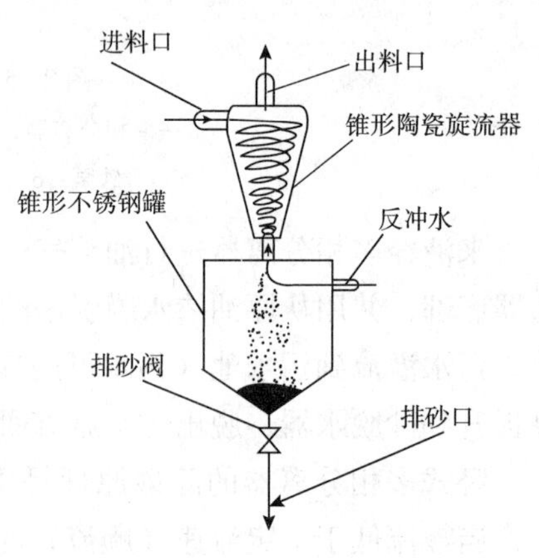

图2-5-16 离心除砂分离器

水力旋流器按其功能一般可分为固-液分离、液-液分离、气-液分离三种类型。

水力旋流器结构十分简单，整个壳体由圆筒部分和锥筒部分相接组成。壳体上有三个开口，即切向进料口、底流口、溢流口。被处理的液体从进料口进入旋流器，在旋流器内部产生很高的角速度。固体和液体因密度差产生的惯性离心力不同，密度大的固体颗粒被甩向旋流器内壁，密度小的液体则靠近旋流器中心。固体颗粒被甩向旋流器内壁的同时，还沿着壳体壁螺旋式向下运动，最后由底流口排出。在旋流器中心处，因液体高速旋转而形成低压的螺旋形上升流。大部分液体及少量的固相颗粒随此上升由溢流口排出，从而达到固液分离的目的。

用于油田集输系统的水力旋流器主要具有以下优点：①旋流器设备小，占地少，投资费用低；②具有较好的固液分离效果，能够适应油田连续性生产；③结构简单，无运动部件，易于操作和维护。不足之处在于：一般只能分离两相，对多相分离效果不佳，而且旋流器内部存在很高的速度梯度，虽然对黏附在砂子表面的原油有清洗作用，但也对颗粒有破碎作用，使固液分离效果变差。砂粒与旋流器器壁间存在相互摩擦，易使旋流器内表面磨损，降低设备的使用寿命。

大港油田港西地区采用的密闭集输旋流器除砂工艺流程如图2-5-17所示。在井口到计量站或到集油处理站系统中，首先应把油井采出液中的砂除掉，使其不能危害下游的工艺设备。

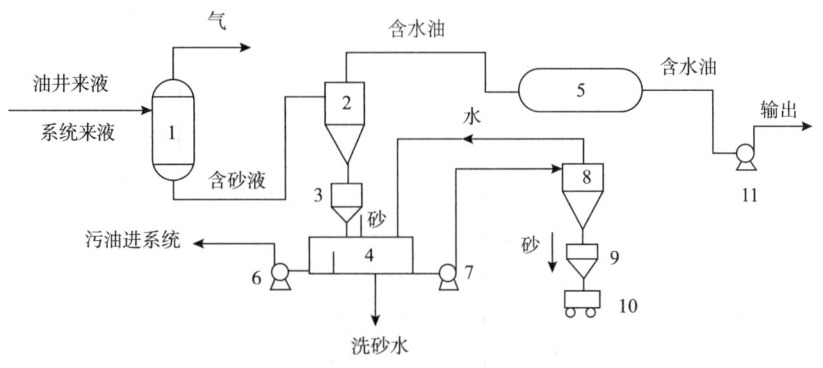

图 2-5-17　集油系统旋流器除砂流程

1—脱气器；2—旋流除砂器；3—储砂斗；4—洗砂槽；5—缓冲罐；
6—污油回收泵；7—砂泵；8—砂脱水器；9—排砂斗；10—运砂小车；11—外输泵

各油井采出液经计量后汇合，进脱气器脱气，液体进旋流除砂器除砂，除砂后的含水油进缓冲罐（或油水分离器），用泵提升后外输。从液体中分出的含油砂子，由旋流除砂器经储砂斗排入洗砂槽内，用 35 ~40℃的回掺热水进行洗砂，再用砂泵将其泵入砂脱水器进行脱水，脱出水返回洗砂槽，砂子从脱水器底部流入排砂斗内，定期外运。

该除砂系统运行可靠、安全、维修方便。当原油含水率在 65% 以上时，除砂率达 90% 以上，排出砂的含油量仅为 0. 006%，整个除砂系统（包括脱气器）的压力损失不超过 0. 12MPa。

旋流除砂器的基本原理为离心沉降。含有固体的液流在离心力场的作用下，进行沉降分离，这对那些在重力场中不能分离的微粒和乳浊液特别有效。因被分离的悬浮粒子与流体之间存在着密度差而产生分离，重粒子下沉至旋流除砂器底部排出，液体则在上部溢口流出。

海上水力旋流器除砂原理流程如图 2-5-18 所示。海上水力旋流器除砂工艺流程特别适用于海上、海岸边沼泽地区的油田井，能较好地从含油泥砂中回收原油。

含有油、气、水、砂的井液流，进入分离器后分出油和气，沉于分离器底部的油砂、水混合物则被文丘里喷管 a 吸入，并与来自喷管的高速水流混合。油砂被剪切清洗后，混合液流进入旋流器 A，在离心力场的作用下固液得到分离，含油水从顶部溢流管进入浮选罐，沉于底部的含油砂浓度较高的浆液则被吸入喷射旋流器 B，油砂再一次被清洗分离，油水从旋流器 B 顶部进入浮选罐，留在底部的便是脱除原油后的净砂。为了增加油砂除油效果，还可添加某些表面活性剂。污水浮选罐则用来分离从旋流器溢流出的油水混合物。该除砂系统的洗砂效果显著，砂浆液不通过泵和喷嘴，有效地避免了砂对设备的磨损。

3. 过滤除砂法

过滤是利用某种多孔介质来使含砂的原油、水或天然气通过筛网或特制滤管时，液相或气相得以通过，而固体砂等杂质被阻隔、沉淀，达到除砂的目的。

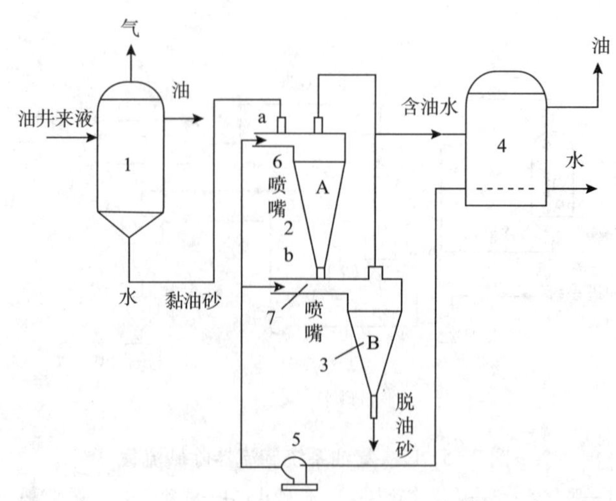

图 2-5-18　海上水力旋流器除砂流程

1—分离器；2—旋流器 A；3—旋流器 B；4—浮选罐；
5—增压泵；6—文丘里喷管 a；7—文丘里喷管 b

过滤操作分为两大类，一类为饼层过滤，另一类为滤床过滤。饼层过滤适合于固体含量稍高（固相体积分率在 1% 以上）的悬浮液；滤床过滤较适用于悬浮液中颗粒粒径很小且含量甚微（固相体积分率在 1% 以下）的场合。

过滤是指悬浮液通过能截留固体颗粒的过滤介质，使固液得以分离的操作。过滤不需要密度差的存在，而是依赖过滤介质的性能，如果选用合适，一定能够截留住需要分离的固体颗粒，因此，过滤所提供的设计控制范围是很宽的。但在实际生产中，需要定期对过滤介质（如滤网、滤层等）进行反冲洗，排除滤饼，使之再生，因此不适用于连续性生产，有时甚至不易实现自动化操作，而且处理单位体积的悬浮液所需的费用也较沉降分离法高。

筛网除砂过滤器结构如图 2-5-19 所示。含砂的油、水或气的混合流从下进入过滤器，经斜隔板碰撞后由下向上流动，经过上部筛网时，大于筛网孔径的砂子被阻挡，落入集砂槽内排出，通过筛网的油、水或气从顶上出口流出。筛网网目根据过滤砂粒的大小来确定。

过滤除砂分离器结构如图 2-5-20 所示。过滤除砂分离器可用于含气量高和含液低的场合。分离器内设有滤砂管，不仅能阻止气液中的砂粒通过，而且能把气体中的雾状液体吸附、聚结成较大液滴，末端还设有叶片或其他除雾元件，以除去这些聚结的液滴，并经管线汇入设在分离器底部的液体回收罐。该分离器对液流中粒径大于 2μm 的砂粒可全部脱除。

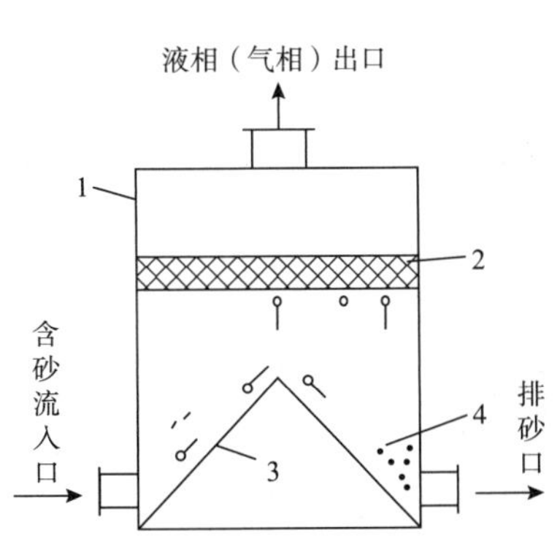

图 2-5-19　筛网除砂过滤器结构

1—过滤器壳体；2—筛网；
3—斜隔板；4—集砂槽

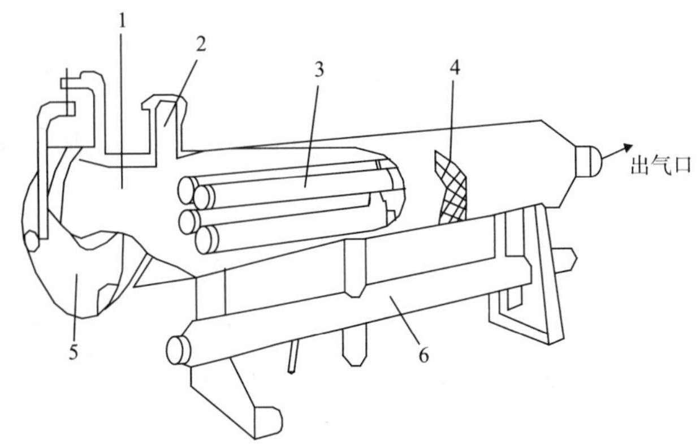

图 2-5-20　过滤除砂分离器结构

1—入口分离室；2—气体入口；
3—滤管；4—终端除雾器；5—快开盲板；6—液体罐

（三）油田原油除砂技术的应用

油井产物一般是油、气、水、砂四相的混合物，如要除砂，应先分离出气体，然后再从固液混合物中分离出砂。

油田原油除砂的基本方法有重力沉降、旋流离心沉降、过滤等方法。大罐重力沉降除砂虽然简单，但油罐一般不密闭，油气损耗大。而旋流器除砂则可用于在重力场中不能沉降分离的微粒和乳浊液，其除砂效率可达 95% 以上。

对于油井采出的油、气、水、砂四相混合物，可以利用重力沉降设备对其进行初步分离，分出气体，然后接离心沉降设备进行细分离，考虑到油田野外生产的环境较为恶劣，采用水力旋流器作为原油除砂的主体设备较为适宜，它可和重力沉降一起完成除砂任务。

油田的生产都是连续性作业，在选择设备上应尽可能选择连续运行的设备。从这个意义上讲，沉降设备比过滤分离设备要好些，但过滤设备也有其优越性和特殊用途。

若油井出砂量高，宜采用集油系统密闭除砂工艺，即在原油接转或脱水之前把砂除掉。

避免容器类设备底部积砂的措施有：①内部部件采用倾斜（倾角大于 45°～60°）可加速砂的滑落；②卧式容器底部一般可设置水喷头和排砂管，水喷头的搅拌作用可使沉积的泥砂成为短暂的水相悬浮体，而从排砂孔或排砂管排出。

水喷头的供水压力至少应大于容器正常工作压力 0.5MPa（表压），才能完全除去沉积的细砂。喷头由带喷嘴的冲砂管构成。喷嘴的方向直对砂堆积的区域，每个喷嘴每分钟需用喷射水 20L 左右。

据资料介绍，含砂原油管线的流速应保持在 1.37～1.52m/s。若流速过低，砂会在管线中沉积；若流速过高，则会对管线产生冲刷腐蚀作用。

在集油过程中，一般可除掉井液中所含泥砂的 90% 以上。但还有不到 10% 的泥砂将进入下游容器设备，这些沉砂经设在容器底部的水力冲砂装置排至泥砂处理池，再次将泥砂截留过滤。分离出来的砂子必须进行清洗，否则会污染环境。

第六章 原油稳定

第一节 稳定目的和要求

一、原油稳定的必要性

从地下采出的原油中含有较多的 $C_1 \sim C_4$ 组分，在常温常压下，含有 $C_1 \sim C_4$ 的正构烷烃是气体。原油在集输与储运过程中，如果流程不密闭，这些组分将被蒸发掉，并携带出大量 C_5 以上的组分，造成原油蒸发损耗。

在油气集输过程中，为了满足各种工艺要求，需要加热、降压、储存，这就为原油中轻组分的挥发提供了良好的条件。对于未做到密闭的集输流程来说，原油在敞口储罐中的蒸发损耗很大。国内调查表明：对于未经稳定的原油直接进常压储罐，其油气损耗为原油产量的1% ~3%，其中储罐的蒸发损耗约占40%。

为了降低油气集输过程中的原油蒸发损耗，一个有效的方法就是将原油中挥发性强的轻组分（$C_1 \sim C_4$ 组分）比较完全地脱除出来。使原油在常温常压下的蒸汽压降低，这就是原油稳定。

20 世纪 70 年代以后，我国各油田开始重视原油稳定工作，相继建设了一批原油稳定装置，这些稳定装置大多采用闪蒸法。当油气集输系统实现全密闭流程，即油气在集输过程中做到密闭集输、密闭处理、原油稳定、密闭储存时，油气损耗可降到0.29% ~0.5%。

原油稳定工艺是为了降低油气集输过程中的原油蒸发损耗，回收轻烃资源。根据原油性质和原油中轻烃组分构成等，结合整个集输处理过程的实际情况，选择合适的方法将原油中易挥发的轻烃脱除，降低原油的蒸汽压，使其在常温常压下稳定储存和输送，被脱除的轻烃可作为石油化工的重要原料和工业与民用燃料。因此，原油稳定是降低油气损耗，综合利用油气资源的一项重要措施，对于节能降耗、减少环境污染、提高油田开发效益有重要的意义，在各油气田中普遍受到高度的重视。

二、原油稳定原理

原油稳定是从原油中脱除轻组分的过程，也是降低原油蒸汽压的过程，使原油在常温常压下储存时蒸发损耗减少，保持稳定。因此，如何降低原油的蒸汽压，是原油稳定的核心问题。

1. 原油蒸汽压与温度、组成的关系

原油是烃类和少量非烃类物质所组成的复杂混合物。原油中所含的许多组分至今还未完全分析清楚，属于组分不确切混合物，因而，目前还没有原油蒸汽压与组成关系的确切表达式。但原油蒸汽压与组成之间的关系是清楚的：原油中所含的轻组分愈多，挥发性就愈强，原油的饱和蒸汽压也愈高。因此，可用原油饱和蒸汽压的大小来表示原油中轻、重组成的比例和原油组分的概况。当然，原油的蒸汽压随温度的升高而增加，随温度的下降而减小。在相同温度下，相对分子质量小的轻组分比相对分子质量大的轻组分有较高的蒸汽压。

2. 降低原油蒸汽压的方法

原油的蒸汽压与温度和组成有关。同一种原油的蒸汽压随温度的升高而增大，在相同的温度下，轻烃含量高的原油其蒸汽压也高。因此，要降低原油蒸汽压，可以从降低原油温度或减少原油中轻烃的含量来实现。但降低温度会受工艺条件的限制，不容易在油气集输和处理的整个工艺系统中实现。因而，切实的方法应该是减少原油中的轻组分含量，尽可能脱除 $C_1 \sim C_4$ 组分。

在同一温度下，对烃类组成来说，相对分子质量越小的组分蒸汽压越高，相对分子质量越大的组分蒸汽压越低。我们知道，液体的挥发度可用定温度下的蒸汽压来表示，蒸汽压大的液体容易挥发，蒸汽压小的液体不容易挥发，因而组分越轻，越容易从液相中挥发出来。但是，无论是轻组分还是重组分，从液相中挥发出来都需要消耗能量。

原油在集输和加工过程中都具有一定的压力和温度。在某一温度下，如果降低压力，就会破坏原来的气液平衡状态，使原油中一部分组分挥发出来。在同样温度下，轻组分的饱和蒸汽压高，率先挥发出来，重组分虽然不同程度地也有部分挥发出来，但其数量少得多，因而气相中轻组分的含量高，达到了从原油中分离出轻组分的目的。闪蒸稳定法就是利用这一原理来实现原油稳定的。

提高原油温度可以加速液相中的分子运动，克服相邻分子间的吸引力，逸散到上层气相空间。轻组分的相对分子质量小，分子间的引力也小，更容易挥发出来。这样，利用轻、重组分挥发度不同，就可以把原油中 $C_1 \sim C_4$ 轻组分分离出来。分馏稳定法就是通过把原油加热到一定温度，利用精馏分离原理，使气、液两相经过多次平衡分离，使其中易挥发的轻组分尽可能转移到气相中，难挥发的重组分保留在原油中，来实现原油稳定的。

闪蒸稳定法和分馏稳定法都是利用原油中轻、重组分挥发度不同来实现从原油中分离出 $C_1 \sim C_4$ 组分的，从而达到降低原油蒸汽压的目的。当然，由于稳定要求，原油组成和工艺系统不同，这两类方法的工艺参数、设备选型、流程安排又都各有不同，出现了多种稳定方法。

三、原油稳定达到的技术指标

原油稳定的深度可用稳定原油的饱和蒸汽压衡量。稳定原油的饱和蒸汽压应根据原油中轻组分含量、稳定原油的储存和外输条件等因素确定。我国《出矿原油技术条件》对原油稳定应达到的技术指标作出规定：在储存温度下，稳定后原油的蒸汽压（绝压）低于油田当地大气压。当采用铁路、水路、汽车装运时，稳定原油的饱和蒸汽压可略低，以减少蒸发损耗。但稳定装置对 C_5 和 C_6 以上更重组分的收率（质量百分数）不宜超过未稳定原油在储运过程中的原油自然蒸发损耗率。

当原油蒸发损耗率低于0.2%（质量百分数）时，可不进行稳定处理。但当与其他工艺过程相结合能取得较好的经济效益时，也可进行稳定处理。

原油蒸发损耗的测定方法按现行的《油田原油损耗测试方法》中的规定执行。新开发油田原油的蒸发损耗可按集输及储运条件进行模拟计算和预测。

第二节 原油稳定方法

由于原油的蒸发损耗与原油性质、原油净化处理工艺、原油储存和输送条件、外界环境、规范要求的稳定深度等因素密切相关，与此相应的降低原油蒸发损耗的方法也有多种。采用合理的稳定方法对提高产品收率和降低能耗，以及取得较好的经济效益是非常重要的。究竟采用何种方法，应根据原油物性数据进行不同方法的物料平衡模拟计算，就产品收率、能量消耗、基建投资、操作费用和经济效益多方面进行对比分析后，选择最佳方案。目前，国内外通常采用的原油稳定工艺方法有闪蒸分离稳定法和分馏稳定法两类。

一、闪蒸分离稳定法

液体混合物在加热、蒸发过程中所形成的蒸汽始终与液体保持接触，直到某一温度之后才最终进行气液分离，这种过程称为平衡汽化或称一次汽化。当液体混合物的压力降低时，会出现闪蒸，此时部分混合物会蒸发，这种现象也是平衡汽化过程。在这种过程中，相对分子质量小的轻组分，蒸汽压高，容易汽化。当达到平衡时，轻组分在气相中的含量比重组分要高，亦即在一次汽化过程中，进入气相的轻组分比重组分多。利用这一原理，可以使原油中轻、重组分达到一定程度的分离。未稳定原油的闪蒸分离过程实质上就是一次平衡汽化过程。闪蒸分离稳定法有负压闪蒸稳定法、正压闪蒸稳定法、多级分离稳定法和大罐抽气等方法。其中，负压闪蒸和正压闪蒸是油田上采用的主要原油稳定工艺；多级分离和油罐烃蒸汽回收是另外两种利用闪蒸原理从原油中分离并回收轻烃的方法，常作为原油稳定的辅助方法。

1. 负压闪蒸稳定法

负压闪蒸稳定法是让被稳定的矿场原油进入原油负压稳定塔，在负压条件下闪蒸脱除易挥发的轻组分，达到稳定原油的目的。负压闪蒸稳定工艺的原理流程如图2-6-1所示。

脱水后的净化原油首先进入原油稳定塔的上部，在稳定塔内进行闪蒸。负压闪蒸稳定的温度通常是原油脱水的温度，通常为50～80℃，塔底部的稳定原油用输油泵升压后进油罐。稳定塔顶部用真空压缩机抽真空，真空度一般为20～70kPa，真空压缩机出口压力一

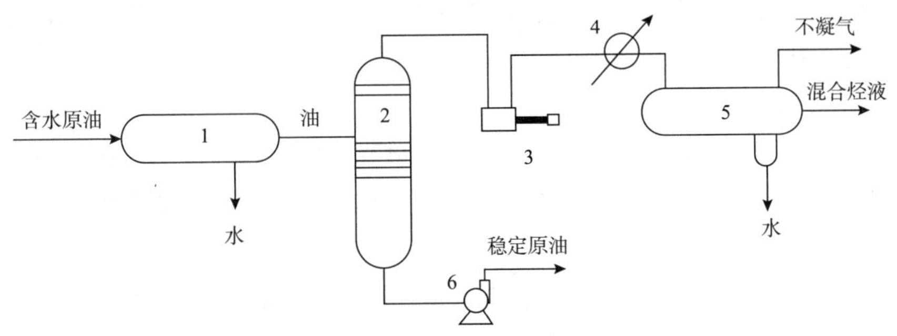

图2-6-1　负压闪蒸稳定法流程

1—沉降罐；2—原油稳定塔；3—压缩机；4—冷凝器；5—三相分离器；6—输油泵

般为0.2~0.3MPa（表压）。抽出的闪蒸气经冷凝器降温至40℃左右，进入三相分离器得到混合烃、气、水相，分离出来的混合烃液进入储罐后外运；不凝气进入低压气管网；污水进入含油污水系统进行处理。

目前，负压稳定装置的规模通常为（20~500）$\times10^4$t/a，装置的总拔出率为0.4%~1.5%（质量），多数在1%以下。负压闪蒸法流程简单，能耗较低，设备投资少，操作弹性大。

负压闪蒸稳定法的主要工艺设备有真空压缩机、原油稳定塔、冷凝器、三相分离器和稳定原油泵。其关键工艺设备是真空压缩机和原油稳定塔。

2. 正压闪蒸稳定法

正压闪蒸稳定法是指脱水之后的矿场原油，经加热后进入原油稳定塔，在正压条件下进行一次闪蒸脱除易挥发性轻组分，从而达到稳定原油的目的。

正压闪蒸稳定法的原理流程如图2-6-2所示，脱水后的净化原油首先与稳定后的原油换热，然后经加热炉加热至稳定温度再进入原油稳定塔的上部，在稳定塔的内部进行闪蒸，闪蒸压力为0.1~0.3MPa（表压），温度根据进料组成和操作压力而定。塔底部的稳定原油直接用外输原油泵抽出与未稳定原油换热后外输。稳定塔顶部的闪蒸气经冷凝器降温至40℃左右，进入分离器进行轻油、气、水三相分离，分离出来的混合烃液去储罐然后外运；不凝气进入低压气管网；污水进入含油污水系统进行处理。

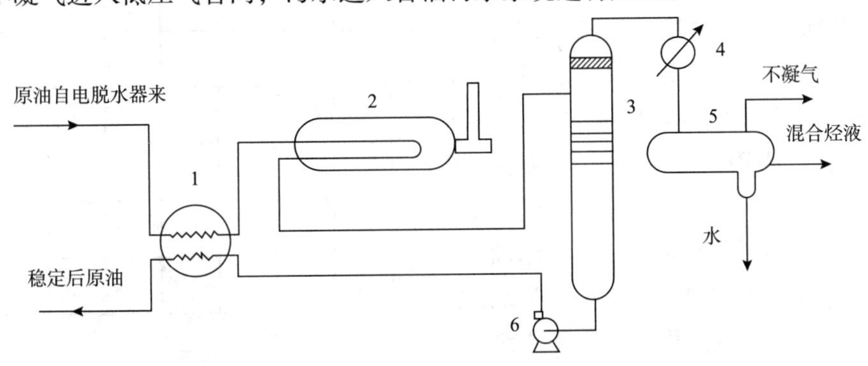

图2-6-2　正压闪蒸稳定法流程

1—换热器；2—加热炉；3—闪蒸塔；4—冷凝器；5—三相分离器；6—泵

加热闪蒸稳定方法的主要优点是在流程中取消了压缩机，因而操作简单，施工周期短。其缺点是能耗较高，分离效果差。

3. 多级分离稳定法

多级分离稳定法是将原油分若干级进行油气分离稳定，每一级的油和气都接近于平衡状态。这种方法实际上是用若干次连续闪蒸使原油达到稳定，其典型原理流程如图2-6-3所示。

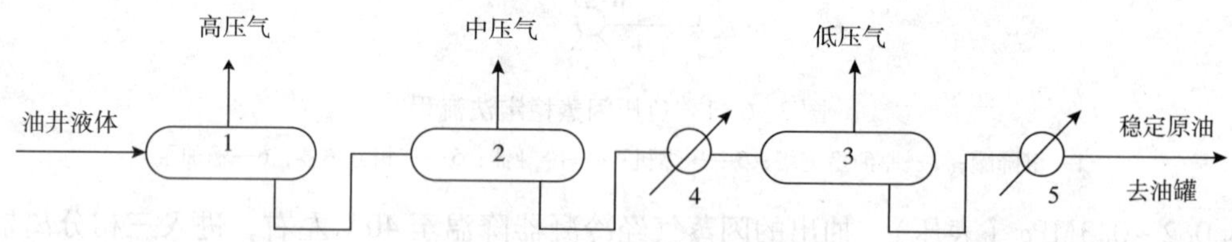

图2-6-3　多级分离稳定法流程

1—高压分离器；2—中压分离器；3—低压分离器；4、5—冷却器

采用多级分离使原油稳定的前提是井口来的油气有足够高的压力，即这一方法适用于高压油田，可以充分利用地层能量实施原油稳定。

多级分离稳定法的重要问题是分离级数的确定。由平衡汽化原理可知：原油的压力愈低，温度愈高，分出的气体愈多，高压下分出的气体中轻组分所占的比例（摩尔分数）较低压下分出的气体多，在轻组分挥发的同时伴随着一些重组分的挥发。多级分离法可以将80%以上的丁烷保留在原油中，但同时原油中也保留了相当数量的乙烷和丙烷。因此，多级分离没有完全解决原油稳定问题。为了能尽可能多地分离出乙烷和丙烷，势必要增加分离级数，但分离级数太多，会使投资过高。一般来说，最后一级是在接近常压下分离的。分离级数常常在4级左右。

国外对高压油田采用多级分离稳定时，为了保留汽油组分，防止大部分丁烷及戊烷从原油中逸出，往往以保留某一组分在原油中的量为出发点，对分离级数加以控制，这就代替了那种先使它们蒸发，而后再用压缩或吸收法加以回收的办法。如伊朗的纳夫特克尔油田，井口压力为3.5MPa，最末一级压力为0.7×10^5 Pa。以最末一级分离条件（26.7℃和0.7×10^5Pa）下正丁烷在原油中的保留量与分离级数的关系作曲线（见图2-6-4）。由该图可见，采用4级已达到预期效果，在5级和6级之间稳定效果改善很小。

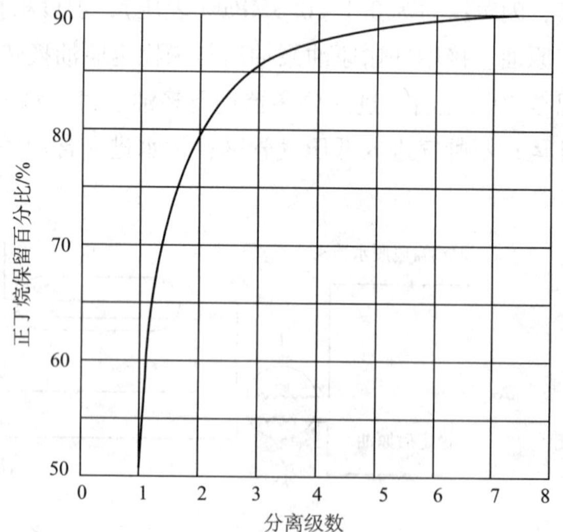

图2-6-4　分离级数与正丁烷保留量的关系

多级分离是国外采用较多的一种稳定工艺。分离级数一般为3～4级，原油在逐级降压分离中得到稳定。其稳定程度较低（一般可脱出20%的C_4）。为了使稳定后原油饱和蒸汽压不至于太高，末级分离压力一般不超过0.05MPa，同时储油罐应配有大罐抽气系统，以进一步降低油气损耗。这种稳定工艺简单易行，但前提是油井生产压力较高，油气有足够的剩余能量用于多级分离，表2-6-1为美国阿拉斯加普拉德霍湾北坡油田多级分离流程的操作参数。

表2-6-1　普拉德霍湾北坡油田分离器操作参数及气体组成

工艺参数	一级分离	二级分离	三级分离
压力/MPa	4.6	0.6	常压
温度/℃	54	49	46
气油比/（m^3/t）	122	26	7
相对密度	0.785	0.950	1.33
CO_2（mol）/%	15.72	18.75	12.91
N_2（mol）/%	0.75	0.23	0.03
C_1（mol）/%	73.94	55.66	24.03
C_2～C_9（mol）/%	10.04	25.36	63.03

在我国已开发的油田中，高压油田不多，采用多级分离稳定法的也很少。但今后在油气集输系统提高集输压力的同时，多级分离工艺将会作为原油稳定的配套措施用于油气处理，这样可以利用油层能量，减少稳定过程的能量消耗，合理利用油气资源。

二、分馏稳定法

原油中轻组分蒸汽压高、沸点低、易于汽化，重组分蒸汽压低、沸点高、不易汽化。按照轻、重组分挥发度不同这一特点，可以利用精馏原理将原油中的C_1～C_4脱除出去，达到稳定，这就是分馏稳定法。

典型的分馏稳定法的原理流程如图2-6-5所示，脱水后的净化原油，首先进入换热器与稳定塔底的稳定原油进行换热至90～150℃，然后进入稳定塔的中部进料段。稳定塔上部为精馏段，下部为提馏段。塔的操作压力一般为0.2MPa（表压），塔底原油一部分用泵抽出经重沸器加热炉加热到120～200℃回到塔底液面上部，给塔提供热源，保证塔底温度；另外一部分作为塔底产品（稳定原油）用泵抽出经换热回收热量后外输或进入稳定原油储罐。塔顶气体温度一般为50～90℃，先经冷凝器降温，然后进入回流罐。经分离后，一部分液相产品作为塔顶回流；另一部分作为塔顶液相产品，用泵增压输至轻油产品储罐。回流罐的气相作为塔顶的气相产品进入低压气管网。

全塔分馏法是目前各种原油稳定工艺中最复杂的一种方法，它可以按要求把轻、重组分很好地分离开来，从而保证稳定原油和塔顶产品的质量。这种方法的缺点是投资较高、能耗较高以及生产操作较复杂。为了克服全塔分馏法的上述这些缺点，在分离效果要求不

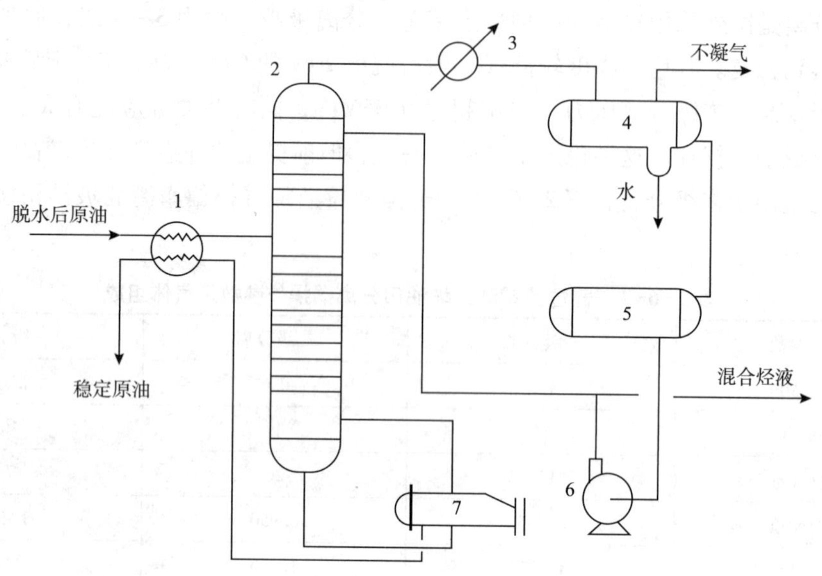

图 2-6-5　分馏稳定法流程

1—进料换热器；2—稳定塔；3—冷却器；4—三相分离器；5—回流罐；6—泵；7—重沸器

太严格的情况下，按照原油稳定深度的要求，稳定塔可以只要提馏段而不设精馏段，这就出现了所谓的“提馏法”。在采用分馏法时，全部原油加热到较高温度，塔内的操作温度和操作压力都比较高，一般为 100～250℃（塔底），压力为常压或正压。由于进料和操作温度高，能耗较高，所需换热器面积大，工艺流程复杂。同时，采用提馏法时，进料液温度和塔的操作温度都较低，重组分不会拔出过多，无需在塔上部增加精馏段，能量消耗也减少。因此，在满足稳定要求的前提下，可考虑采用提馏法实现稳定。

我国已建成投产的大港板桥原油稳定装置和大庆萨中原油稳定装置都是采用分馏稳定工艺。大港原油为凝析原油，原油的密度为 783～786 kg/m^3，操作压力为 0.25～0.32MPa，塔顶温度为 60～65℃，塔底温度为 120℃；大庆萨中原油为普通原油，其密度为 820kg/m^3，操作压力为 0.15MPa，塔顶温度为 33℃，塔底温度为 193℃。

对含轻组分较多的原油，若采用负压闪蒸法，将使抽气压缩机的能耗增加，且难以达到稳定要求。分馏稳定法能较彻底地脱除未稳定原油中的 C_1～C_4 组分，有较理想的分离效果和稳定深度。但该法需把全部原油加热至较高的温度，所需的换热设备多，工艺流程长，动力消耗大，使建设费用和运行费用都较高。因而，需进行综合技术经济比较，以确定是否采用分馏法处理未稳定原油。若能将分馏稳定所需的热量与原油降黏或热处理相结合，则可不因进行原油稳定而额外消耗过多的能量，分馏法的效益就会很好。因此，在进行综合技术经济比较时，应全面考虑集中处理站内各工艺环节的能耗和各种所得产品的价值，避免片面性。

三、稳定工艺选择

原油稳定工艺随原油性质、稳定要求、原油处理的工艺条件等因素而不同。稳定工艺选择的核心问题是要提高装置建设的经济性，即要确定原油蒸汽压降低的经济界限和装置投资、运行成本的合理数字，以期能用比较经济的方法取得最好的稳定效果。稳定工艺选择既包括工艺方法的确定，也包括在一定的工艺方法中工艺参数的选择。

（一）工艺方法的选择

闪蒸分离稳定法和分馏稳定法都可以实现原油稳定，降低油气损耗。但用何种工艺方法要根据原油性质和稳定要求而定，以便以最小的能量消耗回收尽可能多的轻组分。

1. 稳定深度的确定

原油稳定深度是指从未稳定原油中分出多少挥发性最强的组分（$C_1 \sim C_4$），分出得愈多愈彻底，则原油稳定的深度愈高。通常用最高储存温度下原油的蒸汽压来衡量原油稳定的深度。

从降低原油在储运过程中蒸发损耗的角度考虑，原油蒸汽压愈低愈好。但追求过低的蒸汽压，不仅在油田上需建设庞大的稳定装置，消耗大量能量，还使稳定原油数量减少、原油中汽油馏分的潜含量减少、原油的品质下降。因此，应根据综合经济效益来确定稳定原油的蒸汽压。我国规定，稳定原油在储存温度下的饱和蒸汽压的设计值不宜超过当地大气压的0.7倍。采用铁路及水路运输的原油，装卸过程不能完全密闭，蒸汽压应略低，以减少蒸发损耗。

当油田内部原油蒸发损耗率低于0.2%（质量分数）时，不宜进行原油稳定处理。但当与其他工艺过程相结合能取得较好的经济效益时，也可进行稳定处理。

2. 工艺方法的选择

原油稳定的方法主要有负压闪蒸稳定法、正压闪蒸稳定法和分馏稳定法，选择稳定工艺时应根据进料原油的组成、物性数据，选用不同的稳定方法通过工艺过程模拟计算，对产品收率、能量消耗、投资、经济效益诸方面进行对比分析后，并综合考虑相关的工艺过程，确定最佳原油稳定方案。

当原油中轻组分 $C_1 \sim C_4$ 含量在2.5%（质量分数）以下时，原油脱水或外输温度能满足负压闪蒸的需要时，宜采用负压闪蒸稳定法。

当原油中轻组分 $C_1 \sim C_4$ 含量大于2.5%（质量分数）时，可采取正压闪蒸稳定法或分馏稳定法。当有余热可以利用时，即使原油中轻组分含量低于2.5%（质量分数），也可考虑采用正压闪蒸稳定法或分馏稳定法。

对于轻质原油希望获得更多的轻组分时，可采用分馏法；油田集输压力高，可采用多级分离稳定法，老油田可采用大罐抽气工艺降低改造损耗或用作原油稳定的补充。

在我国各油田所产的原油中，有相当部分原油的 $C_1 \sim C_4$ 含量为0.8%～2.5%。鉴于上述原因，用负压闪蒸稳定法处理未稳定原油在我国得到广泛应用。

（二）主要工艺参数的选择

各种稳定方法都有其合理的工艺参数，这是装置经济运行的关键。原油稳定工艺的主要参数是操作压力、温度和进料情况等。

1. 负压闪蒸稳定法参数选择

负压闪蒸稳定法的操作压力应根据工艺计算结果并结合负压压缩机的性能确定，不应超过当地大气压的0.7倍。目前，国内生产的负压压缩机吸气压力一般在0.06MPa（绝压）左右，引进的负压压缩机吸气压力可达0.04MPa（绝压）。一般来说，通过提高真空度的办法来提高稳定深度比利用提高加热温度的办法经济，而且分离效果好。但提高真空度会增加能耗，将负压稳定的操作压力定为比当地大气压低0.03～0.05MPa较合适。

负压闪蒸稳定法的操作宜在较低的温度下进行，轻、重组分间有较大的相对挥发度，但温度也不宜太低。当温度太低时，会因表面张力作用，气体不容易从原油中溢出，使气液达不到平衡。当然，提高原油稳定操作温度，会增加气体收率。河南南阳油田在稳定装置上进行的测试表明，当塔内压力保持在0.08MPa（绝压），油温为62℃时，每吨原油拔出气量为$4m^3$；油温为58℃时，每吨原油拔出气量为$3.5m^3$。负压闪蒸稳定装置的操作温度应结合原油脱水或外输温度确定，一般为50～80℃。

在负压操作条件下，操作温度一般等于脱水温度，这种条件下乳化水很难参与相平衡。为了避免工艺计算中造成收率偏大，在相平衡计算时，乳化水不应参与计算。在计算冷凝分离设备时，由于水的汽化潜热是油的6倍左右，如果少量乳化水拔出，对冷凝器负荷影响较大，冷凝负荷可按饱和水计算。

2. 正压闪蒸稳定法参数选择

我国油田集中处理站（或脱水站）最后一级油、水、气分离设备缓冲罐的操作压力一般为0.2MPa左右。采用正压稳定工艺就可以利用压差进行闪蒸脱气。为了达到一定的稳定深度，可适当地加热。稳定塔的操作压力以塔顶气体产品能克服管线、冷凝、分离设备阻力，到达压缩机进口为宜，一般可取0.12～0.2MPa。如果离气体加工装置距离较近，可考虑稳定塔气体不经压缩机直接进气体加工装置，但一般不要超过0.2MPa。因为操作压力增加，闪蒸温度会随之提高，能耗会增加。在工艺可行的条件下应尽量降低操作压力。

对于轻组分含量较高的原油，原油不需加至很高温度，塔的操作压力可再适当提高，从而节省压缩机动力，甚至不需要压缩机。

正压闪蒸的操作温度是根据操作压力确定的。计算在收率相同的条件下，一般每降低0.01MPa压力相当于增加4～5℃的温度。因此，正压闪蒸一般温度比负压闪蒸高20～60℃，即正压闪蒸的温度一般应为80～120℃。

进稳定装置原油含水的高低对稳定效果有一定的影响，少量含水有助于降低油气分压，提高轻烃收率。以河南江河原油为例，在压力0.15 MPa，温度90℃条件下，原油含水由0.1%增加至1.0%时，轻烃收率由0.9938%上升至2.3678%；再增加含水，则收率不再上升，说明此时水在气相中已达到饱和。所以，在原油稳定的计算中一定要考虑含水的影响。

3. 分馏稳定法参数选择

当采用分馏稳定法时，分馏塔的操作压力可根据工艺计算确定。一般来说，在相同的塔径下适当提高操作压力，可以增加塔的处理能力（有文献介绍，塔的绝对压力当从0.1MPa提高到0.31 MPa时，塔的负荷可增加72%）。但稳定压力也不能过高，否则装置的建设费用会增加。同时，由于压力增加后，塔的操作温度也相应提高。塔底热负荷和塔顶冷却负荷相应增加，导致运行成本增加。分馏塔的操作压力应使分离产品能克服设备和管路压降，顺利地流到回流罐或抽出泵入口。塔的操作压力可从塔顶回流罐的压力算起，将塔顶冷凝器压降、管路、阀件压降及塔内压降计入，确定塔顶和塔底的操作压力。分馏塔的操作压力通常为0.15~0.3MPa。

分馏塔的操作温度应由塔顶压力下的相平衡决定，一般要做到水分从塔顶赶出，不推荐从塔侧抽水，因为原油中的水是有变化的，在实际运行中难以掌握。塔底操作温度是根据稳定原油泡点决定的，塔顶温度不低于40℃，以满足水冷要求，塔底温度均大于100℃，当操作压力为0.15~0.3 MPa时，塔底操作温度为120~200℃，塔顶操作温度为50~90℃。

原油稳定装置本身的能耗是装置经济与否的关键，因此推荐采用不完全塔的简易分馏法。只有提馏段的简易分馏法有一定的分馏作用，由于没有外回流，故能耗低于精馏法；只有回流段的简易分馏法由于没有提馏段，故不需要较高的温度，能耗也较低。

我国油田原油稳定装置工艺参数见表2-6-2。

表2-6-2　原油稳定装置工艺参数

项目＼装置名称	大庆南六联负压闪蒸（运行）	吐哈鄯善负压闪蒸（设计）	大庆萨中常压分馏（设计）
处理量/（t/d）	7257	1515	15000
原油温度/℃	65~70	40	45
塔压（绝压）/MPa	0.06	0.36	0.15
塔顶温度/℃	65~70	137	35
外输气量/（kg/h）	1230	952	2800
轻烃回收量/（kg/h）	1050	1956	6900
燃料气量/（m^3/h）	434	365	1030
原油中C_1~C_5含量（质量）/%	1.78	5.46	1.72
总收率（质量）/%	0.32	4.6	1.55

第三节　脱硫和烃蒸汽回收

一、脱硫

有些油气藏生产酸性原油，有些油气藏的原油开始不含H_2S和硫化物，由于注水驱油，注入水内含有硫酸盐还原菌，从而使所产原油称为酸性原油。由于H_2S毒性很大，又极具腐蚀性，必须限定商品原油内溶解的H_2S的质量浓度，根据各国的国情，H_2S的质量浓度常限定在10～60mg/kg范围内。原油内另一种酸性成分为CO_2，与水结合对金属产生强烈腐蚀，但无毒性。因而，对原油内溶解CO_2的含量一般没有限制。H_2S和CO_2的常压沸点都处于C_2和C_3间，因而任何原油稳定方法均能在一定程度上降低原油内H_2S的含量，但不一定能满足商品原油对H_2S含量的限制。例如，对硫的质量浓度为2000mg/kg的原油进行多级分离模拟计算，温度为49℃，三级分离的压力分别为：2.76MPa、0.48MPa和0.12MPa，经多级分离后稳定原油内H_2S的质量浓度降为266mg/kg，不能满足商品原油要求。

若酸性原油的原始含硫量较高（如2000mg/kg），经多级分离和闪蒸稳定后，H_2S含量常达不到要求的原油质量标准。此时，可采用分馏塔或提馏塔进行原油脱硫，塔底注入冷天然气、热天然气或经再沸炉加热的原有蒸汽，天然气最好为不含或少含H_2S的“甜气”。气体在向上流动过程中与向下流动的原油在塔板上逆流接触，由于气相内H_2S的分压很低，液相内H_2S含量高，产生的浓度差促使H_2S进入气相，降低原油内溶解的H_2S含量，这种分离工艺称为“汽提”，所用的精馏塔也称汽提塔。冷汽提是最经济的脱硫方法，若冷汽提不能达到原油H_2S含量要求，可改用热汽提，但成本较高。

Moins（1980）曾对相对密度为0.887、含H_2S的质量浓度由50mg/kg变化至5000 mg/kg的原油进行各种稳定和脱H_2S工艺模拟计算。要求稳定原油雷特蒸汽压小于0.069MPa，H_2S质量浓度小于60mg/kg。稳定工艺分5种情况：①多级分离；②冷汽提；③热汽提；④多级分离和天然气轻烃回收结合，获取最多的液体产品收率；⑤二级精馏。

模拟结果表明，原油H_2S的质量浓度1000mg/kg，达到原油蒸汽压和H_2S含量要求时，各种稳定工艺的稳定原油收率如图2-6-6所示。各种方法的投资和能耗随原油内H_2S含量的增加而增大（见图2-6-7）。

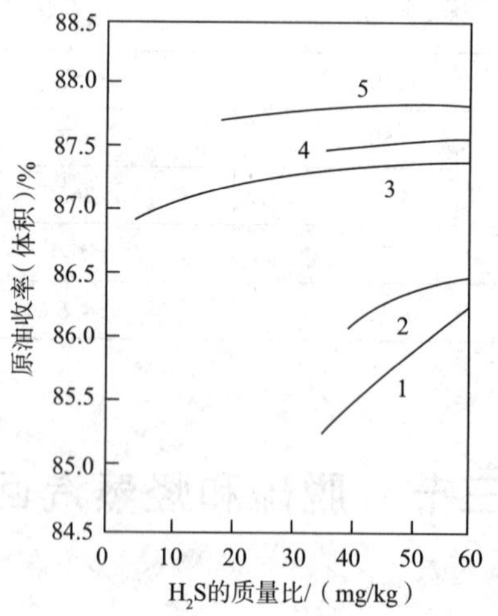

图2-6-6　各种稳定方法与原油收率的关系

1—多级分离；2—冷汽提；3—热汽提；4—多级分离与回收轻烃；5—二级精馏

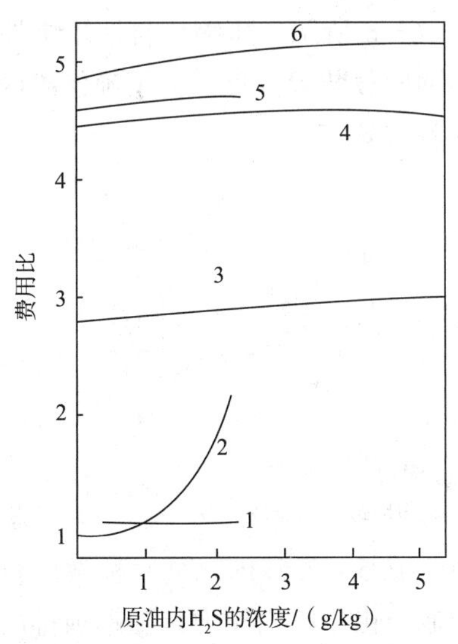

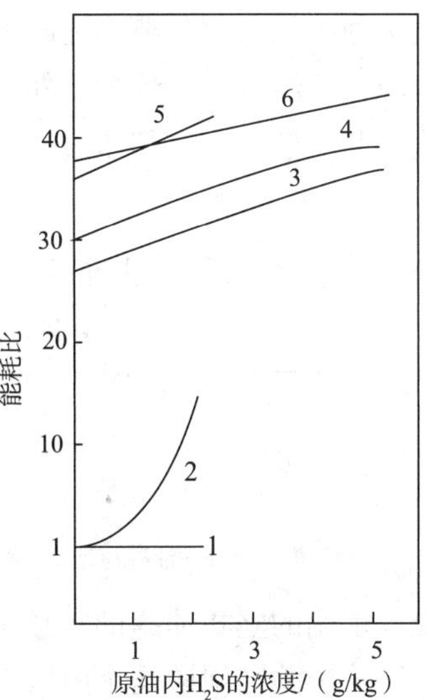

图 2-6-7　H_2S 含量与投资、能耗的关系

1—冷汽提；2—多级分离；3—热汽提；4—多级分离与回收轻烃；5—二级精馏

Moins 指出，用分馏法能处理高 H_2S 含量的原油，稳定原油收率高，塔的操作性弹性大，还能从塔顶拔出的气体中回收轻烃，是比较理想的选择。对重质原油，由于分馏塔需要很高的塔底温度，不宜采用分馏稳定。我国高含硫原油不多，处理高含硫原油的经验尚较欠缺。

二、油罐烃蒸汽回收

在开式油气集输系统中，常采用立式油罐储存油品。在油罐内，原油的蒸发损失严重，特别是在储存未稳定原油的常压固定顶罐内，除了大、小呼吸损失外，还有闪蒸损失。从全国各油田油气损耗调查测定情况看，油罐蒸发损失约占总损耗的40%。为了减少这部分损失，有效的措施是采用油罐烃蒸汽回收工艺。

在常压固定顶储罐内，蒸发损失一般由大呼吸损失和小呼吸损失两部分组成。大呼吸是在油罐进出油时形成的。一般来说，大呼吸时排气量与进液量之比为 1～1.15m^3/m^3。未稳定原油排气量与进液量之比与原油组分、分离压力有关。前苏联东乌克兰油田测得为 1.2～18.9m^3/t、美国霍金斯油田沥青基原油为 11.6m^3/t。但是，油罐排出油气的浓度值在国内外测得的都很分散。1980 年，全国油气损耗调查测得原油储罐大、小呼吸的油气浓度为 65.5～643.6g/m^3。美国西部石油协会曾测得大呼吸时油气浓度为 224～1968g/m^3。

油罐小呼吸损耗是昼夜温差变化引起的，油气浓度为 32～705g/m^3，其组成为甲烷至十一烷，主要为丙烷、丁烷和戊烷，平均相对分子质量约为 55。未稳定原油的大、小呼吸和闪蒸损失排出气体的平均相对分子质量为 48。

油罐蒸发损失是由大、小呼吸引起的，采用抽气法回收油罐烃蒸汽的过程和常压闪蒸相似。但油罐中的原油往往不是边进边出，常常有较长的静止储存时间。在这期间，油中的轻组分会不断汽化，相当于微分汽化，因而，储存时间越长，原油越稳定。

大罐抽气法回收烃蒸汽的典型流程如图2-6-8所示。压缩机自油罐中抽出气体增压至0.2~0.3MPa，并经冷却、计量后外输至轻油回收装置处理。为了确保罐内压力在允许范围内，回收工艺一般设有一超压放空和低压补气流程。

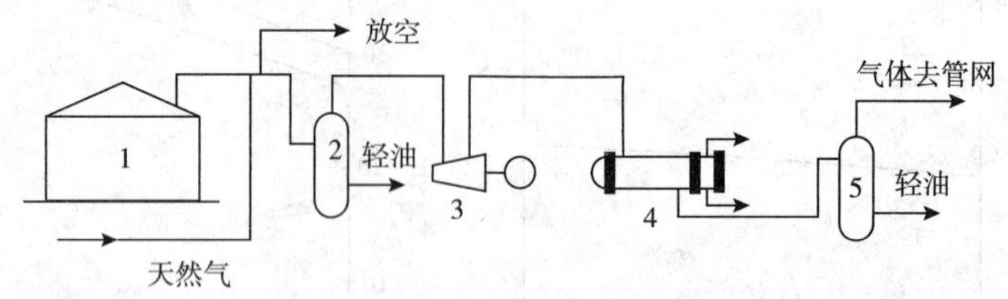

图2-6-8　油罐烃蒸汽回收流程

1—油罐；2、5—分离器；3—压缩机；4—冷却器

一般来说，现用的立式油罐的承压能力为-0.5~2.5kPa，是一种微压容器。油罐烃蒸汽回收工艺的一个关键问题是罐内压力的控制。由于罐内压力是随罐顶排出气量的变化而波动的，而这种变化又与油品性质、分离条件、油罐工作制度和环境气温等诸因素有关。因而，在设计烃蒸汽回收工艺时，应综合这些因素，配置排气量适宜的压缩机和实用可靠的自控仪表，以保证回收装置的运行可靠性。

抽气压缩机的设计排量可取油罐蒸发气量的1.5~2倍（包括烃蒸汽、水蒸气等全部气量）。对于新建油罐，蒸发气量可按原油进罐前的末级分离压力、分离温度，参照在实验室作出的相近段的原油脱气系数确定，并与类似条件的运行数据相对照，予以修正。对于已投产的油罐，可由实测求得。

压力控制系统应能使抽气压缩机满足下列要求：

（1）当罐内压力小于50Pa时，应能补气；

（2）当罐内压力为100Pa时，循环系统运行；

（3）油罐正常工作压力，一般为100~200Pa。

除此之外，罐上还应设安全阀。当罐内压力比油罐实验压力的正压低500~1000Pa，比其负压高200~300Pa时，安全阀打开。

油罐烃蒸汽回收是利用原油在油罐压力下的微分汽化来收集挥发的烃蒸汽。由于立式固定顶油罐所能承受的压力变化范围很小，故其脱气效果很差，往往是随着原油在罐内储存时间的加长效果逐渐变好，因而油罐烃蒸汽回收只能作为原油密闭储存、防止蒸发损耗的一种措施，不能作为蒸汽压较高的未稳定原油的稳定处理方法。我国某些出砂严重的老油田，在采用立式沉降罐脱水、脱砂时，常采用油罐烃蒸汽回收工艺，使原油净化处理过程密闭。另外，在需要密闭储存时，或采用该工艺后原油能满足储存要求而不需再稳定时，可考虑采用这一方法。

油罐烃蒸汽回收装置不仅可以回收净化原油罐的烃蒸汽，而且对老油田改造，实现原油密闭处理也有现实意义。我国不少油田由于油井出砂严重，原油脱水往往采用立式钢罐化学沉降脱水，处理流程是开式的。为了实现流程密闭，可以用油罐烃蒸汽回收装置将立式沉降罐密闭。另外，各油田已建的各种集油站、转油站和联合站上的油罐都可以增设油罐烃蒸汽回收装置来实现处理流程的密闭。

第三编　原油长输管道设计

第一章　输油管道的工艺设计及调节

第一节　输油管道的工作特性和工作点

输油泵站的工作任务就是不断地向管道输入一定量的油品，并给油流供应一定的压力能，维持管内油品的流动。故泵站的工作特性就是泵站所输出的流量 Q 和压头 H 间的变化关系。可用 $H=f_1(Q)$ 的数学关系式或曲线表示。管道的工作特性系指管径、管长一定的某管道，输送性质一定的某种油品时，管道压降 H 随流量 Q 变化的关系，也可以用数学式 $H=f_2(Q)$ 或相应的曲线表示。输油管道的工作点就是泵站工作特性曲线与该泵站提供压力能的站间管段的工作特性曲线的交点，即泵站提供的能量与管道需要的能量相等的点。

一、离心输油泵的工作特性

在恒定转速下，泵的扬程与排量（$H-Q$）的变化关系称为泵的工作特性。另外，泵的工作特性还应包括功率与排量（$N-Q$）特性和效率与排量（$\eta-Q$）特性。

对固定转速的离心泵机组，可以由实测的几组扬程、排量数据，用最小二乘法回归成泵机组的特性方程 $H=f(Q)$，为便于长输管道的应用，可以近似表示为：

$$H=a-bQ^{2-m} \tag{3-1-1}$$

式中　H——离心泵扬程，m；

Q——离心泵排量，m^3/h；

a、b——常数；

m——管道流量，压降公式（列宾宗公式）中的指数，在水力光滑区内 $m=0.25$，在混合摩擦区内 $m=0.123$。

对于目前长输管线上的离心泵机组，在水力光滑区或混合摩擦区计算中，式（3-1-1）的回归结果与实测特性曲线的误差一般小于2%。

泵站的压力能供应任务是由站上装备的输油泵机组来完成的。故泵站的工作特性即运行泵机组的联合工作特性。关于离心泵串、并联的工作特性，我们将在离心泵章节中作详细的论述。

二、泵站的工作特性

泵站的工作特性系指泵站的排量与扬程间的相互关系。根据泵机组的组合方式，一般

离心泵站的 $Q-H$ 特性也可以用类似于描述泵特性的二次方程来描述：

$$H_c = A - BQ^{2-m} \tag{3-1-2}$$

式中 H_c——泵站扬程，m；

Q——泵站排量，m^3/h；

A、B——由离心泵特性及组合方式确定的常数。

（一）多台泵串联的泵站特性

根据离心泵串联组合的特点，即通过每台泵的排量相同，均等于泵站排量；泵站扬程等于各泵扬程之和，可写出泵站特性方程：

$$H_c = \sum_{i=1}^{N_1} H_i = \sum_{i=1}^{N_1} a_i - \sum_{i=1}^{N_1} b_i Q^{2-m}$$

对照式（3-1-2）可知，泵站特性方程的常系数分别为每台泵对应系数的代数和，即

$$A = \sum_{i=1}^{N_1} a_i \quad B = \sum_{i=1}^{N_1} b_i \tag{3-1-3}$$

如果 N_s 台相同型号的泵串联工作，泵站特性方程的常系数为：

$$A = N_s a \quad B = N_s b \tag{3-1-4}$$

（二）多台泵并联的泵站特性

根据离心泵并联组合的特点，即每台泵提供的扬程相同，均应等于泵站扬程，泵站的排量为每台泵的排量之和，则当 N_p 台相同型号的离心泵并联时，泵站特性方程为：

$$H_c = a - b\left(\frac{Q}{N_p}\right)^{2-m}$$

对照式（3-1-2）可知：

$$A = a \qquad B = \frac{b}{N_p^{\ 2-m}} \tag{3-1-5}$$

如果并联泵的特性不同，可根据离心泵并联组合的特点，先作出并联泵的组合特性曲线，再根据泵站排量的变化范围，确定泵站的特性方程。

（三）多台泵串联、并联的泵站特性

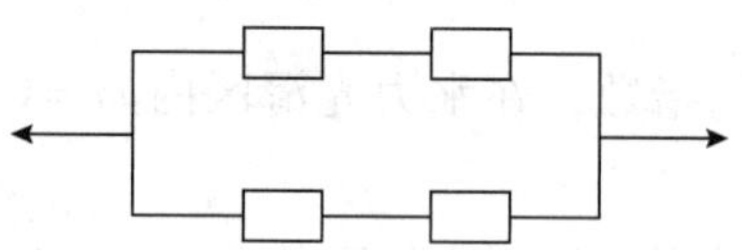

图 3-1-1　离心泵的串、并联工作

当站上的泵机组既串联又并联工作时，也应先由各泵机组特性串联和并联相加，得到泵站特性曲线，然后在特性曲线上取点，回归出泵站特性方程。如图 3-1-1 所示为 4 台泵机组的组合方式，其泵站特性曲线可由单泵特性曲线串联相加后再并联得到[见图 3-1-2（a）]，也可以由单泵特性曲线并联后再串联相加而得［见图 3-1-2（b）]。

泵站的工作特性反映了泵站的扬程与排量的相互关系，即泵站的能量供应特性。泵站的排量就是输油管道的排量，泵站的出站压头（等于进站压头与泵站扬程之和减去站内摩阻）就是油品在管内流动过程中克服摩阻损失、位差和保持管道终点剩余压力所需要的能

量。输油管道全线各泵站的能量供应之和必然等于全线管道的能量需求。为了保证完成输油任务，泵站的排量必须大于或等于任务流量。

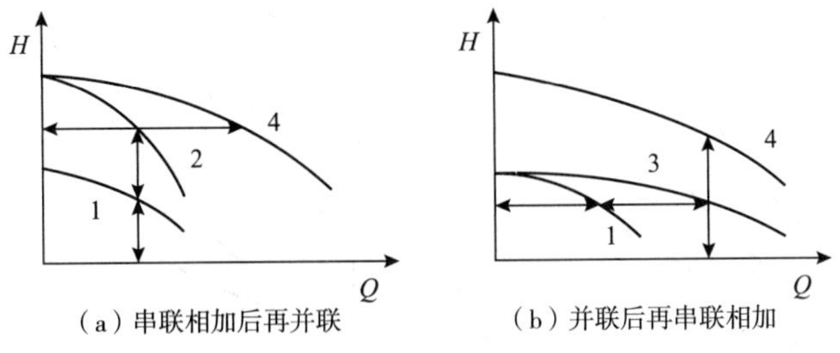

图3-1-2　泵站的特性曲线

三、管道的工作特性

管道的工作特性是指管径、管长一定的某管道，当输送性质一定的某种油品时，管道压降 H 随流量 Q 变化的关系。其数学关系式为：

$$H = h_f + h_j + (Z_Z - Z_Q) \tag{3-1-6}$$

$$h_f = \xi \frac{V_m L}{d^{5-m}} Q^{2-m} = f_1 Q^{2-m}$$

其中，

$$h_j = \xi \frac{V}{2g} = \frac{8\xi}{\pi^2 d^4 g} Q^2 = f_2 Q^2$$

由于长距离管道上局部阻力总是占很少的一部分，式（3－1－6）的第二项可以忽略不计。公式（3-1-6）可写成如下形式：

$$H \approx f_1 Q^{2-m} + (Z_Z - Z_Q) \tag{3-1-7}$$

用图3-1-3的曲线表示管道的工作特性曲线。当离程差 $\Delta Z = 0$ 时，管道的特性曲线通过坐标原点；当 $\Delta Z \neq 0$ 时，纵坐标上的截距即为 ΔZ 值。当 $\Delta Z < 0$，曲线由低于坐标原点 ΔZ 处开始。

当用一条管道（d、L、ΔZ 一定）输送一种油品（ν 一定）时，有一条特定的特性曲线。当 d、L、ΔZ 和 ν 中有一个参数发生变化时，就有另一条特性曲线。例如，同一管道，当所输油品黏度不同或管道阀件节流程度不同时，管道特性曲线的陡度就不同。黏度愈大、节流愈多，管道特性曲线愈陡；不同的管道，管径愈小、管道愈长，管道特性曲线愈陡。

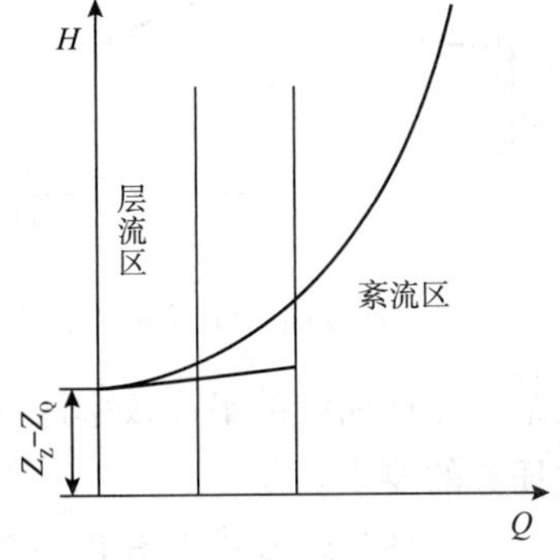

图3-1-3　管道特性曲线

对于前后管径不同的变径管，其总的管道特性曲线为前、后两段管道特性曲线的串联相加（见图3-1-4）。对于平行管段，其总的管道特性曲线由主、副两管段的特性曲线并联相加（见图3-1-5）。

任何复杂管道系统的特性曲线都可以应用上述串联、并联的原则求得。

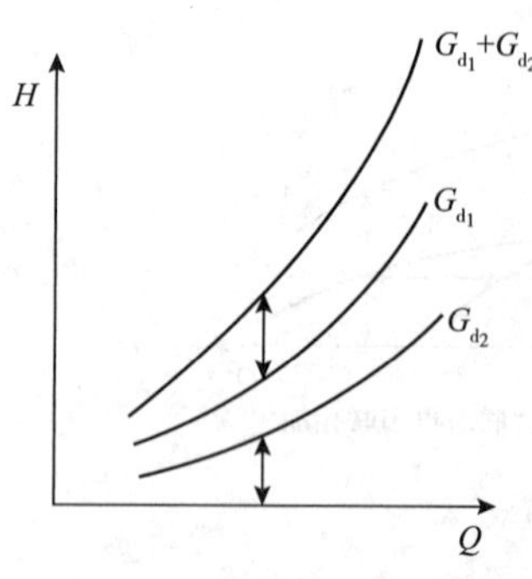

图3-1-4 串联管路的特性曲线

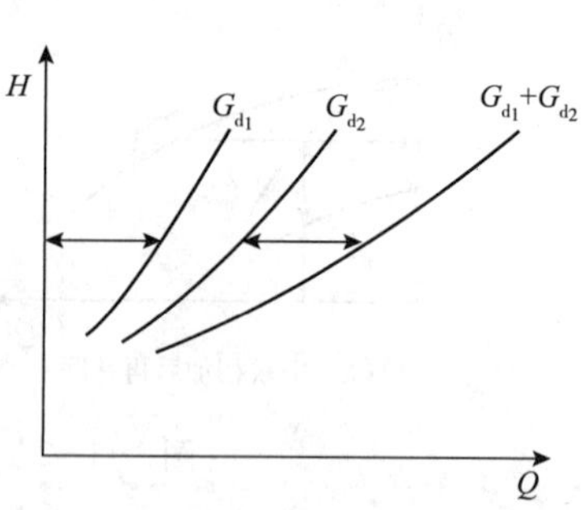

图3-1-5 并联管路的特性曲线

四、泵站－管道系统泵的工作点

在长输管道系统中，泵站和管道组成了一个统一的水力系统，管道所消耗的能量（包括终点所要求的剩余压力）必然等于泵站所提供的压力能，二者必然会保持能量供求的平衡关系。管道的流量就是泵站的排量，泵站的总扬程就是管道需要的总压能。泵站管道系统的工作点是指在压力供需平衡条件下，管道流量与泵站进、出站压力等参数之间的关系。在设计和生产管理工作中，常用作泵站特性曲线和管道特性（应包括剩余压力）曲线，求二者交点的方法，来确定泵站的排量和进站、出站压力。

以全线仅有一座泵站的管道系统为例（见图3-1-6），曲线C为泵站出站压头随排量的变化关系，G为管道特性曲线，忽略进站压头，二者的交点称为系统的工作点，即泵站的排量为Q_A，出站压头为H_A。

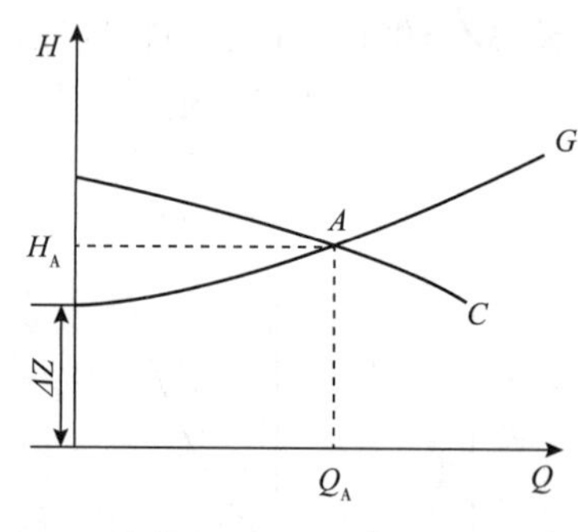

图3-1-6 泵站与管道的工作点

泵站或管道中任何一方工作情况的变化，例如所输油品的改变，或并联运行的泵机组数量的变化等，都会破坏系统的能量平衡，而系统必将自动建立新的平衡关系，以适应这种变化。表现在图解上，就是泵站或管道特性曲线的改变，这使系统转到新的工作点处运行，改变了流量。如欲保持原来的流量，就需采取调节措施，改变泵站或管道的工作特性曲线，恢复管道系统的输送能力。

为了保证输油管道安全、经济地工作，工作点必须在泵站特性曲线的最高效率区内，工作压力要在管道强度允许范围内，工作流量要满足输送任务的要求。

当一条长输管道上有几个泵站时，由这若干个泵站所给出的总扬程，应等于全线管道所需的压头，由于各泵站间的相互联系方式（或称输油方式）不同，泵站-管道系统的工作具有不同的特点。下面介绍两种输油方式的泵站-管道系统的工作特性。

（一）以“旁接油罐”方式工作的输油系统

在输油管道建设初期，多使用“从罐到罐”的输油方式［见图3-1-7（a）］。当采用这种方式时，油品全部通过各中间站的油罐，蒸发损耗大。后来逐步发展为“旁接油罐”［见图3-1-7（b）］。由上一站来的输油干管与下一站的吸入管道相连，同时在吸入管路上并联着与大气相通的旁接油罐。用油罐调节两站间排量的差额，多进少出。各泵进口的压力均决定于本站旁接油罐的液面高度及油罐到泵的吸入管道的摩阻。

以“旁接油罐”方式工作的输油系统，由于旁接油罐的缓冲作用，使其有如下特点：

（1）各泵站的排量在短时间内可能不相等；

（2）各泵站的进口、出口压力在短时间内相互没有直接影响。

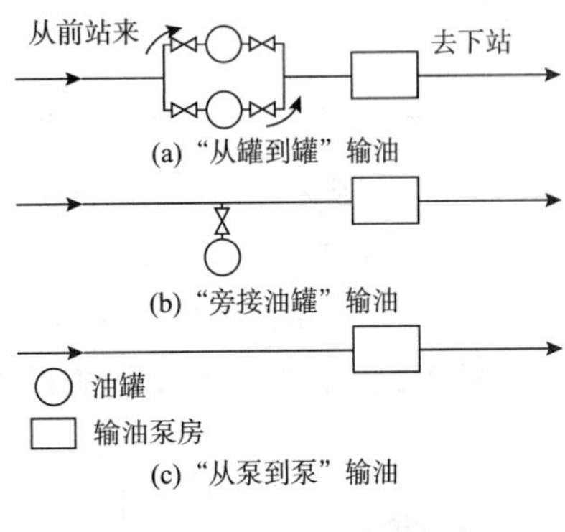

图3-1-7　三种输油方式

旁接油罐的存在，将长输管道分成了若干个独立的水力系统，即每个泵站各与由其供应能量的站间管道构成一个水力系统。该泵站的工作特性曲线与这站间管道特性曲线的交点，即为这一系统的工作点。因为全线各泵站都是为了完成同一个输油任务，且旁接油罐的容量有限，各站间的输量偏差和持续时间受到限制。因此，各站的平均输量必须一致，故全线的输量就受输量最小的站间控制。如果各站装置相同的泵机组，为了保持各站都在额定流量范围内工作，各站的工作扬程也必须接近。只有各站工作点基本一致，各站均衡地分担全线的能量消耗，才能充分发挥各站的效能，达到全线协调、经济地工作。

（二）以“从泵到泵”方式工作的输油系统

当采用“从泵到泵”方式输油时，上站泵的输油干管直接与下站泵机组的吸入管相连，正常工作时，没有起调节作用的油罐，各站泵机组直接串联工作［见图3-1-7（c）］。各泵站及站间管道的工况相互密切联系，整个管道形成一个密闭、连续的水力系统。它的特点是：

（1）各站的输油量必然相等；

（2）各站的进口、出口压力相互直接影响。

如前一站所给出的压头大于站间管道所需要的压头，则剩余的压头就加在下一站泵机组的进口上，即为进站（口）压头，而泵机组出口压头则为进口压头与泵机组扬程之和。由于这样一站影响一站，全线形成系统的水力系统，每个泵站的工况（排量与压力）决定于全线总的能量供应与能量消耗。也就是说，各站的工况要由全线的总的泵站特性曲线和单的管路特性曲线来判断。

如图3-1-8所示，在同一坐标系上，将各泵站特性曲线串联叠加，得出总的泵站特性曲线 C_Z，并根据全线的流量与摩阻损失的关系及起终点的位差 ΔZ 作出全线总的管道特性曲线 G_Z，总的泵站特性曲线 C_Z 与总的管道特性曲线 G_Z 的交点即为全线的工作点，其横坐标即为全线的工作流量，其纵坐标即为沿线全部泵站所给出的压头总和 H，如果全线

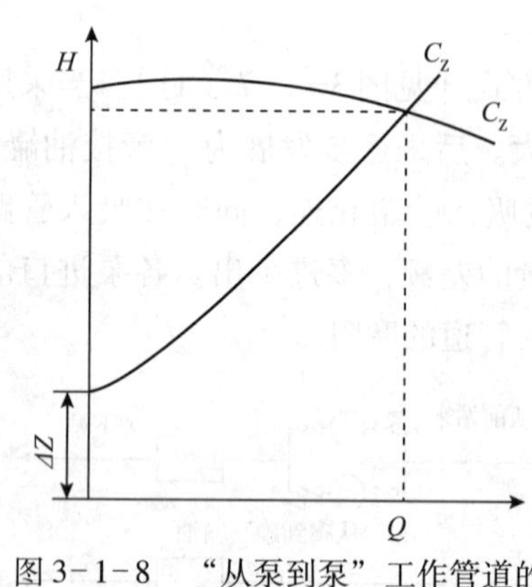

图3-1-8 “从泵到泵”工作管道的工作点

有N个泵机组类型完全相同的输油站，则每个站所给出的扬程为$H_c=\frac{H}{N}$，相应于每个输油站的特性曲线上交点的坐标为Q、H_c。

求泵站管道系统的工作点，除了图解方法以外，也可以根据压头供需平衡的原则，列出管道的压头供应特性方程和压力需求特性方程，使二者相等求解工作点。

假设一条管道有N座泵站，且泵站特性相同，全线管径相同，无分支，首站进站压头和各站内摩阻均为常量，可写出全线的压力供需平衡关系式：

$$H_{s1}+N(A-BQ^{2-m})=fLQ^{2-m}+(Z_2-Z_1)+Nh_m+H_t$$

由此可以求出管道的工作流量：

$$Q=\left[\frac{H_{s1}+NA-(Z_2-Z_1)-Nh_m-H_t}{NB+fL}\right]^{\frac{1}{2-m}} \quad (3-1-8)$$

式中 Q——全线工作流量，m^3/s；

N——全线泵站数量；

f——单位流量的水力坡降，$(m^3/s)^{m-2}$；

H_{s1}——管道首站进站压力，m；

H_t——管道终点剩余压力，m；

L——管道总长度，m；

Z_1、Z_2——管道起点、终点高程，m；

h_m——每个泵站的站内损失，m。

A、B——由离心泵特性及组合方式确定的常数。

求出工作流量后，即可根据站间压力供需平衡的原则，确定各站的进站、出站压力。

第一站间：

$$H_{d1}=H_{s1}+H_c-h_m \quad (3-1-9)$$

$$H_{s2}=H_{d1}-fQ^{2-m}L_1-\Delta Z_1$$

式中 L_1、ΔZ_1——第一站间管道长度及高差，m；

H_{d1}——首站出站压力，m；

H_{s1}——首站进站压力，m；

H_c——泵站扬程，m。

其他站间参数计算依次类推。

“从泵到泵"工作的管路，全线形成统一的水力系统，不但进口压力有相互影响，而且水击压力和任意一处的事故都要波及或影响全线。

对于“旁接油罐”输油方式，其设计过程应根据站间的情况，分别确定各站间的工作点。

第二节　等温输送管道的工艺计算和泵站布置

长距离输油管道，由于距离很长，当输送油品时，全线所需的压力可能达到好几百个大气压。但是，由于受管道和泵的强度以及原动机功率的限制，不可能在管道起点由泵一次把压力提高到足以满足全线能量消耗的水平，因而，必须在管道沿线设置若干个输油泵站，逐段加压，接力输送，才能安全、经济地完成油品的输送任务。为了达到上述目的，在设计一条长距离输油管道时，必须进行工艺计算。工艺计算内容包括水力计算、强度计算、热力计算（如采用加热输送）和技术经济计算。工艺计算主要解决的问题是：

（1）确定经济上最为合理的主要参数，包括管径、管壁厚度、泵站出口压力和泵站数；

（2）当管道长度、管径、泵机组的型号、泵站数目和工作条件已选定时，在管道沿线布置输油泵站，确定站址；

（3）对已经投产运行的管道，估算及校核不同工况下的操作压力和实际输油量，用以指导输油工作的优化运行。

上述问题是设计各类输油管道（如油品的等温输送管道、加热输送管道、顺序输送管道、稀释输送管造、水力输送管道和液化气输送管道等）都必须要解决的共同问题。因此，等温输油管道的工艺计算是各类输油管道计算的基础。

一、工艺计算所需的原始资料

（一）计算输量（Q）

以设计任务书给定的最大输送量作为工艺计算时的依据，任务书给的是年设计输量（单位为 10^4t/a），在计算时，必须将其换算成计算密度 ρ_{cp} 下的体积流量 Q（单位为 m^3/h 或 m^3/s）。考虑到管道维修及事故等因素，计算时，年输油时间应按 350d（8400h）计算，即：

$$Q = \frac{G \times 10^7}{\rho_{cp} \times 8400} m^3/h \quad 或 \quad Q = \frac{G \times 10^7}{\rho_{cp} \times 8400 \times 3600} m^3/s \tag{3-1-10}$$

式中　G——年任务质量输送量，10^4t/a；

Q——体积流量，m^3/h 或 m^3/s；

ρ_{cp}——年平均地温下的油品密度，kg/m^3。

（二）管道埋深处的年平均地温

在长距离的等温输油管道内，所输送油品的温度一般接近埋深处的土壤温度，故管道埋深处的土壤原始温度直接影响所输油品的黏度和密度。在进行水力计算时，一般采用年平均地温所对应的油品物性参数。可由勘探选线资料提供的管路埋深处每月的平均地温 t_0，求出年平均地温：

$$t_{0cp} = \frac{1}{12}(t_{01} + t_{02} + \cdots + t_{12}) \tag{3-1-11}$$

式中 t_{01}、t_{02}，…，t_{12}——1～12 各月份的平均地温，℃。

（三）油品的密度（ρ）

在进行水力计算时，油品的密度 ρ 采用管道埋深处土壤年平均温度下的密度。根据实验室提供的20℃时油品密度，可按式（3-1-12）进行换算：

$$\rho_t = \rho_{20} - \varepsilon(t - 20) \tag{3-1-12}$$

式中 ρ_t、ρ_{20}——温度为 t℃及20℃时的油品密度，kg/m^3；

ε——温度系数，$\varepsilon = 1.825 - 0.00131\rho_{20}$，kg/（$m^3$·℃）。

（四）油品黏度

油品运动黏度可按式（3-1-13）计算：

$$\nu_{t2} = \nu_{t1} e^{-u(t_2 - t_1)} \tag{3-1-13}$$

式中 ν_{t2}、ν_{t1}——温度为 t_1、t_2 时油品的运动黏度，m^2/s；

u——黏度系数，1/℃。可由两个已知的黏度值求得：

$$u = \frac{1}{t_2 - t_1} \ln \frac{\nu_{t1}}{\nu_{t2}} \tag{3-1-14}$$

（五）管材及工作压力

为了计算管壁厚度，必须事先确定出管道所用管材的等级、钢管的规格及泵站的出站压力。涉及有关管材的强度极限和屈服极限值可由有关手册查得。

（六）技术-经济指标

技术-经济指标在进行技术经济计算、确定最优方案时是必不可少的。其中，包括综合经济指标和各项经营管理费用的经济指标。综合经济指标包括：①线路部分的综合经济指标（万元/千米），包括管子本身的价格和管道施工安装（如电焊、绝缘和土方等各项作业）费用；②泵站综合经济指标（万元/个），包括设备本身的价格、站内工艺管道、建筑物和油罐区等施工安装费用。用这两项指标即可估算出建设一条输油管道总的基建投资 K。一般说来，线路部分的投资要占总投资的80%左右，而其中管子的投资要占线路投资部分的45%～50%。各项经营管理费用的经济指标包括：折旧提成、电能消耗、燃料消耗、日常维护费用和工资等。根据它可算出总的经营费用 3 和输油成本 6。

$$\sigma = 3/(GL) \tag{3-1-15}$$

式中 σ——输油成本，元/（吨·千米）；

3——总经营管理费用，元；

G——输油管道的输量，t/a；

L——输油管道的长度，km。

根据总基建投资 K 和总经营管理费用 3，可计算出年当量费用，用以进行方案比较和确定最优方案及最优参数。

二、管道的纵断面图和水力坡降线

（一）管道纵断面图

管道纵断面图是在直角坐标系中按适当比例，用来表示管道长度与沿线高程关系的图形。横坐标表示管道的实际长度，常用的比例为 1∶100000～1∶10000；纵坐标表示线路的海拔高程，比例为 1∶1000～1∶500。应该指出，纵断面图上的起伏情况与管道的实际地形并不相同。图上的曲线并不是管道的实长，水平线（横坐标 L）才是其实长。

（二）水力坡降线

在纵断面图上，管道的水力坡降线是管内流体的能量压头（忽略动能压头）沿管道长度的变化曲线（见图 3-1-9）。

等温输油管道的水力坡降线是斜率为 i 的直线。如果影响水力坡降的因素（流量、黏度、管径）之一发生变化，水力坡降线的斜率就会改变，但仍为直线。图 3-1-10 为沿线有副管和变径管时水力坡降线的变化情况。

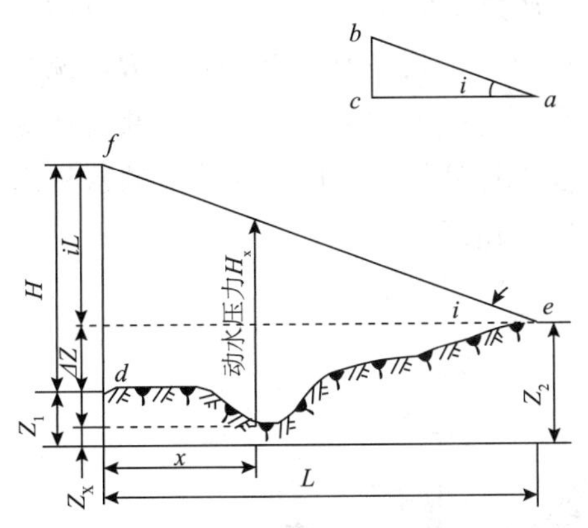

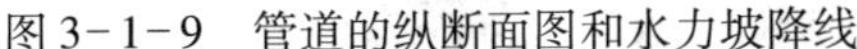

图 3-1-9　管道的纵断面图和水力坡降线

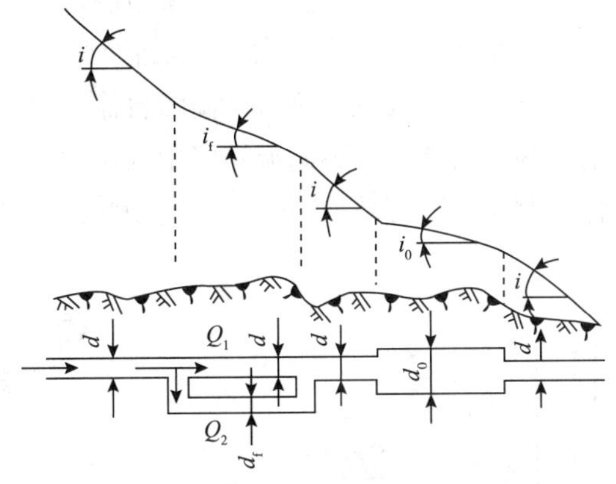

图 3-1-10　副管与变径管的水力坡降

绘制水力坡降线的方法是：在管道纵断面图上，按照纵坐标、横坐标的比例，平行于横坐标画出一段线段 ca，由 c 点平行于纵坐标向上划出对应 ca 段管道长度的摩阻损失 cb，连接 ab 得到水力坡降三角形。ab 直线的斜率为水力坡降 i。再在管道纵断面图的泵站位置上，以高程为起点往上作垂线，按纵坐标的比例，取高为 df 的线段，使 df 的值等于单位为米液柱的泵站出站压头 H_d，即进站压头 H_d 与工作点处的泵站扬程 H_e 之和再减去站内摩阻 h_m 之值。即：

$$H_d = H_s + H_c - h_m \tag{3-1-16}$$

平移水力坡降三角形的斜边，使之左端与 f 点相接，右端与纵断面线交于 e 点，斜线 fe 为该站间的水力坡降线（见图 3-1-9）。

在图 3-1-9 中，纵断面线表示管内流体位能的变化；水力坡降线表明了管道沿线的压力损失情况。管道沿线任一点水力坡降线与纵断面线之间的垂直距离，表示液体流至该点时管内的剩余压头，又称动水压力 H_x。

$$H_x = H - [ix + (Z_x - Z_1)] \tag{3-1-17}$$

当水力坡降线与纵断面线相交于 e 点时，表示液体到达该点时压能已耗尽；如欲继续往前输送，必须重新升压。显然，沿线管内动水压力的大小除与地形有关外，还决定于水力坡降的大小。当管道的输送工况改变，导致水力坡降变化时，沿线的动水压力也会不同。

三、翻越点及计算长度

当线路上地形起伏剧烈时，在纵断面图上会出现如图 3-1-11 所示的情况。这时，若按起终点高差计算起点处的能量作为水力坡降时，在到达终点前，水力坡降线就与管道纵断面线相交了，这说明按起终点高差计算得到的起点能量不能将油品输送到管道终点。这是由于计算时没有考虑到线路中间高峰的影响。设该高峰处距起点的距离为 L_f，高峰 f 处高程为 Z_f，则将规定输量的油品输送到高峰 f 处所需的起点能量为：

$$H_f = iL_f + Z_f - Z_Q > iL + Z_x - Z_Q = H \tag{3-1-18}$$

为使液流通过高峰 f，必须使液流在起点具有比 H 更高的压头 H_f。而在 f 点以后，其与终点高程差（$Z_f > Z_x$）大于该段管路的摩阻 $i(L - L_f)$，其差值为 $H' = H_f - H$。说明在规定的输量下，液流不仅可从高峰自流到终点，而且还有剩余能力，即通过局部流速变大来消耗剩余的能力。不满流管段中的压力为输送温度下油品的蒸汽压。线路上的这种高峰就称为翻越点。翻越点后管内的流动状态如图 3-1-12 所示。

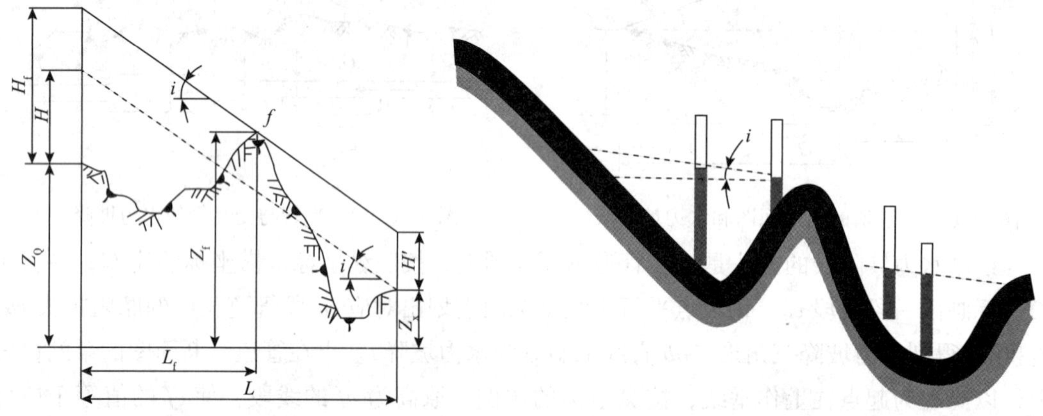

图 3-1-11 翻越点及计算长度　　图 3-1-12 翻越点后的流动状态

不满流的存在不仅浪费了能量，而且可能在液流速度突然变化时增大水击压力。在顺序输送的管道上则会增大混油量，故通常需采取措施以避免不满流。例如，在翻越点后换用小直径管路，在终点或中途设减压站节流，在管路中安装油流涡轮发电装置。

若线路上存在翻越点时，管道输送所需要的起点压力不能按起终点高程差及全长来计算，而应按起点与翻越点的高程差及距离来计算。对翻越点以后，可以充分利用位差的原则来选择管径。起点与翻越点之间的距离称为管道的计算长度。

可以用水力坡降线和管道纵断面来判断管道上有无翻越点。在管线纵断面上，按纵坐标与横坐标的比例作一水力坡降线，将此线向下平移，它与管道纵断面第一个相切点即为翻越点；若水力坡降线在与管道终点相交之前不与管道纵断面线上任何一点相切，则管道无翻越点。从图3-1-13可看出，翻越点不一定是管道的最高点，而往往是接近末端的某个高点。管道上是否会出现翻越点，不仅与地形有关，而且还决定于水力坡降的大小。水力坡降越小，即水力坡降线越平缓，越容易出现翻越点。因此，在管道输量逐年增大的情况下，常可能在输送初期有翻越点，而输量接近满载时，就没有翻越点了。

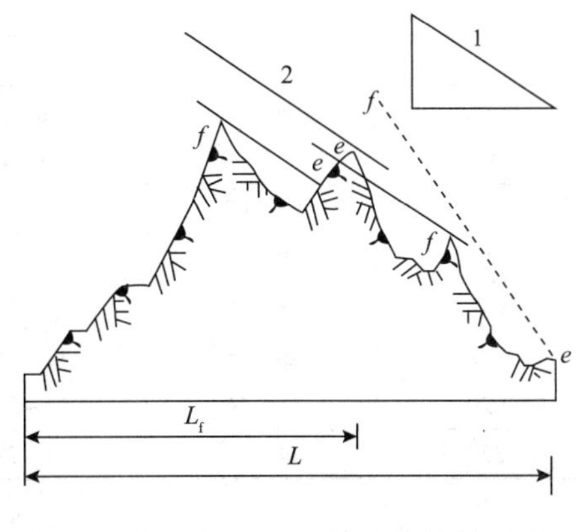

图3-1-13 翻越点的判断

四、泵站数的确定

设管道全长为L起终点的高差为ΔZ，水力坡降为i，每个泵站提供的扬程为H_c，站内摩阻为h_m，末站剩余压头为H_t，则全线N个泵站所提供的总能量必然与油品在管道中流动时所消耗的总能量相平衡，即：

$$N(H_c - h_m) = iL + \Delta Z + H_t \tag{3-1-19}$$

式中，h_m为输油站内全部管道的摩阻损失，其大小视计算输量而定，表3-1-1的数据可供参考。

表3-1-1 不同计算输量下的h_m值

输量/（m/h）	1250	2500	3600	5000	7000	10000	12000
h_m/（米液柱）	40	45	50	55	60	80	100

泵站数：

$$N = \frac{iL + \Delta Z + H_t}{H_c - h_m} = \frac{H}{H_c - h_m} \tag{3-1-20}$$

由式（3-1-20）可以看出，泵站提供的扬程H_c越大，泵站数N越少；反之，H_c越小，泵站数N越多。扬程H_c的大小，应根据管子的承压能力、泵本身的强度和技术经济指标进行综合分析来确定。表3-1-2的数据为俄罗斯的《输油管道设计手册》中所推荐的不同直径输油管道的工作压力和输量，可供参考。从该表中可看出，随着输量的增大，管径增大，工作压力降低，这是从综合的技术经济比较中得出的结论。

表3-1-2 不同直径输油管道的工作压力和输量

原油管道			成品油管道		
外径/mm	工作压力/（$10^5N/m^2$）	年输量/（$10^5t/a$）	外径/mm	工作压力/（$10^5N/m^2$）	年输量/（$10^5t/a$）
530	54～65	6～8	219	90～100	0.7～0.9

续表

原油管道			成品油管道		
外径/mm	工作压力/($10^5N/m^2$)	年输量/($10^5t/a$)	外径/mm	工作压力/($10^5N/m^2$)	年输量/($10^5t/a$)
630	52~62	10~12	273	75~85	1.3~1.6
720	50~60	14~18	325	67~75	1.8~2.2
820	48~58	22~26	377	55~65	1.5~3.2
920	46~56	32~36	426	55~65	1.5~4.8
1020	46~56	42~50	530	55~65	6.5~8.5
1220	44~55	70~78			

显然，按式（3-1-20）计算出的N不一定是整数，只能取与之相近的整数作为该方案需建的泵站数。

当确定泵站数$N_1<N$时，在规定的输量Q下，泵站提供的压力能N_1H_c小于管道所需压头，系统势必在比规定输量Q小的输量下运行，以保持能量供应与消耗的平衡。如欲保持规定的输量不变，就需采取措施以增加泵站所供应的压力能，或减少管道所需的压力能。常用的办法是敷设一段变径管或副管，以减少摩阻。设需要敷设的副管长为x_1，则

$$N_1(H_c-h_m)=i(L-x_1)+i_fx_1+\Delta Z=i(L-x_1)+i_0\omega x_1+\Delta Z \tag{3-1-21}$$

由式（3-1-19）和式（3-1-20）可得：

$$x_1=(H_c-h_m)\frac{N-N_1}{i(1-\omega)} \tag{3-1-22}$$

同理，可得变径管长度：

$$x_2=(H_c-h_m)\frac{N-N_1}{i(1-\Omega)} \tag{3-1-23}$$

式中　i——任务输量下单根主管的水力坡降；

i_f——副管水力坡降；

ω——副管水力坡降与单根主管水力坡降之比值；

Ω——变径管水力坡降与单根主管水力坡降之比值。

当确定的泵站数$N_2>N$，即泵站数化为较大整数时，系统的输量将大于任务输量Q。如欲保持规定的输量，需采取措施以减少泵站提供的压力能或增加管路的摩阻损失。常用的办法是将离心泵的级数减少或将叶轮换小。当全线泵站数较少，化为较大的整数时影响显著，也可考虑将部分管径换小。此时，变径管长度的计算方法同前，即变径管的长度为：

$$x_2=(H_c-h_m)\frac{N-N_2}{i(1-\Omega)} \tag{3-1-24}$$

其中：$N_2>N$，$\Omega>1$。

当全线为“从泵到泵”密闭输送时，各泵站与全线构成一个统一的水力系统，可用图解法求出N_1或N_2个泵站时，管道系统的工作点流量（见图3-1-14的Q_1和Q_2），及相应流量下的泵站扬程H_c'和H_c'，也可将化整后的泵站数带入式（3-1-8）中，用解析法求

得工作的各参数。

采用“旁接油罐”工作方式的输油管道，由于旁接油罐的容量有限，在设计计算时，根据全线能量供需平衡的原则，仍按式（3-1-19）计算全线所需的泵站数。泵站数的调整过程也与前面叙述的方法相同。在实际运行中，由于各种因素的影响，各站的输量难免有出入，全线工作输量将受输量最小的站间控制。

无论是以“从泵到泵”或“旁接油罐”方式工作的输油管道，都要注意泵站数化整时由于流量改变而造成的原动机功率的变化。装备离心泵的输油管道，当将输油泵站化为较小的整数时，没有过载的危险，只是有可能完不成原定的输送任务；当输油泵站化为较大的整数时，输油泵站的工作扬程减小，输送量增大，但原动机有过载的可能。如欲保持规定的输量及保证泵设备安全、合理地运行，需要采取措施，以减少泵站提供的压力能或增加管道的摩阻损失。通常，可采用敷设一段小直径的管道来增加管道的摩阻损失。

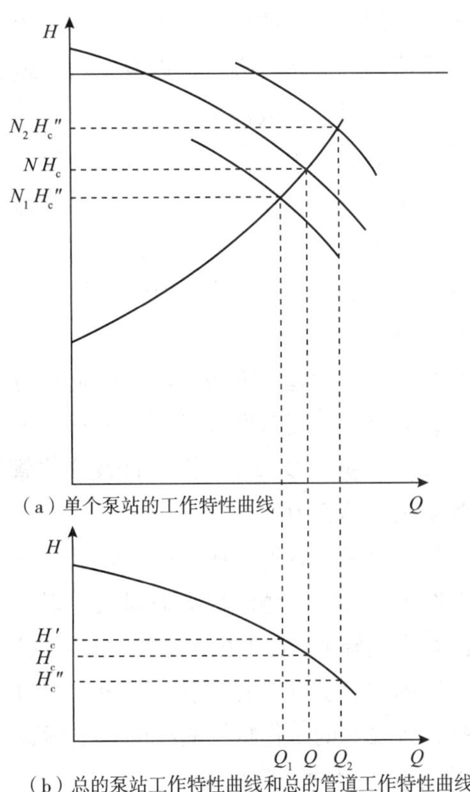

图 3-1-14　泵站数化整时工作点的变化

在输油泵站数化整时，还可以采用更换泵的叶轮直径，改变叶轮级数或增加串、并联机组数等方法；在有条件的地方，还可以采用将某个泵站的压力增大（管子强度及设备条件允许时，设一座高扬程的泵站）或降低（设一座小扬程的泵站）的方法来改变输量，保证设备安全、合理地运行。

在工程实践中，泵站数究竟化大还是化小，以及化整后应采取哪些措施，都要根据具体情况分析后决定。对于等温输送管道，通常是按照年平均地温时的油品黏度来确定泵站数。当地温高于平均地温时，输油量增大；当低于平均地温时，输油量减少。此时，一般将泵站数化为较大的整数，以确保全年输送任务的完成。化整后，进行全年各季度实际输量校核，检查是否能完成规定的输量，并尽可能使各个季度泵-管道联合运行时的工作点均落在泵特性曲线的高效区内。

在决定泵站数的化整和采取相应的措施时，还必须在满足规定输油任务的前提下，进行经济比较，最后选择最优方案。

五、泵站布置

在确定了泵站数以后，就要选择泵站站址。站址的确定一方面要满足水力条件的要求，即在规定流量下泵站所提供的能量要与站间管路所消耗的能量相适应。另一方面又必须考虑工程实践上的许多要求，诸如工程地质条件是否适于建站，交通、供电、供水、通信、排污等方面是否方便，以及少占耕地、化废为利等。

在设计时，一般都是先根据水力条件在纵断面图上布置泵站，然后到现场勘查，与各有关方面协商，根据实际情况确定站址。最后再进行水力核算，作适当调整。

泵站布置就是在纵断面图上根据水力条件初定站址。

在泵站数化整时，无论化大或化小都存在铺副管（或变径管）以改变管道摩阻，保持任务流量不变；不铺副管，改变流量两种方案。二者在泵站布置方法上也有所不同，下面分别予以说明。

布置泵站的基本方法，以不铺副管的管道为例，其步骤如下：

（1）按选定的比例作管道纵断面图。

（2）根据全线泵站的总特性及全线管道总特性，用解析法或图解法确定工作点流量 Q 和各泵站的扬程 H_c。

长距离输油管道沿线的局部摩阻损失不大，一般只占沿程摩阻损失的1%左右，在计算总摩阻损失时，将沿程水头损失乘以 1.01 即可。按此参数作管道特性曲线。布置泵站用的水力坡降 i，也是由沿程水力坡降乘以 1.01 所得。

国内在管道设计时，泵站站内的摩阻损失取 10～20m 液柱。一般不计入管道摩阻内，而是将各泵站的工作特性曲线的纵坐标减去站内摩阻损失值。因此，上述用图解法求得的 H_c 中应扣去站内摩阻损失 h_m。

（3）根据工作点流量计算水力坡降 i。

（4）从纵断面的起点 A，即起点泵站处往上作垂线，按照纵坐标（即高程）的比例，在垂线上截取长度等于泵站出站压头的线段 AO（见图 3-1-15）。即：

$$AO = H_{d1} = H_{s1} + H_c - h_m$$

（5）从 O 点作水力坡降线。水力坡降线与纵断面线之间的垂直距离就是管内油流的动水压力。水力坡降线与纵断面线的交点 B 处表示油流到达 B 点时，压力能已全部消耗完了，要继续向前输送，就必须在 B 点或 B 点以前设第二个泵站。

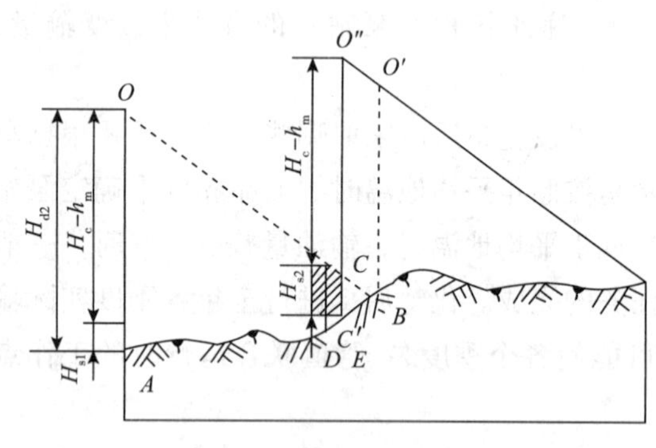

图 3-1-15　泵站的布置

（6）当以“旁接油罐”方式输送时，第二个泵站就设于 B 点。从 B 点往上作垂线，截取等于（$H_c - h_m$）的线段 BO'，从 O' 点往下作水力坡降线，与纵断面线的交点处即为第三泵站的位置。其他各站的位置依此类推。

（7）以“从泵到泵”方式工作的输油管道，尤其是泵站装备串联大排量离心泵时，为了使中间站不再用辅助增压泵和避免输油泵发生汽蚀，要求泵进口有一定压力，压力的大小决定于泵的性能要求。在布置泵站时，进口压力太低会使吸入不正常，太高容易引起出口超压，并要考虑为今后的调节留有余地。故中间站应布置在动水压头为30～80m液柱范围的地段内，如图3－1－15的DE段，这个范围称为泵站的可能布置区。例如，将第二个泵站布置于C'点，H_{s2}即为第二个泵站的进站压头。当布置第三个泵站时，应从C'点往上作垂线，从水力坡降线与该垂线的交点C处往上截取长度等于（$H_c - h_m$）的线段CO''，并从O''点处往下作水力坡降线，再用同样的方法确定第三个泵站的位置。线段$C'O''$的长度就表示第二个泵站的出站压头（$H_{s2} + H_c - h_m$）。

按照上述第（6）或第（7）的方法，一直布置下去，最后，水力坡降线应和管道的终点或翻越点相交。

六、输油泵站的可能布置区

（一）由泵入口的允许压力范围确定的布置区

为了保证离心泵的正常吸入，在中间站泵的入口处必须保证一定的吸入压力h_m，通常为30～80m液柱。因此，在水力坡降线与纵断面线的交点以左，动水压力在30～80m液柱范围内，均为中间泵站的可能布置区。

（二）敷设副管（或变径管）而提供的可能布置区

当泵站数化整时，为了保证业务流量的要求，要敷设一段副管（或变径管）。这样，就给泵站位置的确定带来了更大的灵活性，现以敷设副管为例来说明中间泵站的可能布置区。

以“旁接油罐”方式输油的泵站布置如图3－1－16所示。在确定第二个泵站位置时，如果在第一站间不用副管，第二个泵站可能布置的最左位置为a点。若将x长的副管全部敷设在第一站间，则第二个泵站可能布置的最右位置为c点。ab段即为第二个泵站的可能布置区。如果将第二个泵站设于c点，则第一站间必须敷设的副管长为$d'c'$。从c点继续往下布置第三个泵站，如果将剩余的副管（$x - d'c'$）全部用于第二站间，第三个泵站应位于b_1点，若第二站间不用副管，第三个泵站应位于a_1点。a_1b_1段即为第三个泵站的可能布置区。显然$a_1b_1 < ab$，随着可能敷设副管长度的减少，以后各站的可能布置区的范围也越小。

对于有副管的“从泵到泵”工作的管路，确定泵站可能布置区的基本方法与“旁接油罐”工作的管路方法相同，但由于要求各站有一定的进站压力范围（例如$h_{max}=0.6$ MPa，$h_{min}=0.2$MPa），更扩大了泵站的可能布置区（见图3－1－17）。

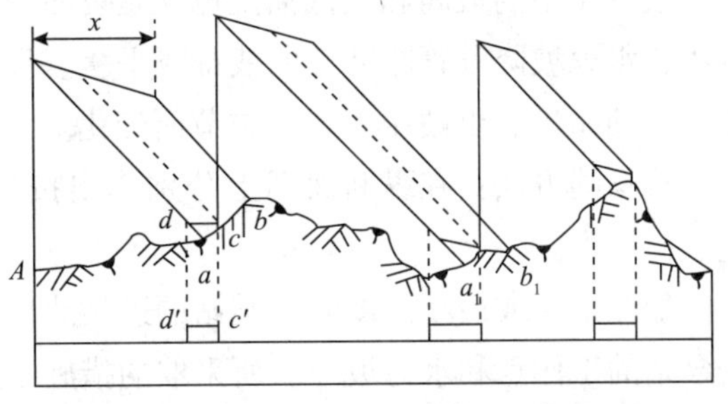

图3－1－16　有副管时旁接油罐工作的泵站布置

当无副管时，第二站的可能布置区为a—b；如副管铺在前面，第二站的可能布置区为a_1—b_1；如副管铺在后面，第二站的可能布置区为a—b_2。把泵站的吸入压头、副管（或变径管）及其敷设位置综合起来考虑，可使泵站的可能布置区大为扩大。从图3－1－17可以看出，综合考虑三者影响的泵站

可能布置区为 $a-b_1$。这为站址的选择和调整创造了极有利的条件。

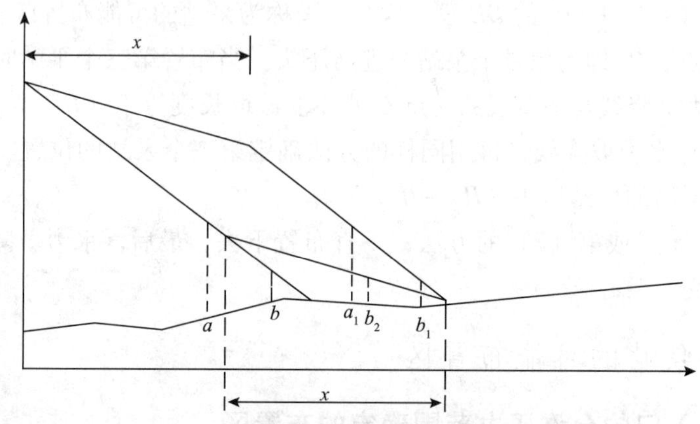

图 3-1-17　密闭输送副管位置对站址的影响

按照上述图解法，在纵断面图上初定站址以后，还必须到现场进行勘查，以确定每个泵站的具体位置，然后再在纵断面图上校核各站的进口、出口压力及沿线的动水、静水压力。如果合适，就算最后定了站址；如有不妥，还必须设法进行调整。

在上述调整过程中，不论是敷设副管还是降低泵站的压头，均要进行能量平衡分析。在每个站的具体位置确定之后，再校核各站的进口、出口压力及沿线的动水、静水压力，看是否在允许的范围内。

七、输油泵站-管道系统联合运行工况的校核

（一）油品进、出站压力的校核

在密闭输油管路的设计中，泵站站址在确定以后，进、出站压力的校核主要考虑两种情况：①一年中最高和最低油温时的进、出站压力；②当几种油品顺序输送时，输送黏度最大的油品和黏度最小的油品时的不同情况。对于不加热的常温输送管路，如果首站储罐内的油温接近天气温度，沿管线输这一段距离后，其油温就接近于管线埋置处的土壤温度了，故一年中的最高和最低油温也就是夏冬季时的最高和最低地温。油温高时，油流的黏度小，水力坡降及管路特性曲线都较平缓；反之，黏度大，水力坡降及管路特性曲线都较陡。故油品进、出站压力会随季节而变化。

校核的方法：在纵断面图上分别作出按最大黏度和最小黏度确定的工作点及泵站的进、出压力。

如在最大或最小黏度时，某站的进站或出站压力超出了允许的压力范围，则可设法改变泵站的工作点和水力坡降。所采取的措施不外乎更换某些泵的叶轮、敷设部分副管、或在不得已的情况下用阀门节流等，以改变泵站或管路的工作特性，或在可能条件下，适当改变站址。

（二）动水压力校核

动水压力指油流沿管道流动过程中各点的剩余压力。在纵断面图上，动水压力是管道

纵断面线与水力坡降线之间的垂直高度。动水压力的大小不仅取决于地形的起伏变化，而且与管道的水力坡降和泵站的运行情况有关。

校核动水压力，就是检查管道的剩余压力是否在管道操作压力的允许值范围内。即最低动水压力（一般为高点压力）应高于0.2MPa，最高动水压力应在管道强度的允许值范围内，对于最高动水压力校核，一般要考虑以下几个方面的内容。

1. 校核动水压力的依据

校核动水压力应根据管道可能承受压力的最不利条件进行。在长输管道的运行过程中，中间泵站停运（停电、设备故障等原因）是不可避免的事情。因此，中间泵站都设有压力越站流程。显然，压力越站输送时沿线动水压力会比正常输送时的压力偏大。特别是对分期建设的管道工程，不同时期中间泵站压力越站时沿线动水压力的分布也不同。校核动水压力，应全面考虑各种工况，确保任何时候动水压力均符合管道强度的设计要求。图3-1-18表示一条水平管道在不同时期，正常工况与压力越站时沿线动水压力的变化情况。图中实线1和1′分别是第一期工程投产后，泵站正常输送和压力越站时的水力坡降线，虚线2和2′分别是第二期工程投产后，泵站正常输送和压力越站时的水力坡降线，分析图3-1-18可知，管道在设计时：①应按第二期工程的泵站、间距校核动水压力；②不同站间承压要求不同。例如，对于第一期工程泵站的上游站间管道（如2~3，4~5，6~7等站间），应根据第二期工程投产后压力越站时的水力坡降线进行校核；对于第二期工程泵站的上游站间管道（如1~2，3~4等站间），应根据第一期工程投产后压力越站时的水力坡降线进行校核。如果考虑地形高差变化，管道动水压力校核也应根据压力越站时的水力坡降线进行，只是各站间的承压要求应具体分析。

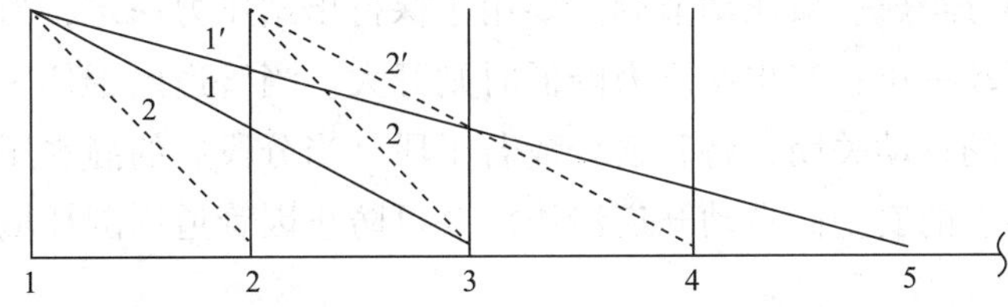

图3-1-18　不同时期、不同工况沿线动水压力的变化

2. 动水压力过高现象

在管道沿线地形突然低洼、落差比较大的地方，常可产生动水压力过高的现象。如图3-1-19所示，在低洼处D点的动水压力超过了输油泵站的工作压力H_b，甚至超过了管子的允许压力范围。为此，可采取下列措施解决动水压力过高的现象：

（1）改变站址，使泵站离高峰处π点远一些，在π点之前可用一段副管或大口径的管子，使水力坡降变平，而与π点相切。

（2）在π点以右换用小直径管道，使水力坡降变陡。在改用不同管径时，应注意同全线各站间摩阻损失的平衡。由于在π点以左换用大直径的变径管，π点以右换用了小直径的管道，可能改变了全线的总摩阻损失，因而前后的输油站址要略有移动，或需要增铺部分副管或变径管，以免超载工作。

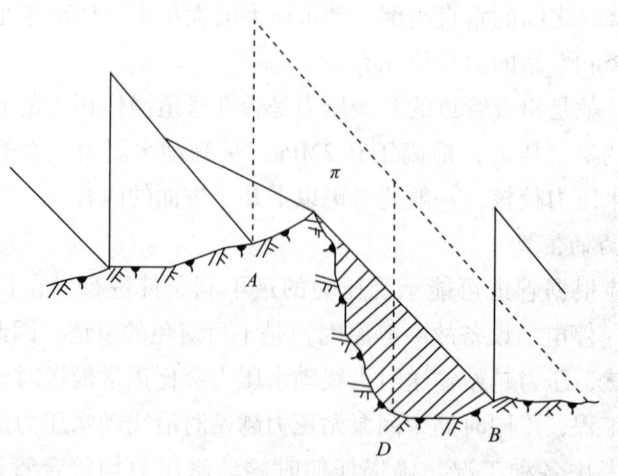

图 3-1-19　动水压力的检查

（三）静水压力的校核

静水压力系指管道在停止输送以后，存留在管道内的液体因高差而引起的油柱压力。静水压力过高常发生在翻越点以后或管道中途某些峡谷地带的管道。这种超压情况只在停输时发生，通常采取下列方法防止静水压力过高：

（1）停输后不要关闭末站阀门，使管内存油自流放空；

（2）逐段关闭阀门，逐段放空；

（3）增加管壁厚度。

图 3-1-20 为拉丁美洲某管道的减压站流程图。该减压站主要由液压控制的减压调节阀及安全阀两部分组成。减压调节阀主要用于保持出站压力一定，当出站压力高于给定值时，减压阀自动关小；当出站压力降低时则开大。当管道由于任一原因停输而关闭终点阀门时，减压阀自动关闭，将管道分成若干段。当分段后的静水压力仍然超过允许的压力范围时，站上的安全阀自动开启泄压。并可防止因管道周围环境温度升高而引起的膨胀升压。

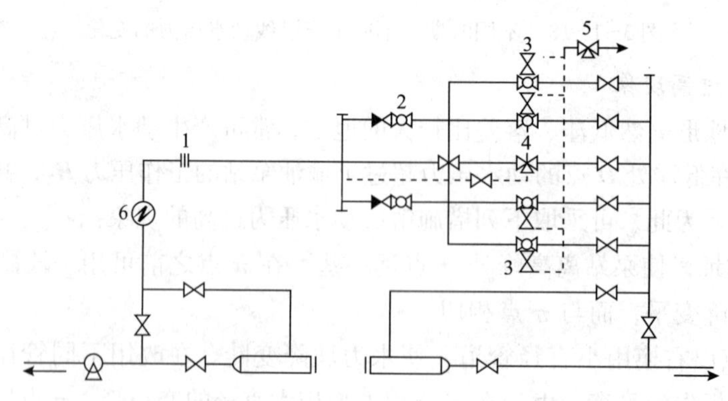

图 3-1-20　减压站流程图

1—压力变送站；2—截断阀；3—减压调节阀；4—安全阀；5—气动控制阀；6—过滤器

在设计减压站时，可根据管道允许的承压能力和管道的动水压力，在管道纵断面图上确定减压站的位置。而减压站的压力降取决于减压阀的允许压力降。减压阀应设100%的备用系数，以便阀门的维修或更换。

八、方案比较和工艺计算

在给定的输量Q下，输油管的管径d、工作压力P、泵站数N和管壁厚度δ是影响投资和经营费用的主要因素。这些因素又是互相联系和影响的，其中一个参数发生变化，其他几个参数都将发生变化。因此，可根据这四个参数来评价某一条输油管道在技术上是否先进，经济上是否合理。

一条输油管道的设计，可以有许多个由不同的管径d、管壁厚度δ、压力P和泵站数N组合而成的方案，这些方案在技术上都是可行的，但在经济上不一定都合理。因此，必须进行经济比较，找到一个经济上最优的方案。

建设一条输油管道所需的总投资K可分为两个部分，建造输油泵站的投资K_C（包括设备本身的价格、站内工艺管线、建筑物和油罐区等的施工安装费用）和敷设管道的投资K_T（包括管子本身的价格、管道焊接安装、绝缘和挖沟等费用），即：

$$K = K_C + K_T \tag{3-1-25}$$

随着管径d或压力P的增加，管道部分的投资K_T随之增加，但输油泵站的投资K_C却减少（因泵站数减少），由于管道部分的投资K_T和泵站的投资K_C与管径d或压力P的这种关系，必定在某一个管径d或压力P时，总投资K为最小。

输油管道的总经营费用$З$也可分为两个部分：输油泵站的操作经营费用$З_C$（包括动力费用、燃料费用、输油损耗费用和工资等）和线路的经营管理费用$З_T$（包括日常维修、大修和折旧提成等费用），即：

$$З = З_C + З_T \tag{3-1-26}$$

与总投资K类似，随着管径d的增加，输油泵站的操作经营费用$З_C$减少，而线路的经营管理费用$З_T$却增加。因此，总的经营费用$З$也必定在某一个直径d时为最小。

对输油管道的设计方案进行经济比较，常以年当量费用作指标。所谓年当量费用，就是每年上交给国家的费用与总经营费用之和，即：

$$S = K/T + З \tag{3-1-27}$$

式中 S——年当量费用，万元/年；

K——管道工程基本建设投资，万元；

T——抵偿期，管道建成投产后，分期收回全部投资的年限，年；

$З$——管道年经营费用，万元/年。

综上所述，在某一输量下，管道对应的某一个直径$d_{h,\min}$时总投资K最小，而经营费用也必定在某一直径$d_{З,\min}$时最小。为了综合考虑这两个方面对年当量费用的影响，可在直角坐标系内画出总投资及总经营费用随管径变化的关系曲线，即$K/T-d$和$З-d$的曲线，然后将两曲线叠加，得到年当量费用S与管径d的关系曲线（见图3-1-21）。

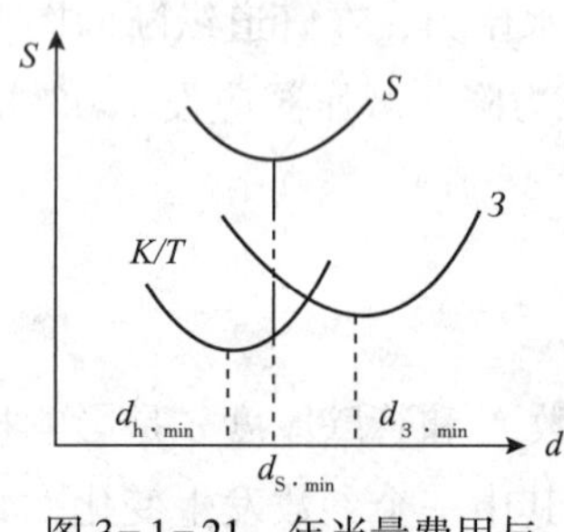

图 3-1-21 年当量费用与管径的关系

$S-d$ 曲线的最低点所对应的管径即为一定输量下年当量费用最小的管径 $d_{S,min}$，该输量也就是管径 $d_{S,min}$ 所对应的经济输量，此时管道内油品的流速即为经济流速。

根据大量计算结果及设计、运行的实践，总结出了不同油品的经济流速，或某个管径的经济输量范围，这给设计计算带来了极大方便。由于各国情况不同（如建设工程费，设备、材料、燃料和动力价格等的差异），得出的经济流速范围也不相同。如在工业用电便宜的国家，经济流速值就较高。在同一地区，经济流速的取值取决于油品的黏度和管径。一般油品黏度增大，经济流速降低；管径增大（输量大），经济流速提高。我国目前对 DN300～700mm 的含蜡原油管道，在设计时一般取流速 $V=1.5\sim2.0$m/s，成品油管道流速取 2.0m/s 左右。表 3-1-3 列出了我国长距离输油管道中原油和成品油的推荐流速。

表 3-1-3 我国长距离输油管道中原油和成品油的推荐流速

管径/mm	流速/（m/s）	管径/mm	流速/（m/s）	管径/mm	流速/（m/s）
219	1.0	425	1.2	820	1.9
273	1.0	530	1.3	920	2.1
325	1.1	630	1.4	1020	2.3
377	1.1	720	1.6	1220	2.7

九、设计计算的基本步骤

（一）进行等温输油管道工艺计算前应掌握的基本数据和原始资料

主要包含以下内容：

（1）输送量（包括沿线加入的输量或分出的输量）；

（2）管道起点、终点，分油点或加油点及管道纵断面图；

（3）可供选用的管材规格，管材的机械性质；

（4）可供选用的泵、原动机型号及性能；

（5）所输油品的物性；

（6）沿线气象及地温资料；

（7）主要技术－经济指标：每千米管道的投资（单位为万元/千米），每千米管道的钢材消耗量（单位为 t/km），输油成本［单位为元/（吨·千米）］，以及燃油费、电费、人工费等。

（二）设计计算的基本步骤

设计计算步骤如下：

（1）计算年平均地温；

（2）求年平均地温下油的密度；

(3) 计算平均地温下油的黏度;

(4) 换算流量（按一年 350d 计算，把年任务输量换算成体积流量 Q）;

(5) 根据经济流速（参考表 3-1-3），初定管径 d;

(6) 按钢管规格，选出与初定的管径 d_0 相近的三种管径 d_1、d_2、d_3;

(7) 初定工作压力（参考表 3-1-2）;

(8) 按任务流量和初定的工作压力选泵，确定工作泵台数和工作方式（串联、并联）;

(9) 作一个泵站的特性曲线，找出对应于任务流量的泵站压头 H_C，然后根据此压头确定计算压力: $P = (H_C + \Delta h)\rho$;

(10) 根据所求得的 P 对上面所选定的三种管子进行强度校核，确定管材、管壁厚度及管内径;

(11) 计算流速;

(12) 求雷诺数;

(13) 确定流态;

(14) 计算水力坡降;

(15) 判断翻越点，确定计算长度;

(16) 计算输油管全线的总摩阻 h;

(17) 确定管路全线所需的总压头;

(18) 求泵站数并化整;

(19) 分别计算出三种方案（三种管径）的总投资 K 和总经营费用 3;

(20) 按年当量费用对三种方案进行比较，找出最优方案;

(21) 根据最优方案下的参数作所有泵站的总和工作特性曲线和管道总和特性曲线，求出工作点;

(22) 按工作点的流量计算水力坡降 i;

(23) 按水力坡降 i 和工作点的压头在纵断面图上布置泵站;

(24) 检查动水、静水压力，进行管道强度及泵站、管道系统在各种工况下的校核及调整。

第三节　加热输送工艺

一、加热输送的目的

我国的原油多为高黏度、高含蜡和高凝点的“三高”原油，其流型复杂，流动性能差。高黏度原油胶质含量大，凝点高，黏度在常温下可达数千甚至上万厘沲（单位为 mm^2/s），黏度随温度按一定规律变化。高含蜡原油凝点高，当温度高于析蜡温度时，黏度往往较低；当温度降至接近凝点时，黏度急增。可见，上述这两类原油只有在高于一定温度时，才属于牛顿流体，当温度低于某一范围时，就具有非牛顿流体的特性，对于这样的原油，采用等温输送是很困难的，因为在外界温度条件下，高含蜡原油易凝固，用一般的管输方法根本就不可能输送，高黏油虽不凝固，但在管路中流动时，水力摩阻非常大。

易凝和高黏原油的管路输送，常采用加热输送的方法。其目的在于提高油的温度来降低其黏度，减少输送时的摩阻损失，并且提高油流的温度，保证油流的温度高于其凝固点，以防止冻结事故发生，故须考虑将油品加热，油温提高至凝固点以上后再输入管路。

加热的方法主要是在管路沿线设置加热站。加热可以利用蒸汽或热媒换热器换热，也可以利用加热炉直接加热，使用的加热设备有直接式加热炉或间接式加热炉（热媒炉）两种，对站内管线或短管路还可以利用电伴热或蒸汽管伴热。

二、热油输送的特点

在热油沿管路向前输送的过程中，由于油温远高于管路周围的环境温度，在这径向温差的推动下，油流所携带的热量将不断地往管外散失。因而，使油流在前进过程中不断降温，即引起轴向温降，轴向温降的存在使油流的黏度在前进过程中不断上升，单位管长的摩阻逐渐增大，当油温降低到接近凝固点时，单位管长的摩阻将急剧增高，故热油输送区别于等温输送的特点可以归纳为以下三个方面：

（1）在热油的输送过程中有两方面的能量损失：消耗于克服摩阻和高差的压能损失，以及与外界进行热交换所散失掉的热能损失。因此，除了在管路沿线需设置几个或几十个加压泵站外，还需在管路沿线建几个或几十个加热站。

（2）与两方面的能量损失相应的工艺计算应包括两个部分：水力计算和热力计算。水力计算所要解决的问题与等温输送一样，主要是为完成规定的输油任务，应选用多大直径的管子和设多少个泵站，也就是合理地解决压能供给与消耗之间的平衡问题；热力计算所要解决的问题，主要是确定加热温度和设多少个加热站，也就是合理地解决热能供给与散失之间的平衡问题。

摩阻损失与热损失这两方面的能量损失是互相联系、互相影响的。如果油温高，其黏度就低，因而摩阻损失少；摩阻损失少，泵站数就少。但加热站数就得增多。反之，如果油温低，其黏度就大，摩阻损失也增多，因此泵站数就得增多，但加热站数却可减少。这说明水力计算与热力计算相互影响，其中热力因素是起决定影响的因素，在进行计算分析时，必须先考虑沿线的温降情况，以求得合理的泵站和加热站数。

（3）在加热输送时，管内热油既可在层流流态下输送，又可在紊流流态下输送，同样也可在混合流态下输送。

从热损失的抑制角度来考虑，加热输送应在层流流态下进行，因为在层流时，热油的总传热系数总是小于紊流流态时的总传热系数，也就是说在层流流态时散热少。

从控制摩阻的观点出发，热油在紊流流态下流动比在层流流态下好，因为紊流流态的水力摩阻系数总是小于层流流态时的水力摩阻系数。

因此，热油既可在层流流态下输送，又可在紊流流态下输送，同样也可在混合流态下输送，即管路前段是紊流，后段是层流，因为各有得失。

对于高黏原油，宜在层流或混合流态下进行输送，这样不但热能损失少，而且加热对摩阻的下降的影响非常显著，因为层流时，摩阻与黏度的关系是一次方的正比关系（$h \propto \nu^1$），加热后黏度降低，摩阻也就显著降低。而在紊流流态时，例如在光滑区（$h \propto \nu^{0.25}$），黏度的降低对摩阻减少的影响远不如层流时显著。

对含蜡高的原油，宜在紊流流态下进行输送，因为流速大，不宜在管壁上结蜡。

三、热油管道沿程温降计算

油流在加热站加热到一定温度后进入管道。沿管道流动中不断向周围介质散热，使油流温度降低。散热量及沿线油温分布受很多因素的影响，如输油量、加热温度、环境条件、管道散热条件等。严格地讲，这些因素是随时间变化的，故热油管道经常处于热力不稳定状态。工程上将正常运行工况近似为热力、水力稳定状况，在此前提下进行轴向温降计算。在设计阶段，根据稳态计算结果确定加热站、泵站的数目和位置，即设计加热输送管道是以稳态热力、水力计算为基础的。

（一）轴向温降计算式

设管道周围介质温度为 T_0，dl 微元段上油温为 T，管道输油量为 G，水力坡降为 i。流经 dl 段后散热油流产生温降 dT。在稳定工况下，dl 微元管段上的能量平衡式如下：

$$\pi KD(T - T_0)\mathrm{d}l = -G_{\mathrm{C}}\mathrm{d}T + Ggi\mathrm{d}T \tag{3-1-28}$$

式中，左端为 dl 管段单位时间向周围介质的散热量，右端第一项为管内油流温降 dT 的放热量；第二项为 dl 段上油流摩擦损失转化的热量。因 dl 与 dT 的方向相反，故引入负号。

设管长 L 的段内总传热系数 K 为常数，忽略水力坡降 i 沿管长的变化，对式（3-1-28）分离变量并积分，可得沿程温降计算式，即列宾宗公式。

令

$$a = \frac{\pi KD}{GC} \qquad b = \frac{gi}{Ca}$$

$$\int_0^L a\mathrm{d}l = \int_{T_{\mathrm{R}}}^{T_{\mathrm{L}}} -\frac{\mathrm{d}T}{T - T_0 - b}$$

$$\ln\frac{T_{\mathrm{R}} - T_0 - b}{T_{\mathrm{L}} - T_0 - b} = aL$$

$$\frac{T_{\mathrm{R}} - T_0 - b}{T_{\mathrm{L}} - T_0 - b} = \exp(aL) \tag{3-1-29}$$

式中 G——油品的质量流量，kg/s；

C——输油平均温度下油品的比热容，J/（kg·℃）；

D——管道外直径，m；

L——管道加热输送的长度，m；

K——管道总传热系数，W/（m^2·℃）；

T_R——管道起点油温,℃；

T_L——距起点 L 处油温,℃；

T_0——周围介质温度，埋地管道取管中心埋深处自然地温,℃；

i——油流水力坡降，m/m；

a、b——参数，$a=\pi KD/(GC)$，$b=Ggi/(\pi KD)$；

g——重力加速度，m/s^2。

若加热站出站油温 T_R 为定值，则管道沿程的温度分布可用式（3-1-30）表示，其温降曲线如图 3-1-22 所示。

$$T_L=(T_0+b)-[T_R-(T_0+b)]e^{-aL} \quad (3-1-30)$$

在式（3-1-30）推导中，水力坡降 i 取定值，实际上热油管的 i 是沿程变化的。计算中可近似取加热站间管道的平均水力坡降值：

$$i_{pj}=1/2(i_R+i_L) \quad (3-1-31)$$

式中 i_R、i_L——计算管段的起点、终点的水力坡降。

在进行热力计算时，沿程温度分布待求，故水力坡降也未知，只能近似取值计算或迭代求解。

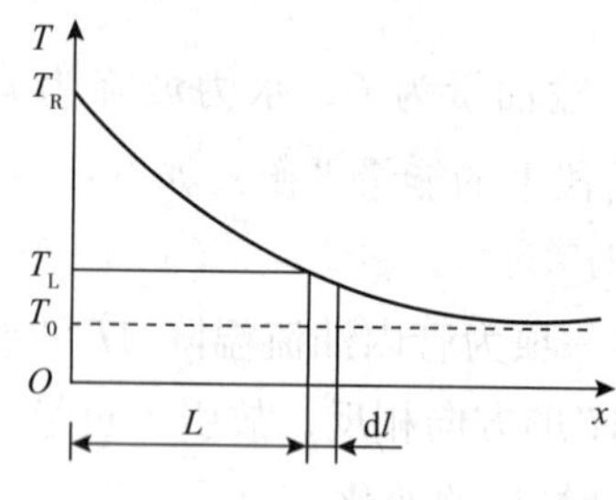

图 3-1-22 热油管的温降曲线

式（3-1-30）和图 3-1-22 表明，在两个加热站之间的管道沿线，各处的温度梯度是不同的；在站的出口处油温高，油流与周围介质的温差大，温降就快。而在进站前的管段上，由于油温低，温降就慢。加热温度愈高，散热愈多，温降就快。因此，过多地提高加热站出口油温，试图提高管道末端的油温，往往是收效不大的。常常在出口油温提高近 10℃后，进站油温却仅升高 2～3℃。

式（3-1-30）表明，在不同的季节，管道埋深处的土壤温度不同，温降情况也不同。冬季 T_0 低，温降就快。在式（3-1-30）的各参数中，对温降影响较大的是总传热系数 K 和流量 G。K 值增大时，温降将显著加快，因此在进行热力计算时，要慎重地确定 K 值。如在两个加热站间的管道上，K 值有显著变化，则应分段计算其温降。

图 3-1-23 给出了在不同输量下热管道沿线的温降情况和当其他参数一定时加热站间的终点油温 T_z 随流量的变化情况。可以看出，在大流量下，沿线的温度分布要比小流量时平缓得多。随着流量的减少，终点油温将急剧下降。

式（3-1-30）中参数 b 值表示摩擦热对沿程温降的影响。$b=Ggi/(\pi KD)$，故 $b\propto Q^{3-m}\nu^m$，当流量大及油流黏度高时，摩擦热的影响很大。另一方面，当管道保温良好或油温接近周围环境温度即管道散热量较小时，摩擦热对油温影响就较明显。美国阿拉斯加原油管道，长 1287 km，管径 1220mm。其中，687km 的架空段保温层厚 95mm，保温材料为聚氨酯泡沫塑料。在设计流量下，流速可达 3.5m/s，全线不加热，利用摩擦热可使这条伸入北极圈内的原油管道油温保持在 62℃左右。当以设计流量的 73% 运行时，终点油温

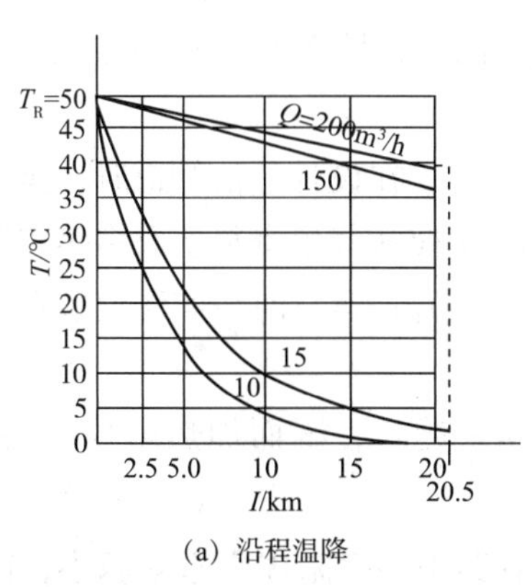

(a) 沿程温降

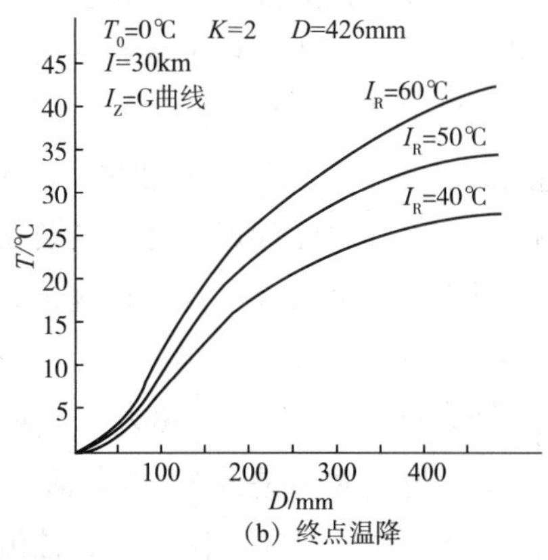

(b) 终点温降

图 3-1-23 不同流量对沿程温降的影响

可维持在38℃。沙特阿拉伯东西部原油管道长600km，管径1220mm，输量$29\times10^4m^3/d$。在地温24℃时，原油起点油温65℃，终点油温可升至82 ℃，为了避免过大热应力和管外涂层老化，以及防止轻原油蒸汽压过高，在线路中点及终点泵站上均设置了冷却装置，用空气冷却器使原油温度降至60℃。根据对我国东北管网的核算，摩擦热提供的能量约占加热站供热的10%～15%，随流速高低而不同。管径720mm，年输量为2×10^7t的原油管道，当K值为1.4W/（m^2·℃）、50km内摩擦热约使油温上升2 ℃。对大型输油管道，特别是满负荷运行的管道，在比较精确的热力计算中应计入摩擦热的影响。

对于距离不长、管径小、流速较低、温降较大的管道，在摩擦热对沿程温降影响不大的情况下，或概略计算温降时，可以忽略摩擦热的作用。令$b=0$，代入式（3-1-29），得到苏霍夫公式：

$$\ln\frac{T_R - T_0}{T_L - T_0} = aL \quad (3-1-32)$$

或

$$T_L = T_0 + (T_R - T_0)e^{-aL} \quad (3-1-33)$$

（二）温度参数的确定

1. 管路埋深处的土壤温度T_0（对于地面管路T_0就是大气温度）

土壤温度随土壤深度、大气温度等的变化而变化。如何正确地确定T_0，就决定于合理选择埋深。根据经验，从管子的机械强度和稳定性来考虑，管路埋深应不小于0.8m（至管顶），在某些特殊情况下，如穿越河流、铁路、公路等自然或人工障碍时，为保证管道的安全工作，埋深还要大些。从工艺要求的角度来考虑：管路埋得深，T_0高，热负荷和热损失都将减少，但土方量大，投资增加。而且施工麻烦，维修也困难；如果埋得浅，基建投资少，施工容易，维修方便，但T_0受大气温度的影响大，特别是在冬天，气温低，地温也低，因此热负荷和热损失都将增加，所以应该通过技术分析和经济比较，来确定合理的埋深，从而确定T_0。根据现有的经验，埋深超过1～1.5m，地温受大气的影响就比较小。目前，国内的热油管埋深大都取2～3倍管径，或按管顶覆土1.2～1.5m考虑（从管顶至地面）。对高寒地区，在地下水位不高，且施工方便的地段，可取较大的埋深。对地下水位高，土壤腐蚀性强的地段，应考虑将管道敷设在地下水位以上。在可能的情况下，也可用浅挖深埋的土堤方式。根据华东地区的实际测定、地面覆土1.5m、边坡1:1的土堤的散热情况，相当于地下埋深1m。

T_0 是随地区、季节变化的，各加热站间可能不同。在设计热油管道时，至少应分别按其最低及最高的月平均温度计算温降及热负荷。T_0 值应从气象资料上取多年实测值的平均值；当没有实测值时，可由大气温度按理论公式计算 T_0；运行时按实测值核算。

2. 加热站出站温度（加热温度）

从苏霍夫公式可以看出，T_R 越大，加热站间距越长，因而加热站数也越少；反之，加热站数就越多。但这并不是说 T_R 越高越好。

加热温度越高，油的黏度下降越多，油流在管路中的摩阻损失也就越小，因此动能费用减少，但热能费用却增加；反之加热温度低，油的黏度下降少，油流在管路中的摩阻损失大，动能费用增加，热能费用减少。因此，必定存在一个最优的加热温度即在此温度下，动能费用和热能费用之和为最小。

设输油量为 G，则在单位时间内输送油量 G 所能消耗的能量为 GH/η_p，动能费用为：

$$S_p = \frac{GH}{\eta_p}\sigma_p \tag{3-1-34}$$

式中 H——两热泵站之间管段的总压头损失；

η_p——泵机组的效率；

σ_p——动能的单位代价。

在单位时间内，将油量 G 从温度 T_Z 升高到 T_R 所消耗的热能为 $GC(T_R-T_Z)/\eta_p$，热能费用为：

$$S_t = \sigma_t GC(T_R - T_Z)/\eta_t \tag{3-1-35}$$

式中 η_t——加热设备的效率；

σ_t——热能的单位代价。

如果两热泵站之间还有加热站，则按公式（3-1-35）计算得的值应乘以在该站间的加热次数（假设所有的加热站进、出站温差都一样）。

由于公式（3-1-34）中的 H 也与 T_R 有关，因此 S_p 和 S_t 均为 T_R 的函数，给定若干个 T_R 值，算出相应的 S_p 和 S_t，在 $S-T_R$ 坐标系中作曲线 S_p 和 S_t，两条曲线叠加后所得的曲线的最低点所对应的横坐标即为最优加热温度 $T_{R(OUT)}$（见图3-1-24）。在此温度下，函数 S_p 和 S_t 之和为最小。

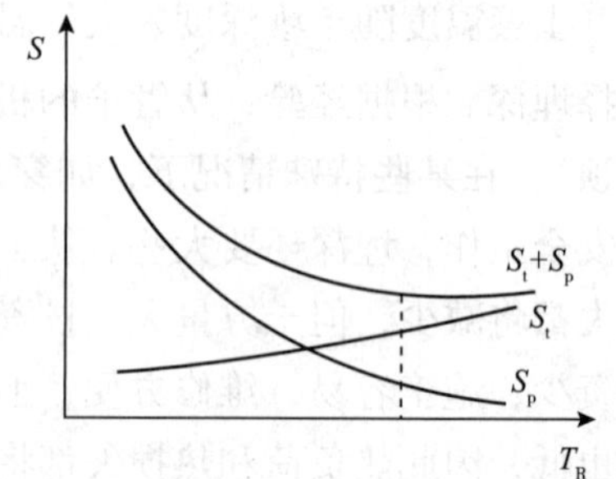

图3-1-24 确定最优加热温度 $T_{R(OUT)}$

上述方法仅适用于已投产的热油管。在热油管的设计阶段，想要求得最优加热温度是相当困难的，因为加热温度与热油管的其他许多参数，如管径、压力、进口温度、泵站数、加热站数、热泵站数等有关，这些参数的相互组合，可得出大量可行的方案，这可借助电子计算机求得最优方案，从而确定最优的加热温度。

在无法进行方案比较的情况下，加热温度的确定可从以下几个方面来考虑：

（1）从热油管的温降规律考虑。由温降公式可知，热油管的温降曲线是一条按指数规律变化的曲线。距加热站出站较近的管段，油温下降较快，以后温降就变得缓慢，所以过多地提高加热站出口油温以提高管道末端的油温收效不大。

（2）从油的黏温特性和其他物理性质来考虑。对于自吸进泵工艺流程，为防止汽蚀影响泵的正常运行，原油的最高加热温度不应超过其初馏点；对重油，考虑其含水多，其最高加热温度不超过100℃。从原油的黏温特性看，对于含蜡原油，当温度增加到一定值后，温度再增加对黏度的降低已不太明显，且在光滑区内摩阻只与黏度的0.25次方成正比，所以提高加热温度对降低摩阻不十分明显。而对高黏度原油来说，黏-温关系曲线比较陡，提高温度对降低黏度的效果显著，且由于黏度高，常处于层流流态，摩阻与黏度的1次方成正比，因此对这类油加热温度可更高一些。

（3）从防腐绝缘层的性质考虑。如采用沥青防腐绝缘层，油温高，易老化和流淌，但如采用聚氨酯泡沫防腐保温层，则油温高不会对其性质产生影响（因其适用范围为-60～120℃）。

3. 进站温度

一般取 T_Z 高于凝点3～5℃。当进站油温接近凝点时，必须考虑管道可能停输后的温降情况及其再启动措施，要规定适当的安全停输时间。显然，同一管道的进站、出站油温的确定是相互制约的。同时，加热站上对原油的加热也是一个热处理过程，鉴于含蜡原油的黏温特性及凝点都会随热处理条件不同而不同，故应在热处理实验的基础上，根据最优热处理条件及经济比较来选择加热站的进站、出站温度。对于黏度较高的原油，T_Z 虽无限制，但要考虑黏度对摩阻的影响。

（三）温降计算公式的应用

温降公式（3-1-29）及公式（3-1-32）是在热油管道设计、管理中应用最多的计算式。以式（3-1-32）为例，可以用于：

（1）当 K、G、D、T_0 及加热站进口、出口油温 T_R 和 T_Z 一定时，确定加热站间距 l_p：

$$l_p = \frac{1}{a}\ln\frac{T_R - T_0}{T_Z - T_0} \tag{3-1-36}$$

（2）在加热站间距 l_p 已定的情况下，当 K、C、D 及 T_0 一定时，确定为保持要求的终点温度 T_Z 所必须的加热站出口温度 T_R：

$$T_R = T_0 + (T_Z - T_0)e_p^{-aL} \tag{3-1-37}$$

（3）当 K、D 及 T_0 一定时，在加热站间距 l_p、加热站的最高出口油温 T_R 和允许的最低进站温度 T_Z 已定的情况下，确定热管道允许的最小输量 G_{min}：

$$G_{min} = \frac{\pi K D l_p}{C\ln\dfrac{T_{Rmax} - T_0}{T_{Zmin} - T_0}} \tag{3-1-38}$$

第三编 CHAPTER THREE 原油长输管道设计

式中 T_{Rmax}——出站油温的允许最高值，℃；

T_{Zmin}——进站油温的允许最低值，℃。

（4）运行时反算实际的总传热系数 K，以判断管道的散热及结蜡情况：

$$K = \frac{GC}{\pi D l_p}\ln\frac{T_R - T_0}{T_Z - T_0} \tag{3-1-39}$$

（5）已知管道总长度 L 和加热站间距 l_p，计算加热站数目：

$$n = \frac{L}{l_p} \tag{3-1-40}$$

计算所得的加热站数可能不是整数，应将其化整。化整后实际的加热站间距不同于计算所得的数值。这时应按式（3-1-37）和式（3-1-41）重新计算加热站实际的出站油温 T_Z 和进站油温 T_R。

加热站的热负荷为：

$$q = GC(T_R - T_Z) \tag{3-1-41}$$

加热站的燃料消耗量为：

$$B = \frac{q}{3600E\eta_q} \tag{3-1-42}$$

式中 E——燃料油热值；

η_q——加热系统效率。

（6）已知起点油温 T_R 和输送距离 l_q，确定终点油温：

$$T_Z = T_0 + (T_R - T_0)e^{-al_p} \tag{3-1-43}$$

（7）确定热油管道任意一处的油温：

$$T_x = T_0 + (T_R - T_0)e^{-ax} \tag{3-1-44}$$

必须强调指出，上述核算只适用于输量及油温都稳定的情况下，因为式（3-1-29）是由稳定传热的热平衡关系导出的，并认为总传热系数 K 是常数，不随其他参数变化。

对于埋地管道，当输量和油温变化时，由于土壤温度场的重新分布和趋于稳定的过程较慢，按式（3-1-39）计算的某段管道的 K 值是随时间变化的。

式（3-1-32）没有考虑管内油流摩擦生热的影响，也没有计入含蜡原油降温时析蜡潜热的影响。故只适用于摩擦热影响不大且输送温度范围内没有相变的情况。

四、热力计算所需的主要物性参数

（一）原油或成品油的密度与相对密度

油品在标准状态下的密度可由实验室测定或在有关手册上查得。相对密度是一定体积油品的质量与4℃时同体积水的质量之比。原油相对密度与温度近似为线性关系，其温度系数与密度有关。由式（3-1-45）可求得某温度 T 时原油的相对密度：

$$d_4^T = d_4^{20} - \xi(T - 20) \tag{3-1-45}$$

式中 d_4^T——原油在某温度下的相对密度；

d_4^{20}——原油在20℃时的相对密度；

ξ——温度系数。

$$\xi = 1.825 \times 10^{-3} - 1.315 \times 10^{-3} d_4^{20} \tag{3-1-46}$$

（二）比热容

单位质量的物质，温度升高1℃时所需要的热量，称为比热容，用符号 C 表示，单位为kJ/（kg·℃）。比热容 C 常用来表示各种物质间的吸热或放热的能力。原油比热容的数值随原油温度的升高而增大。可由式（3-1-47）计算：

$$C = \frac{1}{\sqrt{d_4^{15}}}(1.687 + 3.39 \times 10^{-3} T) \tag{3-1-47}$$

式中 C——比热容，kJ/（kg·℃）；

d_4^{15}——原油在15℃时的相对密度；

T——原油温度，℃。

原油和石油产品的比热容通常在1.6～2.5kJ/（kg·℃）之间。近似计算时可取 $C=$ 2.1kJ/（kg·℃）。

钢材的比热容 $C=0.5$kJ/（kg·℃），石蜡的比热容 $C=2.9$kJ/（kg·℃）。

（三）导热系数

原油的导热系数随温度不同而变化。原油和成品油在管输条件下，其导热系数数值在0.1～0.16W/（m·℃）之间。在热力计算时，可取 $\lambda=0.14$W/（m·℃）。当油品呈半固态时，其导热系数比液态要大，石蜡的平均导热系数可取2.5W/（m·℃）。如要获得较准确的数值，可由式（3-1-48）计算：

$$\lambda = \frac{0.137}{d_4^{15}}(1 - 0.54 \times 10^{-3} T) \tag{3-1-48}$$

式中 λ——原油在 T℃时的导热系数，W/（m·℃）；

T——原油温度，℃。

管壁的导热包括钢管、石蜡层及沥青绝缘层的导热。钢材的导热能力很强，其导热系数 $\lambda=45～50$W/（m·℃）。管内壁结蜡层的厚度与油流的温度及流速有关，其导热系数难以精确确定，在设计计算时通常不考虑。只是在对油流长期在低速下运行的管道核算总传热系数 K 值时，要计入结蜡的影响。目前，对沥青绝缘层的导热系数研究，还缺乏详细数据。据国外资料介绍，6～9mm厚的沥青绝缘层热阻约占埋地管道总热阻的10%～15%，其导热系数，可取 $\lambda=0.14$W/（m·℃）。

（四）油的黏温特性

油的黏温特性是指油的黏度随温度的变化关系。常用式（3-1-49）计算：

$$\frac{\nu_1}{\nu_2} = e^{-\mu(T_1 - T_2)} \tag{3-1-49}$$

式中，ν_1、ν_2 分别是温度为 T_1 及 T_2 时油的运动黏度；μ 称为黏温指数。式（3-1-49）适用于低黏度的成品油及部分重燃料油，不同的油品有不同的μ值，一般规律是低黏度的油μ值小，约在0.01～0.03之间，高黏度的油μ值大，约在0.06～0.10之间。

对含蜡原油，一般在实验室测得原油在最高出站油温和最低进站油温这个温度区间内5个以上平均温度间隔点的油温，然后以温度为横坐标，黏度为纵坐标将其描在方格坐标纸上，连成黏度-温度曲线。使用时，在温度坐标上，找出使用温度那一点，向上作垂线交于曲线上一点向左作平行线，即可求出在给出的温度区间内任意温度下该原油的黏度。

（五）热油管的总传热系数

在管路的热力计算中，习惯上用总传热系数K来表示油流至周围介质散热的强弱。在确定热油管路沿线的温降时，K值的正确选取，往往是个关键因素。笼统地说，总传热系数K系指当油流与周围介质的温差为1℃时，通过每平方米传热表面每小时所传输热量。

对于无保温层的大直径（大于500mm）管路，可忽略内外径的差值，K值可近似按式（3-1-50）计算：

$$K=\frac{1}{\frac{1}{\alpha_1}+\sum\frac{\delta_i}{\lambda_i}+\frac{1}{\alpha_2}} \tag{3-1-50}$$

式中 α_1——油流至管内壁的放热系数，W/（m·℃）；

α_2——管最外层至周围介质的放热系数，W/（m·℃）；

λ_i——第i层（结蜡层、钢管壁、防腐绝缘层等）的导热系数，W/（m·℃）；

δ_i——第i层的厚度，m。

对于有保温层的管路，不能忽略内外径的差异。此时，可用单位管长的总传热系数K_L来代替K，即$K_L=\pi KD$。

$$K_L=\frac{1}{\frac{1}{\pi\alpha_1 d}+\sum\frac{1}{\pi\lambda_i}\ln\frac{D_i}{d_i}+\frac{1}{\pi\alpha_2 D_w}} \tag{3-1-51}$$

式中 d——管内径，m；

D_i——第i层的外径，m；

d_i——第i层的内径，m；

D_w——最外层的管外径，m；

D——管径，m。如果$\alpha_1>\alpha_2$，D取外径；如果$\alpha_1\approx\alpha_2$，D取平均值，即内外直径之和的一半；如果$\alpha_1<\alpha_2$，D取内径。

实际上，在生产中很少采用通过计算方法确定总传热系数K的方法。我国输油管道工艺设计规范指出，在设计埋地热输管道中应采用反算法确定总传热系数。将运行中热油管道较稳定工况的运行参数代入温降公式中，反算得出K值。从大量计算值中总结出K值的变化范围。设计时参照稳定的K值适当加大，作为新设计管道的总传热系数。这样既可以照顾投产时加热能力需要较大的要求，又不致加热炉容量过大。

根据我国东北、华北及华东地区管道的运行实践，在中等温度的黏土及砂质黏土地段，反算K值的范围如下：

（1）对 $h_1/D \geqslant 3 \sim 4$，$\phi 720$mm 管道，$K=1.25 \sim 1.8$W/（m·℃）；

（2）对 $h_1/D \geqslant 2 \sim 3$，$\phi 720$mm 管道，$K=1.4 \sim 2.1$W/（m·℃）；

（3）对 $\phi 529$mm 管道，$K=1.8 \sim 2.6$W/（m·℃）；

（4）在气候干燥的西北地区：$\phi 159 \sim 325$mm 管道，$K=1.2 \sim 1.8$W/（m·℃）；

（5）江底及长年浸水的河滩段：$K=12 \sim 14$W/（m·℃）。

在做方案比较时，大庆地区采用下述经验值：

（1）对敷设在一般地段的、地下水位以上、埋深 $h>(3 \sim 4)D$ 的集输油管道，管径在 $\phi 400$mm 以上的，$K=2.3$W/（m·℃）；对管径为 $\phi 200 \sim 350$mm 的，$K=2.9$W/（m·℃）。

（2）埋设在地下水以下，或长期浸水地区及冰冻线附近时，可将上述数值增加 30%。

（3）埋设在河、湖、水泡子等长年流水的水域中时，可将上述数值乘以 5。

五、热油管的水力计算

（一）热油管路摩阻计算的特点

（1）热油管路单位长度上的摩阻（即水力坡降）不是定值。这是因为热油管的水力工况在很大程度上取决于其周围介质的热交换。热油在沿线的流动过程中，由于与外界的热交换，温度不断降低，从而使黏度不断增加，因此单位管长上的摩阻也不断增加，即热油管的水力坡降不是一条直线，而是一条斜率不断增加的曲线。因此，在计算热油管的摩阻时，必须考虑管路沿线的温降情况及油品的黏温特性。

（2）必须先进行热力计算，然后才能进行水力计算。只有知道了热油管沿线的温降情况，即知道相应的黏度变化，才能求摩阻。

（3）热油管的水力计算是以加热站间距作为一个计算单元。因为只有在一个加热站间的距离内，黏度的变化才是连续的。设第 i 个加热站间的摩阻损失为 h_{qi}，全线共有 n 个加热站，则全线总摩阻为：

$$h = \sum_{i=1}^{n} h_{qi} \tag{3-1-52}$$

如果各加热站间距相等，进、出口温度也相同，则只要算出一个加热站间的摩阻就够了，可求得全线总摩阻即：

$$h = nh_{qi} \tag{3-1-53}$$

（二）热油管摩阻计算方法

热油管的摩阻有理论计算和近似计算两种方法。下面介绍工程上常用的两种近似计算方法。

1. 平均温度计算法

如果在加热站间起终点温度下的油流黏度相差不超过一倍左右，且管路的流态是在紊流光滑区，则可按起终点平均温度下的油流黏度来计算一个加热站间的摩阻。其具体步骤为：

（1）计算加热站间油流的平均温度 T_{pj}，用加权平均法，可取：

$$T_{pj} = \frac{1}{3}T_R + \frac{2}{3}T_Z \tag{3-1-54}$$

（2）在实测的黏温曲线上查出温度为 T_{pj} 的原油黏度 ν_{pj}。

（3）计算一个加热站间的摩阻 h_q：

$$h_q = \beta \frac{Q^{2-m}\nu_{pj}^m}{d^{5-m}} l_p \tag{3-1-55}$$

这是我国工程上目前常用的简化方法。由于将站间油流黏度用一不变的计算黏度代替，加热站间水力坡降简化为一直线，使热力、水力计算简单，布站方便。当管道流态在紊流光滑区（含蜡原油加热输送时多在此区域），摩阻与黏度的0.25次方成正比，当大口径管道的加热站间温降不大时，这种简化方法在工程设计上是可行的。

2. 段计算法

当需要较准确计算时，或管道中油流的流态有转变，油流黏度相差较大，则需分段计算加热站间的摩阻。分段计算步骤为：

（1）按实测的数据作黏-温曲线。

（2）按苏霍夫公式作出加热站的温降曲线。

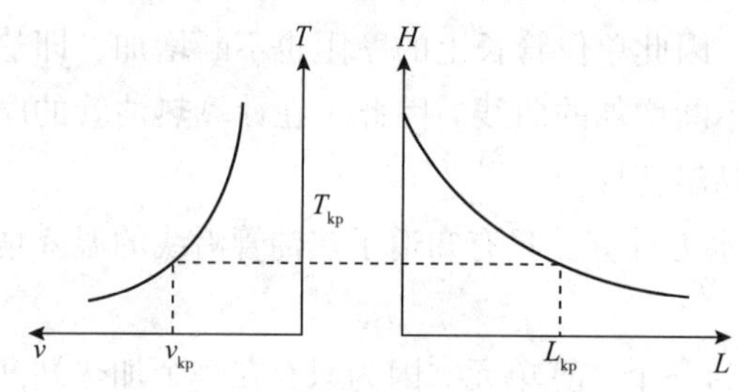

图3-1-25 按临界黏度判断流态

（3）根据相应临界雷诺数 Re_{kp} 下的黏度 ν_{kp} 判断管道沿线流态的变化：

根据算得的 ν_{kp}，在黏-温曲线上查找相应的温度 T_{kp}，即流态发生变化时的临界温度。如果沿线温度都高于 T_{kp}，则无流态变化；如果 $T_R < T_{kp} < T_Z$，则有流态变化。在管路上相应于油温为 T_{kp} 的位置以左是紊流段，以右是层流段（见图3-1-25）。

（4）将加热站间分成若干小段。分段时应使每小段的温降不超过3～5℃。

（5）计算每一小段的平均温度：

$$T_{pj} = \frac{T_i + T_{i+1}}{2}$$

式中，T_i 和 T_{i+1} 为每一小段的起点和终点温度。

（6）找出相应于油温为 T_{pji} 的黏度 ν_{pji}。

（7）按每一小段的平均黏度，计算各小段的摩阻：

$$h_i = \beta \frac{Q^{2-m}\nu_{pji}^m}{d^{5-m}} L_i \tag{3-1-56}$$

（8）计算一个加热站间的摩阻：

$$h_q = \sum \beta \frac{Q^{2-m}\nu_{pji}^m}{d_i^{5-m}} L_i \tag{3-1-57}$$

在以上介绍的两种方法中，第一种方法比较简单，但误差大；第二种方法比较准确，在热油管的设计实践中用得较多，但计算工作量大。

六、热油管泵站数的确定

在确定热油管泵站数时，与等温输送管不同的特点在于需要的泵站数不仅决定于管径和泵站的工作压力，还必须考虑热力因素的影响，要在热力参数已定的基础上，计算摩阻损失以确定泵站数。

如管路沿线有 n_q 个加热站，若各加热站的间距、进出站温度等都相同，每两个加热站间的摩阻损失为 h_q，则全线的总摩阻为 $n_q h_q$。若管路的起终点高差为 ΔZ（终点高程减起点高程），每个泵站所提供的压头为 H_C，则全线所需的泵站数为：

$$n_c = \frac{n_q h_q + \Delta Z}{H_C} \tag{3-1-58}$$

同样，n_c 也需要化整。在热油管上，泵站数的化整必须和加热站数的化整一起考虑，应使化整后的泵站工作压力和加热站进、出口温度互相协调，都在安全、经济的工作区内。

七、加热站和泵站的布置

对热油管，必须先布置加热站，在初定加热站的位置以后，再布置泵站。在布置泵站时，又必须考虑到两站站址的适当调整，使得加热站和泵站尽可能合并在一起。

（1）作两加热站间管路的水力坡降线。如间距相等，作一个站间管路的水力坡降线就足够（见图 3-1-26）。因热油管的水力坡降线是一条斜率不断增加的曲线，其作法如下：计算出热油输至距加热站出口不同距离 L_1、L_2、…、L_n 处所需克服的摩阻损失 h_1、h_2、…、h_n。在横坐标为 L_q、纵坐标为 h、比例与纵断面图一致的坐标图上，从横坐标上的 L_1、L_2、…、L_n 各点引出垂直于横坐标轴的直线，在该直线上截取相应于 h_1、h_2、…、h_n 值的线段 L_1h_1、L_2h_2、…、L_nh_n，把 0、h_1、h_2…、h_n 各点平滑地连接起来所得的曲线就是一个加热站间管段的水力坡降线。

（2）在纵断面图的起点，往上作垂线，在此垂线上截取长度等于吸入压头和一个泵站扬程的线段，从该线段的顶点往下作水力坡降线。

（3）其余泵站位置的确定方法与等温输油管道相同，即在水力坡降线与地面线相交处，向首站方向退回适当距离，在保证有需要的进站余压处即为下一个泵站的位置。

（4）当中间泵站与加热站不在一起时，该中间泵站的水力坡降线不能从头画起，而必须继续原来的水力坡降线的曲率。如两泵站间有加热站，由于油温突变，则在加热站出口处水力坡降线的斜率发生转折。在加热站间距一定的情况下，热油管道全线的水力坡降线是由各加热站间管段的水力坡降线所组成的。如在加热站间距内，油流流态从紊流转变为层流，则在流态变化处水力坡降线也要发生转折。

（5）在初步布站后，应调整加热站、泵站位置，尽可能合并设置，以节省投资和方便管理。通常，计算全线所得的泵站数和加热站数往往不相同，总是加热站数比泵站数多。

为了节省投资，方便今后的操作管理，应尽量使相距较近的泵站和加热站合并设置。合并设置的站称为热泵站。在我国平原地区建设的热油管道，一般都能满足这一要求。这是因为我国目前管道的工作压力较低，加热站间距总是大于一个泵站间距，因此，适当缩短加热站间距，调整加热温度，减少热输距离，就能使两站合并设置。但是，并非在所有情况下都能合并设置，例如，在地形起伏较大的山区（见图 3-1-27），上坡段的泵站间距可能远小于加热站间距，因而会出现单独设置泵站的情况；下坡段情况相反，泵站间距远远大于加热站间距，需要设置单独的加热站。即使是平原地区的热油管道，在管径不大，初期输量较低时，也往往需要在泵站之间设置临时性的单独加热站。合并后，加热温度和出站压力均有相应的变化，要进行校核。

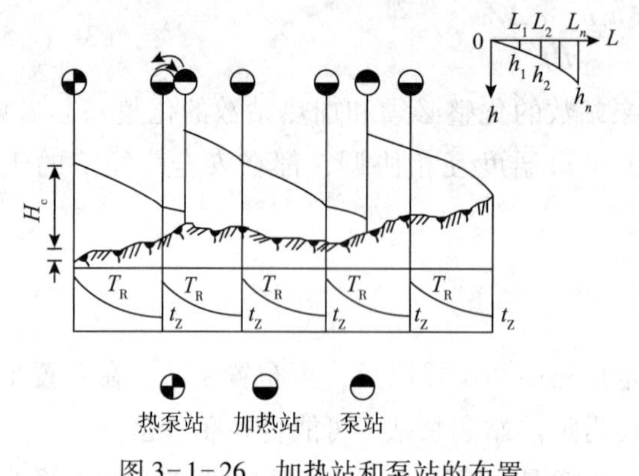

图 3-1-26　加热站和泵站的布置

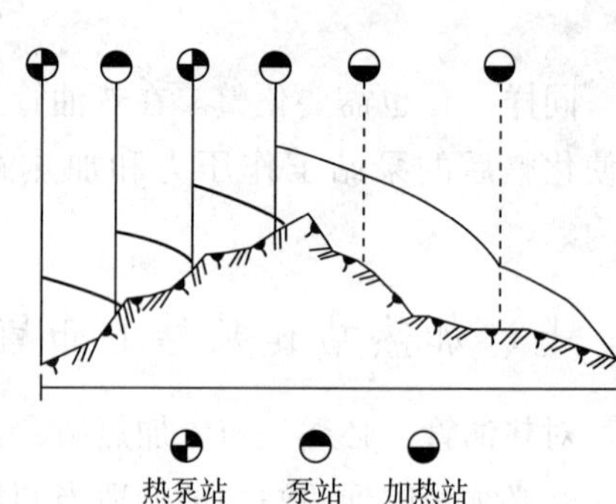

图3-1-27　山区上坡段、下坡段布站特点

（6）若管道初期的输量较低，所需加热站数多，泵站数少。待后期任务输量增大时，所需加热站数减少，泵站数增多。设计时应考虑到不同时期、不同输量的特点，按低输量作热力计算、布置加热站，待输量增大后改为热泵站。

由上所述，热油管道全线可能出现三种形式的站：热泵站、泵站和加热站。在纵断面图上初定站址后，经过现场勘查，最后确定站址。站址调整后，应进行热力、水力核算，计算不同季节的进出站油温、进出站压力、允许的最小输量、加热站热负荷等。

需要强调的是，在布置加热站和泵站时，还要注意正确判断翻越点和确定工作点。翻越点可按任务流量和平均温度下的黏度计算的水力坡降线，在纵断面图上初步判断翻越点，以后再根据工作点的流量进行校核。而工作点对于等温输油管，设三个或三个以上流量就可作出一条管路特性曲线，它与泵站特性曲线的交点就是工作点。但对热油管来说，根据苏霍夫公式，每一流量都对应于一种温度状况，有一个流量就有一条温降曲线。如果保持 T_R 不变，则当 $Q_3>Q_2>Q_1$ 时，$T_{Z3}>T_{Z2}>T_{Z1}$（见图 3-1-28）；如果保持 T_Z 不变，则当 $Q_3>Q_2>Q_1$ 时，$T_{R3}<T_{R2}<T_{R1}$（见图 3-1-29），温降曲线不一样，管路中油流的平均温度也不一样，因此黏度不一样，摩阻也不一样。所以，对于采用分段计算法的热油管，在布置泵站时，只能利用近似作出的管路特性曲线（按 T_R 一定或按 T_Z 一定或按平均温度）来求得工作点。

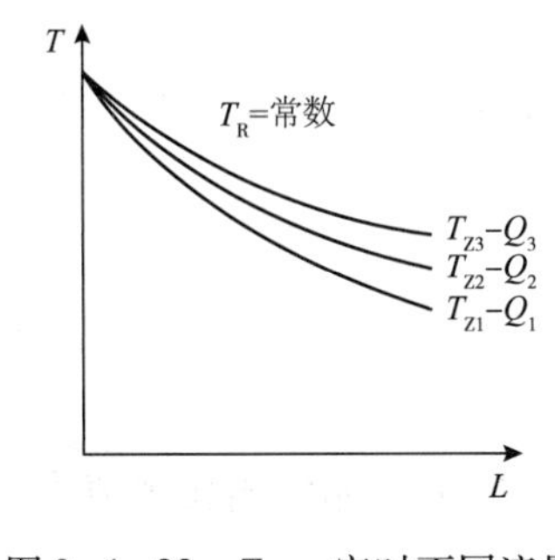

图 3-1-28　T_R 一定时不同流量下的温降曲线

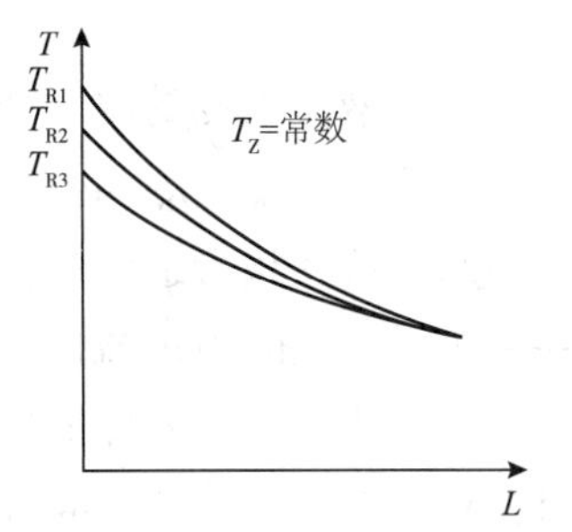

图 3-1-29　T_Z 一定时不同流量下的温降曲线

第四节　输油管道中的水击

一、水击产生的原因及危害

水击现象是指在压力管路中，由于某种原因而引起流速变化时，引起的管内压力的突然变化，如开关阀门过快、突然停泵等，均会引起阀门处、泵入口的油流压力突然变化。造成压力波在管内的迅速传递，并可听到对管壁的锤击声音，故把水击又称作水锤。

水击压力是由惯性造成的，它的实质是能量转换。即液体在减速的情况下将其动能转换为压能；在液流加速的情况下，压能转换为动能。对于一般原油管路，流速变化 1m/s 所引起的水击压力值约为 1MPa，汽油管路则为 0.8～0.9MPa。

液体流速突然下降（特别是高流速的管道）所产生的水击是最危险的。如突然关阀、突然停泵，可能产生很高的水击压力。当某中间泵站突然停电引起泵机组突然停运时，该站突然停止了对下站的供油，但上站仍以常量向停电站输油，故在停电站的入口处，上站来油停止流动，产生阻塞，致使压力上升；而在通往下站的管路内，油流在惯性作用下，仍保持向前流动，使停电站出口处因断流而产生真空，少量的液体蒸发，蒸发产生的气体积聚在管线的高点形成气泡，当气泡破裂时上、下游的液体相撞，产生高压。水击严重时会产生管线爆裂事故。如前苏联的奥姆斯克—索库尔轻油输油管道，有一中间泵站因电源故障，突然停泵，致使从 *A* 站到 *B* 站的全部液流立即停止流动，产生水击，使上站的管道发生破裂。因此，在泵站和管道的设计中，尤其是以“从泵到泵”输送方式的输油管道，如果不考虑这一点，将发生严重的后果，常导致管道发生爆裂。

二、水击计算的基本公式

（一）水击压力

由于液流速度的瞬时变化所引起的初始水击压力值（压力增值）可按式（3-1-59）计算：

$$\Delta p = \rho a(v_0 - v) \tag{3-1-59}$$

式中 Δp——由于液流速度的瞬时变化所引起的初始水击压力，Pa；

ρ——液体的密度，kg/m^3；

a——水击波在该管道中的传播速度，m/s；

v_0——正常输油时液体流速，m/s；

v——突然改变后的液体流速，m/s。

如阀门突然全部关闭，液体的流速立即降为零，此时的初始水击压力值为：

$$\Delta p = \rho a v_0 \tag{3-1-60}$$

由式（3-1-59）和式（3-1-60）可得出流速突然减小或突然降为零时所引起的压力增值。如起始流速突然增大，则可得出相应的压力降低值。

（二）水击波的传播速度

水击波的传播速度 a 可按式（3-1-61）计算：

$$a = \sqrt{\frac{k/\rho}{1 + \frac{kD}{E\delta}C_1}} \tag{3-1-61}$$

式中 a——压力波的传播速度，m/s；

E——管材弹性模量，Pa；

D——管道内径，m；

δ——管壁厚度，m；

ρ——液体密度，kg/m^3；

k——液体的体积弹性系数，Pa；

C_1——管子的约束系数。取决于管子的约束条件：一端固定，另一端自由伸缩，$C_1 = 1 - \mu/2$；管子无轴向位移（埋地管段），$C_1 = 1 - \mu^2$；管子轴向可自由伸缩（如承插式接头连接），$C_1 = 1$；μ 为管材的泊桑系数。

对于一般的钢质管道，压力波在油品中的传播速度大约为 1000～1200m/s，在水中的传播速度大约为 1200～1400m/s。

几种常用材料的弹性模量和泊桑系数见表 3-1-4。

表 3-1-4 常用材料的弹性模量和泊桑系数

名 称	$E/10^9$Pa	μ	名 称	$E/10^9$Pa	μ
钢	206.8	约 0.30	聚氯乙烯	2.76	约 0.45
铜	110.3	约 0.36	石棉水泥	约 23.4	约 0.30
铝	72.4	约 0.33	混凝土	30～107.8	0.08～0.18
球墨铸铁	165.5	约 0.28	橡胶	约 0.07	约 0.45

液体的体积弹性系数随其组成、温度和压力的不同而不同。但压力在 4.0MPa 以下，弹性系数随压力的变化较小，随温度的变化较大，表 3-1-5 列出了国外测定的几种液体的体积弹性系数。由表 3-1-5 可见，随着温度的升高，液体的体积弹性系数减小。温度

升高，液体的密度也减小，意味着液体的可压缩性增大，压力波的传播速度减小。

表 3-1-5　几种液体的体积弹性系数

名　称	体积弹性系数				
	20℃	30℃	40℃	50℃	90℃
水	23900		22150		21730
丙烷	1760	1370	1040	715	
丁烷	3560	3020	2510	2130	
汽油	9160			7600	
煤油	13600		12050		
润滑油	15600			13800	
原油	7℃	21℃	38℃		
15℃密度 0.83kg/m³	15300	13500	12250		
15℃密度 0.90kg/m³	19200	17350	15600		

三、水击波的传播过程

现以等直径简单管道中的水击波传播过程为例，来说明阀门突然关闭时所引起的水击现象。

如图 3-1-30 所示，液体来自具有固定液面的大水池，沿长为 L、直径为 d 的等直径管道流向大气中，管道出口装有阀门。

当阀门开启一定大小的正常情况下，管道中的流速为 v_0。如将阀门突然关闭，则阀门处的液体流速从 v_0 突然减小到零。但由于惯性作用，液体还企图以 v_0 的速度流动，因而将有一惯性力作用于阀门。根据作用力和反作用力的关系，阀门对液体也有一个大小相等、方向相反的反作用力作用于液体并传递给管壁，从而使这层液体被压缩，密度增加，压力增高了 Δp，同时管壁也发生膨胀。在分析水击现象时，尽管液体和管子的弹性都不大，即压缩性很小，但绝对不能忽视。

水击波传播的一个循环可分为四个阶段：

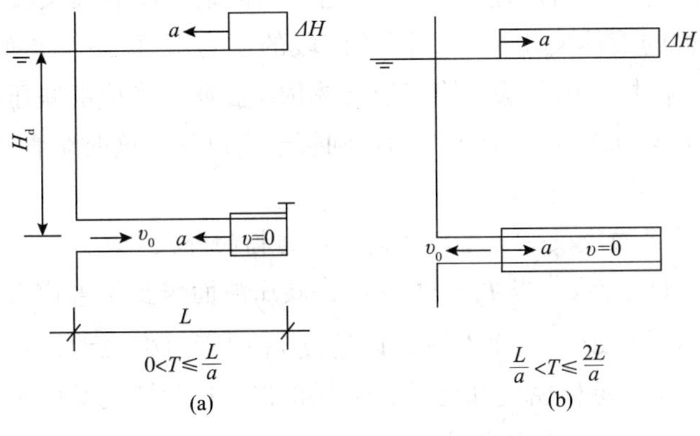

第三编 CHAPTER THREE 原油长输管道设计

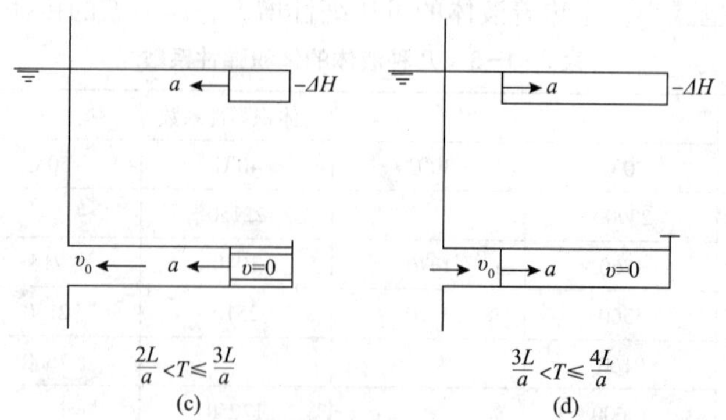

图 3-1-30　阀门瞬时关闭后一个周期内管内压力的变化过程

1. 水击波传播的第一阶段——管中增压波从阀门向管道进口传播的阶段

如图 3-1-30（a）所示，设阀门在 $T=0$ 时突然全部关闭。此时，紧靠阀门的一层液体在很短的时间内，首先停止流动，速度由 v_0 降到零，产生水击增压 Δp，使该层液体受压缩，密度增加，而管壁发生膨胀。此后，第二层液体相继停止流动，同时压力升高，液体受压缩，使密度增加，管壁膨胀。这样，由于液体停止而形成的高低压区分界面，依次向上游传播。传播的速度为 a，实际上接近于液体中的音速。

当阀门关闭后 $T_1=L/a$ 时刻，压力波面传到了管道入口处。这时，全管内液体都已停止流动，液体处于被压缩状态，压强增高了 Δp，密度增加，管壁膨胀。

2. 水击波传播的第二阶段——管中减压波向下游传播的阶段

如图 3-1-30（b）所示，在 $T_1=L/a$ 时，压力波传到了管道入口，由于管道中的压力高于水池压力，所以紧靠水池的一层液体将以速度 v_0 开始向水池流动，而使水击压力消失，压力恢复正常，液体密度和管壁也恢复原状。从此刻开始，管中的液体高低压分界面又将以速度 a 自水池向阀门传播，直到 $T_2=2L/a$ 时刻，高低压分界面又传到了阀门处，这时全管道内液体压力和体积都已恢复原状，而且液体以 $-v_0$ 的流速向水池方向流动。

3. 水击波传播的第三阶段——减压波向上游传播的阶段

如图 3-1-30（c）所示，在 $T_2=2L/a$ 时，全管道恢复正常，但因液流的惯性作用，紧邻阀门的一层液体仍然企图以速度 v_0 向水池方向流动，而后面又没有液体补充，使靠近阀门的微小流段内的液体发生膨胀，因而该段的压力下降 Δp，进而使液体加倍膨胀，管子处于收缩状态。同样，第二层、第三层液体依次膨胀，形成的减压波面仍以速度 a 向水池方向传播。当 $T_3=3L/a$ 时，减压波面传到管子入口处，这时全管道内液流流速为零，压力降低了 Δp 液体膨胀，管子收缩。

4. 水击波传播的第四阶段——增压波向下游传播的阶段

如图 3-1-30（d）所示，当 $T_3=3L/a$ 时，减压波面传到了管道入口处，由于管道中的压力比水池液面静压低 Δp，因而液体又以速度 v_0 向管道中流动，使紧邻管道入口处的一层液体压力恢复正常，液体密度和管道也恢复正常。这种情况又依次以速度 a 向阀门方向传播，直到 $T_4=4L/a$ 时，减压波面传到了阀门外，这时液体以 v_0 的流速向阀门方向

流动。

在 $T_4=4L/a$ 时，全管内的压力正常，但仍有一个向下游的流速 v_0，呈现出与开始关阀瞬间同样的状态。这时，同样会由于液流的惯性作用而产生一个增压波 Δp，从此又开始了压力传播的第二个循环。如果没有水流摩擦及因管壁和液体的变形所产生的能量损失，这种水击现象将会反复继续下去。

由以上分析可以看出，在水击发生和发展过程中，其流速和压强沿管道每一瞬间都在变化，在阀门处的 B 点，压强最先增高后降低，并且时间最长，变化最激烈。图 3-1-31 表示阀门 B 处的水击压力随时间周期变化图。从图中可看出，从阀门开始关闭的时刻起，在 $T<2L/a$ 的时间内，由上游反射回来的减压波还没有到达阀门处，因此阀门在 $0\sim2L/a$ 时间内，所受的压力比静压高 $\Delta p/\rho_g$。而 $T>2L/a$ 时，由上游反射回来的减压波已经到达了阀门处，一直到 $T=4L/a$ 为止，因此阀门在 $2L/a\sim4L/a$ 时间内，所受的压力比静压低 $\Delta p/\rho_g$，并且在 $T=4L/a$ 这一瞬间，压强水头又增高了 $\Delta p/\rho_g$，回到了 $T=0$ 的情况，以后则重复上述过程，呈周期性变化。由于这些原因，阀门处的压力增减幅度为 $2\Delta p$，因此阀门处的水击最为严重。

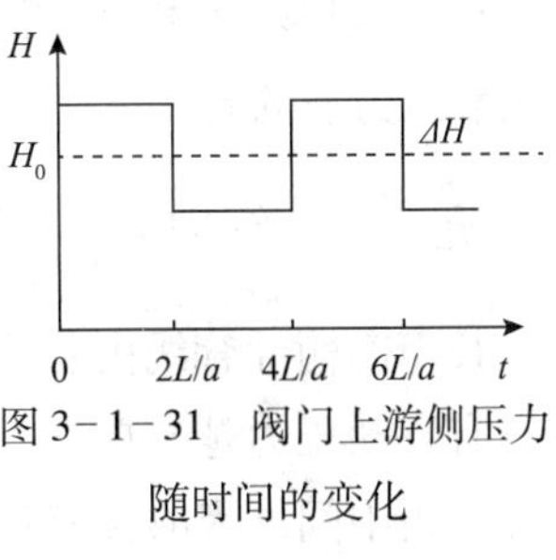

图 3-1-31 阀门上游侧压力随时间的变化

但实际上，由于在传播过程中伴随有水力阻力和管壁变形，发生能量消耗，使水击压力逐渐减小，延续一段时间后，会逐渐消失。

四、管道充装与压力波的衰减

（一）管道充装

由于稳态流动时摩阻损失引起的压力坡降的存在，在管道水力瞬变过程中，增压波前峰经过后，管道容积和管内压力继续增加的过程称为管道充装（见图 3-1-32）。该管道系统稳态时的压降由水力坡降线表示。当管道下游产生扰动时（阀门关闭），阀门上游侧的液体停止流动，产生瞬变增压力 ΔH_1，压力波沿管道向上游传播。在压力波沿管道传播过程中，由于水力坡降的存在，波前峰处的压力与下游扰动源（关闭的阀门）处的压力仍存在压力差。有压差就会有剩余流动，并造成下游管内压力上升 ΔH_2。在 ΔH_2 的作用下，管壁发生膨胀，液体受到压缩，又为流入的液体提供充装容积，并使剩余流动不断减小。考虑摩阻的影响，关阀后阀门上游侧压力的上升可分为两个部分：①因突然关阀产生的直接瞬变压力 ΔH_1；②因管道充装增加的压力 ΔH_2。

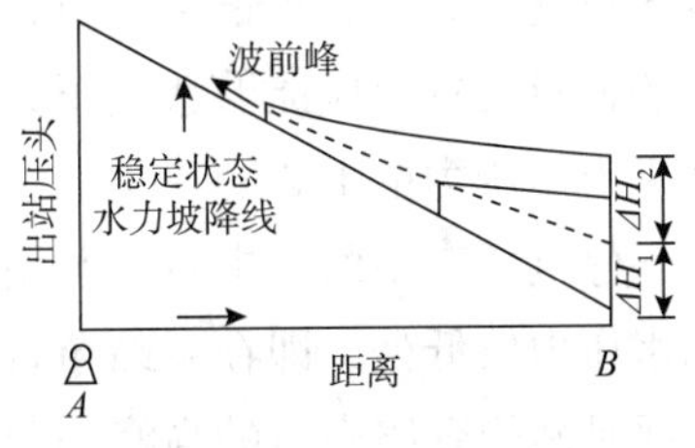

图 3-1-32 长输管道的水击压力传播

由于摩阻的存在，受减压波作用的管道，在减压波前峰经过后，管内也会存在剩余流动，造成受减压扰动作用的管内液体发生膨胀，压力进一步降低。

（二）压力波的衰减

如前所述，压力波在向上游推进的过程中，所经之处液体仍有剩余流动。换句话说，随着压力波沿管内传播，所经各点流速变化 ΔV 会小于扰动源处的变化值，并且随压力波传播距离的增加，ΔV 值会越来越小。ΔV 值小，沿线不同管道位置处产生的瞬变压力也会减小。如图 3-1-32 所示，波前峰峰值压力曲线已不再平行于稳定时的水力坡降线。这种压力波前峰值下降的现象称为压力波的衰减。压力波传播过程中的能量损失也会使压力波产生衰减，但这种衰减与剩余流动产生的衰减相比要弱得多。只要管道存在摩阻损失，就必然存在管道充装和压力波的衰减过程。对于长距离管道，这两个问题显得比较突出和重要。

五、一个中间泵站突然停运时的水击特点

长距离输油管线由若干个泵站串联组成，对于“从泵到泵”方式运行的管线，中间站均设有自动压力越站单向阀。在正常情况下，由于出站压力大于进站压力，使单向阀不能打开，当中间站因故突然停运时（如突然停电），虽不致于使油流完全停止流动，但该站的通过能力明显下降，并且对上、下站间管路的设计提出了一定的要求，具体表现为下列现象：突然停电的瞬间，停电站入口处来油流速未变，而去泵流速骤然降低，产生压缩波使压力上升，而在停电站出口处，由于惯性作用，油流往下站的流速未变，而泵出口的油流速度骤然下降，产生稀疏波使压力下降。由于流速的变化幅度相同，故升压值等于降压值。随着停电站进站压力的上升和出站压力的下降，当进站压力略大于出站压力时，越站单向阀自动开启（停电后 6 ~7s 单向阀动作），干线内重新恢复流动。由于进站压力的上升值与出站压力的下降值相等，故单向阀开启时的越站压力值必然为停电前进出站压力值之和的 1/2（不计站内摩阻）。表 3-1-6 为实际测出的某泵站停电时进、出站压力的变化情况。

由于停电站产生的水击对上站为增压波的影响，使管路沿线的压力升高，而在停电站泵入口处压力升高得最多。所以在设计时，必须考虑在停电的情况下，进站部分的管件，泵的密封装置等应能够适应压力的骤变。故对进站部分的设备及管线的承压能力限制为不低于出站压力的 1/2。

停电站产生的水击对下游站则为减压波的影响。当减压波向下游传播时，在管路沿线动水压力较低处，即在泵站布置图上，水力坡降线与管路纵断面图相距很近的那些地方，主要是站间管路中途的高峰处及进站前的起伏处，当负压力波到达时可能使这些地方的压力降至大气压以下，因而会使原油中的溶解气及某些轻烃析出，在液体内形成许多小气泡。当压力进一步下降，而低于液体的饱和蒸汽压时，管内液体就会汽化，产生蒸汽。蒸汽与已形成的溶解气泡结合，形成较大的气团在管内上升。而液体则在气泡的下面流过，这种情况称为液柱分离。气泡区形成后，它会连续地增长，直到气泡两侧液柱流速达到平衡为止。一般上游液柱会减速，下游液柱会加速。当低压区受到增压波作用时，蒸汽泡会破灭，两液柱相遇时有可能产生高压。当管内压力低于液体的饱和蒸汽压时，液体内溶解气的逸出和液体的汽化会在很大程度上降低压力波的传播速度，使水力瞬变的分析过程变得复杂。为了预防上述现象，就要使管路沿线各处的动水压力均高于一个定值。原油管道

的定值为不小于 2MPa。这一点对地形起伏不平的管路更要引起注意。

六、密闭输送管道的事故保护

如前所述，在密闭输送的管线中，当某些意外事故导致一个中间泵站或一台泵机组突然停止时，将发生急剧的大幅度压力变化。一般的调节系统对此无能为力，必须有可靠的事故保护系统，以确保管线的安全运行。

干线的事故保护包括超压保护及漏泄检测两个部分。

（一）干线的超压保护

1. 进站泄压阀

1）工作原理

进站泄压阀不仅是接力保护过程中的主要保护设备，还是水击超前保护过程中的关键设备。这种设备主要用于本站或下游站泵机组全停或干线阀关闭后超高进站压力的泄压。另外，还能在出站泄压阀泄量过大时，为原油排放提供泄压通路。进站泄压阀系统主要由一对胶囊式泄压阀和一套氮气控制系统组成（见图 3-1-33）。

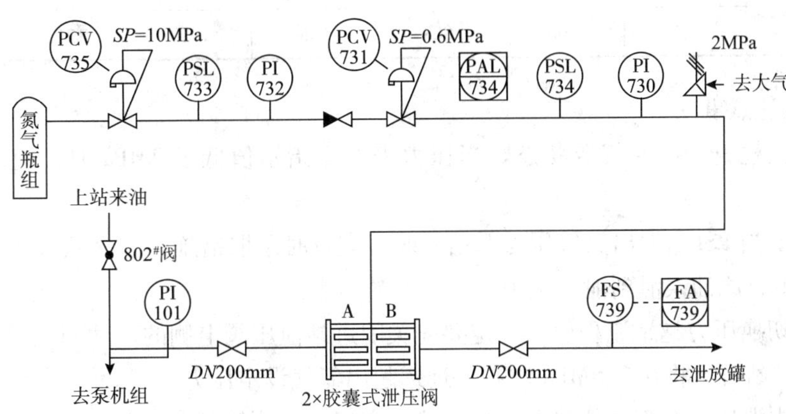

图 3-1-33　进站泄压阀系统

由图 3-1-33 可以看出，氮气瓶中的氮气经过氮气瓶角阀 PCV_{735}减压后，氮气压力降为 5～10MPa。然后经过一个单向阀送给氮气压力给定阀 PCV_{731}，PCV_{731}将氮气压力减压并稳定在 0.6MPa。然后作用于泄压阀胶囊外侧。在正常输油状态下，由于这一给定氮气压力高于泄压阀胶囊里侧的进站原油压力，位于隔断式鼠笼状阀芯外侧的胶囊套将阀芯 *A* 侧条孔封死，油路切断。当进站压力高于氮气给定压力时，胶囊套膨胀，阀芯 *A* 侧条孔打开，原油将从阀芯的 *A* 侧条孔流出，从 *B* 侧条孔流入，然后泄于水击泄放灌中。胶囊式泄放阀的泄放量可按式（3-1-62）计算：

$$Q = 0.0865kF\sqrt{P_s/d} \tag{3-1-62}$$

式中　Q——泄压阀泄放能力，m^3/h；

P_s——压力给定值，kPa；

d——液体（原油）密度，g/cm^3；

第三编 CHAPTER THREE 原油长输管道设计

k——黏度修正系数，按照液体的黏度大小取0.7～0.9，黏度高者取较小值；

F——流量系数，随泄压阀口径与压力给定值的百分数而异。

表3－1－6列出美国格劳夫（Grove）阀门厂生产的887型中和低压泄压阀的流量系数（F）。进站泄压阀的氮气给定值只是其泄压阀的开启值。一旦进站压力超高，泄压阀开启后，进站压力并不是稳定在氮气压力给定值上，而是要高于氮气压力给定值，即压力表PI_{101}的指示值要高于PI_{730}的指示值。同时，进站原油压力要随着原油泄放量的增加而升高。因此，进站泄压阀系统为非定值自力式压力调节系统。该种泄压阀泄放量比较大，反应很灵敏，全部开启时间仅需0.1s。

表3－1－6　中和低压泄压阀的流量系数（F）

阀通径/mm	超过压力给定值百分数						
	1%	13%	15%	20%	30%	42%	65%
150	141	169	186	225	282	338	395
200	205	300	330	400	500	600	700
250	346	415	457	554	692	831	970
500	505	606	808	808	1010	1212	1414

2）运行注意事项

（1）每天检查一次氮气源状态。当压力表PI_{732}指示值低于2MPa时，应立刻更换氮气瓶。

（2）只要当PSL_{734}发出氮气压力低信号时，应及时采取措施，补充氮气压力，严防正常输油状态下，原油误泄到泄放罐中。

（3）在切换压力越站流程前，一定要先关闭进站泄压阀上侧的手动阀。因为在压力越站流程下，进站压力将在2.5MPa左右，远远超出氮气设定压力。

（4）水击泄压阀及管线伴热保温技术状态完好，其伴热温度在35～45℃范围之内。

2. 出站泄压阀

1）工作原理

对出站压力超高保护的各种设施来讲，出站泄压阀的动作频率最高和降压效果也最为明显。另外，由于出站泄压阀的出口管线接在串联泵的入口上，在不超过进站泄压阀氮气给定压力的情况下，出站泄压阀泄放的原油不是进入水击泄放罐，而是通过串联泵进行站内循环，这种站内循环流程有利于提高密闭输油的安全性。

出站泄压阀系统由压力变送器PT－100C、记录仪PR－100C、电磁换向阀和主阀组成（见图3－1－34）。

由图3－1－34可以看出，当出站压力低于记录仪的压力给定值时，出站压力变送器PT－100C输出减少，记录仪PR－100C的输出继电器释放，电磁换向阀失电，在电磁换向阀弹簧力的作用下，电磁换向阀的P口与A口接通，B口与O口接通。由于P口接在主阀的高压侧，O口接在主阀的低压侧，A口与B口的压差使主阀关闭。当出站压力高于记录

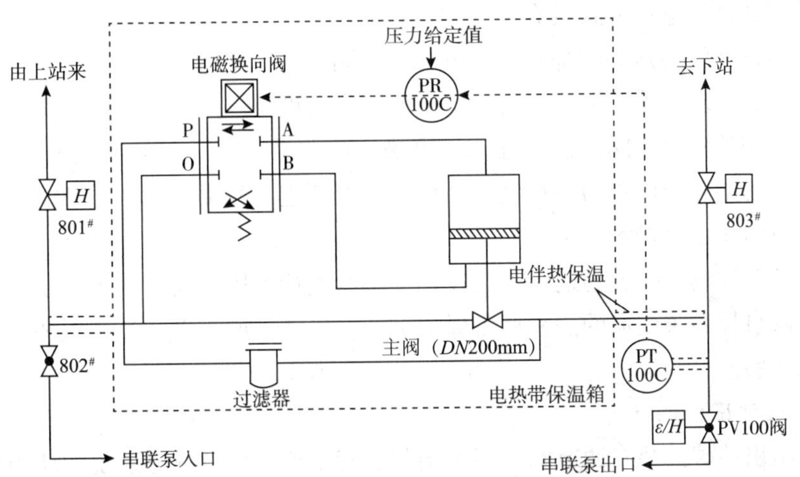

图3-1-34 出站泄压阀系统

仪压力给定值时，PT-100C输量增加，PR-100C的输出继电器吸合，电磁换向阀带电，由于电磁力大于弹簧力，电磁换向阀的P口与B口接通，A口与O口接通，由于B口的压力高于A口的压力，主阀打开，出站压力下降。当出站压力等于记录仪压力给定值时，主阀停开，从而实现了出站压力超高的保护作用。通过上述工作过程分析可以看出，与进站泄压阀不同，在有出站压力超高检测信号时，出站泄压阀系统为定值电液调节系统。该种泄压阀具有反应灵敏、调节准确度高、阀状态检测简便、易进行实验和可靠性高等优点，但是出站泄压阀的全部开启时间要比进站泄压阀长，约为7s。

2）运行注意事项

（1）选用容积不小于0.51m³、过滤精度为0.25mm和过滤网为不锈钢的仪表专用过滤器（这种过滤器可以从流量计生产厂家购到）。由于这种过滤器具有过滤面积大、容积大、耐腐蚀、防油流旁路性能好和滤油精度适中的特点，所以一旦投入使用，原油无需清洗和更换过滤网。如果选用小容积、过滤精度过高和采用其他材质的过滤器，会使出站泄压阀动作缓慢和故障率显著提高。

（2）每周在线试验一次出站泄压阀。对出站压力超高保护措施来讲，出站泄压阀技术性能的好坏至关重要。对此出站泄压阀的检查不仅要看外观，还要进行一些在线定量检查，方可保证出站泄压阀技术状态完好。检查内容包括记录仪给定值的准确性（误差小于0.05MPa）、管路伴热保温（包括检测导管、液压导管、原油管线和阀体保温4个部分内容）和仪表控制接线可靠性3个方面。实验方法和技术要求是：在3台泵机组运行的情况下，记录仪给定值相对于运行压力值下调0.1 MPa，通过记录仪10个周期曲线观察，控制回差应小于0.3MPa、调节周期小于5s和动作响应时间小于1s。遇有问题应及时解决，并保留好故障解决记录和记录仪曲线。

（3）尽可能选用三位四通电磁阀，加装手动控制板，可以有效地提高出站泄压阀的可靠性。选用三位四通电磁阀后，通过适当地接线，使三位四通阀仍然保持开或关两位控制状态。电磁阀的这种应用方式具有如下优点：

①由于不论开阀还是关阀都有一侧电磁阀线圈带电，使电磁铁始终处于温热状态，这样原油对电磁阀阀芯黏滞阻力小，所以电磁阀换向速度快。

②相对于同功率单线圈两位四通阀，电磁换向拉力大，开或关灵敏可靠。换句话说，要具有同样大的电磁换向拉力，单线圈两位四通阀所选功率要大于三位四通电磁阀功率1倍以上，同时体积也要增大许多。

③有了手动控制板，就为运行人员在站控室内进行遥控手动操作提供了便利条件，这是出站泄压阀自控系统失灵的一种后备保护措施。另外，加装手动控制板还有利于出站泄压阀的定期实验。

3. 进、出站压力调节阀

一般泵站出站端都装有调节阀，用于调节瞬变流动过程中管道系统的压力脉动，防止进站压力过低和出站主力过高，维持管道正常运行。泵站出站调节阀自动控制的基本原理如图3-1-35所示。进站与出站压力传感器监测管内压力，由压力变送器分别向各自的调节器发出信号与各自的限定值进行比较。如果进站压力低于给定的限定值，正作用调节器会发出低值信号；如果进站压力超过它的限定值，反作用调节器也会发出低值信号，低值选择器给出关阀指令。这样就可做到当出站压力高于限定值时，调节阀朝关闭方向动作，使出站压力下降；当进站压力低于限定值时，调节阀同样朝关闭方向动作，使进站压力上升；当管道进站、出站压力均未超出限定值时，调节阀保持全开状态。

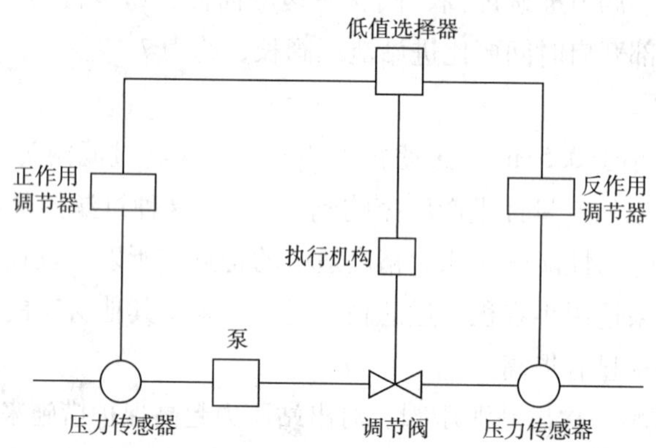

图3-1-35　调节阀自动控制原理

4. 水击超前保护

自动压力调节与自动压力保护是在水击发生后，当水击压力波传到其他各站并使其进出站压力超过其设定值后，各站自控系统根据本站检测信号，判断进、出站压力超限后，发出执行调节或保护措施的命令。水击超前保护是在水击发生后，在水击压力波还未传播到其他各输油站之前，各站提前提高进站压力或降低出站压力（节流或停泵），发出与迎面而来的水击波相反的压力波，抵消水击的影响。具体地说，某站位于水击发生地点的上游，该站在水击波未到达该站之前降低出站压力，产生一个向下游传播的减压波拦截迎面而来的增压波。反之，该站提前提高进站压力，产生一个向上游传播的增压波拦截迎面而来的减压波。能否实现水击超前保护，由以下几个因素决定：

（1）站间距离与水击压力波速度。我国输油管道站间距大约 60～80km，水击压力波在输油管道内的传输速度大约为 1km/s。当某站发生水击时，水击压力波传播到相邻的输油站大约需要 60～80s，水击超前保护只有在这 60～80s 的宝贵时间内得以实现。

（2）准确可靠的检测仪表、高水平的全线自动化系统及完善可靠的数据传输系统。目前，长输管道使用的 SCADA 为水击超前保护提供了可靠保证。

（3）功能强、结果准确的工况分析软件及控制软件。密闭输油管道工况变化规律及复杂水击发生的原因多种多样。水击发生时，通过数据传输系统迅速向所有输油站发出信号，按预先作出的水击模拟分析结果编制的控制程序，各站实施水击超前保护。

密闭输油管道的全线自动化控制是个庞大的系统工程。它因管道系统、设备、传输介质不同而不同。但最主要的原则就是保证管道的安全运行，在事故状态下能对管道实施合理而行之有效的保护措施。

（二）干线的检漏

目前，国内外对于长输管道的少量漏泄还没有可靠的检漏技术，下面仅从原理上介绍几种已经和可能使用的检测技术。

1. 压力坡降法检漏

压力坡降法检漏如图 3-1-36 所示，在管道上设若干个测压点 p_1～p_6，以测量沿线的压力变化。在正常输送时，站间管道的流量为 Q_0，水力坡降如图中的直线 *BC* 所示。当管道发生漏泄时，漏泄点前的流量变大，如图中 Q_1，坡降线变陡；漏泄点后则流量变小，如图中 Q_2，坡降线变缓。沿线的水力坡降呈折线状，如图中的 *DAB* 线所示，折点即为漏泄点。漏油后，泵站的出站压力下降，漏泄量越多，下降越多。但此法只能用于检测较大的漏泄，并需要在沿线设较精确的测压点，或站上可精确地计量流量。

2. 压力波法检漏

压力波法检漏干线发生漏泄时的水力现象，类似于分支管路上的阀门突然开启，会产生一个负压力波，从漏点开始以一定的传播速度分别向上游、下游的泵站传播。根据沿线各点连续观测记录的压力，可以检测出由于负压力波到达而产生的突然压力下降和负压力波到达的时间。根据各测点负压力波到达的时间差，可以确定漏泄点位置。根据压力下降的幅度和漏泄点位置，可判断漏泄量的大小。如图 3-1-37 所示，如在测点 *D*、*E* 之间，距 *D* 点 *x* 处发生了漏泄，*DE* 的间距为 L_4，压力波传播速度为 *C*。设分别经过时间 T_D 及 T_E 后，压力波传到 *D* 点及 *E* 点，故由此二式得：

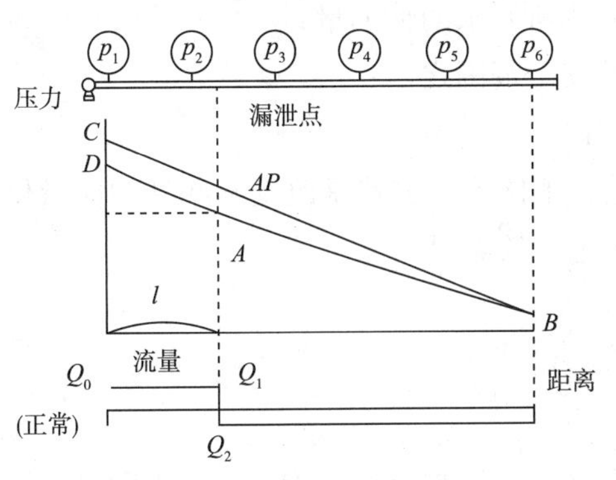

图 3-1-36　压力坡降法检漏

$$T_{D} = \frac{x}{C} \qquad T_{C} = \frac{L_4 - x}{C}$$

$$x = \frac{1}{2}[C(T_{D} - T_{E}) + L_4] \tag{3-1-63}$$

即由二测压点测到压力波到达的时间差可确定漏点位置。在传播速度难计算的情况下，可根据各相邻测点间压力波到达的时间差求 C。

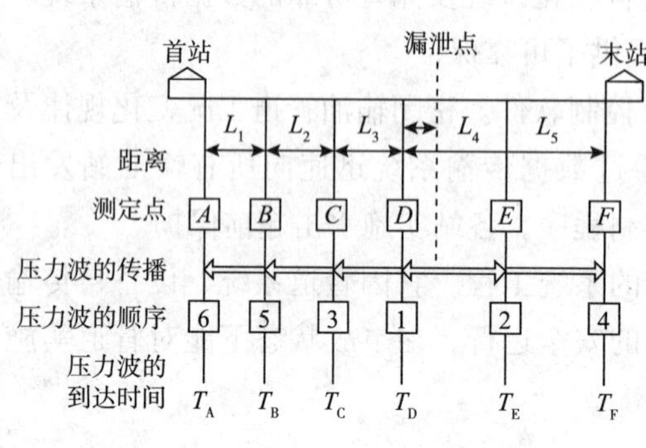

图 3-1-37　压力波法检漏

据国外资料介绍，此法能迅速地检测出少量的漏泄。因漏泄而引起的全线压力变化，除了与支线突然开阀相似外，均不同于其他因素引起的压力变化，根据此特点可判断压力变动是否因漏泄引起。检测的精度决定于计时的正确性。但此法的具体应用还有不少困难，首先是要求全线有较多的能连续测量、记录以及遥传的测压点，装置也很复杂。

第五节　输油管道运行工况分析与调节

“从泵到泵”运行的等温输油管道，除了由于季节变化、所输油品种类改变使油品黏度改变而引起全线工况变化外，根据供、销的需要，有计划地调整输量，以及输油管道沿线间歇地分油或收油，也会导致全线工况变化。运行中发生的各种故障，如电力供应中断使某中间站停运，机泵故障使某台泵机组停运，阀门开关错误或管道某处堵塞、漏油等也会引起流量及各站进出站压力的变化，甚至使某些运行参数超过允许范围。为了继续维持输送，必须对各站进行调节，以保证完成输油任务，实现安全、经济地运行，降低输油成本。长距离输油管调节的目的在于：

（1）输油站 - 管道系统的流量，必须保证完成所要求的输油量；

（2）输油站的排出压力和吸入压力在允许的安全范围之内；

（3）原动机 - 泵机组的工作点在最高效率区内。

输油管道的调节，实质上是人为地变更泵站的工作点，也就是改变某些站的能量供应情况，或是改变某站间管道的能量消耗，来满足生产的需要。

一、密闭输油管线的工况分析

（一）某中间站停运后的工况变化

设全长为 L 的密闭运行的输油管道上有 N 个泵站，正常流量为 Q。由于中间第 c 站停运，流量降为 Q^*。如忽略站内摩阻，由此时全线的压降平衡式可求得：

$$Q^* = [\frac{H_{s1} + (N-1)A - \Delta Z}{(N-1)B + fL}]^{\frac{1}{2-m}} \tag{3-1-64}$$

在停运站前面，第 $c-1$ 站的进站压力变化，可以由首站至第 $c-1$ 站进口处的压降平衡式求得。第 c 站停运以前：

$$H_{s1} + (c-2)(A - BQ^{2-m}) = fl_{(c-2)}Q^{2-m} + \Delta Z_{(c-1),1} + H_{s(c-1)}$$

第 c 站停运以后：

$$H_{s1} + (c-2)(A - BQ^{*2-m}) = fl_{(c-2)}Q^{*2-m} + \Delta Z_{(c-1),1} + H^*_{s(c-1)}$$

式中 $l_{(c-2)}$、$\Delta Z_{(c-1),1}$——管道起点至第 $c-1$ 站进口处管段长度、高差，m；

$H_{s(c-1)}$、$H^*_{s(c-1)}$——第 c 站停运前、后，第 $c-1$ 站进站压头，m 液柱。

上述两式相减，可求得第 c 站停运前后，第 $c-1$ 站进站压力的变化。

$$H^*_{s(c-1)} - H_{s(c-1)} = [(c-2)B + fl_{(c-2)}](Q^{2-m} - Q^{*2-m}) \tag{3-1-65}$$

由于 $Q > Q^*$，故

$$H^*_{s(c-1)} > H_{s(c-1)} \tag{3-1-66}$$

即第 c 站停运后，第 $c-1$ 站进站压力，增高。第 $c-1$ 站出站压头可由式（3-1-67）求得：

$$H_{d(c-1)} = H^*_{s(c-1)} + H^*_{c(c-1)}$$

由于第 c 站停运后输量减小，泵站扬程 $H^*_{c(c-1)}$ 增高，且进站压头 $H^*_{c(c-1)}$ 也上升，故第 $c-1$ 站出站压头 $H^*_{d(c-1)}$ 增高。同理，可求得第 c 站前面的第 $c-2$ 站，第 $c-3$ 站等各站的压力变化趋势与第 $c-1$ 站相同。距第 c 站愈远的站，其进站、出站压力变化的幅度愈小。距第 c 站最近的第 $c-1$ 站，其进、出站压力上升值最大。

第 c 站后面的第 $c+1$ 站压力变化情况，可由第 $c+1$ 站进口至末站油罐液面的压降平衡式求得。

第 c 站停运以前：

$$H^*_{s(c-1)} + (N-c)(A - BQ^{2-m}) = f(L - l_c)Q^{2-m} + \Delta Z_{k,(c+1)}$$

第 c 站停运以后：

$$H^*_{s(c-1)} + (N-c)(A - BQ^{*2-m}) = f(L - l_c)Q^{*2-m} + \Delta Z_{k,(c+1)}$$

式中 $\Delta Z_{k,(c+1)}$——第 $c+1$ 站进口与终点油罐液面的高差，m；

l_c——管线起点至第 $c+1$ 站进口的长度，m；

$H_{s(c+1)}$、$H^*_{s(c-1)}$——第 c 站停运前、后，第 $c+1$ 站进站压头，m 液柱。

上述两式相减，可求得第 c 站停运前后，第 $c+1$ 站进站压力的变化：

$$H^*_{s(c+1)} - H_{s(c+1)} = [B(N-c) + f(L - l_c)](Q^{*2-m} - Q^{2-m}) \tag{3-1-67}$$

由于 $Q > Q^*$，故：

$$H^*_{s(c+1)} - H_{s(c+1)} < 0 \tag{3-1-68}$$

第 c 站停运后，第 $c+1$ 站进站压力下降。同样，可求得第 c 站后面的第 $c+2$，第 $c+3$ 等各站进站压力也会下降。距第 c 站愈远的站，压力变化的幅度愈小。第 $c+1$ 站进站压力下降值最大。

第 $c+1$ 站出站压头可由式（3-1-69）求得：

$$H_{d(c+1)}^{*} = H_{f(c+1)}^{*} + \Delta Z_{c+1} + H_{s(c+2)} \tag{3-1-69}$$

由于第 c 站停运后流量减少，故第 $c+1$ 至第 $c+2$ 站的站间摩阻 $H_{f(c+1)}^{*}$ 减小，且第 $c+2$ 站进站压头 $H_{s(c+1)}^{*}$ 下降，站间高差 $\Delta Z_{(c+1)}$ 不变，故出站压头 $H_{d(c+1)}^{*}$ 下降，距第 c 站愈远的站，出站压力下降的幅度愈小。

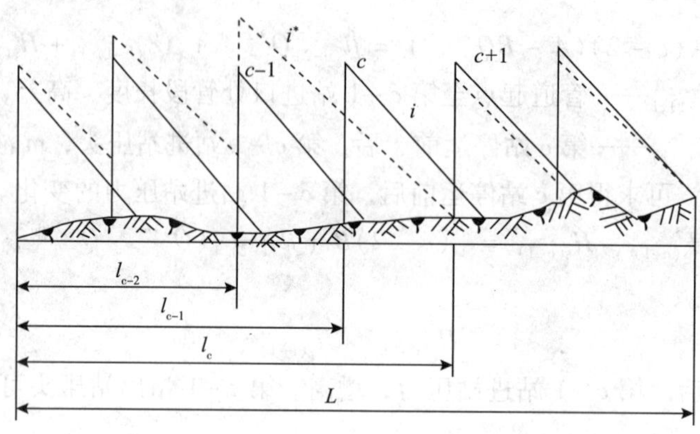

图 3-1-38 某中间站停运后的工况变化

第 c 站停运后，水力坡降由 i 变为 i^{*}，停运前后工况变化情况如图 3-1-38 所示。图中虚线表示第 c 站停运后的水力坡降线 i。

（二）分输引起的工况变化

有时需要从输油管分出部分油以供给管道沿线用户，这就是分输。分输可能是不间断的，也可能是间歇的。分输不间断的输油管可以以分输站为界，分段进行工艺计算。对于间歇分输的输油管，由于输油工况要发生变化，在计算时，必须考虑分输引起的工况变化。由于管线漏油事故而引起的工况变化和间歇分输工况一样。

设在有 N 个泵站的输油管道上，若分输站位于第 $c+1$ 站进站处附近，分输量为 q。分输前，全线输量为 Q；分输以后，分输点前面的输量为 Q^{*}，分输点后面的输量为 $Q^{*}-q$。分输后全线输量不相等，可以以分输点将全线分为前、后两段，分别列出各段的压降平衡式。

从首站至分输点的管段上：

$$H_{s1} + c(A - BQ^{*2-m}) = fl_{c}Q^{*2-m} + \Delta Z_{(c+1),1} + H_{s(c+1)}^{*}$$

从分输点至末站油罐液面：

$$H_{s(c+1)}^{*} + (N-c)[A - B(Q^{*}-q)^{2-m}] = f(L-l_{c})(Q^{*}-q)^{2-m} + \Delta Z_{k,(c+1)}$$

上述两式相加可得：

$$H_{s1} + NA - \Delta Z = (cB + fl_{c})Q^{*2-m} + [(N-c)B + f(l-l_{c})](Q^{*}-q)^{2-m} \tag{3-1-70}$$

正常工况下，全线的压降平衡为：

$$H_{s1} + N(A - BQ^{2-m}) = fLQ^{2-m} + \Delta Z$$

$$H_{s1} + NA - \Delta Z = (NB + fL)Q^{2-m} \tag{3-1-71}$$

对比式（3-1-70）、式（3-1-71）可知：

$$Q^{*} > Q > Q^{*} - q \tag{3-1-72}$$

由此可知：干线分输后，分输点前面输量变大，分输点后面输量减少；为了求解分输点前的第 c 站进站压头的变化，列出首站至第 c 站进站处在分输前、后的压降平衡式：

$$H_{s1} + N(A - BQ^{2-m}) = fLQ^{2-m} + \Delta Z$$

$$H_{s1} + NA - \Delta Z = (NB + fL)Q^{2-m} \tag{3-1-73}$$

上述两式相减，可得：

$$H_{sc}^{*} + H_{sc} = [(c-1)]B + fL_{(c-1)}](Q^{2-m} - Q^{*2-m}) \tag{3-1-74}$$

由于 $Q^{*} > Q$，故：

$$H_{sc}^{*} - H_{sc} < 0 \tag{3-1-75}$$

分输后，第 c 站的出站压头可由下式求得：

$$H_{dc}^{*} - H_{sc}^{*} + H_{cc}^{*}$$

由此得出：分输后，分输点前的各站进、出站压头都下降，而且距分输点越近的站，压头下降的幅度越大。

分输点后面沿线各站在分输前后的进、出站压头变化，也可由分输点后管段的压降平衡式推出。分输后，分输点后面各站的进站、出站压头也都下降，距分输点越近的站，压头下降的幅度越大。分输后全线工况变化的情况如图 3-1-39 所示。

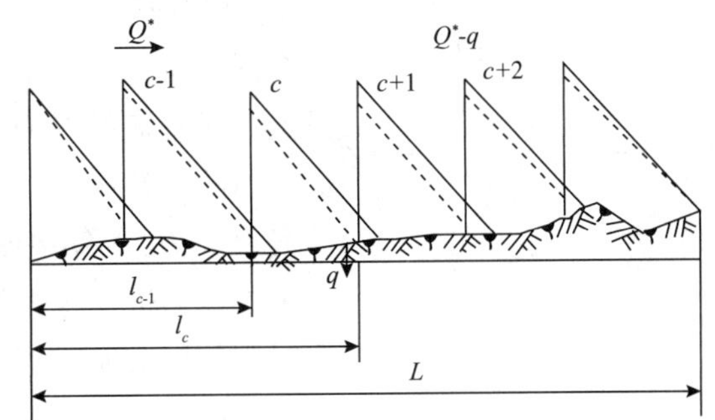

图 3-1-39　第 $c+1$ 站进、出站分输后全线工况的变化

（三）间歇接油工况

有时输油管有可能接收其通过地区附近油田的油。根据油田的产量，接油可能是不间断的，也可能是间歇的。不间断接油的输油管，可以以接油站为界分段进行工艺计算。对于间歇接油的输油管，在计算时必须考虑接油引起的工况变化。

与分输的情况一样，在有 N 个泵站的输油管道上，若接油站位于第 $c+1$ 站进站处附近，接油量为 q。接油前，全线输量为 Q；接油以后，接油站前的管段输量为 Q^{*}，而接油站后面管段的输量为 $Q^{*}+q$。

用与间歇分输同样的方法可证明，在接油的情况下，接油站前的管段流量 $Q^{*} < Q$，而接油站后的管段流量 $Q^{*}+q > Q$。随着接油量 q 的增加，Q^{*} 随之减小。

吸入压头的变化也与分输的情况不同，在接油的情况下，第 $c+1$ 站的吸入压头随接油量的增加而增加，可由式（3-1-76）证明：

$$\Delta H_{s(c+1)} = H_{s(c+1)}^{*} - H_{s(c+1)} = (GB + fl_{c})(Q^{2-m} - Q^{*2-m}) \tag{3-1-76}$$

增加最多的是接油站附近的第 $c+1$ 站，离该站越远，吸入压头的增加越小。

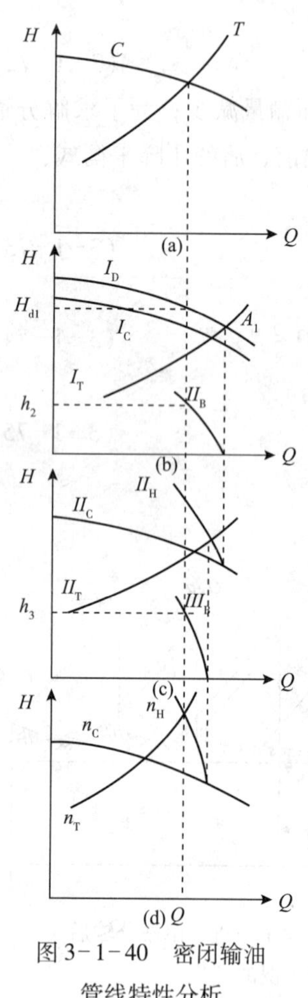

图 3-1-40 密闭输油管线特性分析

（四）用图解法分析输油管道的工况变化

1. 正常工况

图 3-1-40 表示某输油管道上类型相同的三个泵站，以“从泵到泵”方式运行，正常工作时的图解。

总的泵站特性和总的管道特性的配合情况如图 3-1-40（a）所示：曲线 C 表示总的泵站特性，曲线 T 表示总的管道特性。C 与 T 的交点即为全线的工作点。其对应的流量 Q 是各泵站的流量，对应的压头为全线总压头，即首站进站压头与各泵站压头之和，即 $H = H_{s1} + 3H_c$。

先分析首站，如图 3-1-40（b）所示。I_C 表示首站的泵站特性，设首站的泵进站压头为定值，不随流量变化而变化，故首站出站压头曲线 I_D 应由泵站特性曲线 I_C 与首站进站压头 H_{s1} 叠加而得。I_T 表示首站与第二站间的管道特性。由于全线在同一流量下工作，所以 I_D 和 I_T 的交点 A_1 并不是首站的工作点。而总流量 Q 对应的参数才表示首站的工作状态，即 H_{d1} 是首站的出站压头。在同样流量下，由曲线 I_D 减去曲线 I_T 得曲线 II_B。II_B 为第一站间末端的剩余压力随流量变化的曲线，即第二站的进口压头随流量变化的曲线。在曲线 II_B 上，流量 Q 对应的压头 h_2 即为第二站的进口压头。

第二站如图 3-1-40（c）所示，II_C 为第二站的泵站特性曲线，II_T 为第二站与第三站间的管道特性曲线。且 II_B 与 II_C 串联相加则得第二站的出站压头曲线 II_H。在同样流量下，从 II_H 中减去 II_T 即得第三站进站压头曲线 III_B。在曲线 III_B 上，流量 Q 对应的压头 h_3 即为第三站的进口压头。

设第三站是管道末站，如图 3-1-40（d）所示，n_C 为第三站的泵站特性曲线，n_T 为站间管道特性曲线，II_B 与 n_C 串联相加则得末站的出站压头曲线 n_H。根据能量供求平衡的规律，末站的出站压头应全部消耗在末站间的管道上，即末站出站压头曲线 n_H 与站间管道特性曲线 n_T 的交点所对应的流量应为各泵站的流量 Q。

从上述分析中可总结出下列几点：

（1）除末站外，其余各站的出站压头曲线与站间管道特性曲线交点的横坐标，必须在全线工作流量之右。这样才能保证下一站正压进泵。而在末站则二者刚好重合。

（2）各站的进口压力不仅随相邻的上站泵站特性及站间管道特性的变化而变化，而且还随全线的输量改变而改变。对某一站间而言，若其泵站特性和站间管道特性保持不变，当因下游站故障而引起输量下降时，该站的进口压力将升高。

（3）由于全线输量改变而引起各站进出、口压力变化的幅度，因各站的管道特性及泵站特性的陡度不同而不同。管道特性及泵站特性相对陡的站间，其进、出口压力变化较大。

2. 泵站出力不足的情况

在图 3-1-41（a）中，当全线正常工作时，全线总的泵站特性曲线 C 与总的管道特性曲线 T 交于 A_0 点，此时首站和第二站的泵站特性曲线分别为 I_C 和 II_C。第一站间和第二站间管道特性曲线分别为 I_T 和 II_T。全线在 Q_{A0} 下工作时，首站出站压头为 H_{A1}，第二站进站压头为 h_2。

当沿线有 N 个泵站时，同样可作出第三、第四个站的曲线求解。这里只分析头两个站的情况，就可代表一般的了。

当首站的电动离心泵机组因电力系统发生故障或叶轮磨蚀而使首站的泵站特性由 I_C 下降为 I_C' 时，[见图 3-1-41（b）]。此时，引起总的泵站特性由 C 下降到 C'，使系统的工作点左移到 A_0'，全线输量由 Q_{A0} 减少到 Q_{A0}'。在这种情况下，当输量为 Q_{A0}' 时，首站给出的压头为 H_{A1}'，从图中看出，$H_{A1}' < H_{A1}$。第二站泵给出的压头可从图 3-1-41（b）的曲线 II_C 上得到为 H_{A2}'。显然 $H_{A2}' > H_{A2}$（第二站正常工作时泵给出的压头）。可见，由于首站泵出力不足，泵给出的压头下降，从而造成后面正常工作泵站的泵给出的压头有所增高。

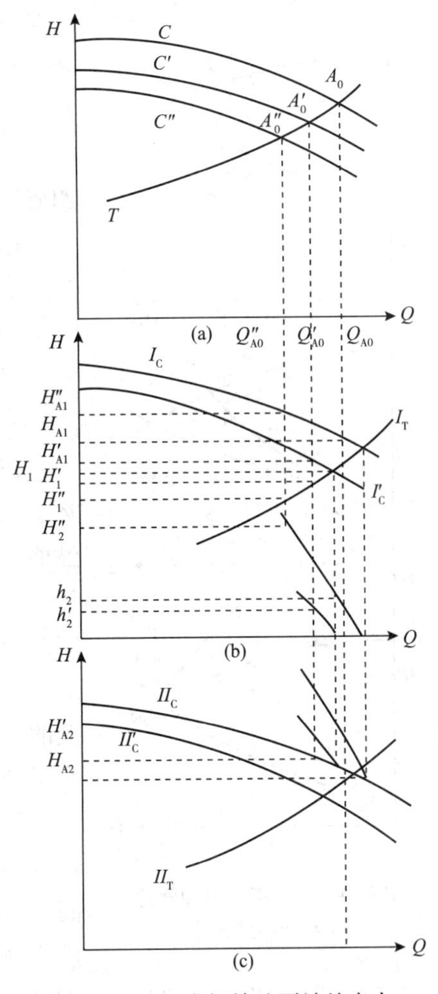

图 3-1-41 密闭输油泵站处出力不足的情况分析

同时，由于输量减少为 Q_{A0}'，第一站间管道所消耗的摩阻减少到 H_1'。此时，第一站间管道的剩余压头，即第二站的进口压头由 $h_2 = H_{A1} - H_1$ 改变为 $h_2' = H_{A1}' - H_1'$，虽然此时 $H_{A1}' < H_{A1}$，$H_1' < H_1$，但总是 $h_2' < h_2$。这是因为整个变化过程是由于首站出力不足而引起的，即首站压头下降在过程中是主导因素，因此总是：

$$H_{A1} - H_{A1}' > H_1 - H_1'$$

$$h_2' = H_{A1}' - H_1' < h_2 = H_{A1} - H_1$$

这样一来，造成第二站的进口压头下降。如果第二站的进口压头降到小于允许值时，则会引起第二站泵的入口发生气蚀现象，破坏泵站的正常工作。

另一种情况，首站工作正常，而第二泵站出力不足，其泵站特性由 II_C 降为 II_C'，总的输油站特性曲线由 C 降到 C''。系统的总工作点左移到 A_0''，全线的输量由 Q_{A0} 降低到 Q_{A0}'' [见图 3-1-41（a）]。

工作正常的第一输油站特性曲线和管道特性曲线都没有变，所以第二站的进口压头曲线也没有变。但由于全线输量由 Q_{A0} 降低到 Q_{A0}''，故正常工作的第一站间的工作压头由 H_{A1}

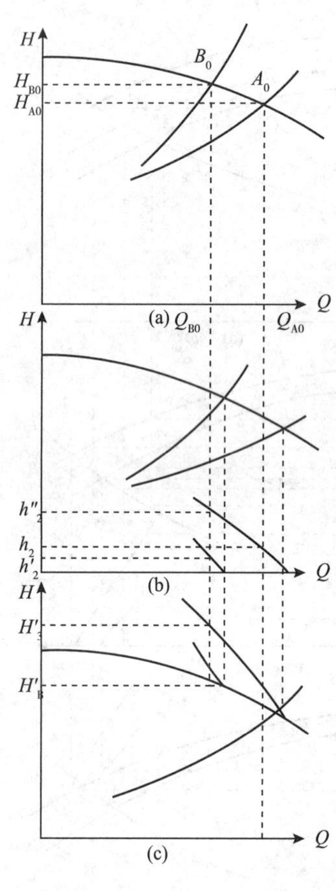

图3－1－42 密闭输油管道阻力增加的情况

升到H''_{A1}，第一站间摩阻损失由H_1降为H''_1，因而第二站的进口压头也由$h_2=H_{A1}-H_1$上升为$h''_2=H''_{A1}-H''_1$。$H''_{A1}>H_{A1}$，而$H''_1<H_1$，使第二站进口压头将有较大增长，即$h''_2>h_2$较多，当h''_2大于最大允许值时，将造成第二站泵机组吸入端的过滤器或阀门垫片刺破或泵的入口漏泄等事故。

由此可见，当某泵机组出力不足时，将会引起该站进口压头上升或后一站进口压头下降。当压力波动值超过允许范围时，必须采取措施排除故障，或调整各站工作参数，以保证全线正常工作。

3. 管道摩阻增加的情况

在上述管道系统中，如因第一站间管道局部堵塞而破坏了系统的协调工作（图3－1－42），这时第一站间管道特性曲线变陡，而使全线总的管道特性曲线变陡。系统的工作点由A_0向左移到B_0，全线输量由Q_{A0}降为Q_{B0}，全线所需总压头由H_{A0}上升为H_{B0}。

在第一站间，由于管道特性曲线变陡，在泵站特性不变的情况下，使第二站的进口压头由h_2下降到h'_2，当h'_2小于最小允许值时，第二站将有气蚀现象发生。

另一种情况，如果第二站间管道阻力增加，系统的工作点还是移到B_0点。此时，由于全线输量下降，使第一站间阻力损失减少，第二站的进口压头升至h''_2。这时可能造成两种事故：一是使第二站进站处的压头超过设备允许的最高压力而损坏设备；二是第二站出口压头过高超过管子允许强度而引起事故。出口压头升高由两个方面因素造成：一是过高的进站压力叠加在出口压力；二是输量下降使本站给出的压头升高到H'_B。出站压头为：

$$H'_2 = H'_B + h''_2$$

为防止上述事故发生，应及时清扫管道，排除事故隐患，或采取相应措施调整全系统的工作。

二、热油管路的工作特性

从苏霍夫公式$h_f=\beta\frac{Q^{2-m}\nu^m}{d^{5-m}}$中可以看出，在管径、管长和流态$\beta$一定的情况下，影响摩阻$h_f$的因素是流量和黏度。

流量对摩阻的影响表现在油流的速度上，即通过流速反映出流量大速度也大，因此摩阻大；反之，流量小，速度也小，摩阻就小。

热力因素对摩阻的影响表现在黏度上。当出站温度T_R一定时，随着流量增加，根据苏霍夫公式，进站温度升高，平均温度升高，黏度减小，摩阻也随之减小，这与速度对摩阻的影响正好相反，反之亦然。

那么，当流量发生变化时，摩阻究竟如何变化取决于上述两个因素中哪一个因素起主导作用。在某种情况下，ν 起主导作用，而在另一种情况下，Q 又起主导作用，这就要看流量变化的具体情况。

设 T_R 一定，看流量 Q 对进站温度 T_Z 的影响。由苏霍夫公式：

$$T_Z = T_0 + (T_R - T_0)e^{-\frac{\pi KD}{\rho c}l_P\frac{1}{Q}}$$

可作出 $Q-T_Z$ 曲线（见图 3-1-43）。

由图可以看出，$Q-T_Z$ 曲线分为三个部分：

（1）在小流量范围内，因散热很快，T_Z 上升得慢，基本上接近地温 T_0；因此平均油温也增加不多，对黏度 ν 的影响就小。也就是说，在小流量范围内，随着流量的增加，黏度下降得很少。

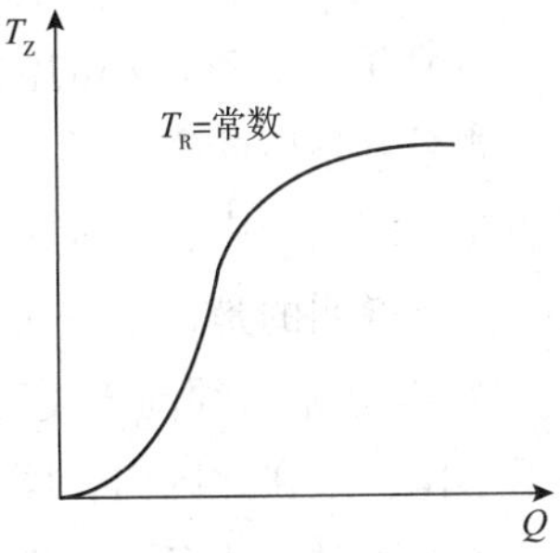

（2）当流量继续增加，T_Z 增加得很快，平均油温也增加得很快，因此黏度 ν 明显下降。也就是说，在比较大的流量范围内，随着流量的增加，黏度下降得很多。

（3）如流量再继续增加，T_Z 将趋近于 T_R，且不再有很大的变化（因为 T_Z 不会超过 T_R）。平均油温也变化不大，因此，黏度也就不会有多大的变化，即在大流量范围内，随流量的增加，黏度下降得不多。

图 3-1-43　T_R 一定时 Q 对 T_Z 的影响

由于管道中在不同的流量范围内，黏度对摩阻损失的影响程度不同，就导致了热油管道的特性曲线为一起伏的曲线（见图 3-1-44）。显然，其特性曲线形式要比等温管道的特性曲线形式复杂。由图可看出，热油管道的特性曲线也可分为三个不同的区域，即Ⅰ区、Ⅱ区和Ⅲ区，各区的特点如下：

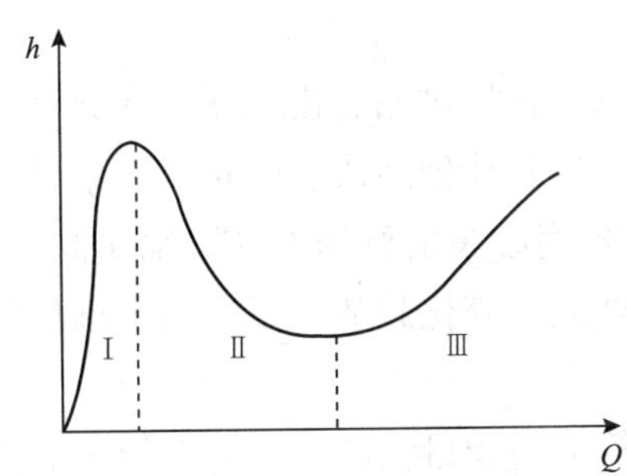

图 3-1-44　热油管路的 $Q-h$ 曲线

（1）Ⅰ区为小流量区。在该区内，随着流量的增加，摩阻损失急剧增加，特性曲线很陡。由上所述，这是由于在该区内，终点油温 T_Z 随流量 Q 的增加变化不大，油流黏度 ν 下降不多，影响不大，流速对摩阻损失的影响起主导作用。

（2）Ⅱ区为中等流量区。在该区内，随着流量增大，平均油温上升很快，致使因黏度下降所减少的摩阻损失超过了因流速增加所产生的摩阻损失，黏度对摩阻损失的影响起主导作用，因此，特性曲线呈下降趋势。

（3）Ⅲ区为大流量区。在该区内，当流量增加到一定程度时，平均油温上升达到极限，黏度对降低摩阻损失的影响已不存在了，起主导作用的是流速，因此，摩阻损失随着流量的增加而增加，特性曲线呈上升趋势。

由以上分析可知，Ⅲ区为管道的稳定工作区；Ⅰ区流量很小时，却消耗很大的压头，称为非工作区；Ⅱ区为不稳定工作区。因为，当热油管道系统由于某种故障而流量减少时，摩阻损失反而增加，从而使离心泵的排量降低。摩阻损失进一步增大，泵的排量继续降低。这种恶性循环状态会使工作点移至Ⅰ区内，甚至会使整个管道系统陷入停输的困境。由此可见，热油管道如在Ⅰ区或Ⅱ区内运行，既不经济又不安全，操作上必须要避免这种情况。对于利用节流调节流量的热油管道，当输量较低时，如调节流量不当，就可能发生不稳定的工况，生产中必须要特别注意。

在热油管道运行中，对输送量和输送压力的变化要经常性地做分析，一旦发现由于某种原因使工作点接近Ⅱ区或已进入Ⅱ区时，可迅速采取如下措施，使其回到Ⅲ区：

（1）提高出站油温，减少管道摩阻；

（2）增开备用泵，提高泵站出站扬程；

（3）增大阀门开度，减少节流；

（4）输入黏度较小的油。

如果泵站所能提供的压头超过Ⅰ区与Ⅱ区边界上的压头损失，而且是在管路和设备强度的允许范围之内，这使工作点恢复到Ⅲ区不会有什么困难。

需要说明的是，不是对每一种热油都会出现Ⅱ区。对含蜡原油来说，一般不会出现Ⅱ区，因 T_Z 通常必须高于凝固点。因在输送温度范围内的黏-温曲线比较平坦，且在紊流条件下工作，故在此区内，摩阻与黏度的0.25次方成正比。只有当温度较低，油出现非牛顿流体性质时，才有可能出现Ⅱ区，这是因为温度较低，油的黏度大大增加的缘故。对高粘油来说，比如重油，出现Ⅱ区的可能性较大，因其黏温曲线陡，且在层流流态下工作，摩阻与黏度的1次方成正比，而且Ⅱ区的范围也较大。出现Ⅱ区主要是在层流流态下，其根本因素是油的黏温特性，即在某个温度范围内，温度的微小变化就会引起黏度的急剧变化，使得黏度成了影响摩阻的主要因素。

三、输油管道的调节

输油管道在正常输送时，全线基本处于稳定运行状态。各站进站、出站压力在允许范围内，各站设备、全线水力效率均应处于相对最佳条件。当有计划地改变输量或因某种故障引起输量变化时，管道的能量供需发生变化。对于装备离心泵的管道系统，输量减小，输油泵的扬程会增加，而管道的摩阻损失会减少；输量增大，变化趋势相反。为了维持管道的稳定运行，就需要对管道系统进行调节。

输油管道的调节是通过改变管道的能量供应或改变管道的能量消耗，使之在给定的输量条件下，达到新的能量供需平衡，保持管道系统不间断、经济地输油。

（一）改变泵站工作特性

改变泵站特性即是改变总的能量供应，从而实现对输油管道的调节（见图3-1-45）。当泵站特性由 A 降为 B 时。由于全线提供的总压力减小，管道的输送能力降低，流量从 Q_a 下降为 Q_b，全线需要的总压头从 H_a 降为 H_b。改变泵站工作特性主要有如下几种方法：

1. 改变运行的泵站数或泵机组数

这种方法可以在较大范围内调整全线的压力供应，适用于输量波动较大的情况。对于串联泵机组密闭输送的管道，可以调整全线各站运行的泵机组数和大、小泵的组合方式，改变管道输量，实现全线能量供应的调整。

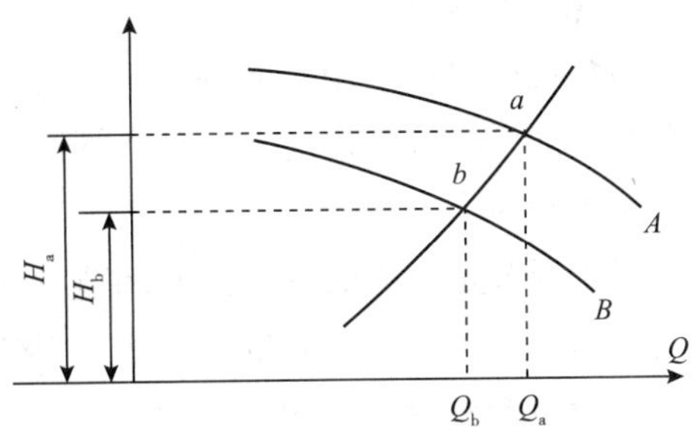

图 3-1-45　改变泵站特性对工作点的调整

采用并联泵机组的管道系统，可以改变站内运行的泵机组数和全线的泵站数，从而改变通过每台泵的排量和泵站扬程。尽可能使每台泵工作在高效区，并实现全线能量供应的调整。

2. 泵机组调速

泵机组调速可以改变离心泵特性，实现离心泵特性的连续变化，一般适用于输量小范围波动所要求的调节，或作为上面两种措施的辅助调节措施。对于串联泵机组密闭输送的管道系统，全线可仅对一台泵实行调速。对于并联泵机组的管道系统，只需要对运行的部分泵机组进行调速。

3. 换用（切削）离心泵的叶轮直径

改变离心泵的叶轮直径也可以改变泵特性。由于装配叶轮操作复杂，工作量大，一般这种方法仅适用于调整后的输量可维持时间比较长的情况。切削叶轮时需注意离心泵叶轮的允许切削范围。对多级泵，还可通过拆卸离心泵的级数达到调节的目的。

（二）改变管道工作特性

改变管道工作特性即改变管道总的能量消耗。

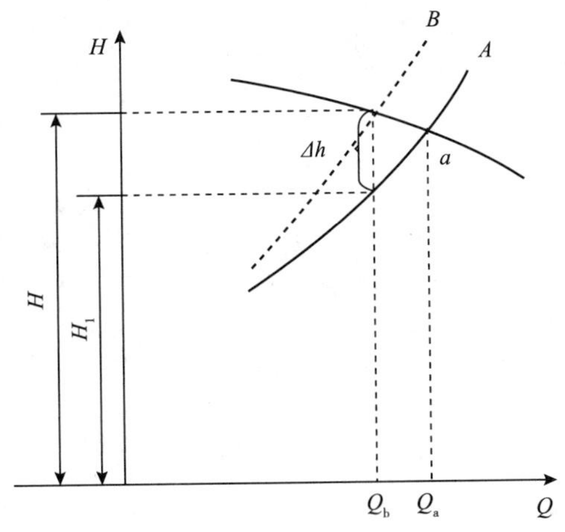

图 3-1-46　阀门节流时的工况

1. 出站前节流

通过关小干线阀门（多数情况是出站调节阀）的开度，人为增加阀门的局部阻力，从而改变管道总的能量消耗（见图 3-1-46）。管道调节前的工作点为 a 点。关阀节流后，由于流动阻力增加，管内流量变为 Q_b。此时，管道的总摩阻损失 H_1，泵站提供的总压头为 H，Δh 即为阀门的节流损失。由于节流损失的增加，管道特性曲线变陡了，致使工作点发生了变化，如图中虚线 B 所示。这种方法称为节流调节。

阀门节流调节是简单易行的调节方法，但能耗大。一般情况下，如机组不能调速，前苏联的有关文献认为，当调压时间不超过调压后输送时间的 3% ~5%，调压幅度不大于一台泵机组扬程的 10% ~25% 时，使用节流法调压是合适的。

2. 采用回流调节

当泵机组出口采用回流调节时，泵所排出的液流一部分经旁路流回泵的进口，使泵机组在发出同样功率的情况下，输入管道的流量因回流而减少。回流量越大，即输入管道的油量减少越多。

回流调节是常用的较方便的调节方法，可根据泵的出口压头变化调节回流阀的开度，但回流调节损失很多的能量，只适用于少量调节。

3. 改变所输油品的黏度

对于热油管道，可在热力条件允许的范围内调节加热温度，改变油品黏度，使管道摩阻上升或下降。在某些特殊情况下，也可掺入轻质油或稀释剂来降低油品黏度，使管道摩阻下降。

（三）输油管道的调节原则

对输油管道进行输量调节，应在完成输送任务的前提下，以全线能耗费用最低为基本原则。对于密闭输送的管道系统，全线是一个统一的水力系统。当管道稳定运行时，应根据沿线各站的能耗单价（如电价）和管道、泵站的承压能力，综合考虑全线泵站和站内泵机组的组合方式，尽量提高低电价泵站的能量供应，减少高电价泵站的能量供应，在优先改变全线泵站能量供应的基础上，使节流损失降为最小。

对于以“旁接油罐”方式工作的长输管道，各站间为独立的水力系统。管道调节主要是各站间的调节。同样是优先改变泵站的能量供应，并使站间节流损失最小。在各站间自行调节过程中，应尽量减小旁接油罐液位的变化，维持各站间流量的协调一致。当流量波动较大（大于1/3 流量）时，应优先考虑改变运行的泵站数，然后再在小范围内对各站参数进行调整。

第二章　线　　路

第一节　线路选择

一、选线原则和注意事项

线路选择是输油管道勘查设计中的一项重要工作。选定的线路是否合理，不仅直接关系到整个工程的施工难易、投资大小和运行安全，也关系到同其他部门的相互影响。线路选择必须认真研究勘查区域内的地形、地貌、地质、气象、水文、地震等自然条件和交通、动力、水利、工矿企业、城市建设等的现状与发展规划以及物资供应等因素，根据国家有关政策和规定，在便于施工、降低造价、便于维护和运行安全的前提下，经综合分析和技术经济比较，确定最优线路走向。

（一）选线原则

长输管道线路选择应遵循以下原则：

（1）线路应力求顺直、平缓，并使起点、终点或控制点间的距离为最短。

（2）线路应尽量减少同天然和人工障碍的交叉，如铁路、公路、河流、湖泊、水库、冲沟、山谷、沼泽和地下管道、电缆等。

（3）线路选择应同穿、跨越大中型河流、冲沟和中间泵站位置的选择相结合。线路总走向确定以后，局部线路走向应服从中间泵站和大中型穿、跨越工程的位置。

（4）线路选择应考虑沿线动力、水源、材料供应等条件。

（5）线路选择应注意环境保护、生态平衡、节约土地，应考虑所经地区的城镇、工矿企业、农田基本建设、水利、交通等的现状和近期发展规划。

（二）选线注意事项

选择输油管道线路时，除应遵循上述基本原则外，还应针对不同自然条件和地理环境，结合下列注意事项，因地制宜，做好方案比选工作。

（1）管道不得通过城市、城市水源区、飞机场、火车站、海（河）港码头、军事工业设施、易燃易爆仓库、国家重点文物保护区、国家级自然保护区等区域和铁路或公路的隧道、桥梁。如经过技术经济论证后，管道必须通过上述地区时，须取得国家有关单位的批准，并采取适当的安全措施。

（2）当线路在居民区和工厂厂区附近通过时，线路通过处的标高应尽可能低于居民区和工厂厂区的地面标高。

（3）在地震烈度等于或大于七度的地区，线路与活动断裂带平行时，应将管道布置在断裂破碎带200m以外，并应避开斜坡、深谷、悬崖、不稳定沉陷土壤地带、采矿区；与断裂带交叉时，应选择在断层位移和断裂带宽度最小的地方通过。

（4）线路不得通过大型的或正在发展中的活动滑坡和崩塌地带。对于古滑坡或规模不大的滑坡，当线路必须通过时，应尽量缩小通过范围，一般可在滑坡顶部通过。如线路附近已有滑坡地区，且工程地质和水文地质条件同滑坡区基本相似时，选线时应预计到由于自然条件的变化和人类活动的影响而产生新的滑坡的可能性。

（5）当线路必须通过沼泽、软土地带时，应尽量选择在范围较小、地形较高、上覆硬壳较厚、取土方便的地段通过。

（6）在泥石流地区，线路应选择在泥石流冲击范围以外。

（7）在黄土地区选线时，线路应尽可能选在黄土塬、宽谷、平缓斜坡和停止发展的沟谷地带，并应将线路布置在湿陷等级低、排水通畅的地带，避开陷穴和冲沟发育的塬边和斜坡地带。当线路同发展中的沟谷交叉时，一般应在中下游稳定地段通过。

（8）当线路通过地形起伏大的山地、深丘时，纵向坡度变化不应过大，应尽量避免在施工困难和管道运行不利的山坡地段布设线路。

（9）对于经常处于潮湿或积水状态，或有可能受洪水冲淹的强盐渍土、盐沼地带，线路应尽可能绕避。线路通过一般盐渍土地带时，应尽可能选择在地势较高、含盐量少、地下水位低、地表排水容易、距离最短的地方通过。

（10）线路应尽量绕避严重流沙地段，如必须通过风沙地区时，应将线路布置在固定或半固定沙地下，或选择在较开阔的丘间与下伏古河床的地段通过。

（11）当线路经过永冻土地区时，应尽量避开地下结冰带、冻胀冰锥和冰丘、热溶洞显示带、带有饱和冰土、黏土和过湿粉质土的斜坡。

（12）在煤矿开采区，线路应尽量选择在煤层薄、埋藏深、倾角平缓和地表变形已经完成的地区。

（13）在水库附近选线时，线路应布置在最终坍岸和浸没范围以外，并应预见到由于库区边缘水文地质条件的变化而引起新的不良地质现象或已有的不良地质现象的恶化。

（14）当设计管道与已有管道平行时，线路一般应选在已有管道的同一侧，尽量减少同已有管道来回交叉。

（15）选线时应注意线路应同居民点、地面建（构）筑物等保持一定距离，根据国家现行标准《输油管道工程设计规范》，埋地输油管道同各种建（构）筑物的最小间距规定如下：

①与城镇居民点或独立的人群密集房屋（如学校、医院、俱乐部、三层以上楼房等）的间距，从边缘建筑物的外墙算起不宜小于15m。

②与飞机场、海（河）港码头、大中型水工建筑物、独立的工厂的间距，从划定的区域边界算起，不宜小于20m。同水库的距离还应考虑坍岸和浸没区的影响。

③当管道与一级、二级公路平行时，其间距从公路排水沟外缘1m算起不得小于10m，对处于特殊地形的局部管段确实难以达到上述规定时，管道可埋设在公路路肩边线以外的公路用地范围内，但在设计时必须对管道采取加强保护措施。

④当管道与铁路平行时或经由火车站附近，管道应敷设在铁路用地范围以外3m。

⑤当管道与架空电力线路平行敷设时，其间距不得小于本段电杆的最大高度。

⑥当管道同埋地通信电缆平行时，其间距应按国家现行规范《钢质管道及储罐防腐蚀工程设计规范》的规定，并同有关部门洽商解决。

⑦管道同军事工厂、军事设施、重点文物、易燃易爆的工厂仓库的间距应同有关部门协商解决。

⑧穿、跨越河流的管道同桥梁、港口、码头、水下建（构）筑物和引水建筑物之间的距离，当管道位于上游时，不得小于300m；当管道位于下游时，不得小于100m。

⑨当情况特殊或受地形及其他条件限制时，在采取有效措施保证相邻建（构）筑物和管道的安全后，允许缩小上述第①、第②款所规定的间距，但不宜小于8m。

⑩敷设在地面的输油管道（除跨越河流、冲沟的管道外）与建（构）筑物的最小间距应按上述规定增加一倍。

⑪当输油管道与其他各种用途的管道平行敷设时，在不实行联合阴极保护的情况下，考虑到施工、维修和阴极保护的相互干扰影响等因素，最小间距应大于10m。

⑫同沟敷设和采用联合阴极保护的管道之间的距离，应根据施工和维修的需要确定。管道与建（构）筑物的安全距离，在满足上述要求的前提下，设计中应根据具体情况，在技术经济合理的条件下，尽量采用较大的间距，以达到减少互相干扰和满足环境保护的要求。

二、线路选择

线路选择工作一般分为踏勘、初步勘查（草测）和详细勘查（定测）三个阶段进行。当管道工程规模较小，通过区域自然条件较简单的情况下，勘查阶段可适当简化。

（一）踏勘

踏勘是通过在图上选线和野外踏勘、搜集必要的资料，提出可能的线路方案，为编制可行性研究报告或方案设计提供可靠的依据。踏勘之前应深入了解委托单位对拟建管道的意图、重大原则问题的处理方式和主要控制点，并做好以下准备工作。

1. 图上选线

图上选线的基本任务是利用遥感照片或航测照片在1：500000～1：50000的地形图上合理布置几条可能的管道线路，线路长度力求接近管道起终点或控制点间的直线距离。在研究图上线路方案的过程中，应对线路通过地区的公路、铁路、航运、水利、矿产资源分布范围等情况有总体了解。

在地形图上标出几条可能的线路走向方案以后，量出各方案的线路长度和通过沙漠、沼泽等不良地质地段的长度，按图上等高线绘出纵断面图，拟定可能穿越大、中型河流的位置，标出沿线大型水利工程和其他大型工程设施、工矿企业的位置，确定需要现场重点勘查的地段。

2. 编写踏勘提纲

在室内研究的基础上编写踏勘提纲，用以指导野外踏勘工作。

踏勘提纲一般包括以下内容：

（1）任务依据；

（2）室内初选线路方案描述；

（3）搜集和调研资料的内容、涉及的有关单位；

（4）现场工作内容；

（5）工作计划；

（6）人员组成、生活、运输和技术装备配置。

3. 野外踏勘

在完成室内工作以后，进行野外实地勘查和调查，初步核实图上拟定的各线路方案的走向，搜集和了解区域内和沿线的自然条件和经济建设方面的资料。对重点地段和不合理处作适当调整或提出新的线路方案。

踏勘时可借助简单仪器估测高山、深谷、河流等处的地形高差，河流、冲沟的宽度和必要的地质测绘工作。

踏勘中应对可能影响线路走向的地段进行重点调查，通常包括：

（1）大、中型河流、冲沟的穿、跨越地段；

（2）线路经由的城镇和重要工矿企业区邻近区域；

（3）不良工程地质地段；

（4）地形复杂，线路布设和施工、管理困难地段；

（5）重要交通设施、军事设施、重点文物、自然保护区附近；

（6）根据室内图上选线和研究，认为需要在现场着重调查和进行比选的地段。

4. 资料搜集与调研

沿线有关资料的搜集、调研是踏勘工作的组成部分，主要内容有：

（1）所经地区的行政区划图、水系图、重点地段大比例尺地形图；

（2）沿线气温、地温、冻土层厚度、降水量、风向、风速等气象资料；

（3）所经地区的区域地质图、沿线地形地貌的主要类型、地质构造、地层岩性等概况，对沿线不良地质和物理地质现象，应概略了解其形态、规模、发育情况的对修建管道的危害程度；

（4）区域水文地质图，并初步了解沿线地下水埋深，土壤腐蚀性能，测取土壤电阻率；

（5）沿线地震基本烈度；

（6）沿线耕地及植被概况；

（7）了解可能穿、跨越的大、中型河流、湖泊、冲沟地段的地层、岩性、河床和岸坡稳定情况、历史最高洪水水位和流量等，并估测穿、跨越长度；

(8) 沿线水利工程及大、中型水库的分布和规划，并了解水库水位、回水、浸没和坍岸范围；

(9) 沿线交通图和铁路、公路、航道、桥梁的现状和发展规划；

(10) 沿线经由城市的现状和规划；

(11) 沿线矿藏分布、开发现状和规划；

(12) 沿线大型地下建（构）筑物和大型工厂的分布；

(13) 沿线主要军事设施的位置和范围；

(14) 沿线自然保护区、文物保护区的范围；

(15) 沿线电力供应现状及发展规划；

(16) 沿线建筑材料和生活资料的供应能力；

(17) 沿线劳动力概况。

另外，根据工程的具体情况，提出需要搜集、调研的其他资料。

5. 踏勘报告的编写

踏勘结束后应及时将图上作业的成果、现场勘查了解的情况和搜集的资料，进行分析整理和归纳总结，编写踏勘报告，为可行性研究或方案设计提供依据。其主要内容为：

(1) 概述：

①踏勘工作的依据；

②踏勘工作的组织及经过；

③线路所在区域的自然地理概况。

(2) 线路方案比选：

①拟定各方案走向的描述；

②沿线地形地貌、工程地质和水文地质条件；

③沿线植物覆盖情况；

④地震基本烈度；

⑤穿、跨越大、中型河流概况；

⑥沿线交通、动力、材料供应条件；

⑦沿线主要城镇、大型工矿和重要设施的现状和规划；

⑧社会经济概况；

⑨对各方案的评价。

(3) 存在问题和对下阶段工作的建议。

(4) 附图：

①线路走向平面示意图（1∶500000～1∶50000）；

②线路纵断面示意图；

③工程勘查照片；

④其他有关资料。

（二）初步勘查

初步勘查一般在设计任务书下达后，初步设计开始前进行，对踏勘报告提出的几个线路走向方案进一步勘查和调查研究，为编制初步设计进行技术经济比较、推荐最佳线路方案提供依据。

在初步勘查之前，应领会设计任务书中有关规定，熟悉前阶段搜集到的资料，研究踏勘报告和可行性研究报告中提出的线路方案、存在问题和对本阶段工作的建议。

初步勘查内容包括：

（1）对踏勘阶段提出的各方案的重点地段进行深入勘查，必要时可调整线路走向和通过的方案。

（2）进行沿线工程地质和水文地质的勘查，调查沿线不良工程地质现象并做专题评价。

（3）选择大、中型河流、冲沟穿、跨越地址，草测河床横断面，进行工程地质测绘及必要的钻探工作和水文调查。

（4）配合工艺专业，初选输油站场位置。

（5）补充搜集为编制初步设计所需的经济和自然条件等资料。此外，还应根据工程的具体情况，必要时委托专业部门进行遥感照片的判释以及地震、环境保护等对线路走向有影响项目的专题评价。沿线和大、中型河流、冲沟穿、跨越地点的地质测绘工作应按照国家现行标准 SYJ 53《油气管道工程地质勘查规范》中有关规定进行。

（6）为初步设计提供的资料。

在完成初步勘查后，可不专门编写勘查报告，但应为编制初步设计提供下列资料：

（1）各方案的线路走向描述、起点、终点、长度、经由的行政区域、穿越人工和天然障碍物的次数和长度，穿越不良工程地质地段的长度。

（2）沿线地质勘查报告。报告内容包括地形、地貌概况；工程地质及水文地质条件；划分管道埋深范围内岩层性质、风化程度和厚度；与工程有关的不良地质现象的发育情况，并判断其影响程度。

（3）对地震基本烈度在七度和七度以上地区，描述对线路有影响的断裂走向、宽度和新构造活动的特点。

（4）穿、跨越大、中型河流、冲沟地点的描述及其勘查报告。

（5）沿线地表植被概况和农作物分布。

（6）沿线腐蚀环境及其对管道的影响。

（7）管道设计、施工、管理困难地段通过方案。

（8）按初步设计要求，对踏勘阶段中有关经济建设、自然条件等资料的补充和修正。

（9）初选输油站场描述。

（10）推荐最佳线路方案。

（11）对下阶段工作的意见。

（12）图纸：

①线路走向平面示意图比例尺：1∶200000～1∶50000。

②线路纵断面图，比例尺：横向 1∶200000～1∶50000；纵向 1∶2000～1∶500。

③大、中型河流、冲沟穿、跨越地点纵断面图，比例尺：横向 1∶2000～1∶500；纵向 1∶200～1∶50。

（三）详细勘查

详细勘查一般在初步设计批准后进行。目的是根据批准的初步设计和审查意见，在现场确定线路具体位置并进行详细的地形测量和地质勘查，为施工图设计提供资料。详细勘查时应对全线和大、中型穿、跨越河段进行复查。若穿、跨越地点附近如无水文资料时，尚应进行水文勘查。

1. 勘查工作内容

勘查工作内容包括：

（1）现场定线。按初步设计批准的线路走向方案，遵循选线原则和注意事项，实地确定线路中线，埋设线路平面转角桩和纵向变坡桩。按照国家现行标准《长距离输油输气管道测量技术规范》和《油气管道工程地质勘查规范》进行水准测量、沿线地形测量、地质测绘和必要的勘探实验工作。

（2）选定大、中型河流、冲沟的穿、跨越地点。按照上述国家现行标准进行地形测量和地质勘探测绘，以及河道形态调查和水文测验。

（3）补充搜集为编制施工图设计所需的其他资料。

2. 详细勘查的目的

详细勘查主要为施工图设计提供以下勘查成果：

（1）线路平面走向图。按行政区域或泵站间距提供，比例尺为 1∶100000～1∶50000。图中应标出线路走向、行政区划、大、中型河流、冲沟山脉、公路、铁路、站场位置、主要城镇等。一般可利用现有地形图绘制，必要时应进行补测。

（2）线路带状地形图。根据工程具体情况，提供城镇、大型工矿企业附近和设计、施工及管理困难地段的地形图。比例尺为 1∶5000～1∶1000，范围为线路中线两侧各 50～100m。图中应测绘出地形、地物、自然和人工障碍（河流、湖泊、水库、山谷、冲沟、公路、铁路等）、电力、通信线，并标明线路转角和转角桩、变坡桩的坐标、里程、高程等基础数据。

（3）线路纵断面图。按行政区域或泵站间距提供，比例尺横向为 1∶2000～1∶1000，纵向为 1∶200～1∶100。图中应标出自然地面线和距离、里程、高程、线路转角和转角桩桩号及其高程等，沿线土壤类别、地下水位埋深，土壤电阻率及中心线两侧各 25m 内的地貌、地物平面示意图（见图 3-2-1）。

（4）穿、跨越大、中型河流、冲沟、重要铁路、公路处的地形图和纵断面图。地形图的比例尺为 1∶2000～1∶500，纵断面图的比例尺横向为 1∶2000～1∶500，纵向为 1∶200～1∶50。测量范围视实地情况而定。

（5）测量成果报告及说明。

（6）线路和大、中型河流、冲沟穿、跨越地点的工程地质报告。

（7）穿越河段河道形态调查和水文勘测报告。

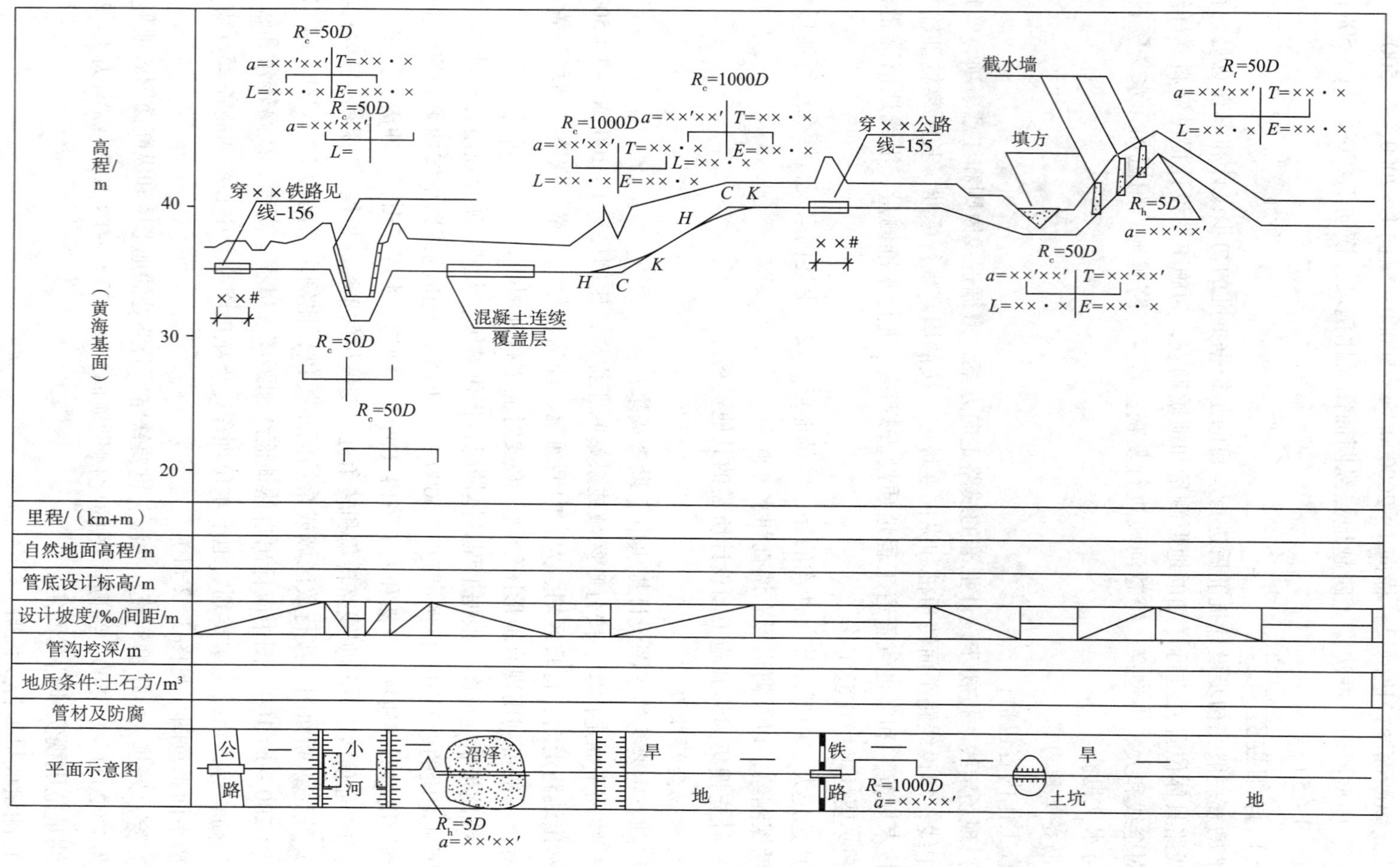

图3-2-1 线路纵断面示意图

第二节　管道敷设与设计

一、概述

敷设长距离输油管道常常要遇到各种不同的地形、地质、水文地质条件和不同气候地区，还要同各种人工障碍物（如铁路、公路等）和天然障碍（如河流、湖泊等）交叉。因此，管道除了承受内压的作用外，还受上述因素的影响，使管道处在不同的工作条件下和承受不同力的作用，从而影响管道强度和稳定，特别是处在不良地质地段，管道将会受到过大的力的作用而破裂。因此，在设计和施工中必须小心从事，严格遵守有关规范，根据不同条件，采取适当措施以保证安全运行。

本节内容主要包括：管道敷设方式、管材和焊接材料的选用、管道强度和稳定性验算及线路构筑物和水工保护工程设计。

二、管道敷设

长距离输油管道根据不同的地形、地质、水文及气候条件采用不同的敷设方式。主要形式有沟埋敷设、土堤敷设、地上敷设。现分述如下。

（一）沟埋敷设

1. 适用条件

沟埋敷设是将管子直接埋设于地面以下，如图 3-2-2 所示。一般情况下，较其他敷设方法施工简单，占地少，不妨碍农业耕种和交通；对环境影响小，运行比较安全，维护管理方便，如条件许可，应优先采用。若由于地形、地质、水文等自然条件限制，如在采矿区、滑坡区、永冻土和沼泽地区等，采用沟埋敷设，当工程量和投资增加或对管道的安全和寿命有影响时，需要考虑其他敷设方式并进行比较。

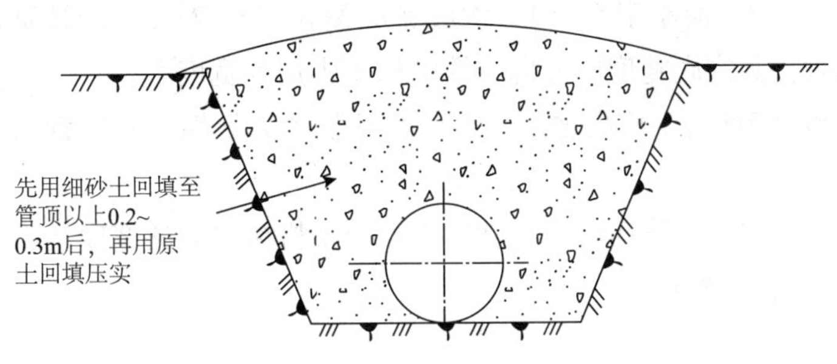

图 3-2-2　沟埋敷设图示

2. 埋深的确定

沟埋敷设管道和埋深系指管顶与地表面的垂直距离，带加重块的管道，其埋深为地面至加重块顶部的深度。

确定管道埋深应考虑下列因素：

（1）线路的位置、地形、地质和水文地质条件；

（2）农田耕作深度；

（3）地面负荷对管道强度及稳定性的影响；

（4）冻融循环区对管道防腐层的影响；

（5）加热输送原油管道的工艺设计要求及管道的纵向稳定。

一般来讲，管道应埋设在农田正常耕作深度和冻土深度以下，且最小深度不应小于0.8m。

在岩石地段或特殊情况下，在满足上述条件时，允许管顶覆土厚度适当减小，但应能防止管道受机械损伤和保持管道稳定，必要时应采取相应的保护措施。

3. 管沟断面设计

管沟的断面形式主要根据地质条件确定，一般采用梯形，硬质岩地区的管沟可采用矩形。

1）管沟底宽

应根据土质、挖深、钢管结构、外径、钢管根数和施工方法确定。在单条管道的情况下，当管沟挖深小于或等于3m时，底宽不得小于按式（3-2-1）计算的数值。

$$B = D_0 + b \tag{3-2-1}$$

式中 B——管沟底宽，m；

D_0——钢管的结构外径（包括防腐、保温层的厚度），m；

b——沟底加宽裕量，m，见表3-2-1。

表3-2-1 沟底加宽裕量

施工方法	沟上组装焊接			沟下组装焊接		
地质条件	旱地	沟内有积水	岩石	旱地	沟内有积水	岩石
b/m	0.5	0.7	0.9	0.8	1.0	0.9

当管沟深度大于3m而小于5m时，沟底宽应按式（3-2-1）的计算值再加宽0.2m。当管沟需加支撑时，其沟底宽度应考虑支撑结构所占用的宽度。

当管沟深度超过5m时，应根据土壤类别及其物理力学性质确定管沟底宽，以保证施工安全。

当用机械开挖管沟时，管沟沟底宽度可根据挖土机械刀刃的宽度适当加宽，但不得小于式（3-2-1）计算的宽度。

2）管沟边坡

管沟边坡应根据试挖或土壤的内摩擦角、黏聚力、湿度、密度等物理力学性质确定。当缺少物理力学性质资料时，如地质条件良好，土质均匀，且地下水位低于管沟底面标高，挖深在5m以内不加支撑的管沟边坡的最陡坡度可按表3-2-2选定。挖深超过5m以上的管沟，可将边坡适当放缓或采用中间加平台的复式断面。

表 3-2-2 沟深小于 5m 时的管沟边坡坡度

土壤类别	边坡坡度（高:宽）		
	坡顶无荷载	坡顶有静荷载	坡顶有动荷载
中密的砂土	1:1.00	1:1.25	1:1.50
中密的碎石类土（充填物为砂土）	1:0.75	1:1.00	1:1.25
硬塑的轻亚黏土	1:0.67	1:0.75	1:1.00
中密的碎石类土（充填物为黏性土）	1:0.50	1:0.67	1:0.75
硬塑的亚黏土、黏土	1:0.33	1:0.50	1:0.67
老黄土	1:0.10	1:0.25	1:0.33
软土（轻型井点降水）	1:1.00	—	—
硬质岩	1:0	1:0	1:0

注：静荷载系指堆土或料堆等；动荷载系指有机械挖土、吊管机和推土机作业。

4. 埋地敷设管道同地下建（构）筑物的关系

当管道同地下建（构）筑物如电力、通信电缆及其他埋地管道交叉时，其相互垂直净距不得小于 0.3m，并在管道交叉点两侧各 10m 范围内采取特加强级防腐。

5. 管沟回填

（1）回填前必须清除沟内积水和杂物。

（2）对岩石、砾石和冻土区的管沟，应在沟底先铺 0.2m 厚的细土或细砂垫层，平整后才可用吊带吊管下沟。管沟回填必须先用细土或砂（最大粒径不得超过 3mm）填至管顶以上 0.2～0.3m 以后，才允许用原土回填并压实（岩石、砾石和冻土的粒径不得超过 250mm）。

（3）回填土应留有沉降裕量，一般要求高出地面不少于 0.3m，并且呈凸弧状。

（4）输油管道出土端、弯头两侧未嵌固段及固定墩处回填土应分层夯实。

（5）对山区、丘陵地区管沟纵向坡度大于 20°的地段，应采取必要的保护措施，如截水墙、护坡等，防止地面径流和渗水冲蚀，保护土壤稳定。

（6）管沟回填土后，应恢复原来的地貌，注意保护耕植层，防止水土流失和积水。

（7）当管道穿、跨越冲沟，或管道一侧附近发育中的冲沟或陡坎时，应对冲沟的边坡和沟底、陡坎采取加固措施。

（二）土堤敷设

土堤敷设的管道，其管顶高于地面标高，而管底与地面标高相同或高于地面标高，也可以低于地面标高，在管道周围覆土，形成土堤（见图 3-2-3）。

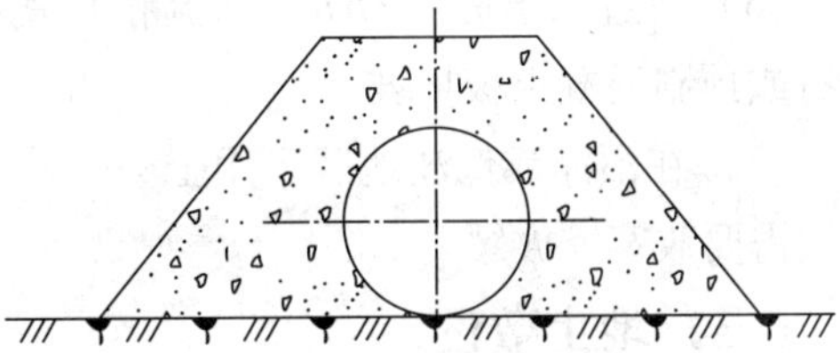

图 3-2-3 土堤敷设形式

1. 适用条件和范围

土堤埋设一般适用于地下水位较高，土壤很湿和沼泽地区。在岩石地区，如取土不受限制也可采用土堤敷设。因修筑土堤需要大量土方，如需从远处运土，或因取土会破坏地貌和天然排水系统，影响农业耕作和交通时，则不宜采用土堤埋设。

2. 土堤尺寸设计

（1）土堤高度和土堤顶部宽度除应考虑本身的稳定以外，还应考虑管道的内压和温度变化所产生的纵向压力对管道纵向稳定的影响和满足工艺设计的要求。但在任何情况下，管道在土堤中的径向覆土厚度不应小于1.0m，土堤顶最小宽度不应小于1.0m。

（2）土堤的边坡坡度应根据当地的自然条件、土壤类别和土堤高度确定。对于黏性土堤，其边坡坡度不得陡于表3-2-3中的数值。当土堤采取加固措施时，不受表3-2-3中数值的限制。

表3-2-3　不同高度土堤边坡坡度

土堤高度/m	边坡坡度（高:宽）
<2.0	1:1.1～1:0.75
2.0～5.0	1:1.5～1:1.25
>5.0	1:1.75～1:1.5

土堤受水浸淹部分的边坡应采用1:2的坡度，并视水流等情况采取保护措施，如种植草皮、铺砌块石或预制混凝土板等。

3. 设计中应注意的问题

（1）在沼泽或低洼地区采用土堤敷设时，土堤堤肩高度宜根据常水位、波浪高度和地基的承载力确定。

（2）对土堤的堤基应予以处理，如清除基底上的树根、杂草、淤泥、杂物等。修建在软弱地基上的土堤，筑堤前应清除软弱土壤，或铺垫树枝，或填抛块石、砂砾，修筑垫层后再进行堤身填土。

（3）堤身的填筑应分层夯实，设计密度一般应达到1.5g/cm^3；水淹地区应达到1.6g/cm^3。

（4）草皮、盐渍土、淤泥和淤泥质土一般不能用作填料。在软土或沼泽地区，淤泥和淤泥质土经过处理使含水量符合压实要求后，可用于土堤中的次要部位。

（5）当土堤阻挡水流排泄时，应设置泄水孔或涵洞等构筑物，泄水能力按频率为4%的设计洪水流量进行设计。涵洞设计可参考《公路桥涵设计通用规范》（JTJ 004）。

（6）对过水土堤，为防止水流和波浪对土堤冲刷，应对堤顶、堤坡进行加固，如铺砌块石或预制混凝土板护坡。

（7）在沼泽或低洼地区采用土堤敷设，如需考虑施工机具运行操作，堤顶宽度与边坡应按需要放宽、放缓。

（三）地上敷设

地上敷设是将管子架设在各种管架、管枕或支墩上（见图3-2-4）。

由于地上敷设管道建筑安装复杂，投资较大，在地面上造成人为障碍，其应用范围受到限制。但在永冻土区、滑坡区、采矿区、沼泽地、地震活动断裂带以及同天然障碍物和人工构筑物交叉的局部管段，当不适宜采用埋地和土堤敷设时，可采用地上敷设。

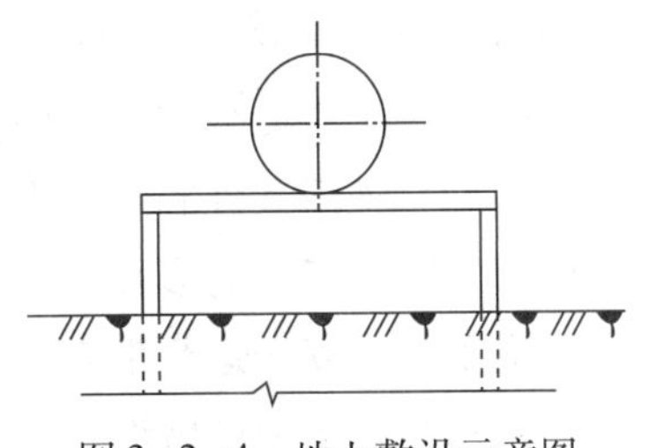

图 3-2-4 地上敷设示意图

（四）不良地质地段的管道敷设

不良地质地段是指对管道的稳定和应力可能产生不利影响的特殊地质条件地段。主要有软土和沼泽地区、湿陷性黄土地区、膨胀土地区、冻土地区、滑坡区、高烈度地震区、沙漠、强盐渍土以及采矿区等。

由于各类不同不良地质地段的特殊性，在管道敷设设计时应根据其特性，采取相应的措施。

1. 软土和沼泽地区的管道敷设

软土是指天然含水量大，压缩性高，承载能力低的一种软塑到流塑状态的黏性土，如淤泥和淤泥质土及其他高压缩性饱和黏性土、粉土等。

软土和沼泽土的特性为天然含水量大，接近或大于液限，有时可达 100% ~120%；孔隙比大，一般大于 1，泥炭孔隙比一般为 3 ~ 22；压缩性高，软土的压缩系数在 0.5 ~ 1.0MPa，其压缩性随着液限的增大而增大，有的地方在土的自重作用下也会继续下沉；强度较低，土体不排水剪切强度一般小于 20kPa；透水性较差，竖向渗透系数一般在 10^{-8} ~ 10^{-6}cm/s，因此，土层在自重或荷载作用下建筑物沉降延续时间长；具有显著的触变性，一旦受到扰动，软土的絮状结构遭受破坏，其强度显著降低，甚至呈流动状态，易产生侧向滑动、沉降及基底面两侧挤出等现象。

软土地段的管道敷设设计由于软土和沼泽土的上述特性，因此，在这一区域敷设管道，必须重视地基的变形和管道的稳定问题。

（1）管道敷设的形式，应根据软土地段的特点和具体条件确定。若软土或沼泽土的厚度不大，则管道以敷设在软土层以下的持力层为宜。

当管道采用土堤敷设时，应根据软土的承载能力，确定是否对堤基进行处理。回填管沟和填筑土堤用土均不得使用软土。

当管道敷设在软土中时，应计算管道在软土中的横向位移和沉降。如位移和沉降超过管子强度所允许的范围时，应采取加强软土承载力的措施，如软土换填、修筑垫层、抛石挤淤、用沙桩加固等。

在软土地区，管道也可采用地上敷设，此时，支架基础应深入至持力层。

（2）敷设在含水量很大而且易液化的软土中的管道，在设计中应考虑采取加压重块或锚栓措施，以防止管道上浮。

（3）在设计中应尽可能减轻管材及附属工程的重量，以减少对土层的压力，并增加管道的强度，以承受由于不均匀沉降而产生的弯曲应力。

2. 湿陷性黄土地区的管道敷设

湿陷性黄土主要分布于我国西北黄土高原的广大地区。各地区黄土湿陷的程度及性质由于受地理、地形条件和气候因素的影响，有着较大的差异。

由于湿陷性黄土的多孔性，柱状节理发育，遇水容易剥落、遭受侵蚀和沉陷等特性，会给管道工程的安全运行带来不利影响。因此，在设计中应充分注意。

在湿陷性黄土地区敷设管道一般可采取下列措施：

（1）在湿陷等级较高，如Ⅲ级湿陷地区，直接埋地的管道可采用夯实沟底表层土壤，或采用土垫层，分层夯实，以增加土的密实度，减小或消除土的湿陷变形。

（2）做好地表排水，如设置截水沟等，防止或减少地表水渗入管沟。

（3）位于沟边或地面坡度较陡的地段的管沟应修筑护坡工程。

（4）固定墩基础、地上敷设的管道和跨越工程的墩台、支架基础，根据湿陷等级和荷载大小，采取重锤或换填分层夯实并采取防水和结构措施，或采用桩孔挤密并采取防水和结构措施。

3. 膨胀土地区的管道敷设

1）膨胀土的特性

膨胀土是土体中含有大量亲水性黏土矿物成分，具有吸水膨胀，失水收缩，且有较大胀缩变形能力和变形往复的高塑性黏土。一般来说，膨胀土具有以下特性：

（1）黏土颗粒含量较高，亲水性强并含有铁锰质或钙质结核。

（2）在天然适度含水状态下，一般结构强度较高。压缩性小，天然含水量较低，土体多呈硬塑或坚硬－半坚硬状态。

（3）结构致密。干燥时，土质坚硬，易脆裂，具有明显的垂直和水平张开裂隙。

（4）自然稳定坡度角很小，一般多在9°～11°。在沟谷头部和水库岸边，常易出现浅层滑坡。开挖管沟时，由于竖向裂隙发育，沟壁易于剥落，逢雨容易塌方。

（5）膨胀与收缩具有可逆性。即具有膨胀－收缩，再膨胀－再收缩的变形特性。

2）膨胀土地区的管道设计

膨胀土地区的管道可以采用地上低架敷设，也可采用埋地敷设。

对于采用地上低架敷设的管道，管道的支撑结构应坐落于胀缩性能稳定的土层上。

对于采用埋地敷设的管道，在确定埋设深度时，应考虑膨胀土的胀缩性、膨胀土的埋藏深度，以及大气影响深度等因素。若膨胀土层不厚，应将管道尽量埋设在膨胀土下的非膨胀土中。

在中强或强膨胀性土层出露较浅的地段，可采用非膨胀性的黏性土、砂、碎石等置换膨胀土，以减少管沟地基的胀缩变形量，从而满足管道敷设的承载要求。

置换土垫层的厚度一般不应小于管径的1～1.2倍，且不应小于30cm。

在有边坡的地段，一般应采取排水措施治理边坡，加挡土墙以稳定土体，并减少水分蒸发。

4. 多年冻土地区的管道敷设

1）多年冻土的一般特性

所谓多年冻土是指当温度等于或低于0℃，土壤中的水分转变成结晶状态，胶结了松散的土壤颗粒，这种状态保持3年或3年以上的冻土。

多年冻土的特点是当温度低于0℃时，土壤具有较高的强度和承载力，并在冻结过程中产生胶结力和冻胀力。当土壤温度上升，就会使冻土中的冰融化，破坏土壤颗粒间的黏结力。

土体松散强度急剧降低，在自身重量作用下产生融化下沉和在荷载作用下产生压密现象，并形成陷坑、溶洞和融冻泥流等。敷设在这种土壤中的管道，不可避免地会受到这种机械的和热力的作用，使在管道中产生相应的变形和应力，甚至造成管道破裂。

2）冻土地段的管道设计

（1）敷设方式和一般要求。

多年冻土区的管道可以采取埋地敷设或地上敷设。一般说来，在多年冻土地区，管道采用地面架空敷设，将管道架在桩基础上较为合适，但桩基要采取防冻拔措施。

埋地管道一般应敷设在冻层以下，并应对管道采取保温措施，以减少管子传给土壤的热量。管道应尽量采用弹性敷设，以避免因管道位移而导致裂断。

（2）融化深度计算。

敷设在土壤中的管道，当其运行温度高于0℃时，管子底下土壤融化（解冻）的深度可按式（3-2-2）推算：

$$h_g = \frac{a(1+b)}{1-b} \tag{3-2-2}$$

$$a = \sqrt{h_0^2 - \frac{D^2}{4}} \tag{3-2-3}$$

其中，

$$b = \sqrt{\exp\left(-\frac{2t_0\ln\dfrac{4h_0}{D}}{\dfrac{\lambda_r}{\lambda_m}t_p - t_0}\right)} \tag{3-2-4}$$

式中　h_0——土壤表面至管中心的距离，m；

D——管子外直径，m；

t_0——冻土温度，℃；

t_p——管壁温度，℃；

λ_m——冻土导热系数，W/（m·℃）；

λ_r——融化土的导热系数，W/（m·℃）。

在求得融化深度以后，就可以计算管道在融化土中的最大可能沉降量，并校核其是否小于按管道强度条件确定的最大允许挠度和满足稳定性条件；如不能满足，则宜采用地上架空敷设，或选择永冻土范围较小和融化深度较浅的地段埋设。

5. 滑坡地区的管道敷设

滑坡是指山坡地段的岩体或土体在自重或外力作用下，沿一定的软弱面整体向下滑动的地质现象。

1）形成滑坡的主要因素和条件

（1）地层为洪积层或软硬岩交互层，斜坡坡度大于20°，或地层为风化岩层、破碎带、山坡堆积，自然坡度40°左右的斜坡；或含碎石、块石较多的坡度为20°～30°的河岸斜坡等，都容易形成滑坡。

（2）基岩为易于风化或遇水软化的岩层，如页岩、千枚岩、云母片岩、滑石片岩，以及其他易于风化，遇水易于软化的黏土、黄土及各种成因的堆积层。

（3）气候的变化促进斜坡岩石风化，降低岩石强度及稳定性。

（4）与坡面倾向一致的倾斜较陡的断层面、节理面、不整合面以及基岩层面。

（5）受地下水、地面水的静水压力、动水压力、浮力、溶蚀作用和冲淘作用，影响斜坡岩层的稳定。

（6）地震和人类活动的影响。

2）滑坡地区的管道设计

滑坡地区的管道设计，主要是采取两方面的措施：

（1）治理滑坡，从外部环境上解除滑坡对管道的威胁，治理滑坡的主要措施有排水、减缓坡度、减重、支挡等。

（2）提高管道的强度。滑坡地区的管道强度验算可参见《埋设管线》一书。

6. 基本烈度七度及七度以上的地震区的管道敷设

按输油管道工程设计规范规定，在基本烈度为七度及七度以上的地区敷设管道时，应进行管道抗震设计。

设计的最终目标就是防止敷设的管道在遇到设防烈度的地震或活动断裂带错动，不致使主要干线遭受破坏和造成次生灾害。

1）抗震设计的基本条件和要求

管道抗震设计应符合《输油（气）埋地钢质管道抗震设计规范》（SYJ 4050）的规定。

在抗震设计中，对管道敷设应满足以下基本要求：

（1）选择对抗震有利的场地和地基；

（2）全面规划，避免地震时发生次生灾害（如火灾、爆炸等）；

（3）选择技术上先进，经济上合理的抗震方案和抗震措施。

2）抗震设计的主要内容

（1）场地和地震地质勘查。

对管道可能经过的地段进行地震地质调查和工程地质勘查，确定活动断层位置、砂土液化区和滑坡等不良地质条件以及场地土类别，并按构造活动性、场地土和地形地貌条件进行综合评价。

场地类型、场地土类别和各类地段划分，分别见表 3-2-4 ~ 表 3-2-7。

表 3-2-4 场地类别划分

场地土类型	场地覆盖层厚度（d_v）/m				
	0	$0<d_v\leqslant3$	$3<d_v\leqslant9$	$9<d_v\leqslant80$	$d_v>80$
坚硬场地土	Ⅰ				
中硬场地土		Ⅰ		Ⅰ	
中软场地土		Ⅰ	Ⅱ		Ⅲ
软弱场地土		Ⅰ	Ⅱ	Ⅲ	Ⅳ

注：1 场地土类型宜根据土层平均剪切波速按表 3-2-5 划分。

2 在无实测剪切波速时，可按表 3-2-6 划分场地土的类型，并可按下列原则确定场地土类型：当为单一土层时，土的类型即为场地土类型；当为多层土时，场地土类型可根据地面下 15m，且不深于场地土覆盖层厚度范围内各土层和厚度综合评定。

3 场地覆盖层厚度按地面至剪切波速大于 500m/s 的土层或坚硬岩土顶面的距离确定。

表 3-2-5 场地土类别的划分

场地土类型	土层剪切波速 v_s 或 v_{sm}/（m/s）
坚硬场地土	$v_s>500$
中硬场地土	$250<v_{sm}\leqslant500$
中软场地土	$140<v_{sm}\leqslant250$
软弱场地土	$v_{sm}\leqslant140$

注：1 v_s 为土层剪切波速。

2 v_{sm} 为土层平均剪切波速，取地面下 15m 且不深于场覆盖层厚度范围内各土层的剪切波速，按土层厚度加权的平均值。

表 3-2-6 场地土类别的近似划分方法

土的类别	岩土名称和性状
中硬土	中密、稍密的碎石土，密实、中密的砾、粗、中砂，$f_k>200$ 的黏性土和粉土
中软土	稍密的砾、粗、中砂，除松散外的细、粉砂，$f_k\leqslant200$ 的黏性土和粉土，$f_k\geqslant130$ 的填土
软弱土	淤泥和淤泥质土，松散的砂，新近沉积的黏性土粉土，$f_k<130$ 的填土
坚硬土	稳定岩石，密实的碎石土

注：f_k 为地基土静承载力标准值，kPa。

表 3-2-7 各类地段的划分

地段类别	地质、地形、地貌
有利地段	一般是指无近期活动性断裂、地质构造相对稳定、边坡稳定条件较好，场地土属于坚硬场地土或密实均匀的中硬场地土等地段

续表

地段类别	地质、地形、地貌
不利地段	一般是指地质构造比较复杂，有第四纪近期活动性断裂、场地属于软弱场地土或易液化土、条件突出的山脊、高耸孤立的山丘、非岩质（其中包括胶结不良的第三系沉淀）的陡坡、采空区、河岸和边缘、场地土在平面分布上软硬不均（如古河道、断层破碎带、暗埋的塘浜沟谷及半填半挖地基等）、非发震与发震断裂带交汇处附近等地段
危险地段	一般是指地质构造复杂，有第四纪近期活动性断裂及地震时可能发生断裂、滑坡、地陷、地裂、泥石流等的地段

3）抗震验算

抗震验算主要包括以下内容：

（1）高地震烈度区管段抗地震振动的低周疲劳和屈曲校核；

（2）管段通过活动断裂带的抗拉伸或屈曲失稳的校核；

（3）管段通过砂土液化地带的稳定性校核；

（4）滑坡地带的稳定性验算。

地震区管道的抗震验算和要求按照中国石油天然气总公司标准《输油（气）埋地钢质管道抗震设计规范》（SYJ 4050）进行。

4）抗震措施

埋地管道抗震措施在设计上应当引起高度重视。针对不同的震害，在管线敷设时，采取不同的措施，以提高抗震能力。常用的抗震措施有：

（1）选用延性良好的管材和相应的焊条，提高现场焊接的焊缝质量；对每一个焊口进行100%的射线检查；在通过活动断层区外和地震区的大、中城市的两侧设截断阀；避免使用复杂的连续接头；在同阀门、油罐和其他设备连接处、软硬土交界处以及管道出入地面部位，应采用柔性连接，当管道穿越河流和其他障碍物需采用斜坡敷设时，其倾斜角一般不大于30°。

（2）当管线通过活动断层带时，应正确选择管道通过断层方向，使管道避免受压缩。管道与断层的交角一般为30°～60°，较理想的角度为67°～70°，断层附近20m范围内的管道可按图3-2-5所示的任一形式浅埋敷设和采用较光滑的涂层，并有松散和中等密实的非黏性土回填。在可能产生较大的断层位移的地区，应采用地上架空敷设。适当增加管子壁厚。

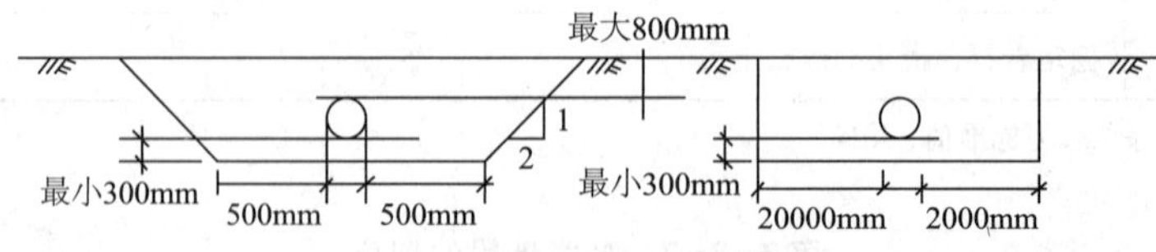

图3-2-5 断层两侧管沟断面示意图

（3）当管道需要设固定墩时，固定墩的位置应远离活动断层，距离活动断层每侧的长度至少为（1.5～2.0）L_t［或（1.5～2.0）L_c］，L_t 和 L_c 分别为管道受压或受拉时的断层一侧管道的滑动长度。计算方法参见《输油（气）埋地钢质管道抗震设计规范》。在断层两侧各200m范围内，避免布设弯头、阀门、三通和法兰等。

（4）活动断层区域的管段，不宜采用变径或变壁厚管子。

（5）管道通过逆冲活动断层时，应考虑管道受扭、压、剪多种作用，应架空敷设。

（6）当管道通过滑坡地带，如斜坡验算结果抗震稳定性不够时，应采取排水、支挡、减缓坡度或减载等整治滑坡措施。另外，管道应尽可能浅埋并用非黏性土回填。管道敷设方向不得与滑坡方向垂直。

当管道通过砂土液化区，如不满足规范规定的抗液化上浮要求时，可按下列原则采取抗液化措施：

（1）对于中等液化等级的区域，可采用非液化土全程回填夯实或沿线等距离加配重方法。

（2）对于严重液化等级的区域，可采用抗浮桩、预制桩、灌注桩等与管道连接，桩基应深入稳定土层内一定长度，或采用沿管道等距离配重方法。

（3）当管道中有阀门井或地上阀室时，按《建筑抗震设计规范》（GBJ 11）规定，采取抗液化措施。穿墙管道周边应预留25mm空隙，以填充柔性防水材料。

7. 风沙地区的管道敷设

我国风沙地区（包括沙漠和戈壁）分布甚广，总面积达$109.5\times10^4km^2$，占全国总面积的11.4%，主要分布在西北、华北和东北九个省区。那里日照强，气候干旱，降水稀少，蒸发强烈，昼夜气温剧变，年温差平均在35℃以上，风大沙多。由于上述的气候特点，因而地表径流贫乏，流水作用微弱，植被稀疏矮小或无植被，疏松的沙质地表裸露。这些恶劣的自然环境对管道工程的建设、运行管理带来极大的困难和危害。因此，必须对风沙地区的特点充分认识，掌握足够的资料，为管道设计提供依据。

1）风沙地貌的特征

风沙作用过程中所形成的地貌称为风沙地貌。不同的风沙地貌对管道的选线设计和运行养护有不同的影响。风沙地貌可分为两大类型。

（1）风蚀地貌。

风蚀地貌主要是由风和风沙的侵蚀、磨蚀作用形成的。根据形态不同又可分为风蚀洼地、风蚀残丘、风蚀谷和风蚀雅丹。这些地貌在风沙活动剧烈、地形变化不定地带，而大型的风蚀洼地、风蚀型的湖盆、丘间低地则地势开阔、地形稳定、地下水位较高，是布设管道线路的良好地带。

（2）风积地貌。

根据沙丘的活动程度又可分为：

①流动沙丘。丘表无植物覆盖，或仅在沙丘坡脚和风蚀洼地有少许植物覆盖。因风力大，流沙移动快，固沙造林条件差，对管道危害极大。

②半固定沙丘。在丘表和丘地间，有较密的植物生长，覆盖度为15%～40%，固沙造林条件较好，对管道危害较轻。

③固定沙丘。有密集的植物覆盖，覆盖度在40%以上，丘表大部分有薄层土结皮，流沙不多，危害轻微。

2）需收集的资料

沙漠地区管道线路设计除收集一般管道设计所需要的资料以外，还要收集沙漠地区特殊的资料。包括：

（1）气象资料。

包括管道敷设地区的气候特点、最高最低气温、地表温度、管道埋深范围以内的地温、当地湿度、气压、风向、风速、降雨、蒸发、日照等资料。尤其是风向、风速以及气温资料对沙漠地区管道设计具有特殊的意义。

（2）沙漠资料。

包括了解和掌握沙漠的“三度”，即沙丘的起伏度、疏密度、运移度。沙丘的起伏度也就是指沙丘的高度变化。主要反映了沙丘形成时间的长短，风力作用下沙丘变化程度的大小以及沙丘运移的强度。在同一风向及相同自然条件下，沙丘高度的差异往往表征沙丘运移强度。

疏密度一般是以一个地区内沙丘覆盖沙质地表程度的大小来表示。

运移度是风速和沙丘高度的函数。一般说来，风速愈大，则沙丘运移距也愈大。高大沙丘不论是在基本单向风还是在多向风作用下，其运移度均较小，而低矮沙丘运移度反而大。

基本单向风作用下的沙丘比多向风作用下的沙丘运移快。

必须注意，沙丘运移度除受风力作用外，与水分、植被条件、沙丘分布的疏密度和沙丘本身高度也有关。按年平均运移速度的大小，沙丘分为四类：①慢速型。年平均运移距小于1m。②中速型。年平均运移距为1～5m。③快速型。年平均运移距为6～10m。④特速型。年平均运移距为20m（沙漠边缘带）。

通过收集沙漠地区的特殊资料，分析管道敷设地区的沙漠类型、沙漠的活动规律以及当地沙漠的气候特征，以便于沙漠地区的选线设计和施工。

3）风沙地区的管道敷设

风沙地区的线路布设，除要满足常规条件下一般选线要求外，还应考虑沙漠地区条件下的风力风向、沙丘类型分布、沙丘的运移强度，与有利于治沙、固沙的自然条件等综合性的要求，合理地选择管道线路走向。

管道敷设要点如下：

（1）线路应尽量避开严重流沙地段，如体积高大、风向复杂，有次生沙丘分布在主丘上的复合型沙山、密度较大的格状沙丘。

（2）应将线路尽量布设在固定、半固定的沙地，或选择在较开阔的丘间地与下伏古河床的地段通过。沙漠中的间歇性河流和湖泊低洼地带，虽然受风沙危害较轻，但河流两岸和湖盆周围地势平坦，土质疏松，河床摆动幅度大，经常发生改道，因此选线时应查清古河道的演变情况，尽可能将管线布设在下风侧地势较高地段，避免雨季河水浸泡和冲刷。

(3) 线路宜顺应自然地形，避免切割，尽可能从沙丘运动速度较小及沙丘起伏度不大的地段通过。

(4) 线路走向尽量与主导风向平行，减少沿线地面设施被沙埋的可能性，泵站应尽量布置在风沙较轻地区，并应设在背风一侧，以防积沙。

(5) 尽量靠近防风沙材料产地和水源。

(6) 在沙漠地区，管道宜采用埋地敷设。为了保证管道稳定性，应将管子埋在沙丘间凹坑下 1.5 ~ 2.0m，可以根据自然地形，按弹性弯曲敷设管道，管沟上方沙堤必须采取固沙措施。

在沙漠地区选线时，应采用先进手段加以辅助，如目前已普遍使用的 GPS 卫星定位测量仪，以及卫星遥感和航空遥感辅助选线等。

4) 防风沙措施

在沙漠中敷设管道，所面临的沙害主要是沙埋和风蚀。因此，沿线防沙、固沙成为沙漠地区管道敷设设计的重要内容。

国内外沙漠管道设计的经验表明，主要的防沙、固沙措施有以下三种：

(1) 工程防治措施。

工程防治措施的途径主要有两条：一是用各种覆盖物将沙质表面与风力作用完全隔离；二是在流沙上设置机械沙障，以降低地表风速，削弱风沙活动。运用较广的措施有草方格沙障和高立式沙障（或称防沙栅栏）两种。

①草方格沙障。即用麦草、稻草、芦苇等材料，将草直接插入沙层内，在流沙上扎设成方格状的半隐蔽式沙障。其作用不仅可以固沙，还可以保护栽植的和播种的固沙植物免受风蚀和沙埋，改善沙地的水分状况，有利于植物的成活和生长。

在一般设计中，草埋入沙中深度约为 150 ~ 200mm，露出地面高度约 200 ~ 300mm，草方格的边厚为 50mm 左右，用铁锹拥沙踏实使之牢固。沙障规格视现场情况而定，一般为 4m × 2m 和 3m × 3m；防护宽度一般为 20m × 25m，也可视具体情况而定。

②高立式沙障。主要用于阻拦前移的流沙，抑制沙丘前移，防止沙埋危害。这种沙障一般用于沙源丰富地区和草方格沙障固沙带的外缘，作为辅助措施。

高立式沙障采用高杆植物，如芦苇、灌木枝条、玉米杆和高粱杆等直接成行地栽植在沙质地表上，埋入沙层内的深度为 300 ~ 500mm，外露高度 1m 以上；或将这些材料编成笆块，制成防沙栅栏埋入沙内。每块栅栏宽一般为 2m，高为 1.2 ~ 1.8m。每块栅栏敷设应精心仔细，相互之间必须搭接好，埋设后应将基部沙子踏实。

(2) 化学固沙方法。

化学固沙是在流动沙地上喷洒化学胶结物质，使其在沙质表面形成一层有一定强度的防护壳，隔开气流对沙层的直接作用，达到固定流沙的目的。目前，国外用作固沙的胶结材料主要为石油化学工业的副产品，如乳化沥青、高树脂石油、橡胶乳油和油橡胶乳液的混合物等。其中，又以乳化沥青使用最广，其特点是在常温下具有流动性，便于使用，而且价格较低。缺点是固结沙层维持年限较短，容易遭到人为破坏。因此，采用乳化沥青固沙必须与栽植固沙植物结合才能达到最终的固沙目的。

（3）植物治沙措施。

植物治沙措施就是采用种植适合沙漠地区的植物品种的方法来防治沙丘移动和风沙的袭击，以达到固沙改造环境的目的。

沙漠地区气候干燥，冷热剧变，风大沙多，自然环境十分严酷，在这种条件下，植物固沙的成败取决于固沙造林植物品种的选择。一般来说，选择原则应以当地的品种为主，这是因为它适应当地的自然环境，且成活率高。

8. 采矿区的管道敷设

地下矿体被采空后，矿层上部岩层失去支撑，周围岩石失去平衡，当采空区很大时，岩石的移动和破坏也相应扩大，引起采空区上部整个地层破坏、塌落，以致地表变形下沉。

地面下沉对埋地管道的影响通常是使管道产生弯曲和轴向应变增大，从而影响管道强度。当管道存在严重的环向缺陷和附加拉伸应变时，管道可能发生断裂，当存在附加压缩应变时，则可能发生屈曲。

当管道需要穿过采矿区时，设计人员应充分收集采矿区的地质资料，利用适当的预测方法和地球物理资料，估计因采空区地表下沉造成的凹陷盆地即移动盆地的范围和对管道的可能影响，合理选择管道线路和敷设方式，必要时采取措施，防止由于地面沉陷对管道的危害。

1）采空区的地表变形特征

采空区的地表变形可分为：垂直移动（下沉）、水平移动两种移动和倾斜、弯曲、水平伸张或压缩三种变形。采空区地表变形的主要特点是：

（1）矿层埋深愈大，变形扩展到地表所需的时间愈长，地表变形值愈小，变形比较平缓均匀，但地表移动盆地的范围增大。

（2）矿层的厚度大，采空的空间大，促使地表变形增大。

（3）当矿层倾角大时，水平移动值增大，从而加大地表出现裂缝的可能性。

根据地表变形的大小和变形特征，从移动盆地中心向盆地边缘可分为三个区：①均匀下沉区，即盆地中心的平底部分。当盆地尚未形成平底时，该区即不存在。该区内地表下沉均匀，地面平坦，一般无明显裂缝。②移动区，区内地表变形不均匀。如地表出现裂缝又称为裂缝区，对地表建（构）筑物破坏作用较大。③轻微变形区，地表变形值较小，一般对建（构）筑物不起损坏作用。

2）对最大下沉值的估计

对岩层倾斜较缓或地表变形平缓连续时，可按式（3-2-5）计算最大下沉值：

$$y_{\max} = qm \tag{3-2-5}$$

对于非水平岩层，最大下沉值为：

$$y_{\max} = qm\cos\alpha \tag{3-2-6}$$

式中 $y_{\max}$——最大下沉值，mm；

m——矿层的法线厚度，m；

q——下沉系数，mm/m。与顶板的处理方法有关，如全面陷落开采取0.6~0.8，落顶带状部分充填开采取0.03~0.10，水砂充填开采取0.06~0.20；

α——岩层倾角，rad。

地表影响区半径可按式（3-2-7）计算：

$$\gamma = H/\tan\beta \tag{3-2-7}$$

式中 γ——地表影响区半径，m；

H——开采深度，m；

β——移动角，$\tan\beta$一般为1.5~2.5。

3）需收集的资料

在线路设计之前，应充分收集采空区（不论是否已开采）的矿山地质资料，一般应包括：

（1）地下矿层的分布范围、厚度、产状和埋藏深度。

（2）上覆岩层的产状、构造、厚度、岩性、表土厚度和地下水条件。

（3）采空区的位置范围、开采时间、开采方法、顶板处置方法和矿层开采的远景规划。

（4）收集地表变形的计算资料和观测记录，如地表最大下沉量、最大倾斜值、最小曲率半径、移动角等。

（5）已有建筑物的变形观测资料和加固措施。

（6）采空区附近的抽水情况及对采空区的影响。

4）采空区的管道敷设

（1）管道线路应尽可能绕避采空区，如因经济或其他原因不能绕避时，则应选择地面变形较小的地段和受开矿影响范围最小的地段，或选择在管道运行年限内不准备进行开采或已经开采完了的地区。

（2）敷设在采空区内的管道，应根据预计地表变形资料计算由于地表变形而产生的附加应力，同其他可能同时存在的作用力产生的应力叠加，验算管道的强度，必要时增加管道的壁厚。由地表变形产生的管道轴向附加应力计算可参考A. Б. 阿英宾杰尔著的《干线管道强度及稳定性计算》。

（3）为了避免管道受采空区的影响，可以采取轴向位移的补偿来提高埋地管道的变形能力，如有可能，可采用地上敷设并安装补偿器实现自补偿。

（4）采空区的管道宜采用韧性较高的管材，并对环形焊缝采取100%的射线检查。

（5）当管道穿过采空区的距离较长时，应在采空区外两侧设置截断阀。

（6）当管道穿过采空区的距离较短时，为防止局部沉陷造成的管道断裂，可采用扣环的柔性垫板垫于管底，垫板两侧伸入稳定地层区，以便沉陷时能形成悬链托桥。

（7）不得将泵站设置在采空区内。

（五）弯曲管段的敷设

长输管道为改变管道平面走向和适应地形的变化可采用弹性敷设、弯管或弯头。

1. 弹性敷设

采用弹性敷设时，应符合下列要求：

（1）弹性弯曲的曲率半径不宜小于钢管外直径的1000倍，并应满足管道强度的要求。

竖向下凹的弹性弯曲管段，其曲率半径应满足管道强度条件和自重作用下的变形条件。并按式（3-2-8）和式（3-2-9）计算，取两者的较大值。

按强度条件：

$$R = \frac{ED}{2\{[\sigma] + \mu\frac{Pd}{2\delta} + E\alpha(t_1 - t_2)\}} \tag{3-2-8}$$

按变形条件：当管道在沟上焊接后连续敷设时：

$$R = 6.83 \times 10^2 \sqrt[3]{\frac{EI(1-\cos\frac{\theta}{2})}{q\theta^4}} \tag{3-2-9}$$

式中 R——弹性曲线曲率半径，m；

E——钢材弹性模量，MPa；

I——钢管截面惯性矩，m^4；

$[\sigma]$——轴向许用应力，MPa；

P——管道的设计内压力，MPa；

d——管子的内直径，m；

δ——管子壁厚，m；

α——钢材的线膨胀系数，取1.2×10^{-5}m/（m·℃）；

μ——泊桑系数，取0.3；

t_1、t_2——分别为管道下沟闭合时的大气温度和管道的工作温度，℃；

q——单位长度管子重力，N/m；

θ——管道转角，rad。

（2）在相邻的反向弹性弯管之间及弹性弯管和人工弯管之间，应采用直管段连接，直管段的长度不应小于钢管的外直径，且不应小于500mm。

（3）当输油管道平面和竖向同时发生转角时，不宜采用弹性弯曲，以避免构成空间曲线。

（4）竖向弹性敷设的管沟纵断面必须满足管道弯曲曲率半径的要求。

（5）弹性曲线的管沟纵断面可按圆曲线设计，设计步骤如下：

①根据竖曲线前、后方的坡度i_1、i_2按式（3-2-10）或式（3-2-11）计算竖曲线的偏角α。

坡向一致时［见图3-2-6（a）和图3-2-6（b）］：

$$\alpha = |\alpha_1 - \alpha_2| \tag{3-2-10}$$

坡向相反时［见图3-2-6（b）和图3-2-6（c）]：

$$\alpha = \alpha_1 + \alpha_2 \tag{3-2-11}$$

式中　α_1——曲线前方的坡度角，$\alpha_1 = \arctan i_1$；

α_2——曲线后方的坡度角，$\alpha_2 = \arctan i_2$。

②按式（3-2-12）计算切线长T，并按式（3-2-13）计算切线的水平投影X_1和X_2：

$$T = R\tan\frac{\alpha}{2} \tag{3-2-12}$$

$$X_j = \frac{T}{\sqrt{1 + i_j^2}} \tag{3-2-13}$$

式中　R——竖曲线的曲率半径；

j——后方切线$j=1$，前方切线$j=2$。

③根据转角点的里程和标高，推算曲线起、终点的里程和标高。

$$L_1 = L_0 - X_1 \tag{3-2-14}$$

$$L_2 = L_0 + X_2 \tag{3-2-15}$$

$$H_1 = H_0 \pm X_1 i_1 \tag{3-2-16}$$

$$H_2 = H_0 \pm X_2 i_2 \tag{3-2-17}$$

式中　L_1、L_2、L_0——曲线起点、终点和转角点的里程；

H_1、H_2、H_0——曲线起点、终点和转角点的标高。

④按式（3-2-18）计算竖曲线的水平切线长T_f和切点F的位置。

$$T_f = R\tan\frac{\alpha_j}{2} \tag{3-2-18}$$

如F点同曲线的起点较近，式（3-2-18）中α_j即为α_1；如F点同曲线的终点较近，α_j即为α_2。

F点的位置，即里程和标高，按式（3-2-19）或式（3-2-20）计算。

$$L_f = L_1(\text{或}L_2) \pm (1 + \cos\alpha_j)T_f \tag{3-2-19}$$

式中　L_f——F点的里程。

如F点位于起（终）点的前进方向，式中的符号取“+”号，反之取“-”号。

$$H_f = H_1(\text{或}H_2) \pm T_f\sin\alpha_j \tag{3-2-20}$$

式中　H_f——F点的标高。

如为上凸曲线，如图3-2-6（b）和图3-2-6（d）所示，式中符号取“+”号，如为下凹曲线，如图3-2-6（a）、图3-2-6（c）所示，则取“-”号。

⑤以F点为基点，计算曲线上各点的里程和标高。设计算点距F点的水平距离为X，则计算点的里程为F点的里程加上（当计算点在F点的前方时）或减去（当计算点在F点的后方时）X，计算点的相应标高为F点的标高加上（当竖曲线为下凹曲线）或减去（当竖曲线为上凸曲线）计算点的水平切线的支距Y，Y值按式（3-2-21）计算。

$$Y = R\sqrt{R^2 - X^2} \tag{3-2-21}$$

计算点的间距可根据要求截取，如每隔10m或20m。

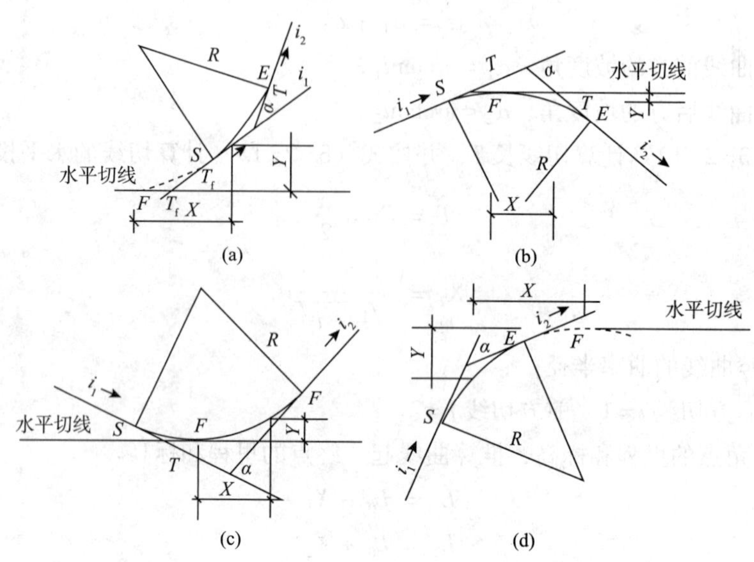

图3-2-6 竖曲线示意图

2. 冷弯管

冷弯管就是用胎具或夹具不加热将管子弯制成需要角度的圆弧。

为了避免弯管出现褶皱、裂纹和管子断面出现不能允许的变形，根据我国施工队伍对冷弯管的弯制经验，规范规定：当钢管外直径大于325mm时，弯管曲率半径不宜小于外直径的40倍，当钢管外直径小于或等于325mm时，弯管曲率半径不宜小于钢管外直径的30倍。弯管两端应具有2.0m左右的直管段。

弯管的选材和制作应符合下列要求：

（1）弯管的材质等级应与相邻直管段的材质相同。

（2）弯管在制作时，任何部位不得出现褶皱、裂纹和其他机械损伤。弯管两端的椭圆度不得大于2.0%，其他部位不得大于2.5%。

3. 弯头

弯头根据其制作工艺不同分为热煨弯头、冲压弯头和冲压焊接弯头。

热煨弯头就是采用加热后在夹具上弯曲管子的方法制作的弯头，由于热煨弯头的曲率半径较大，受力条件较好，而又易于施工，在管道干线敷设中被广泛采用。

为满足干线通球和受力方面的要求，冲压弯头最小曲率半径应不小于2.5*DN*，热煨弯头最小曲率半径应不小于4*DN*。

制作弯头所采用的材质等级应不低于干线管材材质等级，弯头所能承受的温度和压力等级均应不低于相邻直管。

弯头的强度计算参照本节“管道强度设计”。

弯头的制作应符合国家现行标准《钢制弯管》（SY 5257）的规定。

长输管道不得使用虾米腰弯头和褶皱弯头。

除管道对口安装引起的误差（小于3°）需采用斜口连接外，不宜采用斜口连接。

三、管材与焊接材料

（一）管材

1. 钢管的种类与规格

输油管道使用的钢管分为无缝管与有缝（焊接）管两类。有缝管根据其卷制工艺又分为直缝焊接管和螺旋缝焊接管两种。

无缝管由于直径小，故在输油管道上的使用受到限制。有缝管的直径大，能够适应管道发展的需要，而且制造技术的提高，使有缝管的质量能够满足输油管道向大直径、高压力方向发展的需要。因此，在管道工程上多采用有缝钢管。

输油管道选用的钢管应符合国家及行业现行标准，主要标准有：

（1）《石油天然气输送管道用螺旋缝埋弧焊钢管》（GB 9711）。

（2）《石油天然气输送管道用直缝电阻焊钢管》（SY 5297）。

（3）《承压流体输送用螺旋缝埋弧焊钢管》（SY 5036）。

（4）《输送流体用无缝钢管》（GB 8163）。

当选用国外生产的钢管时，则应符合有关国家的标准，如美国石油学会标准 API SPEC 5L《管线钢管》，日本的《配管用电弧焊接碳素钢钢管》（JSG 3457）。

2. 对钢管材质的要求

输油管道所采用的钢管和管道附件的材料不但要能承受输油压力，适应温度和环境条件，还应考虑焊接安装的要求。也就是说，选用的材料要具有一定的强度、良好的韧性和可焊性。

强度是钢管的最基本指标，它包括钢材的屈服强度、极限强度。我国生产的钢管钢材等级及强度指标见表3-2-8。

表3-2-8　钢管的钢种等级及强度

钢管标准	钢号或钢种	最低屈服强度（σ_s）/MPa	焊缝系数（ϕ）
承压流体输送用螺旋缝埋弧焊钢管	16Mn	325	0.9
	Q235（A_3）	235	
输送流体用无缝钢管	16Mn	325（$\delta>15$mm 为315）	1.0
	20号	245	
石油、天然气输送管道用螺旋缝埋弧焊钢管与石油、天然气管道输送用直缝电阻焊钢管	S205	205	1.0
	S240	240	
	S290	290	
	S315	315	
	S360	360	
	S385	385	
	S415	415	
	S450	450	
	S480	480	

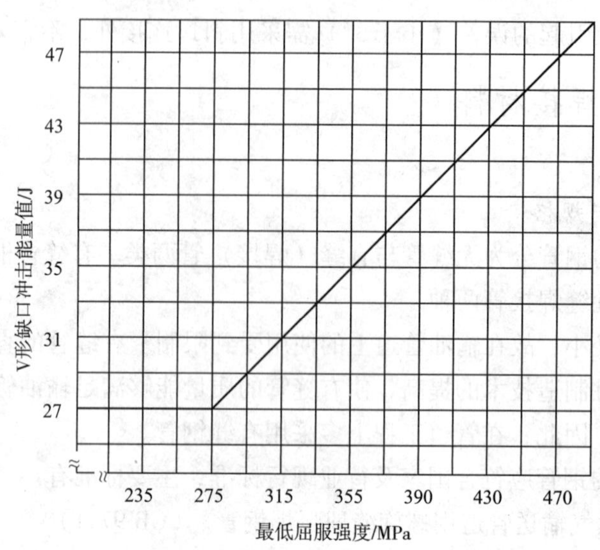

图 3-2-7 夏比 V 型缺口冲击能量值

管材的韧性是关系管道抗裂性能的重要因素之一。对冲击韧性的要求，决定于使用条件。特别在低温下使用和在低温下焊接安装的管道，设计中应提出对冲击韧性的要求，以防止发生断裂事故。但什么指标合适，我国规范尚未对此作出规定，图 3-2-7 所示的 0℃平均夏比 V 型缺口冲击能量值可作参考。

钢管应具有良好的可焊性，以保证焊接安装的质量。钢材的可焊性一般可用碳的当量含量来评价。碳的当量含量的计算方法，按照 1971 年国际焊接学会第 24 次代表会议规定，对于强度极限达到 5.88MPa 的钢材按式（3-2-22）计算。

$$C_e = C + \frac{Mn}{6} + \frac{Cr + Mo + V}{5} + \frac{Cu + Ni}{15} \tag{3-2-22}$$

式中 C_e——碳当量，%；

C、Mn、Cr、Mo、V、Cu、Ni——碳、锰、铬、钼、钒、铜、镍元素在金属中的含量，%。

通常对温度低于 200℃的条件，特别是在野外焊接使用高氢纤维素焊条施焊时，C_e 值可评价产生冷裂纹的敏感性。

对于高强度低含碳的钢材如 X70，在评价它的冷裂倾向时，只考虑碳的当量含量是不够的，还应当考虑热影响区金属中氢含量及金属的硬度。

对 C_e 的极限值，一般规定在 0.45，标准高的 C_e 则要求不超过 0.35。

热影响区的硬度是衡量可焊性的另一指标。热影响区的硬度与 C_e 和冷却速度有关，C_e 值越高，冷却速度越快，则热影响区的硬度越高。

对钢材的材质要求除了上述的机械性能以外，还应对钢材的化学成分提出要求，以保证足够的强度、延性、韧性和抗腐蚀性。

我国国家标准《石油天然气输送管道用螺旋缝埋弧焊钢管》（GB 9711），对钢管钢材的化学成分规定见表 3-2-9。

表 3-2-9 熔炼分析化学成分要求（GB 9711）

<table>
<tr><th rowspan="2">钢种等级</th><th colspan="8">化学成分/%</th></tr>
<tr><th>C①
max</th><th>Si
max</th><th>Mn①</th><th>P
max</th><th>S
max</th><th>Nb
min</th><th>V
min</th><th>Ti
min</th></tr>
<tr><td>S205</td><td rowspan="2">0.17</td><td rowspan="4">0.35</td><td>0.30～0.90</td><td rowspan="7">0.040</td><td rowspan="7">0.035</td><td rowspan="4">—</td><td rowspan="4">—</td><td rowspan="4">—</td></tr>
<tr><td>S240</td><td>0.45～1.15</td></tr>
<tr><td>S290⑤</td><td rowspan="2">0.22</td><td>0.65～1.25</td></tr>
<tr><td>S315⑤
S360⑤</td><td>0.75～1.35</td></tr>
<tr><td>S385②
S415②</td><td rowspan="3">0.20</td><td rowspan="3">0.40</td><td>0.75～1.35</td><td>0.005③</td><td>0.02③</td><td>0.005③</td></tr>
<tr><td>S450②</td><td>0.80～1.40</td><td>0.005④</td><td>02④</td><td rowspan="2">—</td></tr>
<tr><td>S480②</td><td>1.00～1.60</td><td>—</td><td>—</td></tr>
</table>

注：①对不低于 S290 级的钢种，含碳量比规定最大值每降低 0.01%，含锰量则允许比规定最大值提高 0.05%，但对不低于 S290、不高于 S360 级的钢种，含锰量最大不得超过 1.45%，对高于 S360 级、不高于 S450 级的钢种，含锰量最大不得超过 1.60%。

②经供需双方协议，可提供其他化学成分。

③由供方选定，在铌、钒、钛三种元素中，或添加其中一种，或添加它们的任一组合。

④由供方选定，或添加铌和钒中的一种，或同时添加这两种元素。

⑤经供需双方协议，在铌、钒、钛三种元素中，或添加其中一种，或添加它们的任一组合。

3. 钢管几何尺寸的允许偏差和缺陷要求

钢管产品的尺寸要求关系到管道的组装和焊接质量，应根据标准，对钢管的几何尺寸提出严格的要求，GB 9711 规定的主要几何尺寸的允许偏差见表 3-2-10。

表 3-2-10 钢管的主要几何尺寸的允许偏差

<table>
<tr><th>内 容</th><th>外 径</th><th>钢种等级</th><th>GB 9711—88</th></tr>
<tr><td>管体</td><td><508
≥508</td><td></td><td>±0.75%D
±1.00%D</td></tr>
<tr><td rowspan="2">管端</td><td>≤508</td><td rowspan="2"></td><td>+2.4（环规）
-0 8（周长法）</td></tr>
<tr><td>>508</td><td>+2 4
-0 8（周长法）</td></tr>
<tr><td rowspan="3">壁厚</td><td><508</td><td>—</td><td>±10.0%t</td></tr>
<tr><td rowspan="2">≥508</td><td>S205～S240</td><td>±10.0%t</td></tr>
<tr><td>S290～S480</td><td>±8.0%t</td></tr>
<tr><td>椭圆度</td><td></td><td></td><td>对外径大于 508mm 的钢管，在管端 100mm 或 4in 长度范围内，钢管最大外径不得比公称外径大 1%D，最小外径不得比公称外径小 1%D</td></tr>
</table>

续表

内容	外径	钢种等级	GB 9711—88
弯曲度			<0.2%L
质量	单根		+10.0%m -3.5%m
	装运批钢管		+1.75%m

注：D 为公称直径；t 为壁厚；L 为管长；m 为理论质量。

除表3-2-10中的内容外，GB 9711还对管端及坡口处理作了规定：如加工的坡口角$30^{+5°}_{0°}$；钝边尺寸为1.6mm±1.8mm；坡口和钝边不允许有毛刺，内倒角应不大于7°；管端100mm长度范围内的内焊缝余高应去除；管端面应垂直于钢管中心线，其极限偏差（切斜）不得大于1.5mm。

缺陷是管道运行中的一种质量隐患，在国内外造成管道破裂的众多事故中，钢管制造工艺中所造成的缺陷是形成事故隐患的重要原因。

钢管的缺陷包括：摔坑、错边、焊偏、焊缝余高、硬块、裂缝和漏水、分层、电弧烧伤、咬边等。

在GB 9711中，对钢管的缺陷、缺陷的处理、缺陷的修磨和修补均作了规定。在施工中，应对钢管进行抽样检查和验收。

（二）焊条

1. 焊条种类、型号和牌号

我国国家标准将焊条按化学成分划分为若干类，并制定了相应的焊条型号和焊条标准。国家机械工业委员会则在“焊接材料产品样本”中（下简称样本）将焊条按用途划分为十大类，并制定了相应的焊条牌号和熔敷金属的主要性能数据。

焊条型号是指国家规定的各类标准焊条，焊条牌号是指有关工业部或生产部门实际生产的焊条产品。样本中各种牌号的焊条可能属于下列三种情况中的一种：符合国家标准；相当于国家标准或国家标准中没有的。属于第一种情况的焊条产品按相应的焊条型号规定的标准考核，属于后两种情况的焊条产品以样本所列特性为主要参考依据。

表3-2-11列出了两种分类方法划分的焊条大类对应关系。

表3-2-11 国家标准焊条大类与机械委样本焊条分类（大类）对应关系

国标			样本			
焊条大类（按化学成分分类）			焊条大类（按用途分类）			
国家标准编号	名称	代号	类别	名称	代号	
					字母	汉字
GB 5117－85	碳钢焊条	E	一	结构钢焊条	J	结
GB 518－85	低台金钢焊条	E	一	结构钢焊条	J	结
			二	钼和铬钼耐热钢焊条	R	热
			三	低温钢焊条	W	温

续表

国　标			样　本			
焊条大类（按化学成分分类）			焊条大类（按用途分类）			
国家标准编号	名　称	代　号	类　别	名　称	代　号	
					字　母	汉　字
GB 98	不锈钢焊条	E	四	不锈钢焊条	G	铬
					A	奥
GB 84—85	堆焊焊条	ED	五	堆焊焊条	D	堆
—	—	—	六	铸件焊条	Z	铸
—	—	—	七	镍及镍合金焊条	Ni	镍
GB 3670—83	铜及铜合金焊条	TCu	八	铜及铜合金焊条	T	铜
GB 3669—83	铝及铝合金焊条	TA1	九	铝及铝合金焊条	L	铝
—	—	—	十	特殊用途焊条	Ts	特

2. 各类焊条的简明特性

焊条按其熔渣性质分为酸性焊条和碱性焊条两大类。溶渣以酸性氧化物为主的焊条为酸性焊条，溶渣以碱性氧化物和氟化钙为主的焊条为碱性焊条。在碳钢焊条和低合金焊条中，低氢型焊条（包括低氢钠型、低氢钾型和铁粉低氢型焊条）是碱性焊条。

这两类焊条的焊接特点和焊接工艺性能是不同的，表 3-2-12 提供了不同类型焊条的简明特性。

表 3-2-12　焊条药皮类型及特点

国际型号（例）	药皮类型	特　点						
		电弧稳定性	飞溅	熔深	焊接位置	焊缝抗裂性	焊接电源	药皮主要材料
T×× -0	不规定							
T×× -1	氧化钛型（酸性）	好	小	较小	全	稍差	交流或直流（反接）	氧化钛
T×× -2	氧化钛钙型（酸性）	较好	小	适中	全	较好	交流或直流（反接）	氧化钛碳酸盐矿
T×× -3	钛铁矿型（酸性）	较好	中	较大	全	较好	交流或直流（反接）	钛铁矿
T×× -4	氧化铁型（酸性）	较好	大	大	平	较好	交流或直流（反接）	氧化铁
T×× -5	纤维素型（酸性）	较好	中	大	全	稍差	交流或直流（反接）	有机物氧化钛
T×× -6	低氢型（碱性）	好①	稍大	适中	全	好	直流（反接）或交流	碳酸盐矿
T×× -7	低氢型（碱性）	好	稍大	适中	全	好	直流（反接）	碳酸盐矿
T×× -8	石墨型	部分铸铁焊条、堆焊焊条用此类型药皮，采用直流（正接）或交流电源						
T×× -9	盐基型	通常用于铝合金焊条，采用直流电源（反接）						

注：①用弧焊变压器时，空载电压应大于70V。

从表3-2-12中看出，碱性焊条与强度级别相同的酸性焊条相比，其熔敷金属延性和韧性高，扩散氢含量低，抗裂性能强。但碱性焊条的焊接工艺性能（包括稳弧性、脱渣性、飞溅等）较差，对锈、水、油污的敏感性大，容易出气孔，有毒气体和烟尘多，毒性大。

3. 碳钢焊条型号的编制方法

碳钢焊条型号用大写字母“E”和四位数字表示，如E4303、E5015等。“E”表示焊条；前两位数字表示熔敷金属抗拉强度的最小值，单位为kgf/mm^2（1kgf/mm^2 = 9.8MPa，目前焊条型号表示抗拉强度单位仍为kgf/mm^2）；第三位数字表示焊条适用的焊接位置，“0”及“1”表示焊条适用于各种焊接位置（平、立、横、仰），“2”表示焊条适用于平焊及平角焊，“4”表示焊条适用于向下立焊；第三位和第四位数字的组合表示涂层类型及焊接电流种类（见表3-2-13）。

表3-2-13 碳钢焊条型号中第三、第四位数字的含义

<table>
<tr><th rowspan="2">焊条型号</th><th rowspan="2">第三位数字代表的焊接位置</th><th colspan="2">第三和第四位数字组合代表的</th></tr>
<tr><th>涂层类型</th><th>焊接电流种类</th></tr>
<tr><td>E××00</td><td rowspan="10">各种位置（平、立、横、仰）</td><td>特殊型</td><td rowspan="3">交流或直流正、反接</td></tr>
<tr><td>E××01</td><td>钛铁矿型</td></tr>
<tr><td>E××03</td><td>钛钙型</td></tr>
<tr><td>E××10</td><td>高纤维素钠型</td><td>直流反接</td></tr>
<tr><td>E××11</td><td>高纤维素钾型</td><td>交流或直流反接</td></tr>
<tr><td>E××12</td><td>高钛钠型</td><td>交流或直流正接</td></tr>
<tr><td>E××13</td><td>高钛钾型</td><td>交流或直流正、反接</td></tr>
<tr><td>E××14</td><td>铁粉钛型</td><td>交流或直流正、反接</td></tr>
<tr><td>E××15</td><td>低氢钠型</td><td>直流反接</td></tr>
<tr><td>E××16</td><td>低氢钾型</td><td>交流或直流反接</td></tr>
<tr><td>E××18</td><td>—</td><td>铁粉低氢型</td><td>—</td></tr>
<tr><td>E××20</td><td>平角焊</td><td rowspan="2">氧化铁型</td><td>交流或直流正接</td></tr>
<tr><td>E××22</td><td>平</td><td>交流或直流正、反接</td></tr>
<tr><td>E××23</td><td rowspan="4">平、平角焊</td><td>铁粉钛钙型</td><td rowspan="2">交流或直流正、反接</td></tr>
<tr><td>E××24</td><td>铁粉钛型</td></tr>
<tr><td>E××27</td><td>铁粉氧化铁型</td><td>交流或直流正接</td></tr>
<tr><td>E××28</td><td>铁粉低氢型</td><td>交流或直流反接</td></tr>
<tr><td>E××48</td><td>平、立、仰、立向下</td><td>铁粉低氢型</td><td>交流或直流反接</td></tr>
</table>

4. 焊条的选用

选用焊条时除应认真了解各种焊条的成分、性能及用途等外，还必须结合被焊工件的性能、施工条件及焊接工艺等，并参照下列原则综合考虑。

（1）根据被焊工件母材的机械性能和化学成分选用焊条从等强度的观点来考虑，焊条的机械性能应和母材的机械性能相同。熔敷金属的合金成分也宜同母材符合或接近。但两者的要求并不一定是均衡的，有的焊件可能偏重于强度、韧性等方面的要求，而对化学成分不一定要求与母材一致；有的焊件又可能偏重于化学成分方面的要求。如选用结构钢焊条时，首先应侧重考虑焊缝金属与母材等强度，或韧性，但也应避免过多地超过母材的屈服强度和抗拉强度。有时对机械性能和化学成分都有严格要求。因此，在选用焊条时应分清主次综合考虑。

（2）应考虑工件的工作条件，如在低温或高温条件下工作的工件，应选用能保证低温或高温机械性能的焊条；如工件可能承受动荷载和冲击荷载时，则除了要求保证抗拉强度和屈服强度外，还要求有较高的冲击韧性和塑性，如选用低氢型、钛钙型焊条等；如工件在腐蚀介质中工作或在受磨损条件下工作时，则应选用耐腐蚀或耐磨蚀的焊条。

（3）应考虑工作的外形、尺寸和刚度大小等，如外形复杂、厚度大的工件，必须采用抗裂性能好的焊条，以防止焊缝金属在冷却收缩时产生裂纹，如选用低氢型焊条、高韧性焊条等。

（4）要考虑施焊工作条件，如焊接部位所处位置不能翻转时，必须选择能进行全位置焊接的焊条。目前，在管道焊接中已普遍采用下向焊焊接工艺，因此，应选用相应的专用焊条。还应考虑施工现场条件和工作环境等。

此外，在保证性能要求的前提下，还应考虑改善焊接工艺、保证工人身体健康、价格低廉和效率高等因素。

发达国家已广泛使用的 CO_2 和 $Ar+CO_2$ 混合气体保护焊焊丝及药芯焊丝，它们具有含氢量低，自动化程度高、质量好、成本低、接头疲劳强度高、适于在现场施工条件下焊接等优点。

5. 焊条需用量计算

焊条的消耗，一般是以焊缝熔敷金属重（或熔剂的消耗量），加上焊接过程中的必要损耗，如烧损、飞溅、烬头等，按式（3-2-23）计算：

$$G_x = P_f K_h L_h \tag{3-2-23}$$

式中 G_x——焊条消耗，N；

P_f——每米焊缝熔敷金属重力，N/m；

K_h——定额计算系数，一般取 1.82；

L_h——焊缝长度，m。

每米焊缝熔敷金属重力 P_f 按式（3-2-24）计算：

$$P_f = 1000F_h\rho \tag{3-2-24}$$

式中 F_h——焊缝熔敷金属截面面积，mm^2；

ρ——熔敷金属的容重，N/mm^3，取 $7.85\times10^{-5}N/mm^3$。

对于 V 型坡口对接焊缝，焊缝熔敷金属截面面积如图 3-2-8 所示，并按式（3-2-25）~式(3-2-28）计算：

$$F_h = A + B \tag{3-2-25}$$

$$A = b\delta + (\delta - C)^2 \tan\frac{\theta}{2} \quad (3-2-26)$$

$$B = 0.75b'h \quad (3-2-27)$$

$$b' = 2(\delta - C)\tan\frac{\theta}{2} + b + 4 \quad (3-2-28)$$

符号意义如图 3-2-8 所示。

对于等边直角焊缝的熔敷金属截面积（见图 3-2-9）按式（3-2-29）计算：

$$F_h = A + B \quad (3-2-29)$$

式中 A——面积，$A = \frac{1}{2}I^2$，mm^2；

B——面积，$B = \frac{1}{2}A$，mm^2。

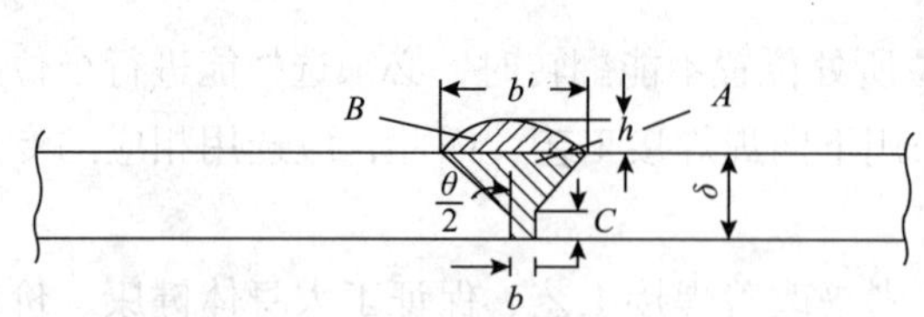

图 3-2-8 V 型缝的熔敷金属截面图

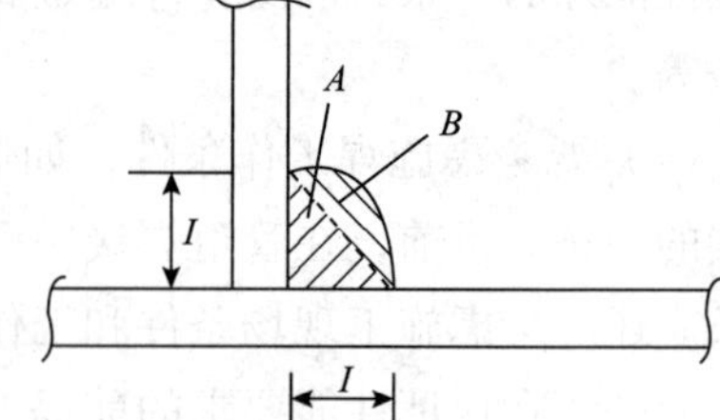

图 3-2-9 等边直角焊缝的熔敷金属截面图

四、埋地管道的强度计算

埋地管道强度计算是输油管道、管道附件和支撑件结构设计的重要组成部分。通过强度计算，采取适当措施，以保证埋地管道在一定条件下的坚固性和稳定性，使工程达到既安全可靠又经济合理。

强度计算包括构件的应力分析和应力校核两个部分。

本书埋地管道的强度分析是以结构的弹性理论为基础，应力限定在材料的屈服强度以内，留有适当裕量，并采用最大剪应力强度理论判断管道在不同荷载作用下和由于热胀、冷缩及其他位移受约束而产生的应力，使管道遭到破坏和失效的依据。

（一）荷载及作用力

作用在输油管道、管道附件和支撑件上的作用力和荷载，根据敷设形式、所处环境、施工条件和运行条件分为：

1. 永久荷载（恒荷载）

（1）输送原油的内压力；

（2）钢管及其附件、绝缘层、保温层、结构附件的自重；

（3）被输送的原油重力；

（4）横向和竖向的土压力；

（5）静水压力和水浮力；

（6）温度应力以及静止流体由于受热膨胀而增加的压力；

（7）由于连接构件发生相对位移而产生的作用力。

2. 可变荷载（活荷载）

（1）试运行时的水重力；

（2）附在管道上的冰雪荷载；

（3）由于内部或外部（风、波浪、水流）因素产生的冲击力；

（4）车辆荷载及行人；

（5）清管荷载；

（6）检修荷载。

3. 偶然荷载

（1）位于地震基本烈度七度及七度以上地区的管道，由地震引起的活动断层位移、沙土液化、地基滑坡施加在管道上的作用力；

（2）由于振动和共振所引起的应力；

（3）冻土或膨胀土中的膨胀力；

（4）沙漠中的沙丘移动的影响；

（5）地基沉降附加在管道上的荷载。

4. 临时荷载

包括施工过程中的各种作用力。

（二）主要荷载的计算

1. 管子的自重

$$G_P = \pi\gamma_s(D - \delta)\delta \tag{3-2-30}$$

式中　G_P——每米管子的重力，N/m；

γ_s——钢材容重，N/m^3，取 $78509N/m^3$；

D——管道外直径，m；

δ——管道壁厚，m。

2. 绝缘层重力

$$G_i = \pi\gamma_i(D + \delta_1)\delta_1 \tag{3-2-31}$$

式中　G_i——每米管子外绝缘层重力，N/m；

γ_i——绝缘材料容重，N/m^3，见表 3-2-14；

δ_1——绝缘层平均厚度，m；

D——管道外径，m，如果有保温层，D 为包括保温层的管道外径。

表 3-2-14　保温绝缘材料容重表

材料名称	容重/（N/m^3）	备　注
石油沥青玻璃布	9810～10791	

续表

材料名称	容重/（N/m³）	备 注
环氧煤沥青	11772～13145.4	
环氧粉末喷涂		
煤焦油磁漆		
聚乙烯塑料	8838.81～9466.65	
珍珠岩	550	
石棉	280～3800	
岩棉	3500	
泡沫塑料	3500～4000	

3. 保温层重力

$$G_b = \pi\gamma_b(D + \delta_2)\delta_2 \tag{3-2-32}$$

式中 G_b——每米管子外保温层重力，N/m；

γ_b——保温层保温材料的容重，N/m³；

δ_2——保温层平均厚度，m。

其他符号意义同前。

4. 管内介质重力

$$G_w = \frac{1}{4}\pi\gamma_w d^2 \tag{3-2-33}$$

式中 G_w——每米管子长所含介质重力，N/m；

γ_w——介质容重，N/m³；

d——管子的内直径，m。

其他符号意义同前。

5. 横向和竖向的土压力

（1）埋设在管沟内的管道单位管长上的竖向土荷载按式（3-2-34）计算：

$$W_0 = C_d\gamma_s DB \tag{3-2-34}$$

$$C_d = \frac{1 - e^{-2\eta f\frac{H}{B}}}{2\eta f} \tag{3-2-35}$$

$$\eta = \tan^2(45° - \frac{\varphi}{2}) \tag{3-2-36}$$

式中 W_0——单位管长上的垂直土荷载，kN/m；

γ_s——土壤容重，kN/m³；

D——管子外直径，m；

B——管顶处的管沟高度，m；

C_d——荷载系数；

H——管顶回填土高度，m；

f——回填土和沟壁的摩擦系数，可以等于或小于回填土的内摩擦系数；

η——主动侧向单位土压力与竖向单位土压力之比；

φ——土壤内摩擦角，rad。

当缺少土壤物理力学性质资料时，荷载系数 C_d 值也可由图 3-2-10 曲线确定。

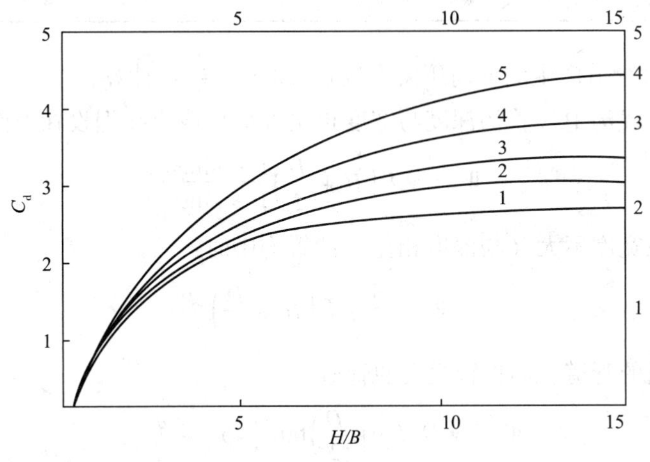

图 3-2-10　荷载系数曲线

1—无黏性粒状土；2—砂和砾石；3—饱和的表土；4—黏土；5—完全饱和的黏土

埋设在土堤内的管道单位管长的垂直土荷载为管顶上土壤单位棱柱体的重力，即：

$$W_0 = \gamma_s HD \tag{3-2-37}$$

无沟埋设的管道单位管长上的垂直土压力按式（3-2-38）计算：

$$W_0 = \gamma_s h_c D \tag{3-2-38}$$

$$h_c = \frac{B}{2f_c} \tag{3-2-39}$$

$$B = D[1 + \tan(45° - \frac{\varphi}{2})] \tag{3-2-40}$$

式中　h_c——消力拱高度，m；

B——消力拱的计算跨度，m；

f_c——土壤的坚固系数，按表 3-2-15 取值。

其他符号意义同前。

表 3-2-15　土壤的坚固系数

土壤类别	坚固系数
流沙、沼泽土、泥浆	0.1～0.3
砂、细砾石、填土	0.5
轻亚黏土、潮湿砂土、腐殖土	0.6
黄土、卵石、重亚黏土	0.8
密实黏土	1.0
碎石土、片岩、硬黏土	1.5

续表

土壤类别	坚固系数
软片岩、软石灰岩、白垩、冻土、泥灰岩固结卵石及粗砂	2.0
密实泥灰岩、非坚硬片岩	3.0
坚硬黏土质片岩、非坚硬砂岩及石灰岩、软砾岩	4.0

（2）回填土对管道产生的横向压力可按式（3-2-41）计算：

当管道埋设在浅沟中（管沟深度与宽度相比很小）或直接埋设在地面上时：

$$W = \gamma_s D\left(H + \frac{D}{2}\right)\frac{1 - \sin\varphi}{1 + \sin\varphi} \tag{3-2-41}$$

当管道埋设在宽度不大（与深度相比）的管沟中时：

$$W = \frac{1}{3}\gamma_s D\left(H + \frac{D}{2}\right) \tag{3-2-42}$$

对于无沟埋设的管道，如顶管敷设的管道：

$$W = \gamma_s D\left(h_c + \frac{D}{2}\right)\tan^2\left(45° - \frac{\varphi}{2}\right) \tag{3-2-43}$$

式中 W——土壤的侧压力，kN/m。

其他符号意义同前。

6. 地面上汽车和火车等活荷载

1）地面上汽车活荷载

当管顶覆土厚度大于0.8m时，一般采用弹性半无限体中压力分布的方法计算，如图3-2-11所示。

（1）荷载对管道产生的正应力按布辛涅斯克（Bonssinnesq）公式：

$$q_1 = \frac{3IPH^3}{2\pi R^5} = \frac{3IPH^3}{2\pi(H^2 + r^2)^{5/2}} \tag{3-2-44}$$

当集中荷载作用在管道的正上方时，所产生的正应力为最大，这时式（3-2-44）中的 $r=0$；因此，

$$q_{\text{imax}} = 0.478\frac{IP}{H^2} \tag{3-2-45}$$

式中 q_1——集中荷载对管道产生的正应力，kN/m²；

q_{imax}——集中荷载对管道产生的最大正应力，kN/m²；

I——冲击系数，取1.5；

P——集中荷载，kN，取汽车单轮压力；

H——覆土深度，m；

R——力作用点与管道计算压力点的距离，m；

r——力作用点与管道计算压力点的水平距离，m。

当地面集中荷载不止一个时，则应将各个荷载产生的应力叠加。

式（3-2-44）和式（3-2-45）适用于柔性路面和没有路面的荷载计算。

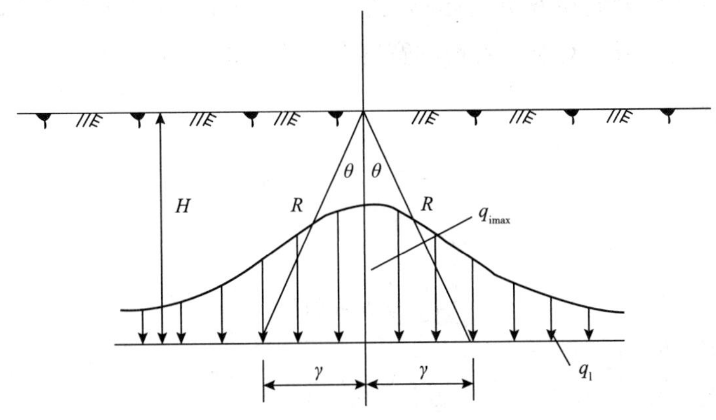

图 3-2-11　弹性半无限体中压力分布

（2）对于刚性路面，或采用保护盖板时的活荷载在管道上产生的正应力，可采用波特兰水泥协会（PCA）法计算：

$$\sigma = \frac{CP}{R_s^2} \tag{3-2-46}$$

$$R_s = 0.214\sqrt[4]{E_s h^3 / [(1-\upsilon^2)E']} \tag{3-2-47}$$

式中　σ——在刚性路面上的管道所受到的活荷载的正应力，kN/m^2；

C——荷载系数，按表 3-2-16 取值；

R_s——刚度半径，m；

E_s——混凝土的弹性模量，MN/m^2；

h——混凝土盖板或刚性路面的厚度，m；

υ——混凝土泊桑比，取 0.15；

E'——土壤的弹性模量，MN/m^2。

2）履带车辆荷载

履带车辆包括履带式拖拉机及起重机等，一般只作为校核或施工荷载验算，在验算中只考虑一辆车的荷载，其深度 H 处的正应力计算公式为：

当 $H \leqslant \frac{S}{2}$ 时：

$$q_1 = \frac{P/2}{a_1 b_1} \tag{3-2-48}$$

当 $H > \frac{S}{2}$ 时：

$$q_2 = \frac{P}{a_1 b_1} \tag{3-2-49}$$

式中　q_1——深度 H 处的正应力，kN/m^2；

S——履带间净距，m；

第三编 CHAPTER THREE 原油长输管道设计

P——一辆车的总重，kN；

a_1——履带车辆轴向在 H 处的影响长度，m，$a_1=a+2H$，a 为履带车着地长度；

b_1——履带宽度或每对车轮着地的宽度在 H 深处的影响宽度，m。

当 $H>\frac{S}{2}$ 时：

$$b_1=2b+2H+S \tag{3-2-50}$$

当 $H\leqslant\frac{S}{2}$ 时：

$$b_2=b+2H \tag{3-2-51}$$

式中 b——履带宽度，m。

其他符号意义同前。

表 3-2-16 单个荷载时的荷载系数（C）

H/R_s	荷载系数 X/R_s										
	0.0	0.4	0.8	1.2	1.6	2.0	2.4	2.8	3.2	3.6	4.0
0.0	0.113	0.105	0.089	0.068	0.048	0.032	0.020	0.011	0.006	0.002	0.000
0.4	0.101	0.090	0.082	0.065	0.047	0.033	0.021	0.011	0.004	0.001	0.000
0.8	0.089	0.084	0.074	0.061	0.045	0.033	0.022	0.012	0.005	0.002	0.001
1.2	0.076	0.072	0.065	0.054	0.043	0.032	0.022	0.014	0.008	0.005	0.003
1.6	0.062	0.059	0.054	0.047	0.039	0.030	0.022	0.016	0.011	0.007	0.005
2.0	0.051	0.049	0.046	0.042	0.035	0.028	0.022	0.016	0.011	0.008	0.006
2.4	0.043	0.041	0.039	0.036	0.030	0.026	0.021	0.016	0.011	0.008	0.006
2.8	0.037	0.036	0.033	0.031	0.027	0.023	0.019	0.015	0.011	0.009	0.006
3.2	0.032	0.030	0.029	0.026	0.024	0.021	0.018	0.014	0.011	0.009	0.007
3.6	0.027	0.026	0.025	0.023	0.021	0.019	0.016	0.014	0.011	0.009	0.007
4.0	0.024	0.023	0.022	0.020	0.019	0.018	0.015	0.013	0.011	0.009	0.007
4.4	0.020	0.020	0.019	0.018	0.017	0.015	0.014	0.012	0.010	0.009	0.007
4.8	0.018	0.017	0.017	0.016	0.015	0.013	0.012	0.011	0.009	0.008	0.007
5.2	0.015	0.015	0.014	0.014	0.013	0.012	0.011	0.010	0.008	0.007	0.006
5.6	0.014	0.013	0.013	0.012	0.011	0.010	0.010	0.009	0.008	0.007	0.006
6.0	0.012	0.012	0.011	0.011	0.010	0.009	0.009	0.008	0.007	0.007	0.006

汽车、履带式车辆及平板挂车荷载的主要技术指标分别见表 3-2-17 和表 3-2-18。

表 3-2-17 汽车荷载主要技术指标

主要指标	单位	荷载等级					
		汽车-10级		汽车-15级		汽车-20级	
		重车	主车	重车	主车	重车	主车
一辆汽车总重力	kN	150	100	200	150	300	200
一次汽车车队中车辆数目	辆	1	不限制	1	不限制	1	不限制
后轴压力	kN	100	70	130	100	2×120	130
前轴压力	kN	50	30	70	50	60	70

续表

主要指标	单 位	荷载等级					
		汽车 -10 级		汽车 -15 级		汽车 -20 级	
		重车	主车	重车	主车	重车	主车
轴距	m	—	4	4	4	4 +1. 4	4
轮距	m	1. 8	1. 8	1. 8	1. 8	1. 8	1. 8
后（中）轮着地宽度及长度	m	0. 5 ×0. 2	0. 5 ×0. 2	0. 5 ×0. 2	0. 5 ×0. 2	0. 6 ×0. 2	0. 6 ×0. 2
前轮着地宽度及长度	m	0. 25 ×0. 2	0. 25 ×0. 2	0. 25 ×0. 2	0. 25 ×0. 2	0. 3 ×0. 2	0. 3 ×0. 2
车辆外形尺寸（长×宽）	m	7 ×2. 5	7 ×2. 5	7 ×2. 5	7 ×2. 5	8 ×2. 5	7 ×2. 5

表 3-2-18　履带式车辆和平板挂车技术指标

主要指标	单 位	履带 -50	挂车 -80	挂车 -100
车辆重力	kN	500	800	1000
履带数或车轴数	个	2	4	4
每条履带或每个车轴压力	kN	56kN/m	200	250
履带着地长度或纵向轴距	m	4. 5	1. 2 +4. 0 +1. 2	1. 2 +4. 0 +1 2
每个车轴的车轮组	个	—	4	4
履带横向中距或车轮横向中距	m	2. 5	3 ×0. 9	3 ×0. 9
履带宽度或每对车轮着地的宽度和长度	m	0. 7	0. 5 ×0. 2	0. 5 ×0. 2

3）火车活荷载

根据《铁路桥涵设计规范》(TBJ 2) 假定活荷载在轨底平面上的横向分布宽度为 2. 5m，其在路基内与竖直线成一角度（正切为 0. 5）向外扩散，在轨底下深度 h 处的压力 q_h 按式（3 -2 -52）计算：

$$q_h = \frac{165}{2.5 + h} \tag{3-2-52}$$

式中　q_h——h 深度处的压力，kPa；

h——在轨底下的深度，m。

(三) 荷载组合

对于不同的管道敷设形式，在进行管段结构计算时，应根据实际环境和运行条件进行荷载组合。

1. 主要组合

永久荷载。

2. 附加组合

永久荷载 + 可变荷载（按实际可能发生的进行组合）。

3. 特殊组合

主要组合 + 偶然荷载。

（四）许用应力

输油管道及管道附件的许用应力应符合下列规定：

（1）对于新管子，其许用应力应按式（3－2－53）计算：

$$[\sigma] = F\phi\sigma_s \tag{3-2-53}$$

式中 $[\sigma]$——许用应力，MPa；

F——设计系数，见表3－2－19；

ϕ——焊缝系数，见表3－2－8；

σ_s——钢管的最低屈服强度，见表3－2－8。

表3－2－19 设计系数

管线位置	管道	站内管道	穿跨越管道
系数	0.72	0.6	0.6

（2）对于旧管子，经鉴定及试压合格后，可按式（3－2－53）计算许用应力。

（3）对于经冷加工后又经热处理的钢管，当加热温度高于320℃（焊接除外）时，许用应力应按式（3－2－53）计算值的75%取值。

（4）钢管的许用剪应力不应超过其最低屈服强度的45%；支撑外荷载作用下的许用应力（端面承压）不超过其最低屈服强度的90%。

（5）结构支撑件和约束件所用钢材的许用拉应力和压应力不应超过其最低屈服强度的60%，许用剪应力不应超过其最低屈服强度的45%，支撑应力（端面承压）不应超过其最低屈服强度的90%。

（6）对于穿越水域的管道，钢管的许用应力应根据不同的荷载组合，在式（3－2－53）计算值上乘以表3－2－20中的许用应力提高系数。

表3－2－20 许用应力提高系数

荷载组合	提高系数
主要组合	1.0
附加组合	1.3
特殊组合	1.5

（五）管道壁厚的确定

在内压作用下，在管壁上任何一点的应力是由作用于该点上三个互相垂直的主应力决定的，即环向应力、轴向应力和径向应力。因此，管子的最小理论壁厚应按照强度条件求解。然后，根据管道所处的环境和工作条件进行修正。

因为所采用的强度理论不同，所得出的壁厚计算公式也不相同。本书是以内径为基准的中径公式确定最大主应力，然后用最大剪应力理论计算壁厚。

（1）直管段的钢管壁厚应按式（3－2－54）计算：

$$\delta_c = \frac{PD}{2[\sigma]} \tag{3-2-54}$$

式中　δ_c——钢管的计算壁厚，m；

P——设计内压力，MPa；

D——钢管外直径，m；

$[\sigma]$——管子的许用应力，MPa。

当管道及其附件的防腐措施和其壁厚极限偏差符合国家现行有关标准的规定时，不再增加管壁的裕量。管道实际采用的壁厚 δ 应按计算壁厚向上圆整至相近的公称壁厚。

如输油站间管道沿程压力相差较大时，设计中可分段计算管壁厚度或选用不同强度等级的管材。

（2）钢制弯头和弯管的管壁厚度应按式（3-2-55）计算：

$$\delta_b = \delta_c m \tag{3-2-55}$$

$$m = \frac{4R - D}{4R - 2D} \tag{3-2-56}$$

式中　δ_b——弯头或弯管的计算壁厚，m；

m——弯头或弯管的壁厚增大系数；

R——弯头或弯管的曲率半径，m；

D——弯头或弯管的外直径，m。

弯头或弯管的壁厚增大系数可按表3-2-21取值

表3-2-21　弯头壁厚增大系数（m）

R/D	1.5	2.0	2.5	4.0	5.0	6.0	8.0	10
m	1.25	1.17	1.13	1.07	1.06	1.05	1.03	1.03

弯管实际壁厚的确定原则与直管段的壁厚确定原则相同。

（六）埋地管道的应力计算

1. 内压产生的钢管的应力状态

埋地管道的应力计算，主要是计算管道在内压、持续外载（包括自重）作用下和由于热胀、冷缩及其他位移受约束而产生的应力，并应使之满足管道本身和连接的设备安全运行的要求。

对于薄壁管，由内压产生的径向应力很小，一般都忽略不计，对于离管道出土端一定距离的直管段，假定管道是受土壤完全嵌固的，管道在轴向不能自由伸缩，因此，在内压作用下，在轴向产生泊桑应力，而在温度变化时产生温度应力。

（1）环向应力。它是在内压作用下，管子均匀向外膨胀，管壁在圆周切线方向所产生的拉应力，其计算公式为：

$$\sigma_h = \frac{Pd}{2\delta} \tag{3-2-57}$$

式中　σ_h——管道由内压产生的环向应力，MPa；

P——管道的设计内压力，MPa；

d——管道的内直径，m；

δ——管道的公称壁厚，m。

（2）泊桑应力。在内压作用下由于管道受约束，在轴向产生泊桑应力，其值按式(3-2-58)计算：

$$\sigma_{\mu} = \mu\sigma_{h} = \mu\frac{Pd}{2\delta} \tag{3-2-58}$$

式中 σ_{μ}——泊桑应力，MPa；

μ——泊桑系数，钢材取0.3。

其他符号意义同前。

（3）轴向应力。管道一端加盲板，在靠近自由端的截面上的轴向应力为：

$$\sigma_{a} = \frac{Pd}{4\delta} \tag{3-2-59}$$

式中 σ_{a}——管道由内压产生的轴向应力，MPa。

其他符号意义同前。

2. 温度应力

当管壁温度发生变化时，在管道上产生的轴向应力为：

$$\sigma_{t} = E\alpha(t_1 - t_2) \tag{3-2-60}$$

式中 E——钢材的弹性模量，取2.05×10^{5}MPa；

α——钢材的线膨胀系数，取1.2×10^{-5}m/（m·℃）；

t_1、t_2——管道下沟闭合时的大气温度和管道的工作温度，℃。

3. 弯曲应力

埋地管道的弹性弯曲管段，因弯曲而产生的轴向应力σ_{ρ}为：

$$\sigma_{\rho} = \pm ED/(2\rho) \tag{3-2-61}$$

式中 σ_{ρ}——管道弯曲应力，MPa；

D——管子的外径，m；

ρ——管子的弯曲半径，m。

其他符号意义同前。

4. 车辆等外力作用产生的应力

由于车辆等外力的作用在管子中产生的应力可按式（3-2-62）计算：

$$\sigma_{v} = \frac{3K_{a}WED\delta}{E\delta^{3} + 3K_{b}PD^{3}} \tag{3-2-62}$$

式中 σ_{v}——由于车辆等外力的作用在管子中产生的应力，MPa；

K_a——弯曲力矩系数，根据回填土密实程度取0.128~0.235，回填土密实的取较小值，松散的取较大值；

W——单位管长上的总垂直荷载，包括管顶垂直土荷载和地面车辆传到管子上的荷载，MN/m；

K_b——挠曲力矩系数，取0.085～0.108，回填土密实的取较小值，回填土松散的取较大值。

其他符号意义同前。

5. 地震波引起的应力

地震波引起的管道最大轴向应力可按式（3-2-63）计算：

$$\sigma_{emax} = E\varepsilon_{emax} \tag{3-2-63}$$

$$\varepsilon_{emax} = \alpha_1 \frac{2\pi A}{L}\cos\varphi\sin\varphi + \alpha_2 \frac{2\pi^2 AD}{L^2}\cos^3\varphi \tag{3-2-64}$$

$$\alpha_1 = \frac{1}{1 + \frac{EF}{K}\left(\frac{2\pi}{L}\right)^2} \tag{3-2-65}$$

$$A = \frac{K_{\mathrm{H}} g T^2}{4\pi^2} \tag{3-2-66}$$

$$L = V_s T \tag{3-2-67}$$

$$\tan^2\varphi + \frac{\alpha_2}{\alpha_1}\frac{3\pi D}{L}\sin\varphi - 1 = 0 \tag{3-2-68}$$

$$K = 3 \times 10^{-5}\gamma_s v_s^2 / g \tag{3-2-69}$$

式中　σ_{emax}——地震波引起的管道最大轴向应力，MPa；

E——钢材弹性模量，MPa；

ε_{emax}——地震波引起的管道最大轴向应变；

α_1、α_2——轴向和横向变形传递系数，α_1 按式（3-2-65）计算，$\alpha_2 \approx 1$；

A——土壤的振幅，m，埋深在10m以内的管道，可近似取地面土壤振幅；

L——地震波的波长，m；

φ——剪切波速与管轴线夹角，rad，按照式（3-2-68）用试算法求得；

D——管子外径，m；

F——管子横截面面积，m^2；

K——土壤的弹性系数，即当土壤和管道产生相对位移时，单位管道长度上所受到的土壤的反作用力，MPa；

K_{H}——地震系数，即地震时地面最大加速度与重力加速度的比值（当设防烈度为7、8、9度时，K_{H} 分别取0.1、0.2、0.4）；

g——重力加速度，m/s^2；

T——场地的特征周期，s，与场地的种类有关，对于Ⅰ、Ⅱ、Ⅲ和Ⅳ类场地，T 分别为0.2～0.3s，0.3～0.4s，0.4～0.65s和0.65～0.85s；

v_s——管道场地土的剪切波速（地下7m内的平均波速），m/s；

γ_s——土壤的密度，kg/m^3。

（七）强度校核

本书输油管道的强度按许用应力法校核，按照最大剪应力破坏理论计算当量应力，并应满足：

（1）对于受约束的埋地管道：

$$\sigma_e = \sigma_h - \sigma_a \leqslant 0.9\sigma_s \tag{3-2-70}$$

式中 σ_e——当量应力，MPa；

σ_h——环向应力，MPa；

σ_a——管道轴向应力，MPa。

当埋地管道在平面或竖向为弹性弯曲和轴向受约束的地上架空管道，在轴向应力中均应计入横向弯曲应力。

（2）对于轴向不受约束的地面管道，其热胀当量应力可按式（3－2－71）计算，并不应超过钢管的许用应力［σ］：

$$\sigma_E = \sqrt{\sigma_b^2 + 4\tau^2} \tag{3-2-71}$$

$$\sigma_b = \sqrt{(i_i M_i)^2 + (i_0 M_0)^2}/2 \tag{3-2-72}$$

$$\tau = M_t/(2Z) \tag{3-2-73}$$

式中 σ_E——热胀当量应力，MPa；

σ_b——合成弯曲应力，MPa；

M_i——构件平面内的弯矩，对于三通、总管和支管部分的力矩应分别考虑，MN·m；

i_i——构件平面内弯曲时的应力增强系数，见表3-2-22；

M_0——构件平面外的弯矩，MN·m；

i_0——构件平面外弯曲时的应力增强系数，见表3-2-22；

τ——扭应力，MPa；

M_t——扭矩，MPa；

Z——管子截面系数，m^3。

表3-2-22 挠性系数和应力增强系数

名　称	挠性系数（K）	应力增强系数		特征系数	示意图
		i_i	i_0		
弯头或弯管①②③	$\frac{1.6}{h}$	$\frac{0.9}{h^{2/3}}$	$\frac{0.75}{h^{2/3}}$	$\frac{\delta R}{r^2}$	R-弯管弯曲半径
拔制三通①②	1	$0.75i_i + 0.25$	$\frac{0.9}{h^{2/3}}$	$4.4\times\frac{\delta}{r}$	
带补强圈的焊接支管①②③	1	$0.75i_i + 0.25$	$\frac{0.9}{h^{2/3}}$	$\frac{(\delta+M)^{5/2}}{\delta^{3/2}r}$	

续表

名称	挠性系数（K）	应力增强系数		特征系数	示意图
		i_i	i_0		
无补强的焊制三通①②	1	$0.75i_i+0.25$	$\frac{0.9}{h^{2/3}}$	$\frac{\delta}{r}$	

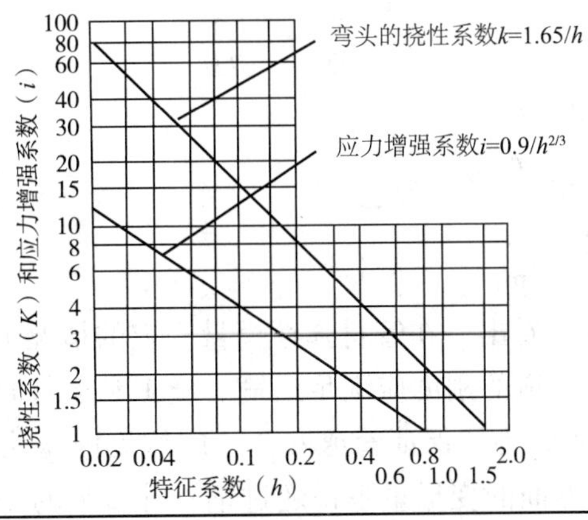

注：①对于管件，表中的挠性系数（K）和应力增强系数（i），适用于任意平面内的弯曲，但其值均不应小于1.0；对于扭转则这些系数等于1.0，这两个系数适用于弯头、弯管的整个有效弧长（示意图中以粗黑中心线表示）和三通的交接口。

②利用表中所示公式算出特征系数h，即可从表中直接读出K和i值，表中R为焊接弯头和弯管的弯曲半径，mm，r为所接管子的平均半径，mm；δ为公称壁厚，mm，对于弯头、弯管，为其本身的壁厚；对于拔制三通、焊制三通或焊接支管，为所接管子的壁厚，但当焊制三通主管壁厚大于所接管子的壁厚，且加厚部分伸出支管外壁的长度大于1倍支管外径时，指主管壁厚；M为补强圈的厚度，mm。

③当$M>\frac{1}{2}\delta$时，采用$h=4.05\frac{\delta}{\gamma}$。

④在大口径薄壁弯头和弯管中，压力能够显著影响挠性系数和应力增强系数。为了校正压力对表中所得数值的影响，对挠性系数（K），应除以$\left[1+6\frac{P}{E_c}\left(\frac{\gamma}{\delta}\right)^{\frac{7}{3}}\left(\frac{R}{\gamma}\right)^{\frac{1}{3}}\right]$。对应力增强系数（$i$）应除以$\left[1+3.25\left(\frac{\gamma}{\delta}\right)^{\frac{5}{2}}\left(\frac{R}{\gamma}\right)^{\frac{2}{3}}\frac{P}{E_c}\right]$，其中$E_c$为冷藏弹性模量，MPa；$P$为表压，MPa。

对于在特殊地段的管道敷设，在计算总轴向应力时，还需考虑地面动荷载产生的应力，土壤变形产生的应力（如滑坡、沉陷）。当管道通过基本烈度七度和七度以上地震区时，在进行强度校核时，必须将地震波引起的应力与其他荷载组合。

五、埋地管道的稳定性验算

输油管道在其施工和工作期间，由于受到可能出现的外部荷载，超过管内压力和将导致管道发生径向变形。当变形超过一定数量时，管道将失去径向稳定而变瘪。

对于加热输送的原油管道，在正温差和内压的作用下，在管道断面中会产生轴向压力。当轴向压力超过一定数值时，将导致地下管道拱起，而失去纵向稳定；在初始弯曲的管道，即便轴向压力较小，也可造成管道纵向失稳。

因此，在管道设计中，对于穿越公路、铁路的无套管管段，穿越用的套管及埋深较大的管段，特别是大口径薄壁管，应验算其径向稳定。对于输送加热原油的管道，应考虑其纵向稳定问题。

（一）管道的径向变形

管道的径向变形同管道的刚度有关，刚度越小，在外压作用下越容易变形。

管道刚度通常用式（3－2－74）表示：

$$Q = \frac{EI}{D^3} = \frac{E\delta^3}{12D^3} \tag{3-2-74}$$

式中 E——管材弹性模量，MPa；

I——管壁的惯性矩，$I=\delta^3/12$，m^3；

D——管道外直径，m；

δ——管道公称壁厚，m。

从式（3－2－74）可以看出，在管材弹性模量一定的情况下，管子刚度只与管径与壁厚之比 D/δ 有关。埋地管道的刚度应满足运输、施工和运行时的要求，钢管的外直径与壁厚的比值不应大于140，为了保证管道安全，应按无内压状态验算在外压力作用下管子的变形。其水平直径方面的变形量不得超过钢管外直径的3%。

管子在外荷载作用下的径向变形，可按式（3－2－75）计算：

$$\Delta X = \frac{JKW\gamma^3}{EI + 0.061E'\gamma^3} \tag{3-2-75}$$

式中 ΔX——钢管水平径向的最大变形，m；

J——钢管变形滞后系数，取1.5；

K——钢管基座系数，按表3－2－23取值；

W——单位管长上的总垂直荷载，包括管顶垂直土荷载和地面车辆传到管子上的荷载，MN/m；

γ——钢管的平均半径，m；

E——管材的弹性模量，MPa；

I——管壁截面的惯性矩，$I=\delta^3/12$，m^3；

E'——回填土的变形模量，MPa，可按表3－2－23取值。

表3－2－23 标准铺管条件的设计参数

铺管条件	E'/MPa	基础包角/（°）	基座系数
管道敷设在未扰动的土上，回填土松散	1.0	30	0.108
管道敷设在未扰动的土上，管子中线以下的土轻轻压实	2.0	45	0.105
管道敷设在厚度最小为10cm的松土垫层内，管顶以下回填土轻轻压实	2.8	60	0.103
管道敷设在砂卵石或碎石垫层内，垫层顶面应在管底以上1/8管径处，但至少为10cm，管顶以下回填土夯实，夯实密度约为80%（标准葡氏密度）	3.5	90	0.096
管子中线以下安放在压实的团粒材料内，夯实管顶以下回填的团粒材料，夯实密度约为90%（标准葡氏密度）	4.8	150	0.085

（二）管道的轴向稳定

当管道所承受的轴向压力达到某一数值时，管道开始丧失轴向稳定。这一轴向压力称为临界轴向压力。管道轴向稳定应满足下列条件：

$$N \leqslant nN_{cr} \tag{3-2-76}$$

$$N = [\alpha E(t_2 - t_1) + (0.5 - \mu)\sigma_h]A \tag{3-2-77}$$

式中　N——由温差和内压力产生的轴向力，MN；

n——安全系数，对于公称直径大于500mm的钢管，n取0.75，公称直径等于或小于500mm的钢管，n取0.90；

N_{cr}——管道开始失稳的临界轴向压力，MN；

A——管子横截面积，m^2。

其他符号意义同前。

1. 埋地管道开始失稳的临界轴向力

（1）直线管段开始失稳时的临界轴向力可按式（3－2－78）计算：

$$N_{cr} = 2\sqrt{K_e DEI} \tag{3-2-78}$$

$$K_e = \frac{0.12E'n_e}{(1-\mu_e^2)\sqrt{L_1 D}}(1 - e^{-2h_0/D}) \tag{3-2-79}$$

式中　K_e——土壤的法向阻力系数，MPa/m；

E'——回填土的变形模量，MPa；

n_e——回填土变形模量降低系数，根据土壤中含水量的多少和土壤结构破坏程度取0.3～1.0；

μ_e——土壤的泊桑系数，按表3-2-24取值；

L_1——管道单位长度，$L_1 = 1m$；

h_0——地面（或土堤顶）至管道中心的距离，m。

其他符号意义同前。

表3-2-24　土壤的泊桑系数

土壤的类别	土壤泊桑系数
砂土	0.20～0.25
坚硬半坚硬黏土、亚黏土	0.25～0.30
塑性的黏土	0.30～0.35
流性的黏土	0.35～0.45

（2）对于埋地向上凸起的弯曲管段开始失稳时的临界轴向力可按式（3－2－80）计算：

$$N_{cr} = 0.375Q_u R_0 \tag{3-2-80}$$

$$Q_u = q_0 + n_0 q_1 \tag{3-2-81}$$

$$q_1 = \gamma_s D(h_0 - 0.39D) + \gamma_s h_0^2 \tan 0.7\varphi + \frac{0.7Ch_0}{\cos(0.7\varphi)} \tag{3-2-82}$$

式中 Q_u——管道向上位移时的极限阻力，MN/m，当管道有压重物或锚栓锚固时，应计入压重物的重力或锚栓的拉脱力，在水淹地区应计入浮力的作用；

R_0——管道的计算弯曲半径，m；

q_0——单位长度管子重力和管内原油重力，MN/m；

n_0——土壤临界承受能力的折减系数，取0.8～1.0；

q_1——管道向上位移时土的临界承受能力，MN/m；

φ——回填土的内摩擦角，rad；

C——回填土的黏聚力，MN/m^2；

γ_s——土壤的容重，MN/m^3。

其他符号意义同前。

（3）对于敷设在土堤内水平弯曲的管道失稳时的临界轴向力，可按式（3-2-83）计算：

$$N_{cr} = 0.212 Q_h R_0 \tag{3-2-83}$$

$$Q_h = q_f + n_0 q_2 \tag{3-2-84}$$

$$q_f = q_0 \tan\varphi \tag{3-2-85}$$

$$q_2 = \gamma_s \tan\varphi\left[\frac{Dh_1}{2} + \frac{(b_1 + b_2)h_1}{4} - D\right] + \frac{C(b_2 - D)}{2} \tag{3-2-86}$$

$$q_2 = \gamma_s h_0 D\left[\tan^2\left(45° + \frac{\varphi}{2}\right) + \frac{2C}{\gamma_s h_0}\tan\left(45° + \frac{\varphi}{2}\right)\right] \tag{3-2-87}$$

式中 Q_h——管道横向位移时的极限阻力，MN/m；

q_f——单位长度的管道摩擦力，MN/m；

q_2——管道横向位移时土的临界支承能力，MN/m；

h_1——土堤顶至管底的距离，m；

b_1——土堤顶宽，m；

b_2——土堤底宽，m。

其他符号意义同前。

注意：管道横向位移时土的临界支承能力，按式（3-2-86）和式（3-2-87）计算，取二者中的较小值。

2. 管道计算弯曲半径

（1）当管道按弹性弯曲敷设，弹性弯曲的弯曲半径大于管子的外直径1000倍，且曲线的弦长大于或等于管道失稳波长时，管道的计算弯曲半径则取管道弹性弯曲的实际弯曲半径。

当管道曲线的弦长小于失稳波长，且满足式（3-2-88）时，弯曲半径按式（3-2-89）计算：

$$L + \frac{L_0}{2} \geqslant \frac{L_{cr}}{2} \tag{3-2-88}$$

$$R_0 = \frac{2L_{cr}^2 \cos\frac{\theta}{2}}{\pi^2\left[L_{cr}\sin\frac{\theta}{2} - 2\cos\frac{\theta}{2}\right]} \tag{3-2-89}$$

当管道向上凸起时：

$$L_{cr} = \frac{265EI}{Q_u R_0\left(1 + \sqrt{1 + \frac{80EIC_p}{Q_u^2 R_0^2}}\right)} \tag{3-2-90}$$

当土堤内水平弯曲时：

$$L_{cr} = \frac{265EI}{Q_{hp0} R_0\left(1 + \sqrt{1 + \frac{80EIC_p}{Q_u^2 R_0^2}}\right)} \tag{3-2-91}$$

$$C_p = q_1/h_1 \tag{3-2-92}$$

式中　L——与弯曲管段两侧连接的每一直管段的长度，m；

L_0——弯曲管段的弦长，m；

L_{cr}——管道的失稳波长，m；

R_0——管道的计算弯曲半径，m；

θ——管道的转角，rad；

C_p——土的卸载系数；

h_1——地面（或土堤顶）至管底的距离，m。

其他符号意义同前。

（2）当设计管段由两个冷弯管组成，且弯管之间的直线管段满足式（3-2-93）时，计算弯曲半径可按式（3-2-94）计算：

$$R_1\sin\frac{\theta_1}{2} + R_2\sin\frac{\theta_2}{2} + L \leqslant L_{cr} \tag{3-2-93}$$

$$R_0 = \frac{2L_{cr}^2}{\pi^2\left[L_{cr}\tan\frac{\theta_1+\theta_2}{2}\right] + \left(L + R_1\tan\frac{\theta_1}{2} + R_2\tan\frac{\theta_2}{2}\right)\left(\sin\frac{\theta_2-\theta_1}{2} - \tan\frac{\theta_1+\theta_2}{2}\cos\frac{\theta_1-\theta_2}{2}\right)} \tag{3-2-94}$$

式中　R_1、R_2——两个弯管的曲率半径，m；

θ_1、θ_2——两个弯管的转角，rad；

L——两个弯管之间的直管段长度，m。

其他符号意义同前。

（3）当设计管段内为一弯曲半径不大于管子外直径5倍的弯头时，其弯曲半径按式（3-2-95）计算：

$$R_0 = \frac{2L_{cr}}{\pi^2 \tan\frac{\theta}{2}} \tag{3-2-95}$$

利用前述公式计算 R_0 时，应先假定可能的失稳波长（可近似地取 $L_{cr}=50D \sim 70D$），按公式计算 R_0，再将 R_0 代入式（3-2-90）或式（3-2-91）中，计算 L_{cr}。然后，将求得的 L_{cr} 求算新的 R_0，如此反复计算，逐步接近。将差值不超过2%的 R_0 值，作为管道的计算弯曲半径。

如经验计算管道的轴向稳定不能满足要求时，应采取增加管道埋深，提高回填土的密实度，减小弯曲管段的转角或设置固定墩或锚栓等措施。

六、线路构筑物和水工保护设施

（一）线路截断阀

1. 设置线路截断阀的目的

为方便管道的维修和抢修，减少事故时的泄油损失和危害程度，需在沿线每隔一定距离和特殊地段（如大型河流或特殊穿、跨越管段两侧）设置线路截断阀。

2. 截断阀的间距及位置选择

阀的间距依管道所处的地区的具体条件而异，通常阀的间距不宜超过30km，在人烟稀少地区可加大间距。

阀的位置应选择在地形开阔，地势较高，交通方便，便于施工和生产管理的地方。为免遭破坏或损害，阀需设保护装置。

3. 阀室安装要求

1）阀室的类型

阀室按其在地面或地下的位置分为地上式和半地下式两种（见图3-2-12）。地上式阀室较半地下式阀室式阀有通风良好、操作检修方便和室内无积水等优点，一般适用于地下水位较高地段。半地下式阀室则有工艺管线简单的优点。对于地下水位较低的干旱地区，也可采用直埋式截断阀。

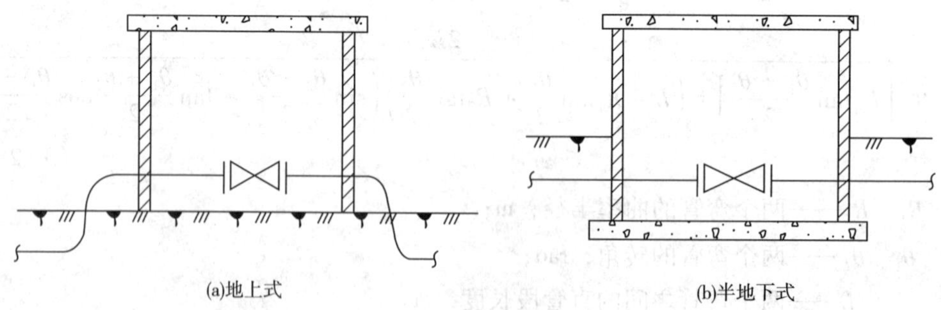

图3-2-12 阀室类型

2）阀室的组成

线路截断阀室一般由主截断阀、压力表、温度计、旁通阀、放空阀等组成（见图3-2-13）。

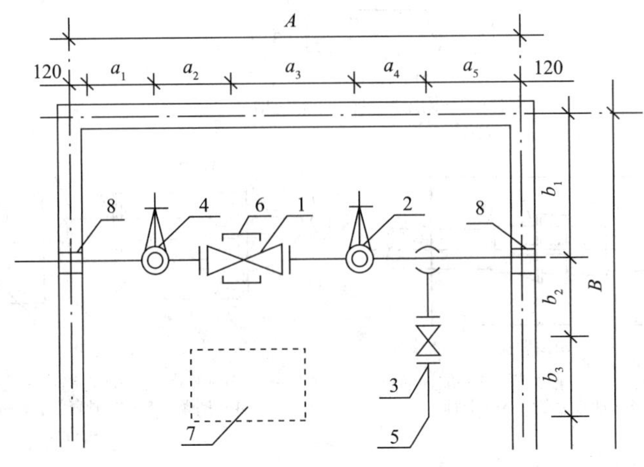

图3-2-13　阀室布置示意图

1—阀；2—活动测温器；3—放空阀；4—截止阀；5—放空管；6—支墩；7—操作平台；8—穿墙套管

3）阀室的设计要求

（1）选用截断阀门应根据整个管道工程的自动化程度，可采用手动或自动控制；阀门宜采用直通球阀或平板闸阀，并要考虑能够通过各种类型、样式的清管器或管内检测仪。

（2）截断阀上、下游应设压力表和温度计。

（3）阀室内主截断阀两端应考虑设压力平衡旁通。

（4）阀室设计应考虑足够的防水措施；半地下式阀室应防地下渗漏。

（5）阀室应考虑泄油集收设施，以免周围环境受到影响。

（6）对于直埋式线路阀，主要考虑对阀体的防腐和保温。此外，对阀杆也要有特殊要求。

（二）管道的锚固

1. 目的与作用

输油管道由于气温或输油介质温度的变化和压力的作用，将会产生轴向力而推挤设备、阀门、弯头等，造成破坏或过量变形或管道失稳。因此，在地下管道出土进入泵房或阀室的地方和某些地下管道弯头的两侧或改变管径处，常需设置锚固墩或其他锚固件以限制轴向力的作用，保护设备、管件和保持管道的轴向稳定。

2. 锚固墩的形式

锚固墩一般用混凝土或钢筋混凝土制成。管道通过止推件牢固地锚固于支墩上。其形式可分为上托式、预埋式和卡式（见图3-2-14）。埋地管道敷设通常采用预埋式。

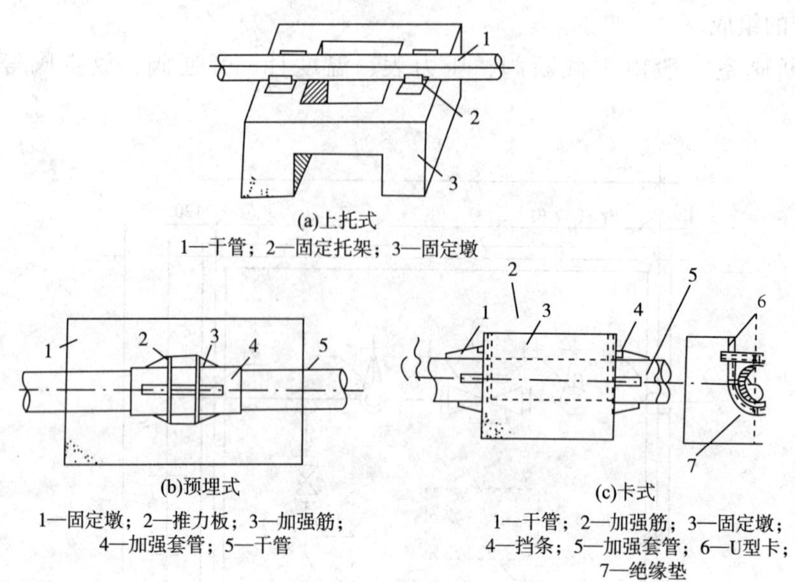

(a)上托式

1—干管；2—固定托架；3—固定墩

(b)预埋式

1—固定墩；2—推力板；3—加强筋；4—加强套管；5—干管

(c)卡式

1—干管；2—加强筋；3—固定墩；4—挡条；5—加强套管；6—U型卡；7—绝缘垫

图 3-2-14　固定支墩

有时，计算所得的固定墩体积很大，为减小锚固墩体积，节约用材，可把锚固墩设计成异形支墩，以充分利用未被挖开的原状土的抗力。如图 3-2-15 所示，就是这种异形固定支墩的一种做法。

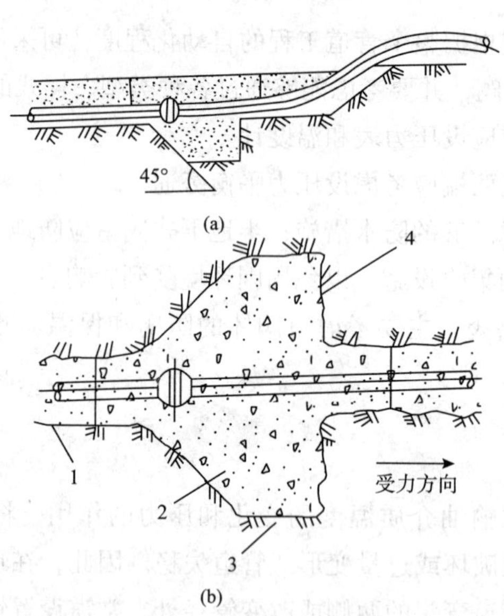

(a)

(b)

图 3-2-15　异形固定支墩

1—回填土；2—钢筋混凝土；3—原状土；4—支撑面

3. 锚固墩的设计计算

锚固墩的设计主要是决定它的长、宽、高尺寸，验算墩体的稳定和固定墩下面的土壤的地耐力。一般先假设一个尺寸，然后进行复核，如果原定尺寸不合适，再改变尺寸重新计算。

（1）锚固墩承受的管道推力可按式（3-2-96）计算：

$$N = [\alpha E(t_2 - t_1) + 0.2\sigma_h]F = [\alpha E(t_2 - t_1) + 0.2\frac{Pd}{2\delta}]F \qquad (3-2-96)$$

式中 N——锚固墩所承受的管道推力，MN；

F——管子的横截面积，m^2。

其他符号意义同前。

（2）作用在锚固墩上的推力可按式（3-2-97）计算：

$$N_A = \left(\frac{m}{1+m}\right)N - \left[\frac{EFS_a}{(1+m)L_e} + \sqrt{2EFfS_a}\right] - \left(\frac{0.5+m}{1+m}\right)fL_e \qquad (3-2-97)$$

$$m = \frac{F\tan^2(\frac{\theta}{2})}{2K^3L_eI_a}\left[\frac{1}{1-2KL_pR\theta(\delta/\delta_b)}\right] \qquad (3-2-98)$$

$$L_p = \frac{1.65(\gamma^2/R\delta_b)}{1+6(P\gamma/E\delta_b)(\gamma/\delta_b)^{4/3}(R/\gamma)^{1/3}} \qquad (3-2-99)$$

$$K = \sqrt[4]{\frac{Cr}{2EI_a}} \qquad (3-2-100)$$

式中 N_A——作用在锚固墩上的总推力，MN；

S_a——锚固墩的位移量，m，可取0～0.02m；

L_e——弯头到锚固墩的距离，m；

f——直管段单位长所受的摩擦力，MN/m；$f=\pi D\mu\gamma_s H_0$，其中，D为管道外直径，m；μ为摩擦系数；γ_s为土壤容重，MN/m^3；H_0覆土厚度，m；

θ——弯头的夹角，rad；

F——管道横截面积，m^2；

R——弯头的曲率半径，m；

δ——直管壁厚，m；

δ_b——弯头壁厚，m；

γ——钢管的平均半径，m；

r——管道平均半径，m；

P——管道的设计内压，MPa；

I_a——管道横截面惯性矩，m^4；

E——钢材弹性模量，MPa；

C——土壤的侧向压缩反力系数，MN/m^3，查表3-2-25。

表3-2-25 土壤侧向压缩反力系数

回填方式	系数/（MN/m^3）
回填不密实的土	0.981～7.848
人工夯实回填	9.81～29.43

（3）锚固墩应具有的摩擦力按式（3-2-101）计算：

$$P_f = N_A - e_s S_a \tag{3-2-101}$$

松土：

$$e_s = P_s/(0.02H_2)$$

密实土：

$$e_s = P_s/(0.015H_2) \tag{3-2-102}$$

$$P_s = \frac{B\gamma_s}{2}(H_2^2 - H_1^2)\tan^2\left(45° + \frac{\varphi}{2}\right) \tag{3-2-103}$$

式中 H_2——锚固墩底面的埋深；m；

H_1——锚固墩顶面的埋深；m；

B——锚固墩的宽度（垂直于管轴），m；

e_s——锚固墩后背土的弹性模数，MN/m；

P_s——锚固墩后背的被动土压力，MN。

其他符号意义同前。

根据 P_f 值，即可设计锚固墩的尺寸。

（4）锚固墩的地基压力校核：

锚固墩的基底压应力应满足：

$$\sigma_{max} \leqslant [\sigma_0] \quad \sigma_{min} \geqslant 0 \tag{3-2-104}$$

式中 σ_{max}——锚固墩给地基的最大压力，MPa；

σ_{min}——锚固墩给地基的最小压力，MPa；

$[\sigma_0]$——地基的允许承载力，MPa。

$$\sigma_{max} = \frac{G_B}{AB}\left(1 + \frac{6e}{A}\right) \tag{3-2-105}$$

$$\sigma_{min} = \frac{G_B}{AB}\left(1 - \frac{6e}{A}\right) \tag{3-2-106}$$

式中 G_B——锚固墩上土重力和墩自身重力之和，MN；

A——锚固墩长度，m；

B——锚固墩宽度，m；

e——偏心距，$e = \sum M / \sum G$；

$\sum G$、$\sum M$——作用于墩基底的垂直荷载和外力对基底截面重心的力矩。

在设计固定墩时，还要保证加强筋板与管壁的连接强度，能够承受甚至大于锚固墩阻力的作用。

（三）管道标志

1. 设置管道标志目的

为确保管道安全，便于维护和管理，应在输油管道沿线设置管道标志。

2. 管道标志的形式和设置原则

管道标志主要包括里程桩、转角桩、阴极保护测试桩及其他永久标志。

标志桩设置的原则：

（1）里程桩应沿管道从起点至终点每隔 1km 设置一个，不得间断。阴极保护测试桩可同里程桩结合设置。

（2）在管道改变方向处应设置水平转角桩，转角桩应设置在管道中心线的转角处。

（3）当输油管道穿、跨越人工或天然障碍物时，应在穿、跨越处两侧及地下建（构）筑物附近设立标志。对通航河流上的穿越工程，必须按国家现行标准的规定设置警示牌。

（4）当采用地面敷设管道时，应在行人较多和易遭车辆碰撞的地方设置标志。

3. 管道标志的设计

单独设置的里程桩外形样式如图 3-2-16 所示。

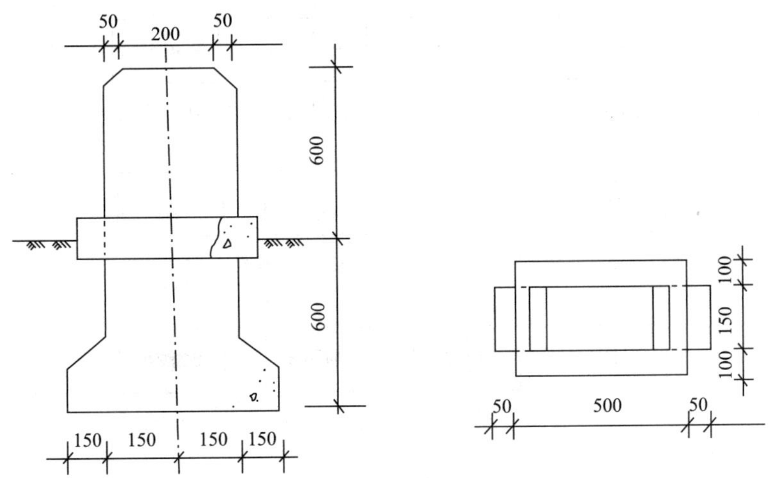

图 3-2-16　里程桩外形（单位：mm）

当采用阴极保护测试桩兼作里程桩时，推荐采用钢管或玻璃钢管测试桩，其示意图如图 3-2-17 所示。

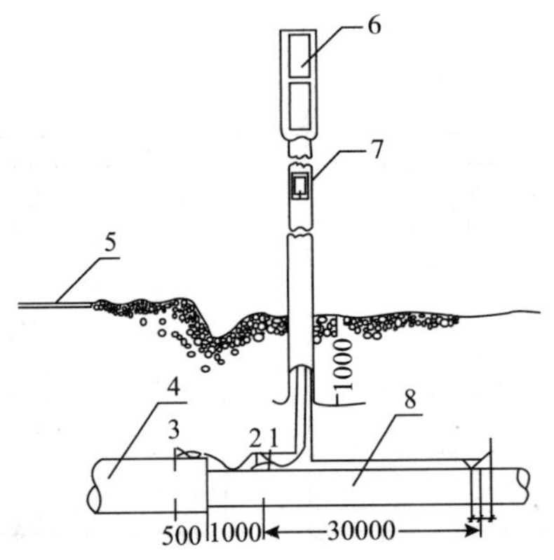

图 3-2-17　测试桩示意图（单位：mm）

1、2—管线电流测试头；3—套管测试头；4—套管

5—公路；6—标牌；7—接线端平；8—管道

管道标志的前面和后背上应根据标志的类型标注管道的主要参数，包括：工程名称、标志形式、里程、转角参数（转角方向、角度、转角方式、曲率半径、切线长、外矢距等）。

标桩的标志图例和标桩的正反面图示如图 3-2-18 ~ 图 3-2-20 所示。

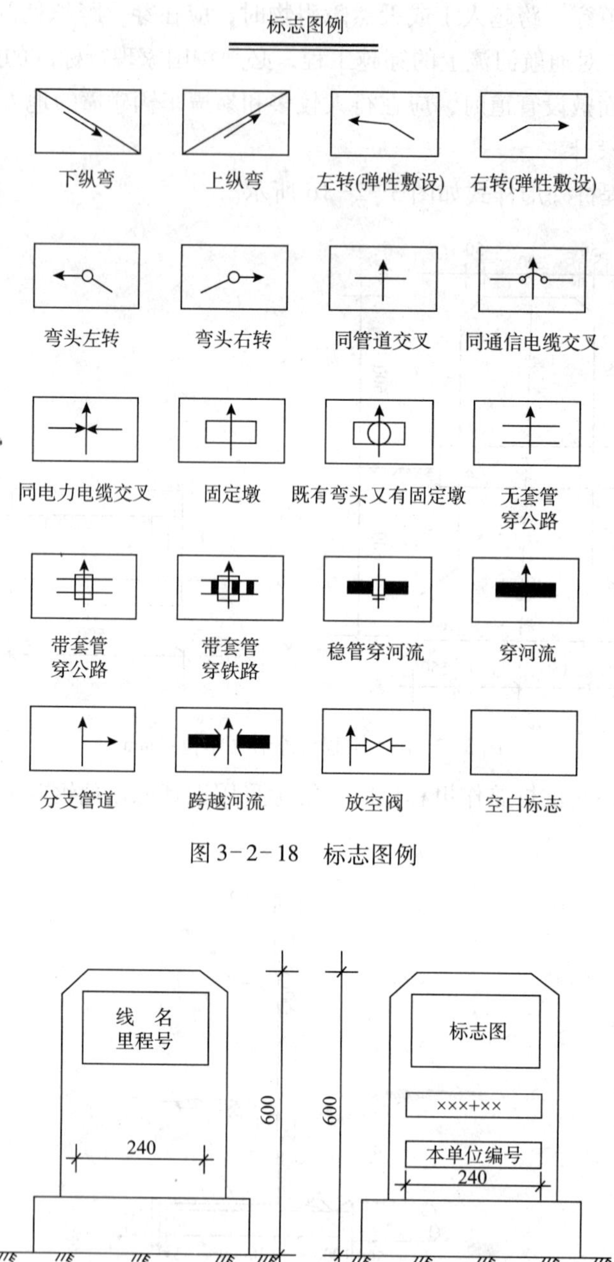

图 3-2-18 标志图例

图 3-2-19 里程桩与标志桩标志（单位：mm）

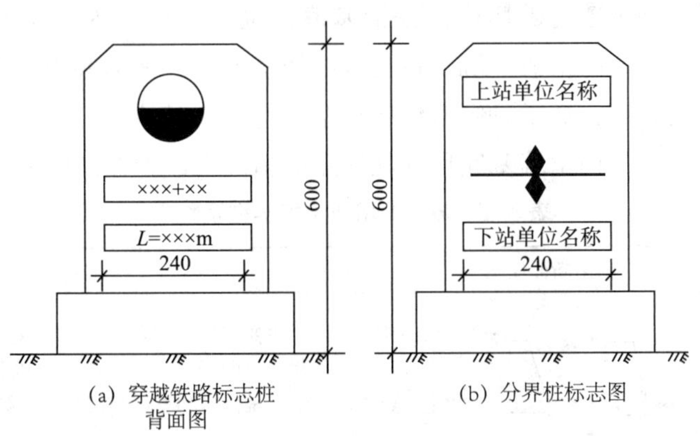

(a) 穿越铁路标志桩背面图　　(b) 分界桩标志图

图 3-2-20　穿越铁路标志桩与分界桩标志（单位：mm）

（四）管道保护设施

在管道通过一些特殊地段时，为保护管道的安全，应根据当地自然条件设置适当的保护管道的设施。

常用的管道保护设施有挡土墙、截水墙、护底、护坡和护岸，现分别作一简单介绍。

1. 挡土墙

挡土墙是常用的保持斜坡土层稳定的构筑物，主要用来支撑土或破碎岩石等的侧压力，以防止土坡或不稳定岩体破裂向下滑移，危及埋地管道的安全。经验算，如埋设管道的边坡或土体不稳定时，均应设置挡土墙。

按照挡土墙断面设计的几何形状及受力特点，挡土墙型式可分为重力式、半重力式、衡重式、悬壁式（支墩式）、空箱式（孔格式）、板桩式和装配式等，各种类型的特点详见表 3-2-26。挡土墙各部位的名称如图 3-2-21 所示。

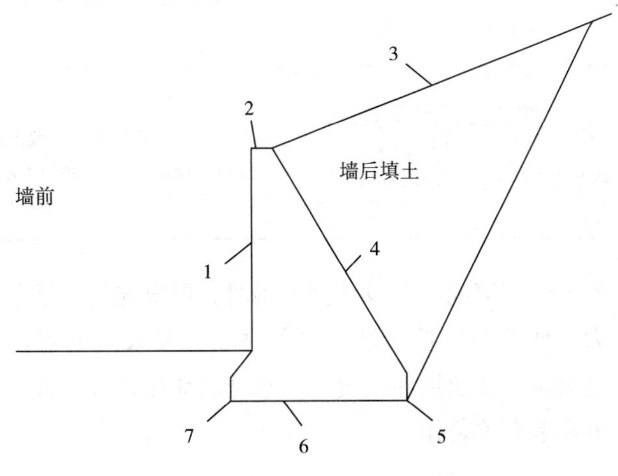

图 3-2-21　挡土墙各部位的名称

1—墙面；2—墙顶；3—填土表面；4—墙背；

5—墙后趾；6—基底；7—墙前趾

在地基不良时，挡土墙的破坏往往是沿基底滑动，在地基内浅层或深层发生剪切破坏；向墙内或墙外过度地倾斜或下沉。在良好的地基上时，常为倾覆稳定性控制，绕墙趾而倾覆。当挡土墙较高时，通常是倾覆稳定和基底应力同时控制，有时也因墙前土被大量冲刷而引起破坏。因而，挡土墙基底尺寸在一定的情况下成为控制因素。

表 3-2-26　常用挡土墙类型及特点

类　型	断面简图	特　点
重力式	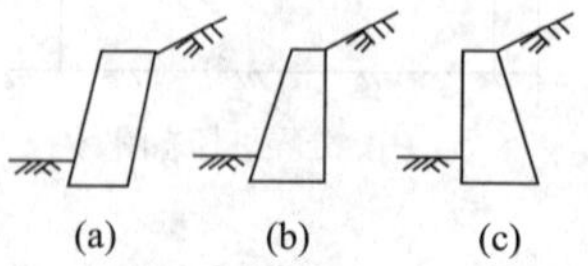 (a) (b) (c)	主要依靠自重来保证土压力作用下的稳定性，用混凝土或砌石建成，优点是可以就地取材、施工方便，缺点是体积和重量都较大，一般常在挡土高度不大时采用
半重力式	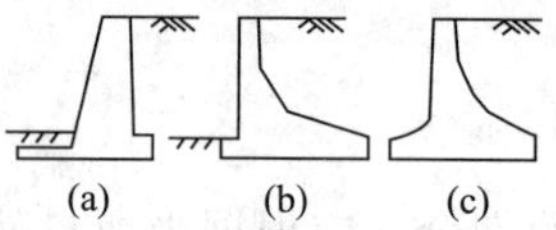 (a) (b) (c)	主要依靠底板上的填土重量来保证其稳定性，一般用混凝土局部配筋制作。主要优点是体积小、施工简易、抗滑稳定性较好，一般适用于软弱地基和地下水位较高的情况
衡重式	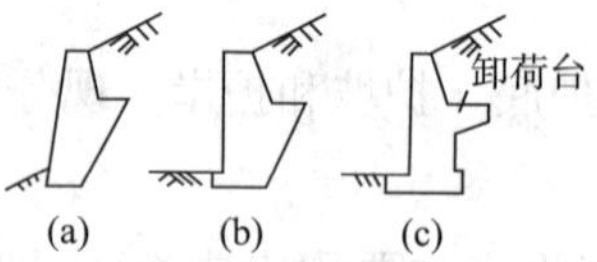 卸荷台 (a) (b) (c)	利用减重台上的填土重力以增加挡土墙的稳定性，主要优点是地基应力分布均匀，体积较重力式挡土墙小
悬臂式	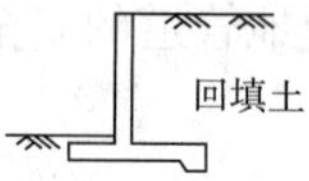 回填土	主要依靠底板上的填土重力来保证墙体稳定性，是钢筋混凝土挡土墙中的常用类型，其特点是厚度小、自重轻、挡土高度可达 8m
扶壁式	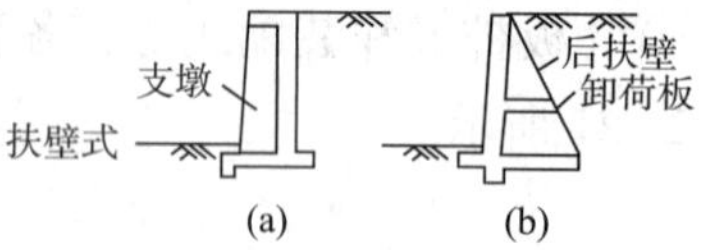 支墩 扶壁式 (a) 后扶壁 卸荷板 (b)	属钢筋混凝土挡土墙中的常用类型，一般用于墙高在 9～10m 的挡土墙
空箱式	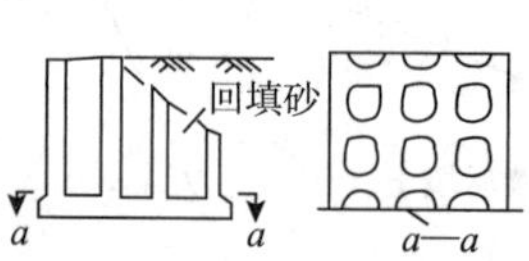 回填砂 a a a—a	主要优点是底板宽大、墙外水位剧烈变化时地基反力分布比较均匀等，但结构复杂，施工困难

为避免发生上述各种破坏情况，在设计挡土墙时，要求先复核墙整体的抗滑稳定、抗倾覆稳定和地基承载力，然后验算挡土墙本身的强度，要求挡土墙在各种条件下不遭破坏。关于挡土墙的墙型选择、断面尺寸的设计，承受的荷载计算，墙身的稳定性验算，材料要求及构造措施等可参考有关著作。

2. 截水墙

当管道顺坡敷设在地面坡度大于 20°的地段时，应沿管沟设置截水墙或在地面敷设护坡或插石护面，以防止地面径流冲刷地面或渗水冲蚀管沟。当管道与地面坡向垂直时，则应在管道上坡一侧开挖截水沟以拦截地面径流。

截水墙和插石护面一般用片石砌筑，在石料获取困难的地方，也可采用粒径大于150mm的砾石砌筑。插石护面和截水墙如图3-2-22和图3-2-23所示。

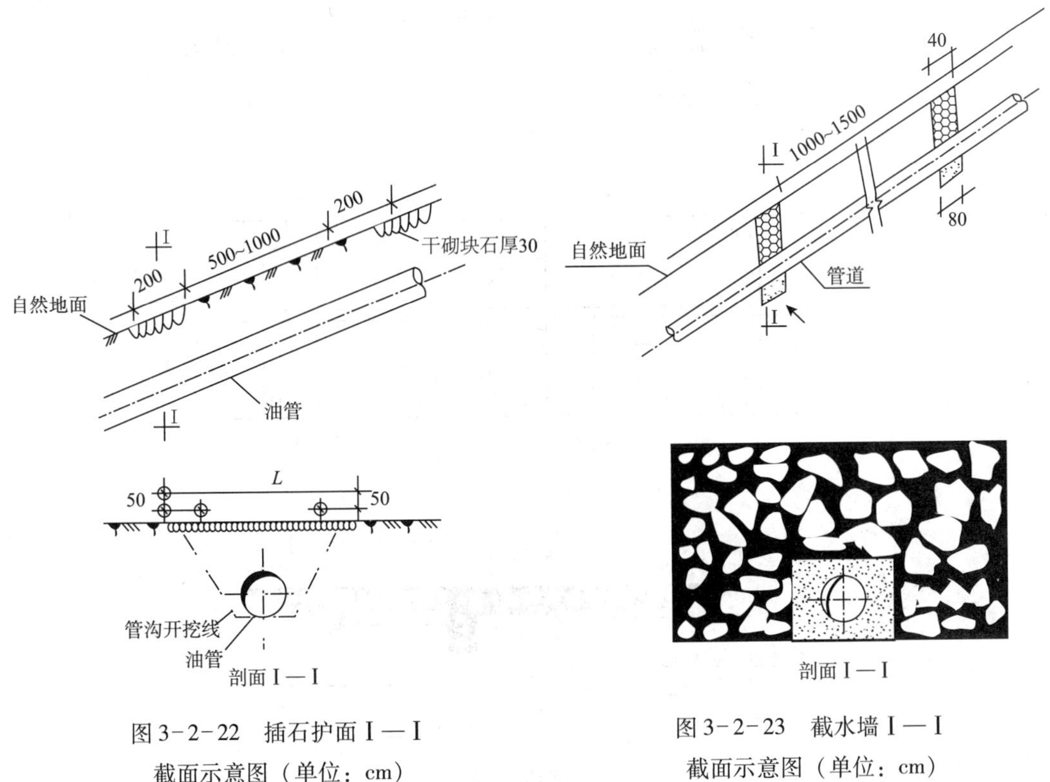

图3-2-22 插石护面 I—I 截面示意图（单位：cm）

图3-2-23 截水墙 I—I 截面示意图（单位：cm）

3. *护底*

当输油管道穿越山涧小溪时，为保护管道免受水流冲击淘刷，根据需要可采用护底或过水路面。护底的形式主要有两种，如图3-2-24所示。

护底一般采用浆砌块石，有的地方也可采用干砌。在进行护底设计时，应考虑在浆砌（干砌）块石下面要有一层15~20cm厚的砂砾石垫层。护底尺寸应根据洪水的平均流速确定。

对于纵向比降大的小溪，可修筑谷坊以降低比降，减少冲刷。谷坊的高度一般为1.5~3.0m，谷坊的间距应使下一级的回水能淹浸上一级的基础，并有一定裕度。

4. *护岸工程*

护岸工程一般用于输油管道穿、跨越河流两岸易受水流冲刷的岸坡或易受地面径流冲蚀，需要保护的坡面。

护岸类型很多，如干砌石护岸、浆砌片石护岸、抛石护岸、梢捆护岸、石笼护岸、混凝土或钢筋混凝土护岸以及种植草皮等。必要时也可采用丁坝、顺坝等形式。

在选用护岸类型时，应结合当地水文、地质条件，因地制宜，就地取材。在通常情况下，当流速大于4m/s时，在波浪作用较强或可能有流木、流冰等冲击的河岸，宜选用浆砌片石护岸，对于河床冲淤变化较大，当地又盛产石料的地区，宜采用抛石护岸。也可在

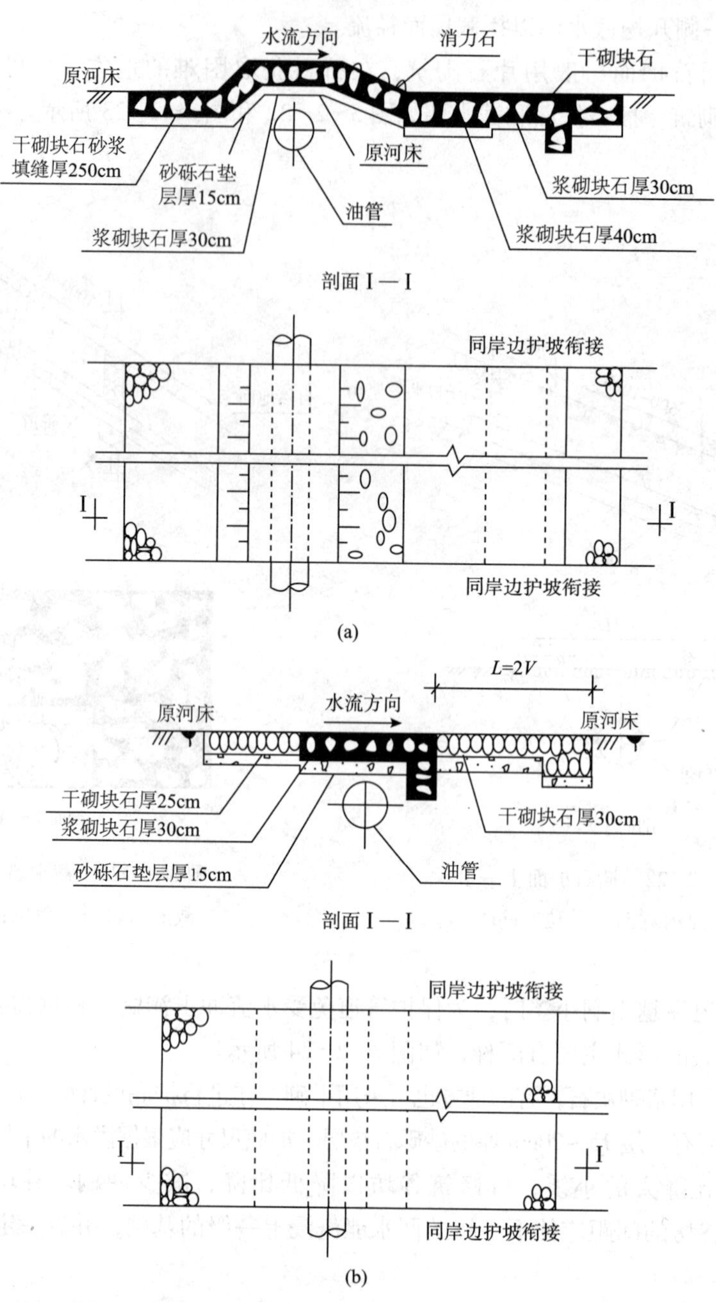

图3-2-24 护底形式

不同高度上采用不同类型的护岸，如在洪水位以上或洪水位以下，很少受水淹没部分可只铺草皮，在水位经常变动地带可采用梢捆或铺石护岸。

在进行护岸设计时，应遵循以下原则：

（1）护岸工程必须保证水流顺畅，不得淘刷穿越管段。如穿越较深的冲沟，边坡应设截水墙或截水沟等措施。

（2）护岸及调治构造物的建筑材料，应因地制宜，就地取材。但不宜用重黏土、粉砂土、淤泥、盐渍土或有机质土填筑。

（3）护岸及调治构造物应进行分层夯实或压实。

（4）在浆砌或干砌片石（混凝土或钢筋混凝土板）护坡下，应有 10 ~ 20cm 厚的级配良好的砂砾石垫层，坡脚下应设浆砌石（或混凝土）基础。若为干砌片石，垫层还应能起反滤层作用。

（5）当浆砌护坡较长时，每隔 10 ~ 15m 应设置伸缩缝，在对应的基础上设置沉降缝。缝宽 2 ~ 3cm，以沥青麻筋或沥青板条填塞。

（6）浆砌护坡应设计适当数量的排水孔，并在排水孔处设置反滤层。

（7）护岸顶高出设计洪水位（包括浪高和壅水）不得小于 0.5m。护岸长度在管段上、下游方向应根据实际水流条件及岸坡地质情况确定，并不应小于 5m。

其中，护岸基础埋深应符合下列要求：

①当基础设置在无冲刷处时，除岩石地基外，基底在河床下不得小于 1m，且在冰冻线下不得小于 0.3m；

②当基础设置在有冲刷处时，基底在冲刷线下不得小于 1m；

③当基础设置在岩石地基上时，应清除强风化层，并根据基岩抗冲能力嵌入岩石一定深度。

（8）护岸工程应核算沿坡面滑动与弧面（或折线面）滑动的抗滑稳定性。根据工程的重要程度，抗滑稳定安全系数可取 1.15 ~ 1.30。当护坡的坡角与坡脚处水平线的夹角小于或等于堤岸土的休止角时，可不核算护坡的抗滑稳定性。

（9）护岸砌体尺寸设计应根据设计流速计算确定。

①浆砌片石或混凝土板的厚度，可按式（3-2-107）计算：

$$\delta_s = \frac{F_{u1}}{(\gamma_s - \gamma_\omega)\cos\alpha} \qquad (3-2-107)$$

式中　δ_s——浆砌片石或混凝土板的厚度，m；

γ_s——浆砌片石中混凝土的容重，MN/m^3；

γ_ω——河水的容重，MN/m^3；

α——护面斜坡与坡角处水平线的夹角；

F_{u1}——水流作用于护坡的上举力，MN/m^2。

$$F_{u1} = \eta\psi\gamma_\omega \frac{v^2}{2g} \qquad (3-2-108)$$

式中　η——与护面结构有关的系数，光滑连续护面可取 1.1 ~ 1.2；

ψ——与护面透水性有关的系数，连续不透水护面取 0.3；

v——护坡处行进水流的平均流速，m/s；

g——重力加速度，取 9.81m/s^2。

其他符号意义同前。

②干砌片石石块尺寸按式（3-2-109）计算：

$$D_c = \frac{1.5F_{u2}}{(\gamma_{s2} - \gamma_{\omega})\cos\alpha} \tag{3-2-109}$$

式中 D_c——所求石块折算成圆球形直径，m；

γ_{s2}——干砌片石容重，MN/m^3；

F_{u2}——水流作用于石块的上举力，MN/m^2。

其他符号意义同前。

$$F_{u2} = \eta\psi\gamma_{\omega}\frac{v^2}{2g} + \overline{F}_p \tag{3-2-110}$$

式中 η——与护面结构有关的系数，单块组成的干砌护面，取1.5～1.6；

ψ——与护面透水性有关的系数，干砌石透水护面取0.1；

$\overline{F}_p$——平均脉动压力值，MN/m^2，可按表3-2-27采用。

其他符号意义同前。

表3-2-27 脉动压力平均值 （$10^{-6}MN/m^2$）

阻流特性 \ v/（m/s）	1	2	3	4
护坡大致顺水流方向	0～120	0～500	0～1100	2000以下
护坡斜交于水流方向	120～200	500～800	1100～1800	2000～3200

注：1 根据水利部门的护坦脉动压力实验，水流脉动压力 $F_p = \xi\frac{\gamma_{\omega}v^2}{2g}$，脉动压力系数 ξ 可达0.4。

2 本表 $v=2m/s$ 时的平均脉动压力为实测值，其余值是按（1）推算的。有条件时，最好采用实测值。

表3-2-27中，抛石斜坡上石块的折算直径按式（3-2-111）计算：

$$D_c = \frac{v^2}{2g\frac{\gamma_{s3} - \gamma_{\omega}}{\gamma_{\omega}}\cos\alpha\sqrt{\frac{f}{K}}} \tag{3-2-111}$$

式中 γ_{s3}——抛石的容重，MN/m^2；

$\sqrt{\frac{f}{K}}$——石块滑动的稳定系数，取0.86。

其他符号意义同前。

抛石位移距离按式（3-2-112）计算：

$$L = \frac{0.8vh}{G^{1/6}} \tag{3-2-112}$$

式中 L——抛石位移距离，m；

h——行进水流的水深，m；

G——抛石的石块质量，kg。

堆石顶上石块的折算直径按式（3-2-113）计算：

$$D_c = \frac{v^2}{2g\frac{\gamma_{s4}-\gamma_\omega}{\gamma_\omega}\sqrt{\frac{f}{K}}} \quad (3-2-113)$$

式中 γ_{s4}——堆石的容重，MN/m^3。

其他符号意义同前。

第三节 管道穿越

一、概述

当敷设长距离输油管道遇到河流、冲沟、湖泊、沼泽、公路、铁路等自然和人为障碍时，如不可能绕行或采取绕行在经济上不合理时，管道可采取地下敷设穿过的方式，或从障碍物的上方架设通过的方式，前者称为穿越，后者称为跨越。

一般来讲，穿越工程工程量小，施工容易，工期短，投资少，便于维护管理，特别是与公路、铁路、电缆、管道等地下构筑物交叉时，宜尽量采用穿越。但是当受地形、地质、水文等条件限制，穿越工程施工困难、工程量大、投资高时，经过技术、经济比较后，也可采用跨越。例如，河道变迁频繁、河道不稳定的河段；或河床深切、基岩裸露、两岸陡峭的山区河流；滑坡发育岸坡不稳定的河段和冰流阻塞形成冰坝的河段等，均不宜采用穿越。对于公路和铁路而言，路基为岩石，或路线两侧为同方向的山坡或为路堑的地段，也不宜采用穿越。另外，其他特殊地段如永冻区、严重沉陷区和泥炭层较厚的沼泽地区，也以采用架空敷设为宜。

二、一般规定

（一）穿越工程的等级划分

1. 水域穿越工程等级

水域穿越工程的等级可按表3-2-28划分。

表3-2-28 水域穿越工程等级

工程等级 \ 水域特征	年平均水位水面宽/m	相应水深/m
大型	≥200	不计水深
	>100～<200	≥5
中型	≥100～<200	<5
	≥40～<100	不计水深
小型	<40	不计水深

注：1 当施工期间最大流速大于2m/s时，中、小型工程等级提高一级，大型工程不提高等级，但应加强稳管措施。
2 有特殊要求的工程，经过论证后可提高工程等级。

第三编 CHAPTER THREE 原油长输管道设计

2. 冲沟穿越等级划分

当管道穿越雨水或山洪冲刷形成的沟壑时，按表 3-2-29 划分工程等级。

表 3-2-29 冲沟穿越工程等级

水域特征 工程等级	冲沟深度/m	冲沟边坡度/（°）
大型	>40	>25
中型	10～40	>25
小型	<10	

注：冲沟边坡角小于表列坡角者，大、中型工程等级降低一级。

3. 水域、冲沟穿越工程的设计洪水频率

水域、冲沟穿越工程的设计洪水频率，应根据工程等级按表 3-2-30 采用。

表 3-2-30 穿越工程设计洪水的重现期

工程等级	大 型	中 型	小 型
设计洪水的重现期/a	100	50	20

注：建在水库下游的穿越工程，设计洪水应考虑水库调节的影响。

（二）穿越工程的基本要求

1. 对管材的要求

穿越工程所用钢管应符合国家现行标准的要求，当采用非国产钢管时，应符合 API 5L《管线用钢管》标准。

根据《原油和天然气输送管道穿跨越工程设计规范》的规定，穿越管段的许用应力按式（3-2-114）计算：

$$[\sigma] = F\phi\sigma_s \tag{3-2-114}$$

式中 $[\sigma]$——钢管的许用应力，MPa；

σ_s——钢管的最低屈服强度，MPa；

F——设计系数，采用 0.6；

ϕ——焊缝系数。

钢管的屈服强度和焊缝系数见表 3-2-8。

穿越管段及套管的壁厚除应满足强度要求外，还应使其满足在外力作用下能保持管子横截面的稳定性。

除强度要求外，应根据具体工程的环境条件与使用条件考虑管材的韧性要求。

2. 对穿越管段的防腐要求

穿越管道的外防腐涂层均应采用特加强级防腐，并保证其施工质量，以减少穿越工程的维修工作量。

水下穿越管段的防腐层除按陆上埋地管道要求应具有良好的电绝缘性能，有足够的机械强度，有一定的耐阴极剥离强度的能力和良好的稳定性外，还应具有良好的耐水性和低吸水率。

穿越盐沼地的管段不得用沥青作外防腐涂层。

采用定向钻穿越的管道，应采用综合性能好、耐磨、抗冲击的防腐涂层。

穿越管段除采用外防腐涂层外，还应采取外加电流或牺牲阳极保护。穿越电气化铁路的管段，应根据具体情况，采取排流措施。

3. 穿越管段的压力实验要求

穿越管段应单独进行强度试压和严密性试压，合格后再与相邻管段连接，一般情况下可采用无腐蚀性的水作为试压介质。实验压力不得低于《输油管道工程设计规范》的要求。

试压的稳压时间不得少于4h，如因温度变化或其他因素影响试压的准确性时，应延长稳压时间。

4. 穿越工程的焊接检验要求

穿越管段焊接应按《输油管道工程设计规范》的要求执行，每一个环向焊缝应作100%X射线检验，达到《钢熔化焊对接接头射线照相和质量分级》（GB 3323）中Ⅱ级焊缝标准的要求。

三、公路、铁路穿越

1. 公路、铁路穿越位置选择的基本原则

（1）当管道与公路、铁路交叉时，管道轴线宜垂直于道路轴线。若需斜穿时，交角不应小于60°，受地形、地物限制的特殊地段，管道与铁路斜交角不应小于45°，与公路斜交角不应小于30°。

（2）管道与公路、铁路的交叉位置，应选择在道路区间路堤的直线段。在穿越铁路、公路的管段上，严禁设置弯头和弹性曲线。

（3）在选择管道穿越铁路、公路位置时，应尽量避开石方区、高填方区、路堑、道路两侧为同坡向的陡坡地段。

（4）管道不应在铁路编组站、大型客站、道路的隧道下穿越。在靠近火车站附近穿越铁路时，应在进出站信号牌以外选择穿越位置。

（5）输油管道不应在现有桥涵、道口等建筑物下穿越。如遇特殊情况需要交叉时，对管道和道路及其设备应采取防护措施。

（6）在选择管道与公路、铁路的交叉位置时，应考虑道路两侧有足够的施工场地。

（7）当管道穿越电气化铁路时，不应将穿越点选在道岔和辙叉下面，也不应选在回流电缆与钢轨连接处。

2. 公路、铁路穿越段管道埋深和长度的确定

（1）管道穿越铁路和Ⅰ、Ⅱ级公路时，应设置保护套管，穿越Ⅲ、Ⅳ级公路时，可根据具体情况采用保护套管或增加管壁厚度。套管可用钢管或钢筋混凝土管。

（2）当管道穿越铁路时，其埋置深度自套管顶至路肩不应小于1.7m，并至自然地面不应小于1.0m。当管道穿越公路时，保护套管或输送管道顶距公路路面不应小于1.0m，距公路路面边沟底面不应小于0.5m。

（3）当管道穿越采用保护套管保护时，套管两端应伸出路堤坡脚护道外不小于2.0m。

3. 管道穿越铁路、公路的施工方法

当管道穿越铁路或Ⅱ级以上（含Ⅱ级）高等级公路时，应采用顶管或水平钻孔机的方法敷设。当穿越Ⅲ级以下公路时，经与有关部门协商，可采用明挖方法敷设，当穿越乡村机耕路、大车路等一般道路时，宜采用明挖方法敷设。施工时应确保车辆畅通。关于水平钻孔机的技术性能，见表3-2-31。

表3-2-31 美国奥格公司42-300G型水平钻孔机技术性能

项目		技术指标
机组总重/t		8.7
主机尺寸	长/m	3040
	宽/m	1524
	高/m	1600
主机及发动机	类型	四冲程风冷直喷式柴油机
	额定转速/（r/min）	3000
	工作转速/（r/min）	2300
	扭矩/N·m	160（2300r/min）
	额定功率/hp	52
最大推力/N		1334400
套管最大管径/mm		820
台班施工能力		钻孔、顶套管/10m
单方向最大穿越长度/m		40m，如增长可采用双向钻进

注：1hp=745.700W。

4. 管道标志

当管道穿越铁路及等级公路时，应按照有关部门的规定设置标志桩。

5. 管道穿越公路、铁路时与有关部门关系的处理

当管道与铁路交叉时，应执行原石油工业部与铁道部制定的《石油天然气长输管道与铁路相互关系的若干规定》。

当管道与公路交叉时，应执行原石油工业部与交通部制定的《关于处理石油管道和天然气管道与公路相互关系的若干规定》。

6. 穿越工程的勘查要求

管道穿越公路、铁路的勘测工作应按国家现行规范《长距离输油输气管道工程测量规范》和《油气管道工程地质勘查规范》中的有关规定进行。当穿越Ⅰ级以上公路和多股道的铁路时，应根据具体情况和施工方法提出相应的勘查要求。

测量范围和比例尺与一般线路段相同，但应满足施工要求。有特殊要求需要单独出设计图的测量比例尺为：

（1）平面图的比例为1∶1000～1∶200；

（2）纵断面图横向比例为1∶1000～1∶200；

（3）纵断面图纵向比例为1∶100～1∶20。

7. 穿越管段的强度设计

1）穿越管段所受荷载

当管道穿越公路、铁路时，其输送管道或套管应考虑以下荷载的作用：

（1）永久荷载。永久荷载一般情况下包括：

①管段的自重，包括管道本身自重、管道防腐保温层的重力等；

②管内输送原油的内压力；

③管内输送原油的重力；

④土壤垂直荷载；

⑤土壤侧向荷载；

⑥温度变化产生的荷载；

⑦输送介质受热膨胀引起的荷载。

（2）可变荷载。可变荷载包括以下几个方面：

①汽车或火车的活荷载（车辆荷载）；

②试水（试压）时的荷载；

③清管通球时的荷载；

④施工中产生的荷载。

（3）偶然荷载。偶然荷载是指在特殊环境或特定条件下产生的荷载，包括以下几个方面：

①管道位于地震基本烈度七度及七度以上地区，地震时引起的地震荷载；

②管道经过湿陷性黄土地区，由于地基沉降引起的荷载；

③由于滑坡、崩塌、泥石流等不良工程地质现象引起的荷载。

2）主要荷载的计算方法

管段所受荷载的计算方法可按有关内容执行。某些荷载的计算应根据当地具体情况，依照有关部门的要求和规范、标准的规定。如地震荷载可参照《输油气埋地钢质管道抗震设计规范》（SYJ 4050）计算得出。

3）穿越管段的强度校核

穿越管段的强度校核分为无套管穿越道路和外加保护套管穿越道路两种情况。

穿越管段钢管的许用应力值应根据荷载的不同组合来确定，按式（3-2-114）和表3-2-20计算，进行应力校核。

8. 穿越管段稳定性校核

穿越公路、铁路的输油管道和外保护钢套管，其外径与壁厚的比值不应大于140，并应保证埋地管道及套管有一定刚度，以保持管道在外部永久荷载和可变荷载作用下的稳定性。

如穿越管段稳定性不能满足要求，提高管道壁厚是增加管道刚度，保证管道不发生屈曲失稳的最直接方法。

9. 穿越套管结构设计

穿越公路、铁路的保护套管，可以采用钢质的或混凝土的。其设计要求如下：

（1）套管的直径。钢质套管的直径应比输油管的结构孔径大100～300mm，如采用钢筋混凝土套管，其内径不得小于1000mm。

（2）套管的壁厚。钢质套管壁厚应根据施工时套管所受的应力、土壤和车辆等外荷载的作用以及对套管的稳定要求确定，一般不小于表3-2-32中的数值。

表3-2-32 钢质保护套管的壁厚

套管外径/mm	敷设方法		
	无管沟敷设/mm		明挖/mm
	在黏性土中	在砂质土中	
323.9	6	6	6
355.6	6	6	6
457.0	7	7	7
559.0	8	8	8
660.0	9	9	9
711.0	9	9	9
813.0	9	10	10（6）
914.0	10	11	11（6）
1016.0	10	12	12（4.4）
1219.0	14	14	14（3.9）
1422.0	14	14	16（3.5）
1727.0	16	16	18（3.5）

注：括号内数字为套管埋深，m。

钢筋混凝土套管的壁厚和设计，应符合交通部或铁道部现行桥涵规范的要求。

（3）套管的纵坡。套管的纵向坡度不应大于2%。当穿越管段需要设置集油井时，套管倾向集油井方向的坡度不得小于0.2%。

（4）管身结构。套管与输送管之间应设绝缘支撑，保证两者良好绝缘。绝缘支撑可采用钢板（输油管外包厚为6～10mm的橡胶板）、高强度塑料板、木块等。其间距可参考表3-2-33中的数值。套管两端应采用耐久可靠的绝缘材料密封，保证管端不渗水。如果用钢筋混凝土套管，应用沥青麻辫填塞管节间的缝隙，外抹水泥砂浆。

表3-2-33 输油管道绝缘支撑间距

输油管外径/m	支撑间距/m
>820	10
457～720	7
273～426	5

（5）输油管道应设置带状牺牲阳极，以消除套管对阴极保护的屏蔽效应，使输油管道可以得到有效保护。管道穿越公路、铁路和套管的纵断面示意图如图 3-2-25 所示。

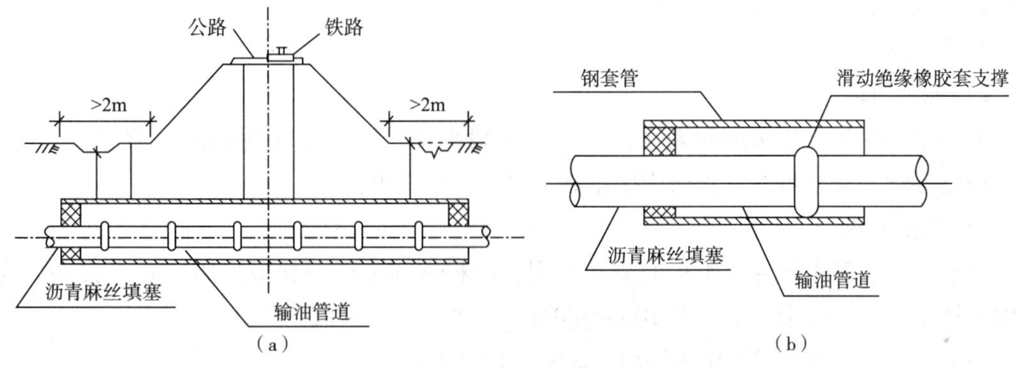

图 3-2-25 套管、支撑结构组装图

四、水域穿越

（一）基本要求

1. 水域穿越位置选择的基本原则

（1）管道穿越水域的位置应服从线路总的走向。根据水文、地形、地质和施工等条件，大、中型穿、跨越位置允许同线路走向略有偏差，线路走向可作局部调整。

（2）管道穿越位置应尽可能选在河道顺直、水流较为平稳、河床断面大致对称的河段，两岸和河漫滩应有足够的施工场地。

（3）管道穿越位置应尽可能选在河床和两岸岩土构成单一，河床和岸坡稳定的地段。

（4）当管道穿越较大河流、冲沟时，穿越管段应尽量垂直于主流或主槽的轴线。在特殊情况下需要斜穿时，交角不宜小于 60°。

（5）管道穿越位置距桥梁、港口、码头、水下建（构）筑或引水建（构）筑物之间的距离，当管道位于上游时，不得小于 300m；当管道位于下游时，不得小于 100m；当采用爆破成沟的施工方法时，应考虑爆破对这些建筑物的影响，确保它们的安全。

（6）当管道穿越水库时，宜避开在邻近坝前与回水末端区域穿越。若管道在水库下游穿越时，应选择在水坝下游集中冲刷影响区域以外。

（7）大型河流穿越管线与备用线或复线的间距，在河床部分应大于 40m，河滩部分应大于 30m。经技术经济论证可同沟敷设的管段，其间距应大于 0.3m。

（8）穿越位置应避开地震活动断层。

（9）穿越位置应避开河道经常疏浚加深、岸蚀严重、漫滩冲淤变化强烈、船只经常锚泊等地段。

（10）当拟穿越河段已敷设有其他部门的管道和电缆时，穿越位置应选在已建管道和电缆的禁止抛锚警示牌范围以外。

（11）在选择穿越位置时，应考虑两岸的交通条件，运输道路、桥梁的承载能力，以便运输大型施工机具及材料。

（12）在选择大、中型穿越工程位置时，应征求地方管理部门对穿越位置、大堤和两岸岸边恢复的意见，并考虑这些意见对管道施工、工程量和投资的影响。

2. 勘测要求

1）勘测阶段

大型水域穿越工程采用初勘、详勘两个阶段勘测，对于方案明确的大型穿越工程或中、小型穿越工程，可在调查研究的基础上采用一阶段勘测。

2）测量要求

对于大、中型水域穿越工程的测量范围，应根据河道形态和拟采用的施工方法而定，一般为计划穿越轴线上、下游各100～300m。

（1）穿越工程平面图的比例为1∶2000～1∶500；

（2）纵断面图横向比例为1∶2000～1∶500；

（3）纵断面图纵向比例为1∶200～1∶50。

小型穿越一般不单独出图，直接反映在线路纵断面上，测量比例尺同线路纵断面。

在穿越位置的两岸，应各测设2个或2个以上定位桩。并且应置于土质坚实、稳定可靠、不被水淹和冲刷之处。

测量要求应按《长距离输油输气管道工程测量规范》（SYJ 0055）执行。

3）地质勘查要求

水域穿越的地质勘查应按《油气管道工程地质勘查规范》（SYJ 53）执行，同时还应注意以下几点：

（1）工程地质初勘可采用物理勘探方法，详勘应采用钻孔勘探方法，取全取准设计需要的资料。

（2）勘探点布置，如采用沟埋敷设穿越管段，应布置在穿越管道的中线上，如采用定向钻、顶管或隧洞敷设穿越管段，应交叉布置在穿越管道中线两侧，距中线50m。

（3）钻孔深度应达到设计穿越管段埋深以下5～10m，如为基岩，钻入深度为3～5m。

（4）位于地震烈度七度及七度以上地震区的穿越工程，必须查清下列四种情况，即有无断层及断层的活动情况；地震时两岸或两岸滩地是否会出现开裂或错动；地震时是否会发生砂土液化；地震时是否会引起两岸坍塌或深层滑动等现象。并与地震部门结合进行分析研究，尽量提出量化指标。

3. 水文气象资料的收集、整理

水文气象资料的收集、整理和分析是水域穿越设计的基础工作之一，这些资料包括水域基本情况、气象和水文资料。

1）水文基本情况

水域基本情况包括流域地理位置、地形地貌、河流走向流态、河道断面特征、水域内水利工程与水土保持现状及发展概况，以及其他自然地理特征等。

在收集水域基本特征资料时，应着重收集与河道形态和河道变迁有关的基本资料和历史文献，如航运部门和水利部门的河道地形图、航道和深泓线变迁图、测流和治河横断面图、航测照片、卫星遥感照片以及与河道有关的地方志等历史资料。必要时应作野外调查和访问当地居民、渔民和船工等，以便分析河道变迁情况及其发展趋势。

2）水位、流量及其他水文资料

水位流量资料包括国家基本站网及专用水文站、水位站的实测资料，历史洪水文献和调查资料，以及有关单位已经进行的水文分析资料。这些资料主要从水文年鉴、水文图集、各省（区）及流域机构编制的水文统计、水文手册、历史洪水整编成果和有关的历史文献档案中收集。主要内容包括历史最高洪水位、历年最高洪水位、平均水位、最低水位等及其相应的流量、流速和最大水深，相应于工程等级设计洪水流量、水位、流速及泥砂含量等。其他水文资料包括冰情、水质、泥砂、潮汐等资料。

冰情资料主要包括冰盖厚度、冰花厚度、冰坝尺寸、流量、封冻及解冻日期等。水质资料主要指水中各种化学物质的含量及溶解物总量，例如硫酸盐、碳酸盐、氯化物以及pH 值等。

泥砂资料主要是指河道的悬移质和推移质含量、泥砂的主要来源等。

3）气象资料

气象资料包括气温、风向、风速、降雨等资料。

对于缺少实测水文资料的地区，降雨资料除在水文年鉴中收集外，还应注意收集暴雨图集，可能最大暴雨等值线图，历史暴雨调查资料，以及记载有雨情、水情、灾情的历史文献等。对水文、气象系统以外其他部门的观测资料，以及各地群众性或专用气象哨观测资料也应注意收集，后者对观测点稀少的地区尤其重要。

4. 水域穿越设计的基本原则

（1）必须对河道形态、河道变迁历史和发展、河床冲淤变化等进行研究，作出正确的估计和评价，以便选择适宜的穿越位置，确定管线的穿越纵断面，选择穿越方式和稳管措施等，以确保管道安全。

（2）注意避免与航运、水利部门的相互影响，必要时应采取适当措施，保护管道、航运和水利工程的安全，发挥各自的效益。例如，当管道与大堤交叉时，应征求水利部门的意见，研究交叉方式，确保大堤安全；当设置护岸工程和稳管措施时，应不影响流态，不妨碍航运和防洪；在通航河流上，应按《内河交通安全标志》的规定设置标志等。

（3）注意少占耕地，保护环境，尽量避免在施工和运行期对环境和生态的影响。

（4）穿越管线的外形在平面上一般采取与主流轴线垂直的直线，其纵剖面则采用直线与弹性曲线连接的形式，两岸可以采用人工弯管并深入岸坡可能变动的范围以外。不推荐采用弯头。

（5）管道敷设的方式在地形、地质和水文条件适宜的情况下，应首先考虑定向钻穿越或挖沟埋设；在有特殊要求和其他敷设方法不可能实现时，可采用隧洞内敷设；只有小口径管道在河床稳定、平坦的条件下才可考虑采取裸露敷设，但必须采取可靠的稳管措施，保证管道安全，不得妨碍通航。

（6）大型穿越工程应在两岸设河边截断阀。是否需建备用管线，由设计人员根据管线的重要性和是否允许中断输送的情况确定。如计划在近期内拟建复线时，在河边阀室内应预留接口。河边阀室可结合线路截断阀统一考虑。阀室位置应位于设计洪水位1m以上的地方。

（二）对穿越河段河床变形的评价

根据国内外的资料，管道穿越河流的事故大都是由于设计人员对穿越河段的自然条件认识不足或由于施工而造成的，所选的穿越位置不当和管道埋深不足，在洪水期管道被冲刷悬空造成断裂。为了确保管道在运行期内的安全，必须将管道埋入河床和河岸一定深度并在结构上采取相应措施，因此，在设计中应对穿越河段的河床演变进行估计，从而选择管道的穿越位置和确定管道在河床和岸边的埋深。

河流的冲淤变化是一种极为复杂的现象，它是水流和河床相互作用的结果。不同的河流甚至不同的河段由于水流、泥砂和河床组成等边界条件不同，冲淤变化也不一样。不但在各次洪水中冲淤变化不同，在长时期内河床也具有下降和抬高的趋势。因此，在确定管道埋深时既要考虑一定水流条件下的冲刷深度，也要考虑在长时期内河床演变的趋势。

对于河道演变，虽然可以利用泥砂运动理论和河道演变的基本原理进行理论计算，以及利用河工模型进行预测。但由于影响河床演变的因素极其错综复杂，要对特定断面作出精确的定量分析是十分困难的。利用经验的或半经验的桥渡一般冲刷公式计算天然河道某一断面的冲刷深度，由于在制定公式时可利用的已建桥梁实测资料有限，而使用受到限制，计算结果是否合理，需用实测资料或通过模型实验验证。

考虑到管道建设的特点和条件限制，建议采用现场勘查和对天然河道实测资料进行分析，评价河床的可能冲淤变化。对于无实测资料的河段，可利用条件相似河段的实测资料进行类比分析。只要资料可靠，运用正确的分析方法，是可以得到能够反映客观实际的结果的。可以从下列几个方面着手分析河道的变迁。

（1）现场调查访问和查阅历史文献。

沿河的居民特别是老渔民、老船工对河道的情况及演变规律和历史是十分清楚的，通过对他们的广泛访问调查和查阅地方志等历史文献，了解河道现状、历年变迁情况和影响河道演变的因素，增加对河道演变规律的认识。

（2）利用实测水文资料判断河床的冲淤情况。

如河段上有历年实测的水位、流量资料时，可以点绘水位-流量关系曲线，如果水位-流量关系的点群不断下降，说明河床处于不断冲刷的过程之中，相反，则处于不断抬高的过程之中。也可利用水位、流量实测资料，作同流量的水位过程线，判断历年的河床冲淤变化。

上述方法只能判断河床在长时期内的冲淤趋势，在年内，由于水文条件变化仍会发生冲刷或淤积。对于河床冲淤幅度，可以通过点绘不同流量时河床最低点高程的变化、河床最低高程的历年变化或套绘横断面图，分析断面形态及横向和纵向冲淤变化。

（3）利用河道历年的地形图、航道图、河势图、航测照片和遥感照片以及地方志中所记载的河道变迁情况和有关草图，分析河道的平面变化及其变化规律。

（4）分析河床地质资料。

河道的地质情况决定河道的边界条件，对河床的演变影响很大。如果河床和河岸由岩石或较难冲刷的土壤组成，则抗冲能力强，河床比较稳定，演变过程比较缓慢，反之，如河床由疏松的砂质组成，则抗冲能力弱，河道变形剧烈，河床就不稳定。

在进行上述资料分析时，应结合影响水流条件的河道形态综合研究，找出演变的规律，合理评价穿越河段的发展趋势和冲淤变化幅度。

当穿越河段位于水库下游或水工建筑物附近时，还应考虑水库下泄清水引起的河床降低或水工建筑物附近局部冲刷的影响。

（三）敷设方法和要求

管道穿越水域的敷设方式取决于河流的地形、水文和地质条件、施工场地和设备。根据施工方法和埋设深度，水域穿越的敷设方式主要有裸露敷设、沟埋敷设和无沟敷设。

1. 裸露敷设

管道呈曲线状直接敷设在河床上的敷设方式称为裸露敷设。这种敷设一般适用于柔性较大的小口径管道，且河床平坦稳定、冲淤变化极小、水流速分布均匀、两岸地质条件良好，便于设置管道锚固基础的河流上，敷设后应不影响通航和被船锚破坏。

裸露敷设在水下的管道直接受到水流的冲击时，对管道的稳定和安全产生严重影响。根据分析，水流对管道的作用有两种：①水流的水平推力，通常以静力的方式作用在管道上，可以引起管道的强度破坏；②当水流流经管道，流速达到一定数值时，在管道下游的尾流形成旋涡，上、下交替泄放，使管道沿流向和由上抬力引起的垂直于流向产生涡激振动，从而引起疲劳、破坏。当涡激振动频率与管道的自振频率接近时发生共振，振动加剧，可能造成管道破坏。为了裸露敷设的管道的稳定和安全，一般均采取压石笼稳管或增加支点加挡桩的措施。

支点的间距即管道的允许悬空跨度，首先按管道在水动力作用下的强度计算，然后根据强度计算的跨度，计算管道的自振频率和水流涡激振动频率，如自振频率不与涡激振动频率接近重合，而核算管道的疲劳寿命也满足要求时，则可采用这一跨度作为支点的设计间距。

如核算疲劳寿命不满足要求，或自振频率与涡激振动频率接近，则应缩小跨度，重新计算确定。

涡激振动频率同管子直径和水流流态有关，可按式（3-2-115）计算：

$$n_1 = Sv/D \tag{3-2-115}$$

式中 n_1——涡激振动频率，1/s；

v——水流流速，m/s；

S——斯脱罗哈数，同水流流态有关，根据雷诺数（Re）确定；

D——管道外直径，m。一般认为当水流为次临界状态［$S=0.1\sim0.22$ 和 $S=0.4$（$Re<20$）以及超临界状态 $S=0.02\sim0.45$（$Re>50$）］时，管道开始振动，并可能转入危险的共振状态。

雷诺数按式（3-2-116）计算：

$$Re = vD/\nu \tag{3-2-116}$$

式中 ν——水的运动黏度，m^2/s，按表3-2-34取值。

其他符号意义同前。

在水流作用下，管道是否会发生共振，也可由折算流速 v_r 来控制：

$$v_r = v/(n_2 D) \tag{3-2-117}$$

式中 n_2——管道的自振频率，1/s。

其他符号意义同前。

根据实验资料认为，当 $4.5 < v_r < 10$ 时，发生锁定现象，产生共振，故应使 v_r 小于发生涡激振动的临界速度。

管道的自振频率，可按式（3-2-118）计算：

$$n_2 = \frac{10a^3}{2\pi L^2}\sqrt{\frac{EI}{m}} \tag{3-2-118}$$

式中 n_2——管道的自振频率，1/s；

L——管道的悬空长度或跨距，m；

E——管材的弹性模量，MPa；

I——管道截面惯性矩，m^4；

m——管道单位长度的质量，kg/m；

a——系数，根据边界条件而定，当两端固定时，$a=22.37$；当一端固定一端铰接时，$a=15.4$；当两端铰连时，$a=9.87$。

根据上述关系，即可计算不发生共振的允许悬空长度。

表3-2-34 水的运动黏度

水温/℃	0	3	4	5	6	8	10	12	14	16	18
ν/（$10^{-6}m^2/s$）	1.79	1.62	1.57	1.52	1.47	1.39	1.31	1.24	1.17	1.11	1.06

2. 沟埋敷设

1）适用范围

沟埋敷设是管道穿越河流的常规方法。由于水下开挖管沟比较困难，受投资大和施工机械的限制，沟埋敷设一般适用于河床由黏土、亚黏土等软质土壤构成，水深一般不超过30m、冲刷深度不大的河流。为了保证管道的安全，沟埋敷设的管道应埋置在河床稳定层以下，即管道要埋设在设计洪水时的可能冲刷线以下；在通航河流上，还需考虑航道的疏浚和船锚贯入的可能性，对于人工渠道，应考虑清淤的要求。

冲刷深度按前述“对穿越河段河床变形的评价”估算。

2）管道埋深的确定

沟埋敷设的管道埋深根据工程等级与冲刷情况按表3-2-35确定。

表 3-2-35　水下管道设计埋深

工程等级	有冲刷时，在设计冲刷线以下/m	无冲刷时，在床面以下/m
大型	1	1
中型	0.8	0.8
小型	0.5	0.5

3）管沟断面设计

水下管道敷设的管沟设计应根据土壤性质、水流速度、管道的埋深、回淤情况及施工方法确定，或根据试挖资料确定。

若在缺乏水文、地质资料，并采用围堰导流挖掘时，管沟尺寸可参照表 3-2-36 选定。若采用水下机具或挖泥船开挖时，应根据挖泥船类型、斗容、定位方法确定。

表 3-2-36　水下管沟尺寸

土壤类别	沟底最小宽度/m	管沟边坡	
		沟深<2.5m	沟深≥2.5m
淤泥、粉砂、细砂	$D+2.5$	1:3.5	1:5.0
亚砂土、中砂、粗砂	$D+2.0$	1:3.0	1:3.5
砂土含卵砾石土	$D+1.8$	1:2.5	1:3.0
亚黏土	$D+1.5$	1:2.0	1:2.5
黏土	$D+1.2$	1:1.5	1:2.0
岩石	$D+1.2$	1:0.5	1:1.0

注：1　管沟底宽指单管敷设所需净宽，不包括回淤；
　　2　在深水区，管沟底宽还应考虑潜水员潜水工作的需要；
　　3　若遇流沙时，沟底宽度和边坡应根据施工方法另行确定。

沟埋敷设的水下穿越管段，如采用自然回淤或勘查资料不能确定冲刷范围和冲刷深度时，应按裸露敷设核算管道的稳定性。

穿越管段入沟后，应先填 20cm 厚的砂类土或细土，再回填到原河床高程。若为岩石管沟，沟的挖深应超过表 3-2-35 所列值 20cm；管段入沟前，应先填 20cm 的砂类土或细土垫层。

4）水下管沟开挖

目前，常用的水下管沟开挖方法有挖泥船开挖、气举法（或液化法）、爆破成沟、围堰导流人工或机具开挖、拉铲开挖等。

（1）挖泥船开挖。

适用于可以通航的大、中型水域穿越。对于较松软地层，可直接采用挖泥船；对于坚硬密实地层，可先松动爆破后，再进行挖泥船挖掘作业。

挖泥船的类型有轮斗式、抓斗式、铲斗式和吸扬（铰吸）式，可根据具体水域的地质、水文情况、管沟挖深和形状、工期进度要求等进行选择。一般情况下，抓斗式挖泥船适合于各种黏性土壤和破碎后的块石和卵石地层；轮斗式挖泥船适合于砂、土、小粒径砂、卵石等较硬地层；铲斗式挖泥船适合于砂卵石、岩性土壤、风化岩层和松动爆破后的碎石等；吸扬式挖泥船适用于淤泥或粉细砂、土层较厚的地层。

当穿越中、小型河流时，一般采用铲斗或抓斗式挖泥船；当穿越大型河流，在地层较软时，采用吸扬式挖泥船，地层较硬时，采用轮斗式挖泥船较好。

几种常用的挖泥方法的适用条件见表3-2-37。

表3-2-37 几种常用的挖沟方法的适用条件

挖沟方法	适用条件		
	最大水深/m	流速/（m/s）	土壤性质
钻孔爆破	20	1.5	岩石
抓斗挖泥船	70	1.0	淤泥、砂、黏土、黏土夹砾石、经爆破的岩石
单斗挖泥船	20	1.5	淤泥、砂、黏土、黏土夹砾石、软质岩、经爆破的岩石
链斗挖泥船	30	1.0	同上
铰吸式挖泥船	30	1.5	砂、黏土、软质岩
水陆两用推土机	7	—	经爆破的岩石
冲吸式挖泥船	30	1.5	砂、黏土、淤泥

注：最大水深系指成沟后的水深。

（2）气举法（或液化法）。

气举法（或液化法）是将穿越管段牵引于敷设位置上，然后利用气举船上的气举泵产生的压缩空气形成高压水流，从管段两侧将泥砂吸出排走，使管段逐渐下沉至设计埋深为止。该方法适宜在淤泥、砂土等软质土壤的河床上采用。其优点为不怕回淤，工期较短，费用较少；不足之处是管道一次下沉较浅，如要求埋深较大，需往复气举。

液化法成沟与气举法有相似之处，它是采用射水泵将泥砂冲开并使之成泥浆状态，并根据情况在穿越管段上加以配重，使其重度大于泥浆重度而下沉。为配合下沉，可在管段下设置振捣器，使管段顺利沉入河床下。

（3）爆破成沟法。

适用于岩石河床，但常需用挖泥设备辅助清碴。我国曾将该法多次用于软质河床，一次爆破深度最深可达到3～4m，但爆破漏斗的坡角大于土壤的休止角，造成管沟边坡坍塌回淤，管道埋深往往达不到设计要求。水下爆破有两种方式：裸露药包爆破和水下钻孔埋药爆破。可根据现场情况、地质条件、管道埋深要求、河流水文条件等因素来确定爆破方法。一般情况下，深度较浅、水下土石方量不大的基岩河床适宜采用裸露药包爆破方法。

该方法的优点是省工时、设备，投资较少；缺点为爆破法达到的管沟挖深较浅，管段埋深达不到设计要求，在土质河床上使用时，管沟边坡坍塌等使回淤速度很快，需二次清淤；对河流航运、两岸建（构）筑物、堤防等影响较大。

（4）围堰导流人工或机具开挖。

适合于在流量较小，河漫滩较宽阔的河流穿越。具体做法是利用临时建造的堤坝将穿越段水流围截，开挖明渠或利用部分河槽将河水引导至围堰下游，并将围堰内水抽干，然后用人工或机具进行管沟开挖，管段就位敷设等。

围堰的类型大致有土围堰、草袋围堰、草土围堰等。根据现场的水流、场地、原材料的来源等因素选用。

围堰导流法挖沟不需在水下作业，管沟深度可达到设计要求，不足之处是施工时间受季节限制大，工期要求紧张，常需井点降水等措施。

（5）拉铲成沟法

拉铲成沟法是采用一钢制的底部有弯状刮刀的斗状拉铲，沿着计划管沟位置的河床表面移动，把土或砂石挖起带走，拉铲装满砂石土后移动到卸土位置，把土倒出。如此反复工作形成管沟。该方法适合于河流宽度较小，地质条件为砂或砂土、卵石夹砂等，河水流速较小，管沟挖深不超过3.0～4.0m的水域穿越。

3. 无沟敷设

无沟敷设是指用定向钻、开挖隧洞、曲线顶管或直线顶管等方法，将管道深埋于河床以下的敷设方法。

1）定向钻穿越

定向钻穿越水域是由20世纪70年代初在垂直钻井中所采用的定向钻技术的基础上发展起来的。该方法具有以下优点：

（1）穿越管道埋深能达到设计要求，保证管道稳定；

（2）简便、易行，施工时较少受恶劣气候和洪水的影响，不受施工季节选择的限制等；

（3）对河流航运没有干扰，对生态、环保的影响较小；

（4）施工周期短，与其他穿越方法相比，可节约大量的人力、物力等；

（5）可以选择较短的穿越路线，不需混凝土压块或加重层，节省材料和投资；

（6）工程用地少。

定向钻穿越水域施工的主要工序为：钻进设备进入现场安装调试；按照设计提出的穿越出入土位置、出入土角度和管线的三维坐标值，用定向钻机钻导向孔，并逐节加入套管；当钻头和套管在对岸出土后，在套管出土端连接扩孔器和穿越管段，扩孔器数量根据穿越管段直径选定，穿越管段在回拖前应焊接组装、补口、检验、试压完毕并合格后方可回拖；在扩孔器转动扩孔的同时，钻机通过套管拉动扩孔器和穿越管段回拖，直至使穿越管段完全敷设于扩大的导向孔内到钻机入土处露出端头。具体做法可参照图3-2-26和图3-2-27。

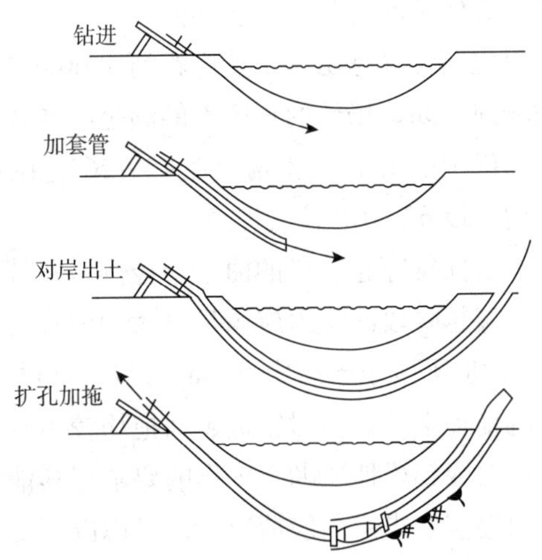

图3-2-26　定向钻穿越施工程序示意图

目前，该方法已广泛用来敷设输送不同介

质的水下管道及电缆。它不仅用于穿越河流、湖泊等水域，还可用来穿越公路、铁路、机场跑道、海岸近岸浅滩、洪泛区和建筑物密集区等。

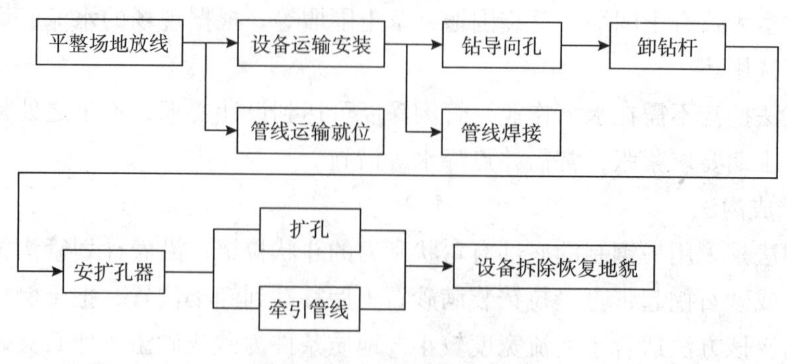

图3-2-27 施工组织框图

同其他施工方法一样，定向钻的使用也受到地质条件的限制。从目前现有机具来看，定向钻最适用于砂土、黏土、亚黏土等冲积土壤，亦可适用于卵石粒径不大于20mm，且含量不超过20%的土层。根据国外有关资料介绍，定向钻对于较软的岩层和冰碛层穿越也有成功的案例。

定向钻目前已形成系列化，大型钻机穿越管径在 ϕ1000 以上，穿越长度亦可超过1500m，其钻机回拖力达454t，钻进最大速度为1.5m/min，钻进总功率为2040kW。钻机全套设备总质量达到115t。大型钻机质量大，搬迁不便，费用大，道路要求高，仅适合于大型河流穿越。适用于中、小型河流穿越的钻机设备总质量不超过40t，搬迁方便，安装调试迅速，具有短距离内自行走履带机构；除中小水域、冲沟外，也适用于公路、铁路和建筑物下穿越，总体施工费用亦较低。

定向钻穿越段管材选用与一般河流穿越段管材相同，但以采用直缝管为宜。外防腐涂层应选用耐磨性好、抗腐蚀性好、表面光滑的涂层，如环氧粉末喷涂较为理想。补口处理应与管体防腐材料、工艺相同。

定向钻穿越出入土点应距河岸60m以外为好。穿越钻机对岸应有能满足穿越管段组装的场地，如该场地的长度不能满足组装要求，可在平面设置水平曲线布管，但其曲率半径 $R \geqslant 1000D$。钻机入土角应在4°~26°范围内，以8°~12°较为理想；出土角应在4°~30°范围内，以6°~10°较为理想。

定向钻穿越管段的曲率半径按一般管道强度计算取值，但不应小于管径的1200倍。

穿越管段的埋深应满足最大冲刷深度1.5m以下的要求，一般情况下，在河床下8~10m，但不应小于河床下6m。设计时可根据具体情况，分析地质钻探资料，在满足上述要求的前提下，选择对钻进、回拖均较为有利的地层通过，以保证工程质量和工期。

对穿越段地质勘查工作的要求与其他穿越方式有所不同，应根据每条河流的具体情况提出勘查要求。一般情况下，考虑以下要求：

（1）勘查钻孔深度在管线设计最低标高下9.0m。

（2）在黏性土壤中取完整土样，非黏性土壤中采用标准动力触探取样，具体性能分析要求可参照《油气管道工程地质勘查规范》（SYJ 53）中有关条款执行。

（3）河床土壤组成比较单一、均匀的河段，勘查钻孔可按图3－2－28布置，在穿越管道轴线两侧布孔，孔距一般为100m，两排孔位应错开。如钻探中发现地质条件较为复杂，可酌情缩小钻孔。

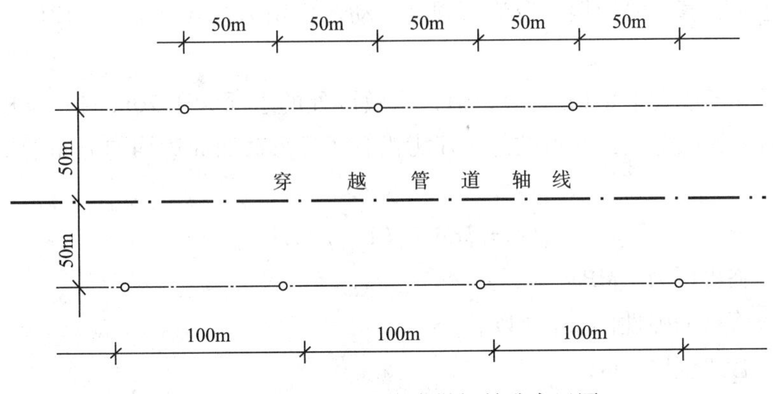

图3－2－28　定向钻穿越勘探钻孔布置图

（4）对钻导向孔所需水源水质应取样化验，了解其盐分、矿物质成分及pH值等（如水质达不到要求，需要去远处取水）。

其他要求可见《油气管道工程地质勘查规范》（SYJ 53）。

测量要求可见《长距离输油输气管道工程测量规范》（SYJ 0055）。

值得注意的是，如穿越出入土点高程差距较大时，应在设计中三维坐标计算时予以重视，并在钻导向孔时注意高程变化。

如发现穿越位置附近有与之平行的埋地电缆，当定向钻定位系统为无线通信时，应使穿越点距电缆60m以外，定位系统为有线通信时，可不考虑此项因素。

2）曲线顶管和水平顶管

曲线顶管方法是用机械顶进，水力切割，泥浆返回，通过采用不同的管头形式和调整冲刷排量控制顶进方向。与水平顶管和开挖隧洞相比，这种方法投资省，进度快，但目前方向控制装置技术还不够完善，出土点误差较大，同时由于对顶进机具卡具和技术理论缺少进一步研究，因此除在油田集输管线敷设和小直径的管道穿越中应用外，没有进行推广。

水平顶管是以刃脚或盾钩为前导，预先切开土层，运用液压千斤顶将管子压入土层中，同时挖下工作面前壁的泥土并予以排除。使用的主要设备有刃脚、盾钩、工具管、中继环和液压千斤顶。因施工时必须在管内进行挖土和运土，所以管子的内径必须大于1m。顶管技术一般只适用于砾石、砂碎石、砂壤土、黏土和泥灰岩等地层。用顶管敷设管道工期长、投资大，管子直径必须在1m以上，在原油管道穿越中尚未使用。

3）隧道穿越

我国于20世纪70年代初建设东北输油管道时，曾在抚顺市和沈阳市两次使用隧道成功地穿越了浑河。隧道穿越的主要优点是便于管理和维修检查，并可同时进行多条管道穿越。它的缺点是投资大和工期长。

我国主要江河长输管道穿越工程概况见表3－2－38。

（四）穿越管段的强度和纵向稳定验算

水下穿越管段的强度和纵向稳定性验算可参照本章第三节相关内容进行。对于裸露敷设的管道，还应验算抗涡激振动及疲劳强度。动水作用力按式（3－2－121）和式（3－2－122）计算。

对于直径等于或大于820mm的管道，当敷设处的水深大于20m时，应校核管子横截面在静水压力下的稳定性，并可按静水压力沿管子环形截面周边均匀分布的情况计算其临界压力，即

$$P_{cr} = 2E\delta^3 / [(1-\mu^2)D_{ave}^3] \quad (3-2-119)$$

式中 P_{cr}——临界压力，MPa；

E——管材的弹性模量，MPa；

δ——管道壁厚，m；

μ——泊桑系数；

D_{ave}——管子的平均直径，m。

表3－2－38 国内主要江河长输管道穿越工程概况

管道及穿越河流名称	穿越管段长度/m	穿越管段结构/mm	管道敷设方式	稳管方式	竣工日期	备注
巴渝线茄子溪长江穿越	474	ϕ219×12.5 外套ϕ325×10.5	裸露敷设	上、下游石笼顶铺	1963	复壁管环形穿间注水泥浆
江安二龙口长江穿越	1753	ϕ426×8 外套ϕ630×7	沟埋	石笼上、下顶铺	1968	复壁管环形空间注水泥浆
佛两线黄谦长江穿越	779	ϕ720×8 外套ϕ920×14	沟埋	顶铺石笼	1979	复壁管环形空间注水泥浆
佛渝线长江穿越	779	ϕ720×8 外套ϕ820×14	裸露	石笼加重混凝土压块	1979	复壁管环形空间注水泥浆
川汉线红花套长江穿越	1273	ϕ1016×20.5	吸扬加链斗式挖泥船	混凝土连续覆盖层80mm	1979	
东临线黄河穿越	580	ϕ529×8 外套ϕ630×7	沟埋、气举法	自然砂土回淤	1975	复壁管环形空间注水泥浆
鲁宁线济南黄河穿越	890	ϕ720×9 外套ϕ830×12	爆破加气举成沟，沟埋	自然砂土回淤	1975	复壁管环形空间注水泥浆
惠宁线黄河穿越	941	ϕ337×7 外套ϕ529×8	爆破成沟、沟埋	自然砂土回淤	1978	复壁管环形空间注水泥浆
中开线黄河穿越	1300	ϕ406.4×8	定向钻穿越		1986	穿越深度22～25m

续表

管道及穿越河流名称	穿越管段长度/m	穿越管段结构/mm	管道敷设方式	稳管方式	竣工日期	备　注
黄河穿越	1280	φ406.4×8 内套φ273×8	定向钻穿越		1987	穿越深度21~28mm
金吴乙烯管线黄浦江穿越	1057	φ273×7	定向钻穿越		1983	穿越深度32~36mm
双台河穿越	700	φ820×12	定向钻穿越		1989	穿越深度20~23mm
欢兴线下辽河穿越	800	φ720外套φ1020 φ355外套φ529 φ108电缆管	爆破成沟、沟埋敷设	自然砂土回淤	1981	复壁管环形空间注水泥浆
锦西管线辽河穿越	500	φ426×8外套φ529×8	爆破成沟、沟埋敷设	自然砂土回淤	1975	复壁管环形空间注水泥浆
大辽河穿越	1136	φ219×10 φ219×12	定向钻穿越		1988	穿越深度17~22mm，两管处同一孔内
太哈线松花江穿越	1162	φ273×7	定向钻穿越		1991	穿越深度18mm
铁大线沈阳浑河穿越	1119	φ720×8	隧道穿越		1974	
铁抚线抚顺浑河穿越	714	φ426×8	隧道穿越		1971	
铁大线太子河穿越	700	φ720×9 外套φ830×12	沟埋敷设	回填土加石笼稳管	1975	复壁管环形穿间内注水泥浆
秦京线滦河穿越	1000	φ426×7 外套φ529×8	爆破成沟、沟埋敷设	回填土加稳定管桩	1974	复壁管环形空间内注水泥浆
中朝友谊管线鸭绿江穿越	710	φ219×6 外套φ325×7	链斗式挖泥船	石、砂土回填	1974	复壁管环形空间内注水泥浆
庆铁复线嫩江穿越	512	φ720×8 外套φ830×16	吸扬式加抓斗式挖泥船	砂土回填	1973	复壁管环形空间内注水泥浆
魏荆线汉江穿越	793	φ426×10 外套φ630×8	气举沟埋敷设	石土回淤	1978	复壁管环形空间内注水泥浆
卧渝线嘉陵江穿越	250	φ325×11 外套φ426×7	拉铲成沟埋敷设	石笼加挡桩	1975	复壁管环形空间内注水泥浆
中阆线嘉陵江穿越	509	φ168×14 外套φ219×8	沟埋敷设	块石回填粗化河床	1979	复壁管环形空间内注水泥浆

续表

管道及穿越河流名称	穿越管段长度/m	穿越管段结构/mm	管道敷设方式	稳管方式	竣工日期	备　注
北干线嘉陵江穿越	620	φ711.2×14.27	沟埋敷设	重晶石加重块	1985	
辽河油田大辽河穿越	1150	2－φ219×10	定向钻穿越		1983	穿越深度20m
上海液化气管线黄浦江穿越	890	φ159×9	定向钻穿越		1993	穿越深度28m

（五）水下管段的稳定计算及稳管措施

裸管敷设的水下管段或沟埋敷设的管段因冲刷裸管，以及在施工过程中受水动力和静力的作用，会使管段发生漂浮和位移，从而危及管道的安全，因此，应对敷设在水下的管段进行稳定计算，必要时采取稳管措施。

1. 水下管道的稳定计算

裸露敷设的管道在水下稳定应满足下列条件：

$$W_c + W_p \geq \frac{K_1 F_x}{f} + K_2(F_s + F_y + F_e) \tag{3-2-120}$$

$$F_x = C_x \gamma_\omega D v^2/(2g) \tag{3-2-121}$$

$$F_y = C_y \gamma_\omega D v^2/(2g) \tag{3-2-122}$$

$$F_s = \gamma_\omega V \tag{3-2-123}$$

式中　W_p——管道单位长度在空气中的重力，包括防腐层、管件和管内介质重，kN/m；

W_c——管道单位长度上的压重物在水中的重力，kN/m；

F_x——作用在管道单位长度上的动水水平推力，kN/m；

F_y——作用在管道单位长度上的动水上举力，kN/m；

F_s——作用在管道单位长度上的静水浮力，kN/m；

K_1——管道不位移的稳定系数，取1.15～1.3；

K_2——管道不上浮的稳定系数，取1.10～1.2；

C_x——阻力系数，取1.2；

C_y——上举力系数，取0.6；

F_e——管道弹性敷设时的弹性反力，kN/m，根据管道实际的穿越纵断面确定；

γ_ω——水的容重，kN/m³；

D——管道的外直径，包括防腐层，m；

V——管道单位长度的体积，m³/m；

v——敷设管道处的设计水流速度，m/s，一般可取最大垂线流速的0.7～0.9倍；

f——管道与河床的滑动摩擦系数，可按表3-2-39取值。

敷设在可能最大冲刷深度以下的管道，且施工期不致受水流冲击时，稳定计算中可不考虑水动力的作用，即：

$$W_c + W_p \geq K_2(F_s + F_e) \tag{3-2-124}$$

表 3-2-39 管道与土壤间的摩擦系数

土壤类别	摩擦系数
密实和中等密实的砾质砂和粗砂	0.65～0.70
密实的中砂	0.60～0.72
中等密实的中砂	0.60～0.65
密实的细砂	0.55～0.65
中等密实的细砂	0.55～0.57
密实粉砂	0.50～0.62
中等密实的粉砂	0.40～0.53
密实的亚黏土	0.35～0.55
塑性亚黏土	0.25～0.47
密实的黏土	0.40～0.60
塑性黏土	0.25～0.50

注：表中低值为管道与水分饱和土之间的摩擦系数；高值为管道与干燥土之间的摩擦系数。

2. 稳管措施

水下管道在静水浮力和水动力作用下，依靠自身重力，往往不能保持稳定，必需采取稳管措施。

常用的稳管形式有：加混凝土（或铸铁）压重块、重混凝土连续覆盖层、复壁管注水泥浆、石笼、管段下游打挡桩及锚栓固定等。每一种稳管方法都有一定的使用条件和优缺点，在选用时，应按水深、流速、河床地质构成、管径、施工等因素择优考虑。

1）加压重块稳管

在实际工程中广泛采用铸铁环或钢筋混凝土预制块，盖压在管道上，增加管道在水下的质量，以保持管道在水下的稳定。

按照它们的外形和结构，压块有环形的和马鞍形（整体的或铰链连接的）的两种，如图 3-2-29（b）～图3-2-29（d）所示。

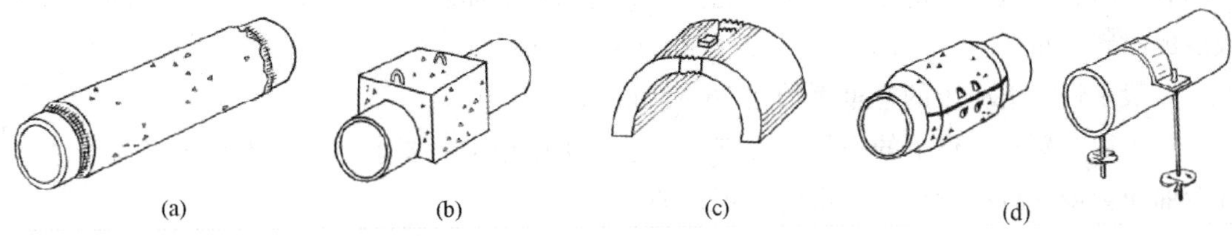

图 3-2-29 几种常用的稳管形式外形

马鞍形压块是由钢筋混凝土浇注成的“U”形块体或分为两半顶部由铰链连接。压块的重心应尽量低一些。它的两腿应比管子直径大 5～10cm，使河底承受块体产生的压力并防止块体从管子上滑下。

环形压重块由两个半圆筒形的钢筋混凝土的块体构成，用经过热浸镀锌的螺栓固定在管子上。

压重块可在施工现场制作，也可在工厂内预制后再运到工地。压重块同管子接触内侧应加衬垫或在管子上包扎防护层，以免在安放或拖管时损坏防腐层。

压重块可以在敷设管道之前或就位之后安装。但在水深较大的河流管道就位之后安装则不易放置准确，所以对于水深不大的小型河流、季节性河流、河漫滩、沼泽地以及采用导流施工的穿越工程，一般可用马鞍形或环形压重块在管道就位之后安装，对于水深较大的河流，则可采用环形压重块在拖管过河之前安装，在岸上将其固定在管道上，然后再拖管过河。但环形压重块的两端应浇制成斜角［见图3-2-29（d）］，以免拖管时受水下障碍物的阻碍。

单位长度管道上所需压重块在水中的重力可按式（3-2-125）和式（3-2-126）计算。

在静水中的弹性弯曲管段：

$$W_c \geqslant K_2(F_s + F_e) - W_p \tag{3-2-125}$$

在动水中的弹性弯曲管段：

$$W_c \geqslant \frac{K_1 F_x}{f} + K_2(F_s + F_y + F_e) - W_p \tag{3-2-126}$$

压重块在空气中的重力可按式（3-2-127）求得：

$$W_c' = W_c \frac{\gamma_c}{\gamma_c - \gamma_\omega} \tag{3-2-127}$$

式中　W_c'——压重块在空气中的重力，kN/m；

γ_c——压重块的容重，kN/m^3。

其他符号意义同前。

压重块和混凝土连续覆盖层等重力型稳管方法所用材料的容重对管道的负浮力影响比较大。提高材料的容重，可提高稳管的效率，即只需用少量的材料，获得较大的负浮力，但同时也增加压重块或混凝土连续覆盖层单位体积的费用。因此，在确定压重块等所用材料的容重时，应进行经济分析，选用能使所需材料较少而获得负浮力较大，需要的费用又较少的材料容重。

一般来讲，混凝土的容重大约在26～30kN/m^3。

压重块安置在管道上的间距，要满足管道在水中稳定的要求，但也不得大于按管子允许弯曲应力或允许挠度计算求得的间距，即：

$$S_{max} = \sqrt{12[\sigma]I/[(VK_2\gamma_\omega - W_p)R]} \tag{3-2-128}$$

或

$$S_{max} = \sqrt[4]{384EIy/(VK_2\gamma_\omega - W_p)} \tag{3-2-129}$$

式中　S_{max}——压重块之间的最大允许间距，m；

[σ]——管子的允许弯曲应力，kPa；

I——管子截面的惯性矩，m^4；

R——管子的外半径，m；

E——管子材料的弹性模量，kPa；

y——管子的最大允许挠度，m。

其他符号意义同前。

2）重混凝土连续覆盖层稳管

混凝土连续覆盖层是在穿越管段外表面包上以钢丝作加强筋的连续的混凝土外壳以增加重力，保持管道在水下的稳定性。管身结构如图3-2-29（a）和图3-2-30所示。

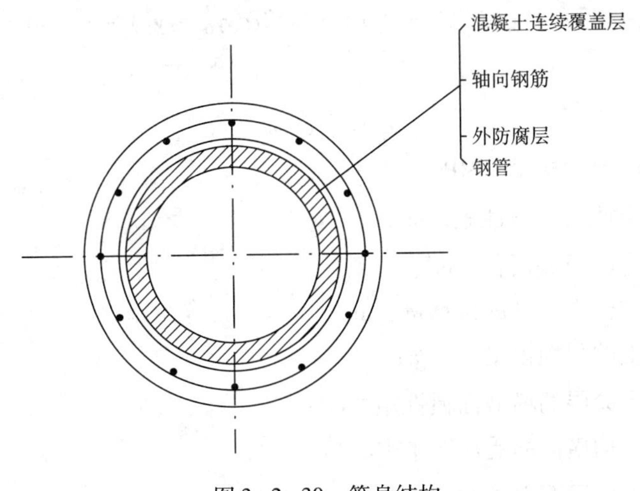

图3-2-30 管身结构

重混凝土连续覆盖层稳管与复壁管相比，具有管身结构简单、投资少、钢材水泥消耗少的优点，而且也克服了由于单个压重块固定在管身上的缺点，使管道各截面受力均匀。同时，它能很好地保护管道及外防腐层，免遭拖管及河流推移物质的冲磨、生物侵蚀和船锚破坏，且拖管时发送阻力比用单个压重块时小。但在施工时，它的负浮力很大，应在管子上安装浮筒以减小牵引力。

混凝土连续覆盖层的厚度可以根据管道可能遇到的水流条件和敷管形式按式（3-2-124）或式（3-2-125）计算。例如，当直管段处于静水中时，可按式（3-2-130）计算求得混凝土连续覆盖层的厚度：

$$\delta_c = \frac{1}{2}\left[\sqrt{\frac{\pi D^2\gamma_c - 4W_p}{\pi(\gamma_c - K_2\gamma_\omega)}} - D\right] \tag{3-2-130}$$

式中 δ_c——混凝土连续覆盖层的厚度，m。

其他符号意义同前。

用混凝土连续覆盖层稳管的穿越管道弹性敷设时，管道应有足够大的负浮力，并且管沟纵断面的曲率半径应大于管道在自重作用下下垂曲线的曲率半径，使管道同管沟密切贴合。管道下垂曲线的曲率半径可按式（3-2-131）计算：

$$R = 50.4\sqrt[3]{\frac{B(1-\cos\frac{\theta}{2})}{W_{\theta}^{4}}} \tag{3-2-131}$$

式中 R——管道的允许最小曲率半径，m；

B——管道的组合刚度，$MN \cdot m^2$；

W_{θ}——管道在水中的重力，kN/m；

θ——管道弹性敷设的纵向角，rad。

管道的组合刚度可按式（3-2-132）计算：

$$B = E_s(I_s + A_s a^2) + E_c I_c \tag{3-2-132}$$

$$I_c = \alpha[(\gamma_0^4 - \gamma_i^4)/4 + a^2(\gamma_0^2 - \gamma_i^2)] + \sin2\alpha(\gamma_0^4 - \gamma_i^4) - \frac{4}{3}a\sin\alpha(\gamma_0^3 - \gamma_i^3) \tag{3-2-133}$$

$$a = \gamma_c \cos a \tag{3-2-134}$$

式中 E_s——钢管的弹性模量，MPa；

I_s——钢管横截面的惯性矩，m^4；

A_s——钢管金属横截面积，m^2；

a——管身结构中性轴的位移量，m；

E_c——混凝土的弹性模量，MPa；

I_c——混凝土涂层的横截面惯性矩，m^4；

α——管身结构横截面受压区半中心角，rad；

γ_0——混凝土涂层的外半径，m；

γ_i——混凝土涂层的内半径，m；

γ_c——混凝土涂层的平均半径，m。

管身结构横截面受压区的半中心角可由式（3-2-135）求解：

$$\gamma_c\delta_c\sin\alpha - \alpha a\delta_c - \pi aN\gamma_s\delta_s = 0 \tag{3-2-135}$$

式中 δ_c、δ_s——混凝土涂层和钢管管壁厚度，m；

N——钢材弹性模量与混凝土弹性模量之比；

γ_s——钢管的平均半径，m。

当带混凝土涂层的管道受弯时，混凝土与钢管之间产生滑移，从而使涂层接头附近的管子抗弯刚度减小，使该处的管道应力大大增加。因此，在求得管道的曲率半径后，根据施工时可能受弯情况，校核涂层接头处的管道应力，防止管道破裂。

3）复壁管注水泥浆稳管

复壁管注水泥浆稳管的结构是在输油管外套一较大直径的钢管，在两管之间的环形空间灌注水泥浆，以增加管体质量。为使输油管与套管基本保持同心和环形空间的间隔，每隔一定距离应将输油管用支撑板支撑，如图3-2-31所示。

这种结构具有刚度大，抗震能力强，无需进行内管的外壁防腐和保护油管免受机械损伤等优点，但钢材、水泥消耗多，投资也大。水泥浆的最低容重（在不考虑净水平推力情况下）可用式（3－2－136）求得：

$$\gamma_{\min} = \frac{q'}{0.785(D_1^2 - D_2^2)} \quad (3-2-136)$$

$$q' = q_0 - (F_y + F_s + F_e)K_2 \quad (3-2-137)$$

式中　q'——单位长度管道所需负浮力，kN/m；

q_0——复壁管在空气中的重力，kN/m；

D_1——套管的内直径，m；

D_2——输油管的外直径，m；

$\gamma_{\min}$——水泥浆的最低容重，kN/m^3。

其他符号意义同前。

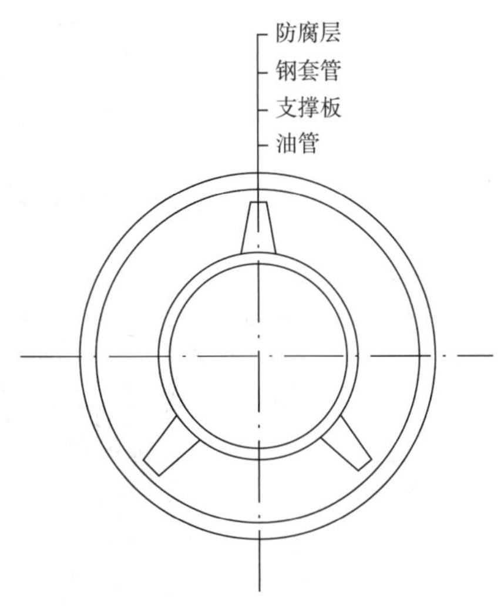

图 3－2－31　输油管支撑示意图

为保证灌注作业顺利进行，对水泥浆的流动度、初凝时间、终凝时间都要有严格要求。通常灌注后应在压力下凝固，此压力一般为 1.5～2.0MPa。同时，油管内亦应保持一定压力。有时，为了增加流动度，延长初凝时间，可在水泥浆内加入缓凝剂丹宁，其比例为水液之 0.2‰～1‰。当采用较大容重时，水泥浆中还加入重晶石粉等。重晶石粉相对密度为 4～4.5。对水泥浆的基本要求应符合表 3－2－40 中的规定。

表 3－2－40　水泥浆的基本要求

流动度/cm	初凝时间/h	终凝时间/h	容重/（N/m^3）
16	8～10	18～24	18000

复壁管将由套管、输油管及环形空间的水泥浆共同承担管道的内压、外压、弯曲和温度应力等，但这种不均质的厚壁管计算较为复杂。计算时可不考虑水泥浆的强度，简化为内外管不出现位移的复壁管的结构进行计算。

4）石笼稳管

石笼是由骨架和镀锌铁丝编织成的笼子，内装石块、卵石等。铁丝笼的编织材料，一般采用直径为 2.5～4mm 的镀锌铁丝或普通铁丝，其粗细可根据水流湍急程度而定，其网孔有方形及六角形两种，后者受力较大，损坏时扩大范围较小。网孔最大尺寸一般不得小于 14cm×18cm。为了加固铁丝石笼，一般采用直径 6～8mm 的钢筋作骨架。其稳管形式如图 3－2－32 所示。

石笼稳管的优点是可就地取材、编织容易、重量大、稳定性高、柔性好，适用于稳定、坚实的河床。它的缺点主要是耐久性差（编织材料易被沙粒磨损和河水腐蚀）、维护费用大、投放不易、工期较长、浅水区影响通航和不利于拖网打鱼等。另外，还应注意石笼造成的局部冲刷，防止对未保护管段的淘刷。

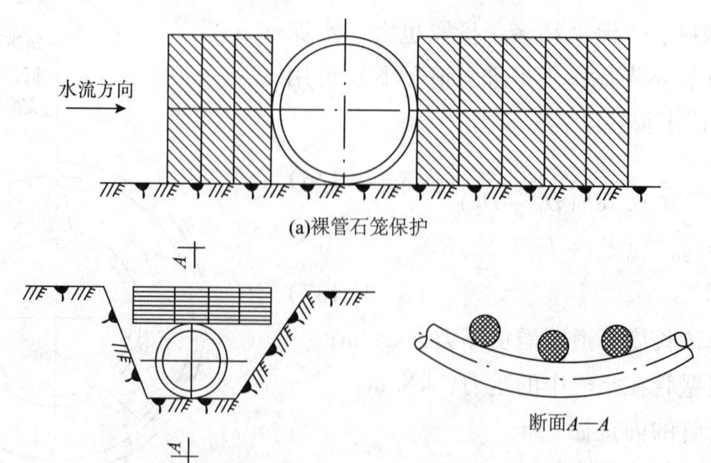

(a)裸管石笼保护

(b)沟埋管线石笼保护

图3-2-32 石笼稳管形式

石笼长度一般为4～6m，内装块石粒径按式（3-2-138）计算取值：

$$D_e = \frac{v_2}{2g\frac{\gamma_{rs}-\gamma_\omega}{\gamma_\omega}\sqrt{\frac{f}{K}}} \tag{3-2-138}$$

式中 D_e——块石粒径，m；

v——水流平均流速，m/s；

γ_ω——河水容重，kN/m³；

γ_{rs}——堆石容重，kN/m³；

$\sqrt{\frac{f}{K}}$——石块滑动稳定系数，取0.86。

除计算选择块石（卵石）粒径外，还需校核石笼稳定性，即石笼重力能否克服水流压力作用而不产生移动。校核公式如下：

$$G_K \geqslant \frac{1}{f_K}\left(\frac{\pi}{4}K_3C_K\gamma_\omega D^{\frac{3}{2}}\frac{V^2}{2g}\right)+C\gamma_\omega D_3 l_k\frac{1}{g} \tag{3-2-139}$$

$$G_K = V_n(\gamma_k - \gamma_\omega) \tag{3-2-140}$$

式中 G_K——石笼在水中的重力，kN；

V——石笼体积，m³；

n——卵石（块石）充实系数，取0.8；

f_K——石笼与河床摩擦系数，取0.5；

K_3——安全系数，取1.5；

D_3——石笼直径，m；

l_k——石笼长度，m；

γ_k——块石的容重，kN/m³。

其他符号意义同前。

5）锚栓稳管

锚栓稳管是机械稳管的一种。在锚栓的一端有螺旋式的钢质圆盘或可展开的锚爪［见图2-9-5（e）］，依靠土壤的剪切强度得到锚固力，其效率要比重力式稳管高。它适用于黏土、砂和卵石河床。在沼泽地区只要条件许可，应尽量采用锚栓稳管。

在进行锚栓设计前，应沿管道调查土壤的力学性质和进行锚栓的拉力实验。根据所需负浮力沿管道每隔一定距离，在管道两侧或一侧安装两根或一根锚栓。当采用两根锚栓时，用钢条跨过管道将锚栓上端连接。锚栓及其与管道的连接件均应用热浸镀锌防腐，并在每根锚栓上安装一个小的镁阳极，以增强防腐能力。锚栓同管道连接处采用衬垫保护管道防腐层。

锚栓的锚固能力取决于土壤特性、锚栓的结构、尺寸以及锚栓的入土深度。一般入土深度不得小于锚栓叶片直径的6倍。表3-2-41为不同尺寸的锚栓，当锚栓入土深度为其叶片直径的6倍时，在软塑性黏土、亚黏土和塑性砂壤土中的锚固能力。

表3-2-41 锚栓的锚固能力

锚栓叶片直径/mm	锚固力/N	锚栓叶片直径/mm	锚固力/N
100	6500		
150	7500	400	53000
200	13500	500	83000
250	21000	600	120000
300	30000	750	187500

根据锚栓的锚固力和所需的负浮力，即可确定锚栓的设置间距，其计算公式如下：

$$S = \frac{A}{K_2 V \gamma_{\omega} - W_{p}} \qquad (3-2-141)$$

式中 S——锚栓的间距，m；

V——管道单位长度的体积，m^3/m；

A——单根锚栓的最小锚固力，kN，当在管道两侧各采用一根锚栓时，A值应乘以2。

其他符号意义同前。

采用的S值不应大于按管子允许弯曲应力或允许挠度计算求得的值。

6）挡桩稳管

挡桩稳管是在管道下游侧每隔一定间距设置挡桩，以保持管道在水下稳定的稳管方法。当管道因河床局部冲刷裸露悬空时，也可采用挡桩，减小裸露管段的悬空长度，防止管道发生共振和疲劳破坏。

挡桩的类型有木桩、钢筋混凝土桩、钢管桩等。

在挡桩设计中，首先要确定在满足管线强度条件下的挡桩间距，然后再选定桩径及挡桩打入深度。

桩间距按式（3-2-142）计算：

$$L = \frac{2 \times 10^3 [\sigma] I}{K_0 F_x D} \tag{3-2-142}$$

式中 L——桩间距，m；

$[\sigma]$——管子的许用应力，MPa；

K_0——弯矩系数，查表3-2-42；

F_x——水流水平方向的动水压力，kN/m，按式（3-2-121）计算；

D——管子外直径，m；

I——管子截面惯性矩，m^4。

表3-2-42 弯矩系数

跨 数	3	3	4	5	6或6以上
K_0	0.125	0.100	0.107	0.105	0.106

当用挡桩支撑裸露敷设的管道和加固冲刷悬空的管道时，挡桩的间距还应小于不发生共振的最大允许悬空长度，并核算管道的疲劳强度。

在确定桩间距后，假定一个桩径进行桩强度校核：

$$[\sigma_J] = \frac{dM_{max}}{2J} \times 10^{-3} \tag{3-2-143}$$

式中 $[\sigma_J]$——桩许用应力，MPa；

d——桩径，m；

J——挡桩的横断面惯性矩，m^4；

M_{max}——挡桩承受的最大弯矩，kN·m。

有冲刷时：

$$M_{max} = F_x L\left(a + \frac{2}{3}\right)\sqrt{\frac{F_x L}{m_0 d}} \tag{3-2-144}$$

$$m_0 = \gamma_p\left[\tan^2\left(45° + \frac{\varphi}{2}\right) - \tan^2\left(45° - \frac{\varphi}{2}\right)\right] \tag{3-2-145}$$

当在基岩打桩时：

$$M_{max} = F_x La \tag{3-2-146}$$

式中 φ——土壤的内摩擦角；

γ_p——潮湿土壤的容重，kN/m^3；

a——稳管桩的力臂，m。

对于非基岩河床，桩打入深度应满足下列条件：

$$h \geqslant \sqrt[3]{\frac{F_x L(12a + 9h)}{m_0 d}} \tag{3-2-147}$$

式中 h——桩的最小打入深度，m。

其他符号意义同前。

五、沼泽地区穿越

(一) 沼泽地区的特点及其分类

沼泽一般是指湖盆地或河滩地等衰亡的遗迹，表面多呈现为洼地，并为不深的水浸没和长有湿生植物，地层组成以泥炭土为主。

泥炭的物理力学性质与形成泥炭的植物性质及分解程度有关。一般来讲，泥炭的压缩性大，在外荷载作用下，常产生很大的不均匀沉陷，内摩擦系数仅为0.03~0.07，承载能力低；稳定性较高的沼泽，其承载力也仅100kPa左右。因此，敷设在沼泽地区的管道，即便在不大的荷载作用下，也会产生很大的位移而失去稳定。

沼泽的分类方法有很多，按构造和形成条件可分为以下三类：

(1) 低位沼泽：又称“草甸沼泽”或“杂草沼泽”。这类沼泽地表平坦低洼，水源主要依靠地下水及河水补给，泥炭层较薄，大多分布在河谷、湖滨或泉水旁的地势低洼地带，为沼泽发展的初期阶段。

(2) 高位沼泽：又称“泥炭沼泽”或“苔藓沼泽”。沼泽中心地表高出四周地面呈丘状形态，故称为高位沼泽，水源主要靠大气降水补给，泥炭层较厚，一般超过0.5m，为沼泽发展的后期阶段。

(3) 中位沼泽：又称“过渡沼泽”或“森林沼泽”，是低位与高位沼泽的过渡阶段。水源依靠河流及大气降水补给，地下水补给减少。

国外一些国家的管道从管道施工的角度考虑，按机具的可通行条件对沼泽进行分类，如前苏联提出：一类沼泽可以允许对地压力为20~30kPa的施工机械通行；二类沼泽可以允许对地压力不超过10kPa的施工机械通行；三类沼泽只能行走浮动施工机械。

П. П勃洛达夫金不仅考虑施工机械的通行，还根据管道施工的复杂性等因素，提出了适用长距离输油管道的另一种分类方法（见表3-2-43）。

表3-2-43 沼泽分类

类别	沼泽的构成	特征
第一类	Ⅰ型：全部为稠度稳定泥炭土	可通行对地压力为25kPa的施工机械
	Ⅱ型：全部为稠度不稳定泥炭土，厚度在0.7m之内，以下为坚实的生土	沼泽宽度在500m之内，沼泽表面承载力为2~25kPa
	Ⅲ型：全部为稠度不稳定的生土，厚度在1.5m之内，其下为坚实的生土	沼泽宽度在250m之内，可通行对地压力为10kPa的施工机械
第二类	Ⅰ型：全部为稠度不稳定的泥炭土，厚度不超过0.7m，下部为坚实的生土	沼泽宽度超过500m，能通行5~25kPa压力的施工机械
	Ⅱ型：全部为泥炭土	沼泽宽度不超过1.0km，可通行压力为10kPa的施工机械
	Ⅲ型：充满水的泥炭或淤泥	只能行走浮动施工机械
	Ⅳ型：全部为泥炭土	沼泽宽度超过1.0km，只能通行压力为10kPa以下的施工机械

（二）管道穿越沼泽设计

1. 线路布置

当管道必须通过沼泽时，线路应尽量选择在沼泽范围最窄、泥炭厚度最薄、承载能力较大、地形较高，能通行施工机械的地段。管道走向应尽可能保持直线，减少转角。当采用转角时，以采取弹性弯曲为宜。

2. 沼泽地带管道敷设方式

沼泽地带管道敷设方式分为三种：即埋地敷设、土堤敷设和架空敷设。视现场具体情况，如沼泽类型、土壤承载能力、交通条件、气候、工期等因素而定。

1）埋地敷设

管道埋地敷设适用于泥炭土较薄的沼泽地区，并应敷设在较密实、稳定的地基土上。如敷设在软弱土层上，则应先加强软弱土的承载能力，如采用沙或块石换填软土、用沙桩加固软弱土等方法，然后再敷设管道。并应注意在施工过程中尽量少扰动土壤。

对埋地敷设的管沟，其底宽根据管道直径、加重块的尺寸和施工方法确定，但不宜小于陆上管沟的底宽和挖土机械构件的宽度。

管沟的边坡比取决于泥炭土的分解程度、沟深、泥炭的休止角等因素，并应考虑沟内积水、沟边机械行走的影响。

应对埋地敷设管道进行抗漂浮计算和轴向稳定校核，采取必要的稳管和锚固措施，保证管道的强度和稳定。

2）土堤敷设

土堤敷设是指管道可埋在填土或半填土中，如表层泥炭沉积强度较大，具有较高承载力时，也可敷设在沼泽地面上。但地面敷设的管道要铺树枝等作土堤的垫层，使荷载能均匀地传递到泥炭的表面，铺管前就地取土或从外面运土在树枝垫层上覆盖至少 25cm 厚的土层。

对于承载力较小的软弱地层，则应先用沙桩或换填土、石等方法加固基础，对于用泥炭和矿质土填筑的土堤，应予以加固以防冲蚀和风化。

当采用土堤敷设时，要计算土堤沿线的沉陷量，并应使其沉陷均匀，以保证管道自由弯曲时的弯曲半径不小于允许弯曲半径。对土堤内的管道也应验算轴向稳定性。

对管堤设计的其他要求参见本章第二节。

3）架空敷设

架空敷设主要在腐蚀性强的盐沼地段采用，管道置于高出地面的管架上，以免其受到盐沼的侵蚀。

架空敷设的管道设计参见本章第四节。

六、管道与地下建（构）筑物的交叉

输油管道与其他埋地管道、电力、通信电缆等地下建（构）筑物交叉时，一般在现有地下建（构）筑物下方穿过。当现有地下建（构）筑物埋设较深时，经过与有关部门协商，在保证管道埋设深度和与地下建（构）筑物距离的前提下，管道可以在地下建（构）筑物上方通过。管道与其他埋地管道、电力、通信电缆的交叉，角度不宜过小。

输油管道与其他埋地管道交叉时，两者间垂直净距不应小于0.3m，当受外部条件限制，净距小于0.3m时，中间应设置橡胶板类的绝缘隔离物。当输油管道与地下电力、通信电缆交叉时，两者间垂直净距离不应小于0.5m，交叉点两侧的输油管道、其他管道、电力和通信电缆各延伸10m以上的范围内应做特加强防腐。

输油管道与混凝土管道、铸铁管道（承插口连接）交叉，当交叉点位于管口处时，应在施工时设置临时支撑，以防止现有地下管道管口处脱开，影响其运行。

在管道施工图设计中，应注明与埋地管道、电缆交叉的位置。施工时应与管理部门取得联系，不能造成损害。

输油管道与其他埋地管道、电缆交叉点处，应设置管道标志桩。

输油管道与其他埋地管道、电缆交叉点的处理分别如图3-2-33和图3-2-34所示。

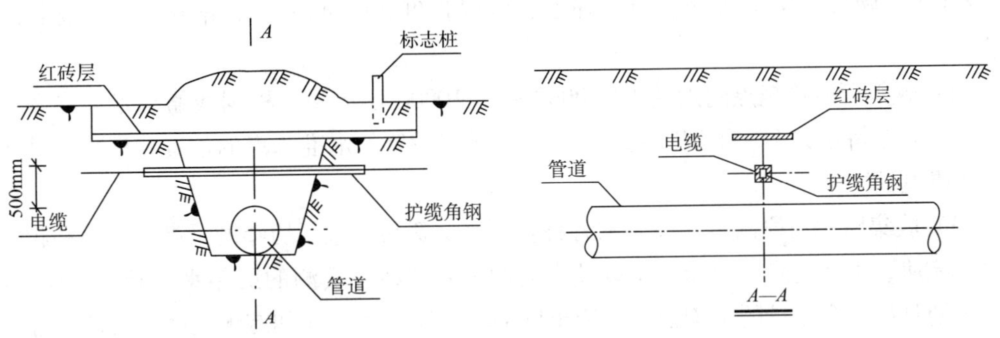

图3-2-33 输油管道与电缆的交叉示意图

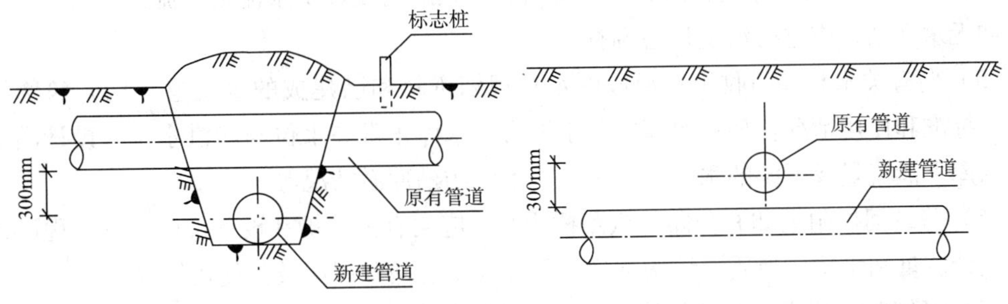

图3-2-34 输油管道与其他管道的交叉示意图

第四节 管道跨越

一、概述

管道在通过天然或人工障碍（如河流、山谷、溪沟、湖泊、沼泽、水库、灌溉渠道及铁路、公路等）时，在不适于采用穿越的情况下，就需要采用跨越形式。为了使跨越管桥的设计做到技术可行、经济合理、运行安全，正确选择跨越形式和跨越位置，收集设计所需的资料，是跨越设计前十分有必要的工作。

（一）设计基础资料的收集

跨越工程设计资料涉及很多方面，按资料来源可分为向有关部门搜集和野外勘测两项，现分别叙述如下：

1. 向有关部门了解和收集资料

（1）管道的管径、壁厚、输送压力、输送介质、输送温度、管道材质、机械性能（钢材品种、牌号、化学成分、屈服强度、极限强度、延伸率、冲击韧性等）及其焊接方法。

（2）收集可能跨越点附近的 1：50000～1：10000 地形图。根据线路总走向在图上初拟一个或几个桥位方案。了解跨越地段附近各部门设置的水准基点的位置和标高及其所依据的水准基面。

（3）收集跨越河段附近水文站的各种实测水文资料，包括历年的最高洪水位和相应的流量、流速、水面比降、河床糙率以及它们的关系曲线；实测的历年水文断面变化情况；历年汛期月最大含沙量的平均值、河床土壤平均粒径、冰情（如有无流冰、流冰尺寸、流冰时的水位等）以及河道变迁历史等。

（4）根据管桥工程等级，向有关水文站收集相应的设计洪水流量、流速、水位含沙量等。如无水文站，应进行河道形态调查。

（5）向有关水利部门收集本河段的水利规划资料和已建成的水工建（构）筑物结构类型、标准和使用情况。如：水库的蓄水能力，水库正常高水位与防洪水位，设计洪水频率时水库下泄流量及下游的水位，闸坝上、下游沟槽冲淤情况等。

（6）跨越河段附近如有公路、铁路桥梁时，应向有关养护和设计部门了解工程设计标准、设计流量和水位、地质、结构类型、孔径大小、基础埋深及其使用情况等。

（7）了解跨越河段有无其他管道和电力通信电缆，以及它们的位置和埋深。

（8）收集工程所在地区的平均最高气温和最低气温、高温月份和低温月份及相应的极端最高温度和极端最低温度、平均风速、最大风速及主导风向、当地最大土壤冻结深度。

（9）收集本地区的区域地质资料，概略了解河流或河段的工程地质条件和不良地质现象，以及所处地区的地震烈度，有无活动断裂带及其性质。

(10) 向航运部门收集通航标准、船只吨位和尺寸、筏运量和木筏尺寸、航道疏浚计划等资料。

(11) 向水文或航运部门收集河流有无漂流物及漂流物尺寸类型，多发时的水位等资料。

2. 现场实测资料

1) 测量方面

(1) 跨越地段地形图。

管桥的平面布置、管桥与埋地管道的连接及其附属工程的设置等，都要参照跨越地址地形图选定和布置。另外，跨越地址地形图也是选定施工方法，施工场地布置和截取各种断面，估算施工工程量等不可缺少的依据。

地形图的测绘范围应满足工程布置和施工场地的要求，一般在管桥轴线上游为150～200m，下游为100m左右。顺桥轴方向至少为历史最高洪水位以上2m或最高洪水泛滥线外50m；如采用悬吊管桥，应测至预设锚固墩外10m，图纸上地形地物应标注清楚、准确，各控制点位应有明显的标志，注明其坐标及标高。调查的洪水痕迹点位应编序号和实测的标高数值一起注于图上。

测图比例尺为：1∶1000～1∶500；

等高距为：0.25～1.00m。

(2) 沿管桥轴线的纵断面图。

用作管桥的纵向布置，应较准确地将河床河岸的形态变化反映出来。

测图范围：应能表示出历史最高洪水位以上2m范围内的地形变化。在两岸岸坡较陡的地区应测至洪水位以外50m，或锚固墩外10m。

测图比例为：1∶1000～1∶500（纵、横比例相同）。

(3) 桥位控制测量。

桥位控制测量的成果是管桥设计和施工管理的依据，桥轴线的平面控制桩每岸不得少于2个，并需敷设护桩及做好桩位固定工作。桩间距的测量精度应按表3-2-44中的规定执行。

表3-2-44 桩间距测量精度

桥轴线的桩间距/m	最大误差限度
>5000	1/65000
2000～5000	1/35000
1000～2000	1/20000
500～1000	1/10000
200～500	1/5000
<200	1/2500

水准基点每岸至少1个，应设在桥址附近，并保证安全、稳固、便于测试。其测量精度为±20mm，L 为从引测的水准基点到测设的水准点间的距离，以km计。

第三编 CHAPTER THREE 原油长输管道设计

2）河道形态调查

在跨越河段附近没有水文站或离水文站较远时，为了了解历年河段的冲淤变化情况，需进行河道形态调查。调查的内容有：

（1）水文特征调查。包括历史最高洪水位（同一次洪水应不少于3个洪痕点）和相应的洪水水面比降、洪痕处的河床横断面、河段内的水流情况。以及河床土壤类别和植物生长情况。横断面测量应测至历史最高洪水位线以外50m，山区应测至历史最高洪水位以上2～5m。

（2）河段的冲淤变化。通过向老船工、老渔民、沿河老居民调查和查阅历史文献，了解河床的历年侧向侵蚀和纵向冲刷程度、河道的平面变迁（如截弯取直和决堤改道等）。

（3）了解对洪水流量和河道形态有影响的人类活动和自然因素。

3）地质方面

（1）初步设计阶段。

通过工程地质调查、物探、触探和必要的钻探手段，初步查明各拟选跨越地点的工程地质条件，作出工程地质的初步评价，选择合理的跨越断面，为初步设计提供必须的工程地质资料。

①工程地质报告：应对地形、地貌特征、地质构造、新构造运动、地层的岩性、河床和岸坡的稳定性、不良地质现象分布范围和对跨越工程的影响，对地震基本烈度、有无活动断裂带等进行概括的阐述和评价；对跨越地址的选择提出意见，并对施工图阶段的勘查工作提出意见和建议。

②跨越河段的综合工程地质图：

比例尺为：1∶5000～1∶500。

③拟选跨越河段的工程地质断面图：

比例尺为：1∶1000～1∶100（纵、横比例相同）。

④钻孔地质柱状图：

比例尺为：1∶200～1∶100。

（2）施工图设计阶段。

对选定的管桥位置，应查明桥位区的地层岩性，探明桥墩范围内地基覆盖层和基岩风化层的厚度及其风化破碎程度、构造破碎程度、软弱夹层情况；测试岩土的物理力学特性及平均粒径，提供地基的基本承载力数据；对于桩基提出桩壁摩阻力和桩尖平面处基本承载力数据；对边坡及地基的稳定性、不良地质的危害程度、河水和地下水对混凝土的侵蚀性作出评价；并向设计提供如下资料：

①工程地质报告。其内容包括：对桥位区内主要的地形、地貌、地层岩性、地质构造、地下水特性和不良地质现象的类别、规模、分布情况和特征的阐述。对桥位地基与边坡的稳定性、基础的适宜性作出评价，并根据工程地质条件，对桥墩的基础类型和埋置深度、不良地质与特殊土的防治措施提出设计和施工中应注意的问题和建议。

②综合工程地质图：

比例尺为：1∶5000～1∶500。

③桥位工程地质断面图：

比例尺为：1∶1000（纵、横比例相同）。

④钻孔地质桩柱状图：

比例尺为：1∶100～1∶50。

（二）跨越位置选择的原则

跨越位置的选择应根据河流形态、岸坡及河床的水文、地形、地质，并结合水利、航运、交通和施工条件等情况进行综合分析和技术经济比较确定。在通常情况下，管桥位置应尽量服从管道的走向，尤其是大口径管道，要尽量不增加或少增加管道的长度。对于大、中型跨越工程，管道的局部走向应服从于跨越位置。跨越位置一般要选择在河段顺直、流向稳定、洪水时水面较窄、地层地质条件良好、岸坡和河床稳定、交通便利和有足够的施工场地的河段。

地震活动频繁、滑坡、泥石流沉积区，含有大量有机物的淤泥地区，易发生冰塞的地区，工矿区和人口密集区均不宜选作管桥位置。

当管桥位于上游时，管桥与现有桥梁、港口、码头、水下建筑物及引水建筑物之间的距离不得小于300m；而当管桥位于下游时，则距离不得小于100m。

通航河流上管桥位置的选择，除应满足上述要求外，还应远离险滩、弯道、汇水口、锚地或港口作业区，并应满足航运主管部门的要求。

（三）常用跨越形式与特性及其适用条件

1. 常用跨越结构形式

常用的跨越结构形式有：

（1）普通梁式管桥；

（2）轻型托架式管桥；

（3）桁架式管桥；

（4）拱式管桥；

（5）悬索管桥；

（6）悬缆管桥；

（7）悬链式管桥；

（8）斜拉索管桥。

2. 常用跨越结构形式的特性及其适用条件

（1）普通梁式管桥是最简单的跨越形式，它的主要上部结构由支座和以管路作为梁体的两个部分组成。梁式管桥按其结构可分为无补偿式和带悬臂补偿的两种形式。其主要特点是利用管路本身作为梁体构件，将管子直接安放在支墩或支架上，组成简单的梁式结构。

梁式跨越适合于小型河流、渠道、溪沟等。当河流宽度在管道的允许跨度范围内时，应优先采用直管跨越；当河流宽度较大时，可采用带补偿的多跨连续梁结构。

（2）轻型托架式管桥充分利用了管道截面刚度大的特点，以管道作为托架结构受压的上弦，用受拉性能良好的高强度钢丝绳作托架的下弦，再以几组组装成三角形的钢托架作中间连接构件，构成空间组合梁体系，用以增大管道的跨距。

（3）桁架式管桥桁架结构主要采用两片桁架斜交组成断面为正三角形的空腹梁空间体系，并且利用管道作桁架上弦，其他杆件选用型钢。下弦两端采用滑动支座，因此结构的整体刚度大，稳定性好，但用钢量较大。

轻型托架式管桥和桁架式管桥这两种结构形式都适合于中等跨度的管桥。

（4）拱式管桥有单管拱和组合拱两大类，适合于跨度中等的跨越。拱式管桥是将输油管道本身制作成圆弧形或抛物线形拱，将两端放于受推力的基座或支架上，这时管子从梁式跨越时的受弯变成拱形时的受压，因而使管材得到较充分的利用，从而有效地增大了管路的跨越能力。跨度不大的拱式管桥可不必建复杂的支座，在这种情况下，需精确计算出土点管道的位移。管拱可以采用单管，也可采用组合拱构成一平面桁架，以增加刚度，满足更大的跨度和抵抗风力的要求。

（5）悬索管桥是将作为主要承载结构的主缆索挂于塔架上，呈悬链线形，通过塔架顶在两岸锚固。管道用不等长的吊索（吊杆）挂于主缆索上，使管道基本水平，管道产生的重力由主索支撑，并通过它传给塔架和基础。这时管道变成了跨度较小的连续梁，受力简单。但由于悬索管桥在水平方向刚度较小，当跨度较大时，需考虑设置抗风索减振器等，以减小或防止管桥在风力作用下发生振动。悬索管桥适合于大口径管道跨越大型或特大型河流、深谷。

（6）悬缆管桥的主要特点是管道与主缆索都呈抛物线形，采用等长的吊杆（吊索），使管道与缆索平行。通常选用较小矢高，以增大缆索的水平拉力。同时，也相应地提高了悬缆管桥结构的自振频率，因此，在结构上可以取消复杂的抗风索，而设置较为简单的防振索等消振装置。悬缆管桥能够充分利用管道本身强度，使管道承受拉力、弯曲等综合应力，其结构较前两种悬吊管桥结构简单，施工方便，适合于中、小口径的大型跨越工程。

（7）悬链式管桥这种结构与柔性悬索式管桥的主要区别在于，管子不是水平的梁式结构，而是将管子按照悬索的形式悬吊，两端与支撑结构铰接连接，取消了主缆索，使管道直接承受拉力、弯曲等综合应力，充分利用了管道本身的强度，管道与跨外管道的连接为柔性连接，尽量减少对管道的转动约束。这种结构较前两种悬吊管桥有结构简单、用料省、施工方便的优点。适用于中、小口径管道径跨比小的大跨度管桥。

（8）斜拉索管桥的拉索为弹性几何体系，因而刚度大，平面内抗风振性能好，自重小，结构轻巧，外形美观简洁。缆索作用产生的水平方向的压力由管子承担，不需要巨大的锚固基础。为防止钢管承压失稳，也可采用补偿变形办法使钢管受拉。适用于各种管径的大型跨越工程。

二、管桥设计计算原则

（一）荷载内容及组合

1. 作用在跨越工程上部结构上的荷载

1）永久荷载（恒载）

（1）结构物及附件自重；

（2）输送介质重；

（3）输送介质的设计内压力；

（4）温度应力以及静止流体由于受热膨胀而增加的压力。

2）可变荷载（活载）

（1）试运时的水重与压力；

（2）清管荷载；

（3）风荷载；

（4）冰雪荷载；

（5）施工临时荷载；

（6）人群荷载；

（7）检修荷载。

3）偶然荷载

（1）位于地震基本烈度七度及七度以上地区，作用于上部结构上的地震荷载；

（2）地基沉降引起的附加荷载。

2. 作用在跨越工程下部结构上的荷载

1）永久荷载（恒载）

（1）上部结构传给下部结构的作用力（恒载部分）；

（2）下部结构自重，竖向和横向土压力；

（3）静水压力和水浮力；

（4）动水荷载；

（5）支座摩阻力。

2）可变荷载（活载）

（1）船只或漂流物的撞击力；

（2）冰压力；

（3）风荷载；

（4）上部结构可变荷载传给下部结构的作用力；

（5）施工临时荷载。

3）偶然荷载

（1）位于地震基本烈度七度及七度以上地区，作用于下部结构的地震荷载；

（2）地基沉降引起的附加荷载。

3. 荷载计算

1）管子自重

$$q_g = \frac{\pi}{4}(D^2 - d^2)\gamma_g \tag{3-2-148}$$

式中 D——管子外直径，m；

d——管子内直径，m；

γ_g——钢材容重，MN/m^3；

q_g——管子单位长度的重力，MN/m。

2）管内油品的重力

$$q_y = \frac{\pi}{4}\gamma_y d^2 \tag{3-2-149}$$

式中 γ_y——油品容重，MN/m^3；

q_y——单位长度管内油品的重力，MN/m。

其他符号意义同前。

3）防腐绝缘层、管子附件、栏杆等的重力

当没有特殊的防腐绝缘层和管件时，一般采用0.2～0.3kN/m，或根据实际情况采用。

4）行人和一般情况检修荷载

一般采用50kN/m，或根据实际情况采用。

5）雪载

$$q_x = q_0 D \tag{3-2-150}$$

式中 q_0——地面上单位面积的雪层重力，MN/m^2；

q_x——管子单位长度的雪载，MN/m。

其他符号意义同前。

6）冰载计算

$$q_b = k_b D \tag{3-2-151}$$

式中 k_b——根据结冰区域选取的系数，见表3-2-45；

q_b——管子单位长度的冰载，MN/m。

其他符号意义同前。

表3-2-45 结冰区分级的 k_b 值

结冰区分级	Ⅰ	Ⅱ	Ⅲ	Ⅳ
k_b	35	35	50	65

7）风载

单根管子的风载计算：

$$q_f = u_s u_z \omega_0 D \tag{3-2-152}$$

式中 u_s——体型系数，见GBJ 9《建筑结构荷载规范》；

u_z——风的高度变化修正系数，见 GBJ 9《建筑结构荷载规范》；

ω_0——基本风压值，kN/m²，见 GBJ 9《建筑结构荷载规范》全国基本风压分布图；

q_f——单根管子单位长度所受的风荷载，kN/m。

其他符号意义同前。

8）流水冲击荷载

$$P_\omega = k\gamma_\omega \frac{v_c^2}{2g} \tag{3-2-153}$$

式中 P_ω——水流压力强度，kN/m²；

v_c——水流速度平均值，m/s；

g——重力加速度，m/s²；

k——水流体型系数：椭圆形 $k=0.60$，尖端形 $k=0.67$，圆形 $k=0.73$，矩形 $k=1.13$，方形 $k=1.47$；

γ_ω——水的容重，kN/m³。

9）漂浮物撞击荷载

在通航或有木筏等漂浮物的河流上，应考虑船只或漂浮物对桥墩的撞击力。

$$P_f = \frac{\overline{W}v}{gT} \tag{3-2-154}$$

式中 P_f——漂浮物的撞击力，kN；

$\overline{W}$——漂浮物重力，kN；

v——洪水表面速度，m/s；

g——重力加速度，m/s²；

T——撞击时间，s，根据实际资料估计，无实际资料时，一般采用 1s。

10）地震荷载

位于地震基本烈度七度及七度以上地区的管桥，应进行抗震强度和稳定性验算。作用在管桥上的地震力可按式（3-2-155）计算：

$$P_e = k_1 q \tag{3-2-155}$$

式中 P_e——地震力，kN；

q——结构物自重，kN；

k_1——地震力系数，见表 3-2-46。

表 3-2-46 地震系数

地震烈度	7	8	9
破坏现象	墙壁裂缝	烟囱倾倒	房屋倒塌
k_1	0.1	0.2	0.3

11）冰凌压力

对位于有冰凌的河流中的墩台，应根据冰凌的具体条件和墩台的结构形式，考虑流冰产生的动压力、冰堆整体推移的静压力、冰层受温度影响膨胀时的静压力、风和水流作用于大面积冰层产生的静压力等。

4. 荷载组合

在设计管桥结构时，应根据荷载同时作用在结构上的可能性进行组合，并取其最不利条件进行设计。

1）上部结构荷载组合

（1）主要组合。结构物及附件自重、输送介质重、输送介质的设计压力、温度应力以及静止流体由于受热膨胀而增加的压力、风荷载、冰雪荷载及人群荷载。

（2）附加组合。施工阶段：结构物及附件自重、施工临时荷载；检修阶段：结构物及附件自重、检修活载、输送介质重及输送介质的设计压力、温度变化荷载。风荷载需根据具体情况进行组合；清管阶段：结构物及附件自重，清管活荷载；试水阶段：结构物及附件自重、温度变化荷载、试压荷载。

（3）特殊组合。结构物及附件自重、输送介质重及设计压力、温度变化荷载加地震荷载，或由于地基沉降引起的附加荷载。

2）下部结构荷载组合

（1）主要组合。上部结构主要组合传下来的荷载、下部结构自重、土重及土压力、水浮力、流水压力。

（2）附加组合。上部结构附加组合传下来的力、下部结构自重、土重及土压力、水浮力、流水压力及施工临时荷载；上部结构主要组合传下来的荷载、下部结构自重、土重及土压力、支座摩阻力、风荷载、水浮力、流水压力、冰压力、船只或漂浮物撞击力（当与冰压力不同时考虑）。

（3）特殊组合。上部结构特殊组合传下来的荷载、下部结构自重、土重及土压力、水浮力、流水压力加上地震荷载，或由于地基沉降引起的附加荷载。

（二）许用应力的确定

1. 输油钢管的许用应力

钢管的许用应力按式（3-2-156）计算：

$$[\sigma] = F\phi\sigma_s \tag{3-2-156}$$

式中 $[\sigma]$——钢管的许用应力，MPa；

F——设计系数，取0.6；

ϕ——焊缝系数，按表3-2-8取值；

σ_s——钢管的最低屈服强度，MPa，按表3-2-8取值。

2. 各种钢材的许用应力

各种钢材的许用应力详见表3-2-47。

表 3-2-47 钢材许用应力

应力种类	钢号					
	Q235	16Mn	ZG25	ZG35	ZG45	45 号钢
轴向许用应力 [σ] /MPa	134	196				
弯曲许用应力 [σ_{ω}] /MPa	141	206	132	152	177	
许用剪应力 [τ] /MPa	83	118	78	88	98	123
端部许用承压应力/MPa	206	294				
紧密接触局部许用承压应力/MPa			64	74	84	
自由接触径向许用承压应力/MPa			49	59	69	
节点销子的孔壁许用承压应力/MPa	206	294				
节点销子的许用弯曲应力/MPa	226	333				353

注：1 表列自由接触的径向许用承压应力，系用于铸件制成的支座；

2 在验算紧密接触的局部承压应力和自由接触的径向承压应力时，其面积取枢轴或滚轴的直径与其长度的乘积；

3 节点销子的孔壁许用承压应力，系指被连接件钢材的孔壁承压应力，节点销子的许用弯曲应力，仅适用于被连接构件之间只有极小缝隙的情况；

4 作承重结构用的钢管（不包括输油钢管），其轴向许用应力、弯曲许用应力及许用剪应力按本表采用。

3. 钢筋的许用应力

钢筋的许用应力详见表 3-2-48。

表 3-2-48 钢筋许用应力

钢筋等级	许用应力/MPa
Ⅰ级筋（3 号钢）	135
Ⅱ级筋（16 锰、16 硅钛、15 硅矾）	185
5 号钢筋	180

4. 许用应力提高系数

跨越结构材料的许用应力，应根据不同的荷载组合情况乘以相应的提高系数，详见表 3-2-49。

表 3-2-49 许用应力提高系数

荷载组合	提高系数
主要组合	1.0
附加组合	1.3
特殊组合	1.5

注：1 表中许用应力提高系数只适用于永久性建筑物；

2 销栓的弯曲许用应力在任何荷载组合作用下，均不得提高；

3 混凝土的许用主拉应力提高系数：附加组合为 1.2，特殊组合为 1.3。

（三）应力验算内容

跨越结构的上部结构计算通常按五种工况进行核算：

（1）第一种工况：输油运行情况；

（2）第二种工况：施工安装情况；

（3）第三种工况：工程检修或清管情况；

（4）第四种工况：试水投运情况；

（5）第五种工况：在地震设计烈度大于或等于七度以上地区进行抗震计算。

对于上述五种工况分别进行强度验算及稳定性验算。

1. 强度验算

1）法向应力

（1）中心受拉：

$$\frac{N}{A} \leqslant [\sigma] \tag{3-2-157}$$

（2）在一个平面内受弯曲：

$$\frac{M}{W} \leqslant [\sigma_b] \tag{3-2-158}$$

（3）受拉或受压，并在一个主平面内受弯曲或与此相当的偏心受压及偏心受拉：

$$\frac{N}{A} + \frac{M}{W} \leqslant [\sigma] \text{ 或} [\sigma_b] \tag{3-2-159}$$

（4）受斜弯曲：

$$\frac{M_x}{W_x} + \frac{M_y}{W_y} \leqslant c[\sigma_b] \tag{3-2-160}$$

（5）受压或受拉并受斜弯曲，或与此相当的偏心受压及偏心受拉：

$$\frac{N}{A} \pm \left(\frac{M_x}{W_x} + \frac{M_y}{W_y}\right)\frac{1}{c} \leqslant [\sigma] \text{ 或} [\sigma_b] \tag{3-2-161}$$

2）剪应力受弯曲

$$\tau_{max} = \frac{QS}{I\delta} \leqslant c'[\tau]$$

或

$$\tau_{max} = 2\frac{Q}{A} \leqslant c'[\tau] \text{（圆环梁）} \tag{3-2-162}$$

3）折算应力

（1）受弯曲：

$$\sqrt{\sigma^2 + 3\tau^2} \leqslant 1.1[\sigma] \text{ 或 } 1.1[\sigma_b] \tag{3-2-163}$$

（2）受压或受拉并受弯曲：

$$\sqrt{\sigma_h^2 + \sigma_a^2 - \sigma_h\sigma_a} \leqslant 1.1[\sigma] \tag{3-2-164}$$

式中 N、M、Q——验算截面的轴向力、弯矩和剪力，MN；

A——验算截面的计算面积，受拉构件为净截面积，受压构件为毛截面积，m^2；

CHAPTER THREE 第三编 原油长输管道设计

W、W_x、W_y——验算截面处对主轴的计算截面系数，m^3；

S——中性轴以上毛截面对中心轴的静面矩，m^3；

I——毛截面惯性矩，m^4；

σ——验算截面处按净截面计算的法向应力，MPa；

τ_{max}、τ——验算截面的最大剪应力和实际剪应力，MPa；

$[\sigma]$、$[\sigma_b]$、$[\tau]$——钢材的许用轴向应力、许用弯曲应力和许用剪应力，MPa；

δ——验算截面处板的厚度，m；

c——斜弯曲作用下许用弯曲应力的提高系数，$c = 1 + 0.3\dfrac{\sigma_{b1}}{\sigma_{b2}} \leqslant 1.15$；

σ_{b1}、σ_{b2}——验算截面上由于作用在两个相互垂直平面的弯矩所产生较小和较大的应力，MPa；

σ、σ_a——薄壁钢管的环向应力与轴向应力，MPa；

c'——许用剪应力提高系数；由于剪应力分布不均匀，许用剪应力提高系数：当$\dfrac{\tau_{max}}{\bar{\tau}} \leqslant 1.25$时，$c' = 1.0$；当$\dfrac{\tau_{max}}{\bar{\tau}} = 1.5$时，$c' = 1.25$；其余用直线内插求得；

$\bar{\tau}$——假定全部剪应力传给截面的平均剪应力，MPa。

2. 稳定性验算

（1）中心受压构件：

$$\frac{N}{A} \leqslant \phi[\sigma] \tag{3-2-165}$$

（2）受压并在一个主平面内受弯曲，或与此相当的偏心受压：

$$\frac{N}{A} \leqslant \phi_p[\sigma] \tag{3-2-166}$$

式中　ϕ、ϕ_p——纵向弯曲系数。

其他符号意义同前。

三、梁式管桥设计

梁式跨越按其结构可分为：普通梁式管桥、轻型托架式管桥及桁架式管桥等。

（一）普通梁式管桥设计

普通梁式管桥就是采用输油管本身作为承重梁的单跨或多跨连续梁的跨越结构形式。一般可分为无补偿梁式跨越和带悬臂补偿梁式跨越两种。

1. 无补偿梁式跨越

这种跨越结构如图 3-2-35 所示，一般为一跨到三跨，利用管子本身的强度来承受温度变形与应力，中间支座一般采用混凝土灌注桩；端支座可根据土质情况，当土质条件好时也可以不设。

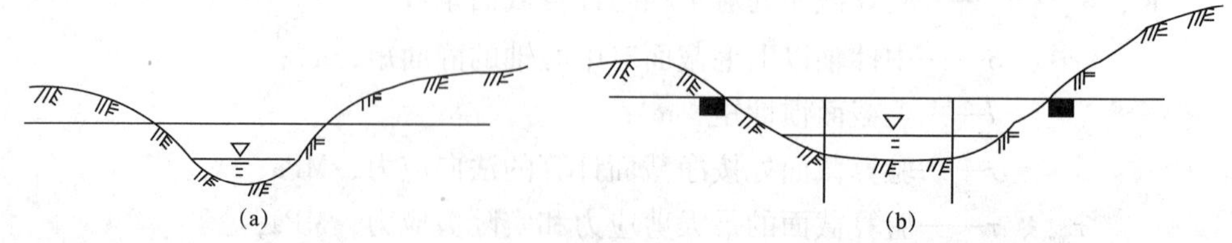

图 3-2-35 无补偿梁式跨越

1）管道的最大允许跨度

管道的跨度不仅与管材的强度有关，而且还取决于管子的截面刚度、外荷载大小等因素，通常管道的跨越可按强度和刚度两个条件确定，但输油管道的跨度可只按强度条件决定，并按式（3-2-167）计算：

$$L = \frac{\sqrt{[\sigma_\omega]W\phi}}{q} \tag{3-2-167}$$

$$q = q_z + q_\omega + q_y \tag{3-2-168}$$

式中 L——管道的最大允许跨度，m；

W——管子的截面系数，m^3；

q——作用在管道上的垂直荷载，MN/m；

ϕ——弯矩系数；

q_z——管子自重，MN/m；

q_ω——管子的保温层重，MN/m；

q_y——管道内输送的液体重，MN/m；

$[\sigma_\omega]$——允许外载弯曲应力，MPa，为允许轴向应力扣去温度应力并按升温或降温计入内压产生的轴向应力的影响。

其他符号意义同前。

2）管道强度计算

管道的强度核算需根据不同的荷载工况及相应的荷载组合进行。其计算应力不得大于乘以不同相应提高系数后的许用应力。例如：在输油运行阶段，应采用主要荷载组合计算，许用应力乘以 1.0 的提高系数。在施工安装阶段，应采用附加荷载组合进行核算，许用应力乘以 1.3 的提高系数。抗震设计应采用特殊荷载组合，许用应力乘以 1.5 的提高系数。主要计算内容如下：

（1）由内压引起的环向应力：

$$\sigma_h = \frac{Pd}{2\delta} \tag{3-2-169}$$

式中 P——管子的设计内压，MPa；

δ——管子壁厚，m。

其他符号意义同前。

（2）管道的纵向应力：

①由内压引起的轴向拉应力：

$$\sigma_p = 0.5\sigma_h \qquad (3-2-170)$$

式中 σ_p——由内压引起的轴向应力，MPa。

②由垂直荷载引起的弯曲应力：

$$\sigma_q = \frac{M_{max}}{W} \qquad (3-2-171)$$

式中 σ_q——由垂直荷载引起的弯曲应力，MPa；

M_{max}——由垂直荷载产生的最大弯矩，MN·m；

W——管子截面系数，m^3。

③管道的运行温度与安装温度之差产生的轴向应力：

$$\sigma_t = \alpha E \Delta t \qquad (3-2-172)$$

式中 σ_t——由温差产生的温度应力，MPa；

α——管材的线膨胀系数，m/（m·℃），取 1.2×10^{-5}m/（m·℃）；

E——钢管的弹性模量，MPa；

Δt——安装温度与运行温度之差,℃。

（3）管道的折算应力应满足下列条件：

$$\sqrt{\sigma_h^2 + \sigma_a^2 - \sigma_h\sigma_a} \leqslant 1.1[\sigma] \qquad (3-2-173)$$

式中 $[\sigma]$——管子的许用应力，MPa；

σ_a——管道的轴向应力（拉应力为正，压应力为负），MPa，$\sigma_a = \sigma_p + \sigma_q + \sigma_t$。

其他符号意义同前。

2. 带悬臂补偿梁式跨越

当温差较大时，温度应力在强度计算中占有很大比重。为了充分利用管子作为承载构件，减小梁式跨越的中间支座，可以采用带悬臂补偿的梁式跨越，如图 3-2-36 所示。

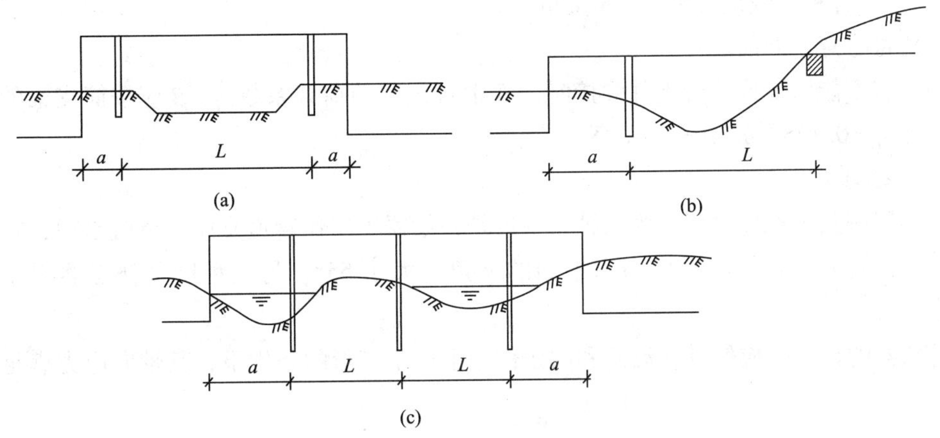

图 3-2-36 带悬臂补偿梁式跨越

补偿器可以设计成“门”型，如图3-2-36（a）和图3-2-36（c）所示，也可设计成“Γ”型，如图3-2-36（b）所示。补偿器放置在水平位置或和垂直面的夹角大于35°的位置，这样可按不承受垂直荷载计。安装门型补偿器的多跨系统，中间需要有固定支座，如果中间还有补偿器，则需在各补偿器之间布置固定支座。单跨双悬臂跨越的悬臂端跨长可由均布荷载作用下跨中和支座上梁的力矩相等的条件求得。这时，悬臂长度为$a=0.354L$。多跨悬臂系统悬臂长度为$a=0.408L$，L为支座间距。

当悬臂上除了均布荷载外，尚有补偿器臂长在两端作用的集中力时，悬臂长度需按式（3-2-174）和式（3-2-175）计算：

单跨双悬臂系统：

$$a = 0.5L_K + \sqrt{0.25L_K^2 + 0.125L^2} \tag{3-2-174}$$

多跨双悬臂系统：

$$a = 0.5L_K + \sqrt{0.25L_K^2 + 0.161L^2} \tag{3-2-175}$$

式中 L_K——补偿器臂长，m；

L——跨距，m。

最大允许跨度和挠度可按式（3-2-176）和式（3-2-177）计算：

$$L = \sqrt{\frac{W([\sigma] - 0.5\sigma_h)}{\eta}} \tag{3-2-176}$$

$$F = \frac{\beta L^4}{EJ} \tag{3-2-177}$$

式中 L——最大允许跨度，m；

F——最大允许挠度，m；

J——管子的截面惯性矩，m^4；

η、β——荷载系数，单跨：$\eta=0.0625\sum q$，$\beta=0.0052\sum q$，多跨：$\eta=0.083\sum q$，$\beta=0.0026\sum q$；

$\sum q$——各种荷载组合之和，MN/m。

其他符号意义同前。

当安装不能保证连续梁条件焊接时，其中自重项的荷载系数η、β应按简支梁的荷载考虑，即$\eta=0.125\sum q$，$\beta=0.013\sum q$。

3. 补偿计算

补偿器按其工作性质可分为两种：一种是补偿器不用作管道支座，也就是说，补偿器放在水平位置或者补偿器平面与水平面的夹角不大于55°；另一种则是补偿器用作管道支座。

补偿器的计算，应使其在温差和内压作用下产生变形的条件下，其轴向应力满足下列条件：

$$\sigma_a \leqslant [\sigma]$$

管道在温差和内压作用下产生的变形由式（3-2-178）计算：

$$\Delta t + p = \alpha L \Delta t + \frac{0.2PL}{E}\left(\frac{D}{2\delta} - 1\right) \qquad (3-2-178)$$

式中 L——管道补偿部分的长度，m；

$\Delta t + p$——在温差和内压作用下的变形量，m。

其他符号意义同前。

1）补偿器的补偿应力

（1）当补偿器不同时用作支座时，由垂直荷载和风荷载引起的弯曲应力可不考虑。因此，

$$\sigma_{ab} = [\sigma] - 0.5\sigma_h \qquad (3-2-179)$$

式中 σ_{ab}——轴向补偿应力，MPa。

其他符号意义同前。

（2）当补偿器同时用作支座时，应考虑垂直荷载和风荷载引起的弯曲应力，这时补偿应力为：

$$\sigma_{ab} = [\sigma] - 0.5\sigma_h - \sigma_\omega \qquad (3-2-180)$$

式中 σ_ω——由垂直荷载和风荷载引起的弯曲应力，MPa。

其他符号意义同前。

（3）如边跨长度为 a，中间跨长为 L，当边支座的转角为零，即边支座没有弯矩时，则三跨时：$a = 0.53L$；四跨时：$a = 0.5L$；五跨及五跨以上时：$a = 0.51L$。

此时，补偿应力应按式（3－2－181）计算：

$$\sigma_{ab} = [\sigma] - 0.55\sigma_h \qquad (3-2-181)$$

2）补偿器的允许变形量

（1）Γ 型补偿器：

①带一个弯头的 Γ 型补偿器［见图 3－2－37（a）］允许变形量按式（3－2－182）计算：

$$\Delta = \frac{0.67\sigma_{ab}L^2}{ED} \qquad (3-2-182)$$

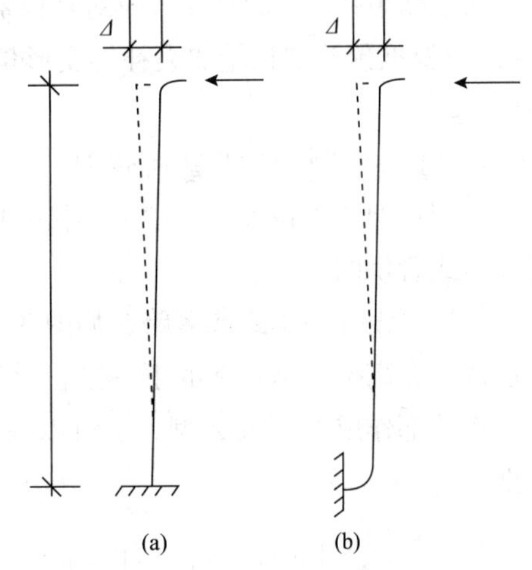

图 3－2－37 Γ 型补偿器

②带两个弯头的 Γ 型补偿器［见图 3－2－37（b）］允许变形量按式（3－2－183）计算：

$$\Delta = \sigma_{ab}\frac{\frac{1}{k}(3.14RL^2 - 2.28R^2L + 1.4R^3) + 0.67L^3 - 2RL^2 + 2R^2L - 1.33R^3}{EDL\beta} \qquad (3-2-183)$$

第三编 CHAPTER THREE 原油长输管道设计

（2）门型补偿器：

$$\Delta = 2\sigma_{ab}\frac{\frac{1}{k}(3.14RL^2-2.28R^2L+1.4R^3)+0.67L^3+L_1L^2-4RL^2+2R^2L-1.33R^3}{EDL\beta} \tag{3-2-184}$$

式中　k——弯头减刚系数，如采用圆弯头，$k=\frac{\lambda}{1.65}$；

β——弯头应力增强系数，$\beta=0.9\lambda$；

λ——弯管特性系数，$\lambda=\frac{\delta R}{r^2}$；

R——弯管曲率半径，m；

r——弯管横截面半径，m；

L——补偿器长，m；

L_1——门型补偿器的宽度，m。

其他符号意义同前。

为了缩小补偿器的尺寸，应对补偿器采取预拉伸，此时，式（3-2-183）和式（3-2-184）应根据预拉伸长量加大补偿变形量。如预拉伸长量为1/2Δ，则以上两式求得的Δ应乘以2。

（二）轻型托架式管桥设计

轻型托架式管桥即在管道上焊接一些拉筋和支柱组合成三角形截面的加强梁，以此来增大梁式管桥的跨度。

托架可设计为单跨或多跨，如图3-2-38（a）所示。单跨托架可不设置专门的温度补偿器，在高架支座相邻的下一段管道作成Γ型或Z型用以补偿温差产生的变形。多跨托架可在端部作成Γ型或Z型，也可以在中间支座作成专门的门型补偿器，以消除温度产生的推力。

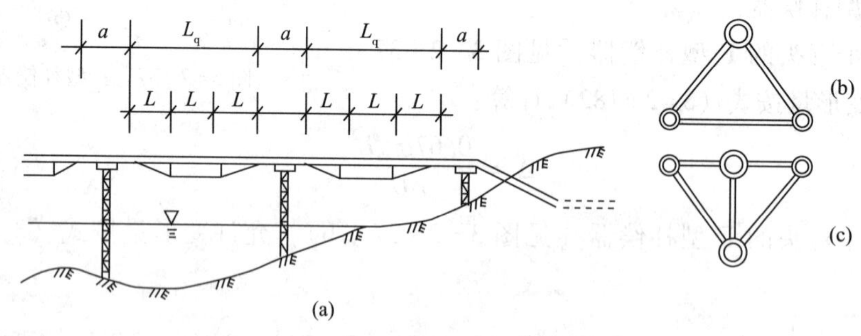

图3-2-38　轻型托架式管桥

为增强托架的横向刚度，可设置两片托撑［见图3-2-38（b）］；当风荷载较大且要求横向刚度较强时，可采用三片托撑［见图3-2-38（c）］。

三角撑采用钢管或角钢，拉索可采用钢丝绳、圆钢或角钢，全部节点采用焊接（见图

3-2-39)。当托架跨度较大时，拉索宜用钢丝绳，常用6×7+IWS、6×19S+IWR规格的钢丝绳，钢丝安全系数取3.0。钢丝绳破断拉力的换算系数采用0.85。为了减小托架挠度，拉索应施加预应力。托架高度一般采用跨度的1/20~1/15。

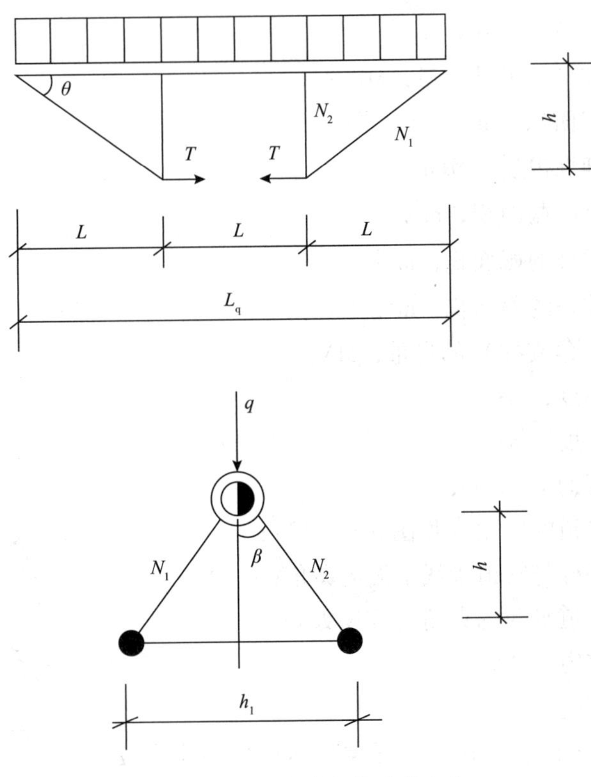

图3-2-39 拉索与管道的夹角

1. 托架式管桥的内力计算

(1) 在垂直荷载、温度变化和输送介质内压作用下，托架拉索的拉力按式(3-2-185)计算：

$$T = \frac{1.1qhL^3 - 0.6B\alpha EJ\Delta t + \frac{9JLPd}{20\delta} + P_{ch}hL^2}{h^2L + 0.6AJ}$$

其中，$A = \frac{LE}{E_1F_1\cos^3\theta}\frac{1}{\cos^3\varphi} + \frac{LE}{2E_1F_1} + \frac{h^3}{L^2F_2}\frac{1}{\cos^3\beta} + \frac{3L}{F} + \frac{h_1\tan^2\varphi}{2F_3\cos^2\theta}$

$$B = \frac{2L}{\cos^2\theta}\frac{1}{\cos^2\varphi} - \frac{2h^2}{L}\frac{1}{\cos^2\beta} + L - \frac{\tan\varphi}{\cos\theta}h_1$$

$$\cos\theta = \frac{L}{\sqrt{L^2 + h^2}}$$

$$\cos\beta = \frac{h}{\sqrt{h^2 + (\frac{h_1}{2})^2}}$$

第三编 CHAPTER THREE 原油长输管道设计

$$\cos\varphi = \frac{\frac{L}{\cos\alpha}}{\sqrt{(\frac{L}{\cos\alpha})^2 + (\frac{h_1}{2})^2}} \tag{3-2-185}$$

式中 q——垂直均布荷载，MN/m；
E——管子及撑杆的弹性模量，MPa；
F——管子的截面积，m^2；
E_1——拉索的弹性模量，MPa；
F_1——一根拉索的截面积，m^2；
F_2——一根斜腹杆的截面积，m^2；
F_3——一根横撑杆的截面积，m^2；
P_{ch}——托架（三角支撑）的自重，MN；
h——托架的高度，m；
h_1——托架的宽度，m；
L——托架长度的1/3，m；
θ——拉索与管道的夹角（见图3-2-39）；
β——三角撑斜杆与管道轴线平面的夹角；
φ——拉索与管道平面的夹角（支座处）；
T——拉索的拉力，MN。

其他符号意义同前。

（2）在水平均布风荷载作用下，托架拉索产生的拉力按式（3-2-186）计算(见图3-2-40)：

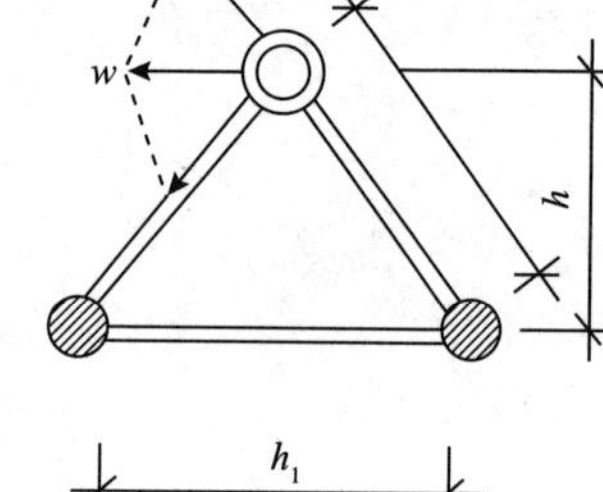

图3-2-40 风载分解示意图

$$T_{\omega} = \frac{1.1q_f hL^3}{h^2L + 0.6A_{w}J}$$

$$A_{\omega} = \frac{2LE}{E_1F_1\cos^3\theta}\frac{1}{\cos^3\varphi} + \frac{L}{E_1}\frac{E}{F_1} + \frac{3L}{F} + \frac{h^3}{F_2L^2\cos^3\beta} \tag{3-2-186}$$

式中 T_{ω}——风荷载作用下托架拉索的拉力，MN；
q_f——单根管子的计算风载，MN/m，按公式（3-2-187）计算。

其他符号意义同前。

（3）托架和支座间单根拉索的拉力按式（3-2-187）计算：

$$N_1 = \frac{T + T_{\omega}}{2\cos\theta\cos\varphi} \tag{3-2-187}$$

式中 N_1——托架和支座间单根拉索的拉力，MN。

其他符号意义同前。

（4）托架的一根斜撑的压力按式（3-2-188）计算：

$$N_2 = \frac{(T + T_{\omega})\tan\theta}{2\cos\beta} \tag{3-2-188}$$

式中　N_2——一根斜撑的压力，MN。

其他符号意义同前。

（5）在管道中产生的轴向力、弯曲力矩和剪力：

$$N = T + T_{\omega} \tag{3-2-189}$$

$$M_x = M_{x0} - Th \tag{3-2-190}$$

$$M_y = M_{y0} - T_{\omega} h/2 \tag{3-2-191}$$

$$Q_x = Q_{x0} - T_{\omega}\tan\theta \tag{3-2-192}$$

$$Q_y = Q_{y0} - T_{\omega}\tan\varphi \tag{3-2-193}$$

式中　N——管道中的轴向力，MN；

M_x——管道跨中的垂直弯矩，MN·m；

M_y——管道跨中的水平弯矩，MN·m；

M_{x0}、M_{y0}——垂直荷载和水平风载作用下，在垂直和水平方向形成的跨中弯矩（跨度为 $L_q = 3L$），MN·m；

Q_x——管道在三角撑处的垂直剪力，MN；

Q_y——管道在三角撑处的水平剪力，MN；

Q_{x0}、Q_{y0}——跨度 $L_q = 3L$ 的简支梁在垂直和水平风载作用下，在三角撑处的剪力。

其他符号意义同前。

2. 托架式管桥管道的稳定验算

（1）如果中间支座是绝对柔性的，如图 3-2-41（a）所示，管道的临界压力按式(3-2-194)计算：

$$N_{cr} = \frac{\pi EJ}{9L^2} \tag{3-2-194}$$

式中　N_{cr}——管道的临界压力，MN。

其他符号意义同前。

（2）如果中间支座是绝对刚性的，如图 3-2-41（b）所示，管道的临界压力按式(3-2-194)计算：

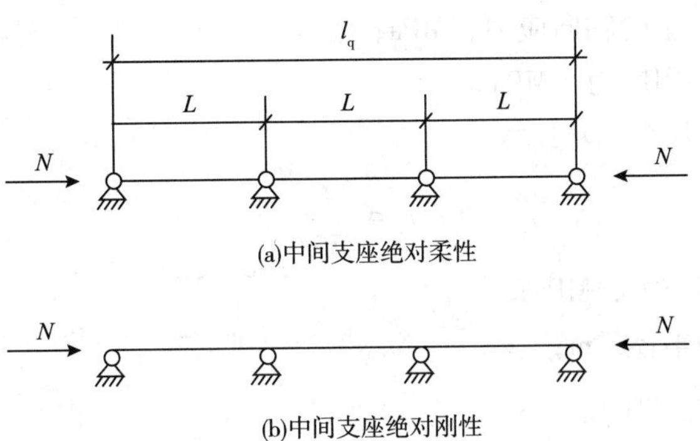

图 3-2-41　管路受压计算示意图

3. 托架式管桥的强度验算

1）拉索的强度验算

$$\frac{N_1}{F_1} \leqslant [\sigma] \tag{3-2-195}$$

式中 N_1——一根拉索的总拉力，MN；

F_1——拉索的净截面面积，m^2；

$[\sigma]$——拉索的许用应力，MPa。

若采用钢丝绳时：

$$[\sigma] = \frac{\text{换算系数}(0.86) \times \text{钢丝绳破断拉力}}{\text{钢丝绳安全系数}(3.0)} \tag{3-2-196}$$

2）三角撑杆的强度验算

$$\frac{N_2}{\phi F_2} \leqslant [\sigma] \tag{3-2-197}$$

式中 N_2——一根撑杆总的轴向压力，MN；

F_2——一根撑杆的截面面积，m^2；

ϕ——根据撑杆最大长细比决定的稳定系数；

$[\sigma]$——撑杆材料的许用应力，MPa。

3）管道的强度验算

（1）使用时的轴向力：

$$\sigma_2 = -\frac{N}{\phi_p F} - \frac{0.9M_x}{W_x} + \sigma_{pz} \leqslant [\sigma] \tag{3-2-198}$$

式中 N——管子的总轴向力，MN；

F——管子的截面面积，m^2；

ϕ_p——考虑 N 和 M_y 作用的实腹式构件在弯矩平面内的稳定系数，根据 λ_y 和 ε_y（$\varepsilon_y = \frac{M_y}{N} \cdot \frac{F}{W_y}$）；

W_x、W_y——管子截面对立轴的截面系数，m^3；

σ_{pz}——由内压产生的轴向应力，MPa；

$[\sigma]$——钢管的许用应力，MPa。

（2）管道的剪应力：

$$\tau = \frac{Q}{\pi r_0 \delta} \tag{3-2-199}$$

式中 τ——管道的剪应力，MPa；

r_0——管子平均半径，m；

δ——管子壁厚，m；

Q——管子的组合剪力，MN，$Q = \sqrt{Q_x^2 + Q_y^2}$。

（3）管道在内压作用下的环向应力 σ_1 按式（3-2-57）计算。

（4）管道在上述应力作用下的折算应力：

$$\sigma_{zh} = \sqrt{\sigma_1^2 + \sigma_2^2 - \sigma_1\sigma_2 + 3\tau^2} \leqslant 1.1\ [\sigma] \tag{3-2-200}$$

式中　σ_{zh}——管道的折算应力，MPa；

σ_1、σ_2——管道的环向应力和轴向应力，MPa；

$[\sigma]$——钢管的许用应力，MPa。

4）托架的挠度计算

挠度可按材料力学分别求得均布荷载、托架自重和拉索拉力对管道产生的最大跨中弯矩，然后叠加而得，其计算公式如下：

$$F = \frac{5qL^4}{384EJ} + \frac{23P_{ch}L^3}{648EJ} - \frac{69TL^2h}{648EJ} \tag{3-2-201}$$

式中　F——托架结构管子在跨中的挠度，m。

其他符号意义同前。

如果 $F/L \leqslant 1/200$，则满足要求，而当挠度很大时，拉索可施加预应力。

以上计算是以主要荷载组合列出的计算内容，其余可能发生的工况组合可依此内容分别进行计算。

四、拱形管桥设计

（一）拱形管桥的基本体系

拱形管桥是将管子本身作成拱形，充分利用管子本身的强度，来跨越人工或自然障碍。管拱主要承受轴向压力，而弯矩比同样条件下的梁式跨越小得多，因此，在同样管径条件下，管拱跨越比梁式跨越的跨度要大得多。且拱形管桥结构简单，节省钢材，施工方便，造价经济，是管道跨越结构中较理想的体系之一，适合于跨越中、小型自然障碍物或人工障碍物。

拱式管桥主要有两种形式：圆弧拱和抛物线拱。从受力情况来分析，抛物线拱较好，可用于较大的跨度。但由于其制造不方便，因此多采用等截面圆弧无铰拱。对于圆弧拱，当管径较大时，把管子冷弯成圆弧形，分段组装。管拱可以采用单管，当跨度较大时，为了增加侧向稳定性，也可以采用两条或两条以上的管子组成的组合拱或桁架拱。拱管两端设置支墩或垫板，若设垫板支撑则要考虑侧向支撑防止侧倾。

在桁架拱中，辅助管的直径、壁厚和与主管之间的距离 h，应根据荷载和侧向稳定计算来确定，一般情况下，辅助管的直径可采用 1/4 ~ 1/2 主管直径。辅助管与主管之间的距离 h 可采用跨度的 1/20 ~ 1/15，如图 3-2-42 所示。

为了加强管拱的侧向稳定性，也可在跨度 1/4 ~ 1/3 处加斜撑杆或斜拉绳。

设计拱形管桥首先要确定合理的矢跨比，然后再进行强度计算。应根据管子自重、风载、温度变化、地形条件、地质情况、材料用量、净空要求、跨度大小、施工难易程度等因素进行综合考虑，选用合理的矢跨比。由于矢跨比小，跨度越大则下挠量越大，且荷载应力和温度应力也较大。从式$\frac{H_g}{V_g} = \frac{1-4\ (f/L)^2}{4\ (f/L)}$的关系来看（$\frac{H_g}{V_g}$为水平反力与垂直反力之

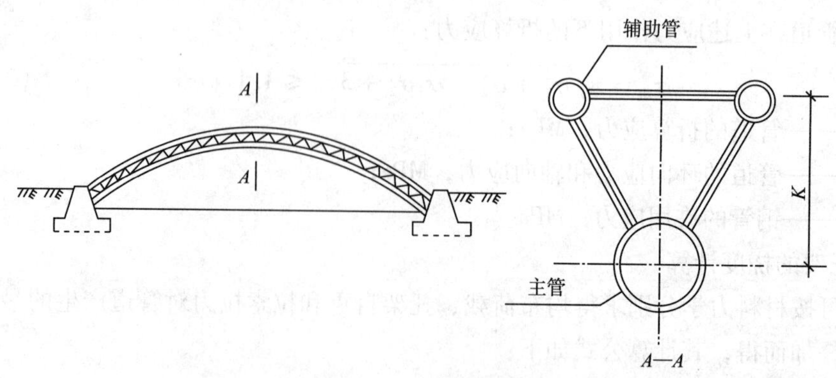

图 3-2-42　桁架拱桥

比），当$\frac{f}{L}=\frac{1}{4}$时，$\frac{H_g}{V_g}=0.75$；而当$\frac{f}{L}=\frac{1}{10}$时，$\frac{H_g}{V_g}=2.4$。由此可以看出，矢跨比减小后，支座水平推力H_g的增加要比垂直反力的减小迅速得多。所以，矢跨比不宜太小，以不小于$\frac{1}{10}$为宜。一般来讲，自重及风载较大时，以采用较小的矢跨比为宜，而温差较大时，以采用较大的矢跨比为宜，以利于管拱的稳定和温度变形。但矢跨比大，则材料用量多，吊装不方便。从拱的纵向稳定考虑，拱过缓或过陡都是不利的。

（二）圆弧拱拱形管桥的设计与计算

1. 几何尺寸拟定

圆弧拱的几何尺寸按式（3-2-202）计算（见图 3-2-43）：

$$R=\frac{1}{2}\left(\frac{L}{45}+\frac{f}{L}\right)L \tag{3-2-202}$$

$$\varphi_0=\sin^{-1}\left(\frac{L}{2R}\right) \tag{3-2-203}$$

$$\varphi=2\varphi_0 R \tag{3-2-204}$$

式中　R——圆弧拱的半径，m；

φ——圆弧拱的半圆心角，rad；

L——管拱的跨度，m；

f——管拱的矢高，m；

$\frac{f}{L}$——拱的矢跨比，该值变化幅度较大，需根据具体情况而定，一般在 1/12～1/4 范围内采用，最好选用 1/10～1/7。

圆弧拱形管道常用矢跨比的几何参数见表 3-2-50。

表 3-2-50　拱形管道常用矢跨几何参数

几何参数 \ 矢跨比（f/L）	1/4	1/5	1/6	1/7	1/8	1/9	1/10	1/11	1/12	乘　数
圆弧半径（R）	0.62500	0.72500	0.83333	0.94643	1.06250	1.18055	1.30000	1.42045	1.54167	L

续表

几何参数 \ 矢跨比（f/L）	1/4	1/5	1/6	1/7	1/8	1/9	1/10	1/11	1/12	乘 数
弧长（S）	1.85459	1.52202	1.28707	1.11320	0.97991	0.87468	0.78958	0.71941	0.66059	R
半圆心角（φ_0）	53°7′48″	43°36′10″	36°52′12″	31°6′33″	28°4′21″	25°3′28″	22°37′12″	20°36′35″	18°55′29″	
φ_0 弧度值	0.92730	0.76101	0.64350	0.55660	0.48996	0.43734	0.39479	0.35970	0.33030	
$\sin\varphi_0$	0.80000	0.68966	0.60000	0.52830	0.47059	0.42353	0.38462	0.35200	0.32432	
$\cos\varphi_0$	0.60000	0.72414	0.80000	0.84906	0.88235	0.90588	0.92308	0.93600	0.94395	
换算长度系数（β）	1.06968	0.83758	0.68907	0.58580	0.50975	0.45135	0.40506	0.36746	0.33629	

2. 计算假定及管拱所承受的荷载

1）计算假定

假设拱是不可压缩的，即将受压后产生的拱的纵向变形忽略不计。

2）承受的荷载

（1）垂直荷载：包括管拱自重、输送介质重；

（2）水平荷载：风荷载；

（3）温度荷载：温度变化所产生的内力；

（4）内压：输送介质的工作压力所产生的内力；

（5）特殊荷载：地震力、洪水冲击等。

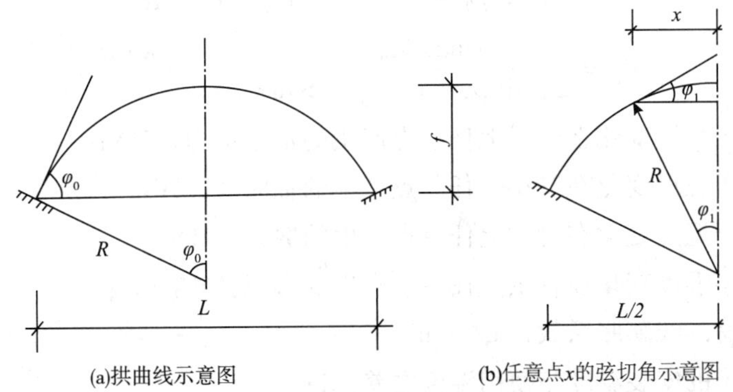

图 3-2-43 圆弧拱几何参数

（三）拱的内力计算

（1）自重（包括管内输送介质的重力）q 在管拱上引起的内力（见图 3-2-44）：

$$H_q = \left(\frac{3\sin\varphi_0/\varphi_0 - 3\cos\varphi_0 - \varphi_0\sin\varphi_0}{\varphi_0/\sin\varphi_0 + \cos\varphi_0 - 2\sin\varphi_0/\varphi_0} - \frac{1}{2}\right)qR \tag{3-2-205}$$

$$N_q = \left[\left(\frac{3\sin\varphi_0/\varphi_0 - 3\cos\varphi_0 - \varphi_0\sin\varphi_0}{\varphi_0/\sin\varphi_0 + \cos\varphi_0 - 2\sin\varphi_0/\varphi_0} - \frac{1}{2}\right)\cos\varphi + \varphi\sin\varphi\right]qR \tag{3-2-206}$$

$$Q_q = \left[\varphi\cos\varphi - \left(\frac{3\sin\varphi_0/\varphi_0 - 3\cos\varphi_0 - \varphi_0\sin\varphi_0}{\varphi_0/\sin\varphi_0 + \cos\varphi_0 - 2\sin\varphi_0/\varphi_0} - \frac{1}{2}\right)\varphi\sin\varphi\right]qR \tag{3-2-207}$$

$$M_q=\left[\left(\frac{3\sin\varphi_0/\varphi_0-3\cos\varphi_0-\varphi_0\sin\varphi_0}{\varphi_0/\sin\varphi_0+\cos\varphi_0-2\sin\varphi_0/\varphi_0}-\frac{1}{2}\right)\left(\frac{\sin\varphi_0}{\varphi_0}-\cos\varphi\right)-(\varphi\sin\varphi+\cos\varphi-1)+(2\sin\varphi_0/\varphi_0-\cos\varphi_0-1\right]qR^2 \quad (3-2-208)$$

式中 H_q——自重引起的在管拱上任一点的水平推力，MN；

N_q——自重引起的在管拱上任一点的轴向力，MN；

Q_q——自重引起的在管拱上任一点的剪力，MN；

M_q——自重引起的在管拱上任一点的弯矩，MN · m；

φ_0——半圆心角，rad；

q——沿拱轴单位长度的垂直荷载，MN/m；

φ——距拱顶 x 处半径与垂线所夹之圆心角，即弦切角，当 $x=L/2$ 时，$\varphi=\varphi_0$，rad；

R——圆弧拱的半径，m。

（2）温度变化在管拱中产生的内力：

$$H_t=\frac{1}{\varphi_0/\sin\varphi_0+\cos\varphi_0-2\sin\varphi_0/\varphi_0}\frac{2E\alpha J\Delta t}{R} \quad (3-2-209)$$

$$N_t=\frac{\cos\varphi}{\varphi_0/\sin\varphi_0+\cos\varphi_0-2\sin\varphi_0/\varphi_0}\frac{2E\alpha J\Delta t}{R} \quad (3-2-210)$$

$$Q_t=\frac{\sin\varphi}{\varphi_0/\sin\varphi_0+\cos\varphi_0-2\sin\varphi_0/\varphi_0}\frac{2E\alpha J\Delta t}{R^2} \quad (3-2-211)$$

$$M_t=\frac{\sin\varphi_0/\varphi_0-\cos\varphi}{\varphi_0/\sin\varphi_0+\cos\varphi_0-2\sin\varphi_0/\varphi_0}\frac{2E\alpha J\Delta t}{R} \quad (3-2-212)$$

式中 H_t——由于温度变化在管拱上任一点产生的水平推力，MN；

N_t——由于温度变化在管拱上任一点产生的轴向力，MN；

Q_t——由于温度变化在管拱上任一点产生的剪力，MN；

M_t——由于温度变化在管拱上任一点产生的弯矩，MN · m；

α——管材的线膨胀系数，m/（m · ℃）；

Δt——管子的安装温度与使用温度之差，℃；

E——管子的弹性模量，MPa；

J——管子的截面惯性矩，m^4。

其他符号意义同前。

（3）在垂直于拱平面沿拱均匀水平风荷载作用下的拱内力（见图 3-2-45）：

$$Q_t=\varphi q_t R \quad (3-2-213)$$

$$M_f=\left(\frac{18\sin\varphi_0-10\varphi_0\cos\varphi_0}{9\varphi_0-\sin\varphi_0\cos\varphi_0}\cos\varphi-1\right)q_f R^2 \quad (3-2-214)$$

$$M_k=\left(\frac{18\sin\varphi_0-10\varphi_0\cos\varphi_0}{9\varphi_0-\sin\varphi_0\cos\varphi_0}\sin\varphi-\varphi\right)q_f R^2 \quad (3-2-215)$$

CHAPTER THREE 第三编 原油长输管道设计

式中　Q_f——水平风荷载作用下管拱上任一点的剪力，MN；

M_f——水平风荷载作用下管拱上任一点的弯矩，MN·m；

M_k——水平风荷载作用下管拱上任一点的扭矩，MN·m；

q_f——垂直拱平面沿拱均布水平风荷载，MN/m。

其他符号意义同前。

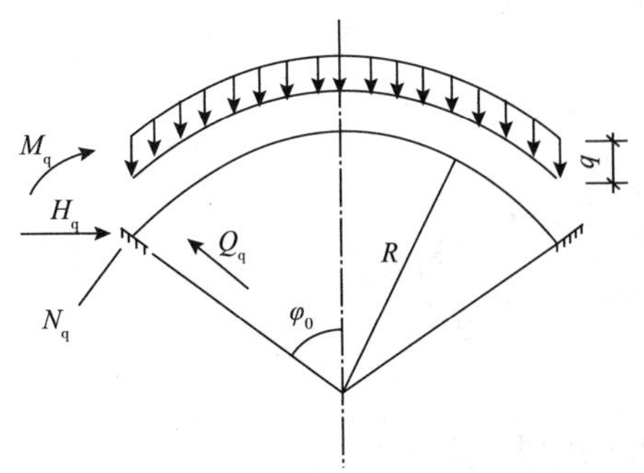

图3-2-44　自重作用下管拱受力计算参数

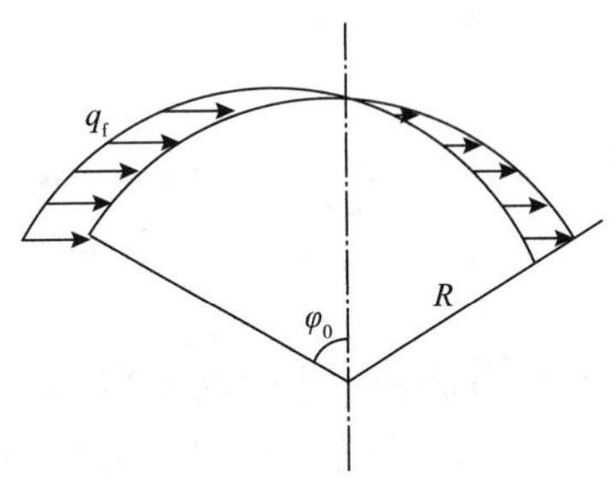

图3-2-45　水平风荷载作用下拱内力计算参数

（4）输送介质工作压力 P 在管拱上引起的内力（见图3-2-46）：

$$N_p = \frac{0.2\cos\varphi}{\varphi_0/\sin\varphi_0 + \cos\varphi_0 - 2\sin\varphi_0/\varphi_0}\frac{PdJ}{R^2\delta} \tag{3-2-216}$$

$$H_p = \frac{0.2}{\varphi_0/\sin\varphi_0 + \cos\varphi_0 - 2\sin\varphi_0/\varphi_0}\frac{PdJ}{R^2\delta} \tag{3-2-217}$$

$$Q_p = \frac{0.2\sin\varphi}{\varphi_0/\sin\varphi_0 + \cos\varphi_0 - 2\sin\varphi_0/\varphi_0}\frac{PdJ}{R^2\delta} \tag{3-2-218}$$

$$M_p = \frac{0.2(\sin\varphi_0/\varphi_0 - \cos\varphi)}{\varphi_0/\sin\varphi_0 + \cos\varphi_0 - 2\sin\varphi_0/\varphi_0}\frac{PdJ}{R^2\delta} \tag{3-2-219}$$

式中　N_p——工作压力在管拱上任一点产生的轴向力，MN；

H_p——工作压力在管拱上任一点产生的水平推力，MN；

Q_p——工作压力在管拱上任一点产生的剪力，MN；

M_p——工作压力在管拱上任一点产生的弯矩，MN·m；

d——管子内直径，m；

δ——管子壁厚，m；

P——输送介质的工作压力，MPa。

其他符号意义同前。

（5）沿拱轴半跨均布荷载 g 作用在管拱上引起的内力（见图3-2-47）：

$$N_g = \left\{\frac{\frac{1}{4}\left[\frac{\sin\varphi}{2\varphi}(\varphi - \sin\varphi\cos\varphi) - \frac{\sin^3\varphi}{3}\right]\cos\varphi}{\frac{1}{2}(\varphi + \sin\varphi\cos\varphi) - \frac{\sin^2\varphi}{\varphi}} + \frac{\left[1 - \cos\varphi - \frac{1-\cos^3\varphi}{3}\right]\sin\varphi}{2(\varphi - \sin\varphi\cos\varphi)}\right\}gR \tag{3-2-220}$$

$$Q_g=\left\{\frac{\left[1-\cos\varphi-\frac{1-\cos^3\varphi}{3}\right]\cos\varphi}{2(\varphi-\sin\varphi\cos\varphi)}-\frac{\frac{1}{4}\left[\frac{\sin\varphi}{2\varphi}(\varphi-\sin\varphi\cos\varphi)-\frac{\sin^3\varphi}{3}\right]\sin\varphi}{\frac{1}{2}(\varphi+\sin\varphi\cos\varphi)-\frac{\sin^2\varphi}{\varphi}}\right\}gR \tag{3-2-221}$$

$$M_g=\left\{\frac{1}{8\varphi}(\varphi-\sin\varphi\cos\varphi)-\frac{\frac{1}{4}\left[\frac{\sin\varphi}{2\varphi}(\varphi-\sin\varphi\cos\varphi)-\frac{\sin^3\varphi}{3}\right]}{\frac{1}{2}(\varphi+\sin\varphi\cos\varphi)-\frac{\sin^2\varphi}{\varphi}}\left(\frac{\sin\varphi}{\varphi}-\cos\varphi\right)-\frac{\left(1-\cos\varphi-\frac{1-\cos^3\varphi}{3}\right)\sin\varphi}{2(\varphi-\sin\varphi\cos\varphi)}\right\}2gR^2 \tag{3-2-222}$$

式中 g——沿拱轴的半跨均布荷载，MN/m；

N_g——半跨均布荷载在管拱上任一点引起的轴向力，MN；

Q_g——半跨均布荷载在管拱上任一点引起的剪力，MN；

M_g——半跨均布荷载在管拱上任一点引起的弯矩，MN·m。

其他符号意义同前。

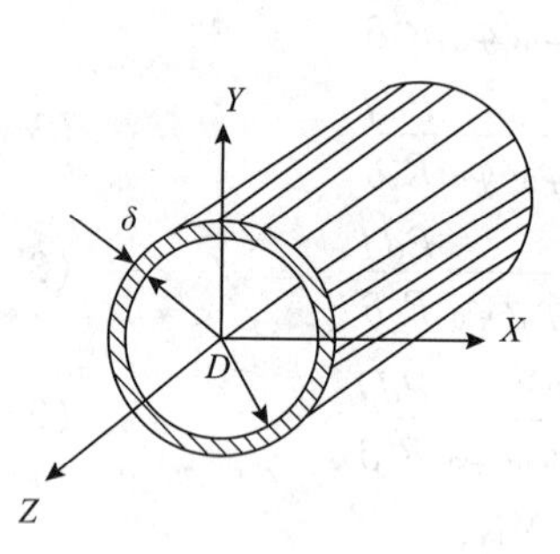

图 3-2-46 输送介质工作压力作用下管拱受力计算参数

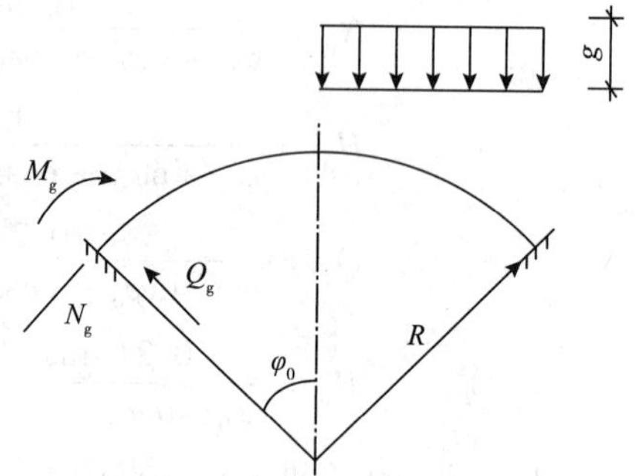

图 3-2-47 均布荷载作用下管拱受力计算参数

（6）圆弧拱拱脚内力的计算见表 3-2-51。

表 3-2-51 无铰圆拱拱脚内力

荷载图	内力	矢跨比									乘数
		1/4	1/5	1/6	1/7	1/8	1/9	1/10	1/11	1/12	
垂直荷载	H_q	0.87616	0.91681	0.94061	0.95561	0.96563	0.97263	0.97770	0.98149	0.98667	qR
	N_q	1.26753	1.18873	1.13859	1.10542	1.08259	1.06631	1.05433	1.04529	1.03831	
	Q_q	−014435	−0.08121	−0.04957	−0.03227	−0.02210	−0.01576	−0.011617	−0.00880	−0.00682	
	M_q	0.01380	0.00630	0.00323	0.00181	0.00109	0.00069	0.000461	0.000318	0.000226	qR^2

续表

荷载图	内力	矢跨比 1/4	1/5	1/6	1/7	1/8	1/9	1/10	1/11	1/12	乘数
半跨荷载 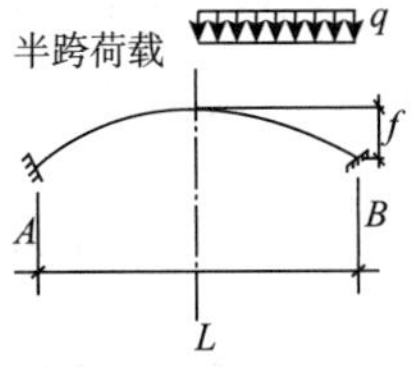	N_A	0. 37210	0. 41022	0. 43368	0. 44976	0. 46091	0. 46821	0. 47375	0. 47845	0. 50244	gR
	Q_A	-0. 23780	-0. 20799	-0. 18262	-0. 16208	-0. 14518	-0. 13066	-0. 11885	-0. 10912	-0. 10526	
	M_A	0. 04489	0. 03193	0. 02371	0. 01823	0. 01437	0. 01147	0. 00940	0. 00793	0. 00679	gR^2
	N_B	0. 76410	0. 70336	0. 65674	0. 62321	0. 59878	0. 57987	0. 56591	0. 55570	0. 56622	gR
	Q_B	0. 05620	0. 09981	0. 11482	0. 11667	0. 11334	0. 10781	0. 10233	0. 09626	0. 08038	
	M_B	-0. 02711	-0. 02336	-0. 01935	-0. 01566	-0. 01278	-0. 01051	-0. 00879	-0. 00639	-0. 00439	gR^2
温度变化 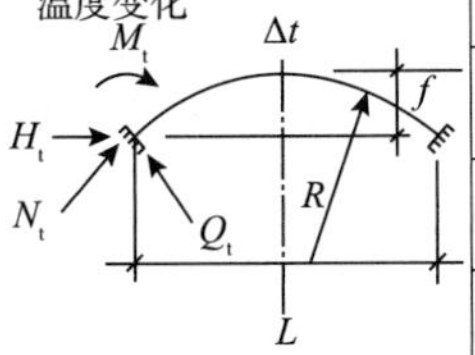	H_t	29. 6994	66. 0518	129. 816	232. 595	388. 099	612. 150	922. 676	1339. 72	1885. 42	$\frac{2Ed\Delta tJ}{R^2}$
	N_t	17. 8197	47. 8306	103. 853	197. 486	342. 441	554. 536	851. 701	1253. 98	1783. 51	
	Q_t	23. 7595	45. 5530	77. 8897	122. 880	182. 635	259. 764	354. 376	471. 580	611. 488	
	M_t	7. 80276	12. 0277	17. 1876	23. 2836	30. 3163	38. 2861	47. 1931	57. 0374	67. 8191	$\frac{2Ea\Delta tJ}{R}$
风载荷 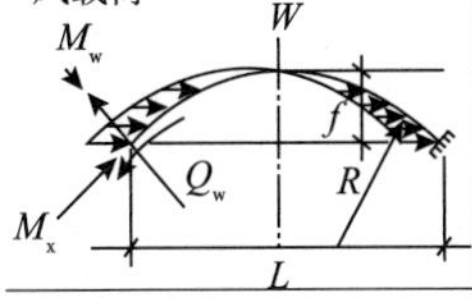	M_w	-0. 3259	-0. 2128	-0. 1487	-0. 1095	-0. 0838	-0. 0662	-0. 0536	-0. 0443	-0. 0372	PR^2
	M_i	-0. 02358	-0. 01126	-0. 0050	-0. 00504	-0. 00133	-0. 00076	-0. 00046	-0. 00029	-0. 00019	
	Q_w	0. 9273	0. 7610	0. 6435	0. 5566	0. 4899	0. 4375	0. 3948	0. 3675	0. 3363	PR
输送介质工作压力 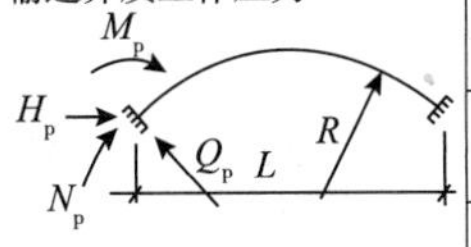	H_p	5. 9399	13. 2104	25. 9632	46. 5190	77. 6199	122. 429	184. 535	267. 943	377. 084	$\frac{JPD}{R^2\delta}$
	N_p	3. 5639	9. 5661	20. 7706	39. 4973	68. 4881	110. 907	170. 340	250. 795	356. 701	
	Q_p	5. 7519	9. 1106	15. 5779	24. 5760	36. 5270	51. 9527	70. 9751	94. 3160	122. 297	
	M_p	1. 5605	2. 4055	3. 4375	4. 6567	6. 0633	7. 6572	9. 4386	11. 4075	13. 5838	$\frac{JPD}{R\delta}$

（四）拱的强度校核

（1）作用于管拱上的轴向力：

$$N = N_q + N_t + N_p \tag{3-2-223}$$

式中 N——不同荷载在管拱上引起的总轴向力，MN。

其他符号意义同前。

（2）作用于管拱上的弯矩：

$$M = \sqrt{(M_q + M_t)^2 + M_f^2} \tag{3-2-224}$$

式中 M——不同荷载在管拱上产生的组合弯矩，MN · m。

其他符号意义同前。

（3）作用于管拱上的剪力：

$$Q = \sqrt{(Q_q + Q_t)^2 + Q_f^2} \tag{3-2-225}$$

式中 Q——不同荷载在管拱上产生的组合剪力，MN。

其他符号意义同前。

（4）在强度校核时，应根据不同的工况进行组合，按相应的许用应力校核，并须在管拱上选择一些有代表性的截面，如在拱脚、拱顶和1/4处进行校核，满足下列公式：

$$\sigma = \frac{N}{F} \pm \frac{M}{W} \leqslant [\sigma] \tag{3-2-226}$$

$$\sigma_{zh} = \sqrt{\sigma^2 + 3\tau^2} \leqslant 1.1[\sigma] \tag{3-2-227}$$

$$\tau = \frac{Q}{\pi r_0 \delta} + \frac{M_k r}{2\pi {r_0}^3 \delta} \tag{3-2-228}$$

式中 σ——由轴向力和弯矩产生的轴向应力，MPa；

σ_{zh}——折算应力，MPa；

τ——剪应力，MPa；

$[\sigma]$——管子材料的许用应力，MPa；

M_k——扭矩，MN·m；

r_0——管子的平均半径，m；

r——管子的外半径，m；

F——管子截面的金属面积，m^2；

W——管子的截面系数，m^3。

其他符号意义同前。

（五）拱的稳定性计算

1. 圆弧拱

当荷载达到一定的临界值，拱就可能离开平面向空间弯扭形式的平衡状态过渡，形成出拱平面失稳。

（1）临界压力：

$$N_{cr} = \frac{\pi^2 EJ}{R^2 \varphi_0^2}\left(1 - \frac{\varphi_0^2}{\pi^2}\right) = \frac{\pi^2 EJ}{S_0^2} \tag{3-2-229}$$

$$S_0 = \frac{R\varphi_0}{\sqrt{1 - \left(\frac{\varphi_0}{\pi}\right)^2}} = \frac{\varphi_0 \sqrt{c - \left(\frac{\varphi_0}{\pi}\right)^2}}{c - \left(\frac{\varphi_0}{\pi}\right)^2} R \tag{3-2-230}$$

式中 N_{cr}——临界压力，MN；

S_0——拱的当量计算长度，m；

c——固结系数，两铰拱 $c=1$，无铰拱 $c=2\sim4$。

其他符号意义同前。

CHAPTER THREE 第三编 原油长输管道设计

考虑到拱有可能侧倾，按拱的侧倾计算，无铰拱的当量计算长度：

$$S_0 = \frac{\varphi_0 \sqrt{1 + k(\frac{\varphi_0}{\pi})^2}}{1 - (\frac{\varphi_0}{\pi})^2} R = \beta R \tag{3-2-231}$$

两铰拱的当量计算长度：

$$S_0 = \frac{2\varphi_0 \sqrt{1 + k(\frac{2\varphi_0}{\pi})^2}}{1 - (\frac{2\varphi_0}{\pi})^2} R \tag{3-2-232}$$

式中　β——与拱的矢跨比有关，可查表3-2-52；

k——管子的刚度比，$k = EJ/(GJ_k)$，对于单根钢管：$k = 1.25$；

G——管材的剪切模量，MPa；

J_k——管子截面的极惯性矩，m^4。

其他符号意义同前。

表3-2-52　拱度影响系数β与拱的矢跨比的关系

f/L	0.05	0.2	0.3	0.4	0.5
三铰拱	1.20	1.16	1.13	1.19	1.25
两铰拱	1.00	1.06	1.13	1.19	1.25
无铰拱	0.70	0.72	0.74	0.75	0.76

计算时，当量计算长度取侧倾时的值，因为由此计算得的S_0较大，相应的临界应力小一些。

（2）拱的长细比：

$$\lambda = S_0/i \tag{3-2-233}$$

式中　i——管子的回转半径，m。

其他符号意义同前。

（3）拱的相对偏心距：

$$e = \eta \left[\left(\frac{M}{N} + \frac{2\varphi_0 R}{1000} \right) \frac{F}{W} + 0.05 \right] \tag{3-2-234}$$

式中　φ_0——拱的中心角之半，rad；

F——管子的横截面面积，m^2；

W——管子截面系数，m^3；

η——形状影响系数，当$20 \leqslant \lambda \leqslant 150$时，$\eta = 1.45 - 0.003\lambda$；当$\lambda > 150$时，$\eta = 1.0$。

（4）稳定校核：

当$e > 4$时，轴向应力应满足式（3-2-235）：

$$\sigma = N(1/\phi_M + e^{\theta})/F \leqslant [\sigma] \tag{3-2-235}$$

当 $e \leqslant 4$ 时，轴向应力应满足式（3－2－236）：

$$\sigma = N/(F \cdot \phi_{BH}) \leqslant [\sigma] \tag{3-2-236}$$

则认为管拱是稳定的，不会失稳。

式中 ϕ_M——纵向弯曲系数，且当 $\lambda > 180$ 时，$\phi_M = 9000/\lambda$；$\lambda = 180$ 时，$\phi_M = 1 - 0.004\lambda$；

θ——计算系数，且当 $0 < \lambda < 50$ 时，$\theta = 0.67$；$50 < \lambda < 100$ 时，$\theta = 0.6 + 0.0015\lambda$；$\lambda > 100$ 时，$\theta = 0.75$；

ϕ_{BH}——偏心受压纵向弯曲系数。

其他符号意义同前。

2. 桁架拱

桁架拱的侧倾（出拱平面的失稳）的临界压力 N_{cr} 仍可按上述公式计算。但式中的 GJ_k 为桁架折算抗扭刚度，EJ 为桁架拱的折算抗弯刚度。将桁架抗扭的能力用封闭薄壁杆件来代替，如图 3－2－48 所示为三角形杆件的组合截面视为三角形薄壁截面。

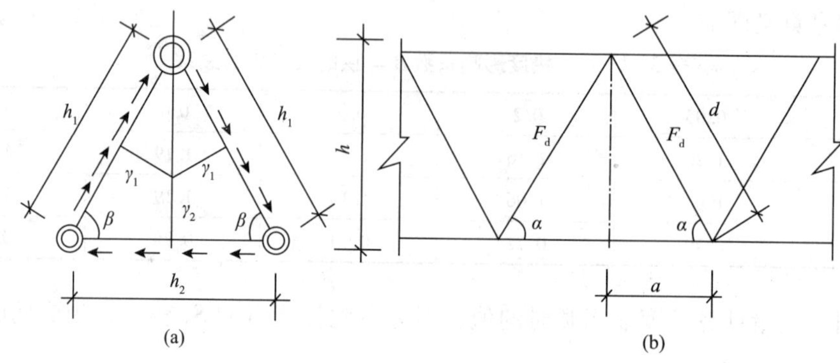

图 3－2－48　桁架拱结构和受扭变形

桁架拱的抗扭刚度与桁架的截面高度 h、斜腹杆的横截面积 F_d 和倾角 φ 有关。按一般做法，$h_1 = h_2$，$\beta = 60°$，于是，抗扭刚度：

$$GJ_k = \frac{h_1^2}{8} EF_d \sin\alpha \sin(2\alpha) \tag{3-2-237}$$

由此，可计算出桁架拱的临界压力。

（六）拱式管桥的风振计算

在结构设计中，风荷载通常作为静力来考虑。但当风速达到某一特定临界值后，即风振频率与拱式管桥的自振频率相等时，管桥将离开原来的静力平衡状态，而在垂直方向发生振幅不断增长的振动，这种现象被称为共振，它将导致管桥的破坏。

为了防止共振的发生，常采用增加管桥的刚度、固有振动频率和增加阻尼的措施，从而提高临界风速，使之超过建桥地点可能发生的最大风速。

1. 最低固有振动频率的计算

当拱式管桥上没有活荷载或活荷载很小时，其最低固有振动频率为：

$$\eta_0 = \left(\frac{2\pi}{L}\right)^2 \sqrt{\frac{EJV_2}{m_q}} \tag{3-2-238}$$

$$V_2 = 1 - \frac{H_0}{(2\pi/L)^2 EJ} \tag{3-2-239}$$

式中 η_0——管拱的最低固有振动频率，1/s；

H_0——拱承受均布荷载 q 时的水平推力，MN；

m_q——拱的荷载质量，$m_q = q/g$；

q——单位长度的荷载，MN/m；

g——重力加速度，m/s^2；

L——拱的跨度，m。

其他符号意义同前。

若考虑阻尼，则管桥的最低固有振动频率会略小一些，其值为：

$$\bar{\eta}_0 = \sqrt{\eta_0^2 - k^2} \tag{3-2-240}$$

式中 k——阻尼系数。

其他符号意义同前。

$$k = \frac{5}{1000}\left(\frac{\eta_0}{2\pi}\right)\left[1.1\left(\frac{\eta_0}{2\pi}\right)^2 - 2\right]$$

2. 拱式管桥的固有振动周期

$$T = 2\pi / \bar{\eta}_0 \tag{3-2-241}$$

（七）拱支墩形式及计算

1. 拱脚构造

为了嵌固拱脚和传递拱的推力，必须设置拱支墩或垫板。拱支墩一般采用混凝土或钢筋混凝土结构。拱脚多采用装配式连接。在管位处混凝土支墩中预留槽，在墩面预埋钢挡板，安装就位后用钢肋板把管子与钢挡板焊牢固。

在岩性土壤中，可采用直接传递式拱支墩［见图 3-2-49（a）］。直接传递式拱支墩常采用钢结构。当拱跨很大或河岸土壤为非岩性土壤时，可采用重力式拱支墩［见图 3-2-49（b）］或扶壁式拱支墩［见图 3-2-49（c）］。

挡板的面积需根据挡板的支墩挤压强度来确定。挡板的厚度根据三边嵌固一边自由受均布反推力的板来计算。一般情况下，厚度不小于 16～20mm。

肋板的作用是加强管子在拱脚处的刚度，同时，将管子的推力直接传给挡板，肋板作成三角形，厚度按构造采用，一般取 10～14mm。

为了减少拱脚处的应力集中（特别是焊接应力）和增强防腐（拱脚处湿度变化大），提高拱脚刚度，可在拱脚处设置套管。肋板不是焊在输送管道上，而是焊在套管上。套管伸出支座长度 L_1 一般为 500～1000mm，伸出扶壁长度 L_2 一般取 200～300mm。

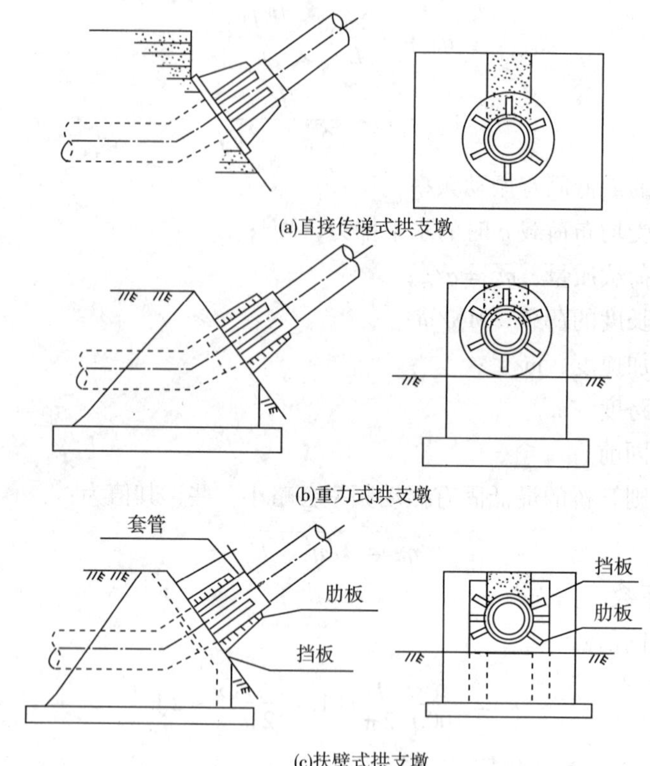

(a)直接传递式拱支墩

(b)重力式拱支墩

(c)扶壁式拱支墩

图 3-2-49 不同形式的拱支墩示意图

2. 拱支墩计算

1）管拱作用于支墩上的力

拱支墩主要承受由拱脚传来的水平推力 H，垂直压力 V，纵向弯矩 M_x，扭矩 M_k，横向弯矩 M_y，纵向剪力 Q_x 和横向剪力 Q_y。

2）支墩稳定性验算

（1）支墩底与地基的摩擦力：

$$T=\mu\ (G+V) \tag{3-2-242}$$

式中 T——支墩底与地基摩擦力，MN；

G——支墩自重，MN，当支墩有可能被洪水淹没时，应扣除水的浮力；

V——拱脚处的垂直压力，MN；

μ——摩擦系数，宜由实验确定，也可参照表 3-2-53 采用。

表 3-2-53 摩擦系数（μ）

土壤类别		摩擦系数
黏性土	可塑	0.25
	硬塑	0.25 ~ 0.30
	坚硬	0.30 ~ 40

续表

土壤类别	摩擦系数
砂土	0.40
碎石土	0.40~0.50
软质岩石	0.50~0.60
表面粗糙的硬质岩石	0.60~0.70

(2) 支墩后壁的土压力：

$$E = \frac{1}{2}\gamma h^2 a \tan^2(45° - \frac{\varphi}{2}) \tag{3-2-243}$$

$$E' = \frac{1}{2}\gamma h^2 a \tan^2(45° + \frac{\varphi}{2}) \tag{3-2-244}$$

式中 E——主动土压力，MN；

E'——被动土压力，MN；

γ——土的容重，MN/m^3；

φ——土的内摩擦角，(°)；

a——垂直于拱平面的支墩宽度，m；

h——支墩的高度，m。

当拱支墩后土较密实和稳定时，可按被动土压力 E' 考虑，这样可大大减小拱支墩的体积，节省材料。

(3) 拱支墩侧壁的摩擦阻力：

$$P = 2fF \tag{3-2-245}$$

式中 f——支墩侧壁与土壤的摩擦阻力，MN/m^2，宜由实验确定，当土壤分层夯实时，一般可采用 $(2.55 \sim 5.59) \times 10^{-3} MN/m^2$；

F——支墩的侧壁面积，m^2。

(4) 拱支墩稳定性验算（见图 3-2-50）：

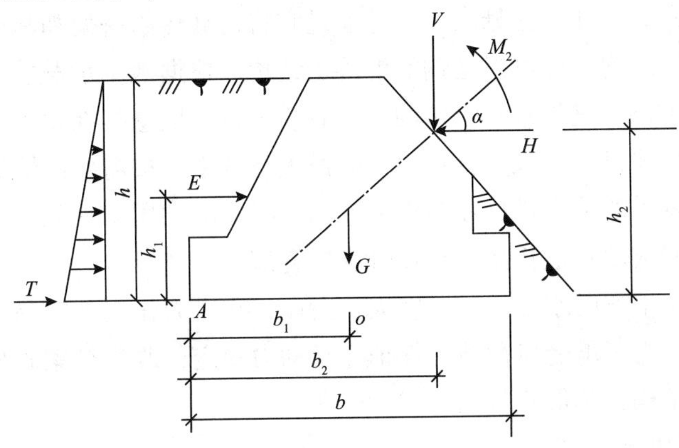

图 3-2-50 拱支墩稳定性验算计算参数

抗倾覆稳定安全系数：

$$\frac{Gb_1 + Vb_2 + (E + P)h_1}{Hh_2 + M} \geqslant 1.5 \tag{3-2-246}$$

抗滑移安全系数：

$$\frac{T + E + P}{H} \geqslant 1.3 \tag{3-2-247}$$

3）支墩底地基应力验算

$$\sigma = \frac{G + V}{ab} \pm \frac{6[M + V(b_2 - \frac{b}{2}) + (P + E)h_1 - Hh_2]}{a^2 b} \pm \frac{6(M_\mathrm{f}\cos\varphi_0 + M_\mathrm{k}\sin\varphi_0)}{ab^2} \leqslant [R] \tag{3-2-248}$$

式中 a、b——支墩的宽度与长度，m；

M——拱脚传来的弯矩，MN·m；

V——拱脚传来的垂直压力，MN；

H——拱脚传来的水平推力，MN；

$[R]$——土壤允许承载能力，MN/m^2；

M_f——风荷载在拱脚产生的弯矩，MN·m；

M_k——风荷载在拱脚产生的扭矩，MN·m；

φ_0——拱的半圆心角，rad。

其他符号意义同前。

五、悬索管桥设计

（一）基本结构形式

管桥结构主要由塔架、悬索、塔基和锚固系统及梁式管道几个部分组成（见图3-2-51）。塔架、塔基及锚固系统对整个管桥系统起着固定及支撑作用。悬索通过吊索直接承受跨越管段的重力，再集中传递给两端的塔架和锚固构件，而管道则按合理的跨度以连续梁的形式，用吊索悬挂在主悬索上。并通过它将荷载传给塔架和基础。

塔架可以是金属结构，也可以是钢筋混凝土结构。根据地基承载能力，它可以设计成与基础固结的，也可设计成与基础铰接的。承载缆索自由地悬挂在桥架之间，数量可为一根或多根。若悬索桥要供巡检人员行走时，需设人行扶手，按需要设辅板。

管道依靠垂直悬吊的吊索悬挂在缆索上，钢丝绳上端利用索夹固结在缆索上，下端接有一个按管子形状制成的管道托架，夹住且支撑管道。

由于悬索管桥水平方向刚度小、跨度大，所以，在风力作用下容易发生涡激振动，可能使管桥遭受破坏。为了承受风荷载并保证空气动力稳定，改善悬索管桥结构，常需设置抗风索或抗风桁架结构，其形式如图3-2-52所示。

（二）基本原则和假定

（1）不考虑悬索变形时对管道应力的影响。

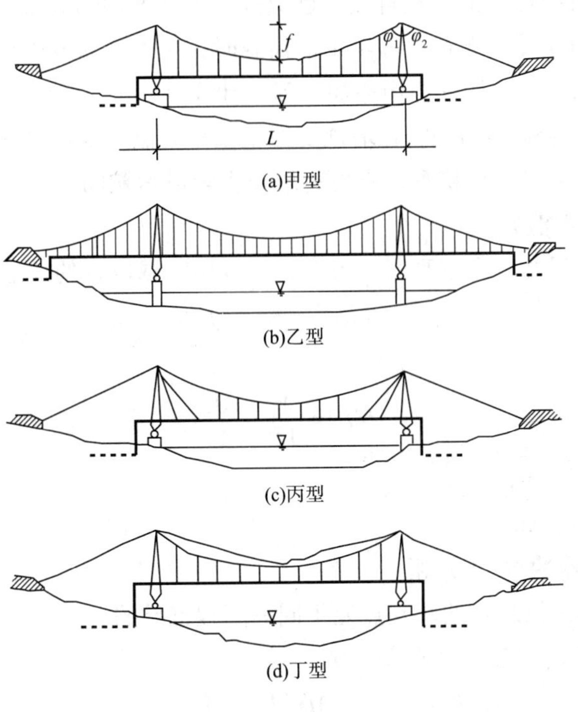

(a)甲型

(b)乙型

(c)丙型

(d)丁型

图 3-2-51 管桥结构

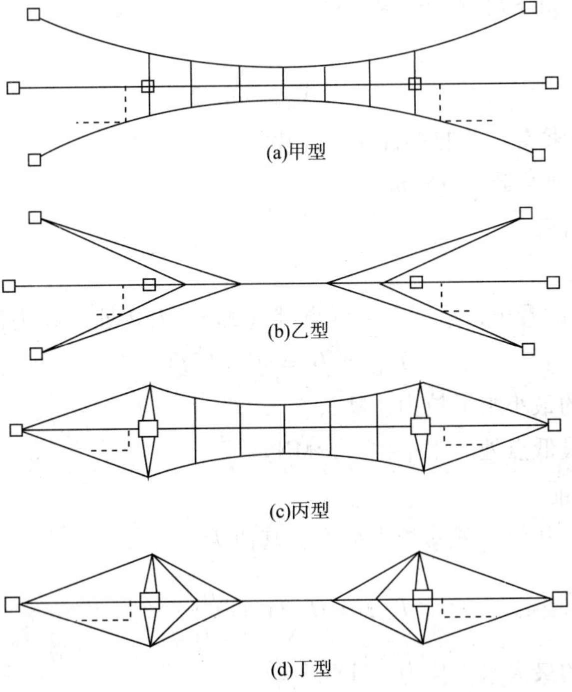

(a)甲型

(b)乙型

(c)丙型

(d)丁型

图 3-2-52 抗风索结构形式

（2）悬索虽为弧线形，但悬索自重可近似按水平长度均匀分布。

（3）当管桥同时承受均布荷载和集中活荷载时，主索形状发生变化，变形并不按正比例改变，所以不能像其他结构一样用叠加原理来计算。

（4）假如塔架下端是固结的，在塔顶支撑主索处要制作成滚动的。假如塔架下端为铰接，使塔架能顺管桥方向前后摆动，则可将塔顶主索以索鞍固定。

（三）几何尺寸拟定

悬索管桥的基本尺寸、净空高度、跨度，需根据跨越位置的地形条件、河流通航等级等因素决定。

矢跨比：

$$f/L = \frac{1}{15} \sim \frac{1}{10} \tag{3-2-249}$$

式中 f——悬索矢高，m；

L——悬索跨度，m。

（四）悬索管桥的受力分析

以下计算公式都是按悬索两端支点处于同一高程推导的。

1. 在均布荷载作用下悬索的曲线方程

$$y = \frac{4fx(L-x)}{L^2} \tag{3-2-250}$$

2. 在均布荷载作用下的单跨悬索管桥

（1）垂直反力：

$$V_A = V_B = qL/2 \tag{3-2-251}$$

式中 V_A、V_B——悬索支点处的垂直反力，MN；

q——均布荷载，MN/m。

其他符号意义同前。

（2）主索水平拉力：

由图3-2-53可以看出，悬索在最低点处（即 $x=L/2$ 处）拉力最小，其值为：

$$T_{min} = H = qL^2/(8f) \tag{3-2-252}$$

式中 T_{min}——悬索的最小水平拉力，MN，

H——悬索最低点处的水平拉力，MN。

其他符号意义同前。

在支点处（即 $x=0$ 处）悬索拉力最大，其值为：

$$T_{max} = H\sqrt{1+\frac{16f^2}{L^2}} \tag{3-2-253}$$

式中 T_{max}——悬索的最大水平拉力，MN。

其他符号意义同前。

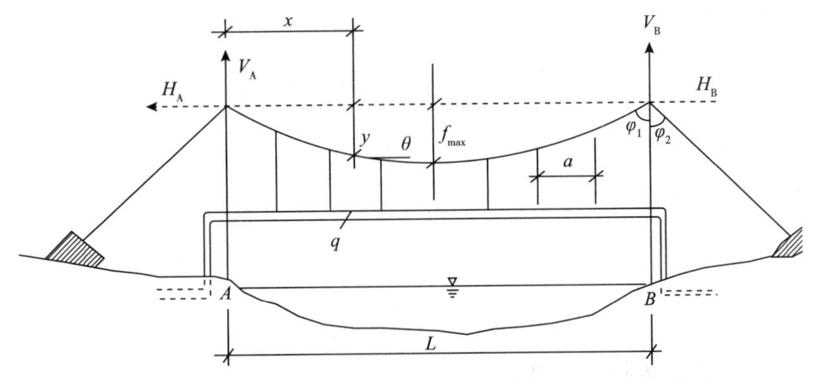

图 3-2-53　受均布荷载的单跨悬索管桥简图

（3）主索的长度：

$$S = L + \frac{8}{3}\frac{f^2}{L} \tag{3-2-254}$$

式中　S——主索长度，m；

其他符号意义同前。

3. 在均布荷载和一个集中荷载作用下（见图 3-2-54）

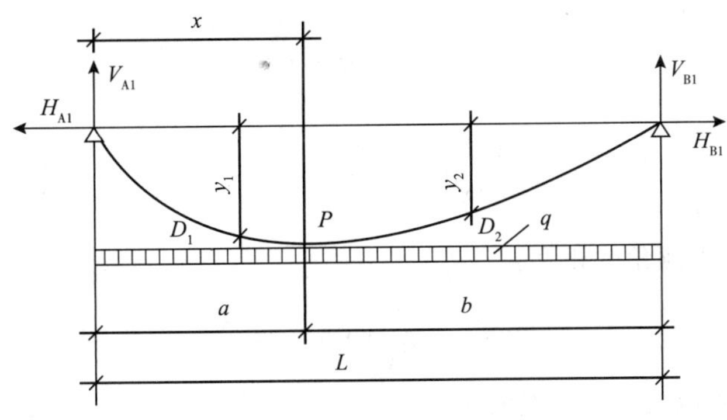

图 3-2-54　悬索受均布荷载及一个集中力的受力简图

（1）垂直反力：与简支梁反力相同。

$$V_{A1} = \frac{qL}{2} + P\frac{b}{L} \tag{3-2-255}$$

$$V_{B1} = \frac{qL}{2} + P\frac{a}{L} \tag{3-2-256}$$

式中　V_{A1}、V_{B1}——在均布荷载和一个集中荷载作用下的垂直反力，MN；

P——集中荷载，MN。

a、b 如图 3-2-54 所示，其他符号意义同前。

（2）主索水平拉力：

$$H_{A1} = \frac{1}{4f}\sqrt{3L(\frac{q^2L^3}{12} + qPab + \frac{2P^2ab}{L})} \tag{3-2-257}$$

式中 H_{A1}——支点 A 处的水平反力，MN。

其他符号意义同前。

（3）主索的最大拉力：

$$T_{max} = H_{A1}\sqrt{1 + (\frac{V_{A1}}{H_{A1}})^2} \tag{3-2-258}$$

式中 T_{max}——主索的最大拉力，MN。

其他符号意义同前。

（4）主索长度：

$$S = L + \frac{1}{2H_{A1}^2}(\frac{q^2L^3}{12} + qPab + \frac{P^2ab}{L}) \tag{3-2-259}$$

式中 S——主索长度，m。

其他符号意义同前。

（5）曲线挠度：

$$y_1 = \frac{V_{A1}x_1 - \frac{qx_1^2}{2}}{H_{A1}} \tag{3-2-260}$$

$$y_2 = \frac{V_{B1}x_2 - \frac{qx_2^2}{2}}{H_{B1}} \tag{3-2-261}$$

（6）曲线在 D_1 点倾角的正切：

$$\tan\theta_1 = \frac{1}{H_{A1}}(V_{A1} - qx_1) \tag{3-2-262}$$

4. 温度变化的影响及内应力的计算

$$\Delta S_t = aS\Delta t \tag{3-2-263}$$

$$\Delta S_q = \sigma S/E \tag{3-2-264}$$

$$f_1 = \sqrt{f^2 + \frac{3L}{8}(\alpha S\Delta t + \frac{\sigma S}{E})} \tag{3-2-265}$$

$$f_2 = \left\{\frac{f^2\left[L - \frac{2(\alpha S_2\Delta t + \sigma S_2/E)}{\cos\theta}\right]}{L} + \frac{3\left[2(\alpha S_2\Delta t + \sigma S_2/E)\right]}{8\cos\theta}\left[L - \frac{2(\alpha S_2\Delta t + \sigma S_2/E)}{\cos\theta}\right]\right\}^{\frac{1}{2}}$$

$$= \left\{\frac{f^2\left[L - \frac{2(\Delta S_t + \Delta S_q)}{\cos\theta}\right]}{L} + \frac{3(\Delta S_t + \Delta S_q)}{4\cos\theta}\left[L - \frac{2(\Delta S_t + \Delta S_q)}{\cos\theta}\right]\right\}^{\frac{1}{2}} \tag{3-2-266}$$

式中 S——主索长度，m；

第三编 CHAPTER THREE 原油长输管道设计

ΔS_t——主索受温度变化影响的伸长值，m；

ΔS_q——主索受均布荷载作用的伸长值，m；

α——钢索的膨胀系数，取 1.5×10^{-5}m/（m·℃）；

σ——钢索的平均拉应力，MPa；

E——钢索的弹性模量，MPa；

Δt——安装温度与使用温度之差，℃；

f_1——主索变形后的垂度，m；

f_2——塔顶弹性偏移后主索的垂度，m；

L——悬索跨度，m。

θ、S_2 如图3-2-55 所示。

5. 抗风索计算

1）计算假定

（1）假定管道所受风荷载都直接由两侧风索负担。

（2）管道按无水平偏移值考虑。

（3）计算中不计风索自重及受风荷载所引起的偏移影响（见图3-2-55 和图3-2-56）。

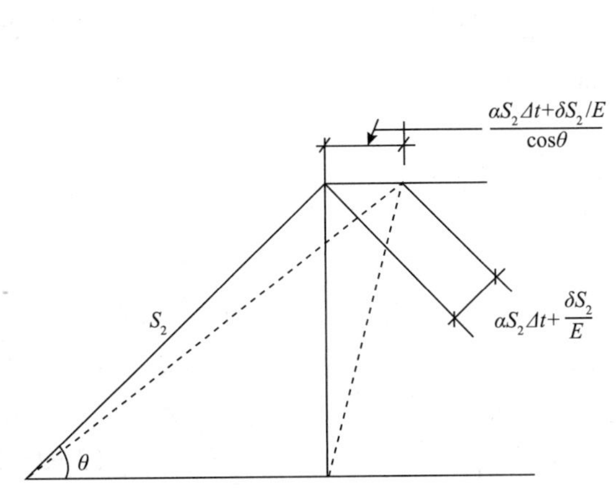

图3-2-55　塔顶弹性偏移示意图

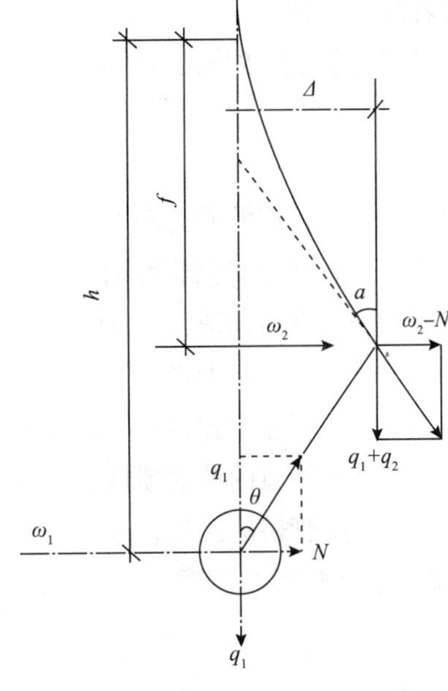

图3-2-56　风索受力简图

设：W_1 为作用在管道上的风荷载，MN/m；

W_2 为作用在主索上的风荷载，MN/m；

q_1 为管道单位长度净重，MN/m；

q_2 为主索单位长度净重，MN/m；

Δ 为在风荷载作用下主索在跨中的偏移位置，m。

2）主索的倾斜角

$$\tan\alpha = \frac{W_2 - N}{q_1 + q_2} \tag{3-2-267}$$

若主索的偏移曲线近似按正弦曲线考虑，则：

$$\tan\alpha = \pi\Delta/(2f) \tag{3-2-268}$$

$$\frac{W_2 - N}{q_1 + q_2} = \frac{\pi\Delta}{2f} = \frac{\pi}{2f}\frac{(h-f)N}{q_1} \tag{3-2-269}$$

将已知值代入式（3－2－269）即可求得 N 值，但由于 N 值是按抛物线变化的，在支座处，其值为0，故近似取代均布荷载计算，N 值应乘以0.8的系数。

3）作用在风索上的水平荷载

$$W = W_1 + 0.8N \tag{3-2-270}$$

因此，可根据所选不同类型的风索形式计算抗风索。

6. 悬索管桥的振动

众所周知，架空管道的破坏往往是由风荷载引起的，因此，必须对大跨度悬索管桥的振动引起足够的重视。

由实验得知，悬索管桥结构主索与管道为两个振动体系，当管道发生共振时，主索并不随着激起共振。

1）管道固有频率的计算

$$\eta_0 = \frac{1}{2\pi}\sqrt{EJ\frac{g}{q}\frac{n^4\pi^4}{L^4}} \tag{3-2-271}$$

式中 η_0——管道的固有频率，1/s；

q——管道单位长度的重力，MN/m；

g——重力加速度，m/s²；

n——全跨长的半波数（n＝1，2，3…）；

E——管道的弹性模量，MPa；

J——管道的截面惯性矩，m⁴；

L——管桥的跨度，m。

2）干扰频率的计算

$$\eta_0' = 0.2\frac{v}{D} \tag{3-2-272}$$

式中 η_0'——干扰频率，1/s；

v——风速，m/s；

D——管道外径，m。

计算时，可根据引起共振的风速的范围 $v_1 \sim v_2$（单位为m/s），代入式（3－2－272）中，求出 η_0' 上限及下限值，然后根据共振时固有频率与干扰频率相等的条件，即 $\eta_0' = \eta_0$，求出振型数 n 的范围，n 上限～n 下限。另据实际观测，管桥不发生第一振型的共振，而在3、5、

7 等奇次振型时出现，因此，消振索及消能弹簧的安装位置必须固定在某奇次振型的波腹上。

3）各振型的半波长

$$\lambda_i/2 = L/n_i \tag{3-2-273}$$

式中　$\lambda_i/2$——各振型的半波长，m；

L——管桥跨度，m；

n_i——振型数。

根据半波长度的计算结果，在可能出现共振的各振型波腹位置处，连接上消振索或安装消能弹簧即可。

消振索及消能弹簧索的防振原理基本相同，主要是增大了结构本身刚度，使管道在预拉力的作用下增加了固有频率。另外，消振索或消能弹簧的阻尼能力很大，足够克服管桥的振动能量。

消振索及消能弹簧的设计需要考虑两个问题：①预拉力的大小；②安装位置。关于如何确定预拉力的值，从原理上说，必须满足以下两个条件之一：

（1）所施加预拉力的大小是以结构体系的固有频率能提高到可能引起共振的风速所发生的干扰频率范围以外。

（2）所施加预拉力虽不足以使结构体系的固有频率跳出干扰频率范围以外，但其阻尼能力足以克服管桥振动能量，也同样不易发生管桥共振。

消振索需安装在奇次振型的波腹上。但如果落在吊点中间位置上，容易使管道增加弯矩，因此，一般应考虑与吊点位置重合。

六、悬缆管桥设计

悬缆管桥由悬索管桥发展而来，在外形上与悬索管桥的最大区别是管道与主索都成悬链形状，吊杆长度相等，因这种桥面组合形状很像架空电缆，所以称为悬缆管桥。

（一）悬缆管桥的形式

悬缆管桥可分为两种类型，一种是管道在塔架两端垂直入地［见图 3-2-57（a）］，另一种是利用锚拉索悬挂管道，然后入地［见图 3-2-57（b）］。

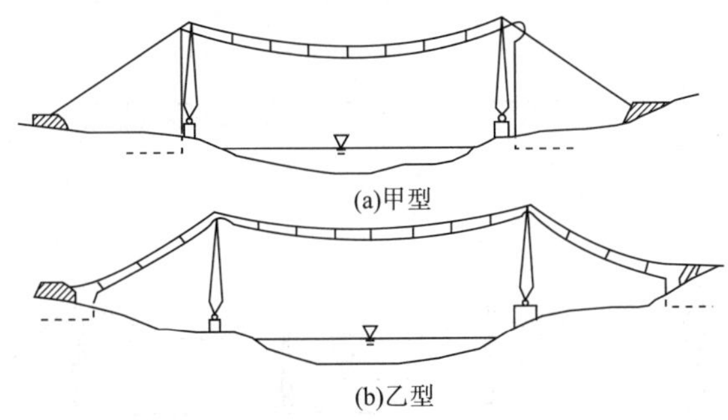

图 3-2-57　悬缆管桥基本类型图

（二）几何尺寸拟定

悬缆管桥是通过一端发送空中拖管，自由弯曲成悬链线形状，因此，设计矢高不宜太大，以避免管道静弯曲应力增大，但也不能过小，过小又会使主索拉力增大，以致需加大截面。矢跨比一般选取1/15～1/12较为适宜。

（三）基本计算原则及假定

（1）主索与管道虽为悬链线形状，但计算时可近似按二次抛物线方程计算。

（2）主索与管道自重可近似按沿水平长度均匀分布。

（3）由于计算的基本原则及假定均与悬索管桥相同，因此，悬索管桥的计算公式同样适用于悬缆式管桥。

七、悬链管桥设计

悬链管桥结构无论跨越河流、山谷，还是在平原地区架空敷设，当管径不大时均可采用。当地形有利时，可避免设置塔架，悬链段引起的拉力还可传到地下管道达到平衡。有时河流中有石滩或小岛，可以在河流中间设置一个塔架形成两跨体系，当跨度不同时，对于小跨度取较小的矢跨比（即f/L），使两跨管道的张力达到平衡。

（一）悬链管桥的基本形式

如图3-2-58所示，悬链管桥从外形上看，与悬缆管桥相似，都是管道呈悬链线形状，但全部取消了主索及吊杆。悬链管道所引起的拉力全部由管道自身承受，充分利用了管道的纵向强度。同时，具有悬缆管桥的特点，抗风稳定性好，因此可以采取较简单的消振风索。

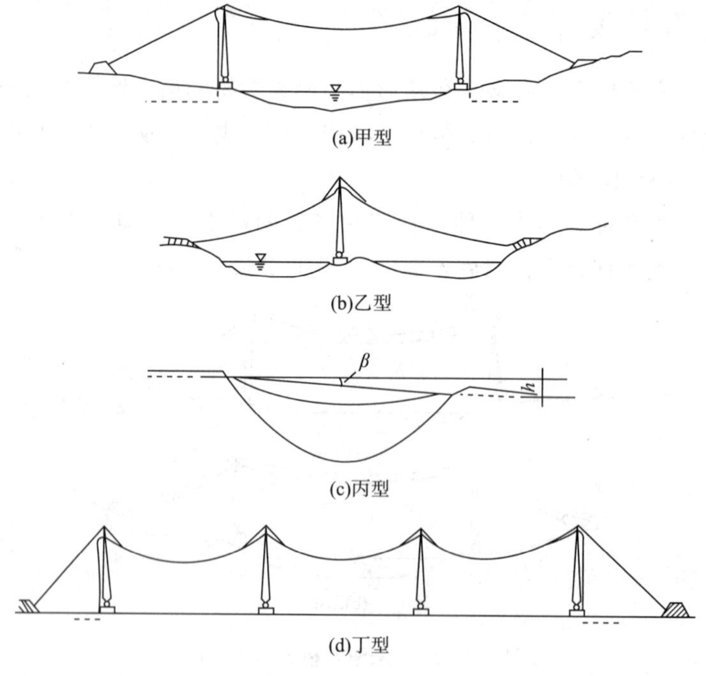

图3-2-58　悬链管桥基本类型图

管道与两侧支承结构的连接方式为铰接，一般采用管外加焊来加强套管及支承耳轴，耳轴放在支承结构顶部的轴槽内，使其能在槽中转动，管道同跨外管道的连接方式应为柔性连接，尽量减少对管道转动的约束。一般可采用圆弧形接管。悬链管桥的温度变形可以依靠悬链线变化进行补偿。

（二）基本计算原则及假定

（1）管道虽为悬链线形状，但可以近似按二次抛物线方程计算。

（2）管道自重可近似按沿水平长度均匀分布。

（3）当径跨比（管道直径与跨度之比）小于1/100时，可以略去管道刚度的影响。假如采用刚性较大的管道，在计算管道拉力值时则应考虑刚性影响。

（4）假如悬链管道两端支座处直接与埋地管段锚固，必须考虑相连的埋地管道向跨越管段部分的纵向位移。

（5）管道的综合纵向应力应包括：悬链产生的拉应力、自由静弯曲应力、内压作用下轴线长度的变化、温度的变化以及支座位移等产生的应力。

（三）基本计算公式

1. 曲线方程式

（1）当悬链两端支座高程相同时，曲线方程式为：

$$y = \frac{4fx(L-k)}{L^2} \tag{3-2-274}$$

（2）当悬链两端支座高程不同时，曲线方程式为：

$$y = \frac{hx}{L} + \frac{4fx(L-x)}{L^2} \tag{3-2-275}$$

式中　L——悬链管的跨度，m；

f——悬链管的矢高，m；

h——两端支座的高程差，m。

其他符号意义同前。

2. 管道的水平拉力

$$H = \frac{qL^2}{8f} \tag{3-2-276}$$

考虑管道刚性影响时，水平拉力为：

$$H = \frac{qL^2}{8f} - \frac{48EI}{5L^2} \tag{3-2-277}$$

式中　H——水平拉力，MN；

q——悬链管的均布荷载，MN/m；

E——钢管的弹性模量，MPa；

I——钢管的截面惯性矩，m^4。

其他符号意义同前。

3. 管道的最大拉力

（1）当悬链两端支座高程相同时，管道的最大拉力为：

$$T_{max} = H\sqrt{1 + \frac{16f^2}{L^2}} \tag{3-2-278}$$

（2）当两端支座高程不同时，支座 A 和 B 处的管道拉力为：

$$T_A = H\sqrt{1 + \frac{(4f + h)^2}{L^2}} \tag{3-2-279}$$

$$T_B = H\sqrt{1 + \frac{(-4f + h)^2}{L^2}} \tag{3-2-280}$$

式中 T_{max}——两端支座高程相同时，管道的最大拉力，MN；

T_A、T_B——两端支座高程不同时，支座 A 和 B 处的管道拉力，MN。

其他符号意义同前。

4. 管道长度

（1）当两端支座高程相同时，曲线长度为：

$$S = L + \frac{8}{3}\frac{f^2}{L} \tag{3-2-281}$$

（2）当两端支座高程不同时，曲线长度为：

$$S = \frac{L}{\cos\beta} + \frac{8}{3}\frac{f^2\cos^3\beta}{L} \tag{3-2-282}$$

式中 S——曲线长度，m；

β——两端支座的连线与水平面的夹角。

其他符号意义同前。

5. 管道受温度变化时的伸长值

$$\Delta S' = \pm \alpha S \Delta t \tag{3-2-283}$$

6. 管道受均布荷载作用时的伸长值

（1）当两端支座高程相同时，管道受均布荷载作用时的伸长值为：

$$\Delta S'' = \frac{\Sigma S}{E} \tag{3-2-284}$$

（2）当两端支座高程不同时，管道受均布荷载作用时的伸长值为：

$$\Delta S'' = \frac{\sigma S}{E\cos\beta} \tag{3-2-285}$$

式中 $\Delta S''$——受均布荷载作用时管道的伸长值，m；

σ——管道的平均拉应力，MPa；

E——钢管的弹性模量，MPa。

其他符号意义同前。

7. 管道受内压作用时的伸长值

$$\Delta S''' = 0.2\sigma_P S/E \tag{3-2-286}$$

式中 $\Delta S'$——管道受内压时的伸长值，m；

σ_P——内压引起的环向应力，MPa。

其他符号意义同前。

8. 温度和内压最大时管道的伸长值

$$\Delta S_{max} = \Delta S' + \Delta S'' + \Delta S''' \tag{3-2-287}$$

9. 当温度最低且无内压时管道的伸长值

$$\Delta S_{min} = \Delta S'' - \Delta S' \tag{3-2-288}$$

10. 管道变形后的垂度

$$f_1 = \sqrt{f^2 + \frac{3L}{8}\Delta S_{max/min}} \tag{3-2-289}$$

为防止管道垂度变化过大，增加的弯曲应力过大，下料时，可预先考虑将伸长量减去一部分，以求完工后与设计曲线吻合或近似。

11. 管道纵向应力的组合

$$\sigma = \sigma_P + \sigma_M + \sigma_T \tag{3-2-290}$$

式中 σ_P——由内压引起的纵向拉应力，MPa，$\sigma_P = Pd/(4\delta)$；

σ_M——由自由弯曲引起的纵向拉应力，MPa，$\sigma_M = 4EDf/L^2$；

σ_T——由悬链管线引起的纵向拉应力，MPa，$\sigma_T = \frac{T_{max}}{\pi \bar{D}\delta} \approx \frac{qL^2}{8fF}$；

d——管道内径，m；

D——管道外径，m；

$\bar{D}$——管道平均直径，m；

F——管道截面面积，m^2；

L——跨度，m；

δ——管道壁厚，m；

P——管道的设计内压力，MPa；

f——矢高，m。

当组合应力 σ 最小时：

$$f_{min} = \frac{L^2}{4}\sqrt{\frac{q}{2EFD}} \tag{3-2-291}$$

此时，

$$\sigma_M = \sigma_T = \frac{1}{2}\sqrt{2qED/F} \tag{3-2-292}$$

12. 支座处没有焊接弯头时的计算

$$M = \frac{qL}{2}\sqrt{\frac{EI}{H}} \tag{3-2-293}$$

$$\sigma = \frac{qLD}{4}\sqrt{\frac{E}{IH}} \tag{3-2-294}$$

$$M_c = EIq/H \quad (3-2-295)$$

$$\sigma_c = EDq/(2H) \quad (3-2-296)$$

式中 M——支座弯矩，MN·m；

σ——支座处管道截面的应力，MPa；

M_c——跨中弯矩，MN·m；

σ_c——跨中管道的弯曲应力，MPa；

I——管道截面的惯性矩，m^4。

其他符号意义同前。

八、斜拉索管桥设计

斜拉索管桥是利用高强度的钢丝绳通过桥塔支承斜向拉着主梁的一种悬吊结构形式。它与一般悬吊式管桥相比有着刚性大，平面内抗风能力强，不需要大的锚固系统等优点。

（一）斜拉索管桥的基本形式

斜拉索管桥有以下几种基本类型：

（1）伞型。全部斜拉索沿管道分布，并连接到塔顶［见图3-2-59（a）］。

（2）扇型。全部斜拉索沿管道及塔高分布，且都不互相平行，除外拉索通过塔顶时与塔顶固结外，其余拉索通过塔身，为活动支座［见图3-2-59（b）］。

（3）琴型。全部斜拉索沿管道和塔高分布且互相平行［见图3-2-59（c）］。

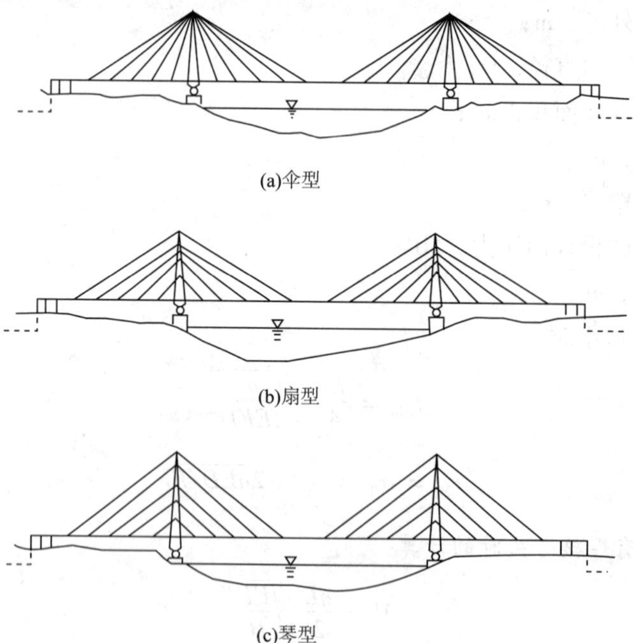

(a)伞型

(b)扇型

(c)琴型

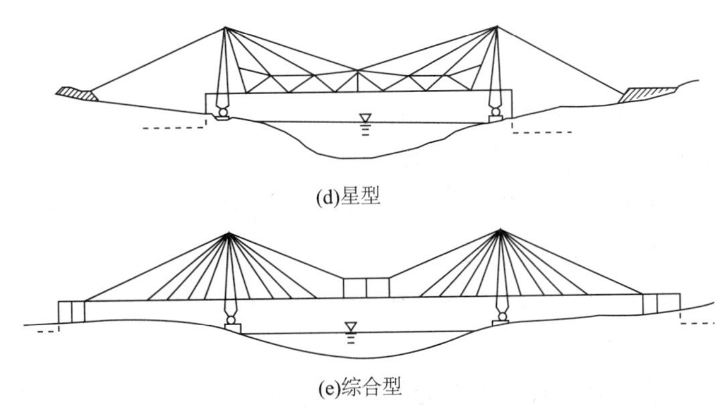

(d)星型

(e)综合型

图 3-2-59　斜拉索管桥基本类型图

(4) 星型。吊索沿大梁分布，并通过节点与斜拉索连接［见图 3-2-59（d）］。

(5) 综合型。综合型是悬索与斜拉索二者结合的一种结构形式，适用于特大跨越，它对地形条件、管材强度要求等具有更大的适应性［见图 3-2-59（e）］。

(二) 设计考虑与分析

1. 缆索的最佳倾斜角度

塔高对桥跨体系刚度的影响极大。当缆索对管梁的倾角增大时，缆索中的应力降低，所需的截面减少，但塔高增加。当塔增高时，缆索长度及其轴向变形都增大，同时缆索的用钢量也增加。

研究表明，缆索的最佳倾斜角度为 45°，可在 25°～65°的合理范围之内变化，倾斜角的低值相应于外缆索，而较大值则相应于靠塔最近的缆索。

2. 缆索在塔架上的支承方式

斜拉索在塔架上的支承方式可以是固定的或是活动的，也可以是这两种方式的结合。支承点通常设置在塔顶或沿塔的中间，根据各种管桥所用的斜拉索的数量而定。

3. 分析方法

斜拉桥是一种高次超静定结构，管道为一弹性支承于斜缆连接点处的连续梁。斜拉桥的斜拉索、塔架及管道的工作性能都表现为非线性，尚无精确的计算方法可以利用。目前，国内外的大跨度斜拉桥计算，大都借助于计算机简化为线性结构计算，计算方法与假定也各不相同。对于斜拉管桥，推荐近似采用 SAP-5 程序来计算。

1) SAP-5 程序简介

SAP-5 程序（A Structural Analysis Program）是在美国加利福尼亚大学伯克利分校的 Wilson、Bathe、Peterson 三位教授领导下，从 1970 年开始编制的一个大型的综合性程序。它是分析线性结构的静力、动力问题，解决工程的强度、刚度、稳定性计算的有力工具，是目前国际上用得最多、最广泛的十几个有限元系统之一。

SAP-5 程序共分为 11 个单元，由于拉索只承受轴向力，不承受弯矩，因而可假定为桁架单元，塔架可根据不同的设计材料选用梁单元或桁架单元，管道可采用直管与弯管单元来计算。

2）应用步骤

（1）结构布置图。

（2）划分节点和单元，且应符合下列原则：

①符合结构设计要求，正确反映结构特点，尤其是边界条件的处理；

②各类单元的划分应符合 SAP－5 程序的单元定义和力学性质，符合有关单元的规定；

③节点的单元可利用自动生成，以力求减少卡片数量；

④便于输出数据的整理和分析，尽量节省机时，减少输出数量。

3）数据准备

（1）计算所用的索、梁、管三类单元的几何特性，例如：每个索、梁、管单元的横截面有效面积 A_1，梁单元还需另两个方向的剪切面积 A_2、A_3；对梁单元局部坐标 S_2、S_3 的惯性矩 I_2、I_3，截面模量 W_2、W_3 及扭转惯性矩 J_1。

（2）单元的材料性质参数：弹性模量 E，线膨胀系数 α，泊桑比 μ，质量密度等。

（3）外部荷载等效节点力的计算：把加到单元上的外部均布荷载，如体积力、温度荷载（提供节点温度和单元温度）化为等效节点力，以把外部荷载加到节点上，这就是所谓的固端力的计算。

（4）节点坐标值（X、Y、Z）。

4）信息卡片流程

（1）标题卡（一张），所要计算问题的题目。

（2）主控制卡（一张）。

（3）节点数据卡（若干张）。

（4）单元数据卡（若干张）。

（5）集中荷载或集中质量卡（若干张）。

（6）结构荷载因子卡（至少一张，每种荷载工况一张卡片）。

以上为静力分析所需卡片，如进行动力分析，还需要填以下卡片：

（1）振型和频率卡（一张）。

（2）结构绘图卡。

（3）强迫响应：响应历程分析、响应谱分析、频率响应分析。

5）输出结果

SAP－5 程序规定的正常输出，包括如下几个部分：

（1）开头部分。

（2）输入数据部分，主控卡片上的信息，以及节点数据（包括节点输入数据及自动生成后的全部节点数据）。

（3）平衡方程编号。

（4）单元数据。

（5）带宽优化，带宽优化后的方程号，优化前后的带宽，带宽优化耗用时间，平衡方程参数。

（6）节点荷载（静力计算）或质量（动力计算）。

（7）结构荷载因子。

（8）刚度矩阵参数。

（9）静力计算的计算结果部分：

①按顺序给出每个工况的节点位移，包括 3 个平移（X、Y、Z 方向）和三个转角（绕 X、Y、Z 轴），按原来的节点号打印；

②按局部坐标系给出每个桁架单元的每种工况的应力和内力；

③按局部坐标系给出每个单元的每种工况的 I、J 两端的内力，包括：轴向力 R_1；剪力 R_2；剪力 R_3；扭矩 M_1；弯矩 M_2；弯矩 M_3；上下缘应力 $P/A \pm M_2/S_2$ 和上下缘应力 $P/A \pm M_3/S_3$。

（10）运算耗用时间。

根据所输出的内力值，即可判断设计是否满足要求，否则，可重新输入数据计算，直到合格为止。

九、塔架设计

塔架所使用的材料可以是预应力混凝土，也可以是钢。由于混凝土塔架的质量和工程量随塔高增高增加较快，由塔重引起的轴向力增加较大，而钢塔架自重引起的轴向力增加不大，所以大多数管桥的塔架都采用型钢或钢管，对斜拉管桥来说，为满足拉索斜度的要求，往往需要较高的塔架，为了减小塔架的自重和工程量，降低造价，采用钢塔架尤为有利。但塔架材料的选择还受到其他因素的影响，如地基土壤、安装速度、施工阶段的稳定性等，选用时要综合考虑。

为了满足建筑要求和抵抗横向力，塔的外形应该向塔顶逐渐变细，这也是符合结构需要的。

塔架的工作状况取决于塔和斜拉索、管道以及墩台连接的细部节点构造。在设计这些连接时，应要求尽量减小塔架的弯矩。

塔架应设计成既能承受缆索垂直反力的柱，同时也是能抵抗不平衡索力的悬臂梁。后者取决于索鞍设计：它是固定的还是可移动的，温度和荷载条件，以及索鞍上主索和边索的斜度。作用在斜拉索、塔架和管道上的风压力也必须计算在内。

（一）常用管桥钢塔架的形式

1. 交叉斜杆锥型塔架

如图 3-2-60（a）所示，根据实际需要，交叉斜杆可按受压刚性斜杆设计，也可按不能受压的柔性斜杆设计，还可按预加拉力的柔性斜杆设计，因此，它的适用范围较广，而且比其他形式的设计节约材料。刚性斜杆适用于斜杆受力较大的塔架。当斜杆受力较小时，按柔性斜杆设计是比较经济、合理的。有时斜杆断面往往由细长比来决定，不能充分发挥斜杆断面强度作用，这样，采用预加拉力斜杆比柔性斜杆更能节省钢材。

2. K 型腹杆锥型塔架

如图 3-2-60（b）所示，K 型腹杆的主要特点是减小节间长度和斜杆长度。

这种腹杆体系与刚性交叉杆近似，具有较大的刚度。因此，在柔性交叉斜杆和预拉力斜杆的塔架中，在其接近地面处的一个节间，通常采用K型腹杆。

3. 再生腹杆锥型塔架

如图3－2－60（c）所示，再生腹杆的主要特点就是能够利用辅助杆件，大大降低塔柱的长细比，使塔柱充分发挥其强度作用。

4. 矩型塔架

如图3－2－60（d）所示，矩型塔架一般用料较多，但为满足两侧主索的支座要求，需要有较大的间距，采用这种形式是比较适宜的。有时塔架安装在高桥墩台上，采用等截面矩型塔架，其架设安装工作就简便得多。

5. 空腹式塔架

如图3－2－60（e）所示，空腹式塔架基本形式为密闭式箱形结构，塔架由内部骨架与钢板外皮组成，它可以支承管桥到最大高度，塔架内部通过扶梯或电梯设备可通达塔顶。在国外，已有不少管桥工程采用这种结构形式，它较其他形式的塔架具有独特的优点。

除此之外，还可以根据工程需要，将塔架设计成“门”型、“Y”型和“A”字型等，在此不一一介绍，设计者可根据具体情况选定塔架形式。

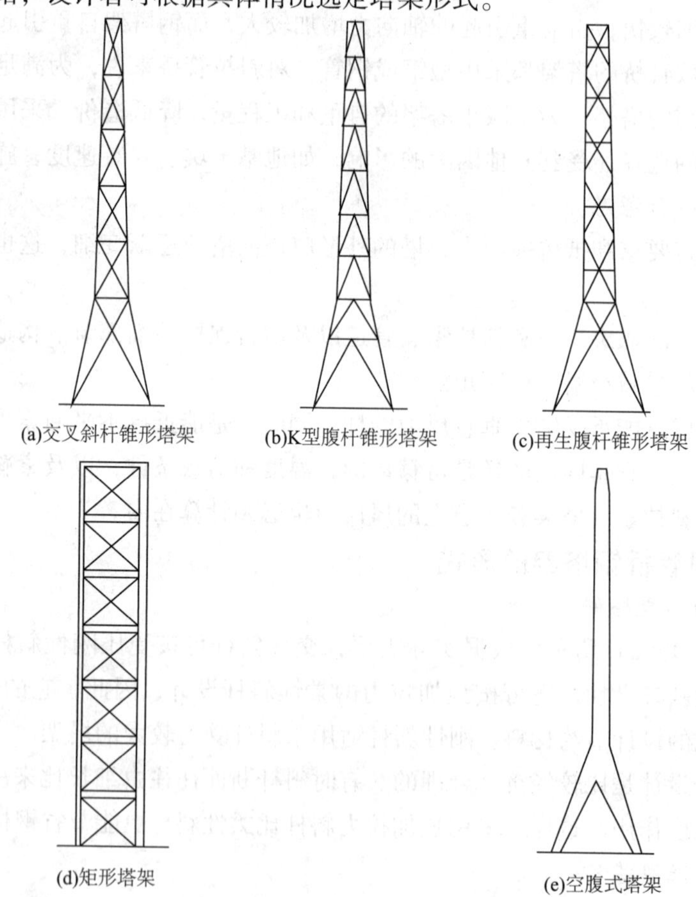

图3－2－60 常用管桥塔架类型图

（二）塔架所受荷载

塔架承受的主要荷载有：

1. 垂直荷载

（1）塔架自重；

（2）缆索传给它的垂直荷载，包括：恒载、活载和温度变化。

2. 纵向荷载

（1）由于边跨缆索变化引起的塔顶变位；

（2）风荷载；

（3）索鞍偏心。

3. 横向荷载

（1）风荷载；

（2）索鞍偏心；

（3）在风荷载作用下，由桥塔的侧向变位引起的垂直荷载偏心产生的次应力；

（4）温度变化。

4. 地震荷载

塔架的地震荷载需根据 GBJ 11—89《建筑抗震设计规范》计算，也可应用动力分析的计算机程序予以精确计算。

一般来说，塔的荷载是由缆索传递下来的垂直荷载、风荷载及自重组成。在恒载和缆索预应力的作用下，塔仅受轴向荷载。

（三）塔架的分析和计算

有关塔架的分析和计算，可参照《塔桅钢结构设计规范》等书籍，这里不再详述。

十、有关技术措施

（一）悬吊管桥拉索预拉伸与下料

1. 钢丝绳的选用

管桥所选用的钢丝绳最好是镀锌的钢芯钢丝绳，因其刚性好，抗腐蚀性能也比其他类型的钢丝绳强。而如果选用麻芯的钢丝绳，当气温很高时，油脂容易渗出，严重时会使钢丝绳表面防腐涂料脱落，而且蠕变量大。

2. 钢丝绳的预张拉及下料

为了消除钢丝绳在制造过程中固有的松弛引起管桥矢高增大，必须对钢丝绳进行预张拉。预张拉力取钢丝绳破断拉力的一半，稳定时间不少于 6h。

钢丝绳需在预拉伸状态下画线，但必须在拉力全部撤除之后方可下料。

（二）钢丝绳与锚固头的连接

1. 灌注套筒的合金成分和许用应力

详见表 3-2-54。

表 3-2-54 灌注套筒的合金成分和许用应力

合金代号	成分			灌注温度/℃	许用应力/MPa	
	锌	铝	铜		承压应力	黏着应力
Zn	100			480	8.8	7.8
Zn93 - Al6 - Cu1	93	6	1	450	23.5	17.6
Zn99 - Al0.5 - Cu0.5	99	0.5	0.5	450	21.5	10.8

2. 浇灌锚固头工序

（1）准备工作。在离绳头 400mm（比套筒长 100mm）处开始缠绕防松铁丝，用铁丝缠 250 ~ 300mm，将钢丝绳穿入套筒芯内。然后，打开钢丝逐根拧直。

（2）清洗钢丝绳。用无铅汽油将钢丝绳表面的油膜洗净，再用盐酸将钢丝绳外表的镀锌层洗净。然后，用肥皂水清洗，使盐酸中和，再用开水将肥皂水洗掉，用干布擦干钢丝。

（3）熔锌（或铅锑合金）。将锌打成 15 ~ 20mm 的小块，放入开口锅内加热至 400℃时开始熔化。

（4）浇灌。将套筒支在浇灌台上，由于施工中大部分钢丝散开在套筒芯的周壁上，故需用小铁丝捆扎，使钢丝尽量均布在筒芯上。然后，将熔化的锌灌入套筒内。在浇灌过程中，需用小铁锤轻轻敲打套筒外壁，使锌浇灌密实。

（5）检验。施工前必须做一试件，进行拉力实验，合格后方可进行操作。并做好施工记录（包括操作人员、日期、用量、温度、工序、检查结果及安装地点等）。

（三）管桥的防雷接地

管桥架空高度（包括铁塔高）超过 15m，均需考虑防雷接地。一般可在塔架顶部制作 0.3 ~ 0.5m 避雷针，利用塔架作引入线，引入接地极中。接地电阻小于或等于 10Ω，特殊高耸塔架需另作处理。

接地极常用 φ50mm 钢管或∠50mm × 5mm 角钢制作，连接塔架脚的引入线及电极连接线用 40mm × 4mm 扁钢制作。避雷针用 φ25mm 钢管制作，头部打尖即可，所用材料均需镀锌。

接地极根数必须根据各种土壤的电阻率进行计算，一般砂土或黏土常用 4 根∠50mm × 5mm 角钢，长度为 2.5m 或环形布置，圆环直径大于或等于 10m，基本能满足要求。对于电阻率较高的土壤，如岩石、碎石、卵石、干砂等可以用换土法，换填电阻率较低的黏土、黑土等，替换电阻率高的土壤。

第三章　计　　量

第一节　流量计量仪表

长输管道系统原油计量主要有两种方式：一种是用流量计测量；另一种是用储油罐测量。

（1）流量计测量：用流量计测量出原油的体积流量，用相应的方法测出原油的密度值、含水率以及有关的温度和压力值，以便求出不含水原油在标准条件下以质量为单位的油量。

（2）储油罐测量：用人工检尺或液位仪表测得储罐内原油液位高度，计算出体积量，同时按有关规程测量出密度值和含水率，以便求出罐内不含水原油以质量为单位的油量。

一、流量计

计量用的流量计主要为容积式流量计和涡轮流量计。常用的容积式流量计有腰轮流量计、刮板流量计、旋转活塞流量计、椭圆齿轮流量计和双转子流量计。

（一）容积式流量计

1. 腰轮流量计

腰轮流量计从结构形式上分，有立式和卧式两种（见图3-3-1）。

图3-3-1　腰轮流量计外形

(1) 组成。腰轮流量计主要由测量部分、调整机构、显示、累加和发信部分组成。它的组成系统见表3-3-1。

表3-3-1 组成系统

测量部分	调整机构	指针式指示器	机械计数器	防爆脉冲发信器	组成的腰轮流量计的功能
△	△	△			现场积算（指针式）
△	△		△		现场积算（机械计数器）
△	△	△		△	现场指示，电远传信号，防爆
△	△		△	△	现场积算，电远传信号，防爆
△	△			△	防爆、电远传信号（流量系数为1）
△				△	防爆、电远传信号（流量系数出厂时给定）

注：△为推荐使用产品。

腰轮流量计组成系统如图3-3-2所示。

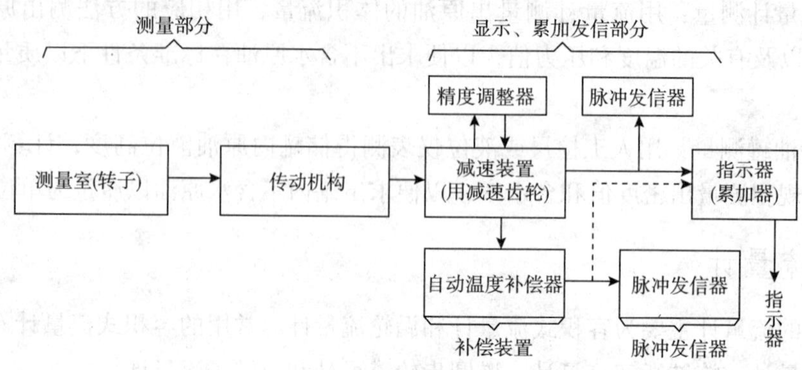

图3-3-2 腰轮流量计组成系统框图

(2) 工作原理。被测液体流经流量计时，使流量计的进、出口端形成压差，在此压差的推动下，使流量计计量腔内的腰轮旋转（见图3-3-3），同时通过固定在腰轮轴上的一对驱动齿轮，使两个腰轮交换驱动旋转。由于计量腔的容积是一个固定值，所以通过流量计的被测液体的流量与腰轮转数成正比，只要测得腰轮的转数就可确定出流量。通过传动变速机构将腰轮的转数传给计数器，计数器的累计值即是被测液体在某一段时间内的体积流量（就地指示）。脉冲发信器由发信盘和发信电路组成，发信盘与表头瞬时指示在同一

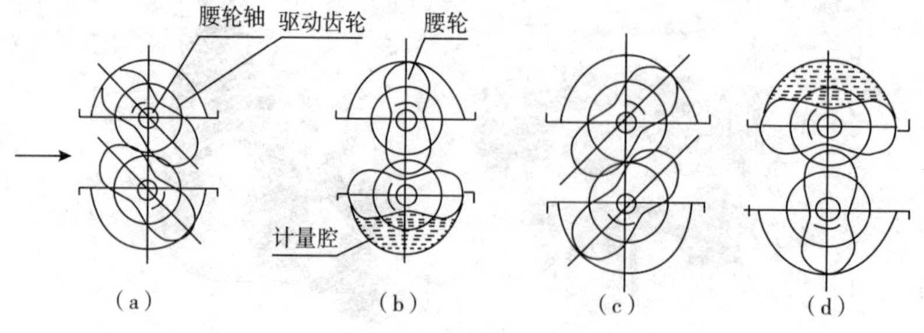

图3-3-3 腰轮流量计工作原理

轴上，发信盘转一圈与瞬时指示针转一圈所代表的体积量是相同的。通过脉冲发信器将流量（转速）变成电脉冲信号进行远传（电远传型）。

（3）结构。腰轮流量计主要由壳体、腰轮转子、驱动齿轮、上下盖板、中隔板、轴承、密封轴和表头等组成。腰轮流量计结构如图3-3-4所示。

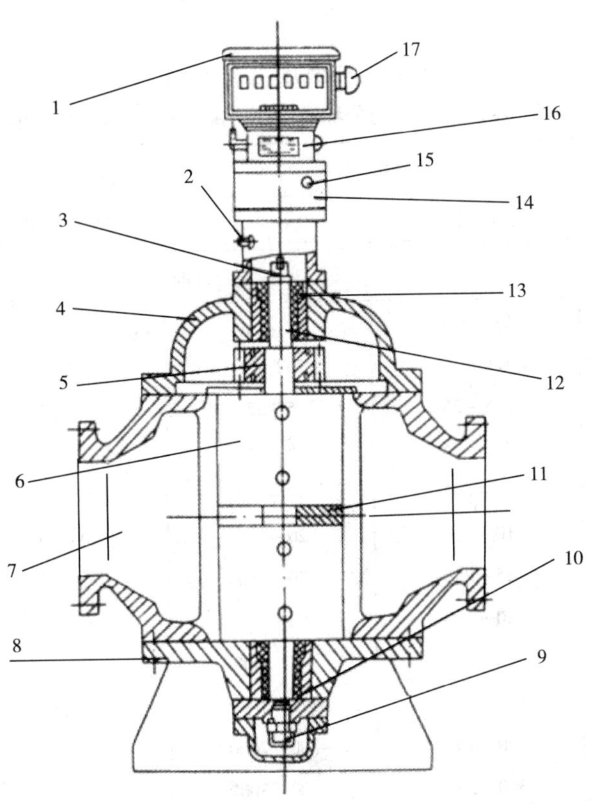

图3-3-4 腰轮流量计结构

1—表头；2—排气螺塞；3—连轴座；4—上盖；5—驱动齿轮；6—腰轮；7—壳体；8—下盖；9—止推轴承座；10—止推轴承；11—中间隔板；12—腰轮轴；13—径向轴承；14—出轴密封；15—油杯；16—修正器；17—手轮

（4）主要技术数据。基本参数：

①环境湿温度：-20～+55℃；

②相对湿度：5%～95%；

③流体温度范围：-20～+100℃；

④流体黏度范围：0.6～150（500）mPa·s；

⑤供电电源：+12V DC，电流≤50mA；

⑥输出电脉冲信号：f_{max}：1000Hz，VH≥9V，VL≤5V，传输距离≤1000m；

⑦输出阻抗：510Ω。

公称压力见表3-3-2。

表 3-3-2 腰轮流量计公称压力

公称通径/mm		25	40	50	80	100	150	200	250	300	400	500
公称压力/MPa	1.6	△	△	△	△	△	△	△	△	△	△	△
	6.3		△	△	△	△	△	△				

注：△为推荐使用产品。

（5）公称通径、流量范围、准确度与黏度见表 3-3-3。

表 3-3-3 腰轮流量计的公称通径、流量范围、准确度等级与黏度

准确度	±0.5%		±0.2%	
流体黏度/mPa·s	3.0～150	0.6～3.0	3.0～150	0.6～3.0
公称通径/mm	流量范围/（m^3/h）			
25	0.6～6	1.2～6	1.2～6	1.5～6
40	1.6～16	3.2～16	3.2～16	4～16
40	2.5～25	5～25	5～25	6～25
50	2.5～25	5～25	5～25	6～25
80	6～60	12～60	12～60	15～60
100	10～120	20～120	20～100	25～100
150	25～250	50～250	50～250	60～250
200	30～300	60～300	60～300	60～280
250	80～800	120～800	120～800	150～800
300	100～1000	170～1000	170～1000	200～1000
400	200～2000	300～2000	300～2000	400～2000
500	300～3000	500～3000	500～3000	600～2800

（6）流量计流率－基本误差、流率－压力损失特性曲线如图 3-3-5 所示。

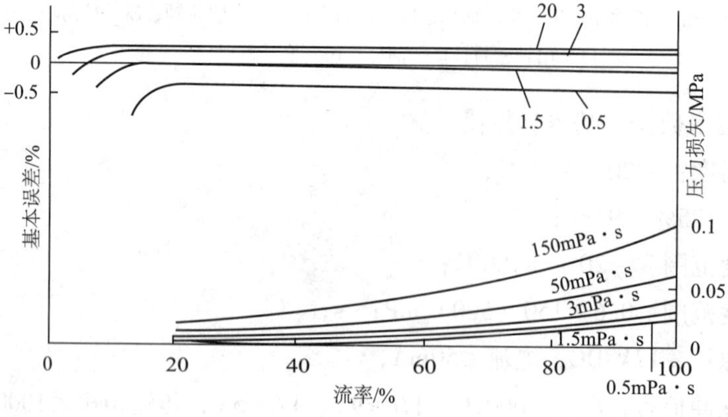

图 3-3-5 腰轮流量计流率－基本误差、流率－压力损失特性曲线

（7）腰轮流量计总量显示仪和脉冲发信器有关技术数据见表3-3-4。

表3-3-4　总量显示仪和脉冲发信器有关技术数据

公称通径/mm	流量范围上限值/（m^3/h）	总量显示仪						脉冲发信器		
		指针式指示器			机械计数器			接收调整机构输出（转动）		接收传感器输出（转动）
		指针度盘		总量计数器（7位）	可复零计数器（5位）		总量计数器（7位）			
		升/转（L/r）	最小分度（L）	升/末位字（升/字）	升/末位字（升/字）	最小分度（L）	升/末位字（升/字）	升/脉冲	最高输出频率/Hz	最高输出频率/Hz
25		10	0.1	10	1	0.25	1	0.1		
40	15	10	0.1	10	1	0.25	1	0.1	44.4	
50	25	10	0.1	10	1	0.25	1	0.1	59.5	493
80	60	10	0.1	10	1	0.25	1	0.1	167	465
100	100	10	0.1	10	10	2.5	10	0.1	277	460
150	250	100	1	100	100	25	100	1	139	693
200	300	100	1	100	100	25	100	1	84	794
250	800	1000	10	1000	1000	250	1000	1	223	
300	1000	1000	10	1000	1000	250	1000	1	278	
400	2000				1000	250	1000	1	556	
500	3000				1000	250	1000	1	834	

（8）腰轮流量计的特点。由于腰轮流量计具有准确度高，重复性好，震动和噪声小（立式腰轮流量计），适应介质黏度范围广，系列化、积木式组合结构，功能全等特点，在石油计量中得到广泛应用。

2. 刮板流量计

（1）结构。刮板流量计主要由测量部分和调整机构、指针式指示器、机械计数器、发信器等组成。不同的组合形式构成不同功能的流量计。流量计构成与功能见表3-3-5。

表3-3-5　刮板流量计构成与功能

测量部分	调整机构	指针式指示器	机械计数器	防爆脉冲发信器	组成的流量计及功能
△	△	△			现场积算（指针、计数器）*
△	△		△		现场积算（二排计数器）
△	△	△		△	现场指示及电远传输出*
△	△		△	△	现场积算及电远传输出
△				△	电远传输出

注：*为现场指示包括了计数器积算，△为推荐使用产品。

刮板流量计可以是单壳结构，也可以是双壳结构。在单壳结构中，外壳既作为承压容器又作为测量部件壳，刮板紧贴壳体内壁滑动。而双壳结构的刮板流量计，外壳全然是一个压力容器。公称通径在150mm以上的流量计，几乎都是双壳体碳钢结构。

刮板流量计组成如图3-3-6所示。

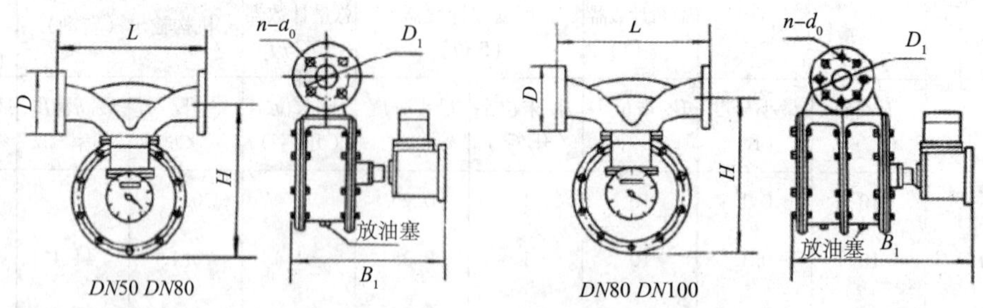

(a)由传感器、调整机构，指针式指示器和脉冲发信器组成的流量计

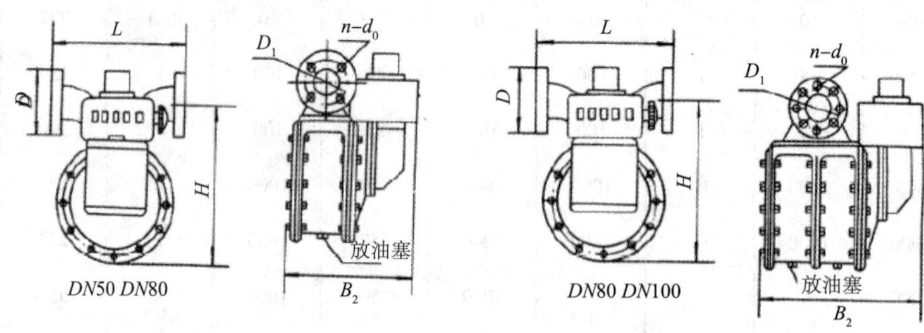

(b)由传感器、调整机构、机械计数器和脉冲发信器组成的流量计

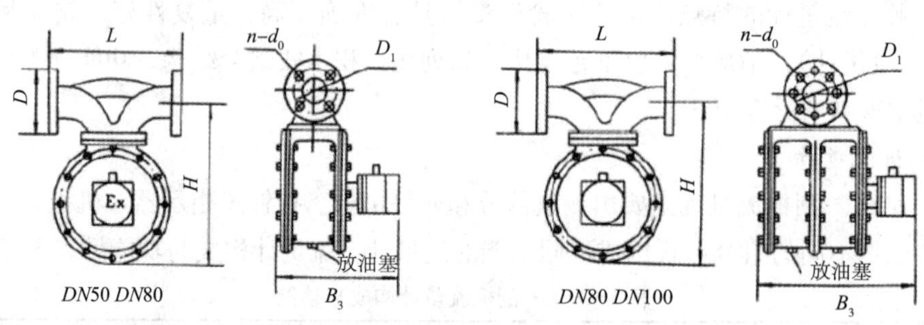

(c)由传感器和脉冲发信器组成的流量计

图3-3-6 刮板流量计组成

（2）工作原理。测量部分主要由壳体、转轮和滑动叶片（刮板）组成。当流体经过流量计时，使装有刮板的转轮转动，刮板紧贴壳体内壁滑动，依次将流体导入，继而被排出容积恒定的计量室。转轮转一圈，流过流量计的流体为计量室容积的4倍。其工作原理如图3-3-7所示。刮板流量计的外形如图3-3-8所示。

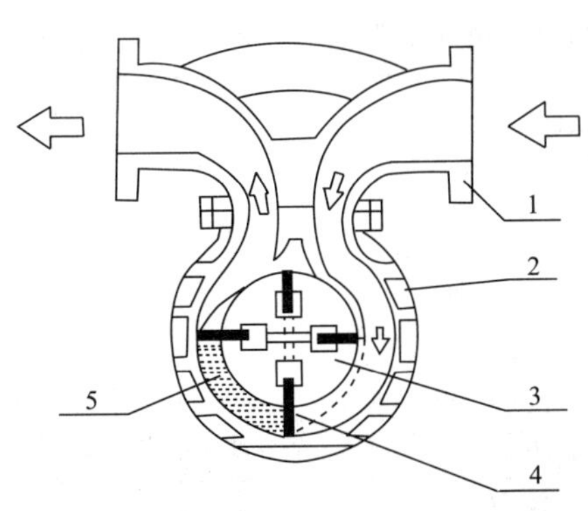

图3-3-7 刮板流量计工作原理

1—导管；2—壳体；3—转轮；4—刮板；5—计量室

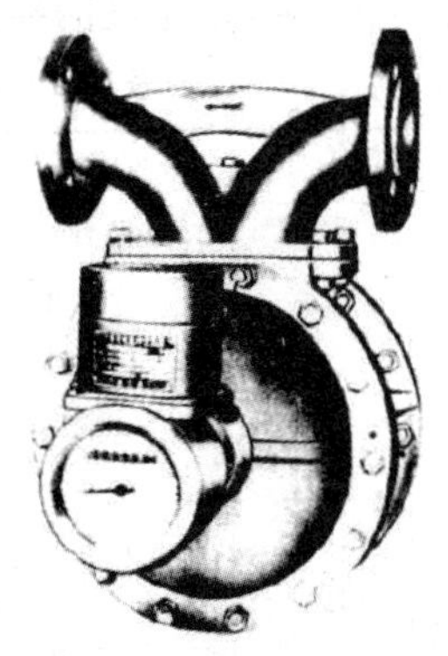

图3-3-8 刮板流量计外形

（3）主要技术数据。基本参数：

①环境温度：-10～+55℃；

②相对湿度：5%～90%；

③供电电源：+12V DC，电流≤50mA；

④流体温度范围：-10～+100℃；

⑤流体黏度范围：0.6～150mPa·s；

⑥公称通径：50～100mm；

⑦公称压力：1.0MPa。

（4）性能数据：

①输出信号：矩形波脉冲电压，VH≥9V，VL≤0.5V，输出阻抗510Ω；

②防爆类别：隔爆 dⅡBT3；

③压力损失：≤0.06MPa（DN50mm、DN80mm）或≤0.08MPa（DN80mm、DN100mm）。

（5）流量范围、准确度、黏度范围之间有关数据见表3-3-6。

表3-3-6 流量范围、准确度、黏度范围之间有关数据

准确度	±0.5%		±0.2%	
流体黏度/mPa·s	3.0～150	0.6～3.0	3.0～150	0.6～3.0
公称通径/mm	流量范围/（m^3/h）			
50	4～40	8～40	8～40	10～40
80	6～60	12～60	12～60	15～55
80	12～120	24～120	24～120	30～110
100	12～120	24～120	24～120	30～110

（6）显示单元与脉冲发信器的有关数据见表3-3-7。

表3-3-7 显示单元与脉冲发信器的有关数据

公称通径/mm	流量范围上限值/（m^3/h）	总量显示仪						脉冲发信器		
		指针指示器			机械计数器			接收调整机构输出		接收传感器输出
		指针度盘		总量计数器（7位）	可复零计数器（5位）		总量计数器（7位）			
		升/转（L/r）	最小分度（L）	升/末位字（升/字）	升/末位字（升/字）	最小分度（L）	升/末位字（升/字）	升/脉冲	最高输出频率/Hz	最高输出频率/Hz
50	40	10	0.1	10	1	0.25	1	0.1	112	490
80	60	10	0.1	10	1	0.25	1	0.1	167	740
80	120	10	0.1	10	2	0.5	2	0.1	334	740
100	120	10	0.1	10	2	0.5	2	0.1	334	740

（7）刮板流量计的特点。刮板流量计是容积式流量计。积木式结构具有组合方便，功能齐全；准确度高，重复性好；有防爆，电远传输出等功能，很适用于原油计量站计量。

3. 旋转活塞流量计

（1）结构。旋转活塞流量计主要由壳体、计量室、旋转活塞、偏心轮、内外磁钢、齿轮机构、记数机构和转数输出轴等零部件组成。其结构如图3-3-9和图3-3-10所示。流量计的外形如图3-3-11所示。

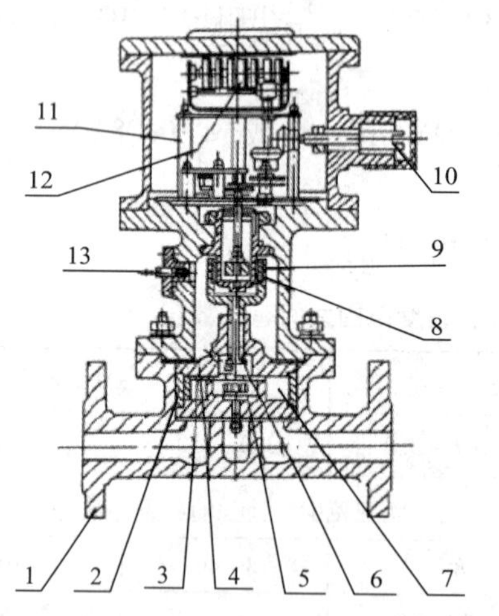

图3-3-9 LS-15A、LS-15B型旋转活塞流量计

1—壳体；2—计量室；3—旋转活塞；4—计量室盖；5—偏心轮；6—拨叉；7—隔板；8、9—连接磁钢；10—转数输出轴；11—齿轮机构；12—记数机构；13—排气螺塞

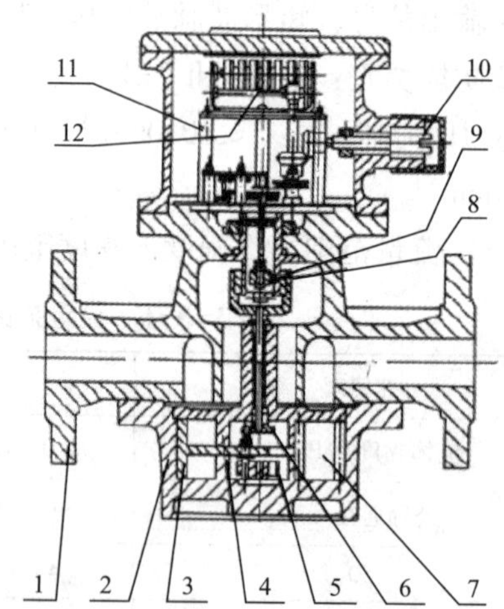

图3-3-10 LS-25A型旋转活塞流量计

1—壳体；2—计量室；3—旋转活塞；4—计量室盖；5—偏心轮；6—拨叉；7—隔板；8、9—连接磁钢；10—转数输出轴；11—齿轮机构；12—记数机构

（2）工作原理。流量计工作原理如图3-3-12所示。如图3-3-12（a）所示，被测液体从进口端进入流量计的计量室，进、出口之间形成一差压，使活塞按图上箭头所示的方向旋转。随着液体的继续流入，旋转活塞转到如图3-3-12（b）所示的位置，形成封闭的新月形截面的容积 V_1 与出口端连通将液体排出，如图3-3-12（c）所示位置。当活塞旋转到如图3-3-12（d）所示位置时，又形成一封闭的新月形截面的容积 V_2。再继续旋转则容积 V_2 与出口端连通而排液，亦即活塞又回复到如图3-3-12（a）所示的位置。这样，活塞每旋转一圈，经过流量计被计量的液体等于容积 V_1 与 V_2 的总和。

图3-3-11 旋转活塞流量计外形图

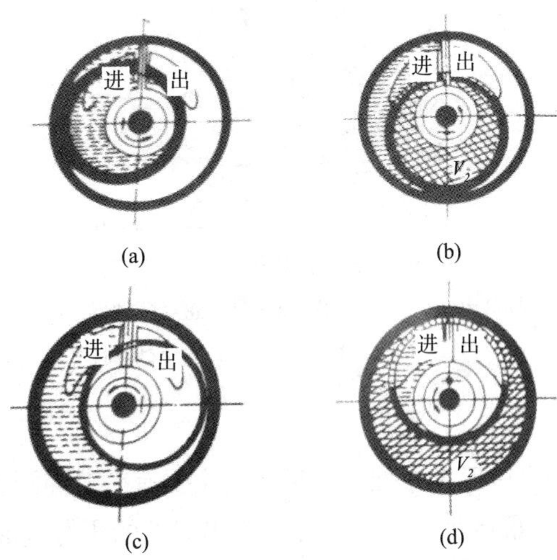

图3-3-12 旋转活塞流量计工作原理

（3）主要技术指标。流量计的通径、流量范围和质量见表3-3-8。

表3-3-8 旋转活塞流量计规格、流量范围和质量

型 号	公称通径/mm	最小流量/（L/h）	最大流量/（L/h）	质量/kg
LS-15A	15	25	250	8.5
LS-15B		40	400	
LS-25A	25	160	1600	12.5

注：$1L/h = 10^{-3}m^3/h$。

①基本误差限：±0.5%；

②公称压力：1.6MPa；

③流体温度：0～120℃；

④环境温度：-10～60℃。

（4）旋转活塞流量计的特点。流量计具有结构简单，工作可靠，测量范围大，测量准确度高，不受黏度影响，可带电远传等优点。

4. 椭圆齿轮流量计

（1）结构。椭圆齿轮流量计由流量计变送器和计数机构组成。变送器的主要部分是由装有一对椭圆齿轮转子的计量室和密封联轴器组成。计数机构则包含减速机构、调节机构、计数器和电脉冲发信器等。流量计结构如图3-3-13所示。其外形如图3-3-14所示。

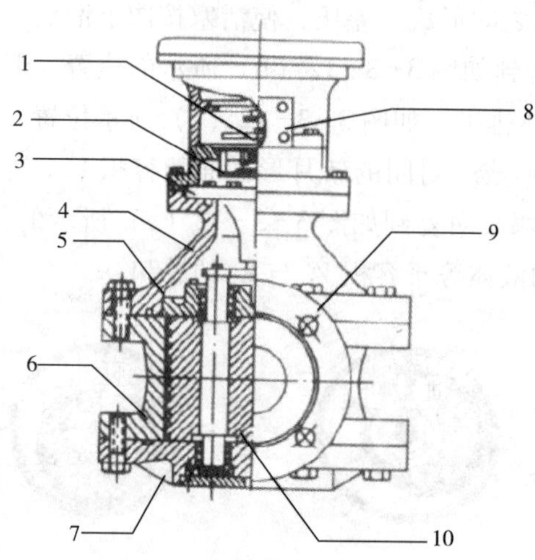

图3-3-13 椭圆齿轮流量计结构

1—计数机构；2—调节机构；3—轴向密封联轴器；4—上盖；5—盖板；6—壳体；7—下盖；8—发信器接口；9—法兰（JB 78-59）；10—椭圆齿轮

图3-3-14 椭圆齿轮流量计外形

（2）工作原理。计量室内主要有一对椭圆齿轮与盖板构成新月形空腔，作为流量的计量单位。椭圆齿轮靠流量计进、出口处的压力差推动而旋转，从而不断地把进口处的液体经新月形空腔计量后送到出口处，每转流过的液体量是图中新月形腔的4倍，由密封联轴器将椭圆齿轮旋转的总数，以及旋转的快慢传递给计数机构便有指针显示和字轮累计，即可知道通过管道的液体总量和瞬时流量。在计数机构中安装脉冲发信器，与电显示仪表配套，可以实现远传（定量、累计、瞬时等功能）自动化测量和控制。其原理如图3-3-15所示。

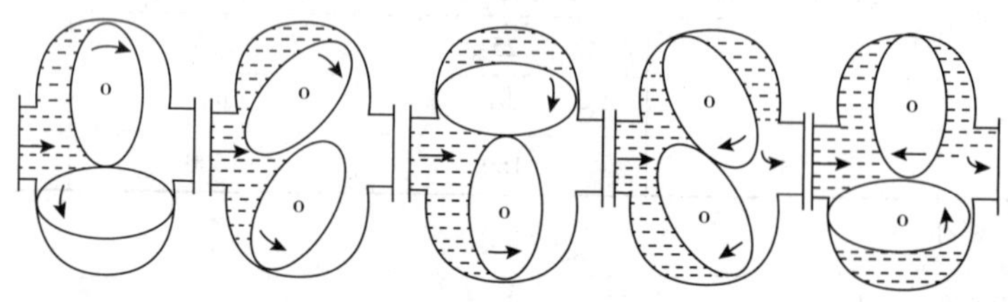

图3-3-15 椭圆齿轮流量计工作原理

（3）主要技术数据：

①精确度：±0.5%；

②介质温度：*DN*10～25mm，-20～120℃，其余-20～80℃；

③仪表指示形式：LC12、LC27型直读式有累计、带发信器；

④管道连接法兰：JB 78-59、JB 79-59；

⑤公称压力：1.6MPa（铸铁，不锈钢）、2.5MPa（铸钢*DN*20～25mm）、6.4MPa（铸钢*DN*15mm）；

⑥电变送器防爆等级：dⅡBT_4。

（4）型号规格。见表3-3-9～表3-3-11。

表3-3-9 LC11型椭圆齿轮流量计型号规格

型号	公称通径/mm	流量范围/（m^3/h）			
		石油产品			化学液体黏度0.6～200mPa·s
		黏度0 6～2mPa·s	黏度2～8mPa·s	黏度8～200mPa·s	
LC11型	10		0.025～0.4	0.08～0.4	
	15		0.1～1.5	0.3～1.5	
	20	0.75	0.3～8	0.2～3	0.6～3
	25	1.5～6	0.6～6	0.4～6	1.2～6
	40	3～15	1.5～15	1～15	2.4～12
	50	4.8～24	2.4～24	1.6～24	3.8～19
	65、65K	8～40	4～40	2.6～40	8～30
	80	12～60	4～60	4～60	
	100	20～100	6.5～100	6.5～100	
	100、150A	21～120	12～120	10～120	
	200	68～430	34～340	22.5～340	

表3-3-10 LC12、LC27型椭圆齿轮流量计型号规格

型号	公称通径/mm	流量范围/（m^3/h）				DF发信装置		ZF、OF、ZF_1、ZF_{11}发信装置					
		材质A、E			材质B、C	LC27型J_5计数器				LC12型			
						SH		J		J_2计数器		J_1计数器	
		黏度0.6～2mPa·s	黏度2～8mPa·s	黏度8～200mPa·s	黏度0.6～200mPa·s	l/P	P/S	l/P	P/S	l/P	P/S	l/P	P/S
LC12型	10			0.025～0.4	0.1～0.5					0.01	11.11		
	15	0.38～1.5	0.5～1.5	0.1～1.5	0.3～1.5		4.16	161.87	67.34		4.17		
	20E20	0.75～3	0.3～3	0.2～3	0.6～3	0.1	8.33	79.31	66.07	0.1	8.33		
	25	1.5～6	0.6～6	0.4～6	1.2～6		16.67	38.29	63.8		16.67		
	40	3～15	1.5～15	1～15	2.4～12	1	4.17	27.89	116.2	1	4.17		
	A10	3～15	1.5－15	1～15	2.4～12	1	4.17	23.52	4.17				
LC27型	50	4.8～24	2.4～24	1.6～2.4	6～30							0.1	16.7
	65	8～40	4～40	2.6～40	8～40							1	11.11
	80	12～60	6～60	4～60									16.67
	100	20～100	10～100	6.5～100									27.78
	200	68～340	34～340	22.5～340								5	18.89

注：l/P为脉冲当量，P/S为频率（本表指大流量时）；P为脉冲。

第三编 CHAPTER THREE 原油长输管道设计

表 3-3-11 LC33 型椭圆齿轮流量电变送器型号规格

公称通径/mm	流量范围/（m^3/h）				输出信号	
	石油产品			化学液体	DF、BDF 发信器	
	黏度 0.6～2mPa·s	黏度 2～8mPa·s	黏度 8～200mPa·s	黏度 0.6～200mPa·s	累计 *l/P*	瞬时 *P/S*
10			0.025～0.4	0.08～0.4	0.1	5
15			0.1～1.5	0.3～1.5	0.1	5
20	0.75～3.0	0.3～3	0.2～3	0.6～3	0.833	5.15
25	1.5～60	0.6～6	0.4～6	1.2～6	1	5.06
40	3～15	1.5～15	1～15	2.4～12	1	5.05
150A	20～100	10～100	6.5～100	16～80	10.1	4.99

（5）椭圆齿轮流量计的公称通径、流量范围与黏度见表 3-3-12。

表 3-3-12 椭圆齿轮流量计公称通径、流量范围、准确度与黏度

准确度等级	0.5		
流体黏度/mPa·s	0.6～2	2～8	8～200
公称通径/mm	流量范围/（m^3/h）		
10			0.025～0.4
15			0.1～1.5
20	0.75～3	0.3～3	0.2～3
25	1.5～6	0.6～15	0.4～6
40	3～15	1.5～25	1～15
50	4.8～24	2.4～24	1.6～24
65，65K	8～40	4～40	2.6～40
80	12～60	6～60	4～60
100	20～100	10～100	6.5～100
150，150A	24～120	12～120	10～120
200	68～340	34～340	22.5～340

（6）椭圆齿轮流量计的特点。椭圆齿轮流量计测量准确度高，受液体黏度变化的影响较小；压力损失小，一般都小于 0.02mPa；适应性强；使用寿命长；便于安装和维修；椭圆齿轮流量计量程比一般为 10:1。

5. 双转子流量计

（1）结构。如图 3-3-16 所示，双转子流量计计量部分主要由计量箱和装在计量箱内的一对设计独特的螺旋转子组成，它们与计量箱组成若干个已知体积的空腔，作为流量计量单位。互不接触的螺旋转子由同步齿轮保持适当的位置关系，靠流量计进、出口处的微压差推动而旋转，并不断地将进口的液体经空腔计量后送到出口，经密封联轴器及传动系

统将螺旋转子的转数传递给计数机构，直接指示出流经流量计的液体总量。

附加脉冲发信器，配以电显示仪表，可指示出流经流量计液体的总量和瞬时量，从而实现各种自动化装置的控制。

双转子流量计的外形如图 3-3-17 所示。

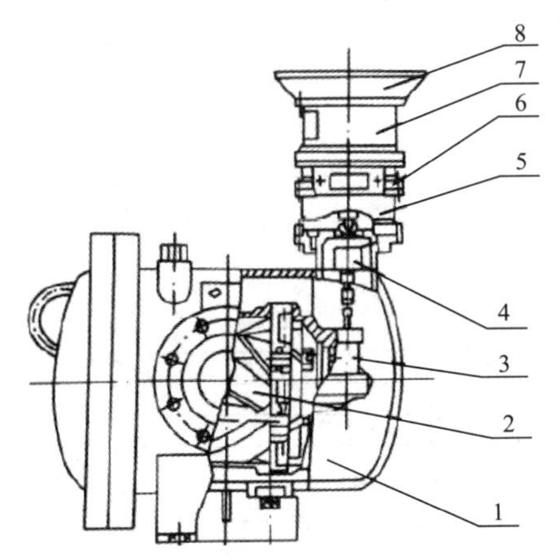

图 3-3-16　双转子流量计结构

1—大壳体；2—计量箱；3—变速换向组件；4—联轴器；5—调速器；6—外部调节器；7—发信器；8—E 型计数器

(a)LLT-80双转子流量计（大字码回零计数器）

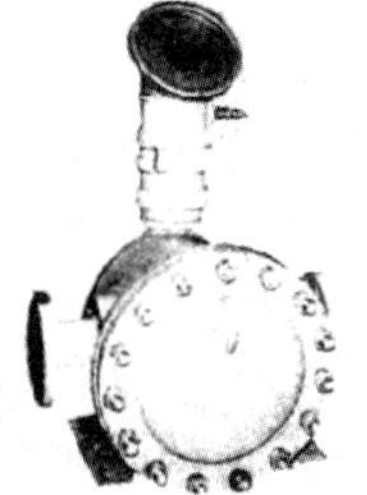

(b)LLT-150双转子流量计（带Es计数器）

图 3-3-17　双转子流量计外形

（2）工作原理。双转子流量计的工作原理如图 3-3-18 所示。两个螺旋槽形转子在测量室内是动态平衡的，但是水力是不平衡的，当液流进入计量单元室后，两个转子隔开液流进入体积瞬时精确计量腔，然后，这些精确计量腔内液流返出，排出测量室，在液流通过时，两个转子的转数与液流通过量成正比，设置在计量单元室外的齿轮传动装置传送转子机械转动、驱动机械或电子计数器，累加液流通过量。

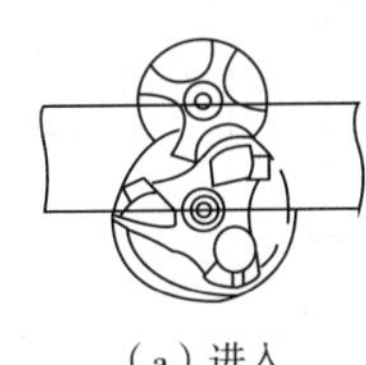

（a）进入

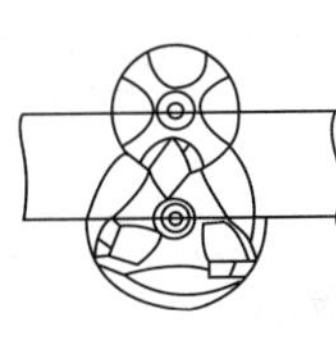

（b）通过

（c）流出

图 3-3-18　双转子流量计工作原理

（3）技术参数：

①公称通径：50mm、80mm、100mm、150mm、200mm、250mm、300mm、400mm。

②基本误差：±0.2%、±0.3%、±0.5%。

③最大工作压力：1.0MPa、1.6MPa、2.5MPa、4.0MPa、5.0MPa。

④流量范围：*DN*50mm（5.4～27m^3/h）；

*DN*80mm（19.2～96m^3/h）；

*DN*100mm（27.6～138m^3/h）；

*DN*150mm（45.4～227m^3/h）；

DN200mm（68～340m^3/h）；

DN250mm（113.5～567m^3/h）；

DN300mm（159～795m^3/h）；

DN400mm（397～1987m^3/h）。

⑤温度范围：－29～＋80℃，－29～＋160℃。

⑥介质黏度：0.2～2000mPa·s。

⑦管道连接法兰：GB 9113.1～GB 9113.20；

GB 9115.1～GB 9115.30。

（4）特性曲线如图3-3-19所示。

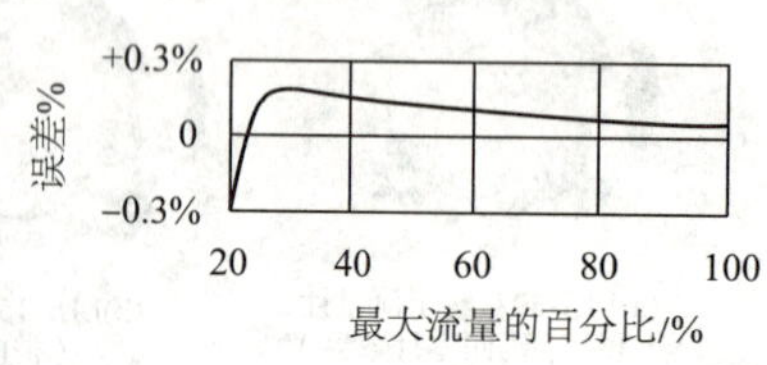

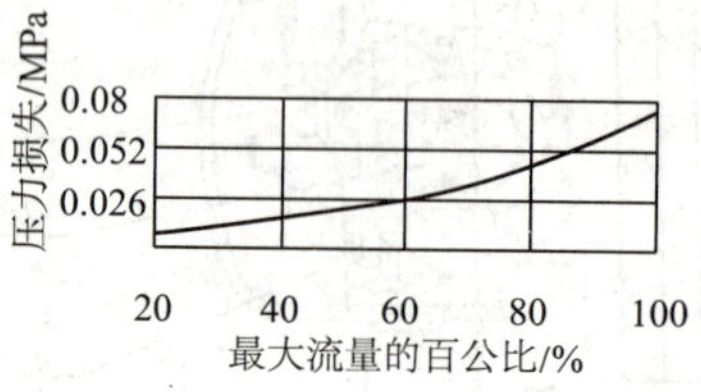

图3-3-19 双转子流量计特性曲线

（5）双转子流量计的特点。一对设计独特的平衡转子，计量精度高，适用多种液体。工作时，两转子之间及转子和计量箱之间无接触，噪声小、无脉动、寿命长。

复合壳体精度不受液压变化及安装条件的影响，在管道上可以直接维修，强度高。

（二）涡轮流量计

（1）结构。涡轮流量计由涡轮流量变送器、前置放大器和显示仪表组成。涡轮流量计组成如图3-3-20所示。

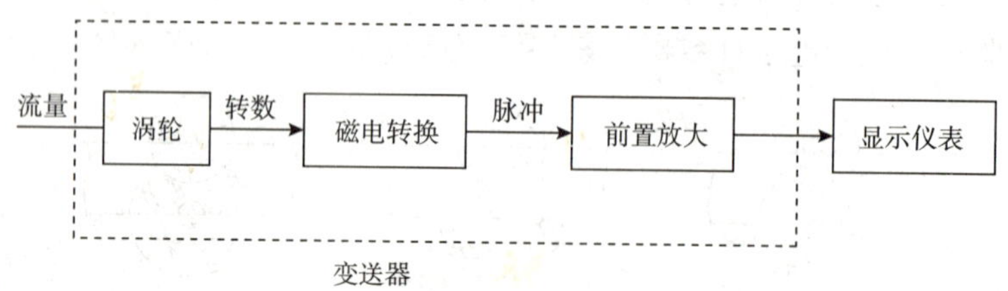

图3-3-20 涡轮流量计组成

涡轮流量计外形如图3-3-21所示。

图3-3-21 涡轮流量计外形

涡轮本体和前置放大器组装在一起的结构为一体式；前置放大器分开独立组装的结构为分离式；能测正、反流量的结构为双向式；带插入杆，能安装在大口径管道中测流体流量的结构为插入式。

（2）工作原理。当被测介质以一定的速度流过涡轮流量变送器时，在液体的作用下，斜叶轮受力而旋转，旋转的速度与液体流动的速度成正比。斜叶轮的转动周期性地改变磁电转换器的磁阻值，使感应线圈中的磁通量发生周期性变化，产生周期性的感应电动势，即电脉冲信号，经放大器放大后，送至二次仪表进行显示或累计。

（3）主要技术数据：

①环境温度：-20～+55℃；

②相对湿度：5%～95%；

③公称通径：*DN*10～500mm；

④范围度：6∶1 或 10∶1。

（4）涡轮流量传感器的主要技术数据见表 3-3-13。

表 3-3-13　涡轮流量传感器的主要技术数据

公称通径/mm	流量范围/（m^3/h）		流体温度范围/℃			精确度/%
	正常	扩大	一体式	分离式	防爆	
10	0.25～1.6					±0.5
15	0.6～4	0.4～4				±1
25	1.6～10	1.2～12				
40	4～25	3～30				
50	6～40	5～50				
80	16～100	12～120				
100	25～160	20～200	-20～+55	-20～+120	-20～+70	
150	60～400	40～400				
200	100～600	80～800				
250	160～1000	120～1200				
300	250～1600	160～1600				
400	400～2500	250～2500				
500	600～4000	400～4000				

（5）涡轮流量计的特点。

①准确度高。涡轮流量计的准确度在指示值的±0.5%以内（一般用），或±0.2%以内（交易用），而且在线性流量范围内，即使流量有所变化，累计准确度也不会降低。

②量程比宽。其量程比达 1∶10。在同样口径下，涡轮流量计的最大流量计的最大流量值大于其他很多流量计。

③压力损失小。涡轮流量计的压力损失比较小，一般在 0.005～0.03MPa，所以它节省动能。

④数字信号输出。涡轮流量计的输出是与流量成正比的脉冲信号（即数字信号）。它具有在传输过程中准确度不降低，易于输入计算机的优点。

⑤易于维修。涡轮流量计体积小、重量轻，易于拆装，机构简单、无滞流液体，内部清洗也比较简单。

（三）流量计类型的选择

流量计种类很多，设计中要选用哪一种，可根据具体情况决定，表3-3-14可供流量计选择时参考。

表3-3-14　油品计量流量计种类选用

油品黏度/mPa·s	流量计种类	公称直径/mm																		
		4	6	10	15	20	25	40	50	80	100	150	200	250	300	400	500	600	800	1000
轻油（2~5）	涡轮流量计						√	√	√	√		√	△	△	△	△	△	△	△	△
	腰轮流量计				△	△	△	△	△	△	△	√	√	√	√					
	椭圆齿轮流量计			△	△	△	△	△	△	△		△	△	√	√	√	√			
	刮板流量计					△	△	△	△	△	√	√	√	√						
	旋转活塞流量计																			
重油原油（5~20）	涡轮流量计														√	△	△	△		
	腰轮流量计				△	△	△	△	△	△	△	△	△	△	△		√	√		
	椭圆齿轮流量计			△	△	△	△	△	△	△	△	△	△	△	△					
	刮板流量计						△	△	△	△	△	△	△	△	√					
	旋转活塞流量计				△	△	△	△	△	△	△									
高黏度油品（750）	涡轮流量计														√	△	△	△		
	腰轮流量计				△	△	△	△	△	△	△	△	△	△	△	△	△			
	随圆齿轮流量计			△	△	△	△	△	△	△	△	△	△	△						
	刮板流量计						△	△	△	△	△	△	△	△	△	△				
	旋转活塞流量计				△	△	△	△	△	△	△									

注：△为推荐使用产品；√为适合使用产品。

（四）辅助设备

同流量计配套的辅助设备是指保证原油流量计测量准确，延长流量计寿命的设备，主要包括过滤器、消气器等。

1. 过滤器

过滤器安装在流量计入口前，以防止原油所带的焊渣、砂石等杂质和脏物进入流量计，造成流量计卡堵或损坏流量计，从而保证流量计正常运行，延长流量计的使用寿命。

选择过滤器一般可根据测量介质的性质和状况，选用与流量计压力等级和口径相同的原油过滤器。

过滤器的过滤网目应根据流量计转动部件与壳体、隔板之间和转动部件与转动部件之间的间隙，以及原油的黏度来确定。既不能使造成流量计卡堵的硬物、杂质进入流量计，也不宜造成过滤器的压力损失过大。一般来说，原油过滤器的过滤网以采用 20 ~ 40 目为宜。

2. 消气器

原油流经管道部件或拐弯处会有压力降，溶解气就会分离出来成为游离气。这些气体在管道内聚集并占有一定空间，随着油流进入流量计，会造成将气体当作油进行计量，影响了原油的计量准确度。为确保计量准确度，应将原油中的游离气在进入流量计之前排出，消气器就起到这个作用。

消气器有卧式和立式两种类型，其工作原理相同。立式消气器安装的占地面积要比卧式消气器小，当原油在消气器中的停留时间相同时，卧式消气器的消气效果优于立式消气器。选择消气器时，其压力等级和口径应与流量计相同。

过滤器和消气器通常可由流量计厂家配套供应。过滤器和消气器的数量有的是与流量计配套选择，有的在流体进入流量计前便可进行消气和过滤。具体采用哪种做法，可根据具体情况确定。一般是与流量计配套选择。

二、储油罐

（一）计量罐

计量罐是储油罐容量计量的计量器具，用于原油商品交接或企业内部原油交接。

计量罐比一般储罐要求高，要求从设计、计算、施工建造、容积检定、验收等方面严格按国家标准进行，并具有国家授权的专设机构的检定证书。

使用中的旧计量罐必须按国家规定定期检修、清洗并进行容积检定。检修周期为四年。

一般储油罐检修周期为五年。

（二）与计量罐配套使用的测量仪表

1. 对测量仪表的要求

（1）在原油储罐上安装的仪表必须符合防爆有关规定。

（2）技术先进、安全、耐用、安装方便和便于维修。

2. 常用测量仪表种类

（1）人工测量仪表。人工测量用的仪表主要为量油尺（测深钢卷尺）。

（2）自动测位仪表。主要有浮子式液位计、雷达式液位计和静压式液位测量系统等。

（3）测温仪表。测量储罐内油温选用仪表主要有点式温度计和平均温度计。仪表的技术规格参照生产厂家说明书。

（4）与测量仪表配套的监控系统可单独设置，也可以与所在站控制系统一起考虑，应尽量与站控系统一起考虑。

如单独设置时，应考虑与上位机的通信接口问题。

油库容量 $20\times10^2m^3$ 以上的，应尽量考虑采用工业电视监视、计算机监控、信息远传等先进技术，提高油罐管理水平。

三、密度计

密度计用来测量原油的密度值。密度测量仪表分为在线测量仪表和实验室测量仪器两类。

（一）在线测量仪表

在线测量原油密度值大部分使用振动管液体密度计。振动管液体密度计能连续测量原油密度值，测量精度较高，在原油计量中被广泛应用。

选用的振动管液体密度计测量准确度不应超过 $\pm1kg/m^3$。

选用的密度计数量可根据计量站来油的管路确定。一般每个流量计组安装两台密度计，正常运行一台，备用一台，以满足连续计量的需要。

常用的单振动管密度计的技术指标见表3-3-15。

（二）实验室密度值测量仪器

《石油和液体石油产品密度测定（密度计法）》（GB 1884）提供了实验室用密度计测定原油密度值的方法和仪器设备。

主要配备的仪器有：

（1）符合《石油密度计技术条件》（SY 13301）的石油密度计。在计量交接中所用的原油密度的最小分度值为 $0.005g/cm^3$。

（2）内径至少比所用密度计的外径大25mm的玻璃量筒。

（3）分度值为0.2℃（或0.1℃）的全浸水银温度计。

（4）±0.5℃的恒温水浴。

四、含水分析仪

原油含水分析仪也分为在线测量仪表和实验室测量仪器两类。

（一）在线测量仪表

目前，国内有两种在线测量原油含水率的仪表，称之为原油低含水分析仪。一种是电容式的，安装需要旁路管道；另一种是射频法的，为插入式安装。这两种产品均可提供4~20mA的模拟量输出。在油田上已开始工业性实验使用，有关这种仪表的技术功能，目前只有与制造厂联系，由制造厂提供。

选用的低含水分析仪测量准确度不应低于±0.1%。

选用低含水分析仪的数量和选用密度计的数量相同。

（二）实验室原油含水量分析仪器

《原油含水量测量定法（蒸馏法）》（GB 8929）提供了实验室原油含水率测定的方法和

仪器设备。采用该方法测量原油的含水量，必须按标准的要求配备所需要的设备和仪表。

表 3-3-15　单振动管密度计的技术指标

技术指标		型号				
		SMI 型	SMI-1 型	8840 型	AMC540 型	FZMC-8830 型
测量的介质		无腐蚀液体	无腐蚀液体	无腐蚀液体	无腐蚀液体	无腐蚀液体
密度值的范围/（kg/m^3）		700~1000	700~1000	600~1200	700~1100	600~1100
工作条件	压力/MPa	0~6.0	0~6.0	0~5.0	0~1.6	0~6.0
	温度/℃	20~70	10~80	-30~80	10~80	-30~110
温度系数/［g/（cm^3·℃）］		3×10^{-4}	3×10^{-4}	1×10^{-4} 3×10^{-4} （无补偿）	2×10^{-4} 3×10^{-4} （有补偿）	3×10^{-4}
压力系数/［kg/（cm^3·MPa）］		3×10^{-3}	3×10^{-3}	3×10^{-3}	3×10^{-3}	3×10^{-3}
测量准确度/（kg/m^3）		±1	±1	±0.5	±0.5	±0 5
输出信号		0~9V 周期脉冲（方波）	>4.5V 峰-峰值（矩形波）	0~15v 脉冲信号	18V 峰-峰值脉冲信号	0~5V 周期脉冲
电源		工作电压 +24V，+5V	+24VDC	+15~+18VDC 最大电流 30mA	±12V DC 最大电流 60mA	+24VDC 安全直流电源
环境条件	温度/℃ 相对湿度/%		0~50 20~85		-10~60 <90	

五、温度和压力测量仪表

（一）温度测量仪表

1. 就地测温仪表

（1）在原油计量站内过滤器前或流量计后，管线汇管，标准体积管进、出口，原油储罐罐壁等处均设有就地测温仪表。以便及时观察、了解被测原油的温度变化情况。

（2）一般情况下，就地测温仪表选用双金属温度计。双金属温度计刻度盘直径一般选用 ϕ100mm 或 ϕ150mm。准确度选用 1 级或 1.5 级。双金属温度计主要技术性能见表 3-3-16 和表 3-3-17。

表 3-3-16　双金属温度计的主要技术性能

结构形式	表壳直径/mm	时间常数/s	精确度等级	测量温度/℃	保护管		
					直径/mm	连接螺纹/mm	材质
轴向径向 135°角	60 80	<30	1.0 1.5 2.5	-80~600	6	M16×1.5	不锈钢 1Cr18Ni9Ti
	100 120 150	<60			10 12	M27×1.5	

续表

结构形式	表壳直径/mm	时间常数/s	精确度等级	测量温度/℃	保护管		
					直径/mm	连接螺纹/mm	材质
结构形式	保护套	插入长度/mm					
	耐压等级/MPa	100　200　300　500　1000　1500 75　150　250　400　750　1250　2000					
轴向径向 135°角	4.0 6.4						

注：连接螺纹形式仅为可动内螺纹、可动外螺纹及固定螺纹三种。

表3-3-17　工业用玻璃温度计的主要技术性能

结构形式	上体尺寸 L		下体尺寸 l/mm	保护管			
	长度/mm	直径/mm	长度/mm	直径/mm	材质	耐压等级/MPa	连接螺纹/mm
直型	224	26	60、80、100、120、160、200、250、320、400、500、630、800、1000、1250、1650、2000	16	黄铜 HP59-1 碳钢 A_3 不锈钢 liCr18-Ni19Ti	1.6	M27×2
90°角 135°角	263		110、130、150、170、210、250、300、370、450、550、630、850、1050、1300				

（3）准确度要求较高，振动较小，读数方便的场合可选用工作用玻璃板水银温度计，其主要技术性能详见表3-3-18。温度计的分度值一般为0.1℃。

表3-3-18　工业用铂电阻温度计的主要技术性能

分度号	允差等级	测量范围/℃	0℃电阻值/Ω	允差Δ/℃
Pt100	A B	-200～650 -200～850	100±0.06 100±0.12	$\pm(0.15+0.002\|t\|)$ $\pm(0.30+0.005\|t\|)$

（4）温度计的插入深度应符合有关规定要求。

2. 远传测温仪表

（1）在流量计出口安装有远传温度测量仪表，进行远传显示、流量值修正。

（2）要求准确度较高、可靠性高，且符合防爆有关规定要求。

（3）一般选用隔爆型铂电阻、温度变送器、一体化温度变送器。当要求以标准信号传输的场合，应选用温度变送器或一体化温度变送器。由于一体化温度变送器具有较多优点，选用时应优先考虑。

（4）原油罐顶上测温一般选用平均温度计。技术规格详见生产厂家说明书。

（5）准确度应不低于0.5级。

（6）温度的插入深度应符合有关规定要求。

（二）压力测量仪表

1. 就地测压仪表

（1）在原油计量站内过滤器前后，流量计后，管线汇管等处设置就地测压仪表。主要用于保护过滤器和流量计，使操作人员能及时发现故障。

（2）一般选用隔膜压力表，方便维护。

（3）刻度盘直径一般选用 ϕ100mm，安装位置较高或观察距离较远时，选用 ϕ120mm 或 ϕ150mm。

（4）准确度应为 1 级或 1.5 级。

2. 远传测压仪表

（1）在原油计量站内流量计出口处设置远传测压仪表，用于测量压力修正、信号远传显示、报警等。为保护过滤器，可以在地滤器两端取压，安装差压变送器进行远传报警用。

（2）一般选用防爆型压力（差压）变送器或智能压力（差压）变送器。

（3）变送器取压连接方式采用法兰、螺纹均可。

（4）变送器应符合所在场所防爆等级的有关规定要求。

（5）变送器准确度应不低于 0.2 级。

变送器技术规格详见生产厂家说明书。

仪表选用时可参照《原油天然气和稳定轻烃交接计量法计量器具配备规范》（SY/T 5398—91）执行。

六、运算、显示和控制仪表

（一）运算、显示和控制方式的确定

原油外输计量站的运算、显示和控制方式有以下几种：

（1）由流量计表头直读累计流量值，人工取样化验原油密度值和原油含水率，按有关规定计算出纯油量。

（2）由流量计测量容积，由在线密度计测量原油的密度值，由在线含水分析仪测量原油的含水率，经计算机系统采集、运算和处理，打印计算结果，但没有流量控制与调节系统（靠人工开关阀门）。

（3）在上面（2）所述的方式中加上流量调节控制系统，供流量计检定自动控制和流量调节，也可供流量计正常工作期间进行最佳流量跟踪调节。

从实用、方便的角度来看，小型计量站，特别是油田内部计量交接站选用第（1）种方式即可；在较大型的原油外输计量站应采用第（2）种方式；在有条件的计量站亦可采用第（3）种方式。如果原油外输计量站涉及油田的贸易交接计量，为维护油田的经济利益，进行流量跟踪调节，确保计量具有更高的准确度是十分必要的。在确定显示、运算和控制方式时，必须注意这一点。

（二）运算显示仪表的选择

原油外输计量中的主要运算主要包括以下几个方面：

（1）流量计、密度计、原油低含水分析仪配套在线测量的油量计算：

$$M_a = V_t \rho_t C_w MFF_a \quad (3-3-1)$$

式中 M_a——原油在空气中的净质量，t；

V_t——输送状态下的原油体积，m^3，由流量计测得；

ρ_t——输送状态下的原油密度值，kg/m^3；

C_w——原油含水率系数，$C_w = 1 - W$，W 为原油含水率的质量百分率，由在线原油含水分析仪测得；

MF——流量计系数，由检定流量计确定；

F_a——真空中质量换算到空气中质量的换算系数，由表3-3-19 查得。

表3-3-19　石油真空中质量换算到空气中质量的换算系数

20℃的密度值/（g/cm^3）	换算系数（F_a）	20℃的密度值/（g/cm^3）	换算系数（F_a）
0.5000～0.5093	0.99770	0.6796～0.7195	0.99840
0.5094～0.5315	0.99780	0.7196～0.9645	0.99850
0.5316～0.5557	0.99790	0.7646～0.8157	0.99860
0.5558～0.5822	0.99800	0.8185～0.8741	0.99870
0.5823～0.6114	0.99810	0.8742～0.9416	0.99880
0.6115～0.6163	0.99820	0.9417～1.0205	0.99890
0.6137～0.6795	0.99830	1.0206～1.1000	0.99900

当不采用在线原油含水分析仪时，式（3-3-1）中的系数 C_w，由人工取样化验含水率确定。

（2）流量计配石油密度计量，人工化验原油含水率进行计量的油量计算：

$$M_\alpha = V_t \rho_{20} (MFC_{pi} C_{ti} F_a C_w) \quad (3-3-2)$$

式中 ρ_{20}——标准条件下原油的密度，kg/m^3，实验室用石油密度计测得的视密度值 ρ_t，查《石油产品密度测定及计量换算法》；

MF、F_a、C_w——联合修正系数；

C_{pi}——原油体积压力修正系数；

C_{ti}——原油体积温度修正系数。

其他符号意义同前。

显然，当人工化验原油含水率计量油量时，不需选用显示仪表。当采用流量计与在线密度计、在线原油含水分析仪进行计量时，应选用运算和显示仪表。根据当前技术发展的状况，选用工业计算机即可完成数据的采集和运算工作。

选用运算和显示仪表时，应考虑出现故障或停电可能出现丢失计量数据的突发状况，要有保证计量数据不被丢失的措施。

（三）控制室的选择

计量站控制室有两种方式：

（1）独立设控制室（计算机室）；

（2）利用输油原站控制室（计算机室）。

具体选用哪种方式应根据具体情况确定。

第二节　检定系统

如图 3-3-22 所示为流量计量及检定系统控制流程。整个系统由流量计（包括消气器、过滤器）、检定装置（标准体积管和体积管控制台）及检测仪表等组成。检测仪表有：温度变送器、压力变送器、差压变送器、密度计和低含水分析仪，它们分别对原油的温度、压力、过滤器两端的差压、密度和原油的含水量进行检测，其测量值输入计算机中，进而在计算后显示、打印。

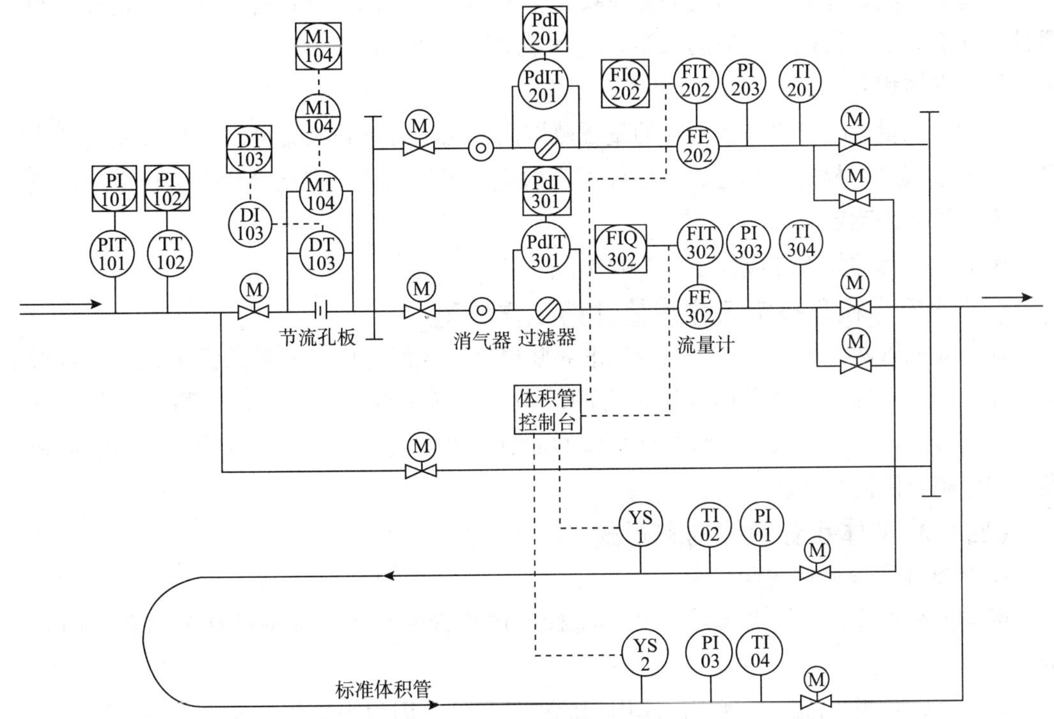

图 3-3-22　流量计量及检定系统控制流程

为保证测量仪表的准确性，并长期在允许误差范围内运行，必须对流量计，以及温度压力仪表和标准体积管或标准流量计、密度测量仪表、原油含水测量仪表依法定期进行检定。用于测量的储罐及相应的仪表也应依法定期进行检定。

一、流量计检定系统

（一）流量计检定方法

流量计检定方法有标准体积管法、标准流量计法、标准容器和称重法等。长输管道计量站常用的检定方法是标准体积管法和标准流量计法。

标准体积管是以经过严格标定的已知标准容积来计量流体流经被校流量计的液体体积。标准容积是两个检测开关之间的管道内腔的容积。

标准流量计为选用精确度较高，且经过标定的流量计，通过标准流量计与被校流量计示值的比较，求得被校流量计的误差。

（二）流量计的检定装置

计量站流量计检定分为在线检定和离线检定。若计量站规模小，使用的流量计口径小，拆卸方便，且就近有方便的检定设备，可以采用离线检定。但对于商品交接计量站，由于流量计检定周期短（一般为3个月），且每隔一定时间（一般为15天）需对流量计进行自检，因此一般应设置在线检定装置。

当前原油流量计的在线检定装置主要是标准体积管。标准体积管分为固定式和活动式两种，外输原油计量站和一般的大型原油计量站流量计比较多，口径比较大，通常选用固定式的标准体积管。

在检定流量计时，要在流量计的量程范围内，从小流量到大流量（或从大流量到小流量）的全量程进行检定。因此，标准体积管的规格可根据被检定流量计中口径最大的流量计的最大流量来确定。

标准体积管的复现性应优于±0.02%。

（三）用体积管检定工作流量计的工作原理

标准体积管两个检测开关之间的标准容积值是预先经过反复精确的标定程序标定得出的，而且复现性好。当通过标准管道中的球被实验液体推动时，触动检测开关分别发出启、停信号，记录被检流量计脉冲计数器的冲数，比较该脉冲数所对应的指示体积值和标准容积值来检定流量计。

（四）标准体积管的结构和形式

1. 标准体积管的结构和形式

标准体积管分常规标准体积管和小型标准体积管两种，又分别具有单向和双向两种型式。

多年来，常规标准体积管广泛应用于原油计量站。因为小体积标准管具有体积小、重量轻、成本低及安装操作方便等优点，很受用户重视。所以，小型标准体积管开始应用于计量站。

常规标准体积管种类很多，国内主要生产厂商有开封仪表厂、上海自动化九厂、龙江仪表厂等。国外生产厂商主要有美国Smith流量计公司、Brooks流量计仪表集团等。

常规标准体积管如图3-3-23所示。

其主要技术数据为：

①环境温度：+5～+40℃；

②相对湿度：5%～85%；

③流体类别：水、原油及油品；

④流体温度范围：15～85℃；

⑤流体工作压力范围：1.6～4.0MPa；

⑥公称通径：*DN*200～600mm；

⑦供电电源：380V，50Hz（三相）；

⑧重复性：<0.02%；

⑨范围度：40∶1；

⑩防爆类别（检测开关）：dⅡAT_3。

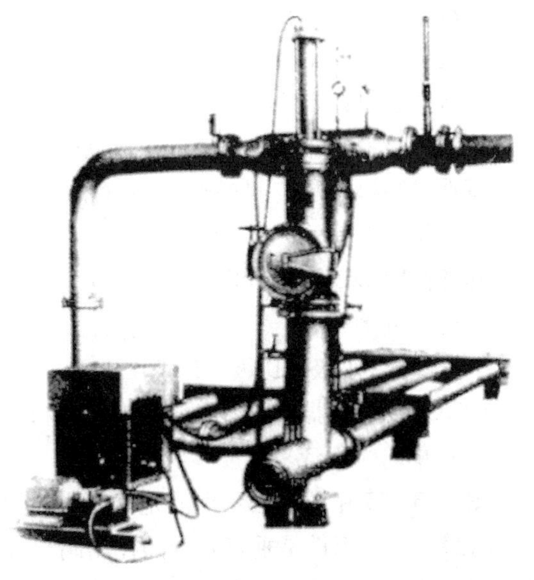

图3-3-23　常规标准体积管

常规标准体积管要求体积管两个检测器之间的容积允许最少分辨自流量计发生10000个正向脉冲（不变的），才能保证其精度。

计算机处理控制台采用现代化计算机技术，操作小型标定体积管，使其产生清楚、明确的标定计算参考数据。近期，还发展至配备双向通信，可与其他数据系统通信；外型缩小，成本降低。计算机计算所有数据，包括温度修正、压力修正。小型标准体积管如图3-3-24所示。

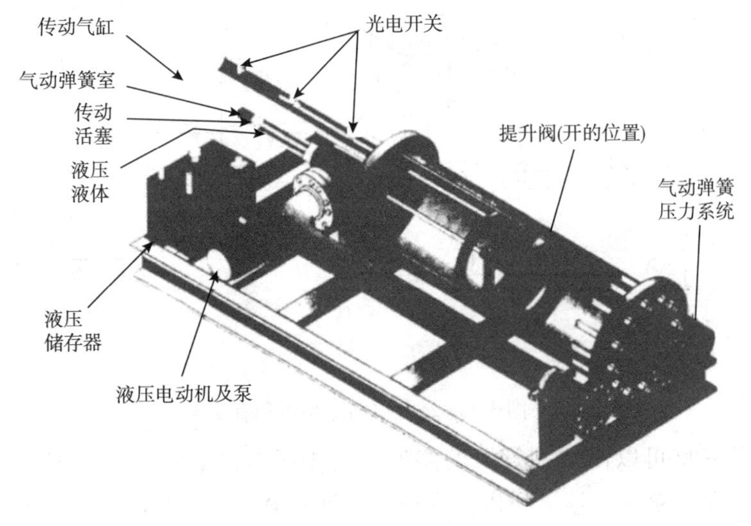

图3-3-24　小型标准体积管

其主要技术性能为：

①重复性（排水法）：0.02%。

②工作温度：

标准：－29～＋93℃；

备选：－54～＋204℃。

③构造材料：

标准：碳钢，加无焊条的镀镍流动管；

备选：304 不锈钢，加镀铬流动管。

④工作压力：

标准：10.203kPa（38℃）；

备选：24.804kPa。

电子部分：1 级、D 级、1 部。

体积管按置换器的流动方向分为单向和双向两种。

（1）单向体积管。

图 3－3－25 用图解法示出的是常用形式的单向体积管，它使用弹性球作为置换器。该体积管最重要的部件是垂直安装的控制阀，可使球在阀被操作时通过它落下，在球落下后通过阀使球进入液流，并围绕环路移动。在环路流程端部，球落入紧挨球控制阀上边的座位。球在此停留，直到阀被激励发球，进行下一个过程的运行。

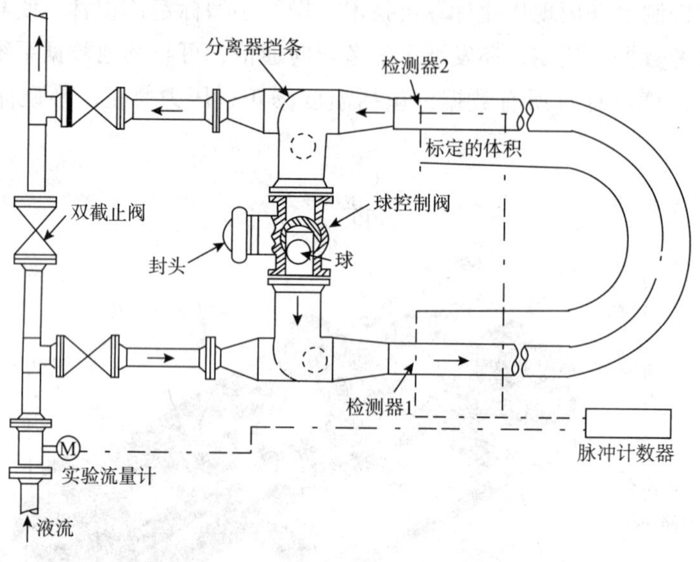

图 3－3－25 单向球型体积管

阀转动时为一些可以使体积管短的路液流提供通道，最基本的是球在旁通液流中止前，不应进入体积管被标定段。所以，在球进口处和第一个检测器位置间配增长管段（常常叫做“预行程段”），以便在球到达第一检测器之前，给阀以关闭和密封时间。当超过其最大额定量时，不可以使用这种形式的体积管，而选择另一种在阀停止转动前，具有能控制要开始其行程球的某种机械装置的体积管，可以缩短增长段。

单向体积管还有一种形式称为“三球体积管”，这种体积管用一短管段代替了控制阀。当不进行检定运行时，含有三个球，当检定运行开始时，将三个球中最前面的一个球推移进入液流，而另外两个球机械地固定在原位置上起密封作用以防液流旁流。采用这种结构没有必要等待阀慢慢地转向密封，所以增长段可以制作得十分短，这种体积管操作比较复杂。另外，由于两个球在密封管中长时间压缩，所以球一旦投入运行，不能马上恢复自然形状。由于三个球之间在性能和外形尺寸方面存在差异，所以在容积示值标定或检定流量计时，容积复现性会受到一定的影响。

（2）双向体积管。

双向体积管可以使用球或活塞作为置换器。使用活塞的主要缺点是它仅能在直管段工作。使用球很普遍，因为它可绕过弯头移动，这样使用双向体积管，球可以装入并呈现紧环形管网状态（见图3-3-26）。

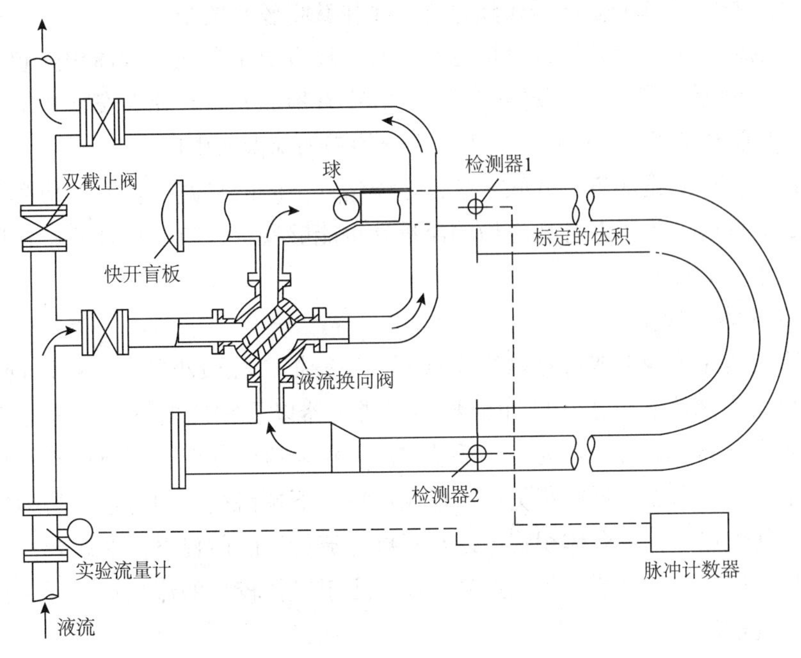

图3-3-26 双向球型体积管

当液流通过流量计连续在一个方向流动时，为了能使液流通过体积管时转向，使用了这种形式的四通阀。其位置处于检定行程端部，阀一开始转向，液流就开始反向，开始不按反向行程移动，但是球不能达到全速，直到阀完成转向动作。增长段长度必须足够，以保证球在进入体积管被标定长度前完成阀的操作。某些双向体积管装有某一夹持球的装置，当四通阀转向时，球在静止位置；在液流转向之后球完全被发射出去，以便突然进入液流，一开始就是全速行进，从而强制球加速并能很迅速地达到全速。这种形式的体积管增长段可以制作得很短。

在操作中，球检测器从来没有十分对称的，因此当球在检测器1和检测器2（V_{1t}）之间移动时与球在检测器2和检测器1（V_{2t}）之间移动时，所标定的有效体积将不完全一样。所以，通常把V_{1t}和V_{2t}之和作为体积管被标定的体积，称为正反行程的体积。同样地，习惯上安排连接双向体积管计数器累计收集在两个方向的脉冲（$n_{1t}+n_{2t}$），得出正反行程的脉冲数。

2. 标准体积管的安装形式

目前，对于所使用的体积管的安装，就其安装形式可分为固定式和活动式（车装式）两种：

（1）固定式体积管。

一般对于较大型体积管（*DN*200mm 以上）都采用固定式安装。根据具体情况，如装卸油港口、原油外输计量标定站等，凡是对精度要求比较高，校验周期比较短，并且需经常校验的商用流量计所使用的标准体积管均需考虑采用固定安装比较合适。固定安装最好采用室内安装或半室内安装。半室内安装一般是把标准体积管段设置在室外，并加保温防雨层，这样，体积管所处的温度场比较稳定，容易获得较高的精度。

对于装卸油港口或原油外输计量标定站，有的地方由于受地形或面积限制，再加上气候条件比较好，就可以采用露天安装体积管，其中有地面安装和地下安装（把标准管段埋入地下）。对于露天安装的体积管，其表露部分均需加保温防雨层。

固定式体积管一般是靠管汇并联于欲检定流量计下游的管路上。通过切换阀门实现对流量计的检定。同时，为了对外地送检的流量计也能够检定，与体积管入口相连的管汇上应预留安装流量计的接头。

（2）活动式体积管。

把体积管安装在车辆上或可移动的爬犁上。一般把口径较小的（*DN*200mm 以下）双向型体积管与配备的控制仪表、脉冲记数器、消气器以及相应的管汇，全部安装在车辆上，组成车装式标准体积管。作为一个活动式流量仪表检验装置，可定期巡回检验正在使用的在线流量计，而不需要拆卸流量计，仅仅连接一下预留接头即可很容易地实现流量计的检验工作。其优点是：一台体积管可以在不拆卸流量计的前提下，对多台流量计分别进行检验，并且比较经济、灵活。其缺点是：仅适用于口径较小的流量计，同时仅适用于校验周期较长的流量计。

目前，国外有的流量仪表制造厂商把体积管、多台流量计、消气器、过滤器以及相配套的仪表全部组合在一起，安装在可移动爬犁上，组成一个完整的流量计装置。把它运到现场后，只需要把计量装置的进口与计量管线相连即可进行计量。这种计量装置与车装式计量装置相比，可计量更大的流量。其优点是：适宜工厂内预制，可在工厂内完成体积管本身的标定工作。现场安装完毕后即可投入使用，有利于加快工程投产进度。

3. 常规标准体积管的主要设备

常规标准体积管主要由检测器、置换器、阀、标准管段、液压系统、控制台等部分组成。

（1）检测器。亦称检测开关。最常见的检测器是一种半球形端面的钢销撞针，通过管壁伸入大约 1cm，当置换器与撞针接触时，其力向上克服弹簧反作用，紧贴到管壁内边，撞针在短行程某一预定的点，启动一个开关（开关可以是机械控制的微型开关或电磁开关、光纤开关）。检测器在体积管标准管段的两端，各装一个。为了保险起见，一端也可以装两个检测器。

（2）置换器。在标准体积管中通常采用的一种置换器是具有稍微过盈量的弹性球，一般是用某些耐油弹性物体制作的空心球（如氯丁橡胶或聚氨基甲酸酯），球上装有一个充液阀，用水或乙二醇充填。其外径尺寸应以充大到体积管腔保持有效的密封而又不产生太大的滑动摩擦为宜。一般情况下，球的运行直径比体积管内径大1% ~2%。在运行时，球像一个橡皮滚子，在体积管壁上留下一层轻微的、均匀的薄膜。球的更大膨胀量并不能改善密封性能，并且通常会引起球较快磨损。在向球内注液体时，必须注意保证球内没有空气，球中的液体也一定不能渗入操作液体中。

（3）阀。体积管的形式不同，阀也不同。单向体积管上的球控制阀，双向体积管上的四通阀，还有旁通管线上的任一阀门，这些阀门都应密封性能良好。

（4）标准管段。两个检测器之间的管段称为标准管段。它是形成体积管标准容积值的标准管段。标定体积管时，置换器在两个检测开关之间置换出来的容积示值，就是该体积管的标准容积值，所以体积管正式标定以后，标准管段不得有任何变形。两检测开关之间的法兰不得拆动，以保证标准体积管段轴线长度不变。对于标准管段中的直管和弯头，其内径自身的椭圆度不能大于1%。标准管段腔膛必须是光滑的，内表面均需涂一层聚酯膜，以减少球与管壁的摩擦，减少压力损失，减少球的磨损，增长球的寿命，同时提高密封性。

（5）控制台（控制器）。控制台由体积管生产厂商随体积管配套供应，用于处理从体积管和流量系统来的全部信号。它能接收体积管检测器的启停信号或计时信号，接收被检流量计发出的脉冲信号，完成计算功能和所有数据的显示。还具有远程操作、报警打印、逻辑程序控制和其他功能（数据系统通信）。

4. 小容符号标准体积管的主要设备

（1）精密的测量缸筒；

（2）置换器的活塞、球体或其他液体隔离装置；

（3）标定段上游置换器定位和发射装置；

（4）置换器传感器或检测器；

（5）压力和温度测量仪表；

（6）计时和计数仪表。

（五）体积管的检定系统与设备

1. 检定系统

标准体积管是用来检定流量计工作的标准器具，起量值传递作用。标准体积管必须经计量执法部门进行检定，取得合格证书后方能使用。因此，在建标准体积管的同时，必须考虑标准体积管的检定系统。

目前，在检定标准体积管中广泛使用的方法是标准容积法。该检定方法的流程如图3-3-27所示。这是一个水循环系统，水泵将水池内的水压入体积管，经体积管、调节阀、换向器至标准量器，在标准量器内计量后将水放入水池中。

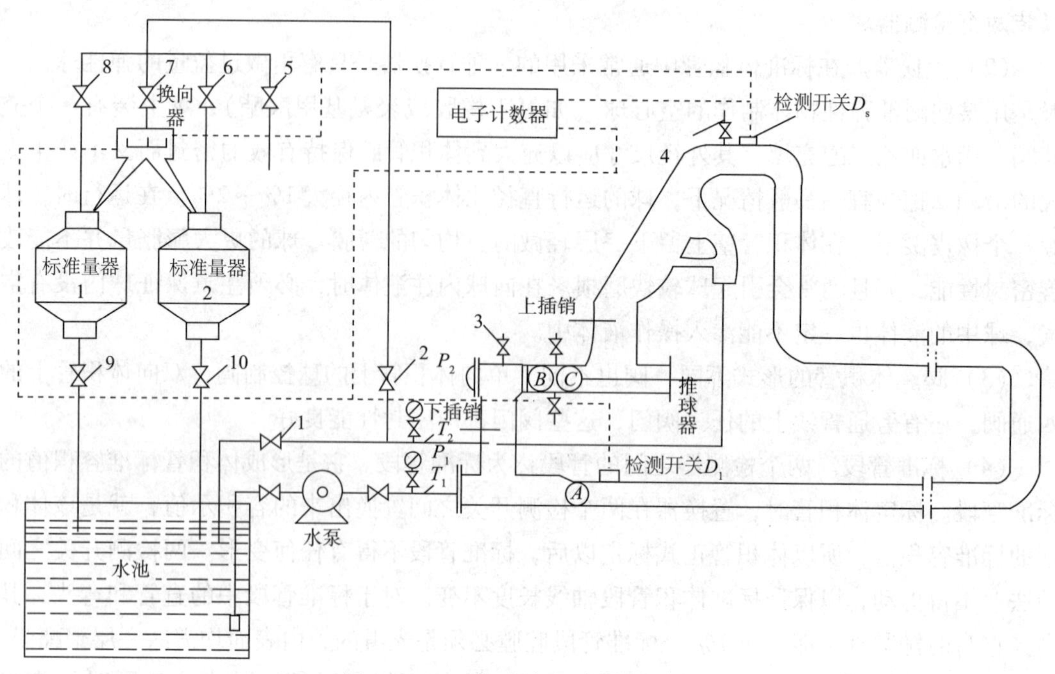

图 3-3-27 标准容积检定系统流程

1～10—阀门

2. 检定系统的设备

（1）标准量器。标准体积管的基准容积在标准体积管设计时就确定了。标准量器的容积可根据标准体积管的基准容积来选定，一般应使标准体积管的基准容积为标准量器的整数倍。考虑体积管在制造和检定中有可能出现较小的尾数，所以一般还要配小容积的标准量器，如没有小的标准量器，亦可配备天平。例如，基准容积设计为5465L，配备标准量器时，要选用2台500L的标准量器。还配有10L和5L的标准量器。通常选用的标准量器为二等，其准确度为±0.025%。

（2）换向器。它的作用是改变液流方向，倒换标准量器。换向器的能力决定排量的大小，因此不同排量的标准体积管应选择与此相适应的不同能力的换向器。

（3）温度和压力测量仪表。在标准体积管检定时，需要测量检定液的温度和压力，为标准体积管基准容积的计算与修正提供温度和压力参数。选用的温度计为实验室用玻璃棒温度计，其分度值为0.1℃，若选用温度变送器，其测量准确度应为±0.5%。选用的压力表为0.2或0.4级的标准压力表，若选用压力变送器，其测量准确度应为±0.2%。

（4）水泵。选用水泵的排量不应小于标准体积管的最小排量，扬程不应小于推球使用的最大压差和管线的摩阻，一般为0.3～0.6MPa。

（5）水池（水箱）。它起储存水的作用，其容积为标准体积管设计容积的2倍以上，以保证水泵的正常工作。

3. 检定标准及程序

标准体积管的检定标准执行国家有关规定，检定程序执行检定规程中有关规定。

（六）标准流量计检定工作流量计

用标准流量计检定工作流量计，其方法比较简单、迅速而且经济，运输也方便，也没有特殊要求，只要液体合适、标准流量计的精度等级满足检定要求、性能稳定即可，尤其对于一些受地形或占地面积限制的地方，更为方便。

1. 标准流量计检定法原理

用标准流量计检定流量计，即使用满足要求的标准流量计，把流经被检定流量计的全部液体导入标准流量计，把被检定流量计的读数与标准流量计同时产生的读数相比较而完成流量计的检定。标准流量计可以是并联的流量计组、活动式流量计，或是在实验站内专门为检定流量计而设置的流量计。

2. 标准流量计检定法技术要求

（1）标准流量计应定期在所要求的流量条件和操作条件下，用精度更高的检定系统进行检定，并应保存全部记录数据，以便在不同压力和温度条件下检定流量计时，进行必要的修正。

（2）用标准流量计检定流量计时，把标准流量计和被检定流量计串联起来，使其在同样的流量下运行，通过一定液量后比较二者的测量值求出误差。

（3）标准流量计检定流量计，一次检定运行时间最小周期为5min。

（4）检定流量计时所用的液体应和标准流量计被检定时所用的液体相同，而被检定流量计的流量范围应在标准流量计的流量范围之内。

（5）标准流量计和被检定流量计应尽量靠近，且二者之间不得有任何渗漏现象，保证二者之间的充液量在检定过程中不变。

（6）当标准流量计和被检定流量计都有流量记录器或检定计数器时，所有的记录器或计数器应连接成能够同时启动和停止。

（7）标准流量计在正常情况下应装在被检定流量计的下游，且应配备固定的消气器、过滤器和其他保护装置，以使流量计能保持长期稳定运行。

（8）在检定运行之前，应通入实验液体进行预试运转，原则上应在被检定流量计最大流量的80%下运转10min以上，以排除检定系统的空气，并使温度和压力达到稳定。

3. 检定方式

（1）“静止起—完成”方式。

这种方式多用在无远传信号的流量计的检验业务上，靠流量计表头的机械计数器即可进行检定流量计。

如图3-3-28所示，检定工作准备完毕后，关闭阀V_2，截断液流并记录两台流量计的起始读数。检定运行开始时，打开两台流量计下游的阀门V_1和V_2，按要求的流量使实验液体同时通过两台流量计。当达到检定所要求的时间时，关闭流量计下游阀V_2，使两台流量计停止运行，并记录两台流量计的终止读数以及温度和压力值。检定完毕，计算仪表参数。

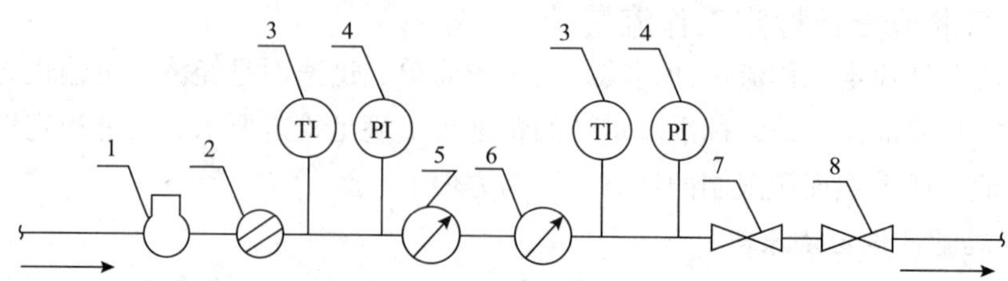

图3-3-28 标准流量计检定工作流量计示意图（一）

1—消气器；2—过滤器；3—温度计；4—压力表；

5—被检定流量计；6—标准流量计；7—阀 V_1；8—阀 V_2

（2）“流动起—完成”方式。

如图3-3-29所示，试运转结束后，全开阀 V_2，靠阀 V_1 调节流量，当达到要求的流量并稳定以后，两台计数器全部清零。这时发出启动信号，同时接通标准流量计和被检定流量计的计数开关，把它们发出的脉冲信号分别输入各自的计数器进行积算。在检定期间记录实验液体的温度和压力。当通过的液体量可以保证检定精度时，立即发出停止信号，切断闭合开关，停止记数并读出每个计数器示值及温度和压力示值。

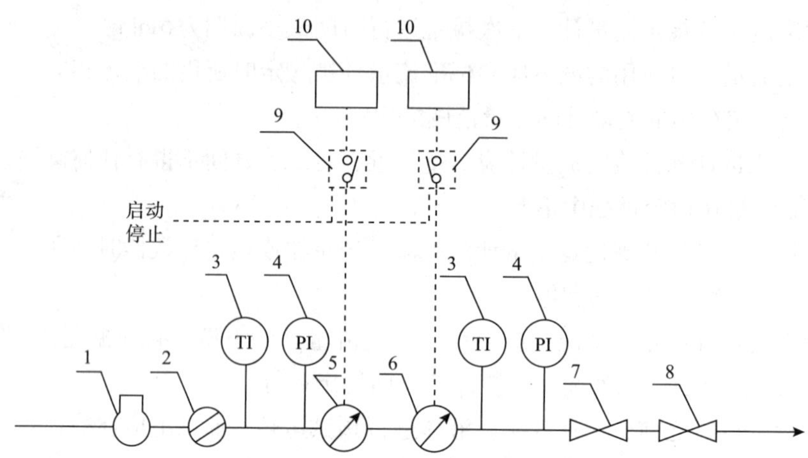

图3-3-29 标准流量计检定工作流量计示意图（二）

1—消气器；2—过滤器；3—温度计；4—压力表；5—被检定流量计；

6—标准流量计；7—阀 V_1；8—阀 V_2；9—开关；10—脉冲计数

4. 准确度确定

根据被检定流量计的流量范围确定检定流量点，并根据确定的流量点在标准流量计的特性曲线上找出相应的流量系数和复现性误差以备误差处理时使用。

5. 标准流量计选择

（1）容积式流量计用作标准流量计，要获得至少万分之一的分辨能力，有两种选择：

①如果计数器可以精确到近0.1m^3，最少检定实验运行体积将是1000m^3；如果检定运行按这种方式，例如因齿轮传动松弛或视差因素，达不到可重复性，应采用较大体积量检

定运行，或应排除不可重复性的原因。

②两种流量计即可装配脉冲发生器或类似的有高分辨输出能力的装置，以获得需要的分辨能力。

（2）涡轮流量计用作标准流量计，涡轮流量计一般每单位体积产生大量脉冲，通常装配有高速计数器，所以容易产生最小为10000个离散的体积单位。

当涡轮流量计用作标准流量计时，必须采取的特殊措施有：

①涡轮流量计应成套装配，由整流器和流量计组成，运输和使用时总装置应保护完整。

②当标准和被检定流量计都是涡轮流量计时，都应有整流装置，以免一台流量计对另一台流量计有不良影响。

③两台计数器应由同一信号控制启停。

二、计量储罐的检定

原油储罐在原油运输和贸易中起着重要的作用。储罐分商品交接计量罐、企业内部交接计量罐和一般储罐三种类型。计量罐属国家强制检定的计量器具，所以应从设计上予以考虑。

（1）新建油罐必须进行容积检定。油罐容积检定由建设单位申请，与施工单位一起结合工程施工进度共同安排。检定费用列入工程预算，容积检定执行国家《原油立式金属罐油量计算》（GB 9110）最新版。一般储罐亦参照此标准使用。

（2）使用中的原油储罐容积检定与清罐、大修理同步进行。一般清罐周期为4~5年。

（3）工作计量器具主要有：计量罐、量油尺温度计、密度计等。

（4）原油储罐上测量液位用的液位计、平均温度计等仪表的检定，按国家有关规定进行离线检定。

三、密度计检定

（1）在线密度测量仪表检定执行国标《工作振动管液体密度计》（JJG 370），设计时只考虑留有接头即可。

（2）实验室密度测量仪器执行《石油和液体石油产品密度测定》（GB 1884）最新版，所用仪表检定按国家有关规定进行。

四、含水分析仪的检定

（1）在线原油含水率测量仪表还处在小批量生产、工业性实验阶段，有关检定标准即将出版。

（2）实验室原油含水量分析仪器按《原油水含量测量定法》（GB 8929）最新版进行，所用其他仪表检定按有关规定进行。

五、压力和温度测量仪表检定

压力（差压）、温度测量仪表属常规通用仪表，检定按国家标准进行，采取离线检定方式。

第三节 原油计量站设计

原油长输管道的计量站是为准确计量进、出原油管道的油量而设置的。原油计量设施一般情况下是设在输油管道的首站、分输站和末站。

一、计量站站址选择

（一）站址选择

计量站站址有两种选择方式：一种是和输油管道的首站、分输站、末站合建在一起；另一种是设置独立的计量站。在原油长输管道建设中，计量站均与输油首站、分输站、末站合建在一起，不单独选择计量站的站址。

（二）建站原则

（1）由于计量站与首站、分输站和末站建在一起，计量站的位置一定要有利于输送管道的进、出，并与其他设施协调配合。

（2）计量站靠近阀室布置，二者间距离符合有关防火规范的规定，计量站周围无强磁场干扰。

（3）计量站内要有足够的面积，便于设备、仪器、仪表按爆炸和火灾危险场所电气装置设计规范的规定进行布置。

二、计量站的计量系统

（一）计量系统的内容

计量站的计量系统由计量部分和检定部分组成。这两部分的内容介绍如下：

1. 计量部分

从目前来看，油量的计量大致有以下几种方式：

（1）油罐计量在原油交接站（点），利用储罐人工检尺或液位计测量油罐的液面高度，求得原油的体积量；按有关标准人工取样，在化验室分析化验原油的密度值和含水率。然后，通过计算求得标准状态下的原油体积和质量。

（2）原油的体积由流量计计量，原油的密度值及含水率从人工取样化验室分析化验求得。然后，通过计算求得标准状态下的原油体积和质量。

（3）原油的体积、密度值和含水率都由在线仪表进行测量，测量数据由计算机采集、处理，实现全部仪表自动化计量。

这种计量方式，原油的体积由流量计测得，密度值由密度计测得，原油含水率由原油低含水分析仪测得，数据的采集和处理由计算机来完成。

计量站选用哪一种计量方式，应根据站的具体情况来决定。

2. 检定部分

原油交接计量用的计量仪表都是国家纳入定期强制检定的仪表，在确定计量系统的同时，必须考虑仪表的检定和检定系统。

从目前的情况来看，外输计量站在线实液检定的仪表有流量计和在线密度计。从保证外输原油计量准确来看，应推荐在线实液检定。

流量计在线实液检定有两种做法：一种是用活动式标准器——活动式的标准体积管，定期到现场对流量计进行实液检定；另一种是用固定式标准器——固定式标准体积管，依据流量计测量的流量范围选择体积管的尺寸。对不作为外输贸易交接的计量站，亦可考虑流量计离线检定和设标准流量计对比校准的检定方法。

在线密度计的实液检定，目前采用的方法较容易，设计时只要考虑检定需要的管道接口，保证在现场能进行检定用设备的连接。

对设固定式标准体积管的站，还应考虑标准体积管本身定期的系统检定。对不要配备检定系统的其他计量仪表，也应考虑检定的问题或配备有关的检定仪表。

（二）确定计量系统的原则和依据

计量系统要依据计量站对原油交接计量的要求来确定。一般来说，确定的计量系统应符合下列原则：

（1）应满足计量站计量、检定和准确度的要求。

（2）应配备齐全的计量仪表以实现上述要求。计量仪表的准确度等级要与计量要求的计量准确度相适应。

（3）符合有关标准和规程的要求。

（4）有利于准确计量、检定操作、投产启动、方便生产管理，并保证具有与技术发展相应的技术水平。

三、设计需要的基本参数与要求

（一）与计量有关的原油物理性质

1. 原油的饱和蒸汽压

原油的饱和蒸汽压是指在某温度下达到气液两相平衡状态的压力值。这个压力是原油在一定温度下出现的最大压力，当小于该压力值时，原油会有溶解气分离出来。

为了保证计量精度，在计量仪表安装时，应保证被计量液体在进入计量仪表前或在计量仪表内不出现工作压力小于饱和蒸汽压的条件。

按饱和蒸汽压的定义，在不同的温度下原油的饱和蒸汽压也不同。因此，在设计中应根据计量站可能出现的最高原油温度确定原油的饱和蒸汽压，以保证在运行过程中原油中不会出现气体。

2. 原油的黏度

原油黏度的求取详见第一编第二章第二节。

3. 原油的密度

原油密度的求取详见第一编第二章第二节。

原油的体积随压力变化的情况和随温度变化的情况相反，当压力升高、体积缩小、密度增大时，变化的数量要比随温度的变化量小得多。它们之间有如下关系，即：

$$\alpha_p = \frac{F'\rho_{20}}{1 - F'} \tag{3-3-3}$$

式中 α_p——一定温度下，压力每变化一个大气压，原油密度的变化值，从图3-3-30中查得；

ρ_{20}——标准条件下的原油密度值；

F'——一定温度下，压力每变化一个大气压，原油体积变化值，从图3-3-31中查得。

因此，在一定温度下，原油体积和密度与压力的关系可以表示为：

$$V_p = V_{20}[1 + F(P_t - P_e)] \tag{3-3-4}$$

$$\rho_p = \rho_{20}[1 + \alpha_p(P_t - P_e)] \tag{3-3-5}$$

式中 V_p、ρ_p——压力为 P 时原油的体积和密度；

V_{20}、ρ_{20}——标准条件下原油的体积和密度；

P_e——标准大气压；

P_t——温度为 t℃时的压力。

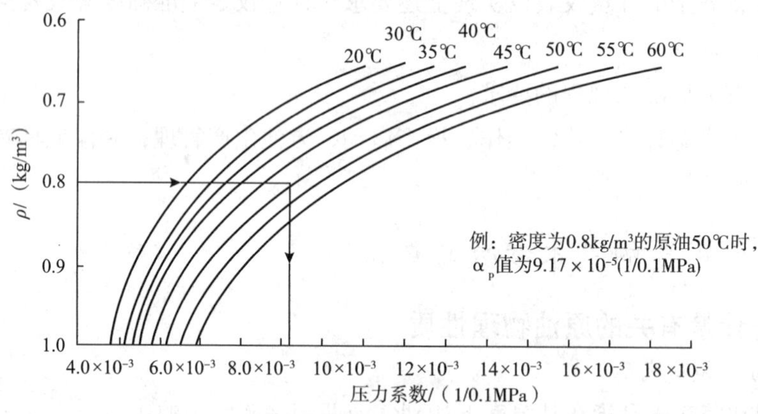

图3-3-30 原油密度（ρ）与压力系数（α_p）

（二）与计量有关的管线输送参数和要求

1. 需要计量的输送量

应该了解需要计量的输送量：最大量、最小量和常用量。

2. 被计量输送介质的其他参数

（1）压力：最大工作压力、最小工作压力、常用工作压力；

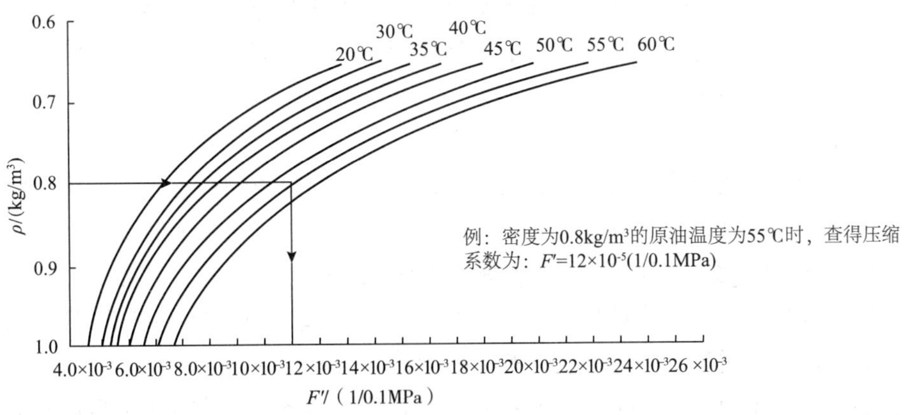

图 3-3-31 原油压缩系数（0～7.0MPa）

（2）温度：最高工作温度、最低工作温度和常用温度；

（3）介质的密度范围；

（4）介质的含水率：原油最高含水率和正常含水率。

3. 计量介质的输送方式

输送方式是指连续输送还是间隙输送，是否有返输。

4. 生产管理方面的要求

包括管线的投产、停运和启动的方法，操作的要求，正常运行中清蜡、清管将采取的措施等。

（三）对计量的有关要求

1. 计量准确度的要求

计量准确度系指测量原油质量总的系统不确定度。按 GB 9109 的规定，该系统不确定度应不大于 0.35%，如有特殊要求应另外说明。

2. 计量测取参数的要求

（1）流量。流量是外输计量的主要参数，也是生产管理需要观测的重要参数。因此，流量测量应有瞬时流量和累计流量。为满足检定流量测量仪表的要求，流量测量仪表应能给出代表单位体积流量（例如 0.1L、1L）的检测信号，并能输送到检定的仪表。

（2）密度。目前，质量流量是用测量的体积量与测量的密度值相乘求得，因此需要密度参数。密度值本身又反映出原油的体积随温度和压力的变化，采用体积量与密度值相乘求质量的方法是对温度和压力影响原油体积的修正，计量的准确度高。密度值的测量最好是采用在线密度计，如不能采用在线密度计，用采样分析化验测密度值，则应考虑采样的代表性，配备必要的仪器和设备。

（3）原油含水率。外输的原油量是扣除原油中所含水量后的纯油量，这就提出对原油中含水率测量的要求。目前，测量含水率主要通过采样并在实验室分析化验后确定，因此在确定采样点时应考虑采样的代表性，配备必要的仪器和设备。测量原油含水率的在线仪表，已开始在工业中使用，但使用的标准、仪表检定的方法尚待完善。

（4）压力、温度参数。在原油外输计量中，压力和温度参数不仅用于监视生产运行是否正常，还要用于修正运行条件下测得的原油体积，因此，对取压和测温点的位置要正确选择，以保证满足上述要求。

3. 计量仪表检定要求

原油外输计量用的仪表作为贸易交接使用，被列入国家强制性检定的范围。因此，在设计中必须考虑满足计量仪表的检定要求，配备必要的检定设备和辅助设备。

（四）计量站与输油站联系所需要的参数和要求

为节约建设投资，通常将计量站与输油站布置在一起，为满足生产正常运行的要求，对有关参数必须要搞清楚。一般来说，有下列参数：

（1）供电的参数和供电的要求。根据计量站设置的设备、仪表的用电负荷和电压，以及正常运行要求电压稳定、不能停电等，提出供电要求。

（2）供热和供风的参数及要求。计量站供热主要是站内采暖和有关管线的伴热，供风主要是扫线风和仪表用风（如有气动仪表）。根据用热、用风的条件、数量、压力和温度等，提出供热和供风的要求。

（3）供排水的参数及要求。计量站用水主要是卫生用水，若设有体积管标定水池和化验室，需考虑体积管标定用水和化验室化验用水。按用水量、用水压力等，提出供水的要求。

（4）消防、环保和工业卫生等方面的要求。

四、确定原油计量站的工艺流程

（一）工艺流程的组成

原油计量站的工艺设计应满足以下几个方面的要求：

（1）保证所有计量仪表的正常运行和正常检定；

（2）保证所有计量仪表的计量准确度和计量采样的准确性；

（3）当计量仪表发生故障时，不影响正常生产；

（4）要有扫线、伴热、放空等辅助流程，以保证仪表维修等工作正常进行。

原油外输计量站的工艺流程一般由三个部分组成，即油量计量系统、计量仪表检定系统和污油系统。图3-3-32为一个典型的原油计量站的工艺流程图。这个流程图表示包含四台流量计和两台密度计和两台含水分析仪的原油计量系统，还有一台标准体积管及其检定设备组成的计量检定系统，以及污油罐、污油泵、污油管线组成的污油系统。

原油计量的其他工艺设备，一般还有阀门、机泵等，这些工艺设备的选用主要是根据工艺设备所承受的工作压力、工作温度、介质、流量大小等方面的条件来确定。

（二）工艺流程的说明

1. 油量计量工艺流程

在油量计量的工艺流程中所用设备主要包括流量计、密度计、原油含水分析仪、消气器和过滤器等。

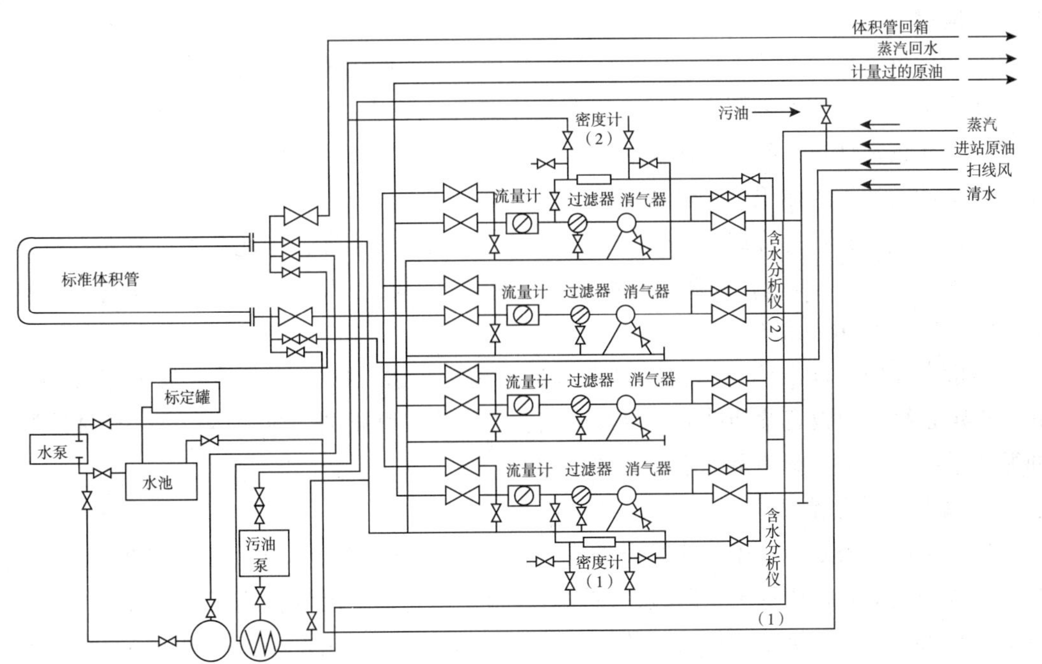

图 3-3-32　原油计量站工艺流程

为保证流量计的正常运行，在流量计的前面安装过滤器，在过滤器的前后要安装压力表以监视过滤器堵塞情况，以便及时清洗过滤器。

为保证流量计计量准确，在流量计前需配套安装消气器，将原油沿管线流动中出现的气体在消气器中全部排除掉。

原油密度计是旁接在主管路上，一般是从流量计管线的进口阀门前接出，在过滤器的后边再回接到主管路上，这样可利用过滤器前后的压力差使液体进入密度计，保证密度计的正常运行，同时也使进入密度计的油经过流量计计量。

在密度计的另一种安装方式是在流量计入口汇管调节阀后的节流孔板上并联，详见图 3-3-22。可缩短密度计旁路管线，保证油温。

振动管液体密度计应垂直安装，液体一般从下部进入，从上部流出。密度计应牢固地安装在免受外部振动干扰的位置上。为使进入密度计的油温与主管路油温尽量一致，密度计旁接管路要有好的保温措施。

在密度计的进、出口处，都应安装清洗和检定用的阀门，以保证清洗和检定工作的正常进行。当计量的油品容易结蜡时，工艺上应考虑密度计进行定期清蜡的措施。目前的清蜡措施主要是采用热水、蒸汽和热油循环等措施，这要根据现场条件选用。

目前，在国内应用的方式为在线原油低含水分析仪表旁路安装和插入管道内安装两种。旁路安装的原油低含水分析仪，工艺安装和密度计相似。插入管道内安装的原油低含水分析仪，要安装在计量主管路的弯头处，探头迎着来液方向。

2. 流量检定系统工艺流程

对规模较大的计量站，一般要设置固定式的标准体积管，对流量计进行定期检定或随

时监督检定。

这种计量站检定系统工艺，主要包括连接体积管的阀组和体积管的检定设备。

在流量计出口侧安装两个阀门，一个是计量出口阀门，另一个是通向体积管用于检定的阀门，在正常计量期间，检定阀关闭。当需要检定时，计量出口阀关闭，检定阀打开，流经流量计的油进入体积管，经体积管的出口流出。

体积管基准容积的检定以水作介质，以标准容器作标准器，因此必须设置两台标准容器，设置储水水槽（箱），以及相应水泵及管路，以构成“水槽→水泵→体积管→标准容器→水槽”的水循环系统。

当检定在用的标准体积管时，首先应进行清洗，清洗所需的介质一般采用柴油。因此，检定系统中应设置柴油储罐、泵及管路，以构成“柴油罐→泵→体积管→柴油罐”的油循环系统。通常，柴油泵与水泵是共用的。

3. 清扫、排污系统

当流量计、密度计、体积管等设备进行维修，体积管进行检定，密度计进行清蜡时，有关管线和设备要扫线排污。因此，在计量和检定工艺系统内应设置清扫排污系统。清扫系统一般由空气压缩机及吹扫管线构成。排污系统则由连接排污设备和管线的排污管道，收集污油的储罐，以及将污油罐内的污油泵入管线内的污油泵等组成。

（三）确定工艺流程的原则和依据

（1）满足原油油量计量和计量仪表检定以及保护流量计量仪表的要求；

（2）满足生产和操作的要求；

（3）尽可能利用所在输油站的设备，利用输送原油的压力完成各种操作，不加或少加机泵，以节约投资和能源；

（4）处理好所在输油站之间工艺连接的关系；

（5）满足启动投产、停运和再启动的要求。

（四）确定工艺流程

（1）按上述原则与依据确定出满足计量、检定和生产操作的流程；

（2）按与所在输油站以及输送管线的关系，确定出所需要的工艺阀组及有关流程；

（3）有上述基础流程后，再考虑确保合理、操作方便等条件，完善和调整基本流程，确定出外输计量站的流程。

五、原油计量站的平面和竖向布置

（一）平面布置的原则和依据

（1）平面布置应满足工艺流程和生产操作管理的需要。

流量计间与标定间的布置应使工艺通畅，来油、去油的走向合理。

仪表室、计算机室应在流量计间和标定间的合适部位，并设有与计量间和标定间联系的方便通道。

（2）要结合与所在输油站的关系，以及各专业之间的关系综合考虑。

(3) 要符合有关标准、规范的要求，力求紧凑，以便节约土地和投资。

(4) 依据建（构）筑物的大小及有关气象地质资料进行总平面布置。

(二) 确定站内建（构）筑物的大小及其他有关工程

(1) 根据确定出的计量仪表、检定装置、运算、显示仪表及其他附属仪表和设备的数量、规格、安装需要的空间，确定建（构）筑物的尺寸。

(2) 确定出管线敷设方式，以及所需要建（构）筑物的尺寸。

(3) 根据生产管理需要的工作间、维修间等的大小，确定出建筑物的尺寸。

(4) 确定满足公用工程需要的建（构）筑物的尺寸。

(5) 根据各种进、出站管线的尺寸及位置、标高和流向，确定需要的构筑物的尺寸、安放的位置。

(6) 确定计量站在输油站的平面位置，以及与各有关建（构）筑物和隐蔽工程的相对位置。

(三) 平面布置

(1) 按上述原则和依据确定的各种建（构）筑物尺寸，在相应的地形图上进行平面布置。

(2) 按工艺流程、生产操作及有关专业的要求，以及计量站所在站（库）的关系，进行平面布置核对，确认满足所有要求。

(3) 平面布置应留有事故处理、生产操作和合适的扩建余地。

(四) 竖向布置

(1) 计量站尽量布置在地形平坦、地质良好的位置，若受地形限制，站设在坡地上，需按设计地面高程进行场地平整。

(2) 站场竖向按平坡式布置，场地最小坡度按2% ~3%设计，以利于地面雨水排除。站场主要道路按双坡路面排水设计，次要道路按单坡路面排水设计，沿道路纵坡设暗管系统，能将雨水排出站外。

六、计量仪表及有关设备的选择

(一) 一般原则

选择计量仪表及有关设备应依据以下原则：

(1) 原油计量站所选用的电动仪表都应符合防爆等级的要求。按《油气田爆炸危险场所分区》（SYJ 25）最新版的规定，原油计量站属Ⅱ区场所。

(2) 仪表的工作压力应不低于工艺管线的最高工作压力；仪表的工作温度应不低于所流过原油的最高温度。

(3) 选用仪表的正常工作值，应为该仪表满量程的2/3左右。

(4) 应按《原油天然气和轻烃交接计量站计量器具配备规范》（SY/T 5398）选择和配备计量仪表及有关设备。

（二）原油油量计仪表的选择

1. 流量计的选型

计量原油常用容积式流量计和速度式流量计。具体选用哪种流量计应根据流量计的性能和计量介质的物理性质（黏度、腐蚀性、含杂质情况）、使用和安装条件而定。适用不同油品计量用的流量计见表3-3-14。

原油流量计的准确度应不低于0.2级。

一组流量计的台数按式（3-3-6）计算：

$$n = \frac{q_{vp}}{0.75q_{vm}} + S \tag{3-3-6}$$

式中 n——一组流量计的总台数，台，计算值为小数时，小数部分四舍五入取整数；

q_{vp}——一组流量计每小时要计量的最大油量，m^3/h；

q_{vm}——一台流量计最大额定流量，m^3/h；

0.75——系数，与 q_{vm} 相乘得最佳使用流量；

S——连续计量时的备用流量计台数，正常运转台数不大于4台时，S 取1，正常运转台数大于4台时，S 取2；非连续计量的流量计组是否备用，应根据输油间歇程度等具体情况确定。

流量计的口径不宜大于400mm，一组流量计的正常运行台数不宜少于2台。当计算的正常运转台数为1台时，实际选用的流量计口径应比计算时选用的流量计口径小一个规格，使一组流量计的正常运转台数不少于2台。

2. 流量计规格、流量范围

腰轮、刮板、旋转活塞、椭圆齿轮流量计规格、流量范围见表3-3-2～表3-3-15。

（三）流量计辅助设备的选择

1. 消气器

油流在输送管道中流动时，不可避免地要出现经过弯路、流动方向改变、节流等情况，在这个过程中，溶解于液体中的气体，以气泡的形式存在。另外，当管路中出现负压时，大气中的气体亦能被吸入液体中，这样大小不等的气泡在管路中就占据了一定的容积。当流量计对管路中输送的油流进行计量时，就会把气体占有的体积量一并计算在内，会使计量精确度降低。要确保计量精度，必须将液体流中的气体经消气器排出。

消气器的选择应根据通过消气器的最大流量和所通过流量的含气量多少来确定，同时要考虑液体的黏度。其选择方法是按油品在消气器中停留的时间 T 定为9～20s来确定，用以考虑消气器的容积 V：

$$V = QT \tag{3-3-7}$$

式中 Q——最大流量，m^3/s。

2. 过滤器

过滤器装在流量计入口前，防止被计量液体所携带的杂质（铁屑、焊渣、石块等）和脏物进入流量计，保证清洁的流量计进行计量，从而使流量计精度稳定，工作可靠，延长流量计的使用寿命。

我国目前常使用的过滤器有以下几种：

（1）Y 型，口径 10～25mm；

（2）U 型，口径 32～250mm；

（3）焊接型，口径 300～500mm。

液体过滤器的工作温度一般在 -20～150℃，最大流量下的压力损失小于 0.025MPa。

3. 原油含水率测量仪表（以下简称含水仪）的选择

（1）作为贸易结算用的含水仪极限误差应不大于 ±0.1%，分辨能力应为 0.01%。

（2）含水仪传感器的工作压力应不低于含水仪传感器上游管线的最高工作压力。含水仪传感器的工作温度应不低于通过含水仪传感器的原油最高温度。

（3）含水仪传感器应为防爆型，防爆等级应符合有关标准的规定。

（4）含水仪安装数量应根据具体情况而定。

（5）含水仪传感器的结构形式选择：①当含水仪安装在原油管道的公称通径小于或等于 100mm 时，宜选用全测量方式含水仪传感器。②当含水仪安装在原油管道的公称通径大于 100mm 时，测量流程中装有在线密度计时，宜选用旁路式（分流式）含水仪传感器。③当含水仪所在的管道公称通径大于 100mm 时，测量流程中未装有在线密度计时，宜选用点测量方式（插入式）含水仪传感器。

4. 密度计的选择

管道内原油密度的测量应连续、受温度和压力变化影响较小，受液体的黏度、流速影响也应很小。所选择的密度计应具有如下优点：

（1）采用竖直安装方式；

（2）高精度的连续在线测量；

（3）基本上不受液体黏度、压力、流速、设备振动和安装状态的影响，采用防爆设计，不需维修；

（4）由集成电路组成的放大器可变动安装位置以适合应用场合。

七、流量计检定装置的选择

（一）检定装置的配置

检定装置应依所安装流量计的公称通径、台数、地理位置等综合考虑，以经济、合理的原则选用固定安装式标准体积管、活动式标准体积管或安装标准流量计。

（1）当容积式流量计的公称通径等于或大于 200mm，台数不少于 4 台时，其检定装置可选固定安装式标准体积管。

（2）当流量计的公称通径小于 200mm 时，其检定装置宜选用活动式标准体积管或选用标准流量计。

（3）当地处偏僻、交通不便、流量计设置不足 4 台时，其检定装置宜选用标准流量计。

（二）检定装置的准确度

（1）确定标准体积管的复现性应优于 ±0.02%；

（2）确定标准流量计的重复性应优于 ±0.07%。

（三）固定式体积管的选择

（1）在确定标准体积管的通径时，应使流量计的最大流量不大于体积管的最大流量。

（2）标准体积管的公称压力应满足流量计系统的公称压力。

（3）确定体积管的规格应根据其应用的型号，并通过以下因素确定：①通过被检定流量计发出的每单位体积最小脉冲数；②流过体积管单行程的最大流量和最小流量；③置换器、检测器的线性分辨率；④最大可允许的应力降。

固定式体积管选择范围见表 3-3-20。

表 3-3-20 固定式体积管选择范围

公称通径/mm	公称压力/kPa	标准容积/m^3	流量范围/（m^3/h）	复现性	工作介质	介质温度/℃
500	2500 6400	10	80 ~ 2000	≤0.02%	原油或其他液体	10 ~ 85
400	2500 6400	8	500 ~ 1500			
350	2500 6400	5.5	30 ~ 1000			
300	2500	4	20 ~ 700			
250	2500	2.5	10 ~ 450			
200	2500	1	7 ~ 300			
150	2500	0.75	5 ~ 150			
100	2500	0.4	3 ~ 80			

小型标准体积管的选择范围见表 3-3-21。

表 3-3-21 小型标准体积管的选择范围

公称通径/mm	流量范围/（m^3/h）	标准体积/L	公称压力/kPa	重复性	工作介质	介质温度/℃
300 250 200 150	1.985 ~ 1985	318（84）	15300 10200 5100 1960	≤0.02%	原油或其他液体黏度范围 0.005 ~ 1Pa · s（0.5 ~ 1000cP）	-31 ~ 94
	1.191 ~ 1191	159（42）				
	0.794 ~ 794	159（42）				
	0.397 ~ 397	57（15）				

八、流量计及辅助设备的安装

（一）安装前的要求及准备

1. 安装要求

（1）流量计及其工艺管线的安装应满足流量计的计量、检定、维修和事故处理等需要。在计量间内，流量计及辅助设备宜居中布置，相邻流量计及辅助设备基础及管线突出部分之间净距以及前后左右距墙面净距，均应不小于1.5m。计量间的高度应取决于流量计、辅助设备及起吊设备的高度。起吊物与固定部件间距应不小于500mm。

（2）在扫线排污时，流量计及辅助设备的污油应排至零位罐或油池，然后将污油过滤、脱水，计量后重新用泵输回到流量计的出口管线内，未经计量的污油处理后输回到流量计的进口管线内。

（3）液体在进入流量计前的管线上或流经的设备，均不允许有任何开口、支线、取样点等泄漏处。

2. 安装前的准备

（1）流量计及辅助设备安装前应按出厂装箱资料逐台检查，看有无损坏处和各种连接部件是否符合标准。

（2）检查流量计的转动部分是否灵活；计量室内是否有损坏及其清洁程度；流量计度盘上是否有擦伤、划痕、裂纹及其他影响读数和外观的缺陷；转子能否带动着表头指针顺时针方向旋转；表头的计数器和回零装置是否灵活好用；器差调整和发信器是否完好；流量计壳体是否标有测液体流动方向的箭头和说明技术数据的标牌。

（3）流量计安装前应将管线吹扫干净，检管线内不得留有焊渣和其他任何固体杂物；当管线试水、试压时，在流量计安装部位以直管段代替或拆除计量元件，或在流量计前设适当的保护措施。

（4）检查消气器浮球连杆机构是否灵活，随着浮球的移动，阀是否能关死或打开，关死时是否严密；查看消气器进口方向，若设备上没有标明进、出口方向，经过检查后，应作出明显的标志，防止安装时装错。

（5）检查过滤器的滤网是否安装正确且牢固，与进、出口方向是否一致。若未标明进、出口方向，经过检查后应作出明显标志，防止装错。

（6）过滤器、消气器、分离器等设备应以柴油为介质进行强度及严密性实验。

（7）与流量计连接的阀门，安装前应进行严格的严密性实验，实验方法和要求应符合有关标准的规定。

（二）流量计和辅助设备安装

1. 流量计安装的一般要求

（1）流量计安装应横平、竖直，使其不承受过大的变形和振动，并使由于管线膨胀和收缩对流量计的影响降至最低。消气器、过滤器应以流量计为准找平、找正。各设备标志方向与液流方向应一致。法兰间隙应均匀，垫片厚度、大小应合适，不得突入管内。

（2）流量计的安装位置应尽可能避开机械振动大、温度高、磁场干扰强的环境，应选择易于维修的位置安装。

（3）流量计前后直管段上的温度计套管、压力表管嘴、取样器及其相连管线的焊接器等，均应在流量计就位安装之前完成。

（4）整个装置不应使空气经过开孔漏失的阀门、管线、泵轴压盖和连接管线进入系统。管网的安装应设有能释放所聚集空气或蒸汽的高点，从而避免随流量增加产生的涡流把空气和蒸汽带入流量计中。

（5）双向流动的流量计在安装时，应使其单向流动而不能反向流动。

（6）弹簧式或自闭式阀门在遇到水击和抽真空时不能开启，以防止空气吸入。

（7）流量计和管系安装应避免液体意外地流失和汽化。

（8）当通过一台流量计的流量过大时，推荐选两台以上流量计并联安装，尤其适用于连续计量。除工作台数外，还应安装一台或几台备用流量计，以便在流量计停运、损坏或检定时保证灵活而连续地工作。如果流量计以成组的形式安装，并且配用一台多读数的累计器时，也需要每台流量计配一台记录器。

（9）在计量不同的流体时，对于每台流量计及其辅助设备、管线的合理安装，应特别考虑使流经流量计的不同液体的混合量减至最小。

（10）流量计的安装应防止由于液体的热胀而引起的过压。为防止管线压力波动和过大的水击，流量计要安装适当的保护设施，如加装缓冲罐、安全阀和其他保护装置。

（11）为减小流量计装置所采用的阀门对计量准确度的影响，应选用能快速而平滑地开启和完全关闭的阀门。

（12）流量计装置应设有手动或自动检定装置，在流量计正常运行条件下（流量、压力和流体特性）检定流量计。

（13）在流量计入口侧安装减压设备时，要尽量离流量计远一些，使流量计出口保持充分的压力，防止被计量时的液体汽化。

（14）在流量计进口侧应安装闸阀，流量计出口侧应安装能截止和检漏的双功能或严密性较好的闸阀。

（15）必要时，在流量计出口侧安装止回阀及回压调节阀，或安装在一组流量计的出口汇管上。

2. 几种常用流量计安装的特殊要求

几种常用流量计安装除要注意以上一般要求外，还需要注意安装的特殊要求：

（1）椭圆齿轮流量计。

椭圆齿轮流量计可安装在水平管道上，也可在垂直管道上安装，但椭圆齿轮轴必须处于水平状态，不能让椭圆轮一端朝上，另一端朝下，也不允许有明显的倾斜现象。

（2）腰轮流量计。

①带有现场计算显示的流量计，在安装时其显示数窗口应朝向便于读数的方向。若与液流方向有矛盾，则将流量计密封轴以上的部分拆下，旋转180°后再装上即可。

②安装时，注意不要碰碎显示器上的玻璃；仪表外壳不要受力过大，密封用的垫圈不得凸入管道内部。

③防爆型电缆引出线应选用合格的挠性软管。接头外螺纹尺寸为 $M20mm \times 1.5mm$。

(3) 刮板流量计。

①刮板流量计要安装在灰尘少、无腐蚀性气体、无强烈振动和距热源较远的地方。

②流量计的安装要使刻度盘与地面垂直。

③流量计安装在与其相同公称通径的管道上，内径的偏差应不超过流量计通径的2%。当管道与流量计连接时，应不使密封件凸入流体内，接合部位无漏液现象。

④流量计进、出口轴线与相连管道轴线同轴，无偏斜。

(4) 涡轮流量计。

除容积式流量计外，涡轮流量计在石油工业中，尤其在轻质原油输送以及大的石油转运和集输站中得到广泛应用。

①流量计的安装情况对其测量的准确性影响很大。流速分布不均和管内二次流动的存在是影响涡轮流量计测量时准确度的重要因素。所以，涡轮流量计对上游、下游直管段有一定的要求。一般要求上游为20*DN*，下游为5*DN*的直管段长度（*DN*为管线直径）。为了消除二次流动，上游（直管段上）加装整流器。整流器应与下游直管段同心，组装成一个整体，不得随意拆卸。

②涡轮流量计对液体的清洁度有较高的要求。在流量计前，必须安装过滤器以保证流体的清洁。

③当液体中有气体时，在流量计上游应装消气器。

④公称通径为10～40mm的流量计与管道之间采用螺纹连接，公称通径为50～500mm的流量计与管道之间采用法兰连接。

⑤信号传输线应采用屏蔽电缆，以防外来的感应干扰。要求传输电缆在显示仪表端屏蔽接地，传输电缆不能靠近强电磁设备，不允许与动力电缆线平行布置。

3. 流量计辅助设备的安装

(1) 流量计的进口侧应安装过滤器，使介质经过滤后计量。

(2) 当过滤器与管线的连接为法兰连接时，应符合有关标准的规定。

(3) 安装时，应把管线前后及过滤器体内清理干净，不得留有任何固体杂质，避免损坏滤网及仪表。

(4) 直径为*DN*15～80mm的小管线过滤器可架空，*DN*40～150mm的管线可嵌装于管线之间，对较大通径*DN*150～500mm的管线应按厂家说明书提供的安装地基图，用地脚螺栓固定安装。

(5) 在流量计进口侧，过滤器之前安有消气器，若为几支回路，消气器也可装在汇管上，使几台流量计合用一台公称通径较大的消气器。

(6) 含水仪的安装。

①含水仪安装前应按出厂装箱资料或产品标准验收，逐台检查，看有无损坏和各连接

部分是否符合标准。预热1h，以便对仪器进行全面的检查。检查无问题且工作稳定后，方可安装运行，不准私自调节仪器各个部件，以免损坏仪器或引起不必要的测量误差。

②与含水仪直接相关联的阀门，安装前均应进行严格的严密性实验，实验方法和要求应符合有关标准的规定。

③含水仪的安装应横平竖直。各设备标准方向与油流方向应一致。法兰间隙应均匀，执行片厚度应大小合适，不得凸入管内。

④含水仪前后管段上的温度计套管、压力表、取样器及其相连管道的焊接，均应在含水仪传感器天线安装前完成，所有设备管道均应清理后组装，不得将焊渣、杂物残留在设备、管道内。

⑤仪器安装：仪器预热无异常现象出现才可安装。当管道外输量大时，需将变速器垂直并与液流方向相反地插入外输管的总管线上，以便提高测量精度。

⑥以水为介质进行强度的严密性实验，实验方法应符合有关标准的规定。

4. 总成的流量计测量系统安装尺寸

典型的总成的腰轮流量计计量系统安装如图3-3-33和表3-3-22所示。

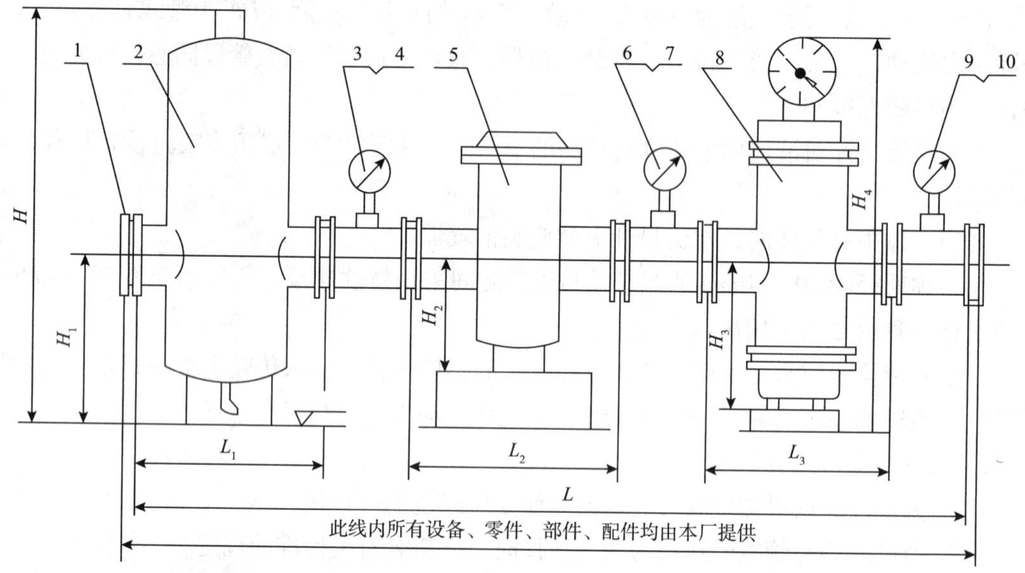

图3-3-33 总成的腰轮流量计计量系统安装示意图

1—总成与用户管道相连法兰；2—消气器；3—压力表；4—短节；5—反流型过滤器；6—压力表；7—短节；8—腰轮流量计（防爆）；9—压力表；10—短节

表3-3-22 总成的腰轮流量计安装尺寸

公称通径/mm	L/mm	L_1/mm	L_2/mm	L_3/mm	H/mm	H_1/mm	H_2/mm	H_3/mm	H_4/mm	用户管道外径/mm
40	3500	700	300	300	1190	440	220	146	598	
50	3500	700	300	300	1190	440	220	146	595	ϕ57
80	4500	1000	400	400	1755	530	290	213	751	ϕ87

续表

公称通径/mm	L/mm	L_1/mm	L_2/mm	L_3/mm	H/mm	H_1/mm	H_2/mm	H_3/mm	H_4/mm	用户管道外径/mm
100	4500	1000	440	460	1755	530	353	254	837	ϕ109
150	5500	1250	600	650	2300	600	500	353	1100	ϕ159
200	6000	1250	700	650	2300	600	500	353	1100	ϕ219
250	6000	1400	1100	820	3000	870	870	600	1630	ϕ273
300	6000	1400	1100	820	3000	870	870	600	1630	ϕ325

九、检定装置及辅助设备的安装

（一）安装前的准备

（1）检定系统压力、温度、部件特性和组成应符合有关规定，所有材料应与处理的液体相适应。

（2）与体积管相关的配管内部应仔细清理，以避免杂质随液流进入体积管，避免标准管内壁划伤或损伤弹性球。

（3）所有管网（地面的或埋置的），均需作防腐处理。

（4）安装前应将各零部件、连接的部件、标准管内壁、弯头等用汽油擦洗干净并保持清洁。

（5）要采取适当的工艺措施，防止管线内水击造成破坏。

（二）体积管的安装

（1）体积管最好安装在被检定流量计的下游侧，以避免体积管与流量计之间相互影响，尽量接近实际使用情况，使操作条件差异减至最小。

（2）体积管需要安装在不受气温变化影响的环境里。

（3）体积管安装时应采用适当的支架、支座等，安装在基础上保证稳固。某些支座可以制作成滑动的，以实现温度变化时管道能自由伸缩和减缓振动，体积管段应作保温处理，以便更好地使温度稳定。

（4）安装时必须注意各部件之间不得相互碰撞，以免变形甚至损坏。尤其是体积管段，其弯头的法兰端面一定要小心处理，切不可如一般管段那样操作。

（5）连接各段体积时必须保证管与管同心，并按事先作好的标记对正，顺序安装，法兰连接平面和“O”型密封圈沟槽要涂上黄油，确保各管段、弯管连接处内壁衔接吻合，光滑无阻。在拧紧连接螺栓时，要交叉紧固，防止受力不均。

（6）体积管安装时要考虑温度变化，防止热变形传递给体积管本体。

（7）体积管须在上游安装过滤器和消气器，以排除气体和机械杂质。若检验涡轮流量计时，应加整流器。

（8）体积管进、出口处要装有球阀，用以停用体积管或维修时切断体积管与压力管线的联系。排液阀门的配管，应用适当的通路连接到汇管。

（9）大型体积管必须设置操作平台，还应有弹性球提升、投球、取球的专用装置。

（10）检定系统中任何一个阀都可以形成旁通循环（例如排液阀）。所以，当体积管工作时，必须设有检漏装置，检漏必须易于观测。

（11）当体积管或体积管的部分管段与相邻的管网隔离时，应设有控制液体膨胀的压力释放阀。

（12）在体积管入口主管线上球阀的两边应有预留头并安装阀门，以作为检验活动式流量计的固定连接器。

（三）辅助系统的安装设计

标准体积管的辅助系统一般包括：排放系统、扫线系统和清洗系统。排放系统由收油池或集油罐、阀门和连接管线等组成；扫线系统由收油池或集油罐、扫线设备、阀门和连接管线等组成；清洗系统由清洗罐（箱或池）、加热器、清洗泵、阀门和连接管线等组成。

（1）辅助系统可以根据条件有选择地设置。例如，当采用其他方法能达到扫线和清洗标准体积管的目的时，标准体积管的辅助系统可以只包括排放系统。

（2）排放系统的设计应使标准体积管中的液体可通过排放管线，自流进入收油池或集油罐。

（3）扫线系统的设计应符合有关安全、环保规定。

（4）清洗罐（箱或池）的最小容积应按式（3-3-8）计算：

$$V_t = 2(V_1 + V_5) + V_6 + V_7 \tag{3-3-8}$$

式中 V_t——清洗罐（箱或池）的最小容积，m^3；

V_1——标准体积管进出、口阀之间的容积，m^3；

V_5——清洗系统连接管线的容积，m^3；

V_6——清洗罐（箱或池）的上余量，m^3；

V_7——清洗罐（箱或池）的下余量，m^3。

（5）清洗罐（箱或池）应设置能将清洗液加热到70℃左右的加热器。

（6）清洗泵的排量应大于标准体积管最大工作流量的1～1.5倍，水泵的扬程不小于推球最大压差（一般为100～500kPa）与标准体积管与辅助管线总压降之和的1.05～1.2倍。

（7）辅助系统的承压能力按表3-3-23确定。

表3-3-23 辅助系统的承压能力

系统名称	系统公称压力	备 注
排放系统	小于标准体积管的公称压力	各系统与标准体积管连接处的阀门，其公称压力等于标准体积管的公称压力
扫线系统	等于扫线设备的公称压力	
清洗系统	等于清洗泵的最大扬程	

十、仪表安装设计

（一）仪表安装

（1）在靠近流量计出口处，安装温度计或温度变送器，温度计安装要求符合有关标准和技术规定。温度计插入深度应符合有关规定。

（2）在过滤器的进、出口和流量计的出口处，安装隔膜压力表，安装方法应符合有关标准的规定。

（3）当过滤器出口处的压力表损失大于0.07MPa时，应对过滤器进行清洗。

（4）在每台流量计靠近进、出口处，安装隔膜压力表、压力变送器。

（5）体积管温度计和压力表在不影响弹性球运行的情况下，应尽可能安装在靠近体积管起始检测开关处和终止检测开关处，以便正确地测定两个检测开关之间液体的平均温度和压力。

（二）控制台安装

（1）控制台应与体积管检定装置分开设置。

（2）控制台周围不应有妨碍操作的任何装置。离墙距离不小于1m，以便于维护。

（3）控制台应水平安装，可靠接地，接地电阻不应大于4Ω。

（4）与控制台连接的动力电缆、控制电缆和信号电缆应采用电缆沟敷设方式，且信号电缆与其他电缆距离不应小于300mm。信号电缆屏蔽层应单点可靠接地。

（5）被校流量计出口切换阀的控制按钮应装在控制台上。

参考文献

[1] 宋世昌，李光，杜丽民．天然气地面工程设计[M]．北京：中国石化出版社，2013.11.

[2] 中国石油天然气总公司．石油地面工程设计手册[M]．东营：石油大学出版社，1995.10.

[3] 黄春芳．原油管道输送技术[M]．北京：中国石化出版社，2003.10.

[4] 李国清．原油性质及产品质量[M]．北京：中国石化出版社，2017.03.

[5] 田松柏．原油评价标准试验方法[M]．北京：中国石化出版社，2010.03.

[6] 贾鹏林，娄世松，楚喜丽．原油电脱盐脱水技术[M]．北京：中国石化出版社，2010.05.

[7] 戴静君，董正远，田野．油气集输[M]．北京：石油工业出版社，2012.08.

[8] 《油田油气集输设计技术手册》编写组．油田油气集输设计技术手册[M]．北京：石油工业出版社，1994.12.

[9] 蒋洪，刘武．原油集输工程[M]．北京：石油工业出版社，2006.01.

[10] 兰州石油机械研究所．换热器（第2版）[M]．北京：中国石化出版社，2013.01.

[11] 田松柏．原油及加工科技进展[M]．北京：中国石化出版社，2006.11.

[12] 汤林，王忠祥，张维智，等．油田采出水处理及地面注水技术[M]．北京：石油工业出版社，2017.08.

[13] 冯永训．油田采出水处理设计手册[M]．北京：中国石化出版社，2005.09.

[14] 孙兰义，马占华，王志刚，等．换热器工艺设计[M]．北京：中国石化出版社，2015.03.

[15] 钱锡俊，陈弘．泵和压缩机（第2版）[M]．东营：中国石油大学出版社，2007.

[16] 张德姜，王怀义，刘绍叶．泵石油化工装置工艺管道安装设计手册[M]．北京：中国石化出版社，2009.

[17] 林存瑛．天然气矿场集输[M]．北京：石油工业出版社，1997.

[18] [丹] A.C. 霍夫曼，[美] L.E. 斯坦因．旋风分离器：原理、设计和工程应用[M]．彭维明，姬忠译．北京：化学工业出版社，2002.

[19] 钱颂文．换热器设计手册[M]．北京：化学工业出版社，2002.

[20] 庄骏，张红．热管技术及其工程应用[M]．北京：化学工业出版社，2000.

[21] 李亭寒，华诚生．热管设计与应用[M]．北京：化学工业出版社，1987.

[22] 毛希澜．换热器设计[M]．上海：上海科学技术出版社，1988.

[23] 胡居传，岳永亮，王铁恒，等．热管的应用及发展现状[J]．制冷，2001，20（3）：20～26.

[24] 王云瑛，张湘亚．泵和压缩机[M]．北京：石油工业出版社，1987.

[25] 郁永章．活塞式压缩机[M]．北京：机械工业出版社，1982.

[26] 丁成伟．离心泵和轴流泵[M]．北京：机械工业出版社，1982.

[27] 《机械工程手册》《电机工程手册》编辑委员会．机械工程手册：泵、真空泵[M]．北京：机械工业出版社，1980.

[28] 机械工业部编．阀门产品样本[M]．北京：机械工业出版社，1983.

[29] 张明先，王家国．安全阀的选用与使用[J]．石油化工设备技术，1996，13（3）：60.

[30] 李秀科．浅谈蒸汽疏水阀的选用[J]．石油化工设备技术，1999，20（2）：21.
[31] 潘康．控制蝶阀调节特性的研究[D]．杭州：浙江大学，2008.
[32] 李俊英，李新华．机械行业标准《管路法兰及垫片》修订概论[J]．石油化工设备技术，1996，17（4）：46.
[33] 黄远，王松练，周芳德．油田地面工程建设新技术[M]．北京：石油工业出版社,2012. 03.
[34] 张文艺．石油石化工业污水处理与回用技术[M]．北京：中国石化出版，2013. 04.
[35] 张学洪，解庆林，王敦球．高盐度采油废水生物处理技术研究与应用[M]．北京：科学出版社，2009. 03.
[36] [西德] W. V. 贝克曼．阴极保护简明手册[M]．北京：石油工业出版社，1987. 04.
[37] 李化民．油田含油污水处理[M]．北京：石油工业出版社，1992. 03.
[38] [日] 小若正伦．金属的腐蚀破坏与防蚀技术[M]．袁宝林等译．北京：化学工业出版社，1988.
[39] 张尊举，伦海波，张仁志．水污染控制案例教程[M]．北京：化学工业出版社，2014. 01.
[40] 杨筱蘅．输油管道设计与管理[M]．东营：中国石油大学出社，2011. 10.
[41] 王光然．油气集输[M]．北京：石油工业出版社，2006. 07.
[42] 冯叔初，郭揆常．油气集输与矿产加工（第2版）[M]．东营：中国石油大学出版社，2006.
[43] 孔令富，刘兴斌，李英伟．生产测井油气水多相流测量方法与传感技术研究[M]．北京：科学出版社，2017. 03.
[44] 王明信．油田地面工程基础知识[M]．北京：石油工业出版社，2017. 03.
[45] 潘永密，李斯特．化工机器[M]．北京：石油工业出版社，1980.
[46] 杨源泉．阀门设计手册[M]．北京：机械工业出版社，1992.
[47] 王训钜．阀门的使用与维修技术[M]．武汉：湖北科学技术出版社，1985.
[48] 陆培文，孙晓霞，杨炯良．阀门选用手册[M]．北京：机械工业出版社，2001.
[49] 杨有涛．液体流量计[M]．北京：中国标准出版社，2017. 06.
[50] 潘光坦．原油贸易计量[M]．北京：石油工业出版社，2000. 08.
[51] 张鸿仁，张松．油气处理[M]．北京：石油工业出版社，1995.
[52] GPSA. Engineering Data Book. 12th Edution[M]. Tulsa：Oklahoma，2004.
[53] 卢世红．陆上原油集输[M]．东营：中国石油大学出版社，2000.
[54] 冯叔初．油气集输[M]．东营：石油大学出版社，1988.
[55] K. E. Brown. The Technology of Artificial Lift Methods[M]. Petroleum Publishing Co，Tulsa，OK. 1977.
[56] 汤林．油气田地面工程关键技术[M]．北京：石油工业出版社，2014. 05.
[57] [美] 肯·阿诺德，莫里斯·斯图尔特．油气田地面处理工艺[M]．北京：石油工业出版社，1992. 01.
[58] 林罡．油气田地面工程一体化集成装置[M]．北京：石油工业出版社，2014. 11.
[59] 张德义．含硫原油技术应用[M]．北京：中国石化出版社，2010. 04.
[60] 戴静君．油气集输知识问答原油脱水净化[M]．北京：化学工业出版社，2007. 01.
[61] 李家栋．原油性质及产品质量[M]．北京：中国石化出版社，2017. 03.
[62] 黄春芳．石油管道输送技术[M]．北京：中国石化出版社，2008. 10.
[63] 《中原油田地面规划建设研究与实践》编委会．中原油田地面规划建设研究与实践[M]．北京：中国科学技术出版社，1998.
[64] 李永军，夏政．长庆低渗透油田油气集输[M]．北京：石油工业出版社，2011. 07.
[65] 代有凡．加热炉[M]．北京：中国石化出版社，2010. 07.

[67] 邓寿禄，王贵生．油田加热炉[M]. 北京：中国石化出版社，2011. 07.
[68] 科研工作者汇编．油水分离器工作原理[M]. 北京：化学工业出版社，2015. 07.
[69] 肖素琴，韩厚义．质量流量计[M]. 北京：中国石化出版社，1999. 03.
[70]《原油成套计量仪表》编著组．原油成套计量仪表[M]. 上海：上海科学技术出版社，1980. 03.
[71] 周陆，白玉，孙培林．油田地面工程施工[M]. 北京：石油工业出版社，2007. 08.
[72] 马波，姜德华，周太文．原油稳定装置操作基础[M]. 北京：石油工业出版社，2016. 07.
[73] 寇杰．油气集输技术数据手册[M]. 北京：中国石化出版社，2013. 07.